信号与系统教程及仿真

王中明　编著

WUHAN UNIVERSITY PRESS
武汉大学出版社

图书在版编目(CIP)数据

信号与系统教程及仿真 / 王中明编著 . -- 武汉 ：武汉大学出版社，2025.1. -- ISBN 978-7-307-24532-7

Ⅰ.TN911.6

中国国家版本馆 CIP 数据核字第 2024LH7417 号

责任编辑:杨晓露　　　责任校对:汪欣怡　　　版式设计:马　佳

出版发行:**武汉大学出版社**　(430072　武昌　珞珈山)

(电子邮箱:cbs22@ whu.edu.cn 网址:www.wdp.com.cn)

印刷:湖北恒泰印务有限公司

开本:787×1092　1/16　印张:23.5　字数:526 千字　插页:1

版次:2025 年 1 月第 1 版　　2025 年 1 月第 1 次印刷

ISBN 978-7-307-24532-7　　定价:79. 00 元

前　言

在多年的犹豫和坚持中，终于撰写完这本教材。犹豫的是：图书馆中有如此多的相关教材，还有写此书的必要吗？在通信、电信专业，“信号与系统”是一门重要的专业课，其物理概念和分析方法几乎应用于本专业的其他课程中：系统卷积分析方法是信号处理的基础，广泛应用于图像、声音等信号的处理，也是卷积神经网络、小波变换等新型分析模型的理论基础；频率分析方法在电路设计、滤波器设计、EMC（电磁兼容）、数字信号处理、高频通信中得到广泛应用；以上分析方法的计算机实现（仿真）使其解决实际问题更简洁、实用。

因此，编撰一本以物理概念及分析方法在通信、电信领域中的具体应用作为重点的专业教材还是非常必要的。

本书具有如下一些特点：

(1) 物理概念、公式物理意义讲述细致。任何学科、任何专业，概念和公式的物理意义是基础性的，熟练掌握这些基础知识，才能了解本专业，才能利用这些知识解决实际问题。

(2) 本书以信号分解为基础，以系统的分析模型为主线，将该课程的知识有机结合起来，增加了教材的可读性和专业性。

教材去除了与主线关联性不强的知识，如差分、微分方程的时域求解；在几个变换（傅里叶变换、z 变换、s 变换等）的性质介绍上也只着重介绍了有实际物理意义的性质；增加了不同系统分析模型之间的差异和关联知识点，如连续系统的频域分析模型与 s 域分析模型的关系、离散系统的频域分析模型与 z 域分析模型的关系，这些知识点来源于作者多年教学、实践的心得体会。

(3) 以通信、电信领域的具体应用为基础，专业针对性强，课本中的例题、习题都结合实际，避免出现与实际不相符的实例。

(4) 将计算机仿真引入进来，解决实际问题。这里的引入不是教条式的，而是为了解决实际问题，如微分方程和差分方程的求解，冲激响应和单位序列响应的求解，卷积积分、卷积求和，信号和系统的频谱分析等，引入仿真后，分析问题更简单。

在本书第 1 章、第 2 章、第 3 章、第 6 章等章的最后一节，系统地介绍了用 Python 仿真平台实现仿真的算法及例程。例程中仿真不是简单地调用 Python 系统的内部函数，而是作者根据模型的算法自己编程实现，这样可提高读者利用理论知识解决实际问题的能力和信心。

本书中仿真程序算法清晰、注释明了，不需要读者新学 MATLAB 软件和 Python 软件。通过这些仿真程序,可简化计算过程,使读者理解在专业课程学习中仿真的重要性。

本书内容还有如下不足之处:

(1) 本书中的一些物理概念和理论来源于作者的心得体会,难免会有片面之处。

(2) 因作者没有系统学习 MATLAB、Python 软件,课本中的程序编程思想大多来源于网络案例,算法简单,许多程序还可进一步优化。

(3) 因编写工作量大、时间仓促,书中难免有不足之处,欢迎读者批评指正。

本书第 3 章、第 4 章、第 7 章由贾茜老师编写。本书的出版得到了江汉大学人工智能学院教学专项经费资助;感谢张瑞华老师对本书的校对、周俊老师在 Python 编程上的指导;在编写过程中得到了很多同事的鼓励和支持,感谢各位同仁,没有大家的支持,我是没有勇气完成这本教材的。

王中明

2024 年盛夏于后官湖湖畔

物理量和函数定义表

序号	物理量或函数表达式	定　　义	首次出现章节
		第1章	
1	t	时间变量,为连续信号自变量,取值$[-\infty,\infty]$	1.1
2	n	离散时间变量,为离散序列自变量,取值 $0,\pm1,\pm2,\cdots$	1.1
3	$x(t)$	(1) 连续信号的通用表达式 (2) 在连续系统描述中,专指输入信号,即激励	1.1 1.6
4	$y(t)$	在连续系统描述中,专指输出信号,即响应	1.6
5	$x(n)$	(1) 离散序列的通用表达式 (2) 在离散系统描述中,专指输入序列,即激励	1.1 1.6
6	$y(n)$	在离散系统描述中,专指输出序列,即响应	1.6
7	$x(\cdot)$	系统(既可以是连续系统,也可以是离散系统)中激励的通用表达式	1.6
8	$y(\cdot)$	系统(既可以是连续系统,也可以是离散系统)中响应的通用表达式	1.6
9	$x'(t)$ $x''(t)$	$=\dfrac{\mathrm{d}x(t)}{\mathrm{d}t}$,$x(t)$的导数 $x(t)$ 的二阶导数	1.2
10	$x^{-1}(t)$	$=\int_{-\infty}^{t}x(\tau)\mathrm{d}\tau$,$x(t)$ 的积分运算	1.2
11	$\Delta x(n)$	$x(n)-x(n-1)$,$x(n)$ 的前向差分运算	1.3
12	$\mathrm{Sa}(t)$	$=\dfrac{\sin t}{t}$,抽样信号	1.3
13	$\varepsilon(t)$	阶跃函数	1.4
14	$\delta(t)$	冲激函数	1.4
15	$\delta(n)$	单位序列	1.4
16	$\varepsilon(n)$	单位阶跃序列	1.4
17	$y_{zi}(t)$,$y_{zi}(n)$	零输入响应:激励为零,只由初始条件产生的响应	1.6

续表

序号	物理量或函数表达式	定　　义	首次出现章节
18	$y_{zs}(t),y_{zs}(n)$	零状态响应:状态为零,只由激励产生的响应	1.6

第 2 章

序号	物理量或函数表达式	定　　义	首次出现章节
19	0_-	从时间轴左边无限接近于 0 的时间点	2.2
20	0_+	从时间轴右边无限接近于 0 的时间点	2.2
21	$h(t)$	系统冲激响应:激励为冲激函数 $\delta(t)$ 时,系统所对应的零状态响应	2.2
22	$x_1(t)*x_2(t)$	$=\int_{-\infty}^{\infty}x_1(\tau)x_2(t-\tau)\mathrm{d}\tau$,$x_1(t)$ 与 $x_2(t)$ 的卷积积分,简称卷积	2.2
23	$h(n)$	系统单位序列响应:当激励为单位序列 $\delta(n)$ 时,系统所对应的零状态响应	2.4
24	$x_1(n)*x_2(n)$	$=\sum_{i=-\infty}^{\infty}x_1(i)x_2(n-i)$,为 $x_1(n)$ 与 $x_2(n)$ 的卷积和,简称卷积	2.4

第 3 章

序号	物理量或函数表达式	定　　义	首次出现章节
25	ω	角频率变量,取值$[-\infty,\infty]$	3.3
26	$\{1,\cos n\omega_0 t,\sin n\omega_0 t,$ $n=1,2,\cdots\}$	在区间$[t_0,t_0+T]$(其中 t_0 为任意起始时间,$T=2\pi/\omega_0$)上为完备正交函数集	3.2
27	$\{\mathrm{e}^{\mathrm{j}n\omega_0 t},$ $n=0,\pm1,\pm2,\cdots\}$	在区间$[t_0,t_0+T]$($T=2\pi/\omega_0$)上为完备正交函数集	3.2
28	a_n,b_n	傅里叶系数三角形式	3.3
29	$A_n\sim\omega$	为周期信号的单边幅度频谱图	3.3
30	$\varphi_n\sim\omega$	为周期信号的单边相位频谱图	3.3
31	X_n	傅里叶系数指数形式	3.3
32	$\|X_n\|\sim\omega$	为周期信号的双边幅度频谱	3.3
33	$\varphi_n\sim\omega$	为周期信号的双边相位频谱	3.3
34	$X(\omega)=\|X(\omega)\|\mathrm{e}^{\mathrm{j}\varphi(\omega)}$	$x(t)$ 的频谱密度 $x(t)$ 的傅里叶变换	3.4
35	$\|X(\omega)\|$ $\varphi(\omega)$	$x(t)$ 的幅度谱 $x(t)$ 的相位谱	3.4
36	$\mathrm{sgn}(t)$	符号函数	3.4
37	$g_\tau(t)$	宽度为 τ 的门函数	3.4
38	$\delta_{T_s}(t)$	周期为 T_s 的脉冲函数	3.4

续表

序号	物理量或函数表达式	定义	首次出现章节
39	$H(\omega)=\lvert H(\omega)\rvert e^{j\varphi(\omega)}$	连续系统频率函数	3.7
40	$\lvert H(\omega)\rvert$ $\varphi(\omega)$	系统的幅度谱 系统的相位谱	3.7
41	f	频率变量,取值$[-\infty,\infty]$	3.8
42	$X(f)=\lvert X(f)\rvert e^{j\varphi(f)}$	$x(t)$ 的傅里叶变换	3.8
43	$\lvert X(\omega)\rvert$ $\varphi(f)$	$x(t)$ 的幅度谱 $x(t)$ 的相位谱	3.8
44	$E(f)$	能量谱密度	3.8
45	$\rho(f)$	功率谱密度	3.8

第 4 章

序号	物理量或函数表达式	定义	首次出现章节
46	$s=\sigma+j\omega$ $=\mathrm{Re}[s]+j\mathrm{Im}(s)$	s:复频函数 $\mathrm{Re}[s]$:s 的实部　$\mathrm{Im}(s)$:s 的虚部	4.1
47	$X_b(s)$	$x(t)$ 的双边拉普拉斯变换	4.1
48	$X(s)$	因果信号 $x(t)$ 的单边拉普拉斯变换	4.1
49	$H(s)$	连续系统的系统函数	4.4
50	$p_i(i=1,2,\cdots,m)$	系统函数 $H(s)$ 的零点	4.4
51	$s_i(i=1,2,\cdots,k)$	系统函数 $H(s)$ 的极点	4.4

第 5 章

序号	物理量或函数表达式	定义	首次出现章节
52	$z=\lvert z\rvert e^{j\phi(z)}$	复函数 z $\lvert z\rvert$ 为复函数 z 的模 $\phi(z)$ 为复函数 z 的复角	5.1
53	$X(z)$	$x(n)$ 的 z 变换(双边或者单边)	5.1
54	$H(z)$	离散系统的系统函数	5.4
55	$p_i(i=1,2,\cdots,m)$ $z_i(i=1,2,\cdots,k)$	系统函数 $H(z)$ 的零点 系统函数 $H(z)$ 的极点	5.4

第 6 章

序号	物理量或函数表达式	定义	首次出现章节
56	N	周期序列的周期	6.1
57	θ	序列的角频率,取值范围为$[0,2\pi)$或$[-\pi,\pi)$	6.1
58	W_N^{kn}	$=e^{-j\frac{2\pi k}{N}n}$,$k=0,1,\cdots,N-1$;角频率$\frac{2\pi}{N}$为倍数的复指数单频序列	6.2

续表

序号	物理量或函数表达式	定　　义	首次出现章节
59	$X_k = \|X_k\| e^{j\varphi_k}$	X_k 为周期序列 $x(n)$ 的离散傅里叶级数，或 $x(n)$ 的频谱 $\|X_k\|$ 为 $x(n)$ 的幅度谱和 φ_k 为 $x(n)$ 的相位谱	6.2
60	$x(n) \leftrightarrow X_k$	离散傅里叶级数(DFS)变换对	6.2
61	$X(e^{j\theta}) = \|X(e^{j\theta})\| e^{j\varphi(\theta)}$	$X(e^{j\theta})$ 为 $x(n)$ 的离散时间傅里叶变换(DTFT)，或 $x(n)$ 的频谱密度 $\|X(e^{j\theta})\|$ 为 $x(n)$ 的幅度谱 $\varphi(\theta)$ 为 $x(n)$ 的相位谱	6.3
62	$R_L(n)$	长度为 L 的矩形序列	6.3
63	$X(k) = \|X(k)\| e^{j\varphi(k)}$	$X(k)$ 为有限长序列 $x(n)$ 的离散傅里叶变换(DFT) $\|X(k)\|$ 为有限序列 $x(n)$ 的幅频特性 $\varphi(k)$ 为有限序列 $x(n)$ 的相频特性	6.4
64	$g_N(n)$	$=\varepsilon(n)-\varepsilon(n-N)$，长度为 N 的矩形序列	6.4
65	$x((n-m))_N$	表示对长度为 N 的有限长序列 $x(n)$ 进行圆周右移 m 运算	6.4
66	$H(e^{j\theta}) = \|H(e^{j\theta})\| e^{j\varphi(\theta)}$	$H(e^{j\theta})$ 为离散系统的频率函数 $\|H(e^{j\theta})\|$ 为系统的幅频特性 $\varphi(\theta)$ 为系统的相频特性	6.5
67	$y_{ss}(n)$	系统的稳态响应	6.5
68	δ_p	滤波器带通容限	6.6
69	θ_p	滤波器通带截止频率	6.6
70	δ_s	滤波器阻带容限	6.6
71	θ_s	滤波器阻带截止频率	6.6
72	dB	分贝	6.6
73	θ_c	-3dB 带通截止频率	6.6

第 7 章

序号	物理量或函数表达式	定　　义	首次出现章节
74	$\boldsymbol{r}(t)$	状态矢量	7.3
75	$\boldsymbol{x}(t)$	输入矢量	7.3
76	$\boldsymbol{y}(t)$	输出矢量	7.3

目　录

第 1 章　信号与系统的基本概念

信号与系统的概念广泛出现在各种领域中，例如通信、计算机、物联网、电气控制、空气动力学、声学、生物工程、图像处理等领域，这些概念的相关思想和分析方法在这些领域中起着重要作用，虽然在不同领域中所出现的信号与系统的物理性质各不相同，但都具有两个基本共同点：

(1) 信号可用一个或多个独立变量的函数来描述，且该函数包含了有关现象性质的信息；

(2) 系统总是对给定的信号作处理并产生输出信号。

本章将会讲述信号、系统的基本概念，以及信号与系统的相互关系。

1.1　信　　号

1.1.1　信号的定义

信号是运载消息的工具，是消息的载体。从广义上讲，它包含光信号、声信号和电信号等。例如，古代人利用点燃烽火台而产生的滚滚狼烟向远方军队传递敌人入侵的消息，这属于光信号；当我们说话时，声波传递到他人的耳朵，使他人了解我们的意图，这属于声信号；遨游太空的各种无线电波、四通八达的电话网中的电流等，都可以用来向远方传递各种消息，这属于电信号。人们通过对光、声、电信号的接收，才知道对方要表达的消息。

随着科学技术的发展，特别是电子技术的发展，人们将各种消息如图像、文字、声音等都转换为电信号(或光信号)进行处理、传输、存储，如手机、电视机、计算机等，所处理的主要是电信号。

如图 1.1.1 所示，麦克风将人的声音转换为随时间变化的电压信号。信号中的电压值反映了人的声音高低变化情况。

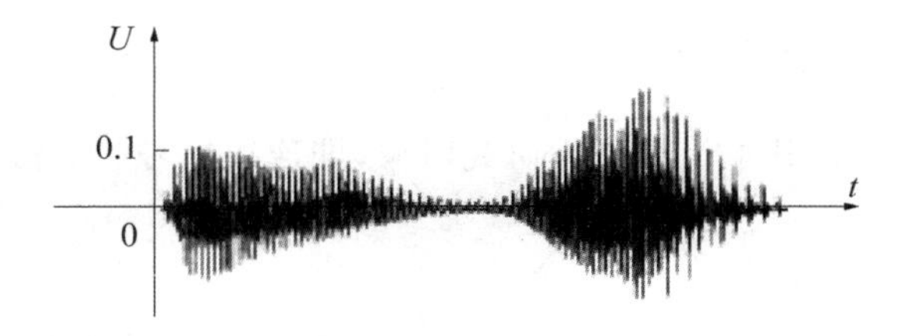

图 1.1.1　声音信号

图 1.1.2 所示信号为调频收音机所接收到的调频信号。信号的频率值反映了所收到的声音高低变化情况。

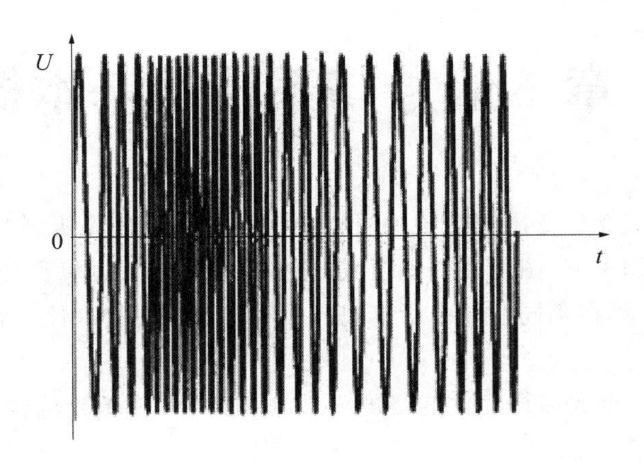

图 1.1.2　调频收音机收到的调频信号

而图 1.1.3 为数字信源发送的随机数字信号。信号中的电压值只有高和低两个电平，高电平表示数据"1"，低电平表示数据"0"，每个电平持续固定时间 T。所传输的数据为"0100111001…"。

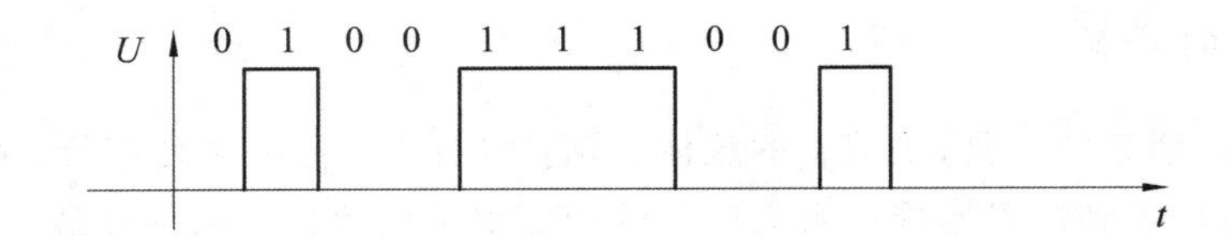

图 1.1.3　数字信源发送的数字信号

这些信号都有一个共同特点，即信号所对应的函数值都随时间 t 的变化而变化。本书中研究的信号其自变量为时间 t。

需要指出的是，信号的自变量不一定是(或不只是)时间 t，如空气中的压强不仅与季节相关(时间)，还有高度相关，而电阻的阻值只与温度的高低相关。

信号按物理属性分为电信号和非电信号，它们可以相互转换。电信号容易产生，便于控制，易于处理。本书中所讨论的主要是电信号，即随时间变化的电压或电流信号。

1.1.2　连续信号和离散信号

在本书中主要以两种基本信号作为研究对象，即连续信号和离散信号。

1. 连续信号

在连续的时间范围内($-\infty<t<\infty$)有定义的信号称为连续时间信号，简称连续信

号。这里的“连续”指函数的**定义域时间是连续**的，但可含间断点，值域可连续也可不连续。图 1.1.4(a)为值域连续(取值在−1 到 1 之间)的连续信号，图 1.1.4(b)为值域不连续(取值只能是 1 或−1)的连续信号。

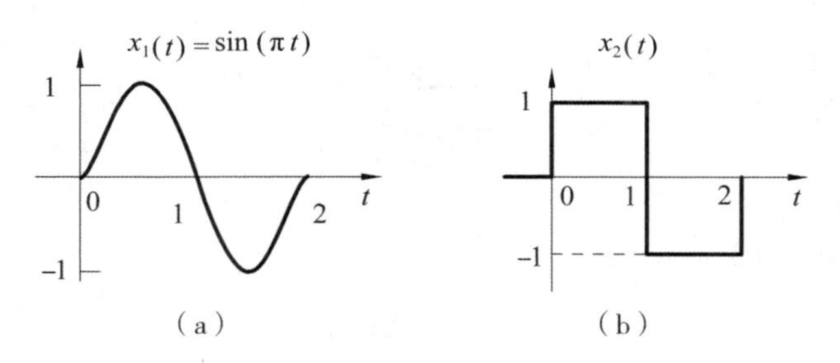

图 1.1.4 连续信号

本书中连续信号自变量为 t $(-\infty<t<\infty)$**，用** $x(t)$**表示，简称为函数**。对于连续信号，其描述方式一般有两种：

(1) 表示为时间的函数。如振幅为 1、频率为 2500Hz 的单频信号 $x(t)=\cos 5000\pi t$。

(2) 用图形表示即信号的波形。频率为 2500Hz 的单频信号，其图形如图 1.1.5 所示，横坐标为时间变量，纵坐标为信号值。

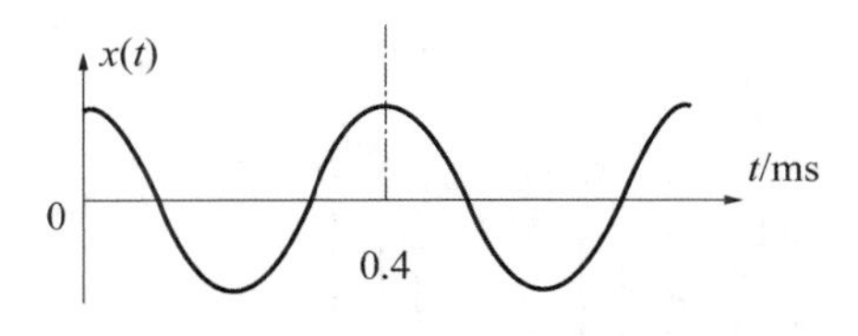

图 1.1.5 $x(t)=\cos 5000\pi t$ 信号的波形

2. 离散信号

仅在一些离散的瞬间才有定义的信号称为离散时间信号(如取样信号)，简称离散信号。这里的“离散”指信号的**定义域时间是离散的**，它只在某些规定的离散瞬间给出函数值，其余时间无定义。

如图 1.1.6(a)所示，信号仅在一些离散时刻 $t_n(n=0,\pm1,\pm2,\cdots)$才有定义，其余时间无定义。相邻离散点的间隔 $T_n=t_{n+1}-t_n$ 通常取等间隔 T，离散信号可表示为 $x(nT)$，简写为 $x(n)$，则图 1.1.6(a)可简化为图 1.1.6(b)。

本书中离散时间信号的自变量为 n (n 为整数，取值为 $0,\pm1,\pm2,\cdots$)，用 $x(n)$表示，简称为序列，其中 n 称为序号。

离散序列描述有三种形式：

(1) 函数表示。如序列 $x(n)=2^n$。

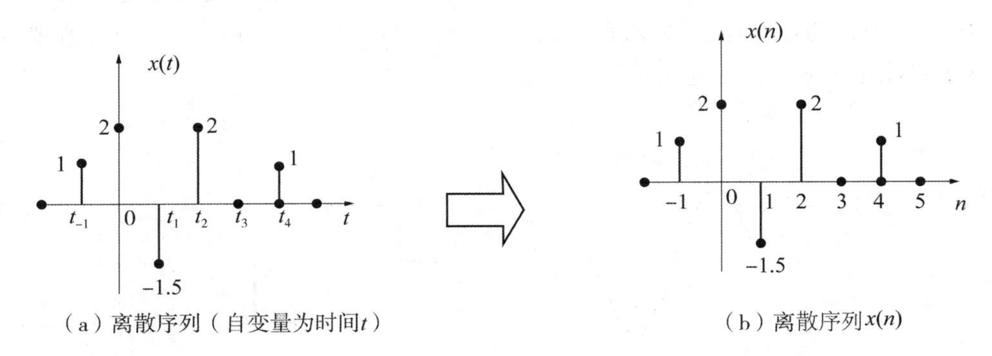

(a) 离散序列(自变量为时间t)　　(b) 离散序列$x(n)$

图 1.1.6　离散序列

(2) 图形描述。如图 1.1.6(b)所示,描述了一个离散序列。

(3) 列举形式。图 1.1.6(b)序列的列举形式为

$$x(n)=\{\cdots,1,\underset{\uparrow}{\overset{n=0}{2}},-1.5,2,0,1,0,\cdots\}$$

连续信号和离散信号可相互转换。如单片机、计算机等数字设备处理连续信号时,需先将其转换为离散信号,当单片机在检查环境温度时,要先将温度传感器的连续信号进行取样,取样时间间隔为 T,经过取样后,单片机所处理的就是离散信号了,具体过程如图 1.1.7 所示。

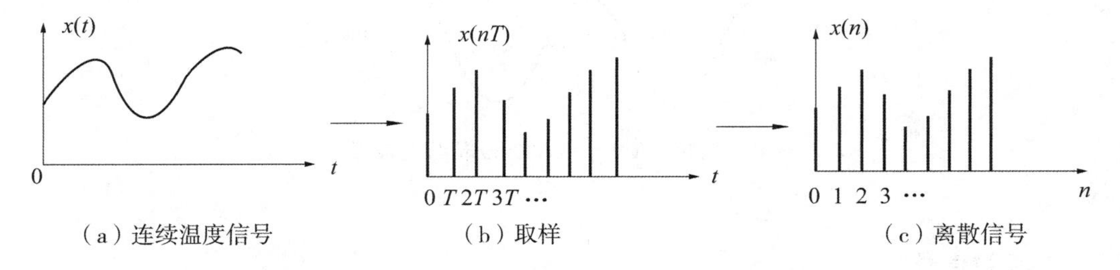

(a) 连续温度信号　　(b) 取样　　(c) 离散信号

图 1.1.7　连续信号转换为离散信号的过程

1.1.3　模拟信号和数字信号

模拟信号的**信号值是连续变化的**,如温度、湿度、压力、长度、电流、电压等,通常又把**模拟信号称为连续信号**。

而数字信号的**信号值是离散的**,如计算机中的二进制信号,通常**将数字信号称为离散信号**。

从定义看,连续信号和离散信号的划分依据是**自变量**时间 t 是连续还是离散的,而模拟信号和数字信号的划分依据是**信号值**是连续还是离散的。在实际处理的信号中,模拟信号的自变量 t 是连续的,信号值也是连续的,因而可以将**模拟信号称为连续信号**;而数

字信号的自变量 t 是离散的，信号值也是离散的，因而可以将**数字信号称为离散信号**。如我们学过的“模拟电路”以模拟信号（或连续信号）作为分析对象，而“数字电路”以数字信号（或离散信号）作为分析对象。

1.1.4　信号的分类

根据信号的不同特点，可将信号进行不同的分类：除了连续信号和离散信号，模拟信号和数字信号外，还可以分为确定信号和随机信号，周期信号和非周期信号，能量信号和功率信号等。

1. 确定信号和随机信号

可以用确定时间函数表示的信号，称为确定信号或规则信号，即信号的值与定义域时间一一对应。

若信号不能用确切的函数描述，它在任意时刻的取值都具有不确定性，只可能知道它的统计特性，这类信号称为随机信号或不确定信号。电子系统中的起伏热噪声、雷电干扰信号就是两种典型的随机信号。图 1.1.8 为示波器观察到的收音机接收到的噪声信号，每个样本值（$\xi_1(t)$，$\xi_2(t)$，$\xi_3(t)$，…）是不相同的。

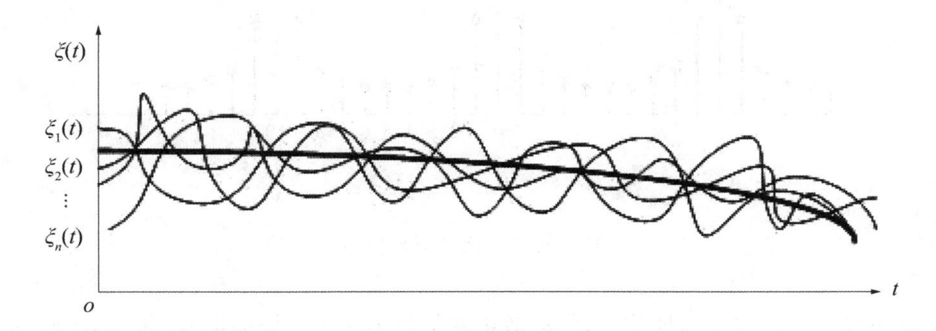

图 1.1.8　收音机中的随机信号

现实生活中大多数信号是随机的，如：大气温度的变化，人的声音信号，计算机发送的二进制信号等，这些信号是无法提前预测的，不能用具体的函数或图形表示，但可用统计特性来描述，如用概率密度或概率等来描述。

在“信号与系统”这门课程中，随机信号与确知信号的分析方法基本一致，本书中主要讨论确定信号。

2. 周期信号和非周期信号

幅值随时间重复变化的信号称为周期信号，可分为连续周期信号和离散周期信号。

连续周期信号 $x_T(t)$ 的周期为 T（T 为正数），则满足：

$$x_T(t)=x(t+mT)\quad (m=\pm1,2,\cdots)\tag{1.1.1}$$

如图 1.1.9 所示为周期正弦信号和方波信号，其周期分别为 2 和 T。

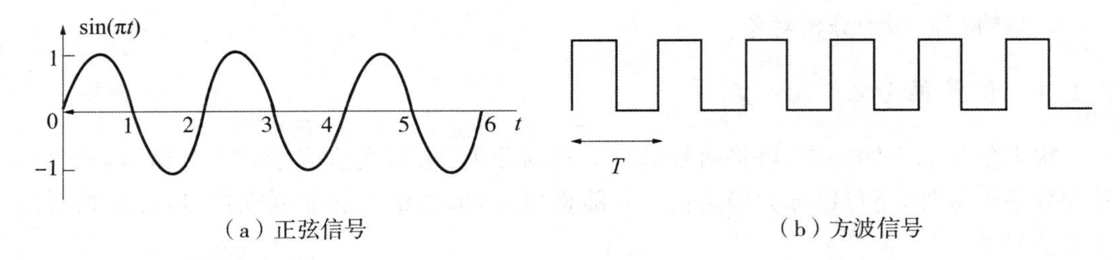

（a）正弦信号　　（b）方波信号

图 1.1.9　周期信号

周期序列 $x_N(n)$ 的周期为 N（N 为正整数），则满足

$$x_N(n)=x(n+mN)\quad (m=\pm 1,2,\cdots, N \text{ 为正整数}) \tag{1.1.2}$$

图 1.1.10 所示为离散周期信号，其周期为 10。

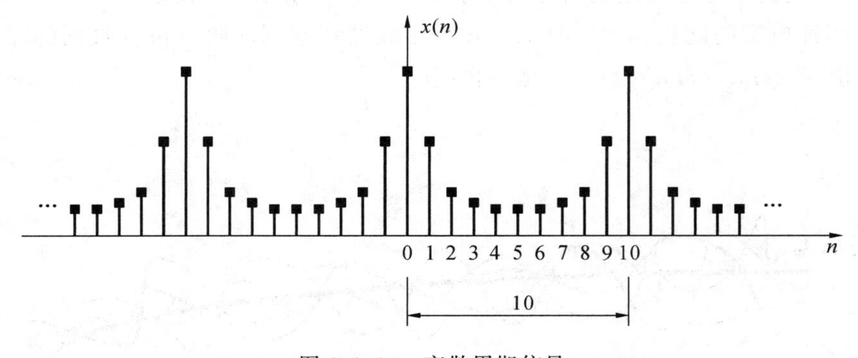

图 1.1.10　离散周期信号

连续正弦信号一定是周期信号，但离散正弦信号不一定是周期信号，如 $x(n)=\cos(\pi n)$，其周期为 2，而 $x(n)=\cos(n)$ 就不是周期信号。

与周期信号相反，非周期信号不具有周期性。图 1.1.11 为非周期信号。

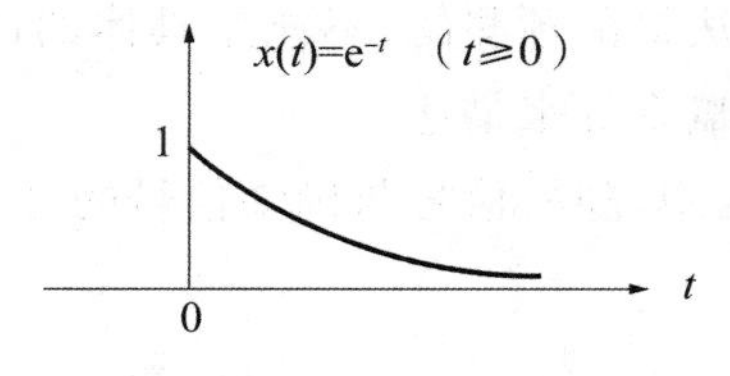

图 1.1.11　非周期信号

3. 能量信号和功率信号

信号的能量和功率是描述信号特性的重要参数。将信号 $x(t)$施加于 1Ω 电阻上，它所消耗的瞬时功率为$|x^2(t)|$，在区间$(-\infty,\infty)$的能量 E(单位为焦耳，J)和平均功率 P(单位为瓦，W)定义分别为

$$E \overset{\text{def}}{=} \int_{-\infty}^{\infty} |x^2(t)| \mathrm{d}t \tag{1.1.3}$$

$$P = \lim_{T\to\infty} \frac{1}{T} \int_{-T/2}^{T/2} |x^2(t)| \mathrm{d}t \tag{1.1.4}$$

若信号 $x(t)$的能量有界，即 $E<\infty$，则称其为能量有限信号，简称能量信号。此时 $P=0$。

若信号 $x(t)$的功率有界，即 $P<\infty$，则称其为功率有限信号，简称功率信号。此时 $E=\infty$。

时限信号(仅在有限时间区间不为零的信号)为能量信号；如宽度为 τ，高度为 1 的门函数 $g_\tau(t)$，其图形如图 1.1.12 所示，其能量为 τJ，功率为 0W。

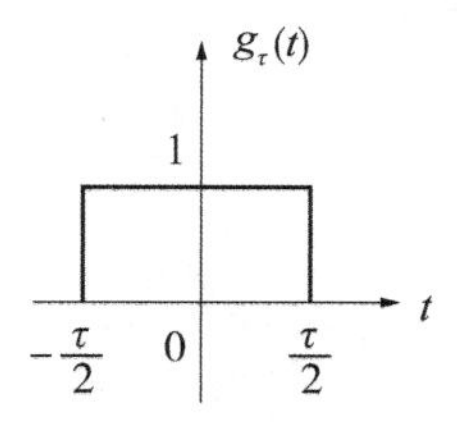

图 1.1.12　门函数

周期信号属于功率信号，如市电交流信号 $x(t)=220\sqrt{2}\cos 100\pi t$，其功率满足：

$$P = \frac{1}{0.02} \int_{-0.01}^{0.01} \left| 220\sqrt{2}\cos 100\pi t \right|^2 \mathrm{d}t = 220^2(\mathrm{W}) \tag{1.1.5}$$

图 1.1.13 所示的周期方波信号，其功率为 1W。

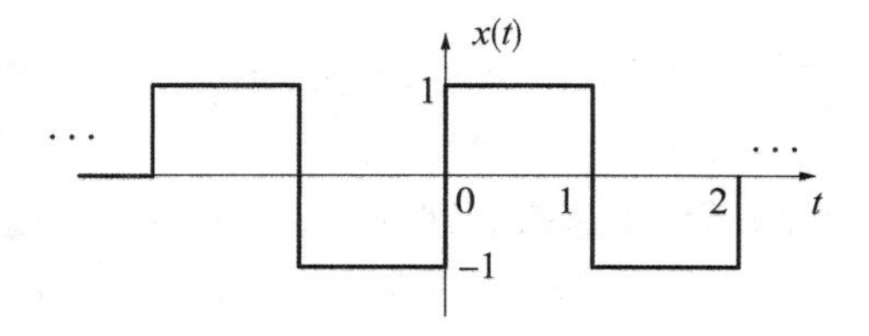

图 1.1.13　周期方波信号

非周期信号可能是能量信号，也可能是功率信号。有些信号既不属于能量信号也不属于功率信号，如 $f(t)=\mathrm{e}^t$。

1.2　信号的基本运算

在信号的分析和处理过程中，要进行信号的运算，包括：信号的时间变换(移位、尺度、反折)、微分、积分、信号间的加、减、乘、除等基本运算。

1.2.1　信号的加、减、乘、除运算

两信号的加、减、乘、除运算指同一时刻两信号之值对应相加、减、乘、除。下面给出离散信号和连续信号加、乘运算的例子。

如离散信号 $x_1(n)$、$x_2(n)$ 为

$$x_1(n)=\begin{cases}2, n=-1\\3, n=0\\6, n=1\\0, n\ \text{为其他值}\end{cases}\qquad x_2(n)=\begin{cases}3, n=0\\2, n=1\\4, n=2\\0, n\ \text{为其他值}\end{cases}$$

则有

$$x_1(n)+x_2(n)=\begin{cases}2, n=-1\\6, n=0\\8, n=1\\4, n=2\\0, n\ \text{为其他值}\end{cases}\qquad x_1(n)\cdot x_2(n)=\begin{cases}9, n=0\\12, n=1\\0, n\ \text{为其他值}\end{cases}$$

对应的图形如图1.2.1所示。

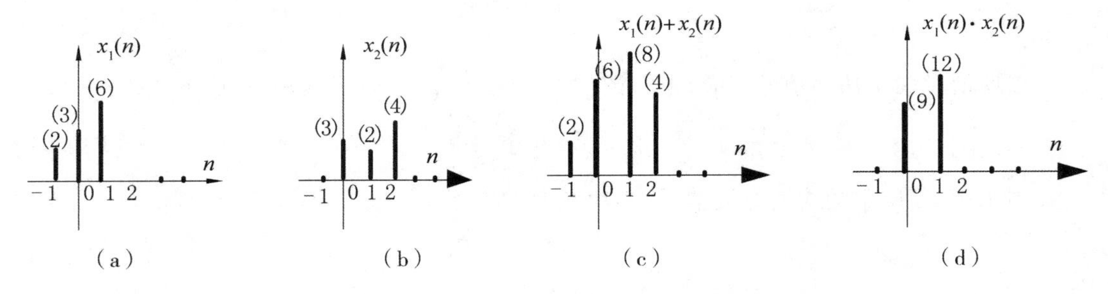

图1.2.1　离散信号加、乘运算

连续信号 $x_1(t)$、$x_2(t)$ 的函数表达式分别为 $x_1(t)=\sin(\omega_0 t)$、$x_2(t)=\sin(8\omega_0 t)$，则有

$$x_1(t)+x_2(t)=\sin(\omega_0 t)+\sin(8\omega_0 t)$$

$$x_1(t)x_2(t)=\sin(\omega_0 t)\sin(8\omega_0 t)$$

其图形如图1.2.2所示。

1.2.2　信号的时间变换运算

信号的时间变换有三种基本变换：平移、反折、压扩。

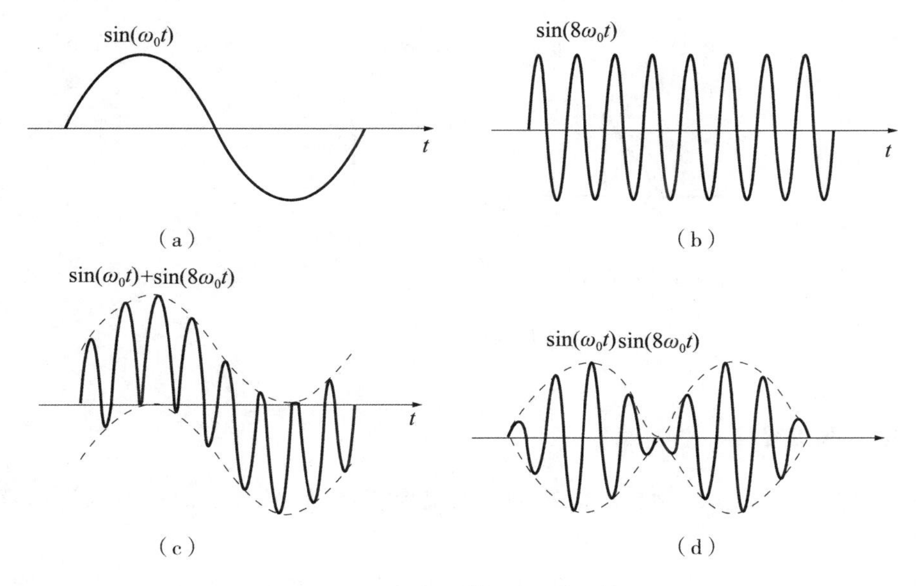

图 1.2.2　连续信号加、乘运算

1. 平移

信号 $x(t)$变换为 $x(t-a)$称为平移变换。如图 1.2.3(a)所示为信号 $x(t)$的图像。

对于 $x(t-1)$有：$x(t)$中 $t=0$ 的点与 $x(t-1)$中 $t=1$ 的点对应，图像右移，则其图像如图 1.2.3(b)所示。

对于 $x(t+1)$有：$x(t)$中 $t=0$ 的点与 $x(t+1)$中 $t=-1$ 的点对应，图像左移，则其图像如图 1.2.3(c)所示。

即由 $x(t)$的图像获得 $x(t-a)$的图像时，当 $a<0$ 时，将 $x(t)$图像左移$|a|$，当 $a>0$ 时，将 $x(t)$图像右移$|a|$。

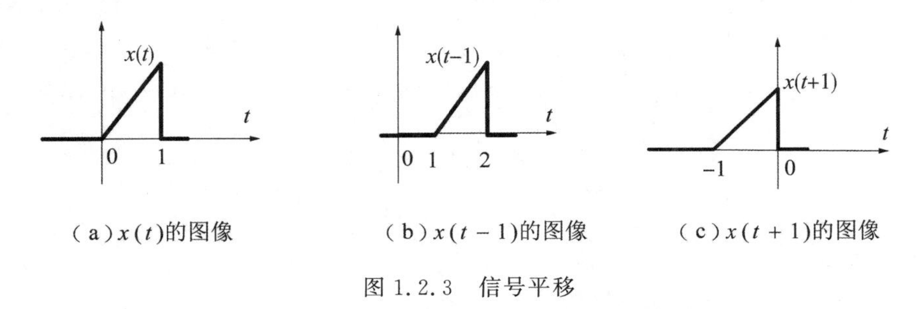

图 1.2.3　信号平移

2. 反折

将 $x(t)$变换为 $x(-t)$，称为对信号 $x(t)$的反转或反折。图 1.2.4 为信号反折的示例：由 $x(t)$ 的图像获得 $x(-t)$ 的图像时，将 $x(t)$ 的图像以纵坐标为对称轴反折。

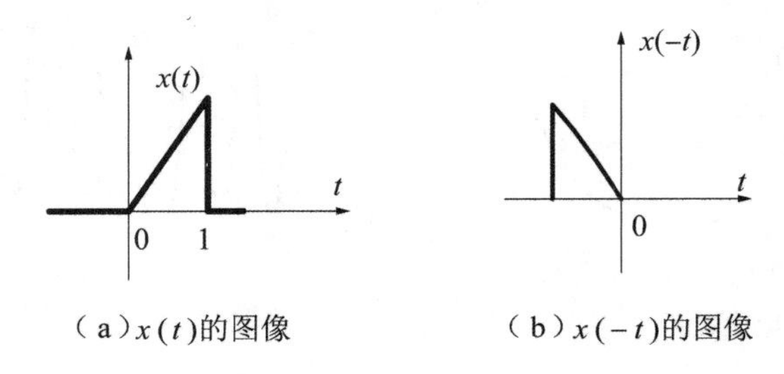

（a）$x(t)$ 的图像　　（b）$x(-t)$ 的图像

图 1.2.4　信号反折

3. 压扩（尺度变换）

将 $x(t)$ 变换为 $x(at)$，称为对信号 $x(t)$ 的尺度变换，如图 1.2.5(a) 所示为信号 $x(t)$ 的图像。

(1) 对于 $x(2t)$ 有：$x(t)$ 中 $t=0$ 的点与 $x(2t)$ 中 $t=0$ 的点对应，$x(t)$ 中 $t=1$ 的点与 $x(2t)$ 中 $t=\frac{1}{2}$ 的点对应，其图像如图 1.2.5(b) 所示，图像被压缩。

(2) 对于 $x(0.5t)$ 有：$x(t)$ 中 $t=0$ 的点与 $x(0.5t)$ 中 $t=0$ 的点对应，$x(t)$ 中 $t=1$ 的点与 $x(0.5t)$ 中 $t=2$ 的点对应，则其图像如图 1.2.5(c) 所示，图像被拉伸。

即：相对于 $x(t)$ 的图像，当 $a>1$ 时，函数 $x(at)$ 的波形沿横坐标**压缩**；当 $0<a<1$ 时，函数 $x(at)$ 的波形沿横坐标**扩展**。

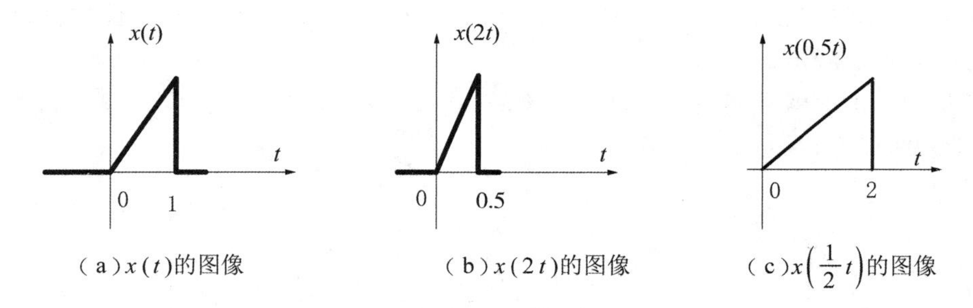

（a）$x(t)$ 的图像　　（b）$x(2t)$ 的图像　　（c）$x\left(\frac{1}{2}t\right)$ 的图像

图 1.2.5　信号尺度变换

4. 混合变换

将 $x(t)$ 变换为 $x(at+b)$，称为信号 $x(t)$ 的混合变换。混合变换可按反折、压扩、平移的先后步骤完成；也可根据函数的基本定义去变换：即 $x(at+b)$ 中，$at+b=A$ 点的函数值与 $x(t)$ 中 $t=A$ 点的函数值对应。

【例 1.2.1】　已知 $x(t)$ 的图像如图 1.2.6(a) 所示，画出 $x(3t+5)$ 的图像。

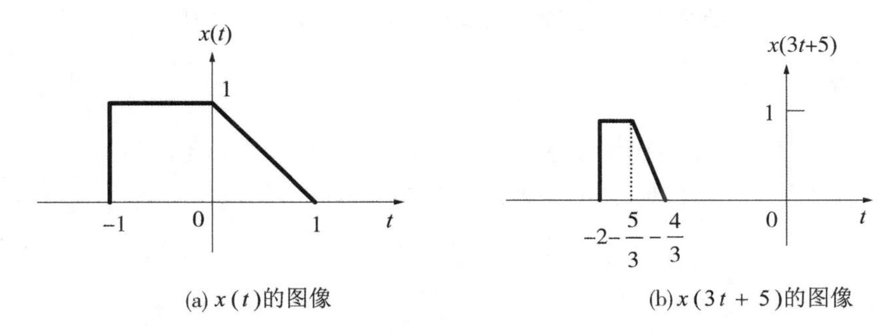

(a) $x(t)$的图像　　(b) $x(3t+5)$的图像

图 1.2.6　例题 1.2.1 图

解：

对于 $x(t)$函数，$t=-1$ 的点与 $x(3t+5)$函数 $t=-2$（此时 $3t+5=-1$）的点对应；

对于 $x(t)$函数，$t=-0$ 的点与 $x(3t+5)$函数 $t=-\frac{5}{3}$（此时 $3t+5=0$）的点对应；

对于 $x(t)$函数，$t=1$ 的点与 $x(3t+5)$函数 $t=-\frac{4}{3}$（此时 $3t+5=1$）的点对应。

则函数 $x(3t+5)$的图像如图 1.2.6(b)所示。

上面所讲的是连续信号的时间变换，离散信号的变换方法与之一致。

1.2.3　微分、积分

连续信号 $x(t)$的微分运算是指 $x(t)$对 t 求导数，记为 $x'(t)$：

$$x'(t)=\frac{\mathrm{d}x(t)}{\mathrm{d}t}=\lim_{\Delta t\to 0}\frac{x(t+\Delta t)-x(t-\Delta t)}{2\Delta t} \tag{1.2.1}$$

而连续信号 $x(t)$的积分运算是指 $x(t)$对 t 在区间$(-\infty,t)$求导，记为 $x^{-1}(t)$：

$$x^{-1}(t)=\int_{-\infty}^{t}x(\tau)\mathrm{d}\tau \tag{1.2.2}$$

本书中所有信号的微分和积分运算都是按式(1.2.1)、式(1.2.2)运算。微分和积分运算所得到的函数的自变量还是时间 t。

信号 $x(t)$的图像如图 1.2.7(a)所示，则其导数 $x'(t)$的图像如图 1.2.7(b)所示，积分 $x^{-1}(t)$的图像如图 1.2.7(c)所示。

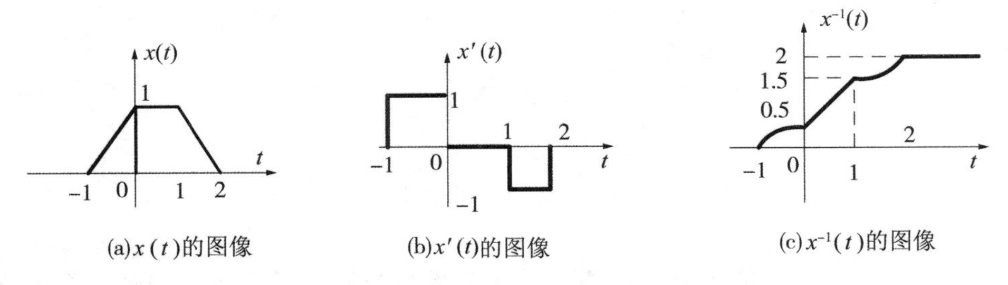

(a) $x(t)$的图像　　(b) $x'(t)$的图像　　(c) $x^{-1}(t)$的图像

图 1.2.7　信号的微分和积分运算

在电路中，信号的微分和积分运算一般用电容和电感元件实现。

1.2.4　差分、求和

对应连续信号的微分和积分运算，离散序列有差分和求和运算。

对于离散信号 $x(n)$，前向差分运算记为 $\Delta x(n)$，$\Delta x(n)$满足

$$\Delta x(n)=x(n)-x(n-1) \tag{1.2.3}$$

如信号 $x(n)=\left(\frac{1}{3}\right)^n$，则有

$$\Delta x(n)=x(n)-x(n-1)=\left(\frac{1}{3}\right)^n-\left(\frac{1}{3}\right)^{n-1}=-2\left(\frac{1}{3}\right)^n$$

同样，对于离散信号 $x(n)$，求和运算记为$\sum x(n)$，其求和运算为：

$$\sum x(n)=\sum_{i=-\infty}^{n} x(i) \tag{1.2.4}$$

1.3　基本信号介绍

这一节将要介绍几种重要的连续和离散信号。其重要性不仅是因为这些信号经常遇到，而且是因为这些基本信号可用来构成其他常规信号。

1.3.1　余弦信号

余弦信号是本书中常用的基本信号，余弦信号的表达式为

$$x(t)=A\cos(\omega_0 t+\theta) \tag{1.3.1}$$

式中，A 为振幅，ω_0 为角频率（弧度/秒），θ 为初始相位。其图形如图 1.3.1 所示，其周期为 $T=\frac{2\pi}{\omega_0}$，频率为 $f_0=\frac{1}{T}=\frac{\omega_0}{2\pi}$，$\omega_0=2\pi f_0$。

$x(t)=A\cos(\omega_0 t+\theta)$也称为**角频率为 ω_0 的单频信号**。

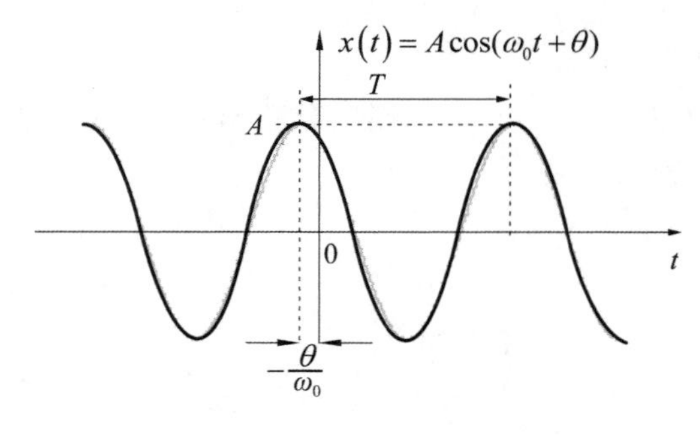

图 1.3.1　余弦信号

在本书中，余弦信号的**角频率 ω_0 是一个非常重要的概念，它反映了信号的变化快慢，**

ω_0 **越大,信号变化越大,即频率越高**。即:

(1) 当 $\omega_0=0$ 时,信号值不变,信号称为直流信号;

(2) 当 ω_0 很小时,信号变化较慢,信号称为低频信号;

(3) 当 ω_0 很大时,信号变化很快,信号称为高频信号。

该概念非常重要,是后面信号频域分析的基础。

1.3.2 指数信号

1. 实指数信号

实指数信号的函数表达式为

$$x(t)=C\mathrm{e}^{at} \tag{1.3.2}$$

式中,C、a 都是实常数,其图像如图 1.3.2 所示:当 $a>0$ 时,$x(t)$是随时间 t 增长的递增函数。当 $a<0$ 时,$x(t)$是随时间 t 增长的递减函数。当 $a=0$ 时,$x(t)$变为常数。

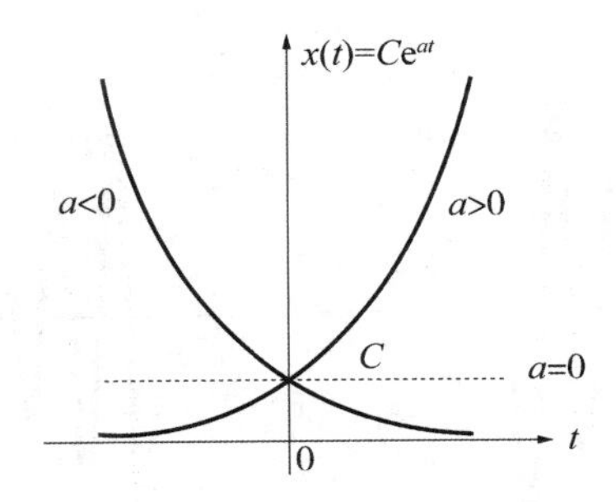

图 1.3.2 实指数信号图像

2. 虚指数信号

式(1.3.2)中,a 为虚数时,如 $a=\mathrm{j}\omega_0$ 时,则函数

$$x(t)=\mathrm{e}^{\mathrm{j}\omega_0 t} \tag{1.3.3}$$

为虚指数信号。这个信号有如下特点:

(1) 为周期信号,周期为$\dfrac{2\pi}{\omega_0}$。当 $T=\dfrac{2\pi}{\omega_0}$时,有

$$x(t+nT)=\mathrm{e}^{\mathrm{j}\omega_0(t+nT)}=\mathrm{e}^{\mathrm{j}\omega_0 t}\mathrm{e}^{\mathrm{j}n\omega_0 T}=\mathrm{e}^{\mathrm{j}\omega_0 t}\mathrm{e}^{\mathrm{j}2n\pi}=\mathrm{e}^{\mathrm{j}\omega_0 t}=x(t) \tag{1.3.4}$$

(2) 为复数信号。根据欧拉(Euler)公式

$$x(t)=\mathrm{e}^{\mathrm{j}\omega_0 t}=\cos\omega_0 t+\mathrm{j}\sin\omega_0 t \tag{1.3.5}$$

其实部和虚部分别为

$$\mathrm{Re}\{\mathrm{e}^{\mathrm{j}\omega_0 t}\}=\cos\omega_0 t \qquad \mathrm{Im}\{\mathrm{e}^{\mathrm{j}\omega_0 t}\}=\sin\omega_0 t$$

$\mathrm{e}^{\mathrm{j}\omega_0 t}$称为角频率为 ω_0 的单频复指数信号。

正弦信号和余弦信号也可用虚指数描述:

$$\cos\omega_0 t=\frac{e^{j\omega_0 t}+e^{-j\omega_0 t}}{2} \tag{1.3.6}$$

$$\sin\omega_0 t=\frac{e^{j\omega_0 t}-e^{-j\omega_0 t}}{2j} \tag{1.3.7}$$

3. 复指数信号

当 $a=r+j\omega_0$，C 为正常数时，函数

$$x(t)=Ce^{at}=Ce^{rt}e^{j\omega_0 t}=Ce^{rt}\cos\omega_0 t+jCe^{rt}\sin\omega_0 t \tag{1.3.8}$$

为复指数信号。其实部和虚部分别为：

$$\mathrm{Re}\{x(t)\}=Ce^{rt}\cos\omega_0 t \qquad \mathrm{Im}\{x(t)\}=Ce^{rt}\sin\omega_0 t$$

当 $r=0$ 时，复指数的实部和虚部都为正弦信号；当 $r>0$ 时，它们为振幅递增的正弦(或余弦)振荡信号；当 $r<0$ 时，它们为振幅递减的正弦(或余弦)振荡信号(通常称为阻尼正弦振荡)，其波形如图 1.3.3 所示。

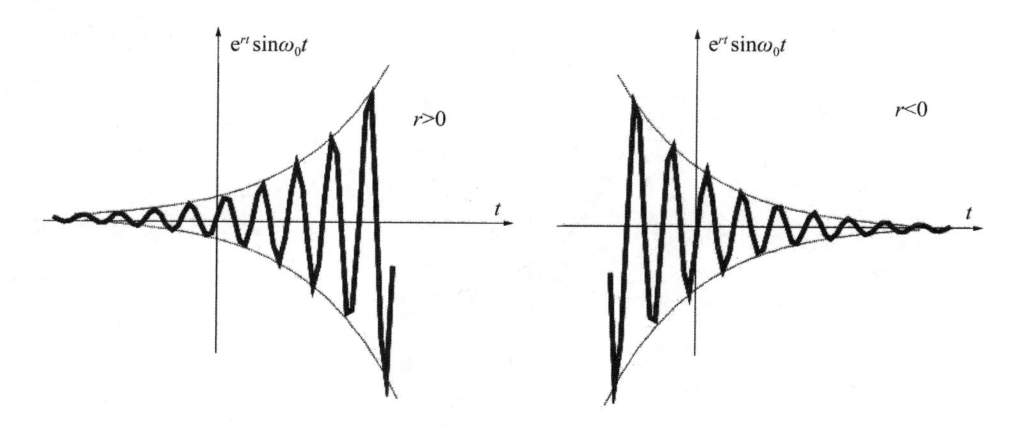

图 1.3.3　复指数信号的虚部波形

复数可用两种方式描述：复数形式和指数形式，如复数为 $a+jb$，转换为指数形式为

$$a+jb=\sqrt{a^2+b^2}\,e^{j\arctan\frac{b}{a}} \tag{1.3.9}$$

如复数

$$1+j2=\sqrt{5}\,e^{j\arctan 2}$$

复数的运算包括加减、乘除基本运算，复数 $a+jb$ 与复数 $c+jd$ 的计算方法如下：

$$a+jb+c+jd=(a+c)+j(b+d)=\sqrt{(a+c)^2+(b+d)^2}\,e^{j\arctan\frac{b+d}{a+c}} \tag{1.3.10}$$

$$\frac{a+jb}{c+jd}=\frac{(a+jb)(c-jd)}{c^2+d^2}=\frac{\sqrt{a^2+b^2}}{\sqrt{c^2+d^2}}e^{j\left(\arctan\frac{b}{a}-\arctan\frac{d}{c}\right)} \tag{1.3.11}$$

$$(a+jb)(c+jd)=ac-bd+j(ad+bc)=\sqrt{a^2+b^2}\,\sqrt{c^2+d^2}\,e^{j\left(\arctan\frac{b}{a}+\arctan\frac{d}{c}\right)} \tag{1.3.12}$$

这里列举的复数运算是后面章节将要用到的基本运算。

1.3.3 抽样信号

抽样信号是本书中非常重要的一个连续信号，记为 $\mathrm{Sa}(t)$，其定义为

$$\mathrm{Sa}(t)=\frac{\sin t}{t} \tag{1.3.13}$$

其图像如图 1.3.4 所示。该信号具有如下特点：

(1) 为偶函数，即：$\mathrm{Sa}(-t)=\mathrm{Sa}(t)$；

(2) 函数的最大值在 $t=0$ 时刻，满足$\lim\limits_{t\to 0}\mathrm{Sa}(t)=1$；

(3) 函数的零点满足$\mathrm{Sa}(t)\big|_{t=\pm n\pi}=0, n=1,2,\cdots$；

(4) 函数的幅值逐渐衰减为 0。

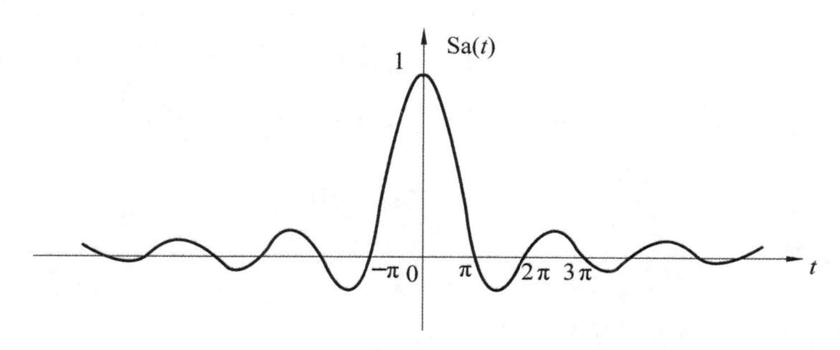

图 1.3.4　抽样函数图像

1.3.4 指数序列

与连续的复指数信号对应的离散复指数序列 $x(n)$，其定义为

$$x(n)=ca^n \tag{1.3.14}$$

1. 实指数序列

当 c、a 都为实数时，该序列为实指数序列。设 $c=1$，则 a 的不同取值对应 4 种不同的序列。如图 1.3.5 所示为用 MATLAB 软件画出的 4 不同实指数序列：

(1) 当 $a>1$ 时，函数值随 n 递增；

(2) 当 $0<a<1$ 时，函数值随 n 递减；

(3) 当 $a<-1$ 时，函数值随 n 交替递增；

(4) 当 $-1<a<0$ 时，函数值随 n 交替递减。

2. 虚指数序列

当 c 为实数，$a=\mathrm{j}\omega_0$ 时，序列为虚指数序列。设 $c=1$，则有

$$x(n)=\mathrm{e}^{\mathrm{j}\omega_0 n}=\cos\omega_0 n+\mathrm{j}\sin\omega_0 n \tag{1.3.15}$$

其实部、虚部分别为：

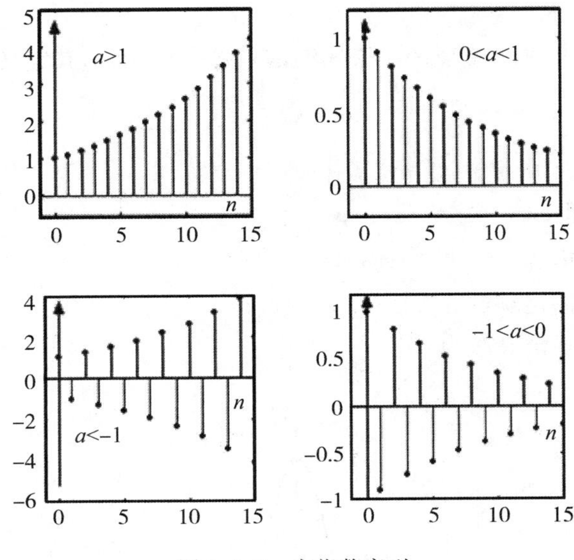

图 1.3.5　实指数序列

$$\mathrm{Re}\{e^{j\omega_0 n}\}=\cos\omega_0 n \qquad \mathrm{Im}\{e^{j\omega_0 n}\}=\sin\omega_0 n$$

正弦序列和余弦序列也可用虚指数描述：

$$\cos\omega_0 n=\frac{e^{j\omega_0 n}+e^{-j\omega_0 n}}{2} \tag{1.3.16}$$

$$\sin\omega_0 n=\frac{e^{j\omega_0 n}-e^{-j\omega_0 n}}{2j} \tag{1.3.17}$$

1.4　阶跃函数和冲激函数

阶跃函数和冲激函数是本书中用到的两个基本连续信号。这里将直观地引出阶跃函数和冲激函数的定义。

1.4.1　阶跃函数

阶跃函数记为 $\varepsilon(t)$，其定义为

$$\varepsilon(t)=\begin{cases}0, & t<0\\ \dfrac{1}{2}, & t=0\\ 1, & t>0\end{cases} \tag{1.4.1}$$

ε 的读音是艾普西隆(Epsilon)，$\varepsilon(t)$ 的函数图像如图 1.4.1 所示，当 $t<0$ 时，函数值为零，当 $t>0$ 时，函数值为 1；沿时间轴方向，函数在 0 时刻信号值发生“1”的跳变，所以称为阶跃函数。为了遵循函数值的连续性，定义中给出了 $\varepsilon(t)$ 在 $t=0$ 时刻的值，在实际应用中，一般不关心该点的值，而是将其理解为在 0 时刻函数值发生了 0 到 1 的跳变(或发生了

从无到有的变化)。

书中经常会用到 $\varepsilon(t)$ 的移位函数,即 $\varepsilon(t-t_0)$,其图像可根据 1.2 节中的信号平移方法画出,如函数 $\varepsilon(t-2)$ 的图像如图 1.4.2 所示。

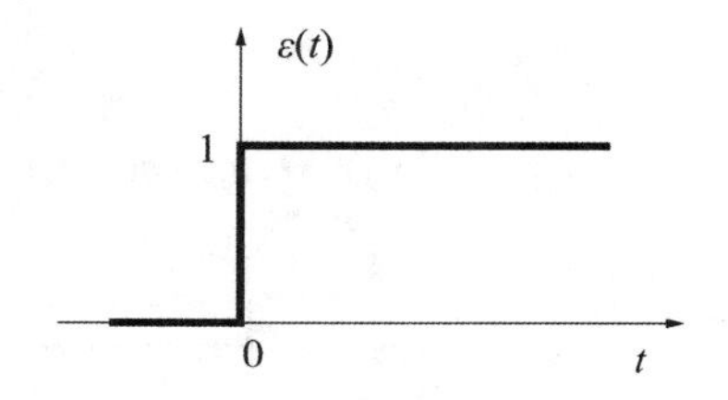

图 1.4.1 阶跃函数的图像

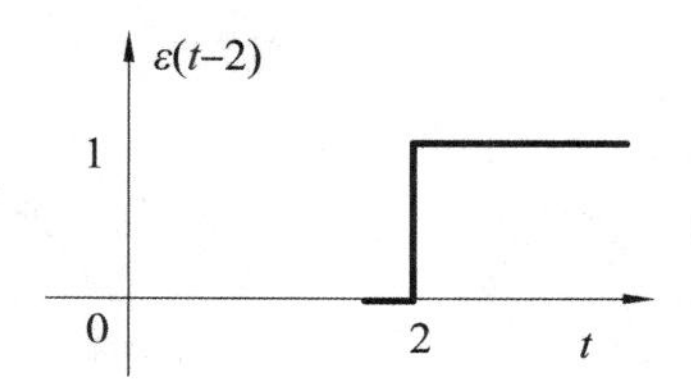

图 1.4.2 $\varepsilon(t-2)$ 的图像

1.4.2 阶跃函数的性质

1. 描述时间区域

如信号 $\varepsilon(t)-\varepsilon(t-2)$ 的图像如图 1.4.3 所示,描述时间区域[0,2]。即信号 $\varepsilon(t-t_1)-\varepsilon(t-t_2)(t_1<t_2)$ 描述时间区域$[t_1,t_2]$。

图 1.4.4 所描述的门函数 $g_\tau(t)$,其函数表达式为

$$g_\tau(t)=\varepsilon\left(t+\frac{\tau}{2}\right)-\varepsilon\left(t-\frac{\tau}{2}\right)$$

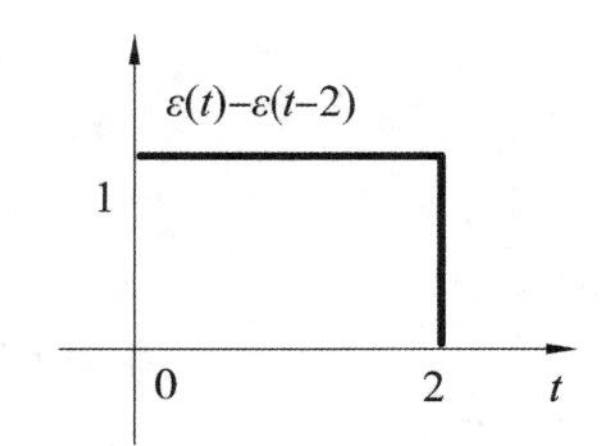

图 1.4.3 时间区域

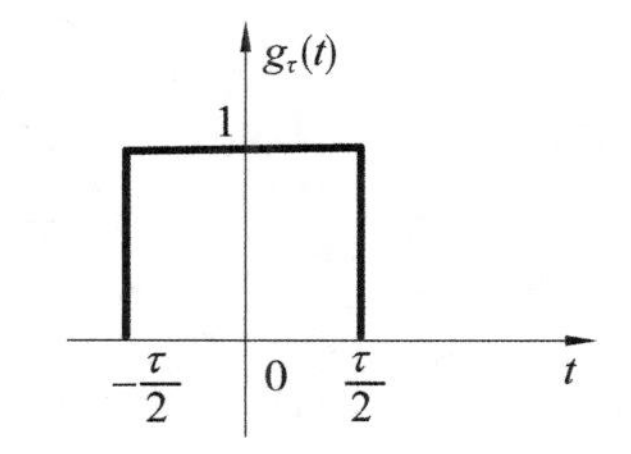

图 1.4.4 门函数图像

【例 1.4.1】 如图 1.4.5 所示的信号,求其函数表达式。

解:$x(t)=2[\varepsilon(t)-\varepsilon(t-1)]-[\varepsilon(t-1)-\varepsilon(t-2)]$

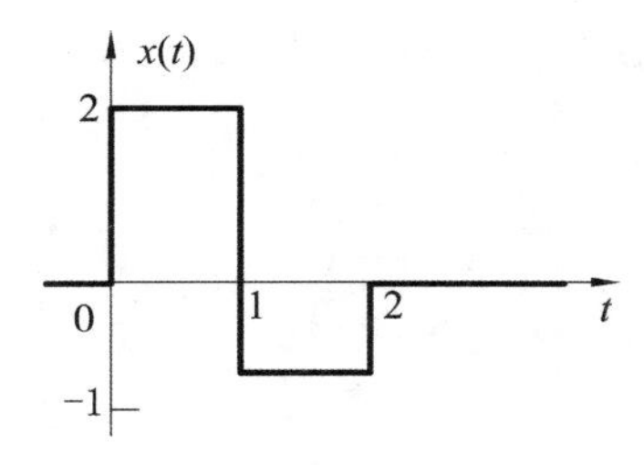

图 1.4.5 例 1.4.1 图

2. 用阶跃函数表示信号的作用区间

如图 1.4.6 所示，图(b) 描述了信号 $x(t)$ 在 $t>0$ 时起作用，而图(c) 描述了信号 $x(t)$ 在 $[t_1,t_2]$ 时起作用。

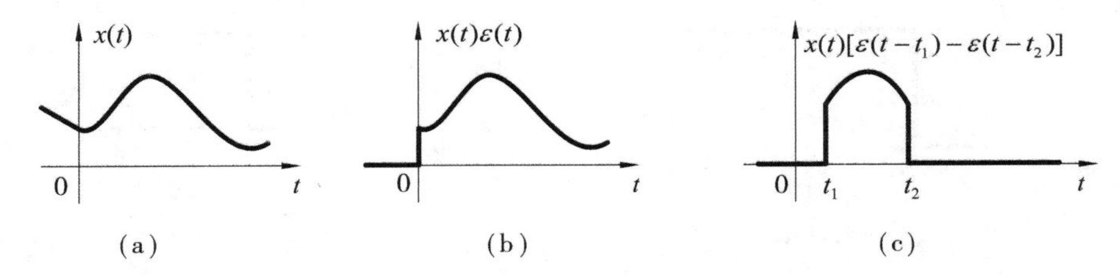

图 1.4.6　信号的不同作用区域

3. 积分和求导

根据 1.2.3 节中积分运算的定义，有

$$\varepsilon^{-1}(t)=\int_{-\infty}^{t}\varepsilon(\tau)\mathrm{d}\tau=\begin{cases}0, & t<0\\ t, & t>0\end{cases}=t\varepsilon(t) \tag{1.4.2}$$

其图像如图 1.4.7 所示。

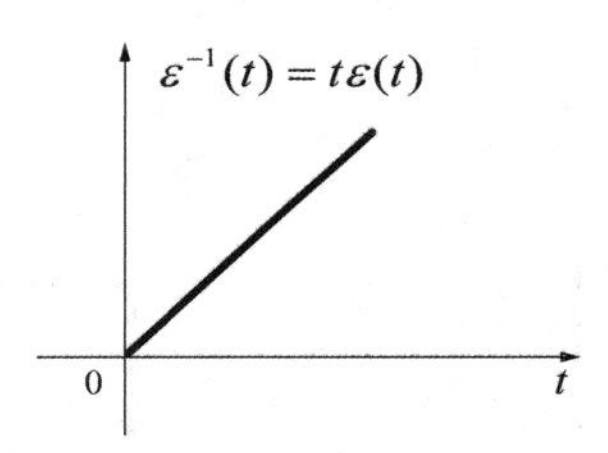

图 1.4.7　$\varepsilon^{-1}(t)$ 的图像

同样根据 1.2.3 节中微分运算的定义，有

$$\varepsilon'(t)=\lim_{\Delta t\to 0}\frac{x(t+\Delta t)-x(t-\Delta t)}{2\Delta t}$$

当 $t\neq 0$ 时，信号不变化，其导数值为 0；

当 $t=0$ 时，有 $\lim\limits_{\Delta t\to 0}\dfrac{x(0+\Delta t)-x(0-\Delta t)}{2\Delta t}=\lim\limits_{\Delta t\to 0}\dfrac{1-0}{2\Delta t}\to\infty$。

即有

$$\begin{cases}\varepsilon'(t)=0, & t\neq 0\\ \varepsilon'(t)\to\infty, & t=0\end{cases}$$

1.4.3　冲激函数

冲激函数记为 $\delta(t)$，其定义为

$$\begin{cases} \delta(t)=0, & t\neq 0 \\ \int_{-\infty}^{\infty}\delta(t)\mathrm{d}t=1 \end{cases} \tag{1.4.3}$$

当 $t\neq 0$ 时，$\delta(t)=0$，则有 $\int_{-\infty}^{\infty}\delta(t)\mathrm{d}t=\int_{-\infty}^{0_-}\delta(t)\mathrm{d}t+\int_{0_-}^{0_+}\delta(t)\mathrm{d}t+\int_{0_+}^{\infty}\delta(t)\mathrm{d}t=1$，可变为

$$\int_{0_-}^{0_+}\delta(t)\mathrm{d}t=1 \tag{1.4.4}$$

其中 0_- 为从时间轴左边无穷接近 0 的点，而 0_+ 为从时间轴右边无穷接近 0 的点，即积分区域是在 0 附近的无限小区域，而积分值为 1，则有

$$\begin{cases} \delta(t)=0, & t\neq 0 \\ \delta(t)\to\infty, & t=0 \end{cases} \tag{1.4.5}$$

其函数图像如图 1.4.8 所示，图像中的"(1)"表示的是 1 个 $\delta(t)$。

函数 $\delta(t-t_0)$，当 $t_0>0$ 时的图像如图 1.4.9 所示。

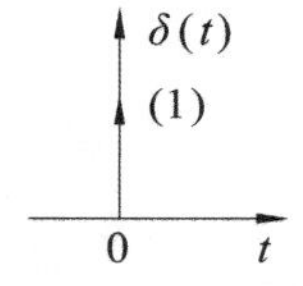

图 1.4.8　$\delta(t)$ 的图像

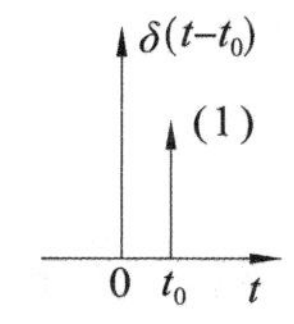

图 1.4.9　$\delta(t-t_0)$ 的图像

由式(1.4.3)和式(1.4.4)可得 $\delta(t)$ 的积分满足

$$\int_{-\infty}^{t}\delta(\tau)\mathrm{d}\tau=\begin{cases} 0, & t<0 \\ 1, & t>0 \end{cases}=\varepsilon(t) \tag{1.4.6}$$

有

$$\delta(t)=\frac{\mathrm{d}\varepsilon(t)}{\mathrm{d}(t)} \tag{1.4.7}$$

$\delta(t)$ 为 $\varepsilon(t)$ 的导数，即如信号在 0 时刻函数值产生"1"的跳变，则其导数为 $\delta(t)$。$\delta(t)$ 不同于普通函数，称为奇异函数。研究奇异函数的性质要用到广义函数(或分配函数)的理论，这里只讲述其对应的物理特性，其数学分析方法请参考相应教材内容。

【例 1.4.2】　如图 1.4.10(a)所示的信号，求其导数。

解：可采用如下两种方法计算。

(1) 采用图形分析的方法。

$t=-1$ 时刻，信号值发生 2 的跳变，其导数为 $2\delta(t+1)$；

$t=1$ 时刻，信号值发生 -2 的跳变，其导数为 $-2\delta(t-1)$；

其他时刻信号的值保持不变，导数为 0。

所以有

$$x'(t) = 2\delta(t+1) - 2\delta(t-1)$$

即其导数图像如图 1.4.10(b) 所示。

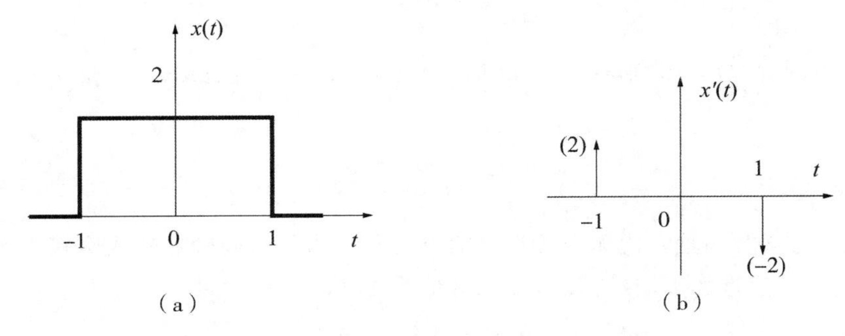

图 1.4.10　例 1.4.2 图

(2) 采用函数运算的方法。

信号为

$$x(t) = 2[\varepsilon(t+1) - \varepsilon(t-1)]$$

则有

$$x'(t) = 2\delta(t+1) - 2\delta(t-1)$$

1.4.4　冲激函数的性质

$\delta(t)$ 具有如下性质：

(1) 为 $\varepsilon(t)$ 的导数。如式(1.4.7) 描述。

(2) 取样性质。与连续信号相乘时，实现对连续信号的取样，可由下式表示

$$x(t)\delta(t) = x(0)\delta(t) \tag{1.4.8-1}$$

$$x(t)\delta(t-a) = x(a)\delta(t-a) \tag{1.4.8-2}$$

证明：

式(1.4.8-1) 中，$x(t)\delta(t)$ 在 $t \neq 0$ 时为 0，在 $t = 0$ 时为 $x(0)\delta(0)$；

而 $x(0)\delta(t)$ 在 $t \neq 0$ 时为 0，在 $t = 0$ 时为 $x(0)\delta(0)$，即在整个时间区域 $x(t)\delta(t)$ 都与 $x(0)\delta(t)$ 相等，有

$$x(t)\delta(t) = x(0)\delta(t)$$

如图 1.4.11 所示，取样性质可理解为：在 $x(0)\delta(t)$ 中，$\delta(t)$ 表示时刻 0，$x(0)$ 表示该时刻的值。即 $x(0)\delta(t)$ 表示取样 0 时刻的函数值为 $x(0)$。

【例 1.4.3】　求信号 $x(t) = e^{-2t}\varepsilon(t)$ 的导数。

解：$\frac{d}{dt}[e^{-2t}\varepsilon(t)] = e^{-2t}\delta(t) - 2e^{-2t}\varepsilon(t) = \delta(t) - 2e^{-2t}\varepsilon(t)$

(3) $\delta(t)$ 为偶函数，有

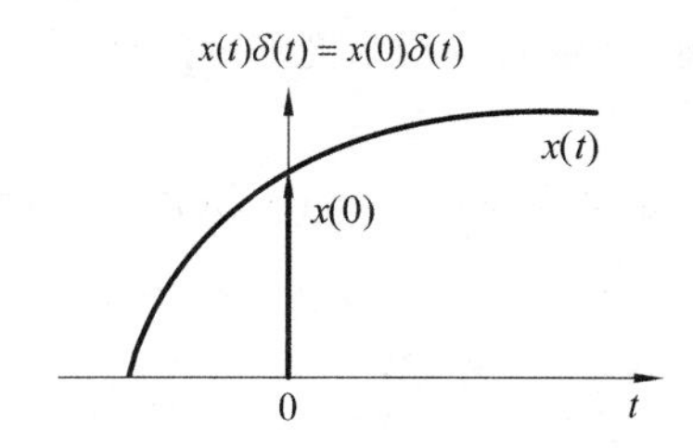

图 1.4.11 $\delta(t)$ 函数的取样性质

$$\delta(t)=\delta(-t) \tag{1.4.9}$$

冲激函数是最基本的函数，由它可以构造其他所有函数，这将会在第 2 章中讲解。

1.4.5 冲激函数的导数

冲激函数的导数记为 $\delta'(t)$，也是一个奇异函数，在 $t=0$ 时刻，其导数满足：

$$\delta'(t)\big|_{t=0}=\lim_{\Delta t\to 0}\frac{\delta(0)-\delta(0-\Delta t)}{\Delta t}=\lim_{\Delta t\to 0}\frac{\infty-0}{\Delta t}=\infty\text{（时间从左边接近于零）}$$

或者

$$\delta'(t)\big|_{t=0}=\lim_{\Delta t\to 0}\frac{\delta(0-\Delta t)-\delta(0)}{\Delta t}=\lim_{\Delta t\to 0}\frac{0-\infty}{\Delta t}=-\infty\text{（时间从右边接近于零）}$$

即 $\delta'(t)$ 在 0 时刻有两个值 ∞ 或 $-\infty$，其他时刻的值为零。其数学特性请参考广义函数（或分配函数）的理论，这里不再讲述。在本书中只需掌握它是 $\delta(t)$ 的导数即可。

1.5 单位序列和单位阶跃序列

在离散序列中，也有两个基本序列，即单位序列和单位阶跃序列。

1.5.1 单位（样值）序列

单位序列也称为样值序列，记为 $\delta(n)$，其定义为

$$\delta(n)\overset{\text{def}}{=}\begin{cases}1, & n=0\\0, & n\neq 0\end{cases} \tag{1.5.1}$$

其图像如图 1.5.1 所示。其移位函数 $\delta(n-n_0)$ 的图像如图 1.5.2 所示，这里 $n_0>0$；如果 $n_0<0$，则不为零的点在横轴的左边。

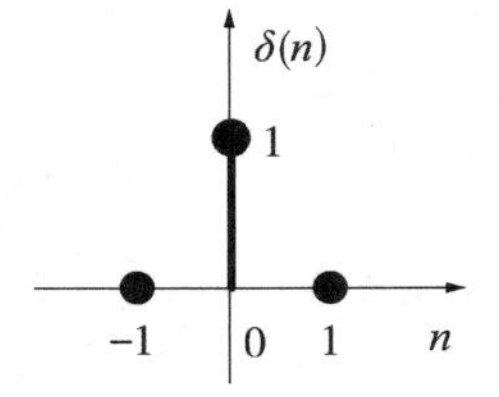

图 1.5.1 单位序列 $\delta(n)$ 的图像

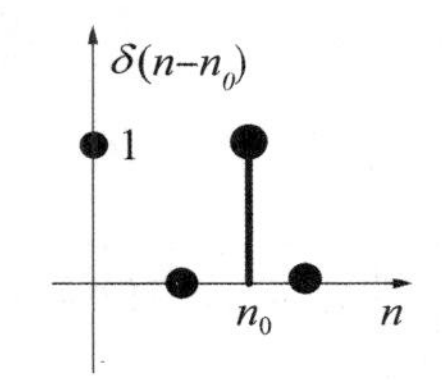

图 1.5.2 $\delta(n-n_0)$ 的图像

单位序列是最基本的序列，可由其构成其他序列。对于一般序列 $x(n)$，可用 $\delta(n)$ 序列描述为

$$x(n)=\cdots+x(-1)\delta(n+1)+x(0)\delta(n)+x(1)\delta(n-1)+\cdots \quad (1.5.2\text{-}1)$$

即有

$$x(n)=\sum_{i=-\infty}^{\infty}x(i)\delta(n-i) \quad (1.5.2\text{-}2)$$

图 1.5.3 所示序列，可用 $\delta(n)$ 表示为：

$$x(n)=\delta(n+1)+2\delta(n)+(-1.5)\delta(n-1)+2\delta(n-2)+\delta(n-4)$$

$\delta(n)$ 与其他序列相乘时满足如下公式：

$$x(n)\delta(n)=x(0)\delta(n) \quad (1.5.3\text{-}1)$$

$$x(n)\delta(n-n_0)=x(n_0)\delta(n-n_0) \quad (1.5.3\text{-}2)$$

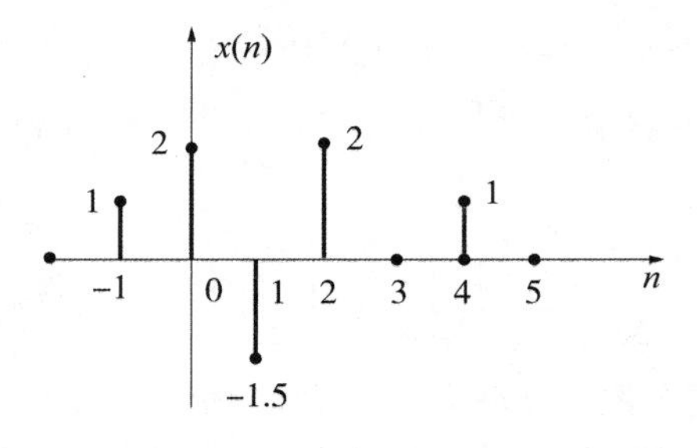

图 1.5.3　离散序列

1.5.2　单位阶跃序列

单位阶跃序列记为 $\varepsilon(n)$，其定义为

$$\varepsilon(n)\overset{\text{def}}{=}\begin{cases}1, & n\geqslant 0\\ 0, & n<0\end{cases} \quad (1.5.4)$$

其图像如图 1.5.4 所示。

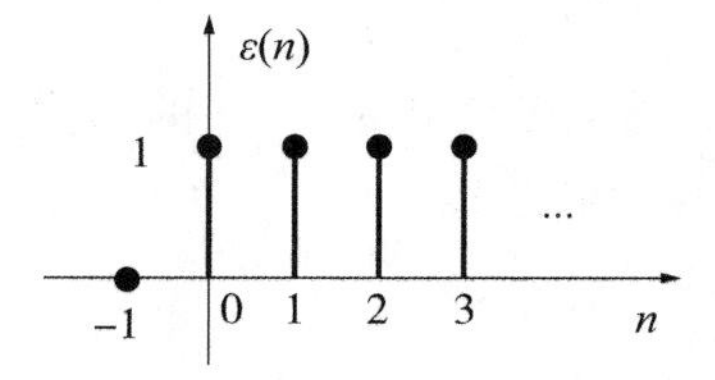

图 1.5.4　$\varepsilon(n)$ 序列的图像

单位阶跃序列是本书中的最常见序列，其特性如下：

1. $\boldsymbol{\varepsilon}(\boldsymbol{n})$ 与 $\boldsymbol{\delta}(\boldsymbol{n})$ 的关系

$$\delta(n) = \varepsilon(n) - \varepsilon(n-1) \tag{1.5.5}$$

$$\varepsilon(n) = \sum_{i=-\infty}^{n} \delta(i) \tag{1.5.6}$$

式(1.5.5)表明：$\varepsilon(n)$ 的差分运算等于 $\delta(n)$。

式(1.5.6)中，右边项当 $n<0$ 时求和为0，当 $n \geqslant 0$ 时求和为1，与 $\varepsilon(n)$ 的定义一致，即式左边等于右边。式(1.5.6)表明：$\delta(n)$ 的求和运算等于 $\varepsilon(n)$。

比较这两式与式(1.4.6)和式(1.4.7)可得：连续信号的求导和积分运算对应着离散信号的差分和求和运算，$\varepsilon(t)$ 和 $\delta(t)$ 的关系与 $\varepsilon(n)$ 和 $\delta(n)$ 的关系是一样的。

2. 描述序列的时间区域

序列 $x(n) = \varepsilon(n) - \varepsilon(n-4)$ 的图像如图1.5.5所示，序列在 $n=0,1,2,3$ 时为1，其他时刻为0。注意它与函数 $x(t) = \varepsilon(t) - \varepsilon(t-4)$ 的不同(函数 $x(t)$ 在时间区间[0,4]为1，其他区间为0)。

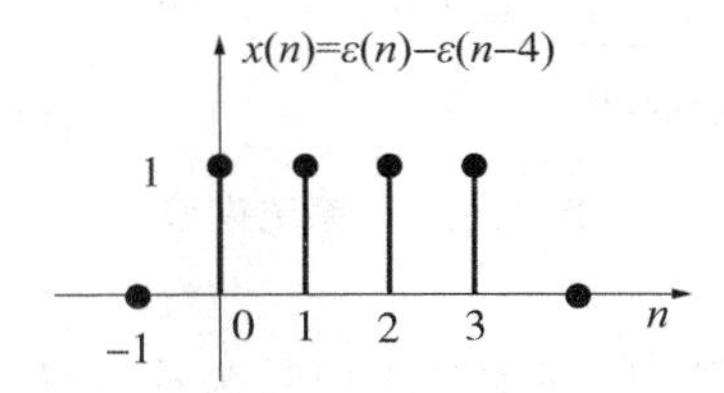

图1.5.5　$x(n) = \varepsilon(n) - \varepsilon(n-4)$ 的图像

1.6　系统的性质及分类

1.6.1　系统的定义

从广义的角度上来看，若干相互作用、相互联系的事物按一定规律组成具有特定功能的整体称为系统。在本书中，一个系统可具体看作一个过程，在该过程中，**系统对输入信号进行处理，并得到输出信号**。在系统分析中，**系统、输入信号、输出信号是三个基本要素**。如图1.6.1所示的一个简单电源供电系统：系统由电源 E、电阻 R、电容 C、负载 R_L 和连接线构成。输入信号为电源电压，输出信号为负载 R_L 两端的电压 u_{R_L}。由后面分析可以得出，设置合适的 R、C 值，当电源中含高频杂波时，该电路的功能是滤除杂波(高频信号)，使负载的电压更稳定。

1.6.2　连续系统与离散系统

若系统的输入信号是连续信号，输出信号也是连续信号，则称该系统为连续时间系

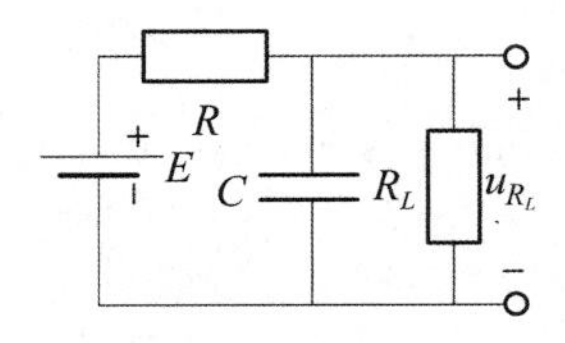

图 1.6.1　RC 滤波电路

统,简称为**连续系统**。

若系统的输入信号和输出信号均是离散信号,则称该系统为离散时间系统,简称为**离散系统**。

信号放大等系统为连续系统,而信号的计算机处理是离散系统。实际上,离散系统通常会与连续系统组合运用,这种情况称为混合系统。

对于单输入信号、单输出信号的系统,系统、输入信号、输出信号的相互关系可用图 1.6.2 表示:

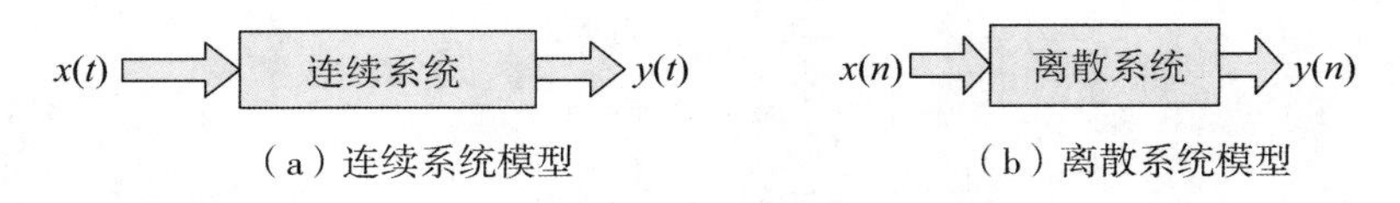

(a) 连续系统模型　　(b) 离散系统模型

图 1.6.2　系统模型

图(a) 描述的是连续系统模型,图中输入信号为连续信号,用 $x(t)$ 表示,输入信号简称为**激励**。输出连续信号用 $y(t)$ 表示,输出信号简称为**响应**。

图(b) 描述的是离散系统模型,图中激励为离散序列,用 $x(n)$ 表示;响应也为离散序列,用 $y(n)$ 表示。

系统、激励和响应间的关系也可用如下符号表示:

$$y(t) = T[x(t)] \tag{1.6.1-1}$$

$$y(n) = T[x(n)] \tag{1.6.1-2}$$

$$y(\cdot) = T[x(\cdot)] \tag{1.6.2}$$

式(1.6.1-1) 为连续系统模型,$x(t)$ 为激励,T 为系统,其物理意义为,激励通过系统处理后,得到响应 $y(t)$;式(1.6.1-2) 为离散系统模型。式(1.6.2) 则是连续系统和离散系统的统一模型;$x(n)$、$x(t)$ 统一表示为 $x(\cdot)$,$y(n)$、$y(t)$ 统一表示为 $y(\cdot)$。

1.6.3　模拟系统与数字系统

若系统的输入信号和输出信号都是模拟信号,则称该系统为模拟系统。因模拟信号又称为连续信号,**模拟系统又称为连续系统**。

若系统的输入信号和输出信号都是数字信号,则称该系统为数字系统。因数字信号又称为离散信号,**数字系统又称为离散系统**。

本书中，在描述滤波器等系统时，就将其分为**模拟滤波器和数字滤波器两类**。

1.6.4　简单系统举例

如图1.6.3所示的连续系统（电路图），电源电压 $E=5\text{V}$，在 $t<0$ 时，系统是稳定的。K 在 $t=0$ 时刻闭合，电容两端的电压 $u_c(t)$ 响应。

系统分析时首先要确定激励和响应信号。该系统是一个非常简单的系统，输出信号为 $u_c(t)$，但没有给出激励，通过分析不难发现，开关 K 闭合后，电源加入系统中，在电系统中，电源（电压源、电流源）一般看作激励（输入信号），所以该系统的激励为电源电压 $x(t)$，其满足：

$$x(t)=5\varepsilon(t) \tag{1.6.3}$$

式(1.6.3)表示激励在 $t>0$ 时间区域起作用。在这里需要指出的是，在理想的物理模型中，开关的“断开”或“导通”动作都是瞬时的，即在时间的一个点完成（实际上，这些动作是有一定的持续时间的）。

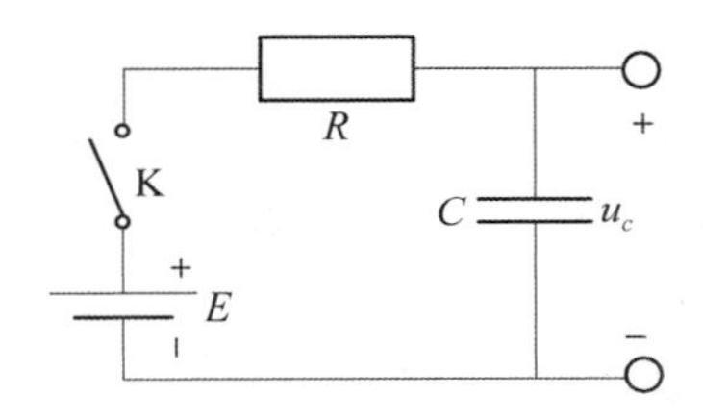

图 1.6.3　一个简单系统

随后就是根据系统组成和物理特性，确定激励和响应间的关系。在该系统中，根据基尔霍夫电流定律（KCL）和基尔霍夫电压定律（KVL），不难得出激励和响应间的关系：

$$u_c'(t)+\frac{1}{RC}u_c(t)=\frac{1}{RC}x(t) \tag{1.6.4}$$

式(1.6.2)为一个简单的微分方程，方程的左边为响应，右边为激励，是一个一阶微分方程（响应的最高导数阶数为 r，则为 r 阶微分方程）。

完整描述该系统，还需给出初始条件，对于式(1.6.4)的一阶微分方程，须先确定 $u_c(0_-)$ 的值，即：开关闭合前电容两端的电压初始值，这里 $u_c(0_-)=0$。

系统结构一样时，不同的响应信号对应的输入输出关系会完全不一样，图1.6.3中，将电阻两端的电压 u_R 作为响应时，激励和响应的关系为：

$$u_R'(t)+\frac{1}{RC}u_R(t)=x'(t) \tag{1.6.5}$$

对于离散系统，也可列举一个简单例子：在计算机（或单片机）进行温度信号采样时，采样信号（激励）记为 $x(n)$，为了减小采样误差和干扰信号的影响，前3个采样的平均值作为响应（输出序列）$y(n)$，则输入输出间的关系为：

$$y(n)=\frac{x(n)+x(n-1)+x(n-2)}{3} \tag{1.6.6}$$

式(1.6.3)为一个简单的差分方程,方程的左边为响应,右边为激励,是个零阶差分方程。

系统的响应和激励一般可以用微分(或差分)方程来描述(还可以用其他方式表示);实际的物理系统分析中,可将其转换为对应的数学模型,即将连续系统转换为由激励和响应构成的微分方程,而离散系统要转换为由激励和响应构成的差分方程。

1.6.5　系统的基本构成单元及其框图描述

1. 系统的基本单元

连续系统的基本单元主要有:加法器、积分器、数乘器和延时器。其对应的框图如图 1.6.4 所示,左边为激励,右边为响应。这些基本单元在不同学科,其具体实现方式不同,如在电子信息专业加法器和数乘器可由运放实现,积分器可由电容实现,延时器可由数字电路实现。

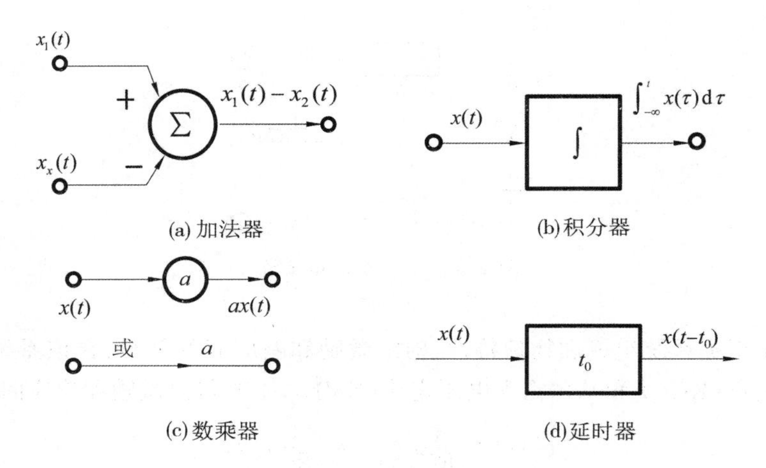

图 1.6.4　连续系统基本单元

离散系统的基本单元主要有加法器、数乘器和延时单元。其对应的框图如图 1.6.5 所示。

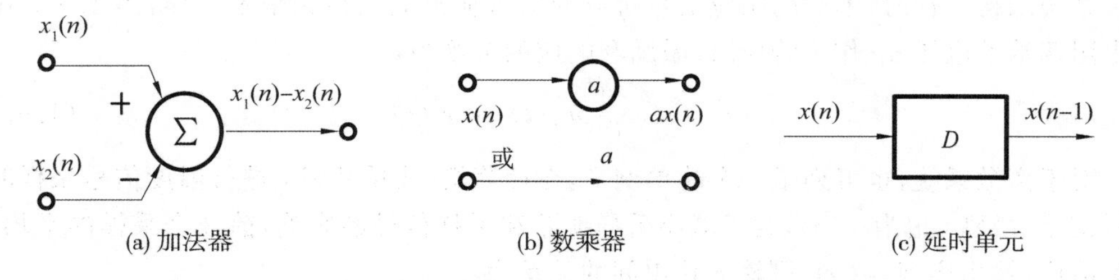

图 1.6.5　离散系统的基本单元

2. 系统的框图描述

框图是应用基本单元来描述系统输入和输出间的数学关系，是系统的一种抽象描述方式。

图1.6.6所示系统与式(1.6.4)为同一系统(具体转换过程在后面章节讲述)。而方程式(1.6.6)对应的离散系统框图表述为图1.6.7。

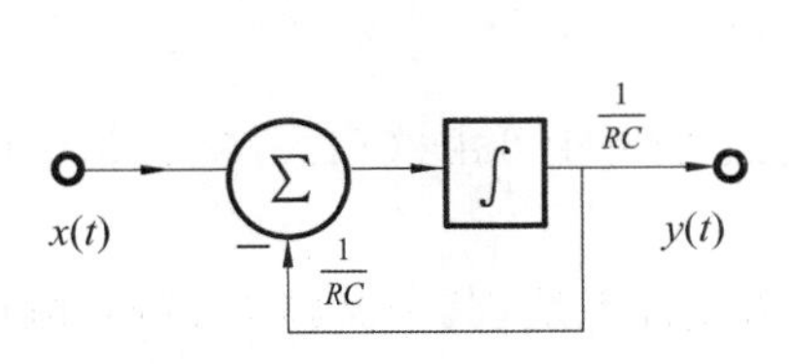

图1.6.6 方程(1.6.5)的框图表示

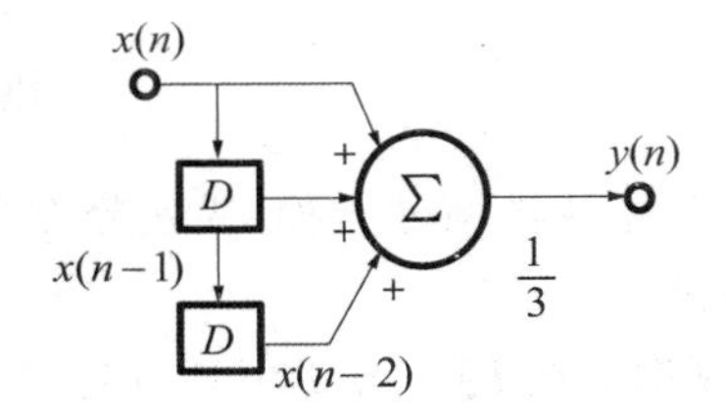

图1.6.7 方程(1.6.6)的框图表示

1.6.6 系统的分类

根据系统的不同特点，可将系统进行不同的分类：除了连续系统与离散系统、模拟系统与数字系统外，还可以分为动态系统与即时系统、线性系统与非线性系统、时不变系统与时变系统、因果系统与非因果系统、稳定系统与不稳定系统等。

1. 动态系统与即时系统

若系统在任一时刻的响应不仅与该时刻的激励有关，而且与它过去的历史状况有关，则称为**动态系统**或记忆系统。含有记忆元件(电容、电感等)的系统是动态系统。否则称为**即时系统**或无记忆系统。

2. 线性系统与非线性系统

线性系统：指满足线性性质的系统，即系统满足齐次性和可加性。

如图1.6.8所示系统模型，激励 $x(\cdot)$、响应 $y(\cdot)$ 与系统间关系的数学表达式为

$$y(\cdot)=T[x(\cdot)] \quad \text{或者} \quad x(\cdot)\rightarrow y(\cdot)$$

图1.6.8 系统模型

齐次性可描述为：

$$\text{如 } x(\cdot)\rightarrow y(\cdot) \text{ 则有 } ax(\cdot)\rightarrow ay(\cdot) \tag{1.6.7}$$

其物理意义为：如激励增大 a 倍，响应也增大 a 倍。

可加性可描述为：

$$\left.\begin{array}{l} x_1(\cdot) \rightarrow y_1(\cdot) \\ x_2(\cdot) \rightarrow y_2(\cdot) \end{array}\right\} \quad \text{则有 } x_1(\cdot)+x_2(\cdot) \rightarrow y_1(\cdot)+y_2(\cdot) \tag{1.6.8}$$

其物理意义为：两信号之和作用到系统所得到的响应等于两信号分别作用到系统所得响应之和。

齐次性和可加性可综合成下面一个表达式，即线性系统的特性为：

$$\left.\begin{array}{l} x_1(\cdot) \rightarrow y_1(\cdot) \\ x_2(\cdot) \rightarrow y_2(\cdot) \end{array}\right\} \quad \text{则有 } ax_1(\cdot)+bx_2(\cdot) \rightarrow ay_1(\cdot)+by_2(\cdot) \tag{1.6.9}$$

当系统由微分方程(或差分方程)描述时，系统是否线性可由式(1.6.7)、式(1.6.8)来判断。

【例 1.6.1】　分析下列方程所描述的系统是否为线性系统，其中激励为 $x(\cdot)$，响应为 $y(\cdot)$。

(1) $y''(t)+3y'(t)+2y(t)=x'(t)+x(t)$

(2) $y''(t)+3y'(t)+2y^2(t)=x'(t)+x(t)$

(3) $y(n)+y(n-1)+0.24y(n-2)=x(n)+x(n-1)$

(4) $y(n)y(n-1)+0.24y(n-2)=x(n)+x(n-1)$

解：方程(1) 中，有 $x(t) \rightarrow y(t)$，设激励 $ax(t)$ 所对应的响应为 $ay(t)$。

将响应和激励代入方程(1) 中，方程左边为

$$(ay(t))''+3(ay(t))'+2ay(t)=a[y''(t)+3y'(t)+2y(t)]$$

方程右边为

$$(ax(t))'+ax(t)=a[x'(t)+x(t)]$$

方程左边和右边相等，假设成立，即方程满足齐次性。

可加性也可以根据定义证明。设：

$$x_1(t) \rightarrow y_1(t),\ x_2(t) \rightarrow y_2(t)$$

即有

$$y_1''(t)+3y_1'(t)+2y_1(t)=x_1'(t)+x_1(t)$$
$$y_2''(t)+3y_2'(t)+2y_2(t)=x_2'(t)+x_2(t)$$

假设 $x_1(t)+x_2(t) \rightarrow y_1(t)+y_2(t)$ 成立，

将响应和激励代入方程(1) 中，方程左边为

$$\begin{aligned}&[y_1(t)+y_2(t)]''+3[y_1(t)+y_2(t)]'+2[y_1(t)+y_2(t)]\\ &=[y_1''(t)+3y_1'(t)+2y_1(t)]+[y_2''(t)+3y_2'(t)+2y_2(t)]\end{aligned}$$

方程右边为

$$[x_1(t)+x_2(t)]'+[x_1(t)+x_2(t)]=[x_1'(t)+x_1(t)]+[x_2'(t)+x_2(t)]$$

方程左边和右边相等，假设成立，即方程满足可加性，即方程描述的系统为线性系统。

方程(2) 中，有 $x(t) \rightarrow y(t)$，设激励 $ax(t)$ 所对应的响应为 $ay(t)$。

将响应和激励代入方程(2) 中，方程左边为

$$(ay(t))''+3(ay(t))'+2(ay^2(t))=a[y''(t)+3y'(t)+2ay(t)]$$

方程右边为

$$(ax(t))'+ax(t)=a[x'(t)+x(t)]$$

方程左边和右边不相等，假设不成立，即方程不满足齐次性。系统为非线性系统。

采用以上分析方法，不难证明：差分方程(3)描述的是线性系统；差分方程(4)描述的是非线性系统。

对于方程所描述的系统是否为线性系统可依照如下结论判断：

由 $x(t)$、$y(t)$ 及其各阶导数组成的微分方程中，只含这些项的线性叠加，不含这些项的相乘项，系统为线性系统。

由 $x(n)$、$y(n)$ 及其各阶延时项组成的差分方程中，只含这些项的线性叠加，不含这些项的相乘项，系统为线性系统。

3. 时不变系统与时变系统

如果描述系统的**方程参数不随时间变化，则称系统为时不变系统**；如果系统的**参数随时间改变，则称为时变系统**。

例 1.6.1 中的 4 个系统都是时不变系统。而下面的方程

$$y''(t)+3ty'(t)+2y(t)=x'(t)+x(t)$$

描述的系统则为时变系统。

4. 因果系统与非因果系统

因果系统的输出仅与当前与过去的输入有关，而与将来的输入无关。因此，因果系统是"物理可实现的"。

【例 1.6.2】　分析下列系统是否为因果系统，其中激励为 $x(\cdot)$，响应为 $y(\cdot)$。

(1) $y'(t)=x(t-1)$　(2) $y(n)=x(n)+x(n-1)$　(3) $y(t)=x(t+1)$

(4) $y(t)=x(2t)$　(5) $y(t)=x(0.5t)$　(6) $\begin{cases} y(t)=x(2t), t>0 \\ y(t)=0, t<0 \end{cases}$

(7) $\begin{cases} y(t)=x(0.5t), t>0 \\ y(t)=0, t<0 \end{cases}$

解：(1)、(2) 系统响应在激励之后，为因果系统。

(3) 取 $t=0$，则有 $y(1)=x(2)$，系统的输出值与将来的输入值有关，为非因果系统。

(4) 取 $t=1$，则有 $y(1)=x(2)$，系统的输出值与将来的输入值有关，为非因果系统。

(5) 取 $t=-2$，则有 $y(-2)=x(-1)$，系统的输出值与将来的输入值有关，为非因果系统。

(6) 取 $t=1$，则有 $y(1)=x(2)$，系统的输出值与将来的输入值有关，为非因果系统。

(7) 当 $t>0$ 时，系统为因果系统，而当 $t<0$ 时，系统也为因果系统，所以该系统为因果系统。

5. 稳定系统与不稳定系统

一个系统，若对有界的激励 $x(t)$ 所产生的响应也是有界时，则称该系统为有界输入有界输出稳定，简称稳定。即若 $|x(\cdot)|<\infty$，其 $|y(\cdot)|<\infty$，则称系统是稳定的。

【例 1.6.3】 分析下列系统是否为稳定系统，其中激励为 $x(\cdot)$，响应为 $y(\cdot)$。

(1) $x(t)=\varepsilon(t), y(t)=\varepsilon(t)+\mathrm{e}^{-t}\varepsilon(t)$

(2) $x(n)=\varepsilon(n), y(n)=\varepsilon(n)+(-0.1)^n\varepsilon(n)$

(3) $x(t)=\varepsilon(t), y(t)=\varepsilon(t)+\mathrm{e}^{t}\varepsilon(t)$

(4) $x(n)=\varepsilon(n), y(n)=\varepsilon(n)+(2)^n\varepsilon(n)$

解：(1) $x(t)$ 有界，$y(t)$ 也有界，为稳定系统。

(2) $x(n)$ 有界，$y(n)$ 也有界，为稳定系统。

(3) $x(t)$ 有界，$t\to\infty$ 时 $y(t)\to\infty$，为不稳定系统。

(4) $x(n)$ 有界，$n\to\infty$ 时 $y(n)\to\infty$，为不稳定系统。

1.7 线性时不变系统

线性时不变系统(Linear Time-Invariant) 简称为 LTI 系统，顾名思义，系统既是线性系统也是时不变系统。本书中所讨论的系统都是线性时不变系统，简称为 LTI 系统，包括连续系统和离散系统。

对于非线性系统，其数学分析方法非常复杂，在实际分析中，一般将非线性系统近似为多个线性系统。

1.7.1 零输入响应和零状态响应

在 LTI 系统的响应分析中，常将响应分解为零输入响应和零状态响应。

系统的响应不但与激励有关，而且和系统的初始条件有关。设激励在 $t=0$ 时刻接入，式(1.6.1) 在考虑初始状态时，则变为

$$y(t)=T[x(t),\{y(0_-),y'(0_-),\cdots\}] \tag{1.7.1-1}$$

$$y(n)=T[x(n),\{y(-1),y(-2),\cdots\}] \tag{1.7.1-2}$$

式(1.7.1-1) 中 $\{y(0_-),y'(0_-),\cdots\}$ 为响应的初始值，0_- 表示激励接入前的时刻，其物理意义将在第 2 章中具体解释。对于 r 阶微分方程，初始值需有 r 个，从 $y(0_-)$，$y'(0_-)$，…，到 $y^{r-1}(0_-)$。同样式(1.7.1-2) 中 $\{y(-1),y(-2),\cdots\}$ 为响应的初始值，对于 r 阶差分方程，初始值也需要 r 个，从 $y(-1),y(-2),\cdots$，到 $y(-r)$。

1. 零输入响应

零输入响应记为 $y_{zi}(\cdot)$，即激励为零，只由初始条件产生的响应；其中符号 $y_{zi}(\cdot)$ 的下标“zi”为“zero input”的缩写。满足

$$y_{zi}(t)=T[0,\{y(0_-),y'(0_-),\cdots\}] \tag{1.7.2-1}$$

$$y_{zi}(n)=T[0,\{y(-1),y(-2),\cdots\}] \tag{1.7.2-2}$$

2. 零状态响应

零状态响应记为 $y_{zs}(\cdot)$，即初始条件为零，只由激励产生的响应，其中符号 $y_{zs}(\cdot)$ 的下标“zs”为“zero state”的缩写。则有

$$y_{zs}(t)=T[x(t),\{0\}] \tag{1.7.3-1}$$

$$y_{zs}(n)=T[x(n),\{0\}] \tag{1.7.3-2}$$

系统的完全响应为零输入响应和零状态响应之和，即

$$y(\cdot)=y_{zi}(\cdot)+y_{zs}(\cdot) \tag{1.7.4}$$

将零输入响应和零状态响应之和称为完全响应。本书中**响应特指零状态响应**。

如图 1.7.1(a) 所示的系统，K 在零时刻闭合，在 K 闭合前，电容初始电压 $u_c(0_-)$ 为 5V，激励为电源电压，$x(t)=15\varepsilon(t)$。则响应 $u_c(t)$ 可分解为零输入响应和零状态响应。图 1.7.1(b) 为零输入响应系统，图 1.7.1(c) 为零状态响应系统，且

$$u_c(t)=u_{czi}(t)+u_{czs}(t)$$

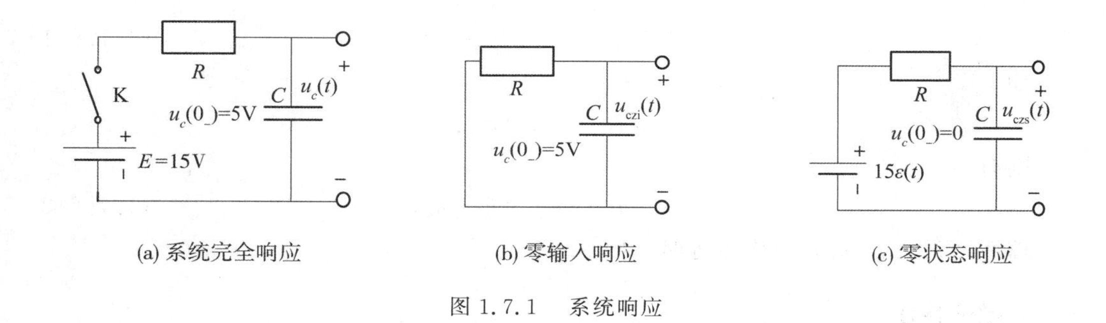

图 1.7.1 系统响应

1.7.2 LTI 系统的特点

1. 分解性

系统的完全响应可分解为零输入响应和零状态响应，如式(1.7.4) 所示。

2. 线性特性

响应(零状态响应) 满足线性特性。即

$$\left.\begin{aligned}x_1(\cdot)&\rightarrow y_{1zs}(\cdot)\\x_2(\cdot)&\rightarrow y_{2zs}(\cdot)\end{aligned}\right\}\text{则有 } ax_1(\cdot)+bx_2(\cdot)\rightarrow ay_{1zs}(\cdot)+by_{2zs}(\cdot) \tag{1.7.5}$$

分解性和线性特性的特点可用如下例题来加强理解。

【例 1.7.1】 连续系统的初始条件不变，激励为 $x(t)$ 时，完全响应为 $3e^{-t}\varepsilon(t)+2e^{-2t}\varepsilon(t)$，激励为 $2x(t)$ 时，完全响应为 $3e^{-t}\varepsilon(t)+4e^{-2t}\varepsilon(t)$，求系统的零输入响应 $y_{zi}(t)$ 和

激励为 $x(t)$ 时的零状态响应。

解:根据 LTI 系统的分解性,有

$$3e^{-t}\varepsilon(t)+2e^{-2t}\varepsilon(t)=y_{zi}(t)+y_{zs}(t)$$

根据 LTI 系统的线性特性,有

$$3e^{-t}\varepsilon(t)+4e^{-2t}\varepsilon(t)=y_{zi}(t)+2y_{zs}(t)$$

将这两个方程求解得

$$y_{zi}(t)=3e^{-t}\varepsilon(t)$$

$$y_{zs}(t)=2e^{-2t}\varepsilon(t)$$

3. 时不变性

LTI 系统对应的方程参数为常数,系统不随时间改变,其特性可用下面的公式更好地描述:

如

$$x(t)\rightarrow y_{zs}(t)$$

则有

$$x(t-t_0)\rightarrow y_{zs}(t-t_0) \tag{1.7.6-1}$$

如

$$x(n)\rightarrow y_{zs}(n)$$

则有

$$x(n-n_0)\rightarrow y_{zs}(n-n_0) \tag{1.7.6-2}$$

即激励延时 $t_0(n_0)$,响应也延时 $t_0(n_0)$。

4. 微分特性

对于 LTI 连续系统,满足如下微分特性:

如

$$x(t)\rightarrow y_{zs}(t)$$

则有

$$x'(t)\rightarrow y'_{zs}(t) \tag{1.7.7}$$

该关系可应用式(1.7.5)和式(1.7.6)推导而来:

根据时不变特性,如

$$x(t)\rightarrow y_{zs}(t)$$

则有

$$x(t-t_0)\rightarrow y_{zs}(t-t_0)$$

根据线性特性有

$$\frac{x(t)-x(t-\Delta t)}{\Delta t}\rightarrow\frac{y_{zs}(t)-y_{zs}(t-\Delta t)}{\Delta t}$$

当 $\Delta t\rightarrow 0$ 时,式(1.7.7)成立。

【例 1.7.2】 当激励为 $\delta(t)$ 时，系统 $y'(t)+2y(t)=x(t)$ 的零状态响应为 $e^{-2t}\varepsilon(t)$；当激励为 $\delta(t)$ 时，求系统 $y'(t)+2y(t)=x(t)+x'(t)$ 的零状态响应 $h(t)$。

解：系统 $y'(t)+2y(t)=x(t)+x'(t)$ 可当成如下系统

$$y'(t)+2y(t)=e(t)$$

这里 $e(t)$ 为激励，是两个激励之和

$$e(t)=x(t)+x'(t)$$

上面系统与 $y'(t)+2y(t)=x(t)$ 为同一系统。根据 LTI 系统的微分特性和线性特性，有

$$h(t)=e^{-2t}\varepsilon(t)+[e^{-2t}\varepsilon(t)]'=\delta(t)-e^{-2t}\varepsilon(t)$$

5. 稳定性和因果性

在 LTI 系统中还会分析其稳定性和因果性。LTI 系统因果性也可用如下表达式描述：对于任意时刻 t_0 或 n_0（一般 t_0、n_0 为零）和任意输入 $x(\cdot)$，如果

$$x(\cdot)=0,t<t_0(\text{或 } n<n_0)$$

若其零状态响应

$$y_{zs}(\cdot)=0,t<t_0(\text{或 } n<n_0) \tag{1.7.8}$$

就称该系统为因果系统，否则称其为非因果系统。

LTI 系统并不一定满足稳定性和因果性，如 $y(t)=x(t+2)$ 为 LTI 系统，但就不是因果系统；而系统 $y(n)+3y(n-1)+2y(n-2)=x(n)$ 就不是稳定系统(后面章节将讲解)。

1.8　本书中信号和系统的特点和分析方法

1.8.1　信号的特点和分析方法

1. 连续信号

(1) 除了冲激函数 $\delta(t)$ 外，本书中其他的非周期确知连续信号为形如式(1.8.1)的信号线性叠加。

$$x(t)=(t-t_0)^k e^{a(t-t_0)}\ (k,a,t_0\text{ 为常数}) \tag{1.8.1}$$

如信号 $x(t)=e^{at}$，$x(t)=te^{at}$ 等。

在本书中，激励的表达式也满足上式，且 t_0 一般为零，即激励的函数基本表达式为

$$x(t)=t^k e^{at} \tag{1.8.2}$$

(2) 周期信号在一个周期内(或整个周期内)的表达式也为形如式(1.8.1)的信号线性叠加。如信号 $x(t)=1$，$x(t)=\cos\omega_0 t$ 等。

(3) 应用阶跃函数定义确知信号的时间区域。如 $x(t)=\varepsilon(t)$，$x(t)=e^{at}\varepsilon(t)$ 等表示信号的时间区域为 $t>0$；而信号 $x(t)=\varepsilon(t-t_1)-\varepsilon(t-t_2)$，$x(t)=e^{at}[\varepsilon(t-t_1)-\varepsilon(t-t_2)]$

等表示信号的时间区域为$[t_1, t_2]$。

(4) $\delta(t)$ 是最基本的信号，可组成其他所有的确知信号，本书第 2 章就是以 $\delta(t)$ 为基本信号，得到连续系统的分析模型。

(5) 当激励含 $\varepsilon(t)$ 时(如激励为 $\cos\omega_0 t\varepsilon(t)$，$e^{at}\varepsilon(t)$)，即其起始作用时间为 $t = 0$，所求响应为零输入响应和零状态响应。求零输入响应时，应给出激励作用前的初始条件。本书第 2 章、第 4 章中，激励是含 $\varepsilon(t)$ 的。

(6) 信号 $x(t) = \cos\omega_0 t$ 不仅具有时间特性，同时具有频率特性，本书第 3 章就是以该信号为基础，分析信号的频率特性。

(7) 当激励信号为 $x(t) = \cos\omega_0 t$ 这样的函数形式时，且不给出信号的接入时间，即信号中不含 $\varepsilon(t)$，所求响应为稳态响应，用 $y_{ss}(t)$ 表示。本书第 3 章的响应分析中，激励不含 $\varepsilon(t)$。

激励中不含 $\varepsilon(t)$，表示其作用时间为$[-\infty, \infty]$，信号从无限早前就接入了，因 $\cos\omega_0 t$ 为稳态信号(其值在± 1间波动)，而系统的某些响应(如 e^{at}，$a < 0$) 会随着时间 t 的增大而趋于零，即这种分析模型中，只关心系统的稳态响应。

2. 离散信号

(1) 除了冲激函数 $\delta(n)$ 外，本书中其他的非周期确知序列为形如式(1.8.3) 的信号线性叠加。

$$x(n) = (n - n_0)^k a^{(n-n_0)} \quad (k, a, n_0 \text{ 为常数}) \tag{1.8.3}$$

如前面介绍的信号 $x(n) = a^n$，$x(n) = na^n$ 等。

在本书中，激励的表达式也满足上式，且 n_0 一般为零。即激励的函数基本表达式为

$$x(n) = n^k a^n \tag{1.8.4}$$

(2) 周期序列在一个周期内(或整个周期内) 的表达式也为如式(1.8.3) 的信号线性叠加。如信号 $x(n) = 1$，$x(n) = \cos\theta_0 n$ 等。

(3) 应用单位阶跃序列定义确知序列的时间区域。如 $x(n) = \varepsilon(n)$，$x(n) = a^n\varepsilon(n)$ 等表示序列的时间区域为 $n \geqslant 0$；而序列 $x(n) = \varepsilon(n-n_1) - \varepsilon(n-n_2)$，$x(n) = a^n[\varepsilon(n-n_1) - \varepsilon(n-n_2)]$ 等表示序列的时间区域为$[n_1, n_2)$。

(4) $\delta(n)$ 是最基本的序列，可组成其他所有的确知序列，本书第 2 章就是以 $\delta(n)$ 为基础，得到离散系统的分析模型。

(5) 当激励含 $\varepsilon(n)$ 时，其起始作用时间为 $n = 0$，所求响应则为零输入响应和零状态响应，求零输入响应时，应给出激励作用前的初始条件。本书第 2 章、第 5 章中，激励是含 $\varepsilon(n)$ 的。

(6) 序列 $x(n) = \cos\theta_0 n$ 不仅具有时间特性，同时具有频率特性，本书第 6 章就是以该序列为基础，分析序列的频率特性。

(7) 当激励为 $x(n) = \cos\theta_0 n$ 这样的函数形式时，且不给出序列的接入时间，即信号中不含 $\varepsilon(n)$，所求响应为稳态响应，用 $y_{ss}(n)$ 表示。本书第 6 章的响应分析中，激励不含 $\varepsilon(n)$。

1.8.2 系统的特点和分析方法

本书前6章描述的系统都是单输入-单输出的LTI系统，且都是线性系统，对于非稳定系统，其响应的计算方法同线性系统，但所求解与实际系统的输出是不同的。非因果系统是不能实现的系统，本书中涉及两个非因果系统，模拟理想低通滤波器和数字理想低通滤波器，在实际应用中，我们将以这两个模型为目标，使设计的滤波器更接近这些理想模型。

对于多输入-多输出系统，第 7 章给出了分析方法。对于非线性系统，也可应用第 7 章的状态分析法近似处理。但没有给出如何将非线性系统分解为多个线性方程来近似描述的方法。

本书中以系统构造、激励与响应间的关系来分析系统，给出了系统的 7 种描述方式：物理构造、系统框图、微分方程(差分方程)、冲激响应(单位序列响应)、系统频域函数、系统函数、系统流图。

本书中第 1 章介绍了系统的描述方法：物理构造、系统框图、微分方程和差分方程，并分析了 LTI 系统的特点。

第 2 章分别介绍了 $\delta(t)$ 和 $\delta(n)$ 为基本的输入信号，得到了连续系统和离散系统的时域卷积模型；系统的时域描述方式：冲激响应 $h(t)$ 与单位序列响应 $h(n)$。

第 3 章以频率信号 $\cos\omega t$ 为输入信号，分析了信号与系统的频率特性，得到了系统的频域描述方式：频率函数 $H(\omega)$。

第 4 章借助数学变换 s 变换，分析了连续系统的 s 域分析方法，得到了系统描述函数：系统函数 $H(s)$。

第 5 章借助数学变换 z 变换，分析了离散系统的 z 域分析方法，得到了系统描述函数：系统函数 $H(z)$。

第 6 章以频率序列 $\cos\theta n$ 为输入信号，分析了离散信号与系统的频率特性，得到了系统描述函数：系统频率函数 $H(e^{j\theta})$。

第 7 章介绍了系统的流图构造方法，并介绍了系统这 8 种描述方式之间的关系。最后介绍了系统的状态变量分析，给出了系统内部变量的分析方法。

1.9 基于 Python 的信号仿真

1.9.1 仿真工具 Anaconda 介绍和使用

Python 是一种面向对象的解释型计算机程序设计语言，具有跨平台的特点，可以在 Linux、macOS 以及 Windows 系统中搭建环境并使用，其编写的代码在不同平台上运行时，几乎不需要做较大的改动，使用者无不受益于它的便捷性。

Anaconda 是一个可以进行 Python 开发的自由软件平台。Anaconda 包含 Python、conda 在内的超过 180 个科学包及其依赖项。其具有如下特点：开源、安装使用简单、提供云开发服务、高性能使用 Python 和 R 语言、1000 个以上的开源库。

1. Anaconda 的本地安装和使用

(1) 安装。

下载网址：http://www.anaconda.com（2023 年 10 月 13 日操作界面）：

① 点击图 1.9.1 中的“Free Download”按钮，跳转到如图 1.9.2 所示界面；

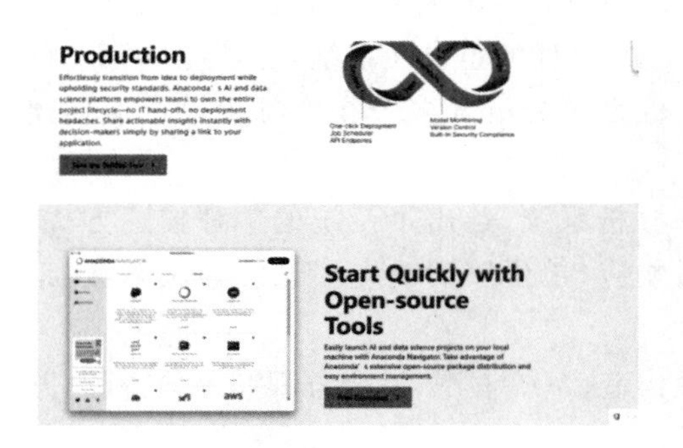

图 1.9.1　安装步骤 1

图 1.9.2　安装步骤 2

② 点击图 1.9.2 中的“Download”按钮，开始下载，如图 1.9.3 所示；

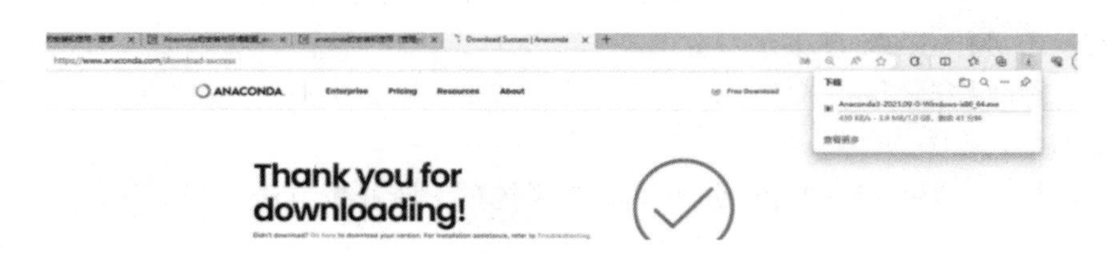

图 1.9.3　安装步骤 3

③ 运行下载的安装程序；

④ 点击图 1.9.4 中的“Next”按钮；

⑤ 点击图 1.9.5 中的“I Agree”按钮；

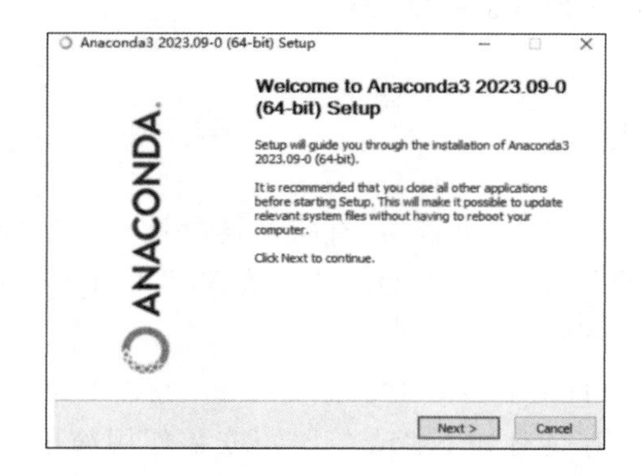

图 1.9.4　安装步骤 4

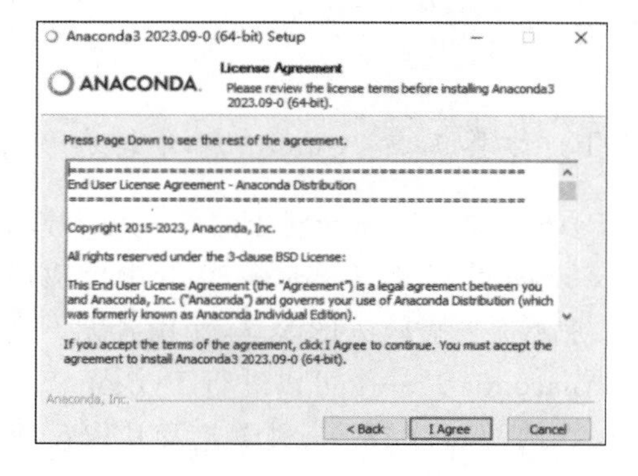

图 1.9.5　安装步骤 5

⑥ 点击图 1.9.6 中的“Next”按钮；

⑦ 点击图 1.9.7 中的“Next”按钮；如需修改安装路径，点击 “Browse...”按钮选择路径；

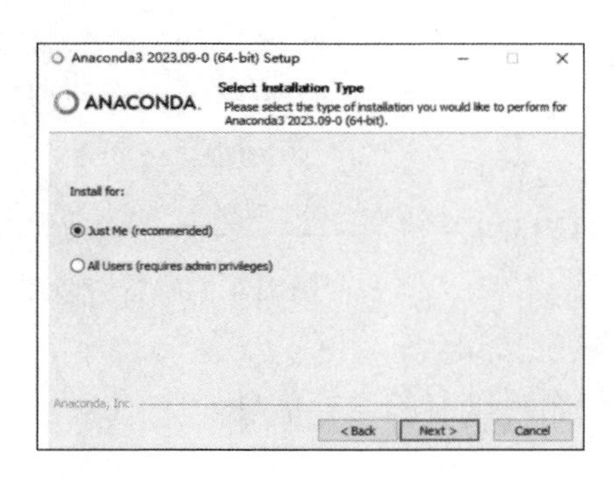

图 1.9.6　安装步骤 6

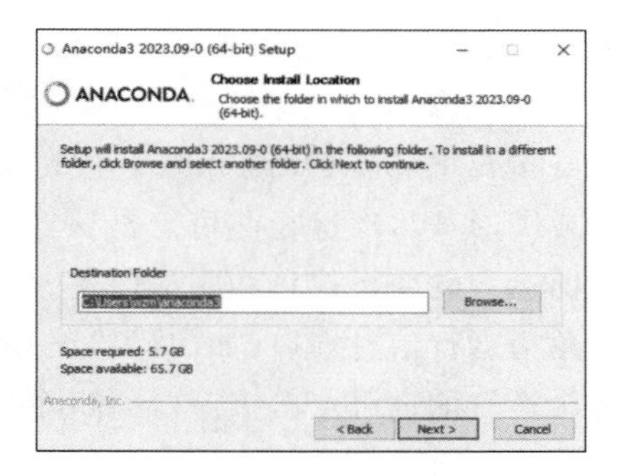

图 1.9.7　安装步骤 7

⑧ 点击图 1.9.8 中的“Install”按钮，等待安装，因要网上下载库，具体安装时间依网速决定；

⑨ 点击图 1.9.9 中的“Next”按钮；

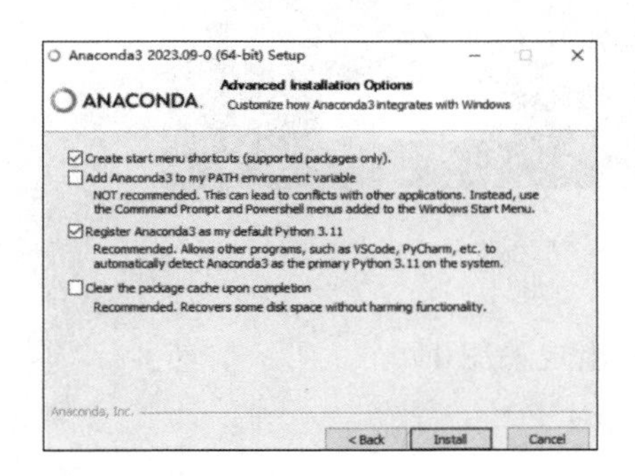

图 1.9.8　安装步骤 8

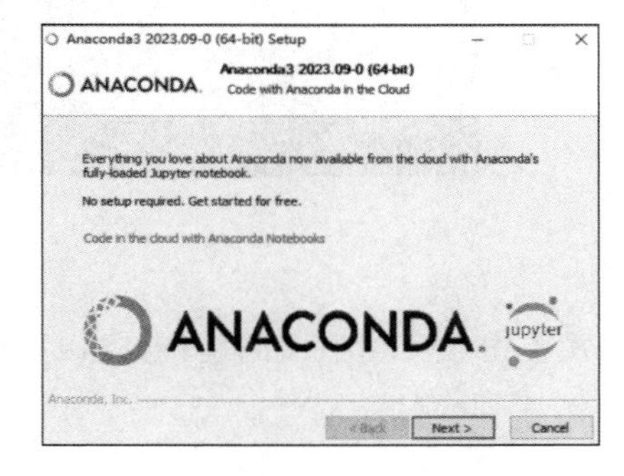

图 1.9.9　安装步骤 9

⑩ 取消勾选图 1.9.10 中的两个选项，点击“Finish”按钮安装完成。

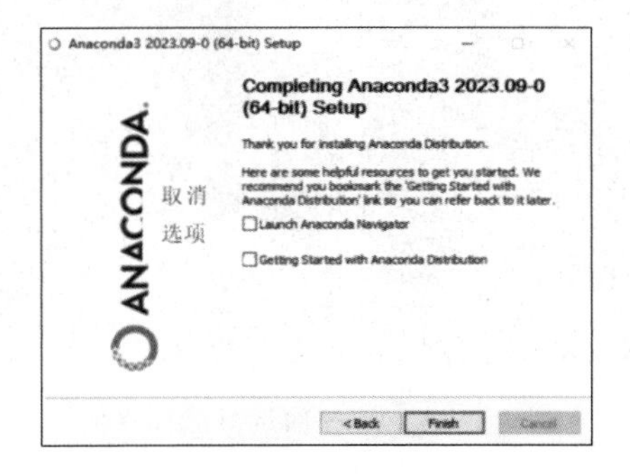

图 1.9.10　安装步骤 10

(2) 使用。

在启动菜单中点击“Anaconda3”下的 “Spyder”程序,如图 1.9.11 所示,可得到如图 1.9.12 所示界面。

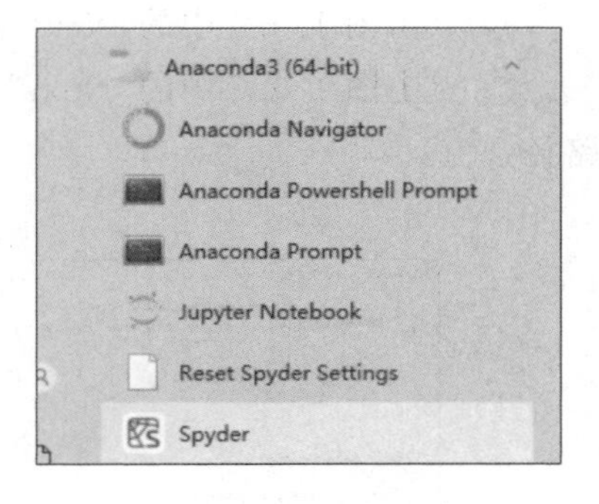

图 1.9.11　运行程序

图 1.9.12 中左半边窗口为代码输入窗口。可输入 Python 代码。并点击主菜单栏中的运行按钮运行。

右上角窗口为运行结果窗口,可通过点击该窗口下面的“variable Explorer”或“plots”按钮显示运行后的变量值或图形。每次运行前可点击该窗口的删除按钮删除以前运行的变量信息和图形信息。

右下角为运行信息窗口,如代码错误,将显示错误信息。每次运行前也可点击该窗口的删除按钮删除以前的运行信息。

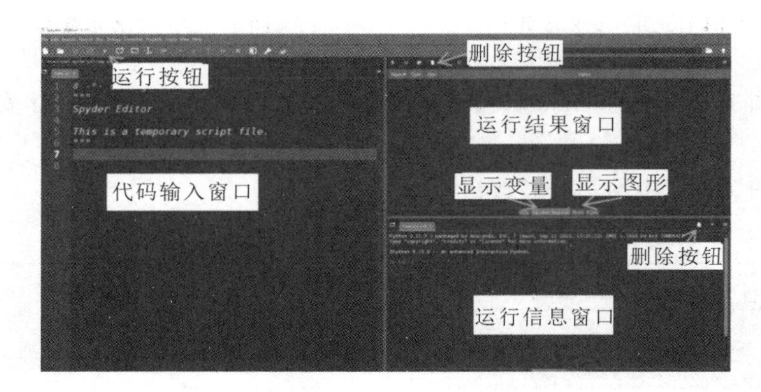

图 1.9.12　运行界面

第一次点击主菜单栏中的运行按钮时,会出现如图 1.9.13 所示信息。

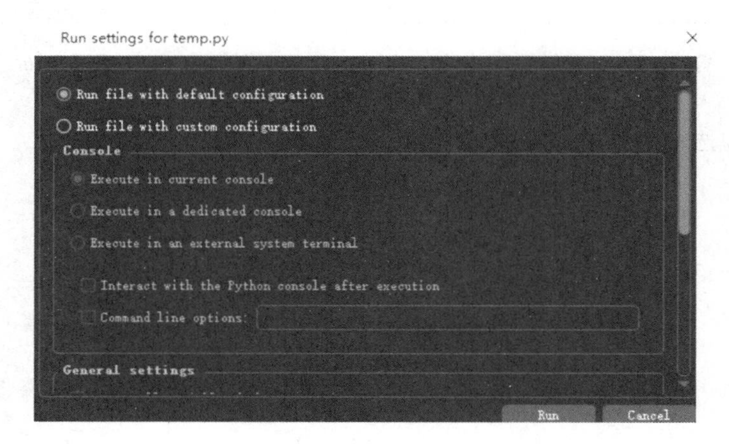

图 1.9.13　第一次运行选择界面

不修改选项，点击“Run”按钮即可。下例为 1.9.3 节中【例 1.9.1】的代码运行界面，点击右上角窗口“variable Explorer”按钮时，显示变量信息。

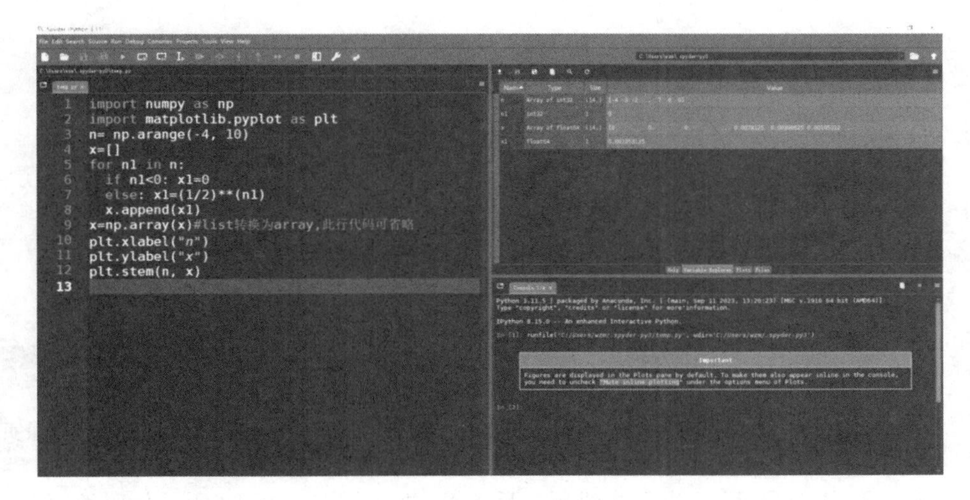

图 1.9.14 运行变量图

点击右上角窗口“plots”按钮时，显示代码需要画的图形（如有画图代码）。

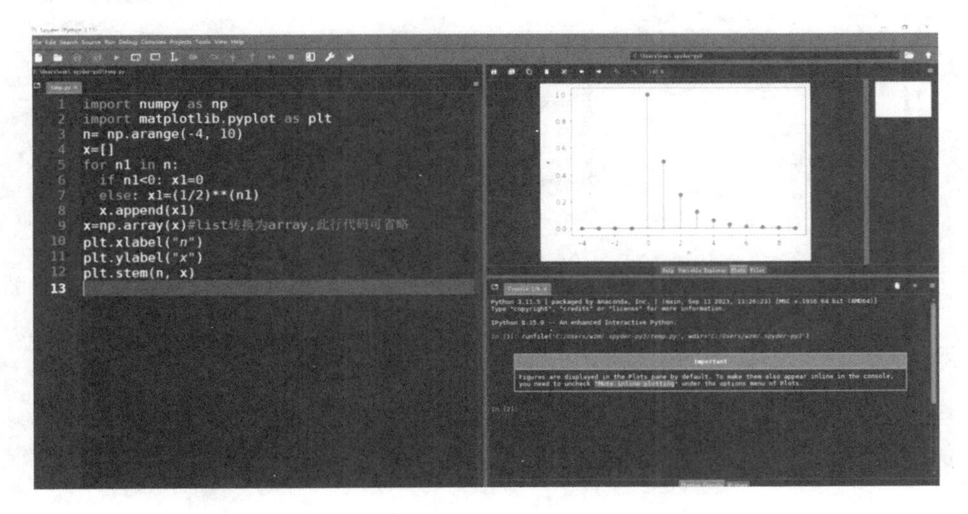

图 1.9.15 运行变量图

2. Python 在线平台 Anaconda Cloud 的介绍和使用

在浏览器中输入网址：https://anaconda.cloud，则会出现如图 1.9.16 所示界面。

点击图 1.9.16 的中间栏 “Code Online”下的“See Sample Notebook”按钮，出现如图 1.9.17 所示界面。

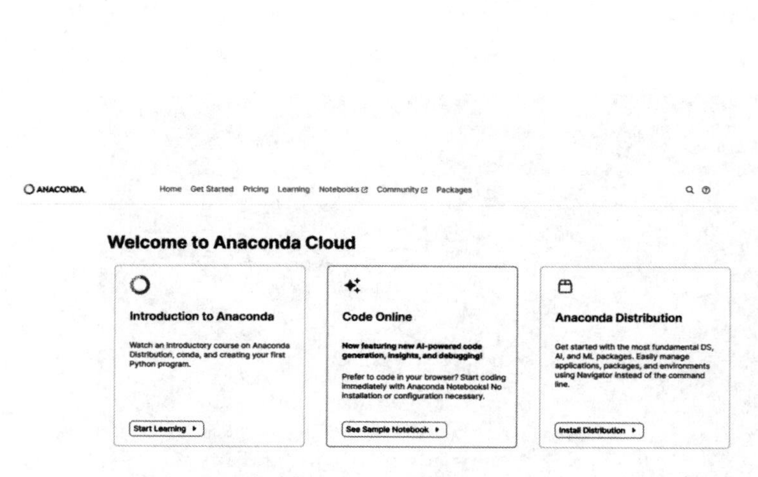

图 1.9.16　在线登录页面 1

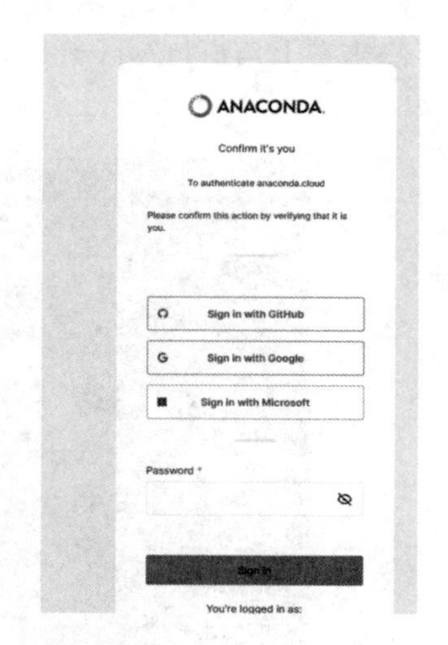

图 1.9.17　在线登录页面 2

出现登录/注册界面，按指示注册用户后，就可进入如图 1.9.18 所示代码编写及仿真页面。

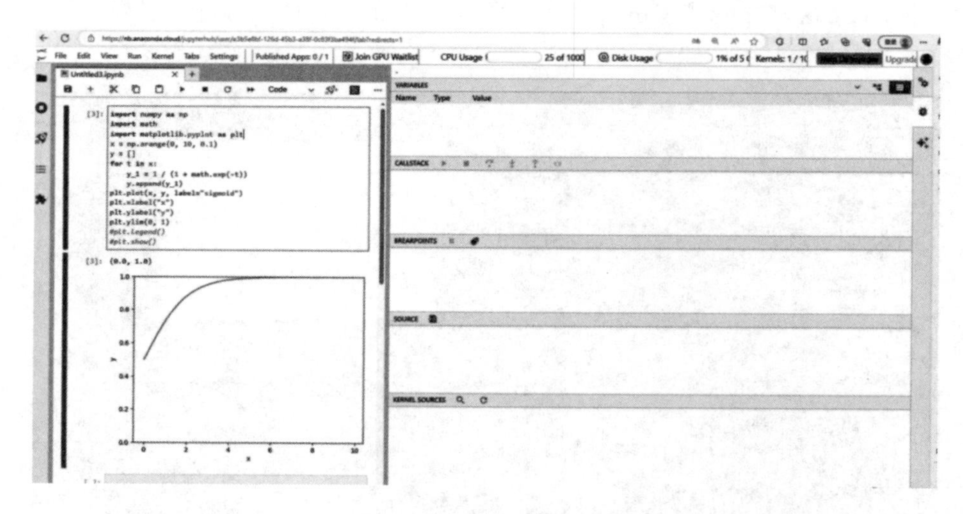

图 1.9.18　在线仿真界面

该界面与本地安装软件界面基本一致，具体操作可参考相应的参考文档。

1.9.2　Python 矩阵定义及其运算

矩阵相关操作可借助 numpy 库实现。数学运算可借助 numpy、math 库提供的相关函数完成。本书中用到的矩阵主要是一维矩阵，这里只介绍一维矩阵的相关操作。

1. 一维矩阵的定义

(1) 直接定义。

```
import numpy as np
##1.定义矩阵 n=[0 1 2 3 4 5 6 7 8 9],长度为 10,
n=np.arange(0, 10)   # 从 0 到 10(不含 10),间隔缺省为 1

##2.定义矩阵 n1=[1 1.5 2 ... 9.5],长度为 18
n1=np.arange(1, 10,0.5) # 从 1 到 10(不含 10),间隔为 0.5

##3.定义矩阵 n3=[1 2 3 4 5 6 0 0 0],长度为 9
n3=np.array([1, 2, 3 ,4 ,5 ,6 ,0 ,0,0]) # 将 list 对象转换为 array 对象
print("n3=",n3)
```

运行结果为

```
"n3=[1 2 3 4 5 6 0 0 0]"

##4.定义长度为 9 的数据都为 0 的矩阵 n4
n4=np.zeros((1,9))# (1,9)含义:一维矩阵,长度为 9

##5.定义长度为 9 的数据都为 1 的矩阵 n5
n5=np.ones((1,9))# (1,9)含义:一维矩阵,长度为 9

##6.定义长度为 9 的随机矩阵 n6,随机值在[0,1]之间
n6=(np.random.rand(1,9))# (1,9)含义:一维矩阵,长度为 9

##7.定义 2^n
n7=np.arange(1, 10)   # 从 1 到 10(不含 10),间隔缺省为 1
n8=2**n7 # n8=[2 4 8 ...512]
#
```

(2) 间接定义。

```
import numpy as np
import math
x1=[]     # 定义 list 变量 x1 值为空
x2=[]
x3=[]
x4=[]
x5=[]
x6= []
```

```
##1 根据函数值给出,定义一维矩阵的值为 2^n(n[-10,10)),长度 20
for n in range(-10,10):
    temp=2**n
    x1.append(temp)# temp 加入 x1 尾
x1=np.array(x1) # 将 list 转换为 array(矩阵)
##也可以直接定义
n=np.arange(-10, 10)
x1=2**n

##2 定义一维矩阵的值为 e^n(n 取值范围[-10,10)),长度 20
for n in range(-10,10):
    temp=np.exp(n)
    x2.append(temp)
##也可以直接定义
n=np.arange(-10, 10)
x2=np.exp(n)

##3 根据函数值给出,定义一维矩阵的值为 cosn(n 取值范围[-10,10)),长度 20
for n in range(-10,10):
    temp=np.cos(n)
    x3.append(temp)
##也可以直接定义
n=np.arange(-10, 10)
x3=np.cos(n)

##4 根据函数值给出,定义一维矩阵的值为实数 cos(pi* n)(n 取值范围[-10,
10)),长度 20
for n in range(-10, 10):
    temp=np.cos((math.pi)*n)
    x4.append(temp)
##也可以直接定义
n=np.arange(-10, 10)
x4=np.cos((np.pi)*n)

##5 根据函数值给出,定义一维矩阵的值为复数 e^(j*pi*n)(n 取值范围[-10,
10)),长度 20
for n in range(-10,10):
```

```
    temp=np.exp((math.pi)*n*1j)
    x5.append(temp)
##也可以直接定义
n=np.arange(-10, 10)
x4=np.exp((np.pi)*n*1j)

##6分段给出,定义一维矩阵[0, 0, 0, 0, 1, 1, 1, 1, 0, 0],长度10
for n in range(0,10):
    if n< 4:
        temp=0
    elif n< 8:
        temp=1
    else:
        temp=0
x6.append(temp)
```

2. 一维矩阵的数字运算

(1) 矩阵元素与常数运算。

```
import numpy as np
x1=np.array([1,2,3])
x2=x1+ 2  # x2=[3 4 5]
x3=x1* 2  # x3=[2 4 6]
x4=x1/2  # x4=[0.5 1 1.5]
```

(2) 矩阵元素的幂运算。

```
import numpy as np
x1=np.array([1,2,3])
x2=x1*x1  # x2=[1*1,2*2,3*3]
X3=x1**3# x3=[1^3,2^3,3^3]=[1,8,27]
```

(3) 矩阵元素的指数运算。

```
import numpy as np
x1=np.array([1,2,3])
x2=np.exp(x1) # x2=e^X1=[e^1 e^2 e^3]
x3=np.power(2,x1)  # x3=2^x1=[2^1  2^2  2^3]
x4=2**x1# x3=2^x1=[2^1  2^2  2^3]
x4=np.power((1+1j),x1)  # x4=(1+j)^X1
x5=(1+1j)**x1# x5=(1+j)^X1
```

3. 一维矩阵的矩阵运算

(1) 矩阵拼接、两对应元素相加减。

```
import numpy as np
x5=np.array([1,2,3])
x6=np.array([4,5,6])
x7=np.append(x5, x6)   # x7=[1 2 3 4 5 6]
x8=x5+x6   # x8=[1+4,2+5,3+6]
```

从以上两个例子可以看出,借助 np 的相关函数可简化编程。

(2) 两矩阵对应元素乘除运算。

```
import numpy as np
x1=np.array([1,2,3])
x2=np.array([4,5,6])
x3=x1 * x2 # x3=[1 * 4 2 * 5 3 * 6]
x4=x1/x2
```

(3) 矩阵转置及矩阵相乘。

做矩阵转置或相乘时,长度为 N 的一维矩阵需定义为(1,N)矩阵,如

```
##A1 为矩阵格式为(3,),A2 为(1,3),如进行矩阵运算,需定义为 A2 形式
import numpy as np
A1=np.array([1,2,3])
A2=(np.array([1,2,3])).reshape(1,-1)# 做矩阵转置或相乘时,长度为 N 的一维矩阵需转换为(1,N)矩阵
##矩阵转置及矩阵相乘
import numpy as np
x1=(np.array([1,2,3])).reshape(1,-1)
# 求 x1 的转置
x1_T=x1.T
# x2=x1 与 x1_T 相乘
x2=x1 @ x1_T
print("x2=",x2)
结果为:'''x2=[14]'''

##也可以直接实现
A1=A2=np.array([1,2,3])
A_len=A1.size
n=np.arange(0,A_len )
x2=0
```

```
for i in n:#  !!! A1,A2 的第一个元素为 A[0]
    x2=x2+A1[i] * A2[i]
print("x2=",x2)
```

结果为："'x2=[14]'"

1.9.3 Python 绘制信号方法

1. 离散序列的图像绘制方法

(1) 给出离散变量 n 的区间，定义一个一维矩阵；矩阵相关操作可借助 numpy 库实现。

(2) 定义一维矩阵 x 长度必须和 n 一致，根据函数关系给出 n 每一点对应的 x 值。函数计算可借助 numpy 库或 math 库实现。

(3) 将 n 作为横轴值，x 作为纵轴值，在二维坐标中画出所有坐标点即可得到序列的图像。绘制图像可借助 matplotlib. pyplot 库实现。

【例 1.9.1】 画出序列 $x(n)=0.5^n\varepsilon(n)$ 的图像。

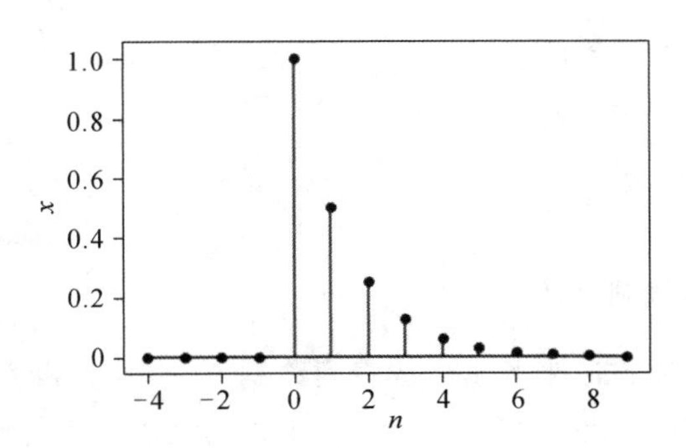

图 1.9.19 【例 1.9.1】仿真图

```
import numpy as np
import matplotlib.pyplot as plt
n=np.arange(-4, 10)
x=[]
for n1 in n:
  if n1<0: x1=0
  else: x1=(1/2) * *(n1)
  x.append(x1)
x=np.array(x)# list 转换为 array,此行代码可省略
plt.xlabel("n")
plt.ylabel("x")
```

```
plt.stem(n, x)
```

【例 1.9.2】 画出序列 $x(n)=\delta(n)+2\delta(n-1)$的图像。

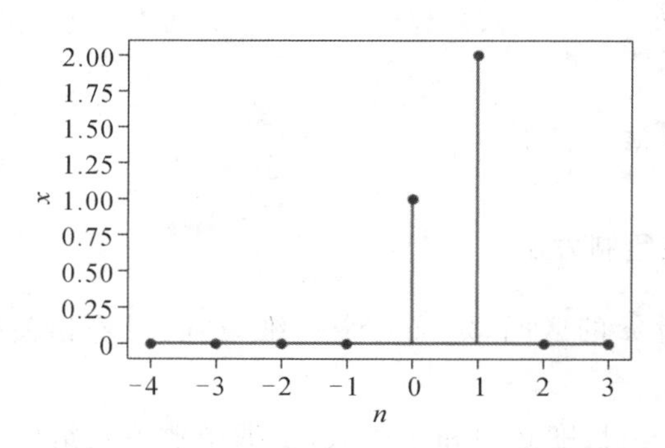

图 1.9.20　【例 1.9.2】仿真图

```
import numpy as np
import matplotlib.pyplot as plt
n=np.arange(-4,4 )
x=[0, 0, 0 ,0 ,1 ,2 ,0 ,0]
plt.xlabel("n")
plt.ylabel("x")
plt.stem(n, x)
```

2. 连续信号的图像绘制方法

连续信号的图像绘制方法来源于离散序列绘制方法，计算机不能处理时间连续的信号，需按等距离的时间间隔将连续信号离散化(距离间隔依赖于实际信号的特点和实际需求)。绘制图形时将这些离散点用连续线连接起来。

(1) 给出时间变量 t 的区间和区间内点的间隔，及定义一个一维矩阵；矩阵相关操作可借助 numpy 库实现。

(2) 定义一维矩阵 x 长度必须和 t 一致，根据函数关系给出 t 每一点对应的 x 值。函数计算可借助 numpy 库或 math 库实现。

(3) 将 t 作为横轴值，x 作为纵轴值，在二维坐标中将对应坐标点连线即可得到连续信号的图像。绘制图像可借助 matplotlib. pyplot 库实现。

【例 1.9.3】 画出函数 $x(t)=2t$ 的图像。

```
import numpy as np
import matplotlib.pyplot as plt
t=np.arange(-10, 10, 0.1)# 时间范围[-10,10),取样间隔 0.1,共 200 个点
x=2 * t
plt.xlabel("t")
```

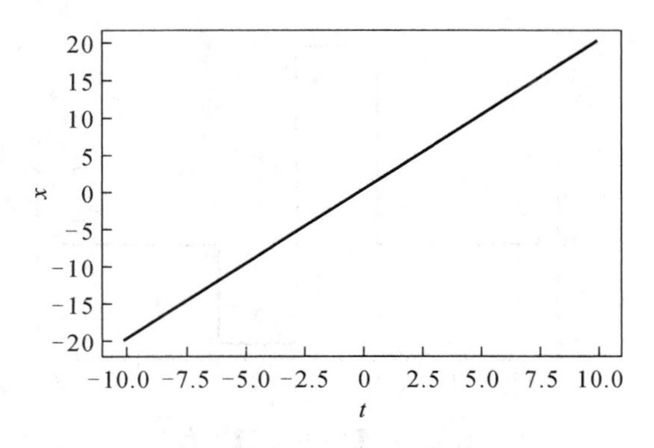

图 1.9.21 【例 1.9.3】仿真图

```
plt.ylabel("x")
plt.plot(t, x)
```

例 1.9.3 中定义的一维矩阵 $t=[-10\quad -9.9\quad -9.8\quad \cdots\quad 9.8\quad 9.9]$共 200 个元素。

【例 1.9.4】 画出函数 $x(t)=\mathrm{e}^{t}$ 的图像。

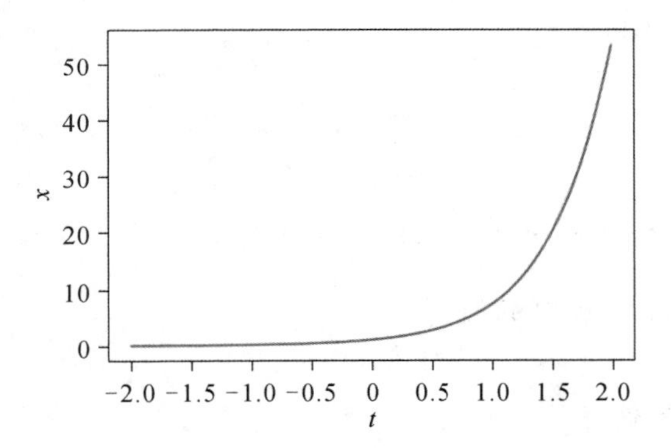

图 1.9.22 【例 1.9.4】仿真图

```
import numpy as np
import matplotlib.pyplot as plt
t=np.arange(-2, 2, 0.01)
x=np.exp(2 * t)
# 矩阵 t 与常数 2 相乘的表达式为 2 * t
plt.xlabel("t")
plt.ylabel("x")
plt.plot(t, x)
```

【例 1.9.5】 画出函数 $x(t)=2[\varepsilon(t)-\varepsilon(t-1)]-[\varepsilon(t-1)-\varepsilon(t-2)]$的图像。

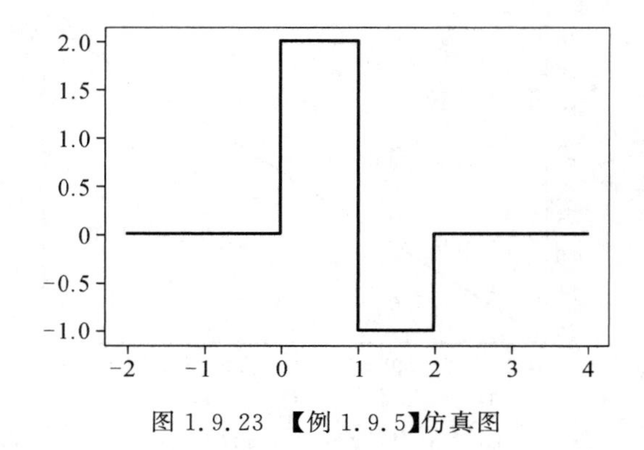

图 1.9.23　【例 1.9.5】仿真图

```
import numpy as np
import matplotlib.pyplot as plt
x=[]
t=np.arange(-2, 4, 0.01)
for t1 in t:
  if t1<0: x1=0
  elif t1<1: x1=2
  elif t1<2: x1=-1
  else :x1=0
  x.append(x1)
plt.plot(t,x,'r',linewidth=2)
```

1.9.4　Python 绘制本章中的信号

1. 绘制图 1.1.1 的信号

设收音机收到的声音 $u(t)=x(t)$，$x(t)$为取值为$[-1,1]$间的随机信号，取样时间间隔为 0.0005s，画出 0.1s 内的声音信号波形。

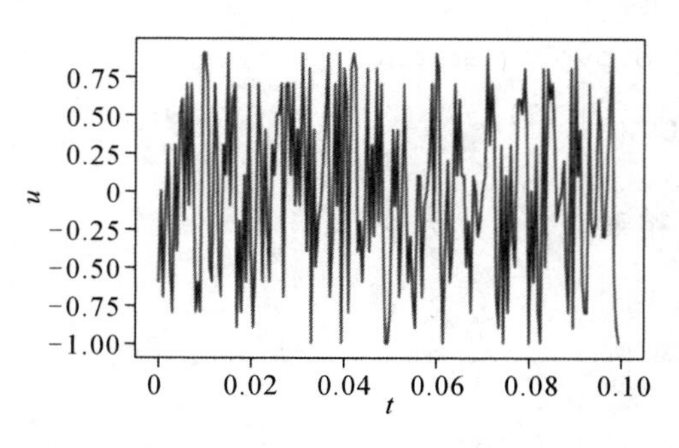

图 1.9.24　图 1.1.1 的信号

```
import numpy as np
import math
importmatplotlib.pyplot as plt
t=np.arange(0,0.1,0.0005)
N=t.size # t 元素的个数
x=np.random.randint(-10,10,(N,1))/10 # 随机产生一维随机矩阵,长度为 N,值分布在[0,1]区间

plt.xlabel("t")
plt.ylabel("u")
plt.plot(t, x)
```

2. 绘制图 1.1.2 的信号

设收音机收到的声音 $u(t)=\cos(5000x(t)\pi t)$(调频信号),取样时间间隔 00002s,画出 0.5～0.6s 内的声音信号波形。(t 为 0.5～0.53s 时,$x(t)=0.1$;t 为 0.53～0.57s 时,$x(t)=0.2$;t 为 0.57～0.60s 时,$x(t)=0.3$;)

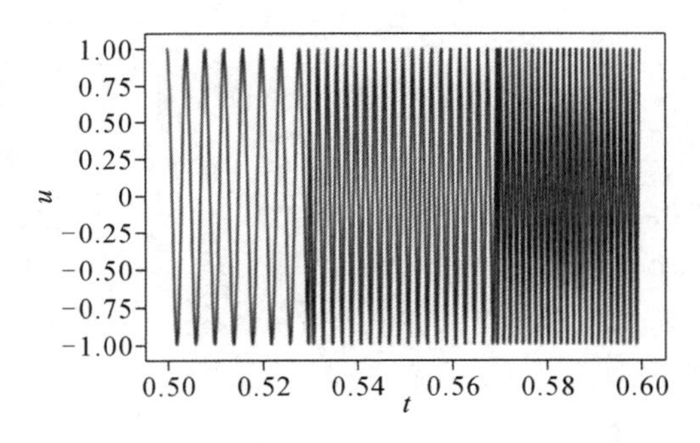

图 1.9.25　图 1.1.2 的信号

```
import numpy as np
import math
import matplotlib.pyplot as plt
f=0
t=np.arange(0.5,0.6,0.00002)
u=[]
for t1 in t:
    if t1<0.53:f=0.1
    elif t1<0.57:f=0.2
    else: f=0.3
```

```
    temp=np.cos(f * 5000 * math.pi * t1)
    u.append(temp)
u=np.array(u)
plt.xlabel("t")
plt.ylabel("u")
plt.plot(t, u)
```

3. 绘制图 1.1.10 的信号

一个周期内的值 $x0=[1,2,3,4,5,6,7,8,9,10]$，画出 3 个周期内的序列。

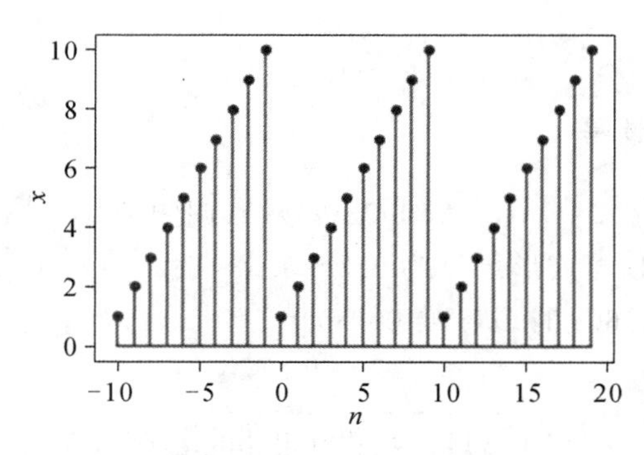

图 1.9.26 图 1.1.10 的信号

```
import numpy as np
import matplotlib.pyplot as plt
x0=np.array([1,2,3,4,5,6,7,8,9,10])
x=np.append(np.append(x0, x0),x0)
n=np.arange(-10, 20)
plt.xlabel("n")
plt.ylabel("x")
plt.stem(n,x)
```

4. 绘制图 1.3.4 的抽样信号

```
import numpy as np
import math
import matplotlib.pyplot as plt
t=np.arange(-5 * math.pi, 5 * math.pi,math.pi/100)
x=np.sin(t)/t
plt.title("sa(t)=sint/t")
plt.xlabel("t")
```

```
plt.ylabel("x")
plt.plot(t,x)
```

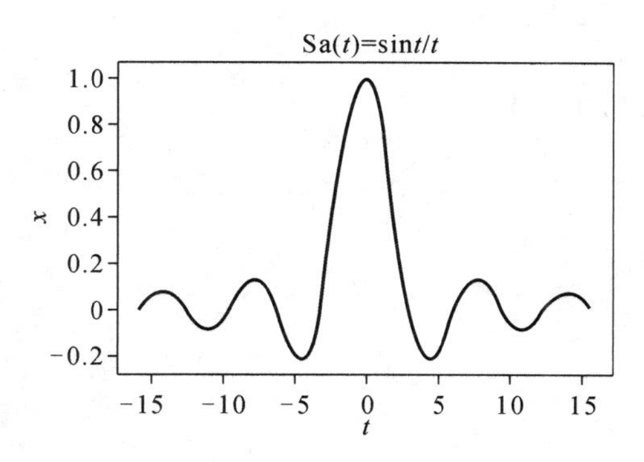

图 1.9.27 图 1.3.4 的信号

5. 绘制图 1.4.1 的阶跃函数图像

```
import numpy as np
import matplotlib.pyplot as plt
t=np.arange(-5,5,0.01)
x=[]
fort1 in t:
    if t1<0: temp=0
    else: temp=1
    x.append(temp)
plt.xlabel("t")
plt.ylabel("x")
plt.plot(t,x)
```

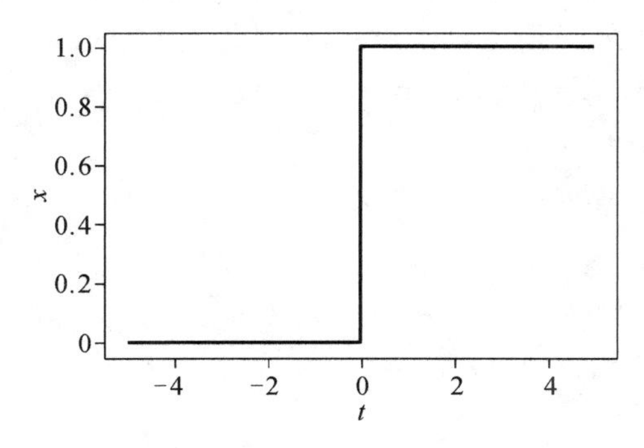

图 1.9.28 图 1.4.1 的信号

6. 绘制图 1.4.4 的门函数图像，$\tau=2$

```
import numpy as np
import matplotlib.pyplot as plt
t=np.arange(-5,5,0.01)
x=[]
for t1 in t:
    if t1<-2: temp=0
    elif t1<2:temp=1
    else: temp=0
    x.append(temp)
plt.xlabel("t")
plt.ylabel("x")
plt.plot(t,x)
```

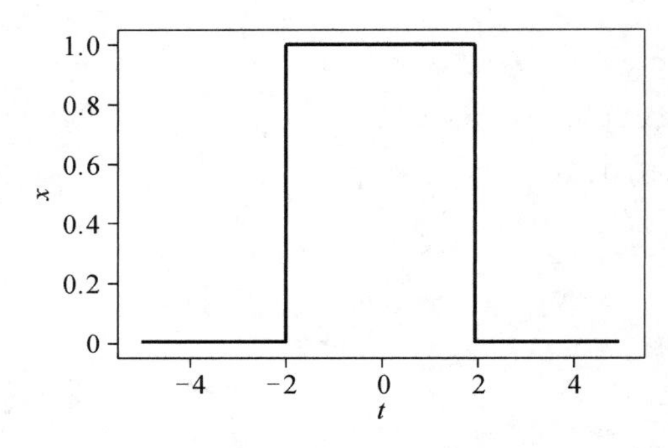

图 1.9.29　图 1.4.4 的信号

7. 绘制图 1.5.1 单位序列的图像

```
import numpy as np
import matplotlib.pyplot as plt
n=np.arange(-4,5)
x=[]
for n1 in n:
    if n1= =0: temp=1
    else: temp=0
    x.append(temp)
plt.xlabel("n")
plt.ylabel("x")
```

```
plt.stem(n,x)
```

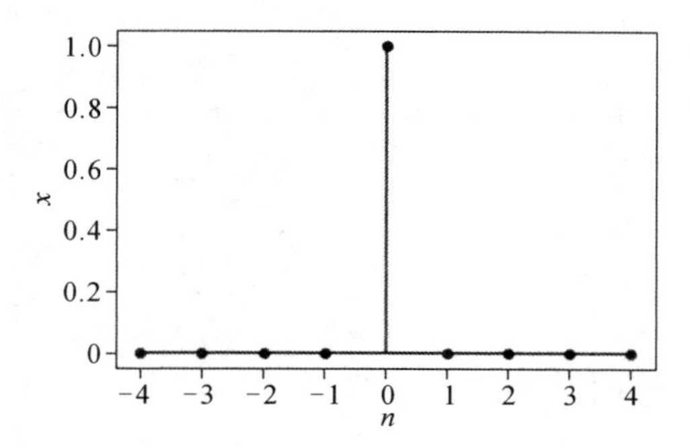

图 1.9.30 图 1.5.1 的信号

8. 绘制图 1.5.4 单位阶跃序列的图像

```
import numpy as np
import matplotlib.pyplot as plt
n=np.arange(-4,5)
x=[]
for n1 in n:
    if n1>=0: temp=1
    else: temp=0
    x.append(temp)
plt.xlabel("n")
plt.ylabel("x")
plt.stem(n,x)
```

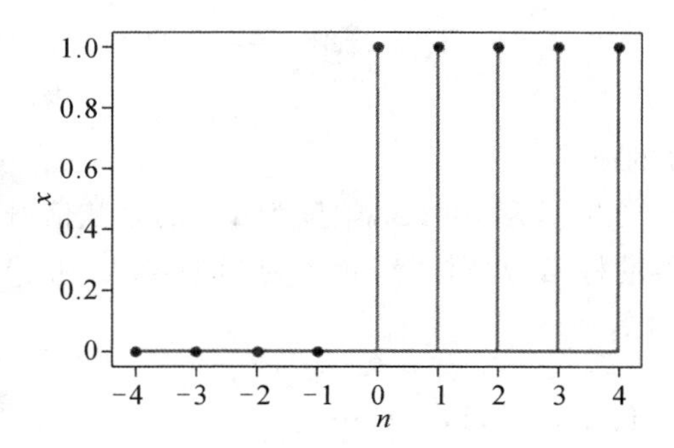

图 1.9.31 图 1.5.4 的信号

9. 绘制图1.5.5宽度为4的门序列图像

```
import numpy as np
import matplotlib.pyplot as plt
n=np.arange(-02,6)
x=[]
for n1 in n:
    if n1<0: temp=0
    elif n1<4:temp=1
    else: temp=0
    x.append(temp)
plt.xlabel("n")
plt.ylabel("x")
plt.stem(n,x)
```

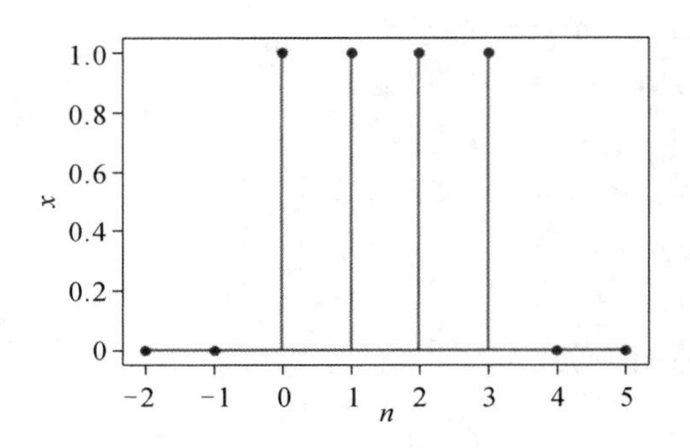

图1.9.32 图1.5.5的信号

习 题 一

1-1 画出下列信号的波形。

(1) 信号发生器产生的频率为100Hz,幅度为1V的余弦信号。

(2) 数字示波器提供的标准方波信号,频率为1kHz(0V和5V电平)。

(3) $x(n)=(0.5)^n(n\geqslant 0)$。

(4) $x(n)=\{\cdots,1,-1,\underset{\uparrow n=0}{1},-1,1,-1,\cdots\}$。

1-2 将余弦连续信号 $\cos(2000\pi t)$ 转换为离散序列,相邻点间隔为0.25ms,写出离散序列的表达式,并画出其波形(画5个点以上)。

1-3 指出下面信号是随机信号还是确知信号。

(1) 人讲话的声音; (2) 计算机采样的温度值; (3) $x(t)=\mathrm{e}^{-1}$;

（4）信号发生器产生的单频信号；（5）二进制信号，“0”的概率为 0.5。

1-4　确定下列信号是否为周期信号，如为周期信号，指出其最小周期。

(1) $x(t)=(\cos 2\times 10^{-6}\pi t)$　　(2) $x(t)=\cos\left(\frac{1}{3}\pi t\right)+\sin\left(\frac{1}{4}\pi t\right)$

(3) $x(n)=(\cos\pi n)$　　(4) $x(n)=(\cos n)$

(5) $x(t)=\mathrm{e}^{\mathrm{j}\pi t}$　　(6) $x(t)=1$

1-5　指出下列信号是功率信号还是能量信号，如果是功率信号计算其功率，如果是能量信号计算其能量。

(1) $x(t)=\cos\pi t$　　(2) $x(t)=g_4(t)$

(3) $x(t)=\mathrm{e}^{-t}$（$t>0$，其他时刻为零）　　(4) $x(t)=\mathrm{e}^{t}$（$t>0$，其他时刻为零）

1-6　计算下列信号的功率。

(1) $x(t)=\cos\pi t+0.5\cos 2\pi t+\cos\pi t$　　(2) $x(t)=\cos\left(\frac{1}{3}\pi t\right)+0.5\cos\left(\frac{1}{4}\pi t\right)$

(3) $x(t)=\cos\left(\frac{1}{3}\pi t\right)+0.5\sin\left(\frac{1}{4}\pi t\right)$　　(4) $x(t)=1+\cos\left(\frac{1}{3}\pi t\right)$

1-7　周期为 T 的双极性方波信号 $x_1(t)$ 如图 1-1(a)所示，而周期为 T 的单极性方波信号 $x_2(t)$ 如图 1-1(b)所示，计算 $x_1(t)-x_2(t)$；并说明采用示波器观察这两个信号时，如果采用交流耦合方式，观察到的信号是否是一样的。

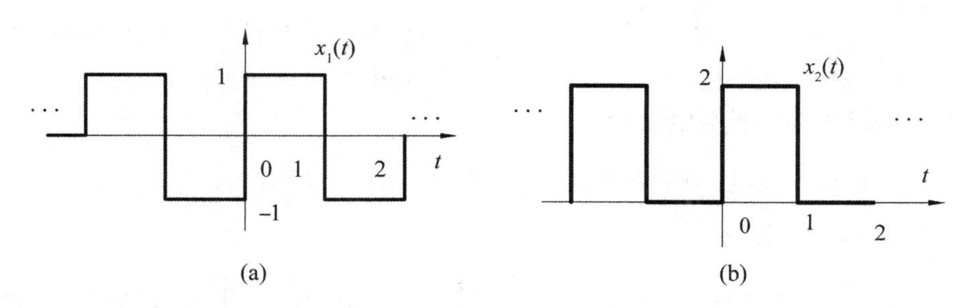

图 1-1　题 1-7 图

1-8　画出下列函数的波形。

(1) $x(t)=g_4(t+10)+g_4(t)+g_4(t-8)$　(2) $x(t)=\mathrm{e}^{-t}g_2(t)$　(3) $x(t)=\dfrac{\sin(\pi)t}{t}$

1-9　序列 $x_1(n)$ 和 $x_2(n)$ 的定义如下，画出下列序列的图像。

$$x_1(n)=\begin{cases}1, & n=0\\ 2, & n=1\\ 0, & n\text{ 为其他值}\end{cases}\qquad x_2(n)=\begin{cases}1, & n=-1\\ 2, & n=0\\ 0, & n\text{ 为其他值}\end{cases}$$

(1) $x_1(n)+x_2(n)$　(2) $x_1(n)-x_2(n)$　(3) $x_1(n)*x_2(n)$

1-10　函数 $x(t)$ 的图像如图 1-2 所示，分别画出下列函数的图像。

(1) $x(t-1)$　(2) $x(-t+1)$　(3) $x(2t)$　(4) $x(0.5t)$　(5) $x(-2t+3)$

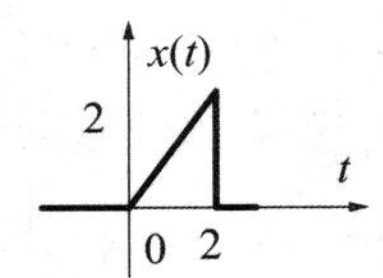

图 1-2　题 1-10 图

1-11　求下列序列的差分 $\Delta x(n)=x(n)-x(n-1)$，求和 $\sum x(n)=\sum\limits_{i=-\infty}^{n}x(i)$。

(1)$(0.5)^n\varepsilon(n)$　(2)$\varepsilon(n)$　(3)$\delta(n)$

1-12　信号 $x_1(t)=\cos\pi t$ 与 $x_2(t)=\cos(\pi t-0.5\pi)$，它们之间的相位差是多少？信号 $x_1(t)$ 通过怎样的时间变换可得到 $x_2(t)$？

1-13　分别指出下列复数的实部和虚部，并写出其指数形式、模和相位。

(1)$x(t)=\cos\dfrac{1}{3}\pi t+\mathrm{j}\sin\dfrac{1}{3}\pi t$　(2)$1-2\mathrm{j}$　(3)$\dfrac{1-2\mathrm{j}}{1+3\mathrm{j}}$　(4)$-2\mathrm{j}$

1-14　画出下列函数的图像。

(1)$x(t)=\varepsilon(t)-\varepsilon(t-2)$　(2)$x(t)=t[\varepsilon(t+1)-\varepsilon(t-1)]$

(3)$x(t)=\delta(t)-2\delta(t-2)$

(4)$x(t)=\varepsilon(t+1)-2\varepsilon(t-1)+\varepsilon(t-2)$　(5)$x(t)=\varepsilon(t)-\varepsilon(t-2)-\delta(t-2)$

1-15　画出下列序列的图像。

(1)$x(n)=\varepsilon(n+1)-\varepsilon(n-2)$　(2)$x(n)=\delta(n+1)+2\delta(n)+\delta(n-1)$

(3)$x(n)=2^n\varepsilon(-n+1)$　(4)$x(n)=2^n\delta(n-1)$

1-16　计算下列定积分或求和。

(1)$\int_{-\infty}^{0_-}\delta(\tau)\mathrm{d}\tau$　(2)$\int_{0_-}^{0_+}\delta(\tau)\mathrm{d}\tau$　(3)$\sum\limits_{i=-\infty}^{\infty}\delta(i)$　(4)$\sum\limits_{i=-\infty}^{\infty}0.5^i\varepsilon(i)$

1-17　计算下列函数。

(1)$x(t)=\int_{-\infty}^{t}\delta(\tau)\mathrm{d}\tau$　(2)$x(t)=\dfrac{\mathrm{d}(\mathrm{e}^{-t}\varepsilon(t))}{\mathrm{d}t}$　(3)$x(t)=\int_{-\infty}^{\infty}\mathrm{e}^{-\tau}\varepsilon(\tau)\delta(t-\tau)\mathrm{d}\tau$

(4)$x(n)=\sum\limits_{i=-\infty}^{\infty}\varepsilon(i)\varepsilon(n-i)$　(5)$x(n)=\sum\limits_{i=-\infty}^{\infty}\delta(i)\varepsilon(n-i)$

1-18　函数的图形如图 1-3 所示，画出 $x'(t)$、$x^{-1}(t)$ 的图形，并分别写出 $x(t)$、$x'(t)$ 和 $x^{-1}(t)$ 的函数表达式(用 $\delta(t)$、$\varepsilon(t)$ 等函数表示)。

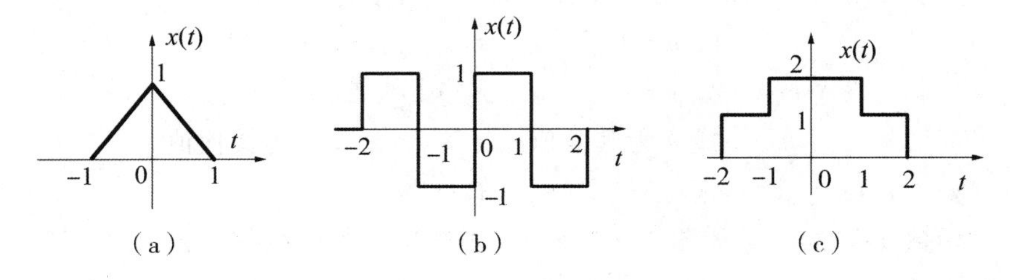

图 1-3　题 1-18 图

1-19　如图 1-4 所示的电路，开关在 K＝0 时刻闭合，闭合前电路已处于稳定状态，电源为激励，$u_c(t)$为响应。

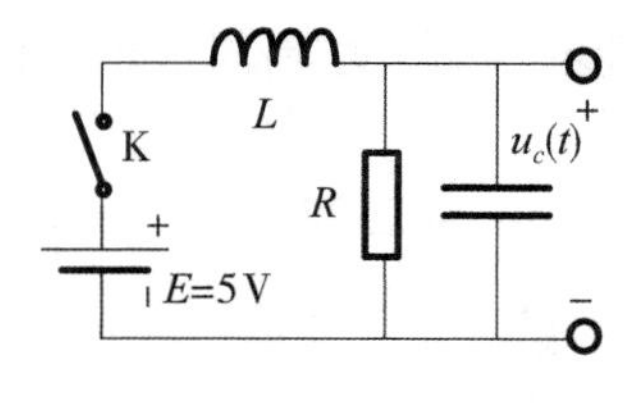

图 1-4　题 1-19 图

(1) 写出激励 $x(t)$和响应 $u_c(t)$的微分方程；

(2) 写出激励的函数表达式；

(3) 响应的初始值 $u_c(0_-)$和 $u_c'(0_-)$。

1-20　如图 1-5 所示的框图，写出激励和响应对应的差分方程；如 $x(n)$在 $n=0$ 时刻接入，系统需要的初始值是哪些？

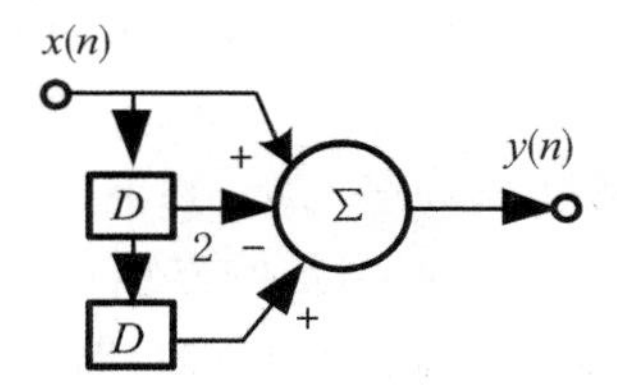

图 1-5　题 1-20 图

1-21　判断下列元件哪些是线性元件，哪些是非线性元件。

(1) 电阻　(2) 电容　(3) 电感　(4) 开环运放　(5) 负反馈运放　(6) 正反馈运放　(7) 二极管　(8) 4 个二极管构成全桥整流电路

1-22　判断下列方程描述的系统是否满足线性和时不变性。

(1) $y''(t)+3ty'(t)+2y(t)=x'(t)+x(t)$

(2) $y'(t)+2y(t)=x'(t)+x(t)$

(3) $y''(t)+3y'(t)+2y^2(t)=x(t)$

(4) $y(n)+y(n-1)=x(n)$

(5) $y(t)=x(t)\cos\omega_0 t$

(6) $y(n)+0.24ny(n-2)=x(n)x(n-1)$

1-23　判断下列方程描述的系统是否为因果系统。

(1) $y''(t)+3y'(t)+2y(t)=x'''(t)+x(t)$

(2) $y''(t)+3y'(t)+2y(t)=x'(t)+x(t)$

(3) $y(n)+0.3y(n-1)+0.02y(n-2)=x(n+1)+2x(n)$

(4) $y(n)+0.3y(n-1)+0.02y(n-2)=x(n)+2x(n-1)$

(5) $\begin{cases} y(t)=x(3t), & t>0 \\ y(t)=0, & t<0 \end{cases}$　　(6) $\begin{cases} y(t)=x(0.3t), & t>0 \\ y(t)=0, & t<0 \end{cases}$

1-24　系统如图 1-6 所示，$t=0$ 时，开关 K 闭合，闭合前，电容两端的电压 $u_c(0_-)=2\text{V}$。画出该系统的零输入响应和零状态响应所对应的电路图。

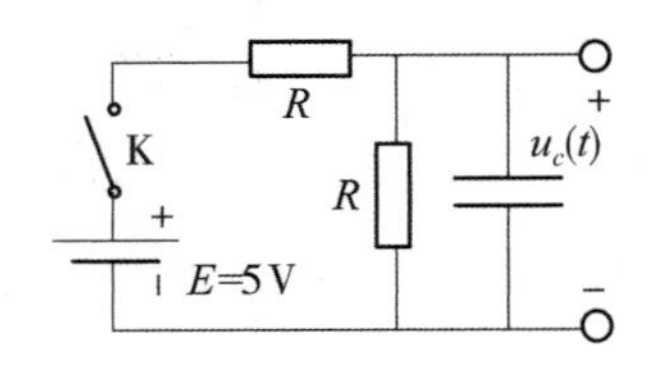

图 1-6　题 1-24 图

1-25　连续系统的微分方程为 $y'(t)+2y(t)=x(t)$，初始值为 $y(0_-)=1$，写出其零输入响应 $y_{zi}(t)$ 和零状态响应 $y_{zs}(t)$ 所满足的方程，并注明初始值。

1-26　某一连续系统，当激励为 $\delta(t)$ 时，其零状态响应为 $e^{-2t}\varepsilon(t)$，求当激励分别为 $\varepsilon(t)$ 和 $t\varepsilon(t)$ 时对应的零状态响应。

1-27　某一离散系统，当激励为 $\delta(n)$ 时，其零状态响应为 $(0.1)^n\varepsilon(n)$，求当激励为 $\varepsilon(n)$ 时对应的零状态响应。

1-28　离散系统的差分方程为 $y(n)+y(n-1)=x(n)$，初始值为 $y(-1)=1$，写出其零输入响应 $y_{zi}(n)$ 和零状态响应 $y_{zs}(n)$ 所满足的方程，并注明初始值。

1-29　系统 $y'(t)+2y(t)=x(t)$，当 $x(t)=\delta(t)$ 时，其零状态响应 $y_{zs}(t)=e^{-2t}\varepsilon(t)$，求当 $x(t)=\delta(t)$，系统 $y'(t)+2y(t)=x(t)+2x'(t)$ 的零状态响应。

1-30　系统 $y(n)-0.5y(n-1)=x(n)$，当 $x(n)=\delta(n)$ 时，其零状态响应 $y_{zs}(n)=(0.5)^n\varepsilon(n)$，求当 $x(n)=\delta(n)$，系统 $y(n)-0.5y(n-1)=x(n)-x(n-1)$ 的零状态响应。

1-31　某一连续 LTI 系统，初始条件不变，当激励为 $e^{-t}\varepsilon(t)$ 时，完全响应为 $[e^{-2t}+e^{-t}]\varepsilon(t)$；当激励为 $2e^{-t}\varepsilon(t)$ 时，完全响应为 $[e^{-2t}+e^{-t}]\varepsilon(t)$，求激励为 $3e^{-t}\varepsilon(t)$ 时，系统所对应的完全响应。

1-32　某一离散 LTI 系统，初始条件不变，当激励为 $(0.2)^n\varepsilon(n)$ 时，完全响应为 $[(0.2)^n+n(0.2)^n]\varepsilon(n)$；当激励为 $2(0.2)^n\varepsilon(n)$ 时，完全响应为 $[(0.2)^n+2n(0.2)^n]\varepsilon(n)$，求激励为 $3(0.2)^n\varepsilon(n)$ 时，系统所对应的完全响应。

1-33　某一连续 LTI 系统，当激励 $x(t)=\delta(t)$ 时，其零状态响应 $y_{zs}(t)=h(t)$；当激励为 $x(t)=\int_{-\infty}^{\infty}e^{-\tau}\delta(t-\tau)\mathrm{d}\tau$ 时，用 $h(t)$ 表述该系统的零状态响应。

1-34　某一离散系统，当激励 $x(n)=\delta(n)$ 时，其零状态响应 $y_{zs}(n)=h(n)$；当激励为 $x(n)=(0.2)^n\varepsilon(n)$ 时，用 $h(n)$ 表述该系统的零状态响应。

1-35　某一理想低通系统，当激励 $x(t)=\delta(t)$ 时，其零状态响应为 $y_{zs}(t)=\text{Sa}(t)=\dfrac{\sin t}{t}$，分析该系统是否为因果系统；并思考如果是非因果系统，现实中能否构造出来。

第 2 章　LTI 系统的时域分析

LTI 系统的时域分析是指：直接在时间域中对系统的输入输出关系进行分析的方法。这种方法比较直观，物理概念清楚，是学习其他变换域分析法的基础。

本章首先讲述了信号的分解：连续信号分解为基本函数 $\delta(t)$，离散序列分解为基本序列 $\delta(n)$；随后以 $\delta(t)$ 和 $\delta(n)$ 为激励得到连续系统冲激响应 $h(t)$ 和离散系统的单位序列响应 $h(n)$。以 $h(\cdot)$ 为基础，得出一般信号作用到 LTI 系统的时域分析模型：系统的零状态响应 $y_{zs}(\cdot)=x(\cdot)*h(\cdot)$。

在本章中涉及微分方程和差分方程的求解，其数学分析方法在高等数学中做了讲述，且该方法不是本书的重点（方程求解一般采用后面的 s 域或 z 域分析方法），为了不影响本章重点内容的讲解，方程求解只给出计算过程。

2.1　信号的时域分解

将该节作为一节单独讲述，是为了突出信号分解在本书中的重要性，后面可以看到信号的不同形式分解贯穿在整本书中，信号分解是分析系统的最基本方法。

正由于物质是由分子、原子等基本元素构成的，物质的性质由这些基本元素决定；信号也可以理解为由一些基本信号叠加而成，分析系统对这些基本信号的响应，可得到系统的特性。

2.1.1　连续信号分解为 $\delta(t)$

在第 1 章中，给出了 $\delta(t)$ 函数的基本定义，这里从另外一种角度给出了 $\delta(t)$ 函数的定义：对于宽度为 Δ、面积为 1 的门函数 $g(t)$，其图像如图 2.1.1 所示，则有

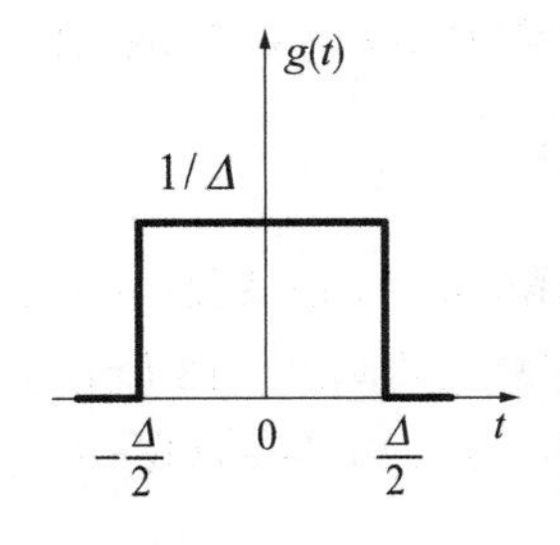

图 2.1.1　面积为 1 的门函数

$$\delta(t) \overset{\text{def}}{=} \lim_{\Delta \to 0} g(t) \tag{2.1.1}$$

式(2.1.1) 满足第 1 章 $\delta(t)$ 的定义

$$\begin{cases} \delta(t) = 0, & t \neq 0 \\ \int_{-\infty}^{\infty} \delta(t)\mathrm{d}t = 1 \end{cases}$$

对于任意函数 $x(t)$，可近似为多个宽度为 Δ 的线段连接而成的曲线 $x_1(t)$，如图 2.1.2 所示，$x_1(t)$ 满足

$$x_1(t) = \sum_{n=-\infty}^{\infty} x(n\Delta)\Delta g(t - n\Delta) \tag{2.1.2}$$

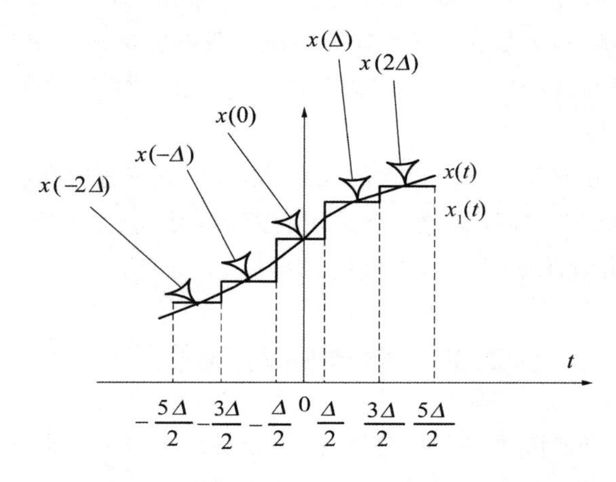

图 2.1.2　信号的时域分解(阶梯线为 $x_1(t)$)

当 $\Delta \to 0$ 时，$x_1(t)$ 与 $x(t)$ 相等。即有

$$x(t) = \lim_{\Delta \to 0} \sum_{n=-\infty}^{\infty} x(n\Delta)\Delta g(t - n\Delta) = \sum_{n=-\infty}^{\infty} \lim_{\Delta \to 0} x(n\Delta)\Delta g(t - n\Delta) \tag{2.1.3}$$

当 $\Delta \to 0$ 时，为无穷小量，用 $\mathrm{d}\tau$ 表示；$n\Delta$ 变成取值范围为$[-\infty, \infty]$的连续量，可表示为 τ；式(2.1.3) 的求和运算可写成积分运算

$$x(t) = \int_{-\infty}^{\infty} x(\tau)\delta(t - \tau)\mathrm{d}\tau \tag{2.1.4}$$

式(2.1.4) 将任意连续信号分解为 $\delta(t)$ 函数的线性叠加，这是本章系统分析的基础。

2.1.2　任意序列分解为 $\delta(n)$

在第1章中，已讲述了序列分解为$\delta(n)$的过程，为了加强其重要性，这里再引述一遍：对于一般序列 $x(n)$，其与 $\delta(n)$ 的关系如图 2.1.3 所示。

$$x(n) = \cdots + x(-1)\delta(n+1) + x(0)\delta(n) + x(1)\delta(n-1) + \cdots$$

即有：

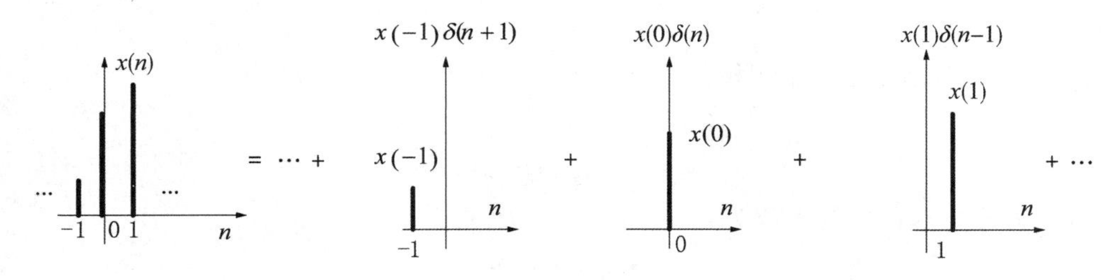

图 2.1.3 序列分解为 $\delta(n)$

$$x(n)=\sum_{i=-\infty}^{\infty}x(i)\delta(n-i) \tag{2.1.5}$$

式(2.1.5)将任意序列分解为 $\delta(n)$ 的线性叠加，这也是本章系统分析的基础。

2.2 连续 LTI 的时域分析

对于连续 LTI 系统，其微分方程的通用模式为

$$y^{(r)}(t)+a_{r-1}y^{(r-1)}(t)+\cdots+a_0y(t)=b_mx^m(t)+b_{m-1}x^{(m-1)}(t)+\cdots+b_0x(t) \tag{2.2.1}$$

激励为 $x(t)$，响应为 $y(t)$。这是一个 r 阶微分方程，激励加入的时间为 $t=0$ 时刻，如果要计算其零输入响应，则需要给出 r 个初始条件：

$$y(0_-),y'(0_-),\cdots,y^{(r-1)}(0_-)。$$

上式中符号 0_- 表示从时间轴左边无限接近于 0 的时间点，即激励加入前的系统初始值。

在连续 LTI 系统时域分析时，首先从其响应求解开始分析，即求解其零输入响应 $y_{zi}(t)$ 和零状态响应 $y_{zs}(t)$。

2.2.1 零输入响应 $y_{zi}(t)$ 求解

根据零输入响应的定义，可得出式(2.2.1)的 $y_{zi}(t)$ 满足

$$\begin{cases}y_{zi}^{(r)}(t)+a_{r-1}y_{zi}^{(r-1)}(t)+\cdots+a_0y_{zi}(t)=0\\ y_{zi}(0_+)=y(0_-),\cdots,y_{zi}^{(r-1)}(0_+)=y^{(r-1)}(0_-)\end{cases} \tag{2.2.2}$$

上式中符号 0_+ **表示从时间轴右边无限接近 0 的时间点**，因激励在 $t>0$ 时间起作用，即响应的时间区域也在 $t=0$ 之后，所以初始值也必须是在 $t=0$ 之后的值。零输入响应的激励为 0，初始条件不会跳变，因而 0_+ 时刻和 0_- 时刻的值不变。

式(2.2.2)的求解可按高等数学中的线性微分方程求解方法完成。

下面列举一例来具体讲述零输入响应的求解过程。

【例 2.2.1】 LTI 系统的微分方程为

$$y''(t)+5y'(t)+6y(t)=x(t)$$

激励 $x(t) = e^{-t}\varepsilon(t)$，初始条件为：$y(0_-) = 2, y'(0_-) = -1$，求系统的零输入响应 $y_{zi}(t)$。

解：$y_{zi}(t)$ 满足的方程和初始条件为

$$\begin{cases} y''_{zi}(t) + 5y'_{zi}(t) + 6y_{zi}(t) = 0 \\ y_{zi}(0_+) = 2, y'_{zi}(0_+) = -1 \end{cases}$$

上述齐次方程的特征方程为：

$$\lambda^2 + 5\lambda + 6 = 0$$

特征根为

$$\lambda_1 = -2, \lambda_2 = -3$$

故 $y_{zi}(t)$ 的表达式为

$$y_{zi}(t) = (C_1 e^{-2t} + C_2 e^{-3t})\varepsilon(t)$$

响应表达式后面加 $\varepsilon(t)$ 的原因是激励在 $t > 0$ 时间区域内起作用，则响应的时间区域也是 $t > 0$。

将初始条件代入上式方程

$$\begin{cases} y_{zi}(0_+) = C_1 + C_2 = 2 \\ y'_{zi}(0_+) = -2C_1 - 3C_2 = -1 \end{cases}$$

解上式方程得 $C_1 = 5, C_2 = -3$，故有

$$y_{zi}(t) = (5e^{-2t} - 3e^{-3t})\varepsilon(t)$$

2.2.2　冲激响应 $h(t)$

冲激响应是本书中的一个非常重要的物理概念，其定义为：**当激励为冲激函数 $\delta(t)$ 时，系统所对应的零状态响应，记为 $h(t)$。**

上一节将连续信号分解为冲激函数 $\delta(t)$ 的线性叠加，因而冲激函数所对应的响应——冲激响应也是分析一般信号响应的基础。系统的 $h(t)$ 计算方法有多种，本节将简单介绍其时域求解法。

1. 初始条件跳变

激励信号一般在 $t = 0$ 时刻加入系统，系统的起始状态是指激励未加入前的状态：0_- 状态；而响应的区间为 $0_+ < t < \infty$，因而需将 0_- 时刻的起始值转换为 0_+ 时刻的初始值。

对于一个具体的电网络，系统的 0_- 状态就是系统中储能元件的储能情况，如电容两端的电压 $u_c(0_-)$，流过电感的电流 $i_L(0_-)$ 等；一般情况激励加入过程中电容两端的电压和流过电感中的电流不会发生突变。这就是在电路分析中的换路定则：

$$u_c(0_-) = u_c(0_+) \qquad i_L(0_-) = i_L(0_+)$$

但是当有冲激电流强迫作用于电容或有冲激电压强迫作用于电感，0_- 到 0_+ 时刻就会发生跳变。

当系统用微分方程表示时，系统从 0_- 到 0_+ 状态有没有跳变取决于微分方程右端是否包含 $\delta(t)$ 及其各阶导数项。

如下列方程

$$y''(t)+5y'(t)+6y(t)=\delta(t)$$

方程两边相等，则有：

(1) 方程右边含一个 $\delta(t)$，则方程左边 $y(t)$ 的最高倒数项 $y''(t)$ 中应含有一个 $\delta(t)$，而 $\delta(0_+)=\delta(0_-)$，$y''(0_+)$ 不跳变，$y''(0_+)=y''(0_-)$；

(2) $y'(t)$ 中含有一个 $\varepsilon(t)$（$\delta(t)$ 的积分为 $\varepsilon(t)$），而 $\varepsilon(0_+)-\varepsilon(0_-)=1$，$y'(0_+)$ 跳变，$y'(0_+)-y'(0_-)=1$；

(3) $y(t)$ 中含有一个 $t\varepsilon(t)$（$\varepsilon(t)$ 的积分为 $t\varepsilon(t)$）。$t\varepsilon(t)$ 在零时刻连续，$y(0_+)$ 不跳变，$y(0_+)=y(0_-)$。

即上述方程，初始条件的跳变为：

$$y'(0_+)-y'(0_-)=1,\quad y(0_+)=y(0_-)$$

2. $h(t)$ 时域计算方法

$h(t)$ 的时域计算方法可根据其定义计算。

【例 2.2.2】 求例 2.2.1 中系统 $y''(t)+5y'(t)+6y(t)=x(t)$ 的冲激响应 $h(t)$。

解：根据 $h(t)$ 的定义可得

$$\begin{cases}h''(t)+5h'(t)+6h(t)=\delta(t)\\h(0_-)=0,h'(0_-)=0\end{cases}\tag{2.2.3}$$

根据前述的初始条件跳变分析有

$$h'(0_+)-h'(0_-)=1,\quad h(0_+)=h(0_-)$$

即在零时刻，$h'(t)$ 跳变，而 $h(t)$ 不跳变，有

$$\begin{cases}h'(0_+)=1\\h(0_+)=0\end{cases}$$

在 $t>0$ 区域，$\delta(t)=0$，则 $h(t)$ 满足的方程为

$$\begin{cases}h''(t)+5h'(t)+6h(t)=0\\h(0_+)=0,h'(0_+)=1\end{cases}$$

按例 2.2.1 的求解方法得 $h(t)=(C_1\mathrm{e}^{-2t}+C_2\mathrm{e}^{-3t})\varepsilon(t)$

$$\begin{cases}h(0_+)=C_1+C_2=0\\h'(0_+)=-2C_1-3C_2=1\end{cases}$$

解得 $C_1=1$，$C_2=-1$，所以有

$$h(t)=(\mathrm{e}^{-2t}-\mathrm{e}^{-3t})\varepsilon(t)$$

上例中列举了方程右边只含有 $\delta(t)$ 的计算过程。而方程

$$y''(t)+5y'(t)+6y(t)=2x'(t)+x(t)$$

其冲击响应方程右边还含有 $\delta'(t)$，其计算方法也可按上面方法进行，但其初始条件跳变会相对复杂，这里讲述一个更简单的思路：

(1) 先计算 $y''(t)+5y'(t)+6y(t)=x(t)$ 方程的冲激响应，记为 $h_1(t)$；

(2) 根据第 1 章例 1.7.1 的分析思路，将方程左边 $2x'(t)+x(t)$ 看成两个信号的叠

加，则 $y''(t)+5y'(t)+6y(t)=2x'(t)+x(t)$ 方程的冲激响应 $h(t)$ 满足

$$h(t)=2h_1'(t)+h_1(t)$$

3. 基本单元的冲激响应

第 1 章中图 1.6.4 描述的三个基本单元：延时器、数乘器和积分器，其冲激响应分别为：

(1) 延时器。

其输入、输出满足 $y(t)=x(t-t_0)$，当

$$x(t)=\delta(t)$$

有

$$y(t)=\delta(t-t_0)$$

则有

$$h(t)=\delta(t-t_0) \tag{2.2.4}$$

(2) 数乘器。

其输入、输出满足 $y(t)=ax(t)$，当

$$x(t)=\delta(t)$$

有

$$y(t)=a\delta(t)$$

则有

$$h(t)=a\delta(t) \tag{2.2.5}$$

(3) 积分器。

其输入、输出满足 $y(t)=\int_{-\infty}^{t}x(\tau)\mathrm{d}\tau$，当

$$x(t)=\delta(t)$$

有

$$y(t)=\varepsilon(t)$$

则有

$$h(t)=\varepsilon(t) \tag{2.2.6}$$

2.2.3　零状态响应 $y_{zs}(t)$ 求解

求出了系统的冲激响应 $h(t)$，则任意激励对应的响应(零状态响应) 模型就变得非常简单。本章第 1 节中将信号分解为 $\delta(t)$ 函数的线性叠加

$$x(t)=\int_{-\infty}^{\infty}x(\tau)\delta(t-\tau)\mathrm{d}\tau \tag{2.2.7}$$

而激励 $\delta(t)$ 的零状态响应为 $h(t)$，记为

$$\delta(t)\rightarrow h(t)$$

根据 LTI 系统的时不变性，有

$$\delta(t-\tau)\rightarrow h(t-\tau)$$

根据 LTI 系统的齐次性,有

$$x(\tau)\delta(t-\tau) \to x(\tau)h(t-\tau)$$

根据 LTI 系统的叠加性,有

$$\int_{-\infty}^{\infty} x(\tau)\delta(t-\tau)\mathrm{d}\tau \to \int_{-\infty}^{\infty} x(\tau)h(t-\tau)\mathrm{d}\tau$$

上式左边为激励 $x(t)$,右边为其对应的零状态响应 $y_{zs}(t)$,即 $y_{zs}(t)$ 满足

$$y_{zs}(t) = \int_{-\infty}^{\infty} x(\tau)h(t-\tau)\mathrm{d}\tau \tag{2.2.8}$$

【例 2.2.3】 例 2.2.1 所示系统,激励 $x(t) = \mathrm{e}^{-t}\varepsilon(t)$,求零状态响应。

解:由例 2.2.2 得系统的冲激响应

$$h(t) = (\mathrm{e}^{-2t} - \mathrm{e}^{-3t})\varepsilon(t)$$

由式(2.2.8),$y_{zs}(t)$ 满足

$$y_{zs}(t) = \int_{-\infty}^{\infty} x(\tau)h(t-\tau)\mathrm{d}\tau = \int_{-\infty}^{\infty} \mathrm{e}^{-\tau}\varepsilon(\tau)(\mathrm{e}^{-2(t-\tau)} - \mathrm{e}^{-3(t-\tau)})\varepsilon(t-\tau)\mathrm{d}\tau$$

根据 $\varepsilon(t)$ 的定义:

(1) 上式积分不为零的区域是 $\tau > 0, t-\tau > 0$,即 $0 < \tau < t$;

(2) 当 $t < 0$ 时,$0 < \tau < t$ 表达式不成立,整个积分值都是零,所以上式可以简化为

$$\begin{aligned} y_{zs}(t) &= \left[\int_0^t \mathrm{e}^{-\tau}(\mathrm{e}^{-2(t-\tau)} - \mathrm{e}^{-3(t-\tau)})\mathrm{d}\tau\right]\varepsilon(t) = \left[\mathrm{e}^{-2t}\int_0^t \mathrm{e}^{\tau}\mathrm{d}\tau - \mathrm{e}^{-3t}\int_0^t \mathrm{e}^{2\tau}\mathrm{d}\tau\right]\varepsilon(t) \\ &= [0.5\mathrm{e}^{-3t} - \mathrm{e}^{-2t} + 0.5\mathrm{e}^{-t}]\varepsilon(t) \end{aligned}$$

2.2.4 完全响应

完全响应为零输入响应与零状态响应之和,即有

$$y(t) = y_{zi}(t) + y_{zs}(t)$$

根据例 2.2.3 的计算结果可得,例 2.2.1 所示系统的完全响应 $y(t)$ 满足

$$\begin{aligned} y(t) &= y_{zi}(t) + y_{zs}(t) = (5\mathrm{e}^{-2t} - 3\mathrm{e}^{-3t})\varepsilon(t) + [0.5\mathrm{e}^{-3t} - \mathrm{e}^{-2t} + 0.5\mathrm{e}^{-t}]\varepsilon(t) \\ &= [4\mathrm{e}^{-2t} - 2.5\mathrm{e}^{-3t} + 0.5\mathrm{e}^{-t}]\varepsilon(t) \end{aligned}$$

响应可以分为自由响应和强迫响应,暂态响应和稳态响应等,其定义分别为:

(1) **自由响应和强迫响应**。完全响应中,与外加激励无关的响应称为自由响应,它是由电路系统本身结构决定的;而仅由激励决定的响应,称为强迫响应。

(2) **暂态响应和稳态响应**。完全响应中,当 $t \to \infty$ 时,趋于 0 的部分(如 $\mathrm{e}^{-t}\varepsilon(t)$),称为暂态响应;而在某个区域内波动的项(如 $\varepsilon(t)$,$\cos\omega_0 t\varepsilon(t)$)称为稳态响应。

例 2.2.1 中,激励为 $x(t) = \mathrm{e}^{-t}\varepsilon(t)$,完全响应 $y(t) = [4\mathrm{e}^{-2t} - 2.5\mathrm{e}^{-3t} + 0.5\mathrm{e}^{-t}]\varepsilon(t)$,则有:

自由响应为$[4\mathrm{e}^{-2t} - 2.5\mathrm{e}^{-3t}]\varepsilon(t)$;

强迫响应为 $0.5\mathrm{e}^{-t}\varepsilon(t)$;

暂态响应为$[4\mathrm{e}^{-2t} - 2.5\mathrm{e}^{-3t} + 0.5\mathrm{e}^{-t}]\varepsilon(t)$;

无稳态响应。

2.2.5　卷积积分和系统时域分析模型

1. 卷积积分

为了简化式(2.2.8)的表达方式，进一步明确激励、响应、系统三者间的关系，引入卷积积分的概念。

已知定义在区间$(-\infty,\infty)$上的两个函数$x_1(t)$和$x_2(t)$，则定义积分

$$x(t)=\int_{-\infty}^{\infty}x_1(\tau)x_2(t-\tau)\mathrm{d}\tau$$

为$x_1(t)$与$x_2(t)$的卷积积分，简称卷积；记为

$$x(t)=x_1(t)*x_2(t)=\int_{-\infty}^{\infty}x_1(\tau)x_2(t-\tau)\mathrm{d}\tau \qquad (2.2.9)$$

在本书中，符号 * 为卷积运算，而不是相乘运算。

2. 系统时域分析模型

对应式(2.2.8)，激励、响应和系统间的关系用卷积积分描述为

$$y_{zs}(t)=x(t)*h(t) \qquad (2.2.10)$$

式(2.2.10)为系统时域分析模型，是本章的重要知识点，也是后面系统其他分析方法的基础，该模型用文字描述为：**系统的响应(零状态响应)为激励与冲激响应的卷积积分**。其图形描述见图 2.2.1。

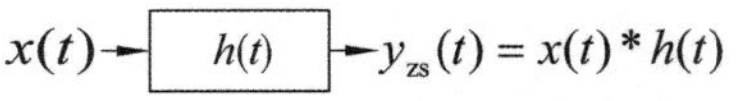

$x(t)\rightarrow$ [$h(t)$] $\rightarrow y_{zs}(t)=x(t)*h(t)$

图 2.2.1　连续系统的时域分析模型

图 2.2.1 中，系统用$h(t)$来描述。相对于微分方程，$h(t)$更好地描述了激励、响应和系统间的关系，因而$h(t)$是系统描述的重要方式之一，常用$h(t)$来代表系统。

如系统$h(t)=\delta(t-t_0)$，是一个延时t_0的系统，其激励、响应和系统间的关系如图 2.2.2 所示。

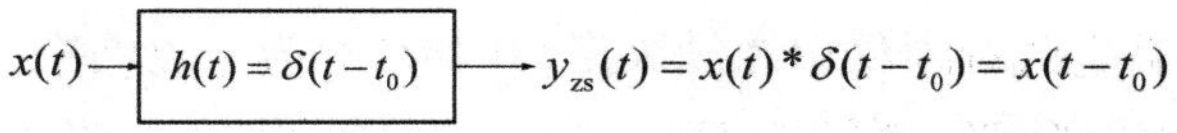

$x(t)\rightarrow$ [$h(t)=\delta(t-t_0)$] $\rightarrow y_{zs}(t)=x(t)*\delta(t-t_0)=x(t-t_0)$

图 2.2.2　延时t_0系统的时域模型

系统$h(t)=\delta'(t)$为一个微分系统，其激励、响应和系统间的关系如图 2.2.3 所示。

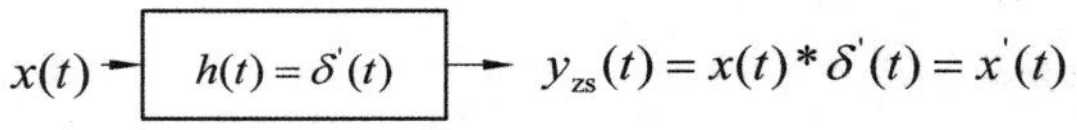

$x(t)\rightarrow$ [$h(t)=\delta'(t)$] $\rightarrow y_{zs}(t)=x(t)*\delta'(t)=x'(t)$

图 2.2.3　微分系统的时域模型

$h(t)=\varepsilon(t)$ 为一个积分系统，其激励、响应和系统间的关系如图2.2.4所示。

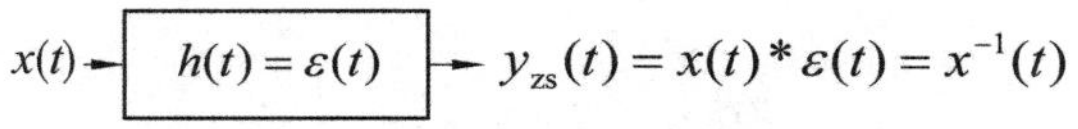

$$x(t)\rightarrow \boxed{h(t)=\varepsilon(t)} \rightarrow y_{zs}(t)=x(t)*\varepsilon(t)=x^{-1}(t)$$

图2.2.4 积分系统的时域模型

2.2.6 RC充放电系统分析

RC充放电系统是常用的LTI电路，是线性稳压电源、开关电源、函数信号发生器等系统中的基本电路。

1. RC充电电路分析

RC充电电路如图2.2.5所示，电容初始电压为0，开关K在 $t=0$ 时刻闭合。图中 $i(t)$ 满足

$$i(t)=C\frac{\mathrm{d}u_c(t)}{\mathrm{d}t}=Cu_c'(t)$$

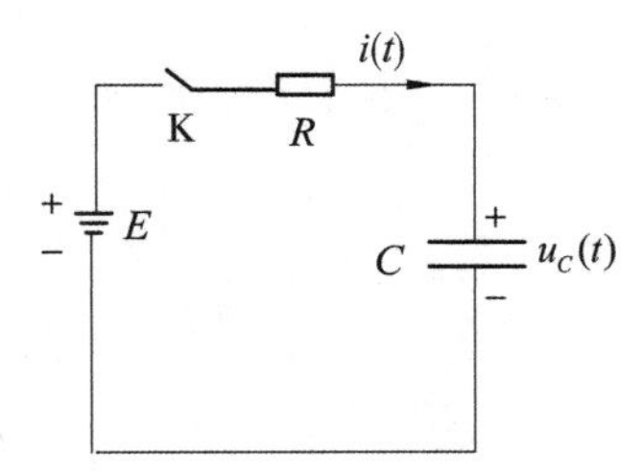

图2.2.5 RC充电电路

电容初始电压为0，即

$$u_c(0_-)=0$$

因电容两端电压不会突变，则有

$$u_c(0_+)=u_c(0_-)=0$$

电源为激励，记为 $u_s(t)$。

则 $u_c(t)$ 满足

$$\begin{cases}u_c'(t)+\dfrac{u_c(t)}{RC}=\dfrac{u_s(t)}{RC}\\ u_c(0_+)=u_c(0_-)=0\end{cases} \tag{2.2.11}$$

上式所求为系统的零状态响应，该系统的冲激响应 $h(t)$ 满足

$$\begin{cases}h'(t)+\dfrac{h(t)}{RC}=\dfrac{\delta(t)}{RC}\\ h(0_-)=0\end{cases} \tag{2.2.12}$$

方程右边为$\frac{\delta(t)}{RC}$,则 $h'(t)$ 含$\frac{\delta(t)}{RC}$,$h(t)$ 含$\frac{1}{RC}\varepsilon(t)$

则有

$$h(0_+) - h(0_-) = \frac{1}{RC}$$

有

$$h(0_+) = \frac{1}{RC}$$

式(2.2.12)可变为

$$\begin{cases} h'(t) + \dfrac{h(t)}{RC} = 0 \\ h(0_+) = \dfrac{1}{RC} \end{cases} \tag{2.2.13}$$

特征方程为

$$\lambda + 1/RC = 0$$

特征根为

$$\lambda = -\frac{1}{RC}$$

则有

$$h(t) = C_1 e^{-\frac{1}{RC}t}, t > 0$$

代入初始条件

$$h(0_+) = \frac{1}{RC}$$

可得

$$h(t) = \frac{1}{R} e^{-\frac{1}{RC}t} \varepsilon(t)$$

激励 $u_s(t)$ 满足

$$u_s(t) = E\varepsilon(t)$$

则有

$$u_c(t) = u_s(t) * h(t) = E\varepsilon(t) * \frac{1}{RC} e^{-\frac{t}{RC}} \varepsilon(t) = \frac{E}{RC}(e^{-\frac{t}{RC}} \varepsilon(t) * \varepsilon(t))$$
$$= \frac{E}{RC} \int_{-\infty}^{\infty} e^{-\frac{\tau}{RC}} \varepsilon(\tau)\varepsilon(t-\tau) d\tau = \frac{E}{RC} \left(\int_0^t e^{-\frac{\tau}{RC}} d\tau \right) \varepsilon(t) = E(1 - e^{-\frac{t}{RC}}) \varepsilon(t)$$

即

$$u_c(t) = E(1 - e^{-\frac{t}{RC}}) \varepsilon(t) \tag{2.2.14}$$

上式中 RC 的值决定了充电时间的长短,下面给出了 $RC = 1$ 时,MATLAB 画该函数图形的程序:

```
t = 0:0.01: 20; % 设置时间步长和范围
RC = 1;
E = 5;
```

```
u = E* (1 - exp(- t/RC));
plot(t,u);
xlabel('t');
```

图 2.2.6(a)、(b) 分别为 $RC=1$ 时和 $RC=2$ 时的电容电压变化曲线。可以看到，RC 越大，充电速度越慢：即在相同的电容下，电阻 R 越小，充电时间越快。

充电电流满足

$$i(t) = \frac{E}{R}\mathrm{e}^{-\frac{t}{RC}}\varepsilon(t) \tag{2.2.15}$$

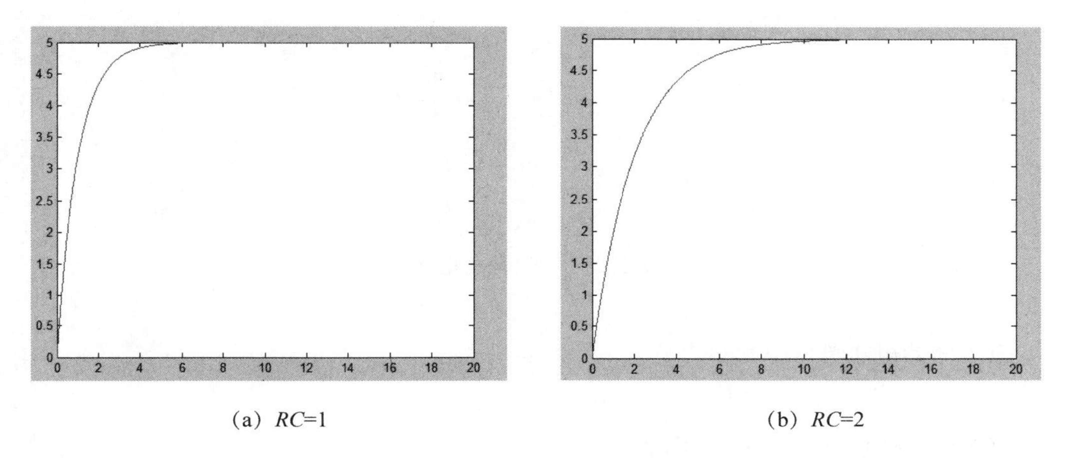

(a) RC=1　　(b) RC=2

图 2.2.6　电容电压变化曲线

图 2.2.7(a)、(b) 分别为 $RC=1$，$R=10^6\,\Omega$ 时和 $RC=1$，$R=2\times10^6\,\Omega$ 时的充电电流变化曲线。可以看到，R 越小，起始电流越大，要求电源的即时功率也越大。

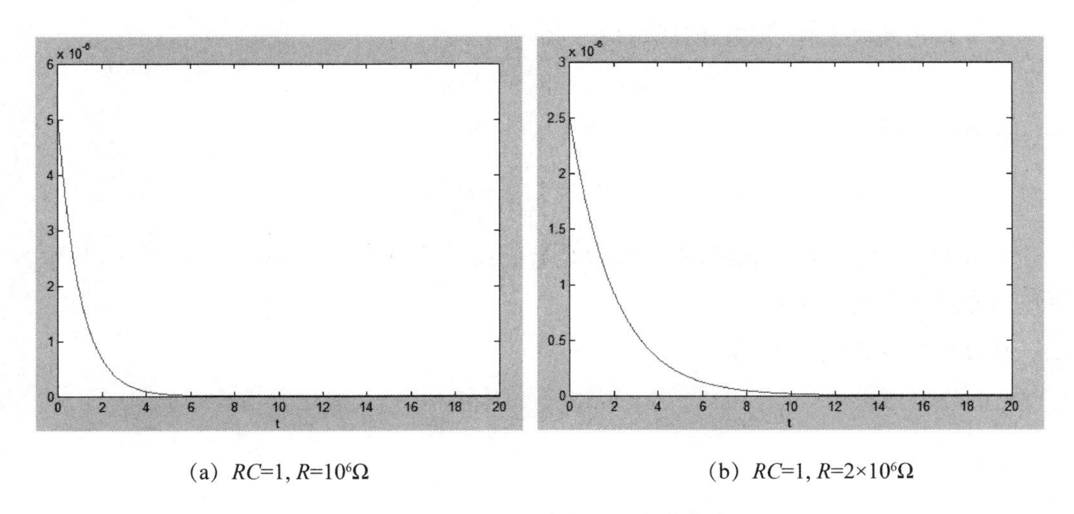

(a) RC=1, R=$10^6\Omega$　　(b) RC=1, R=$2\times10^6\Omega$

图 2.2.7　流过电容的电流变化曲线

在设计充电电路时，要根据电源功率、充电时间的参数合理选择对应的电阻和电容。

2. RC 放电电路分析

RC 放电电路如图 2.2.8 所示，电容初始电压为 E，开关 K 在 $t=0$ 时刻闭合。

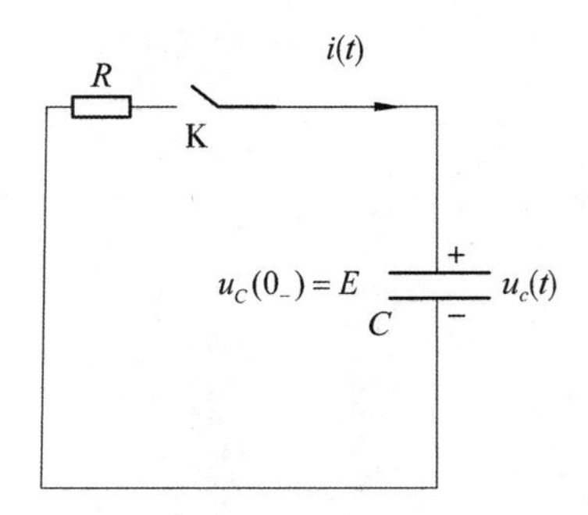

图 2.2.8　RC 放电电路

电容初始电压为

$$u_c(0_-)=E$$

因电容两端电压不会突变，则有

$$u_c(0_+)=u_c(0_-)=E$$

则 $u_c(t)$ 满足

$$\begin{cases} u_c'(t)+\dfrac{u_c(t)}{RC}=0 \\ u_c(0_+)=E \end{cases} \tag{2.2.16}$$

该方程为齐次方程，按上述计算过程，其解为

$$u_c(t)=Ee^{-\frac{1}{RC}t}\varepsilon(t)$$

放电电流满足

$$i(t)=-\frac{E}{R}e^{-\frac{t}{RC}}\varepsilon(t) \tag{2.2.17}$$

电流方向与电压方向相反，电容释放能量。图 2.2.9 为 $RC=2$、$R=2\times10^6\,\Omega$ 时，电容电压和流过电流的变化曲线。

电容释放的总能量 E_C 满足

$$E_C=\int_{-\infty}^{\infty}u_c(t)i(t)\mathrm{d}t=\int_0^{\infty}\frac{E^2}{R}e^{-\frac{t}{RC}}e^{-\frac{1}{RC}t}\mathrm{d}t$$

可得

$$E_C=\frac{1}{2}CE^2 \tag{2.2.18}$$

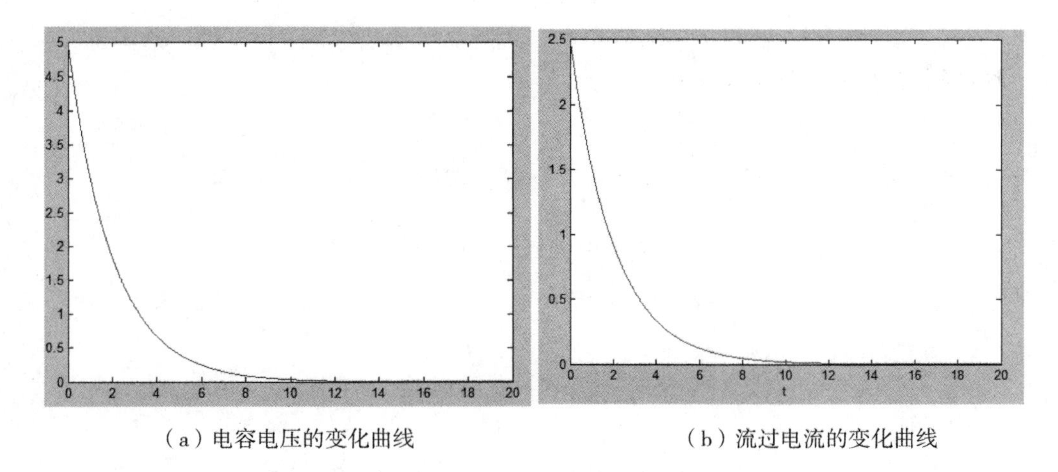

（a）电容电压的变化曲线　　（b）流过电流的变化曲线

图 2.2.9　电容放电

即容值为 C，电压为 E 的电容储存的能量为 $\frac{1}{2}CE^2$；同样有，容值为 C 的电容充电电压为 E 时，消耗的能量为 $\frac{1}{2}CE^2$。

2.3　卷积积分的计算和性质

2.3.1　卷积积分计算

卷积积分的计算方法有多种，这里主要讲函数计算和图像计算。

1. 函数计算

当连续信号用函数来描述时，可根据卷积积分的定义直接计算。下面给出课本中常见的卷积表达式 $\varepsilon(t) * \varepsilon(t)$ 的计算过程。

$$\varepsilon(t) * \varepsilon(t) = \int_{-\infty}^{\infty} \varepsilon(\tau)\varepsilon(t-\tau)\mathrm{d}\tau$$

根据 $\varepsilon(t)$ 的定义：

(1) 上式积分不为零的区域是 $\tau > 0, t-\tau > 0$，即 $0 < \tau < t$；

(2) 当 $t < 0$ 时，$0 < \tau < t$ 表达式不成立，整个积分值都是零，所以上式可以简化为

$$\varepsilon(t) * \varepsilon(t) = [\int_0^t \mathrm{d}\tau]\varepsilon(t) = t\varepsilon(t)$$

即有

$$\varepsilon(t) * \varepsilon(t) = t\varepsilon(t) \tag{2.3.1}$$

【例 2.3.1】　计算下列卷积积分。

(1) $\varepsilon(t) * e^{-t}\varepsilon(t)$　(2) $e^{-2t}\varepsilon(t) * e^{-t}\varepsilon(t)$　(3) $e^{-t}\varepsilon(t) * e^{-t}\varepsilon(t)$

(4) $e^{-t}\varepsilon(t) * \delta(t)$　(5) $e^{-t}\varepsilon(t) * \delta(t-2)$

解:根据卷积积分的定义可得

(1)

$$\begin{aligned}\varepsilon(t) * e^{-t}\varepsilon(t) &= \int_{-\infty}^{\infty}\varepsilon(\tau)e^{-(t-\tau)}\varepsilon(t-\tau)d\tau = \left(\int_0^t e^{-(t-\tau)}d\tau\right)\varepsilon(t)\\ &= e^{-t}\left(\int_0^t e^{\tau}d\tau\right)\varepsilon(t) = e^{-t}(e^t-1)\varepsilon(t)\\ &= \varepsilon(t) - e^{-t}\varepsilon(t)\end{aligned}$$

(2)

$$\begin{aligned}e^{-2t}\varepsilon(t) * e^{-t}\varepsilon(t) &= \int_{-\infty}^{\infty}e^{-2\tau}\varepsilon(\tau)e^{-(t-\tau)}\varepsilon(t-\tau)d\tau = \left(\int_0^t e^{-2\tau}e^{-(t-\tau)}d\tau\right)\varepsilon(t)\\ &= e^{-t}\left(\int_0^t e^{-\tau}d\tau\right)\varepsilon(t) = e^{-t}(1-e^{-t})\varepsilon(t)\\ &= e^{-t}\varepsilon(t) - e^{-2t}\varepsilon(t)\end{aligned}$$

(3)

$$\begin{aligned}e^{-t}\varepsilon(t) * e^{-t}\varepsilon(t) &= \int_{-\infty}^{\infty}e^{-\tau}\varepsilon(\tau)e^{-(t-\tau)}\varepsilon(t-\tau)d\tau = \left(\int_0^t e^{-\tau}e^{-(t-\tau)}d\tau\right)\varepsilon(t)\\ &= e^{-t}\left(\int_0^t d\tau\right)\varepsilon(t) = te^{-t}\varepsilon(t)\end{aligned}$$

(4)

$$\begin{aligned}e^{-t}\varepsilon(t) * \delta(t) &= \int_{-\infty}^{\infty}e^{-\tau}\varepsilon(\tau)\delta(t-\tau)d\tau = e^{-t}\varepsilon(t)\left(\int_{-\infty}^{\infty}\delta(t-\tau)d\tau\right)\\ &= e^{-t}\varepsilon(t)\end{aligned}$$

(5)

$$\begin{aligned}e^{-t}\varepsilon(t) * \delta(t-2) &= \int_{-\infty}^{\infty}e^{-\tau}\varepsilon(\tau)\delta(t-\tau-2)d\tau = e^{-(t-2)}\varepsilon(t-2)\left(\int_{-\infty}^{\infty}\delta(t-\tau-2)d\tau\right)\\ &= e^{-(t-2)}\varepsilon(t-2)\end{aligned}$$

2. 图解计算

当信号是用图像描述时,可采用图解法计算卷积,卷积过程可分解为四步:

(1) 换元:t 换为 $\tau \rightarrow$ 得 $x_1(\tau)$,$x_2(\tau)$;

(2) 反转平移:由 $x_2(\tau)$ 反转 $\rightarrow$ $x_2(-\tau)$ 右移 t $\rightarrow$ $x_2(t-\tau)$;

(3) 乘积:$x_1(\tau)\ x_2(t-\tau)$;

(4) 积分:τ 从 $-\infty$ 到 ∞ 对乘积项积分。

【例 2.3.2】　采用图解计算和函数计算方式,计算 $g_a(t) * g_a(t)$。

解:(1) 图解计算。

将 $g_a(t)$ 分别换成 $g_a(\tau)$ 和 $g_a(t-\tau)$,如图 2.3.1(a) 所示。

计算 $g_a(\tau)g_a(t-\tau)$,如图 2.3.1(b) 所示,则有:

当 $t < -a$ 时两函数无公共部分,相乘为零;

当 $-a < t < 0$ 时两函数公共部分为 $a+t$；

当 $-0 < t < a$ 时两函数公共部分为 $t-a$；

当 $t > a$ 时两函数无公共部分，相乘为零。

积分计算可得到卷积图像，如图 2.3.1(c) 所示；

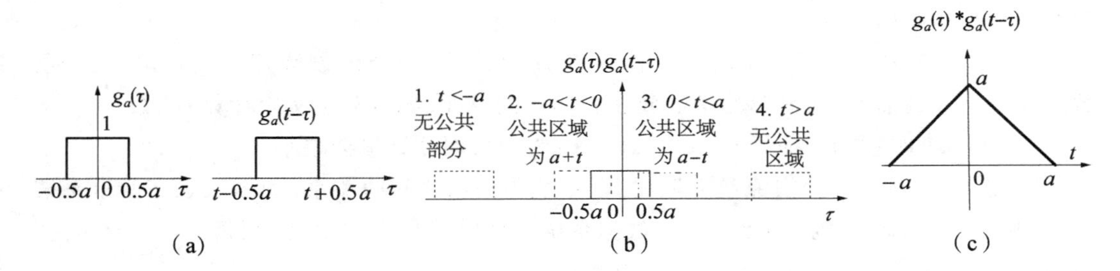

图 2.3.1　$g_a(t)*g_a(t)$ 的图解计算过程

(2) 函数计算。

$$g_a(t)*g_a(t)=[\varepsilon(t+0.5a)-\varepsilon(t-0.5a)]*[\varepsilon(t+0.5a)-\varepsilon(t-0.5a)]$$

$$=\varepsilon\left(t+\frac{1}{2}a\right)*\varepsilon\left(t+\frac{1}{2}a\right)-\varepsilon\left(t+\frac{1}{2}a\right)*\varepsilon\left(t-\frac{1}{2}a\right)$$

$$-\varepsilon\left(t-\frac{1}{2}a\right)*\varepsilon\left(t+\frac{1}{2}a\right)+\varepsilon\left(t-\frac{1}{2}a\right)*\varepsilon\left(t-\frac{1}{2}a\right)$$

其中

$$\varepsilon(t+0.5a)*\varepsilon(t+0.5a)=\int_{-\infty}^{\infty}\varepsilon(\tau+0.5a)\varepsilon(t-\tau+0.5a)\mathrm{d}\tau$$

$$=\left(\int_{-0.5a}^{t+0.5a}\mathrm{d}\tau\right)\varepsilon(t+a)=(t+a)\varepsilon(t+a)$$

则与

$$\varepsilon(t+0.5a)*\varepsilon(t-0.5a)=\varepsilon(t-0.5a)*\varepsilon(t+0.5a)=t\varepsilon(t)$$

$$\varepsilon(t-0.5a)*\varepsilon(t-0.5a)=(t-a)\varepsilon(t-a)$$

可得

$$g_a(t)*g_a(t)=(t+a)\varepsilon(t+a)-2t\varepsilon(t)+(t-a)\varepsilon(t-a) \tag{2.3.2}$$

从以上的计算过程可看到，函数计算法比较简单，在实际卷积积分的运算中，除了采用后面章节介绍的 s 域方法外，一般采用函数计算法，图像计算法很少用到。

2.3.2　卷积积分的性质

1. 基本运算性质

卷积积分满足乘法的三个基本定律：

(1) 交换律。表达式为

$$x_1(t)*x_2(t)=x_2(t)*x_1(t) \tag{2.3.3}$$

（2）分配律。表达式为

$$x_1(t)*[x_2(t)+x_3(t)]=x_1(t)*x_2(t)+x_1(t)*x_3(t) \tag{2.3.4}$$

（3）结合律。表达式为

$$[x_1(t)*x_2(t)]*x_3(t)=x_1(t)*[x_2(t)*x_3(t)] \tag{2.3.5}$$

这三个定律可根据卷积的定义来证明，证明过程省略。这里主要讲述这三个定律的物理意义和具体应用。

式(2.3.3)主要应用在卷积计算中，为了简化计算，两个函数计算卷积时，复杂的函数放在表达式的前面，而简单的函数放在表达式的后面。如本节上文中计算 $e^{-t}\varepsilon(t)*(e^{-2t}-e^{-3t})\varepsilon(t)$，如果交换成为 $(e^{-2t}-e^{-3t})\varepsilon(t)*e^{-t}\varepsilon(t)$，则计算量会减小。

式(2.3.4)描述多个分系统并联时，合系统与分系统间的关系。如图 2.3.2 所示系统 $h_1(t)$ 和 $h_2(t)$ 并联构成合系统 $h(t)$，根据系统时域模型和式(2.3.4)可得

$$y_{zs}=x(t)*h_1(t)+x(t)*h_2(t)\xlongequal{\text{分配律}}x(t)*[h_1(t)+h_2(t)]=\!=x(t)*h(t)$$

即有

$$h(t)=h_1(t)+h_2(t) \tag{2.3.6}$$

用文字描述为：**子系统并联时，总系统的冲激响应等于各子系统冲激响应之和。**

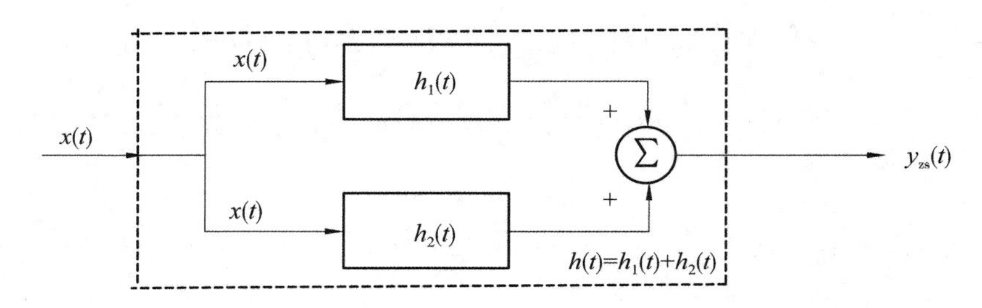

图 2.3.2　系统并联

式(2.3.5)描述多个分系统串联时，合系统与分系统间的关系。如图 2.3.3 所示系统 $h_1(t)$ 和 $h_2(t)$ 串联构成合系统 $h(t)$，根据系统时域模型和式(2.3.5)可得

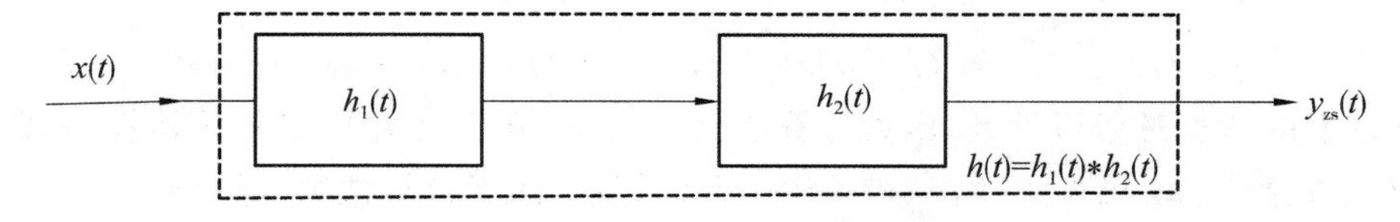

图 2.3.3　系统串联

$$y_{zs}=[x(t)*h_1(t)]*h_2(t)\overset{\text{结合律}}{=}x(t)*[h_1(t)*h_2(t)]=x(t)*h(t)$$

即有

$$h(t)=h_1(t)*h_2(t) \tag{2.3.7}$$

用文字描述为：**子系统串联时，总的冲激响应等于子系统冲激响应的卷积。**

在实际应用中，式(2.3.7)成立的前提条件是子系统带负载后冲激响应不变。如

图 2.3.4 所示，$u_s(t)$ 为激励，$u_o(t)$ 为响应。

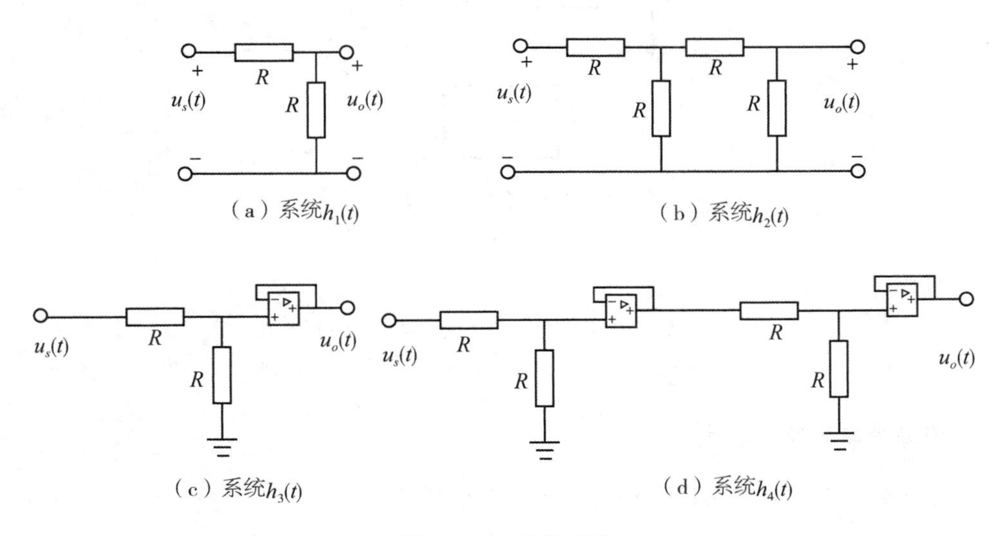

图 2.3.4　系统串联

图 2.3.4(a) 所示系统中，其冲激响应

$$h_1(t) = \frac{1}{2}\delta(t)$$

图 2.3.4(b) 并不能看成两个(a) 系统的串联，这是因为(a) 系统带负载后其冲激响应发生了变化，图 2.3.4(b) 系统的冲激响应

$$h_2(t) = \frac{1}{5}\delta(t)$$

并不等于

$$h_1(t) * h_1(t) = \frac{1}{4}\delta(t)$$

而图 2.3.4(c) 所示系统中，其冲激响应

$$h_3(t) = \frac{1}{2}\delta(t)$$

图 2.3.4(d) 可看成两个(c) 系统的串联，这是因为(c) 系统带负载后其冲激响应不变，(d) 系统的冲激响应满足

$$h_4(t) = h_3(t) * h_3(t) = \frac{1}{4}\delta(t)$$

【例 2.3.3】　求图 2.3.5 所示合系统的冲击响应 $h(t)$，其中 $h_1(t) = \varepsilon(t)$，$h_2(t) = e^{-t}\varepsilon(t)$。

解：根据冲激响应的定义，当激励为 $\delta(t)$ 时所得到的零状态响应就是冲激响应，即当 $x(t) = \delta(t)$ 时

$$y_{zs}(t) = h(t)$$

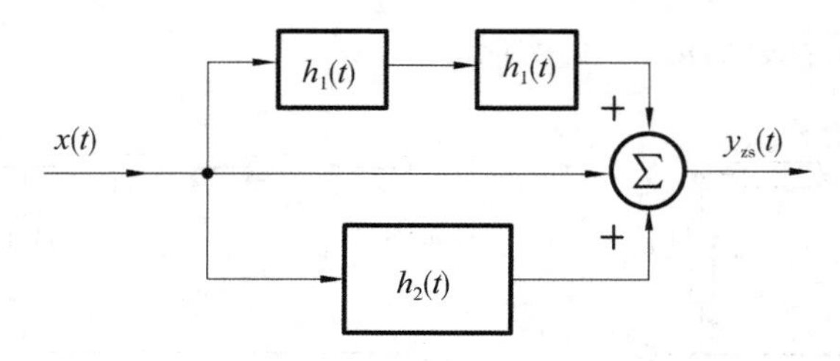

图 2.3.5 【例 2.3.3】图

则有

$$\begin{aligned} h(t) &= \delta(t) * h_1(t) * h_1(t) + \delta(t) + \delta(t) * h_2(t) \\ &= t\varepsilon(t) + \delta(t) + \mathrm{e}^{-t}\varepsilon(t) \end{aligned}$$

2. 冲激函数的卷积性质

冲激函数的卷积特性可以归纳为如下几个性质：

$$x(t) * \delta(t) = x(t) \tag{2.3.8}$$

$$x(t) * \delta(t - t_0) = x(t - t_0) \tag{2.3.9}$$

$$x(t) * \delta'(t) = x'(t) \tag{2.3.10}$$

上面三个公式可根据卷积定义直接得出，这里从系统的角度来说明：

(1) $\delta(t)$ 为倍数为 1 的传输系统，其响应等于激励，如式(2.3.8) 描述；

(2) $\delta(t - t_0)$ 为延时 t_0 的系统，其响应相对于激励延时 t_0，如式(2.3.9) 描述；

(3) 而 $\delta'(t)$ 为求导系统，其响应为激励的导数，如式(2.3.10) 描述。

3. 卷积的微积分性质

微分特性描述为

$$\frac{\mathrm{d}^n}{\mathrm{d}t^n}[x_1(t) * x_2(t)] = \frac{\mathrm{d}^n x_1(t)}{\mathrm{d}t^n} * x_2(t) = x_1(t) * \frac{\mathrm{d}^n x_2(t)}{\mathrm{d}t^n} \tag{2.3.11}$$

积分特性描述为

$$\int_{-\infty}^{t}[x_1(\tau) * x_2(\tau)]\mathrm{d}\tau = \left[\int_{-\infty}^{t} x_1(\tau)\mathrm{d}\tau\right] * x_2(t) = x_1(t) * \left[\int_{-\infty}^{t} x_2(\tau)\mathrm{d}\tau\right] \tag{2.3.12}$$

在 $x_1'(-\infty) = 0$ 和 $x_2^{(-1)}(-\infty) = 0$ 的前提下

$$x_1(t) * x_2(t) = x_1'(t) * x_2^{(-1)}(t) \tag{2.3.13}$$

上述公式的证明可根据卷积的定义来证明，如式(2.3.11)

$$\frac{\mathrm{d}[x_1(t) * x_2(t)]}{\mathrm{d}t} = \frac{\mathrm{d}\int_{-\infty}^{\infty} x_1(\tau)x_2(t-\tau)\mathrm{d}\tau}{\mathrm{d}t} = \int_{-\infty}^{\infty} x_1(\tau)\frac{\mathrm{d}x_2(t-\tau)}{\mathrm{d}t}\mathrm{d}\tau = x_1(t) * x_2'(t)$$

其他式也可按此方法证明。

卷积的微分和积分特性主要是为了方便卷积的计算；利用上面的性质可简化某些函数的卷积计算。如式(2.3.1) 的计算可简化为

$$\varepsilon(t) * \varepsilon(t) = \varepsilon^{(-1)}(t) * \varepsilon'(t) = t\varepsilon(t) * \delta(t) = t\varepsilon(t)$$

4. 卷积的时延性质

若

$$x_1(t) * x_2(t) = x(t)$$

则有

$$x_1(t-t_0) * x_2(t-t_1) = x(t-t_0-t_1) \tag{2.3.14}$$

证明

$$x_1(t-t_0) * x_2(t-t_1) = x_1(t) * \delta(t-t_0) * x_2(t) * \delta(t-t_1)$$

$$= x_1(t) * x_2(t) * \delta(t-t_0) * \delta(t-t_1) = x(t) * \delta(t-t_0-t_1) = x(t-t_0-t_1)$$

这个性质也是卷积的一个重要性质。利用该性质,可计算课本中常见的门函数之间的卷积:

$$g_\tau(t) * g_\tau(t) = \left[\varepsilon\left(t+\frac{\tau}{2}\right)-\varepsilon\left(t-\frac{\tau}{2}\right)\right] * \left[\varepsilon\left(t+\frac{\tau}{2}\right)-\varepsilon\left(t-\frac{\tau}{2}\right)\right]$$

$$= (t+\tau)\varepsilon(t+\tau) - 2t\varepsilon(t) + (t-\tau)\varepsilon(t-\tau)$$

即有

$$g_\tau(t) * g_\tau(t) = (t+\tau)\varepsilon(t+\tau) - 2t\varepsilon(t) + (t-\tau)\varepsilon(t-\tau)$$

其对应的图形如图 2.3.6 所示。

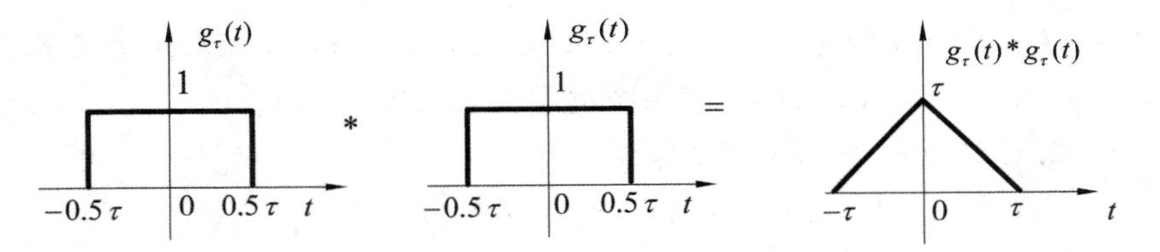

图 2.3.6　门函数之间的卷积

该卷积还可用如下方式完成

$$g_\tau(t) * g_\tau(t) = g_\tau^{-1}(t) * g'_\tau(t) = g_\tau^{-1}(t) * [\delta(t+0.5\tau) - \delta(t-0.5\tau)]$$

$$= g_\tau^{-1}(t+0.5\tau) - g_\tau^{-1}(t-0.5\tau)$$

其对应的图形如图 2.3.7 所示。

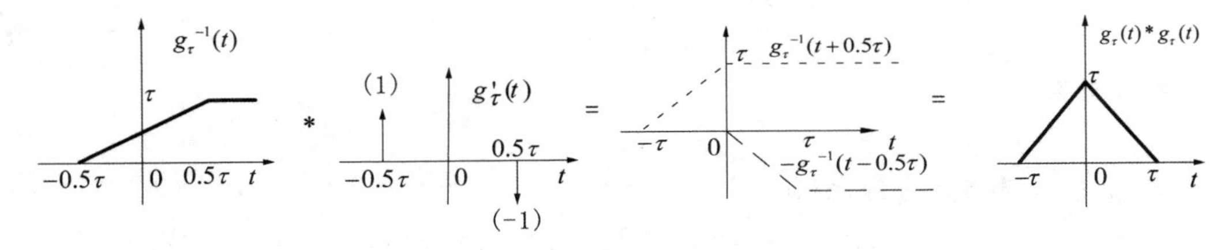

图 2.3.7　采用卷积的求导积分特性计算门函数之间的卷积

2.4　离散 LTI 的时域分析

对于离散 LTI 系统，其差分方程的通用模式为

$$y(n)+a_{r-1}y(n-1)+\cdots+a_0y(n-r)=b_mx(n)+b_{m-1}x(n-1)+\cdots+b_0x(n-m) \tag{2.4.1}$$

激励为 $x(n)$，响应为 $y(n)$。这是一个 r 阶差分方程，激励作用的时间区域为 $n\geqslant 0$，如果要计算其零输入响应，则需要给出 r 个初始条件：

$$y(-1),y(-2),\cdots,y(-r)。$$

表述激励加入之前 $y(n)$ 的 r 个初始值。

在离散 LTI 系统时域分析时，也是从其响应求解开始分析的，即求解其零输入响应 $y_{zi}(n)$ 和零状态响应 $y_{zs}(n)$。

2.4.1　零输入响应 $y_{zi}(n)$ 求解

根据零输入响应的定义，$y_{zi}(n)$ 满足：

$$\begin{cases}y_{zi}(n)+a_{r-1}y_{zi}(n-1)+\cdots+a_0y_{zi}(n-r)=0\\ y_{zi}(-1)=y(-1),\cdots,y_{zi}(-r)=y(-r)\end{cases} \tag{2.4.2}$$

式(2.4.2)的求解可按线性差分方程求解方法完成。下面列举一个例子来讲述零输入响应求解的具体过程。

【例 2.4.1】　系统方程为 $y(n)+3y(n-1)+2y(n-2)=x(n)$，初始状态 $y(-1)=0,y(-2)=1/2,x(n)=(2)^n\varepsilon(n)$，求系统的零输入响应 $y_{zi}(n)$。

解：由式(2.4.2)可得 $y_{zi}(n)$ 满足方程

$$\begin{cases}y_{zi}(n)+3y_{zi}(n-1)+2y_{zi}(n-2)=0\\ y_{zi}(-1)=y(-1)=0,y_{zi}(-2)=y(-2)=\dfrac{1}{2}\end{cases} \tag{2.4.3}$$

因方程描述的是 $n\geqslant 0$ 时激励和响应间的关系，则初始值也要转换为 $n\geqslant 0$ 时的值。上式中 $n=0$ 时，满足

$$y_{zi}(0)+3y_{zi}(-1)+2y_{zi}(-2)=0\Rightarrow y_{zi}(0)=-1$$

$n=1$ 时，满足

$$y_{zi}(1)+3y_{zi}(0)+2y_{zi}(-1)=0\Rightarrow y_{zi}(1)=3$$

式(2.4.3)中差分方程对应的特征方程为

$$\lambda^2+3\lambda+2=0$$

特征根为

$$\lambda_1=-1,\lambda_2=-2$$

式(2.4.3)为齐次方程，则有

$$y_{zi}(n)=[c_1(-1)^n+c_2(-2)^n]\varepsilon(n)$$

将初始值代入得

$$\begin{cases} y_{zi}(0) = c_1 + c_2 = -1 \\ y_{zi}(1) = -c_1 - 2c_2 = 3 \end{cases} \Rightarrow \begin{cases} c_1 = 1 \\ c_2 = -2 \end{cases}$$

即有

$$y_{zi}(n) = [(-1)^n - 2(-2)^n]\varepsilon(n)$$

2.4.2 单位序列响应 $h(n)$

单位序列响应是本书中重要的物理概念,其定义为:**当激励为单位序列 $\delta(n)$ 时,系统所对应的零状态响应,记为** $h(n)$。

1. $h(n)$ 的时域计算方法

本章第 1 节中将序列分解为 $\delta(n)$ 的线性叠加,因而系统的单位序列响应 $h(n)$ 也是分析一般信号响应的基础。系统的 $h(n)$ 计算方法有多种,本节将简单介绍其时域求解法。

【例 2.4.2】 求例 2.4.1 中系统 $y(n) + 3y(n-1) + 2y(n-2) = x(n)$ 的单位序列响应 $h(n)$。

解:根据单位序列响应的定义有:

$$\begin{cases} h(n) + 3h(n-1) + 2h(n-2) = \delta(n) \\ h(-2) = h(-1) = 0 \end{cases}$$

则有

$$\begin{cases} h(0) + 3h(-1) + 2h(-2) = \delta(0) = 1 \\ h(1) + 3h(0) + 2h(-1) = \delta(1) = 0 \\ h(2) + 3h(1) + 2h(0) = \delta(2) = 0 \end{cases} \Rightarrow \begin{cases} h(0) = 1 \\ h(1) = -3 \\ h(2) = 7 \end{cases}$$

当 $n > 0$ 时,$h(n)$ 满足:

$$\begin{cases} h(n) + 3h(n-1) + 2h(n-2) = 0 \\ h(1) = -3, h(2) = 7 \end{cases}$$

按例 2.4.1 的求解方法得

$$h(n) = [2(-2)^n - (-1)^n]\varepsilon(n)$$

2. 基本单元的单位序列响应

第 1 章中图 1.6.4 描述了离散系统的两个基本单元:延时器、数乘器,其单位序列响应分别为:

(1) 延时器。

其输入、输出满足 $y(n) = x(n-1)$,当 $x(n) = \delta(n)$ 时,$y(n) = \delta(n-1)$,有

$$h(n) = \delta(n-1) \tag{2.4.4}$$

(2) 数乘器。

其输入、输出满足 $y(n) = ax(n)$,当 $x(n) = \delta(n)$ 时,$y(n) = a\delta(n)$,有

$$h(n) = a\delta(n) \tag{2.4.5}$$

2.4.3　零状态响应 $y_{zs}(n)$ 的求解

求出了系统的冲激响应 $h(n)$，则任意激励对应的响应（零状态响应）模型就变得非常简单。本章第 1 节中将信号分解为 $\delta(n)$ 函数的线性叠加

$$x(n) = \sum_{i=-\infty}^{\infty} x(i)\delta(n-i) \tag{2.4.6}$$

而激励 $\delta(n)$ 的零状态响应为 $h(n)$，记为

$$\delta(n) \to h(n)$$

根据 LTI 系统的时不变性，有

$$\delta(n-i) \to h(n-i)$$

根据 LTI 系统的齐次性，有

$$x(i)\delta(n-i) \to x(i)h(n-i)$$

根据 LTI 系统的叠加性，有

$$\sum_{i=-\infty}^{\infty} x(i)\delta(n-i) \to \sum_{i=-\infty}^{\infty} x(i)h(n-i)$$

上式左边为激励 $x(n)$，右边为其对应的零状态响应 $y_{zs}(n)$，即 $y_{zs}(n)$ 满足

$$y_{zs}(n) = \sum_{i=-\infty}^{\infty} x(i)h(n-i) \tag{2.4.7}$$

式(2.4.7) 给出了一般信号作用到离散 LTI 系统时，响应的求解模型。

【例 2.4.3】　如例 2.4.1 中激励 $x(n) = (2)^n\varepsilon(n)$，$h(n) = [2(-2)^n - (-1)^n]\varepsilon(n)$，求系统的零状态响应 $y_{zs}(n)$。

解：系统的单位序列响应为

$$h(n) = [2(-2)^n - (-1)^n]\varepsilon(n)$$

则系统的零状态响应 $y_{zs}(n)$ 满足

$$y_{zs}(n) = x(n) * h(n) = \sum_{i=-\infty}^{\infty} (2)^i\varepsilon(i)[-(-1)^{n-i} + 2(-2)^{n-i}]\varepsilon(n-i)$$

根据 $\varepsilon(i)$ 的定义：

上式求和不为零的区域是 $i \geqslant 0, n-i \geqslant 0$，即 $0 \leqslant i \leqslant n$；

当 $n < 0$ 时，$0 \leqslant i \leqslant n$ 表达式不成立，整个求和值都是零。

所以上式可以简化为

$$\begin{aligned} y_{zs}(n) &= \left(\sum_{i=0}^{n} (2)^i[-(-1)^{n-i} + 2(-2)^{n-i}]\right)\varepsilon(n) \\ &= \left(-(-1)^n\sum_{i=0}^{n}(-2)^i + 2(-2)^n\sum_{i=0}^{n}(-1)^i\right)\varepsilon(n) \\ &= \left[-\frac{1}{3}(-1)^n + (-2)^n + \frac{1}{3}(2)^n\right]\varepsilon(n) \end{aligned}$$

这里利用了等比数列的求和公式

$$1 + a + \cdots + a^n = \frac{1-a^{n+1}}{1-a}$$

2.4.4 完全响应

完全响应为零输入响应与零状态响应之和，即有

$$y(n)=y_{zi}(n)+y_{zs}(n) \tag{2.4.8}$$

系统的零输入响应为

$$y_{zi}(n)=[(-1)^n-2(-2)^n]\varepsilon(n)$$

根据上面的计算结果可得，例 2.4.1 所示系统的完全响应 $y(n)$ 满足

$$\begin{aligned}y(n)&=y_{zi}(n)+y_{zs}(n)\\&=[(-1)^n-2(-2)^n]\varepsilon(n)+\left[(-2)^n-\frac{1}{3}(-1)^n+\frac{1}{3}(2)^n\right]\varepsilon(n)\\&=\left[\frac{2}{3}(-1)^n-(-2)^n+\frac{1}{3}(2)^n\right]\varepsilon(n)\end{aligned}$$

响应可以分为自由响应和强迫响应，暂态响应和稳态响应等，其定义分别为：

(1) 自由响应和强迫响应。完全响应中，与外加激励无关的响应称为自由响应，它是由系统本身结构决定的；而仅由激励决定的，称为强迫响应。

(2) 暂态响应和稳态响应。完全响应中，当 $n\to\infty$ 时，趋于 0 的部分，称为暂态响应；在某个区域内波动的项（不趋于零）称为稳态响应。

例 2.4.1 中，激励为 $x(n)=(2)^n\varepsilon(n)$，完全响应 $y(n)=\left[\frac{2}{3}(-1)^n-(-2)^n+\frac{1}{3}(2)^n\right]\varepsilon(n)$，则有：

自由响应为 $\left[\frac{2}{3}(-1)^n-(-2)^n\right]\varepsilon(n)$；

强迫响应为 $\frac{1}{3}(2)^n\varepsilon(n)$；

无暂态响应；无稳态响应。

2.4.5 卷积和与离散系统时域分析模型

1. 卷积和

为了简化式(2.4.6)的表达方式，进一步明确激励、响应、离散系统三者间的关系，引入卷积和的概念。

两个序列 $x_1(n)$ 和 $x_2(n)$，则定义求和运算

$$x(n)=\sum_{i=-\infty}^{\infty}x_1(i)x_2(n-i)$$

为 $x_1(n)$ 与 $x_2(n)$ 的卷积和，简称卷积，记为

$$x(n)=x_1(n)*x_2(n)=\sum_{i=-\infty}^{\infty}x_1(i)x_2(n-i) \tag{2.4.9}$$

2. 离散系统时域分析模型

即对应式(2.4.6)，激励、响应和系统间的关系用卷积和描述为

$$y_{zs}(n) = x(n) * h(n) \tag{2.4.10}$$

式(2.4.10)为离散系统时域分析模型，是本章的重点知识点，也是后面离散系统其他分析方法的基础，该模型用文字描述为：**离散系统的响应为激励与单位序列响应的卷积和**。其图形描述见图 2.4.1。

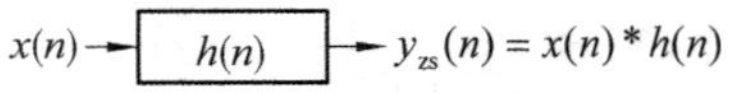

$x(n) \rightarrow$ [$h(n)$] $\rightarrow y_{zs}(n) = x(n) * h(n)$

图 2.4.1　离散系统的时域分析模型

图 2.4.1 中，离散系统用 $h(n)$ 来描述。相对于差分方程，$h(n)$ 更好地描述了激励、响应和系统间的关系，因而 $h(n)$ 是系统描述的重要方式之一，常用 $h(n)$ 来代表离散系统。

如系统

$$h(n) = \delta(n - n_0)$$

是一个延时 n_0 的系统。

【例 2.4.4】 LTI 离散系统的单位序列响应 $h(n) = (0.1)^n\varepsilon(n)$，求激励 $x(n)$ 分别为如下序列时，系统的零状态响应 $y_{zs}(n)$。

(1) $x(n) = \delta(n)$　(2) $x(n) = (0.2)^n\varepsilon(n)$　(3) $x(n) = (0.1)^n\varepsilon(n)$

解：根据 LTI 系统的时域模型式(2.4.10)可得：

(1) $x(n) = \delta(n)$，有

$$y_{zs}(n) = \delta(n) * h(n) = \sum_{i=-\infty}^{\infty}\delta(i)\ (0.1)^{n-i}\varepsilon(n-i)$$

因 $\delta(i)$ 唯一不为零的值为 $\delta(0) = 1$，

则有

$$y_{zs}(n) = \delta(n) * h(n) = (0.1)^n\varepsilon(n) = h(n)$$

(2) $x(n) = (0.2)^n\varepsilon(n)$，有

$$y_{zs}(n) = (0.2)^n\varepsilon(n) * h(n) = \sum_{i=-\infty}^{\infty}(0.2)^i\varepsilon(i)\ (0.1)^{n-i}\varepsilon(n-i)$$

上式积分不为零的区域是 $i \geqslant 0, n - i \geqslant 0$，即 $0 \leqslant i \leqslant n$；

当 $n < 0$ 时，$0 \leqslant i \leqslant n$，表达式不成立，整个求和值都是零。

则有

$$y_{zs}(n) = \left(\sum_{i=0}^{n}(0.2)^i\ (0.1)^{n-i}\right)\varepsilon(n) = (0.1)^n\ \frac{1-2^{n+1}}{1-2}\varepsilon(n) = [2\ (0.2)^n - (0.1)^n]\varepsilon(n)$$

(3) $x(n) = (0.1)^n\varepsilon(n)$，有

$$y_{zs}(n)=(0.1)^n\varepsilon(n)*h(n)=\sum_{i=-\infty}^{\infty}(0.1)^i\varepsilon(i)(0.1)^{n-i}\varepsilon(n-i)$$
$$=\left(\sum_{i=0}^{n}(0.1)^i(0.1)^{n-i}\right)\varepsilon(n)=\left(\sum_{i=0}^{n}(0.1)^n\right)\varepsilon(n)=(n+1)(0.1)^n\varepsilon(n)$$
$$=[n(0.1)^n+(0.1)^n]\varepsilon(n)$$

2.5 卷积和计算及其性质

2.5.1 卷积和计算

卷积和的计算方法有多种，这里主要讲函数法和列举法。

1. 函数法

当序列用函数表达时，可根据卷积和的定义直接计算。下面给出课本中常见的卷积表达式 $\varepsilon(n)*\varepsilon(n)$ 的计算过程。

$$\varepsilon(n)*\varepsilon(n)=\sum_{i=-\infty}^{\infty}\varepsilon(i)\varepsilon(n-i)=\left[\sum_{i=0}^{n}\varepsilon(i)\varepsilon(n-i)\right]\varepsilon(n)=(n+1)\varepsilon(n)$$

即有

$$\varepsilon(n)*\varepsilon(n)=(n+1)\varepsilon(n) \tag{2.5.1}$$

例 2.4.4 的结果就是采用函数法计算得到的。

2. 列举法

当序列的定义域 n 在某个有限区域内序列值不为零，而其他区域值为零时（如序列 $x(n)[\varepsilon(n)-\varepsilon(n-4)]$ 不为零的区域是 $n=0,1,2,3$，其他区域值为零），可采用列举法计算卷积后所得序列的各个点的值。

根据卷积和的定义

$$x(n)=\sum_{i=-\infty}^{\infty}x_1(i)x_2(n-i)$$

则有

$$x(0)=\sum_{i=-\infty}^{\infty}x_1(i)x_2(-i)$$
$$=\cdots+x_1(-2)x_2(2)+x_1(-1)x_2(1)+x_1(-1)x_2(1)+x_1(0)x_2(0)+$$
$$x_1(1)x_2(-1)+x_1(2)x_2(-2)+\cdots x(-1)=\sum_{i=-\infty}^{\infty}x_1(i)x_2(-1-i)$$
$$x(1)=\sum_{i=-\infty}^{\infty}x_1(i)x_2(1-i),\cdots$$

即有 $x(n)$ 在 $n=i$ 时的值 $x(i)$ 等于 $x_1(n)$ 和 $x_2(n)$ 自变量之和为 i 的项两两相

乘之和。

【例 2.5.1】 序列 $x_1(n)=\varepsilon(n)-\varepsilon(n-3)$，分别用函数法和列举法计算卷积和 $x(n)=x_1(n)*x_1(n)$。

解：(1) 列举计算方法

$x_1(n)=\varepsilon(n)-\varepsilon(n-3)$ 的图像如图 2.5.1(a) 所示。

则有

$$x(0)=\sum_{i=-\infty}^{\infty}x_1(i)x_1(-i)=x_1(0)x_2(0)=1$$

$$x(1)=\sum_{i=-\infty}^{\infty}x_1(i)x_1(1-i)=x_1(0)x_2(1)+x_1(1)x_2(0)=2$$

$$x(2)=\sum_{i=-\infty}^{\infty}x_1(i)x_1(2-i)=x_1(0)x_2(2)+x_1(1)x_2(1)+x_1(2)x_2(0)=3$$

$$x(3)=\sum_{i=-\infty}^{\infty}x_1(i)x_1(3-i)=x_1(1)x_2(2)+x_1(2)x_2(1)=2$$

$$x(4)=\sum_{i=-\infty}^{\infty}x_1(i)x_1(4-i)=x_1(2)x_2(2)=1$$

n 为其他值时，结果为零，则 $x(n)=[\varepsilon(n)-\varepsilon(n-3)]*[\varepsilon(n)-\varepsilon(n-3)]$ 的图像如图 2.5.1(b) 所示。

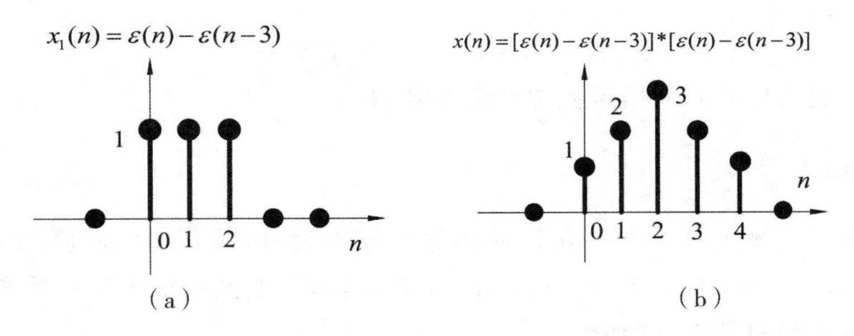

图 2.5.1　$x(n)=[\varepsilon(n)-\varepsilon(n-3)]*[\varepsilon(n)-\varepsilon(n-3)]$ 的图像

(2) 函数计算方法

$$\begin{aligned}x(n)&=x_1(n)*x_1(n)=[\varepsilon(n)-\varepsilon(n-3)]*[\varepsilon(n)-\varepsilon(n-3)]\\&=\varepsilon(n)*\varepsilon(n)-\varepsilon(n)*\varepsilon(n-3)-\varepsilon(n-3)*\varepsilon(n)+\varepsilon(n-3)*\varepsilon(n-3)\end{aligned}$$

根据卷积和的定义分别计算上面四项，可得

$$\begin{aligned}&[\varepsilon(n)-\varepsilon(n-3)]*[\varepsilon(n)-\varepsilon(n-3)]\\&=(n+1)\varepsilon(n)-2(n-2)\varepsilon(n-3)+(n-5)\varepsilon(n-6)\\&=(n+1)[\varepsilon(n)-\varepsilon(n-3)]+(5-n)[\varepsilon(n-3)-\varepsilon(n-6)]\end{aligned}$$

$x(n)=[\varepsilon(n)-\varepsilon(n-3)]*[\varepsilon(n)-\varepsilon(n-3)]$ 的图像如图 2.5.1(b) 所示。

卷积积分的计算还可以采用其他方法，如后面课本中讲到的 z 域方法。

3. 有限长序列的卷积计算

当序列的定义域 n 在某个有限区域内序列值不为零，而在其他区域值为零时，该序列为有限长序列。有限长序列之间的卷积计算是离散系统分析过程中经常要处理的问题。

如图 2.5.2 所示，序列 $x_1(n)$ 的第一个不为零的值为 $x_1(i)$，长度为 L；序列 $x_2(n)$ 的第一个不为零的值为 $x_2(k)$，长度为 M；忽略多个不为零的数据相加为零的情况，$x(n)=x_1(n)*x_2(n)$ 满足：

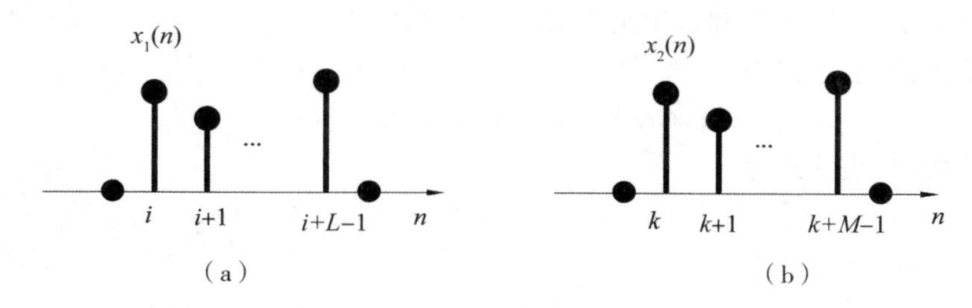

图 2.5.2　有限长序列

(1) $x(n)$ 也为有限长序列，$x(n)$ 中第一个不为零的值为 $x(i+k)$；

(2) $x(n)$ 的序列长度为 $L+M-1$。

以上结论可根据卷积和的定义得到。

【例 2.5.2】　计算图 2.5.3 所示两个序列的卷积和 $x(n)$，并指出 $x(n)$ 序列的长度。

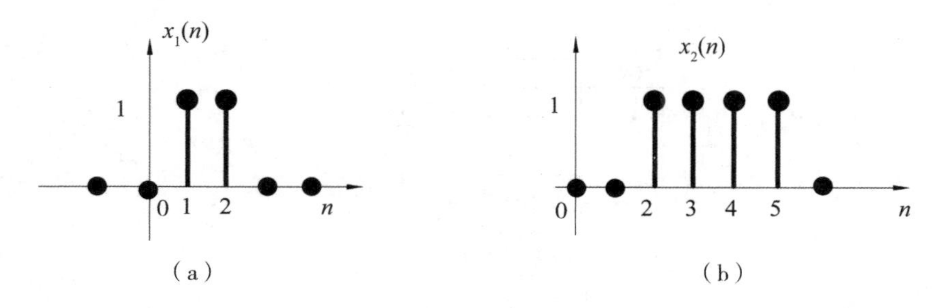

图 2.5.3　例 2.5.2 图

解：$x(n)=x_1(n)*x_2(n)$

$x(n)$ 中第一个不为零的值为 $x(3)$，且有

$$x(3)=x_1(1)x_2(2)=1$$

$$x(4)=x_1(1)x_2(3)+x_1(2)x_2(2)=2$$

$$x(5)=x_1(1)x_2(4)+x_1(2)x_2(3)=2$$

$$x(6)=x_1(1)x_2(5)+x_1(2)x_2(4)=2$$

$$x(7)=x_1(2)x_2(5)=1$$

其他区域值都为零，即有

$$x(n) = \{\cdots,0,0,\underset{\uparrow n=3}{1},2,2,2,1,0,0,\cdots\}$$

$x(n)$ 的长度 $= 2+4-1 = 5$。

2.5.2　卷积和的性质

1. 基本运算性质

与卷积积分一样，卷积和也满足乘法的三个基本定律。

(1) 交换律。表达式为

$$x_1(n) * x_2(n) = x_2(n) * x_1(n) \tag{2.5.2}$$

(2) 分配律。表达式为

$$x_1(n) * [x_2(n) + x_3(n)] = x_1(n) * x_2(n) + x_1(n) * x_3(n) \tag{2.5.3}$$

(3) 结合律。表达式为

$$[x_1(n) * x_2(n)] * x_3(n) = x_1(n) * [x_2(n) * x_3(n)] \tag{2.5.4}$$

这三个定律可根据卷积和的定义得到。

式(2.5.3)描述多个分系统并联时，合系统与分系统间的关系。如图 2.5.4 所示系统 $h_1(n)$ 和 $h_2(n)$ 并联构成合系统 $h(n)$，与连续系统一样，$h(n)$ 满足

$$h(n) = h_1(n) + h_2(n) \tag{2.5.5}$$

用文字描述为：**子系统并联时，总系统的单位序列响应等于各子系统单位序列响应之和。**

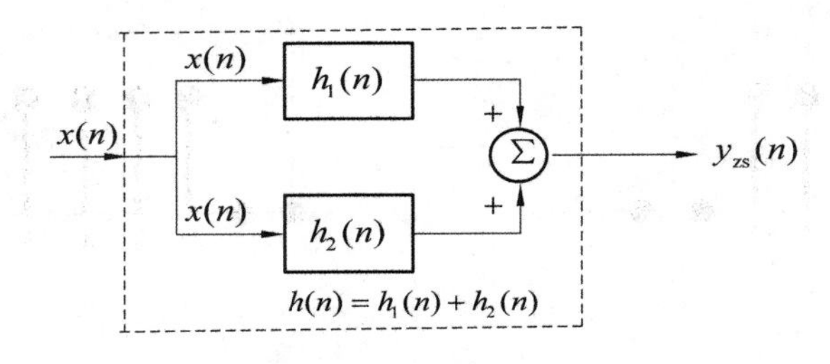

图 2.5.4　系统并联

式(2.5.4)描述多个分系统串联时，合系统与分系统间的关系。如图 2.5.5 所示系统 $h_1(n)$ 和 $h_2(n)$ 串联构成合系统 $h(n)$，与连续系统一样，$h(n)$ 满足

$$h(n) = h_1(n) * h_2(n) \tag{2.5.6}$$

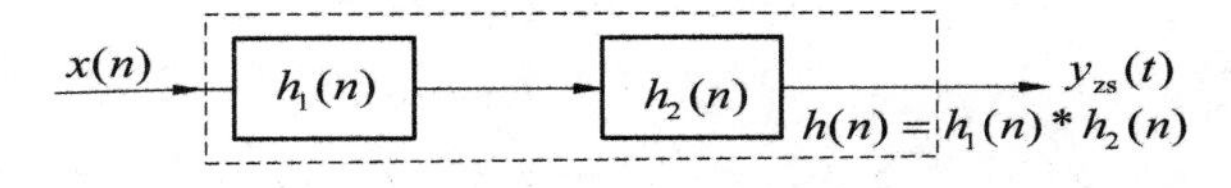

图 2.5.5　系统串联

用文字描述为：**子系统串联时，总的单位序列响应等于子系统单位序列响应的卷积。**

【例 2.5.3】　求图 2.5.6 所示合系统的单位序列响应 $h(n)$，其中 $h_1(n)=\varepsilon(n)$，$h_2(n)=(0.6)^n\varepsilon(n)$。

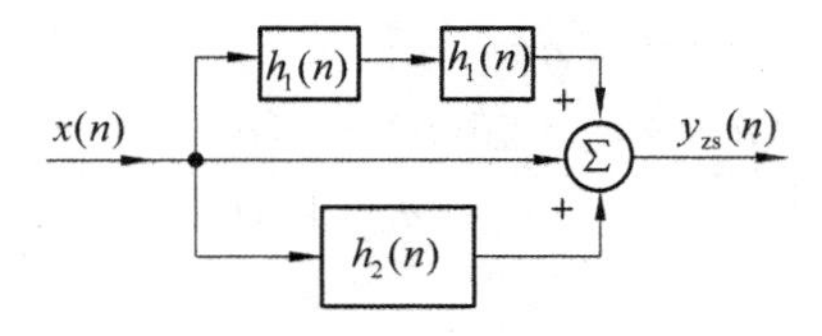

图 2.5.6　例 2.5.3 图

解：根据单位序列响应的定义，当激励为 $\delta(n)$ 时所得到的零状态响应就是单位序列响应，当 $x(n)=\delta(n)$ 时，$y_{zs}(n)=h(n)$

则有

$$\begin{aligned}h(n)&=\delta(n)*h_1(n)*h_1(n)+\delta(n)+\delta(n)*h_2(n)\\&=(n+1)\varepsilon(n)+\delta(n)+(0.6)^n\varepsilon(n)\end{aligned}$$

2. 单位序列的卷积性质

$$x(n)*\delta(n)=x(n) \tag{2.5.7}$$

$$x(n)*\delta(n-n_0)=x(n-n_0) \tag{2.5.8}$$

上面两个公式可根据卷积定义直接得出，这里从系统的角度来说明：

$\delta(n)$ 为倍数为 1 的传输系统，其响应等于激励，如式(2.5.7) 描述；

$\delta(n-n_0)$ 为延时 n_0 的系统，其响应等于激励延时 n_0，如式(2.5.8) 描述。

3. 卷积的时延性质

若
$$x_1(n)*x_2(n)=x(n)$$

则有

$$x_1(n-n_0)*x_2(n-n_1)=x(n-n_0-n_1) \tag{2.5.9}$$

其证明思路与卷积积分的时延性质一样。这个性质也是卷积和的一个重要性质。

例 2.5.1 中，$[\varepsilon(n)-\varepsilon(n-3)]*[\varepsilon(n)-\varepsilon(n-3)]$ 也可以利用卷积时延性质和单位序列的卷积性质快速求出：

(1) 利用卷积时延特性。

$$\begin{aligned}&[\varepsilon(n)-\varepsilon(n-3)]*[\varepsilon(n)-\varepsilon(n-3)]\\&=\varepsilon(n)*\varepsilon(n)-\varepsilon(n)*\varepsilon(n-3)-\varepsilon(n-3)*\varepsilon(n)+\varepsilon(n-3)*\varepsilon(n-3)\end{aligned}$$

根据

$$\varepsilon(n)*\varepsilon(n)=(n+1)\varepsilon(n)$$

则有

$$[\varepsilon(n)-\varepsilon(n-3)]*[\varepsilon(n)-\varepsilon(n-3)]$$

$$= (n+1)\varepsilon(n) - 2(n-2)\varepsilon(n-3) + (n-5)\varepsilon(n-6)$$

(2) 利用单位序列的卷积性质。

$$[\varepsilon(n) - \varepsilon(n-3)] = \delta(n) + \delta(n-1) + \delta(n-2)$$

则有

$$\begin{aligned}
&[\varepsilon(n) - \varepsilon(n-3)] * [\varepsilon(n) - \varepsilon(n-3)] \\
&= [\delta(n) + \delta(n-1) + \delta(n-2)] * [\delta(n) + \delta(n-1) + \delta(n-2)] \\
&= [\delta(n) + \delta(n-1) + \delta(n-2)] + [\delta(n-1) + \delta(n-2) + \delta(n-3)] \\
&+ [\delta(n-2) + \delta(n-3) + \delta(n-4)] \\
&= \delta(n) + 2\delta(n-1) + 3\delta(n-2) + 2\delta(n-3) + \delta(n-4)
\end{aligned}$$

在以后的讲述中，将**卷积积分与卷积和统称为卷积**，它们具有几乎完全相同的性质和描述系统时的相同模型。

2.6　基于 Python 的时域分析仿真

2.6.1　卷积和的 Python 仿真

两个序列 $x_1(n)$ 和 $x_2(n)$，其卷积和(简称卷积)记为

$$x(n) = x_1(n) * x_2(n) = \sum_{i=-\infty}^{\infty} x_1(i) x_2(n-i) \tag{2.6.1}$$

计算机可采用列举方法计算卷积后所得序列的各个点的值：

…

$$x(-1) = \sum_{i=-\infty}^{\infty} x_1(i-1) x_2(-i)$$

$$\begin{aligned}
x(0) = \sum_{i=-\infty}^{\infty} x_1(i) x_2(-i) &= \cdots + x_1(-1)x_2(1) + x_1(0)x_2(0) \\
&+ x_1(1)x_2(-1) + x_1(2)x_2(-2) + \cdots
\end{aligned}$$

$$x(1) = \sum_{i=-\infty}^{\infty} x_1(i+1) x_2(-i)$$

…

1. 有限长序列的卷积算法

当序列都为有限长因果序列时，序列 $x_1(n)$ 的第一个不为零为 $x_1(0)$，长度为 L；序列 $x_2(n)$ 的第一个不为零为 $x_2(0)$，长度为 M；$x(n)=x_1(n) * x_2(n)$ 满足：

(1) $x(n)$ 也为有限长序列序，$x(n)$ 中第一个不为零的值为 $x(0)$；

(2) $x(n)$ 的序列长度为 $N=L+M-1$。

且有：

$$x(0) = \sum_{i=-(M-1)}^{0} x_1(i) x_2(-i) = x_1(-(M-1)) x_2(M-1) +$$

$$x_1(-(M-2))x_2(M-2)+\cdots+x_1(0)x_2(0)$$

$$x(1)=\sum_{i=-(M-1)}^{0}x_1(i+1)x_2(-i)=x_1(-(M-1)+1)x_2(M-1)+$$
$$x_1(-(M-2)+1)x_2(M-2)+\cdots+x_1(1)x_2(0)\cdots$$

$$x(L+M-2)=\sum_{i=-(M-1)}^{0}x_1(i+L+M-2)x_2(-i)$$
$$=x_1(L-1)x_2(M-1)+x_1(L)x_2(M-2)+\cdots+x_1(L+M-2)x_2(0)$$

以上计算过程,可由计算机通过矩阵相乘运算完成。

如 $x_1(n)=[1,2,3,4,5]$,$x_2(n)=[4,5,6]$,则有 $x(n)=x_1(n)*x_2(n)$满足:

$$x(0)=[x_1(-2)\ x_1(-1)\ x_1(0)]\begin{bmatrix}x_2(2)\\x_2(1)\\x_2(0)\end{bmatrix}=[0\ 0\ 1]\begin{bmatrix}6\\5\\4\end{bmatrix}$$

$$x(1)=[0\ 1\ 2]\begin{bmatrix}6\\5\\4\end{bmatrix},x(2)=[1\ 2\ 3]\begin{bmatrix}6\\5\\4\end{bmatrix},\cdots,x(6)=[5\ 0\ 0]\begin{bmatrix}6\\5\\4\end{bmatrix}$$

其他值为零。完成上述过程的算法如下:

(1) 将 $x_1(n)$数据前后两端加上长度为 $M-1$ 的零序列,变换后的序列 $x_{1_add}(n)$长度为 $H=L+2(M-1)$;

如序列 $x_1(n)=[1,2,3,4,5]$,其长度 L 为 5,$x_2(n)=[6,7,8]$,其长度 M 为 3,则加长后的序列 $x_{1\_add}(n)=[0,0,1,2,3,4,5,0,0]$,长度为 9。

(2) 将 $x_2(n)$翻转,变为 $x_{2\_back}(n)$,满足:

$$x_{2\_back}(n)=x_2(M-n-1)$$

此例中

$$x_{2\_back}(n)=[8\ 7\ 6]$$

(3) 从 $x_{1_add}(n)$的第 i 位置向后取 M 个元素,与 $x_{2_back}(n)$矩阵相乘后就可得到 $x(i)$。

上述算法可由以下函数实现:

```
importnumpy as np
# 卷积和运算,输入变量 x1,x2 为原始序列,返回值 x 为这两个序列的卷积和
def conv_D(x1,x2):
    L=np.size(x1)
    M=np.size(x2)
    H=L+ M-1
    list_zero=[]
    fori in np.arange(1,M): # 生成长度为 M-1 的零矩阵
    list_zero.append(0)
    x1_add=np.append(np.append(list_zero,x1),list_zero)# x1 两端分别
补 M-1 个零
```

```
    x2_back=[]
    fori in np.arange(0,M): # x2 翻转
      x2_back.append(x2[M-i-1])
    x2_back=np.array(x2_back)
    x=[]
    fori in np.arange(0, H):
        x_temp=0
        for j in np.arange(0,M):
            x_temp=x_temp+ x1_add[i+j] * x2_back[j]
        x.append(x_temp)
    x=np.array(x)
    return x
```

将上述文件保存为文件名 conv_D_FUN. py(不改变存储路径)。在其他文件中输入 import conv_D_FUN,就可以调用以上两个函数了。

【例 2.6.1】 计算下列两个序列的卷积和 $x(n)$,并指出 $x(n)$序列的长度。

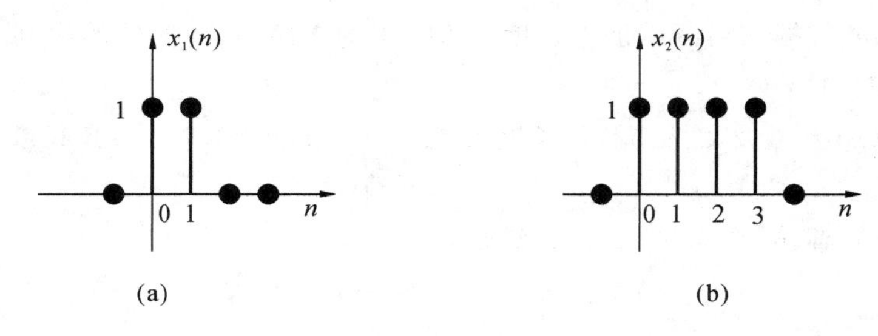

图 2.6.1 【例 2.6.1】图

```
importnumpy as np
importconv_D_FUN
x1=np.array([1,1])
x2=np.array([1,1,1,1])
x=conv_D_FUN.conv_D(x1, x2)
print("x1 * x2=",x)
```

得到:

```
x1 * x2=  [1 2 2 2 1]
```

3. 圆周卷积及 Python 实现

【例 2.6.2】 周期为 4 的离散矩形脉冲序列 $x(n)$如图 2.6.2(a)所示,当它作为激励通过图 2.6.2(b)所示系统时,求系统的输出。

解:该系统为线性系统,输入序列周期为 4,则输出信号周期也为 4。

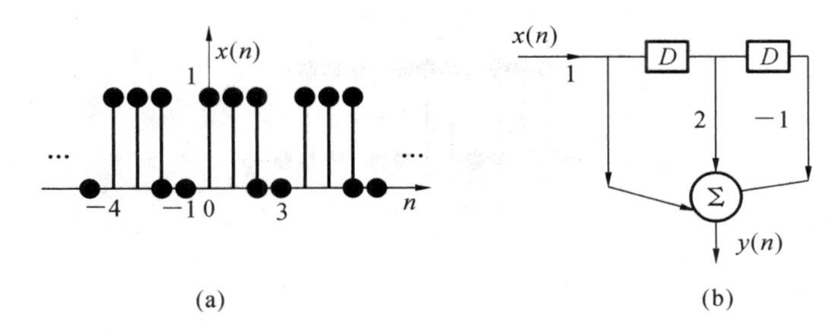

图 2.6.2 【例 2.6.2】图

在一个周期内

$$x(n)=[1,1,1,0]$$

系统的冲激响应长度为 3,满足

$$h(n)=[1,2,-1]=[h(0),h(1),h(2)]$$

根据电路可得

$$\begin{aligned} y(0) &= x(0)\times h(0)+x(-1)h(1)+x(-2)h(2) \\ &= x(0)\times h(0)+x(3)h(1)+x(2)h(2)=0 \end{aligned}$$

$$y(1)=x(1)\times h(0)+x(0)h(1)+x(-1)h(2)=3$$

$$y(2)=x(2)\times h(0)+x(1)h(1)+x(0)h(2)=2$$

$$y(3)=x(3)\times h(0)+x(2)h(1)+x(1)h(2)=1$$

为实现上述计算,定义圆周卷积:

长度为 N 的序列 $x(n)$,它通过系统 $h(n)$ 所得到的圆周卷积可定义为

$$y(n)=x(n)\otimes h(n)=\sum_{i=0}^{N-1}x((n-i)\%N)h(i),n=0,1,\cdots,N-1 \quad (2.6.2)$$

其中%表示取余,如 8%6=2。

若 $x(n)$ 的长度为 N,$h(n)$ 的长度为 L,则 $y(n)$ 的长度为 N。

借鉴前面卷积和的实现算法,可按如下步骤实现 $x(n)$ 与 $h(n)$ 的圆卷积:

(1) 取 $x(n)$ 主周期左边长度为 $M-1$ 的数据和 $x(n)$ 主周期数据构成新的序列 $x_{\text{add}}(n)$,其长度为 $H=N+(L-1)$。如【例 2.6.2】中,$N=4$,M 长度为 3,则所取的序列如图 2.6.3 所示:

$$x_{\text{add}}(n)=[x(-2)\ x(-1)\ x(0)\ x(1)\ x(2)\ x(3)]=[1\ 0\ \overset{n=0}{1}\ 1\ 1\ 0]$$

(2) 将 $h(n)$ 翻转,变为 $h_{\text{back}}(n)$。

(3) 从 $x_{\text{add}}(n)$ 的第 i 位置向后取 L 个元素,与 $h_{\text{back}}(n)$ 矩阵相乘后就可得到 $x(i)$。

算法的 Python 实现:

```
importnumpy as np
def conv_D_Period(x,h):
  N=np.size(x)
```

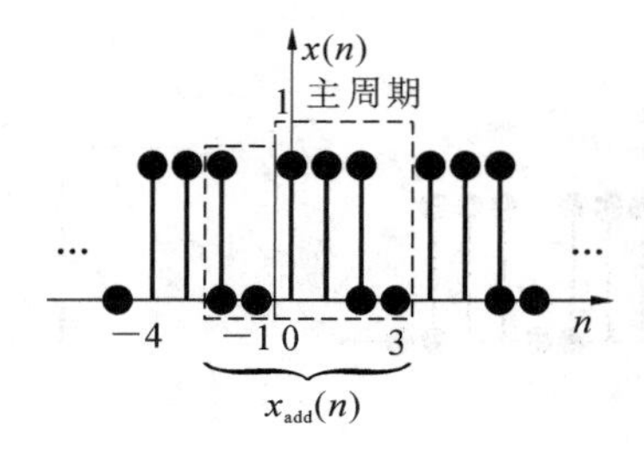

图 2.6.3　$x(n)$扩展方法

```
h_L=np.size(h)
list_x=[]
fori in np.arange(1,h_L):
      point=(N-h_L+i)% N
      list_x.append(x[point])
x_add=np.append(list_x,x) # x左边补 h_L-1个元素
h_back=[]
fori in np.arange(0,h_L): # h翻转
  h_back.append(h[h_L-i-1])
xh_back=np.array(h_back)
y=[]
fori in np.arange(0, N):
  y_temp=0
  for j innp.arange(0,h_L):
    y_temp=y_temp+x_add[i+j] * h_back[j]
  y.append(y_temp)
y=np.array(y)
return y
```

将上述文件保存为文件名 conv_D_Period_FUN.py(不改变存储路径)。在其他文件中输入 import conv_D_Period_FUN,就可以调用以上函数了。

如上例(【例 2.6.2】)采用该函数,代码如下:

```
importnumpy as np
importconv_D_Period_FUN
x=np.array([1,1,1,0])
h=np.array([1,2,-1])
y=conv_D_Period_FUN.conv_D_Period(x, h)
print("y=",y)
```

可得:

```
y=[0 3 2 1]
```

【例 2.6.3】 用卷积函数和周期序列的响应求解图 2.6.4 所示系统的响应。卷积求和时,序列长度取 12,通过画图比较两种方法的差异。

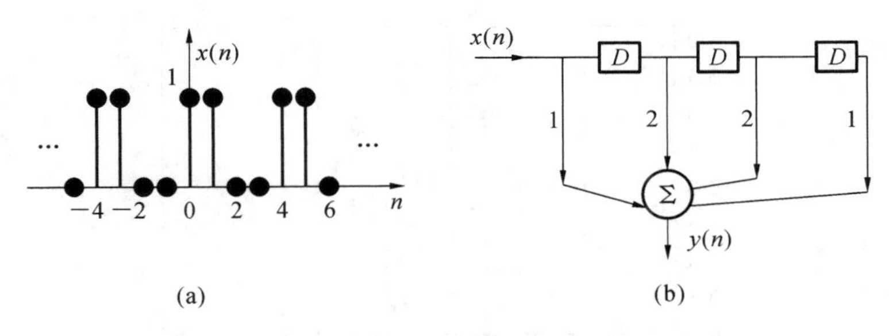

图 2.6.4 【例 2.6.3】图

实现代码:

```
import numpy as np
import matplotlib.pyplot as plt
import conv_D_Period_FUN
import conv_D_FUN
x=np.array([1,1,0,0])
h=np.array([1,2,2,1])
h_L=h.size
x_L=x.size
T_data=3# 画出响应的 3 个周期序列
N=T_data* x_L
L=N+h_L-1

x1=[]
for i in np.arange(0,N):
    x1.append(x[i% x_L])
x1=np.array(x1)
y1=conv_D_FUN.conv_D(x1, h)
y2=conv_D_Period_FUN.conv_D_Period(x, h)
y3=[]
for i in np.arange(0,L):# 周期响应 y2 扩展
    y3.append(y2[i% y2.size])
y3=np.array(y3)
plt.xlabel("n")
plt.ylabel("x")
```

```
plt.stem(np.arange(0, L), y1,'r')
plt.stem(np.arange(0, L), y3,'- - ')
```

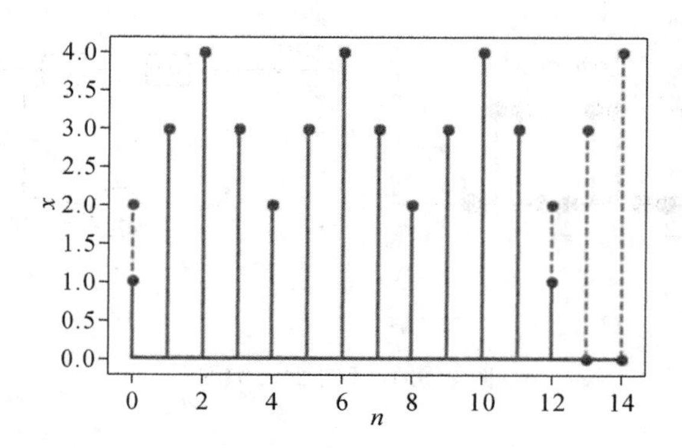

图 2.6.5　仿真结果(实线为卷积,虚线为圆周卷积)

分析可得到:除开始的几个点和结尾的几个点外,其他点结果是一致的。

导致该差异的原因为:周期序列的响应分析模型是分析整个时间内的响应,去除了系统自身对响应的影响。而卷积模型求出来的是零状态响应,该响应含系统自身的自由响应项。在实际应用中(如卷积神经网络),一般采用周期序列的响应分析模型即圆周卷积计算。

2.6.2　卷积积分的 Python 仿真

两个函数 $x_1(t)$和 $x_2(t)$,卷积积分为

$$x(t) = x_1(t) * x_2(t) = \int_{-\infty}^{\infty} x_1(\tau)x_2(t-\tau)\mathrm{d}\tau \tag{2.6.3}$$

计算机仿真时,上述信号需先离散。如信号 $x(t)$,设取样时间间隔为 Δ,则在时间$(n\pm0.5)\Delta$ 区间内的值可近似恒等于 $x(n\Delta)$,如图 2.6.6 所示。

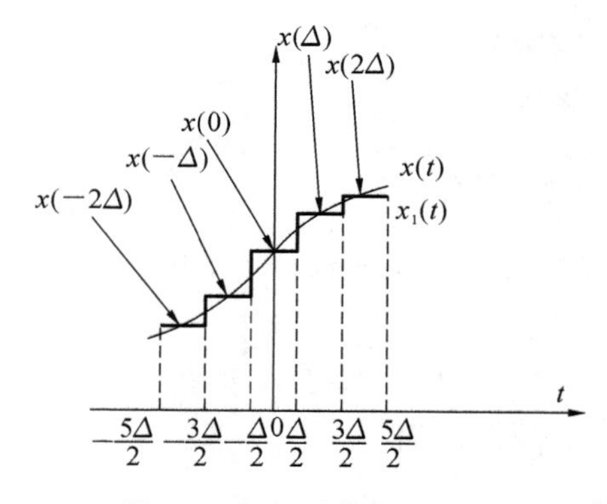

图 2.6.6　连续信号的离散

则卷积积分的近似实现为

$$x(n) \approx \Delta \sum_{i=-\infty}^{\infty} x_1(i) x_2(n-i) \tag{2.6.4}$$

$x(i), x_1(i), x_2(i)$表示函数在$(i \pm 0.5)\Delta$区间的值。

借助上述定义的卷积和函数 conv_T 可实现卷积积分函数，具体实现如下：

```
import numpy as np
# 卷积和运算,输入变量 x1,x2 为原始序列,返回值 x 为这两个序列的卷积和
import conv_D_FUN
def conv_T(x1,x2,T):
    x=conv_D_FUN.conv_D(x1, x2)* T
    return x
```

将上述文件保存为文件名 conv_T_FUN.py(不改变存储路径)。在其他文件中输入 import conv_T_FUN，就可以调用以上函数了。

【例 2.6.4】 时间长度为 10s，取样时间分别为 0.1s、0.01s，完成卷积 $e^{-t}\varepsilon(t) * e^{-t}\varepsilon(t)$ 仿真，并与理论计算结果比较。

解：理论计算为

$$e^{-t}\varepsilon(t) * e^{-t}\varepsilon(t) = \int_{-\infty}^{\infty} e^{-\tau}\varepsilon(\tau) e^{-(t-\tau)}\varepsilon(t-\tau)\mathrm{d}\tau = \left(\int_0^t e^{-\tau} e^{-(t-\tau)}\mathrm{d}\tau\right)\varepsilon(t)$$

$$= e^{-t}\left(\int_0^t \mathrm{d}\tau\right)\varepsilon(t) = t e^{-t}\varepsilon(t)$$

仿真即比较程序为

```
import matplotlib.pyplot as plt
import numpy as np
import conv_T_FUN
T=0.1
t1=np.arange(0, 10, 0.01 )
x1=np.exp(-t1)
x=conv_T_FUN.conv_T(x1, x1, T)
N=np.size(x)

t =np.arange(0,N)* T
plt.plot(t,x,'r- - ')

y=[]
for i in t:
   y.append(i* np.exp(- i))
y=np.array(y)
plt.plot(t,y)
```

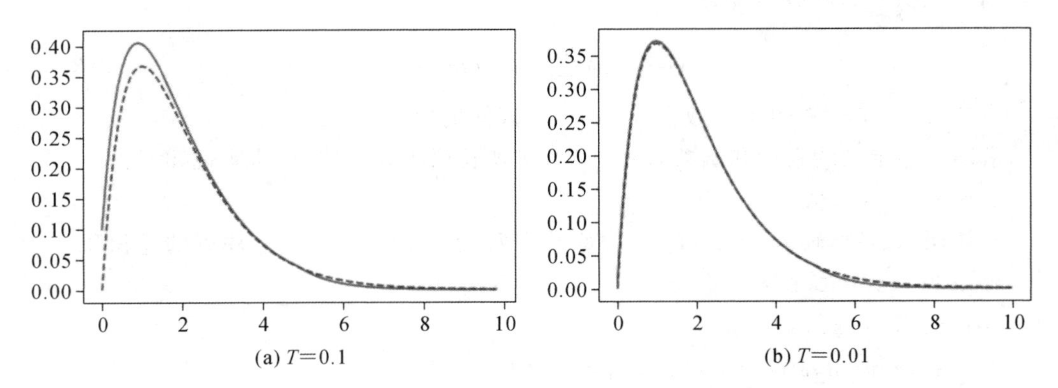

图 2.6.7　仿真结果与理论值比较(虚线为仿真值,实线为理论值)

从图中可以看出,取样时间间隔越小,仿真值(虚线)与理论值越接近。

2.6.3　单位序列响应 $h(n)$ 的 Python 仿真

如下差分方程

$$y(n)+a_{k-1}y(n-1)+\cdots+a_1y(n-k+1)+a_0y(n-k)=x(n) \quad (2.6.1)$$

可由递推法求出 $h(n)$

$$h(0)=\delta(0)-a_{k-1}h(-1)-a_{k-2}h(-2)-\cdots-a_1h(0-k+1)-a_0h(0-k)=1$$

$$h(1)=\delta(1)-a_{k-1}h(0)-a_{k-2}h(-1)-a_{k-3}h(-2)\cdots$$
$$=-[a_{k-1},a_{k-2},\cdots,a_k]*[h(0),0,0,\cdots]$$

$$h(2)=\delta(2)-a_{k-1}h(1)-a_{k-2}h(0)-a_{k-3}h(-1)\cdots$$
$$=-[a_{k-1},a_{k-2},\cdots,a_k]*[h(1),h(0),\cdots]$$

$$\cdots$$

所得 $h(n)$ 含无穷多项,在实际应用中,可根据计算量选取前面的有限量。

对于系统

$$y(n)+a_{k-1}y(n-1)+\cdots+a_0y(n-k)=b_my(n)+b_{m-1}y(n-1)+\cdots+b_0y(n-m) \quad (2.6.2)$$

其单位序列响应 $h_1(n)$ 与式(2.6.1)中的 $h(n)$ 关系为

$$h_1(n)=b_mh(n)+b_{m-1}h(n-1)+\cdots+b_0h(n-m)$$

上述算法可由以下函数实现:

```
import numpy as np
# A 为方程左边系数对应的序列,B 为方程右边系数对应的序列,N 为所求 h 的长度,
返回值为 h 的前 N 个值。
def h_n(A,B,N):
    h_back=[]#  h 的颠倒序列
    h1_back=[] # h1 的颠倒序列
```

```
    h_back.append(1)#  h[0]=1;
    h1_back.append(1* B[0])#  h1[0]=B[0];
    for i in np.arange(1,N):
        h_i=0  # 获得 h 的第 i 个值
        h_back_temp_len=np.size(h_back)
        for i in np.arange(0, min(h_back_temp_len, A.size-1)):
                h_i=- A[i+1]* h_back[i]+h_i   # A 中的一个元素 1 不参与
计算
        h_back=np.append(h_i, h_back) # 矩阵向后移
        h1_i=0 # 获得 h1 的第 i 个值
        h_back_temp_len=np.size(h_back)
        for m in np.arange(0, min(h_back_temp_len, B.size)):
                h1_i=B[m]* h_back[m]+ h1_i
        h1_back=np.append(h1_i,h1_back)# 矩阵向后移
    h1=[]
    for j in np.arange(0,N):
        h1.append(h1_back[N-1-j]) # 颠倒 h1_D
    return h1
```

将上述文件保存为文件名 h_n_FUN.py(不改变存储路径)。在其他文件中输入 importh_n_FUN,就可以调用以上函数了。

【例 2.6.5】 用 Python 求【例 2.4.2】中系统 $y(n)+3y(n-1)+2y(n-2)=x(n)$ 的单位序列响应 $h(n)$,取前 5 个值。

解:A= [1,3,2],B= [1],N= 5;

代码为:

```
import numpy as np
import h_n_FUN
A=np.array([1,3,2])
B=np.array([1])
N=5
h=h_n_FUN.h_n(A, B, N)
print("h=",h)
```

所得结果为:h=[1,−3,7,−15,31],与【例 2.4.2】结果一致。

该系统为不稳定系统,现实中所处理的一般为稳定系统。

【例 2.6.6】 用 Python 求系统 $y(n)-0.7y(n-1)+0.1y(n-2)=x(n)+2x(n-1)$ 的单位序列响应 $h(n)$,取前 20 个值。

代码为:

```
import numpy as np
```

```
import h_n_FUN
A=np.array([1,-0.7,0.1])
B=np.array([1,2])
N=20
h=h_n_FUN.h_n(A, B, N)
print("h=",h)
```

得到 h 的值为：

h = [1. 0, 2. 7, 1. 7899999999999998, 0. 9829999999999997, 0.5090999999999998, 0. 2580699999999998, 0. 12973899999999988, 0.06501029999999994, 0. 03253330999999996, 0. 01627228699999998, 0.00813726989999989, 0. 004068860229999935, 0. 0020344751709999963, 0.0010172465966999979, 0. 0005086251005899989, 0. 00025431291074299944, 0.00012715652746109971, 6. 357827814846984e- 05, 3. 178914195781891e- 05, 1.589457155562625e-05]

可以看到，随着 n_0 的增大，$h(n_0)$趋近于零。

2.6.4　冲击响应 $h(t)$的 Python 求解

$h(t)$的计算机仿真(即连续系统的离散化)方法有很多，其中最直观的方法为差分变换法。

其基本原理为：设采样时间间隔为 T，有

$$y(t) \approx y(nT)(t \in [(n-0.5)T,(n+0.5)T)) = y(n)$$

则有一次求导

$$y'(t) \approx [y(n)-y(n-1)]/T = \frac{[1,-1]}{T}\begin{bmatrix} y(n) \\ y(n-1) \end{bmatrix}$$

$[1,-1]/T$ 为系数矩阵，如用多项式表示为

$$\left(1-\frac{1}{x}\right)/T = \left(\frac{1-\frac{1}{x}}{T}\right)$$

二次求导

$$y''(t) \approx [y'(t)]' = [y(n)-y(n-1)-y(n-1)+y(n-1)]/T^2$$

$$= [y(n)-2y(n-1)+y(n-2)]/T^2 = \frac{[1,-2,1]}{T^2}\begin{bmatrix} y(n) \\ y(n-1) \\ y(n-2) \end{bmatrix}$$

$[1,-2,1]/T^2$ 为系数矩阵，如用多项式表示为

$$\left(1-2\frac{1}{x}+\frac{1}{x^2}\right)/T^2 = \left(\frac{1-\frac{1}{x}}{T}\right)^2$$

递推可得

$y^n(t)$的系数多项式表达式为

$$\left(\frac{1-1/x}{T}\right)^n = T^n \sum_{i=0}^{n} \frac{(-1)^i C_n^i}{x^i}$$

其中，$C_n^i = \frac{n \cdot (n-1) \cdots (n-i+1)}{1 \cdot 2 \cdot \cdots \cdot i}$，$C_n^0 = 1$。

```
# A 为微分系数对应矩阵,T 为取样时间间隔,返回值为转换的差分系数
import numpy as np
import math
def Tdiff_to_Ndiff(A,T):
    A_n=[]
    A_back=[]
    A_n_all=[]
    A_len=np.size(A)
    for i in np.arange(0,A_len ):  # 将 A 的数据颠倒
        A_back.append(A[A_len-1-i])
    np.array(A_back)
    for i in np.arange(0,A_len):# 将求导转换为差分
        A_n_temp=[];
        for k in np.arange(0, i+1):
                A_n_temp.append(((-1) * * k)* math.comb(i,k)* A_back
[i])
                temp=0
        A_n_temp=np.array(A_n_temp)
        A_n.append(A_n_temp* ((1/T) * * i))

    for i in np.arange(0,A_len):# 将相同项系数相加
        temp=0
        for k in np.arange(0,A_len ):
            if (np.size(A_n[k])-1)<i:
                temp=temp+0
            else:
                temp=A_n[k][i]+temp
        A_n_all.append(temp)
    A_n_all=np.array( A_n_all)
    return A_n_all
```

将上述文件保存为文件名 Tdiff_to_Ndiff_FUN. py(不改变存储路径)。在其他文件中输入 import Tdiff_to_Ndiff_FUN,就可以调用以上函数了。

【例 2.6.7】 给出微分方程系数对应的矩阵，如微分方程

$$y''(t)+3y'(t)+2y(t)=x'(t)$$

取样时间间隔分别为 0.1，0.01；求其对应的差分方程。

解：方程左边对应的矩阵为 $A=[1,3,2]$，右边对应的矩阵为 $B=[1,0]$。

调用上述函数的 Python 代码为：

```
import Tdiff_to_Ndiff_FUN
import numpy as np
A=np.array([1,3,2])
B=np.array([1,0])
T1=0.1
T2=0.01
A1=Tdiff_to_Ndiff_FUN.Tdiff_to_Ndiff(A, T1)
B1=Tdiff_to_Ndiff_FUN.Tdiff_to_Ndiff(B, T1)
A1_n=A1/A1[0]
B1_n=B1/A1[0]
A2=Tdiff_to_Ndiff_FUN.Tdiff_to_Ndiff(A, T2)
B2=Tdiff_to_Ndiff_FUN.Tdiff_to_Ndiff(B, T2)
A2_n=A2/A2[0]
B2_n=B2/A2[0]
print("A1_n=",A1_n,"B1_n=",B1_n)
print("A2_n=",A2_n,"B2_n=",B2_n)
```

仿真结果为：

```
A1_n=[ 1. -1.74242424 0.75757576] B1_n=[ 0.07575758 -0.07575758]
A2_n=[ 1. -1.97049117 0.9706853 ] B2_n=[ 0.00970685 -0.00970685]
```

即取样间隔为 0.1s 时，上述微分方程对应的差分方程为：

$$y(n)-1.74y(n-1)+0.76y(n-2)=0.076x(n)-0.076x(n-1)$$

即取样间隔为 0.1s 时，上述微分方程对应的差分方程为：

$$y(n)-1.97y(n-1)+0.97y(n-2)=0.0097x(n)-0.0097x(n-1)$$

对于冲击函数 $\delta(t)$，其面积为 1，这里将其近似为宽度为 T，面积为 1 的矩形脉冲，则有 $\delta(t)\approx\frac{g_T(t)}{T}$，$\delta(t)$离散化后有

$$\delta(t)\approx\delta(n)/T$$

通过上述分析可得到连续系统(微分方程)的冲击响应的计算机仿真方法(差分法)：

(1) 根据求导的定义，得到微分方程所对应的差分方程；

(2) 根据冲击函数的定义，得到其离散近似表达式；

(3) 根据冲击响应的定义，得到冲击响应所满足的差分方程。

如【例 2.6.7】所示微分方程，取样时间间隔为 0.1s 时，所对应离散系统的单位序列

响应满足：

$$h(n)-1.74h(n-1)+0.76h(n-2)=0.76\delta(n)-0.76\delta(n-1)$$

取样时间间隔为0.1s时，所对应离散系统的单位序列响应满足：

$$h(n)-1.97h(n-1)+0.97h(n-2)=0.97\delta(n)-0.97\delta(n-1)$$

调用本节定义h_n_FUN文件中的h_n函数，可求解得到冲击响应的近似解。

具体实现代码为：

A为微分方程左边系数对应的多项式(最高阶导数为n),长度为n+1;B为微分方程右边对应的多项式(最高阶次导数为m),长度为m+1,T为取样时间间隔,N为所求h的长度,返回值为h的前N个值。

```
import h_n_FUN
import Tdiff_to_Ndiff_FUN
def  h_t(A,B,T,N):
    A_n=Tdiff_to_Ndiff_FUN.Tdiff_to_Ndiff(A,T)
    B_n=Tdiff_to_Ndiff_FUN.Tdiff_to_Ndiff(B,T)/T
    A_n1=A_n/A_n[0]
    B_n1=B_n/A_n[0]
    return h_n_FUN.h_n(A_n1, B_n1, N)
```

将上述文件保存为文件名h_t_FUN.py(不改变存储路径)。在其他文件中输入import h_t_FUN，就可以调用以上函数了。

【例2.6.8】 微分方程$y''(t)+3y'(t)+2y(t)=x(t)$，根据微分方程求解或后面的S域分析，可计算得$h(t)=(e^{-t}-e^{-2t})\varepsilon(t)$。采用Python仿真画出所得$h(t)$的图像，并与理论结果图像进行比较。$T$取值分别为0.1，0.01。

解：画出理论值和仿真结果前10s的图像。其Python程序为

```
import numpy as np
import h_t_FUN
import matplotlib.pyplot as plt
A=np.array([1,3,2])
B=np.array([1])
T=0.1
t=10
N=int(t/T)
y_t=[]

for t1 in np.arange(0,N ):
    y_t.append(np.exp(-1 * T * t1)-np.exp(-2 * T * t1))
y_t=np.array(y_t)
plt.title("T=0.1")
```

```
plt.plot(np.arange(0,N)* T,y_t,)
h_t_n=h_t_FUN.h_t(A, B, T, N)
plt.plot(np.arange(0,N)* T,h_t_n,'r--')
```

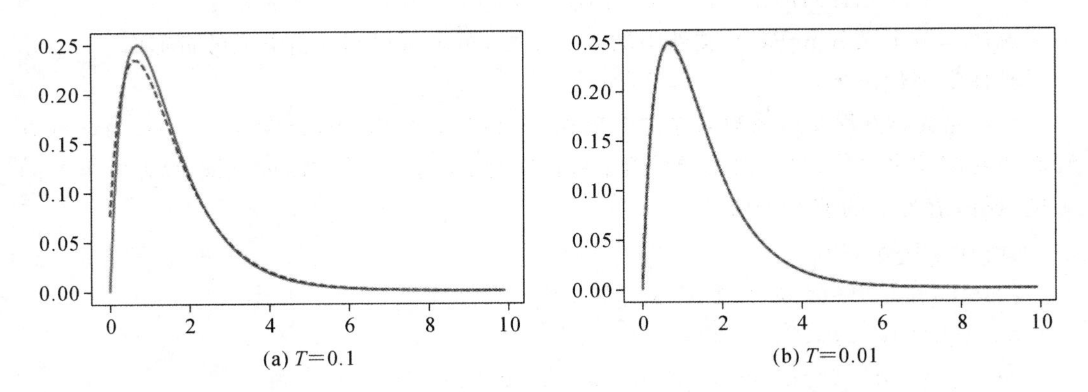

(a) $T=0.1$　　(b) $T=0.01$

图 2.6.8 仿真结果与理论值比较(虚线为仿真值,实线为理论值)

将程序中的 T 赋值为 0.01 可得到图(b)所示仿真图像。图中实线为理论值,虚线为仿真结果;可以看到 T 越小,仿真值和理论值越接近。

习　题　二

2-1　课本中的式(2.1.4)$x(t)=\int_{-\infty}^{\infty}x(\tau)\delta(t-\tau)\mathrm{d}\tau$ 的物理意义是将 $x(t)$ 分解为 $\delta(t)$ 的线性叠加,根据 $\delta(t)$ 的数学定义,证明该式成立。

2-2　序列 $x(n)$ 的图像如图 2-1 所示,将其分解为 $\delta(n)$ 的线性叠加。

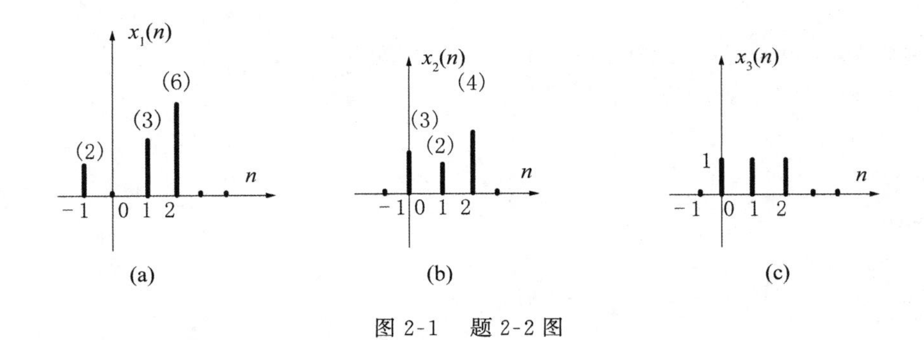

图 2-1　题 2-2 图

2-3　连续系统 $y''(t)+3y'(t)+2y(t)=x(t)$,初始条件为 $y'(0_-)=1, y(0_-)=2$,激励为 $\varepsilon(t)$。求该系统的零输入响应 $y_{zi}(t)$、冲激响应 $h(t)$、零状态响应 $y_{zs}(t)$ 和完全响应,并指出自由响应和强迫响应,稳态响应和瞬态响应。

2-4　离散系统方程为 $y(n)+0.7y(n-1)+0.1y(n-2)=x(n)$，初始状态 $y(-1)=0, y(-2)=1, x(n)=\varepsilon(n)$，求该系统的零输入响应 $y_{zi}(n)$、单位序列响应 $h(n)$、零状态响应 $y_{zs}(n)$ 和完全响应 $y(n)$，并指出自由响应和强迫响应，稳态响应和瞬态响应。

2-5　连续系统 $y''(t)+3y'(t)+2y(t)=2x(t)+x'(t)$；

(1) 写出该系统冲激响应的初始条件跳变值，并求冲激响应；

(2) 根据习题 2-3 中系统的冲激响应求本系统的冲激响应。

2-6　离散系统 $y(n)+0.7y(n-1)+0.1y(n-2)=x(n)+x(n-1)$；

(1) 根据 $h(n)$ 的定义直接求该系统的单位序列响应；

(2) 根据习题 2-4 中系统的单位序列响应求本系统的单位序列响应。

2-7　一阶 RC 电路如图 2-2 所示，电容初始电压 $u_C(0_-)=5\text{V}$，$RC=1$，电源电压 $E=12\text{V}$，开关 K 在 $t=0$ 时刻闭合，响应为 $u_C(t)$，求该电路的零输入响应、零状态响应和完全响应。

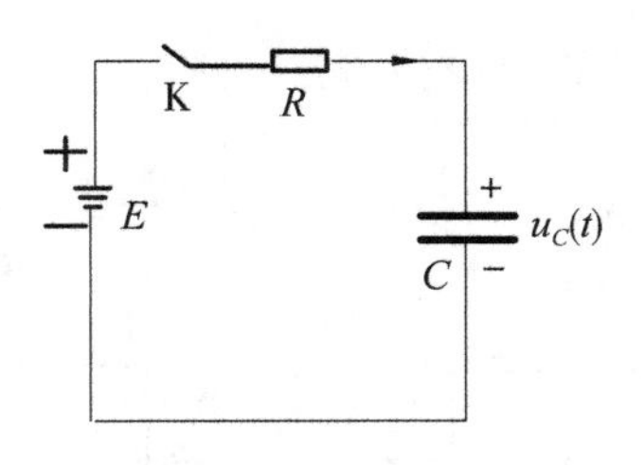

图 2-2　题 2-7 图

2-8　连续系统的结构如图 2-3 所示，求系统的冲激响应 $h(t)$，并计算当激励 $x(t)=e^{-t}\varepsilon(t)$ 时，系统的零状态响应 $y_{zs}(t)$。

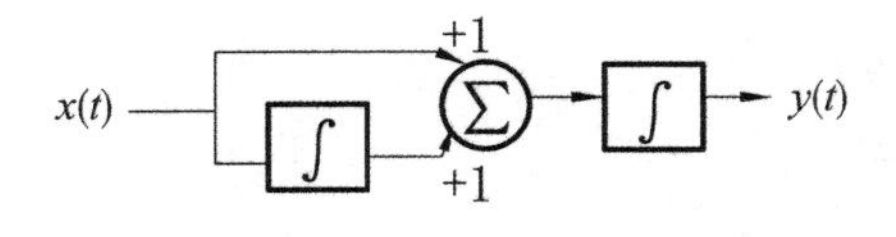

图 2-3　题 2-8 图

2-9　离散系统的结构如图 2-4 所示，求系统的单位序列响应 $h(n)$，并计算当激励 $x(n)=0.5^n\varepsilon(n)$ 时，系统的零状态响应 $y_{zs}(n)$。

2-10　根据卷积积分、卷积和的定义计算下列卷积。

(1) $t\varepsilon(t)*\varepsilon(t)$　(2) $e^{-2t}\varepsilon(t)*e^{-4t}\varepsilon(t)$　(3) $e^{-2t}\varepsilon(t)*e^{-2t}\varepsilon(t)$

(4) $(n+1)\varepsilon(n)*\varepsilon(n)$　(5) $0.5^n\varepsilon(n)*0.4^n\varepsilon(n)$　(6) $0.5^n\varepsilon(n)*0.5^n\varepsilon(n)$

2-11　根据题 2-10 的计算结果，总结 LTI 系统的零状态响应是由组成系统冲激响应和激励的量线性叠加而成，不会有其他新的量加入（te^{at} 与 e^{at} 可以当成相同的量，na^n 与

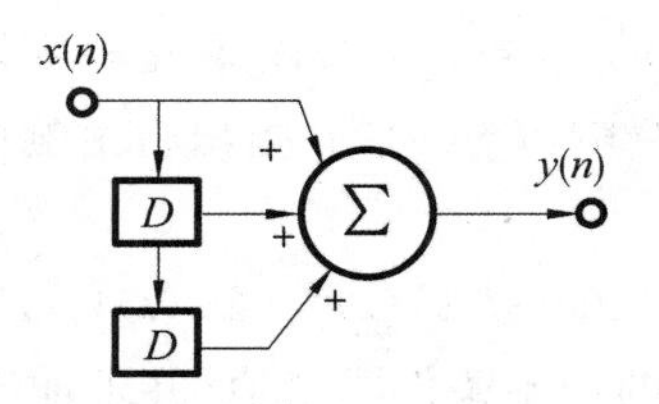

图 2-4　题 2-9 图

a^n 可以当成相同的量)。

2-12　根据卷积积分和卷积和的特性计算下列卷积。

(1) $\varepsilon(t) * \delta(t-3)$　(2) $e^{-2t}\varepsilon(t) * \delta(t-3)$　(3) $\delta'(t) * \varepsilon(t-2)$

(4) $\varepsilon(n) * \delta(n-3)$　(5) $0.5^n\varepsilon(n) * \delta(n-3)$　(6) $\delta(n) * \delta(n-3)$

2-13　采用不同方法计算图 2-5 的卷积并画出卷积后的图像。

(1) 利用卷积微积分特性计算;

(2) 利用卷积的时延特性计算(且有 $\varepsilon(t) * \varepsilon(t) = t\varepsilon(t)$,$t\varepsilon(t) * \varepsilon(t) = \frac{1}{2}t^2\varepsilon(t)$)。

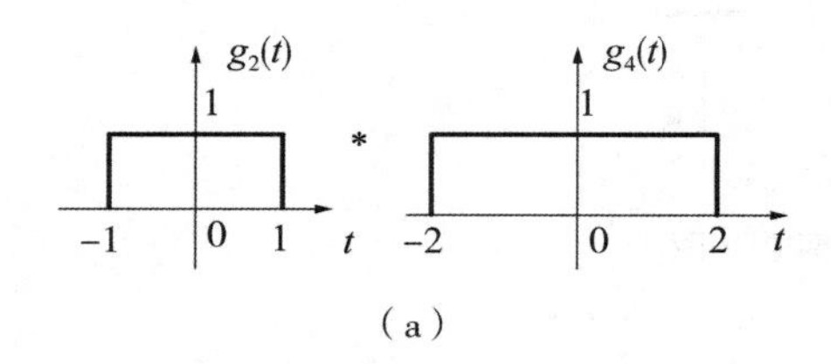

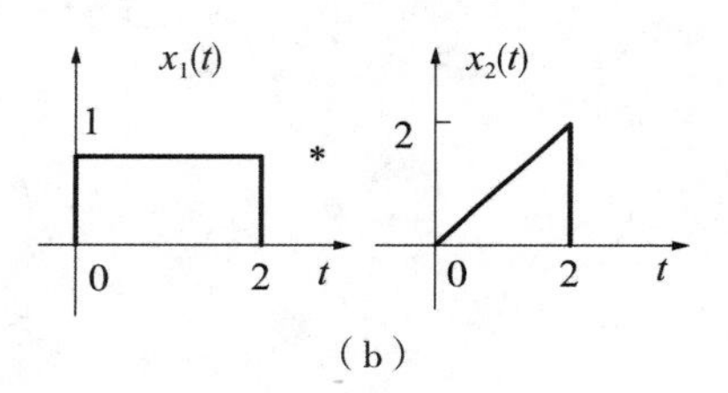

图 2-5　题 2-13 图

2-14　采用不同方法计算下列卷积和并画出其图像。

(1) 采用函数计算方法;

(2) 采用列举计算方法。

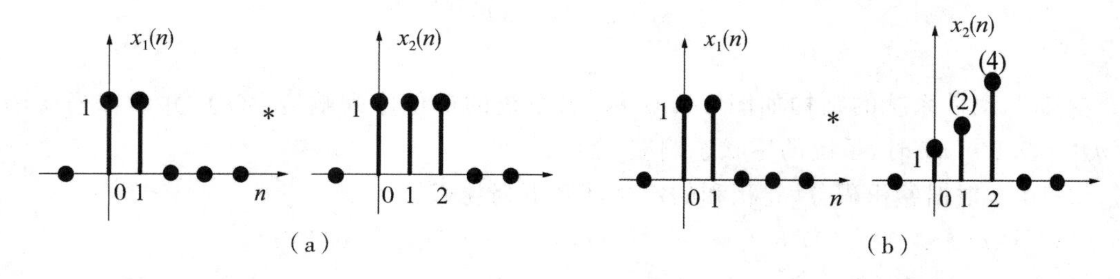

图 2-6　题 2-14 图

2-15　计算图 2-7 所示分系统所组成的合系统的 $h(t)$ 或 $h(n)$,其中 $h_1(t) = \delta'(t)$,

$h_2(t)=e^{-3t}\varepsilon(t)$，$h_3(t)=e^{-2t}\varepsilon(t)$，$h_1(n)=\varepsilon(n)$，$h_2(n)=0.5^n\varepsilon(n)$，$h_3(n)=\delta(n-1)$。

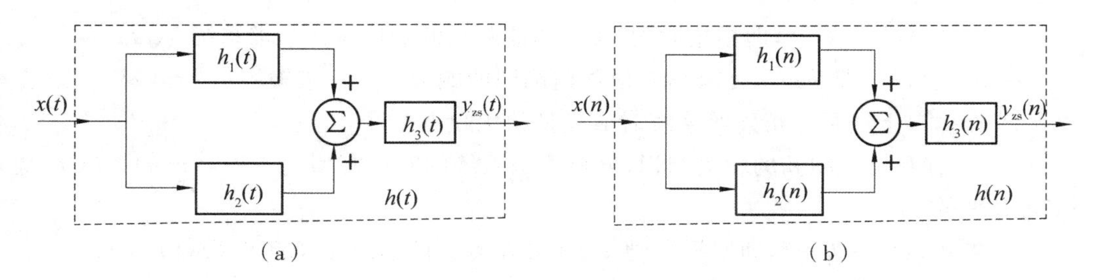

图 2-7　题 2-15 图

2-16　激励 $x(t)$ 如图 2-8(a) 所示，系统的冲激响应分别为 $h_1(t)$、$h_2(t)$，如图 2-8(b)、(c) 所示。

(1) 画出 $x(t)$ 通过系统 $h_1(t)$ 得到的零状态响应的图像；

(2) 画出 $x(t)$ 通过系统 $h_2(t)$ 得到的零状态响应的图像。

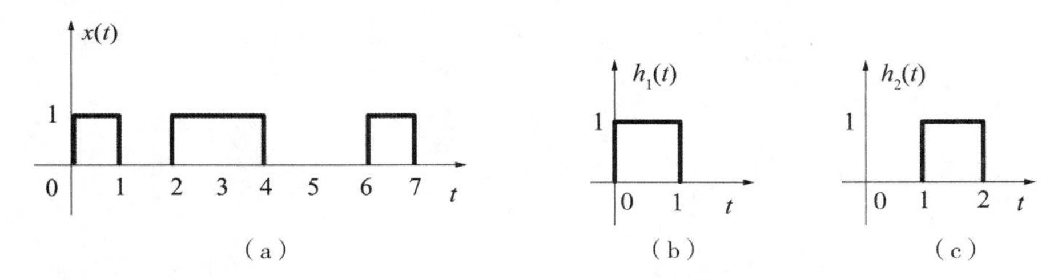

图 2-8　题 2-16 图

2-17　计算 $x(t)=g_4(t)*\delta_T(t)\left(\delta_T(t)=\sum_{i=-\infty}^{\infty}\delta(t-iT)\right)$的卷积，并分别画出 $T=4$、$T=3$、$T=6$ 时 $x(t)$ 的图像。

2-18　在连续系统的描述中有时会用到阶跃响应，其定义为：激励为阶跃函数 $\varepsilon(t)$ 时，系统的零状态响应，记为 $g(t)$。

(1) 根据 $g(t)$ 和 $h(t)$ 的定义写出两者之间的关系；

(2) 某一连续系统的冲激响应 $h(t)=e^{-t}\varepsilon(t)$，求该系统的 $g(t)$；

(3) 如果系统采用 $g(t)$ 描述，按照课本中图 2.2.1 的形式画出连续系统的时域分析模型。

2-19　在离散系统的描述中有时会用到阶跃响应，其定义为：激励为阶跃序列 $\varepsilon(n)$ 时，系统的零状态响应，记为 $g(n)$。

(1) 根据 $g(n)$ 和 $h(n)$ 的定义写出两者之间的关系；

(2) 某一连续系统的冲激响应 $h(n)=0.5^n\varepsilon(n)$，求该系统的 $g(n)$；

(3) 如果系统采用 $g(n)$ 描述，按照课本中图 2.4.1 的形式画出连续系统的时域分析模型。

2-20　连续系统的时域模型 $y_{zs}(t)=x(t)*h(t)$ 是否能够用来求：

(1) 未知系统的 $h(t)$，即根据激励 $x(t)$ 和监测到的响应 $y_{zs}(t)$ 求系统 $h(t)$；

(2) 输入信号，即系统 $h(t)$ 已知，根据监测到的响应 $y_{zs}(t)$ 求输入信号 $x(t)$；

(3) 根据以上结果分析连续系统时域模型的优缺点。

2-21　查阅反卷积和的相关知识，分析离散系统的时域模型 $y_{zs}(n)=x(n)*h(n)$ 是否能够用来求：

(1) 未知系统的 $h(n)$，即根据激励 $x(n)$ 和监测到的响应 $y_{zs}(n)$ 求系统 $h(n)$；

(2) 输入信号，即系统 $h(n)$ 已知，根据监测到的响应 $y_{zs}(n)$ 求输入信号 $x(n)$；

(3) 如果可行，分析计算的复杂度；

(4) 根据以上结果分析离散系统时域模型的优缺点。

第3章　连续信号与系统的频率特性

第2章将连续信号分解为$\delta(t)$函数的线性叠加，从而得出系统的时域分析模型。本章还是以信号分解为基础，借助傅里叶变换，将连续信号分解为频率信号$\cos\omega t$（或虚指数信号$e^{j\omega t}$）的线性叠加，得出了连续信号的频率特性；在此基础上，以频率信号作为基本输入信号，进一步分析了连续LTI系统的频率特性，并得出了系统的频域分析模型。

3.1　信号与系统频率特性概述

3.1.1　信号的频率特性概述

信号不仅具有时间特性，同时具有频率特性。**频率特性描述了信号随时间变化快慢的性质**，如信号随时间变化快，则信号频率高，相反，则频率低。

声音信号可以帮助我们很好地理解信号的频率特性。我们知道声音是因声带的振动而产生的，声带的振动频率决定了声音的频率，因女生的声带短（振动频率大）、男生的声带长（振动频率小），女生的声音听起来会很“尖”，而男生的声音听起来会很“柔”。

在音乐中的基本音阶“do、re、mi、fa、sol、la、si”也是根据频率来判断的，这些音阶都是单频信号，用函数描述为

$$x(t)=\cos\omega_0 t=\cos 2\pi f_0 t \tag{3.1.1}$$

式(3.1.1)描述的信号虽然也是时间t的函数，但同时是最基本的频率信号，其图像如图3.1.1(a)所示，其周期为T，满足

$$T=1/f_0 \tag{3.1.2}$$

其频率为f_0，角频率为ω_0

$$\omega_0=2\pi f_0$$

f_0越大，信号变化越快，f_0越小，信号变化越慢；如图3.1.1(b)、图3.1.1(c)所示：图3.1.1(b)的信号频率为1Hz，1秒钟内信号变换一个周期，而图3.1.1(c)的信号频率为2Hz，1秒钟内信号变换两个周期，图3.1.1(c)比图3.1.1(b)变换快。

当频率$f_0=0$时，信号为直流信号

$$x(t)=1 \tag{3.1.3}$$

此信号值不变，其频率最小。

用式(3.1.1)描述的“do、re、mi、fa、sol、la、si”7个音阶频率f_0依次为256、288、320、341.3、384、426.7、480(Hz)。

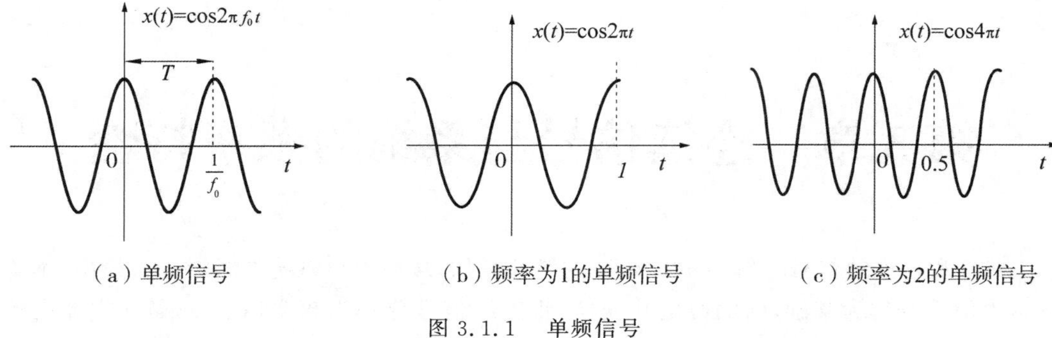

（a）单频信号　　（b）频率为1的单频信号　　（c）频率为2的单频信号

图 3.1.1　单频信号

其他信号也都具有频率特性。如图 3.1.2 所示为监测到的一天的温度变化曲线。从该图可以看出，该温度变化是很平稳的，为低频信号。而图 3.1.3 为调频收音机在 5μs 内收到的信号，与图 3.1.2 的信号相比较，该信号的变化要快很多，为高频信号。

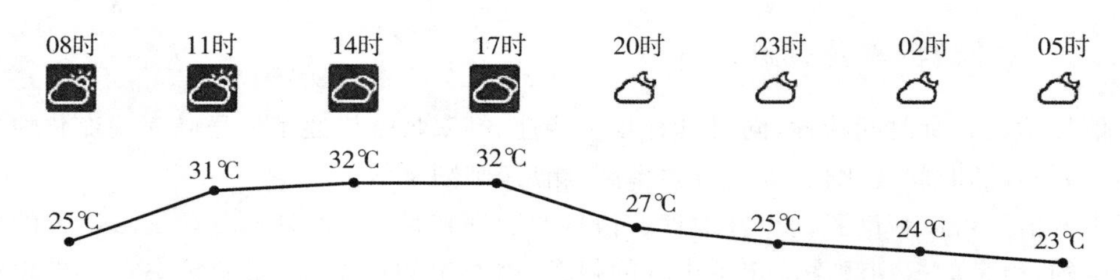

图 3.1.2　某天的温度变化曲线

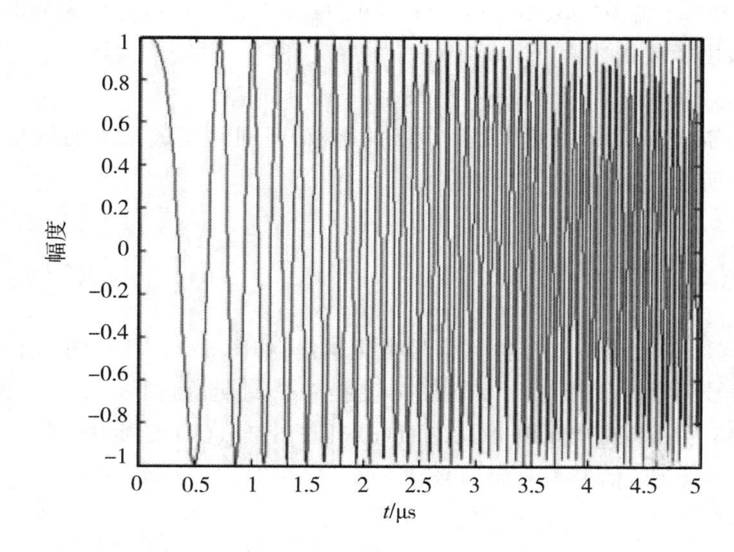

图 3.1.3　调频收音机收到的信号

3.1.2 系统的频率特性概述

在现实中的系统，都表现出很强的频率特性。如最基本的电子元器件电容构成的电路系统，如图 3.1.4 所示，则输出电流 $i_c(t)$ 与输入电压 $u_c(t)$ 的关系为

$$i_c(t) = C\frac{\mathrm{d}u_c(t)}{\mathrm{d}t} \tag{3.1.4}$$

该公式描述了电容电流与电压的变化有关，即输入电压变化越快(信号频率越大)，输出电流越大。

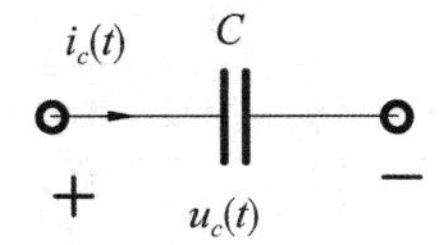

图 3.1.4 电容系统

同样，电感也有频率特性，如图 3.1.5 所示，则输出电压 $u_L(t)$ 与输入电流 $i_L(t)$ 的关系为

$$u_L(t) = L\frac{\mathrm{d}i_L(t)}{\mathrm{d}t} \tag{3.1.5}$$

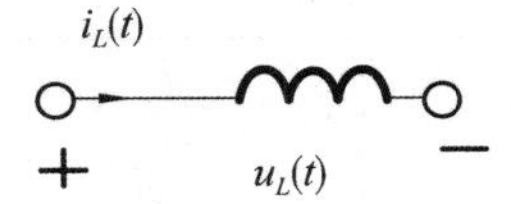

图 3.1.5 电感系统

从该公式可得，输入电流变化越快(信号频率越大) 产生的感生电压越大。

生物系统也具备特有的频率特性。如人类所能感受到的声波范围为 16 ～ 20000Hz，而鱼类内耳和身体两侧有侧线感受器，能感受 1 ～ 25Hz 的次声波，即使对水流压力的微小变化或微弱的水流波动也很敏感。此外，蝙蝠能感受 1500 ～ 150000Hz 的声波。它的超声定位系统极为优越，不仅分辨率高，而且抗干扰性强，因此，蝙蝠在地震前迁飞，是与感受到地震的超声波有关的。

再如我们熟知的手机无线通信，其天线的长度、发射距离和质量都是与发送信号的频率相关的。频率越大，天线长度越小，抗干扰能力越强，这也是无线通信中不断提高信号频率的原因。表 3.1.1 所示为我国手机网络的发展历程，其中的一个最显著特点是信号频率越来越大，从最初的 800MHz(2G) 到现在的 2600MHz(4G)。

现在主流的 IEEE 802.11n 无线通信标准已达到 5GHz 的无线传输，可以预见以后的无线通信频率会更高。

表 3.1.1　　**我国手机网络载频发展历程**

<table>
<tr><th>运营商</th><th>上行频率(UL)</th><th>下行频率(DL)</th><th>频宽</th><th>合计频宽</th><th colspan="2">制式</th></tr>
<tr><td rowspan="4">中国移动</td><td>885 ～ 909 MHz</td><td>930 ～ 954 MHz</td><td>24 MHz</td><td rowspan="4">184 MHz</td><td>GSM800</td><td>2G</td></tr>
<tr><td>1710 ～ 1725 MHz</td><td>1805 ～ 1820 MHz</td><td>15 MHz</td><td>GSM1800</td><td>2G</td></tr>
<tr><td>2010 ～ 2025 MHz</td><td>2010 ～ 2025 MHz</td><td>15 MHz</td><td>TD-SCDMA</td><td>3G</td></tr>
<tr><td>1880 ～ 1890 MHz
2320 ～ 2370 MHz
2575 ～ 2635 MHz</td><td>1880 ～ 1890 MHz
2320 ～ 2370 MHz
2575 ～ 2635 MHz</td><td>130 MHz</td><td>TD-LTE</td><td>4G</td></tr>
<tr><td rowspan="5">中国联通</td><td>909 ～ 915 MHz</td><td>954 ～ 960 MHz</td><td>6 MHz</td><td rowspan="5">81 MHz</td><td>GSM800</td><td>2G</td></tr>
<tr><td>1745 ～ 1755 MHz</td><td>1840 ～ 1850 MHz</td><td>10 MHz</td><td>GSM1800</td><td>2G</td></tr>
<tr><td>1940 ～ 1955 MHz</td><td>2130 ～ 2145 MHz</td><td>15 MHz</td><td>WCDMA</td><td>3G</td></tr>
<tr><td>2300 ～ 2320 MHz
2555 ～ 2575 MHz</td><td>2300 ～ 2320 MHz
2555 ～ 2575 MHz</td><td>40 MHz</td><td>TD-LTE</td><td>4G</td></tr>
<tr><td>1755 ～ 1765 MHz</td><td>1850 ～ 1860 MHz</td><td>10 MHz</td><td>FDD-LTE</td><td>4G</td></tr>
<tr><td rowspan="4">中国电信</td><td>825 ～ 840 MHz</td><td>870 ～ 885 MHz</td><td>15 MHz</td><td rowspan="4">85 MHz</td><td>CDMA</td><td>2G</td></tr>
<tr><td>1920 ～ 1935 MHz</td><td>2110 ～ 2125 MHz</td><td>15 MHz</td><td>CDMA2000</td><td>3G</td></tr>
<tr><td>2370 ～ 2390 MHz
2635 ～ 2655 MHz</td><td>2370 ～ 2390 MHz
2635 ～ 2655 MHz</td><td>40 MHz</td><td>TD-LTE</td><td>4G</td></tr>
<tr><td>1765 ～ 1780 MHz</td><td>1860 ～ 1875 MHz</td><td>15 MHz</td><td>FDD-LTE</td><td>4G</td></tr>
</table>

3.2　信号分解的数学基础

在本节中，给出了信号分解中用到的一些基本概念和数学分析方法。

3.2.1　信号正交与正交函数集

1. 函数正交的定义

定义在(t_1,t_2)区间的两个函数 $\Phi_1(t)$ 和 $\Phi_2(t)$，若满足

$$\int_{t_1}^{t_2}\Phi_1(t)\Phi_2^*(t)\mathrm{d}t = 0 \tag{3.2.1}$$

则称 $\Phi_1(t)$ 和 $\Phi_2(t)$ 在区间(t_1,t_2)内正交。这里 $\Phi_2^*(t)$ 为 $\Phi_2(t)$ 的共轭，如

$$\Phi_2(t) = \mathrm{e}^{\mathrm{j}\omega_0 t} = \cos\omega_0 t + \mathrm{j}\sin\omega_0 t$$

则有

$$\Phi_2^*(t) = \mathrm{e}^{-\mathrm{j}\omega_0 t} = \cos\omega_0 t - \mathrm{j}\sin\omega_0 t$$

$\Phi_2^*(t)$ 与 $\Phi_2(t)$ 的实部相同，虚部相反。

2. 正交函数集定义

若 n 个函数 $\Phi_1(t),\Phi_2(t),\cdots,\Phi_n(t)$ 构成一个函数集，当这些函数在区间 (t_1,t_2) 内满足

$$\int_{t_1}^{t_2}\Phi_i(t)\Phi_j^*(t)\mathrm{d}t=\begin{cases}0, & i\neq j\\ K_i\neq 0, & i=j\end{cases} \tag{3.2.2}$$

则称此函数集为在区间 (t_1,t_2) 的正交函数集。

3. 完备正交函数集定义

如果在正交函数集 $\{\Phi_1(t),\Phi_2(t),\cdots,\Phi_n(t)\}$ 之外，不存在（不为零的）函数 $\Phi(t)$ 满足

$$\int_{t_1}^{t_2}\Phi(t)\Phi_i^*(t)\mathrm{d}t=0 \quad (i=1,2,\cdots,n) \tag{3.2.3}$$

则称此函数集为完备正交函数集。

3.2.2 本书中的正交函数集

1. 三角函数完备正交函数集

无限函数集

$$\{1,\cos n\omega_0 t,\sin n\omega_0 t,\ n=1,2,\cdots\} \tag{3.2.4}$$

在区间 $[t_0,t_0+T]$（其中 t_0 为任意起始时间，$T=2\pi/\omega_0$）上为完备正交函数集。

该无限函数集满足

$$\int_{-T/2}^{T/2}\cos(n\omega_0 t)\cdot\sin(m\omega_0 t)\mathrm{d}t=0 \tag{3.2.5-1}$$

$$\int_{-T/2}^{T/2}1\cdot 1\mathrm{d}t=T \tag{3.2.5-2}$$

$$\int_{-T/2}^{T/2}\sin(n\omega_0 t)\cdot\sin(m\omega_0 t)\mathrm{d}t=\begin{cases}T/2, & m=n\\ 0, & m\neq n\end{cases} \tag{3.2.5-3}$$

$$\int_{-T/2}^{T/2}\cos(n\omega_0 t)\cdot\cos(m\omega_0 t)\mathrm{d}t=\begin{cases}T/2, & m=n\\ 0, & m\neq n\end{cases} \tag{3.2.5-4}$$

2. 虚指数完备正交函数集

无限函数集

$$\{\mathrm{e}^{\mathrm{j}n\omega_0 t},n=0,\pm 1,\pm 2,\cdots\} \tag{3.2.6}$$

是在区间 $[t_0,t_0+T]$（$T=2\pi/\omega_0$）上的完备正交函数集。

该无限函数集满足

$$\int_{-T/2}^{T/2} \mathrm{e}^{\mathrm{j}n\omega_0 t} \cdot \mathrm{e}^{*(\mathrm{j}m\omega_0 t)} \mathrm{d}t = \begin{cases} T, & m = n \\ 0, & m \neq n \end{cases} \tag{3.2.7}$$

本章中将连续信号分解为这两个函数集中元素的线性叠加。

3.2.3　信号的正交分解理论

完备正交函数集 $\{\Phi_1(t), \Phi_2(t), \cdots, \Phi_n(t)\}$ 在区间 (t_1, t_2) 内正交，则函数 $x(t)$ 可由这些正交函数的线性组合来近似，可表示为：

$$x(t) \approx C_1\Phi_1(t) + C_2\Phi_2(t) + \cdots + C_n\Phi_n(t) \tag{3.2.8}$$

系数 C_1 可按如下方式计算出来：

$$\int_{t_1}^{t_2} x(t)\Phi_1^*(t)\mathrm{d}t = C_1 \int_{t_1}^{t_2} \Phi_1(t)\Phi_1^*(t)\mathrm{d}t + C_2 \int_{t_1}^{t_2} \Phi_2(t)\Phi_1^*(t)\mathrm{d}t + \cdots + C_n \int_{t_1}^{t_2} \Phi_n(t)\Phi_1^*(t)\mathrm{d}t$$

由正交特性可得：

$$C_1 = \frac{\int_{t_1}^{t_2} x(t)\Phi_1^*(t)\mathrm{d}t}{\int_{t_1}^{t_2} |\Phi_1^2(t)|\mathrm{d}t} = \frac{1}{K_1}\int_{t_1}^{t_2} x(t)\Phi_1^*(t)\mathrm{d}t$$

其他系数也可按此方法计算得到，即有

$$C_i = \frac{\int_{t_1}^{t_2} x(t)\Phi_i^*(t)\mathrm{d}t}{\int_{t_1}^{t_2} |\Phi_i^2(t)|\mathrm{d}t} = \frac{1}{K_i}\int_{t_1}^{t_2} x(t)\Phi_i^*(t)\mathrm{d}t \tag{3.2.9}$$

本章中的信号分解方法都是按式(3.2.8)和式(3.2.9)来完成的。

3.3　周期信号的分解——傅里叶级数

3.3.1　周期信号的傅里叶三角形式分解

设周期信号 $x(t)$，其周期为 T，角频率 $\omega_0 = 2\pi/T$，则 $x(t)$ 可由正交函数集 $\{1, \cos n\omega_0 t, \sin n\omega_0 t, n = 1, 2, \cdots\}$ 中的各分量线性叠加而成，该理论最先由法国科学家傅里叶在 1811 年提出，其理论的核心思想为：周期函数可展开成三角函数的无穷级数，从而创始了傅里叶级数、傅里叶分析理论。

其具体分解方式为

$$x(t) = \frac{a_0}{2} + \sum_{n=1}^{\infty} a_n \cos(n\omega_0 t) + \sum_{n=1}^{\infty} b_n \sin(n\omega_0 t) \tag{3.3.1}$$

系数 a_n, b_n 称为傅里叶系数。由式(3.2.9)、式(3.2.5)可得：

$$a_n = \frac{2}{T}\int_{-T/2}^{T/2} x(t)\cos(n\omega_0 t)\mathrm{d}t \quad (n = 0, 1, \cdots) \tag{3.3.2}$$

$$b_n = \frac{2}{T}\int_{-T/2}^{T/2} x(t)\sin(n\omega_0 t)\mathrm{d}t \quad (n = 1,2,\cdots) \tag{3.3.3}$$

将上式同频率项合并,可写为

$$x(t) = \frac{A_0}{2} + \sum_{n=1}^{\infty} A_n \cos(n\omega_0 t + \varphi_n) \tag{3.3.4-1}$$

式中

$$A_0 = a_0, A_n = \sqrt{a_n^2 + b_n^2}, \quad \varphi_n = -\arctan(b_n/a_n) \tag{3.3.4-2}$$

上式表明,周期信号可分解为多个单频信号的叠加:

(1) 分量 $A_0/2$ 为直流分量(其频率为零);

(2) 分量 $A_1\cos(\omega_0 t+\varphi_1)$ 称为基波或一次谐波,它的角频率为 ω_0,与原信号的周期相同;

(3) 分量 $A_2\cos(2\omega_0 t+\varphi_2)$ 称为二次谐波,它的角频率是基波的 2 倍;

(4) 分量 $A_n\cos(n\omega_0 t+\varphi_n)$ 称为 n 次谐波。

【例 3.3.1】 试将图 3.3.1(a) 所示的周期方波信号 $x(t)$ 展开为傅里叶级数,其周期为 T。

解:$x(t)$ 的周期为 T,有 $\omega_0 = 2\pi/T$,$x(t)$ 可展开为

$$x(t) = \frac{a_0}{2} + \sum_{n=1}^{\infty} a_n\cos(n\omega_0 t) + \sum_{n=1}^{\infty} b_n\sin(n\omega_0 t)$$

其中 a_n,b_n 满足

$$a_n = \frac{2}{T}\int_{-T/2}^{T/2} x(t)\cos(n\omega_0 t)\mathrm{d}t = \frac{2}{T}\int_{-T/2}^{0}(-1)\cos(n\omega_0 t)\mathrm{d}t + \frac{2}{T}\int_{0}^{T/2}\cos(n\omega_0 t)\mathrm{d}t = 0$$

$$\begin{aligned} b_n &= \frac{2}{T}\int_{-T/2}^{T/2} x(t)\sin(n\omega_0 t)\mathrm{d}t = \frac{2}{T}\int_{-T/2}^{0}(-1)\sin(n\omega_0 t)\mathrm{d}t + \frac{2}{T}\int_{0}^{T/2}\sin(n\omega_0 t)\mathrm{d}t \\ &= \frac{2}{T}\frac{1}{n\omega_0}\cos(n\omega_0 t)\bigg|_{-\frac{T}{2}}^{0} + \frac{2}{T}\frac{1}{n\omega_0}[-\cos(n\omega_0 t)]\bigg|_{0}^{\frac{T}{2}} = \frac{2}{n\pi}[1-\cos(n\pi)] \end{aligned}$$

即有

$$x(t) = \frac{4}{\pi}\left[\sin\omega_0 t + \frac{1}{3}\sin 3\omega_0 t + \frac{1}{5}\sin 5\omega_0 t + \cdots + \frac{1}{n}\sin n\omega_0 t + \cdots\right] \; (n = 1,3,5,\cdots) \tag{3.3.5}$$

上述各分量的图形可由 MATLAB 编程画出,设周期 $T=1\mathrm{s}$,则其程序如下:

```
clear;
t=0:0.01: 4; % 设置时间步长和范围
w=t* 2* pi;
x1= (4/pi)* sin(w); % 一次谐波分量
x3= (4/(3* pi))* sin(3* w); % 三次谐波分量
x5= (4/(5* pi))* sin(5* w); % 五次谐波分量
plot(t,x1,'+k',t,x3,'-k',t,x5,'.k');
```

所得图形如图 3.3.1(b) 所示,其中频率为 1Hz 的正弦信号为 1 次谐波分量,频率为

3Hz 的正弦信号为 3 次谐波分量，频率为 5Hz 的正弦信号为 5 次谐波分量……图 3.3.1(c) 为前 5 次谐波的合成波形，叠加后的信号已接近原始信号。图 3.3.1(d) 为前 29 次谐波的合成波形。

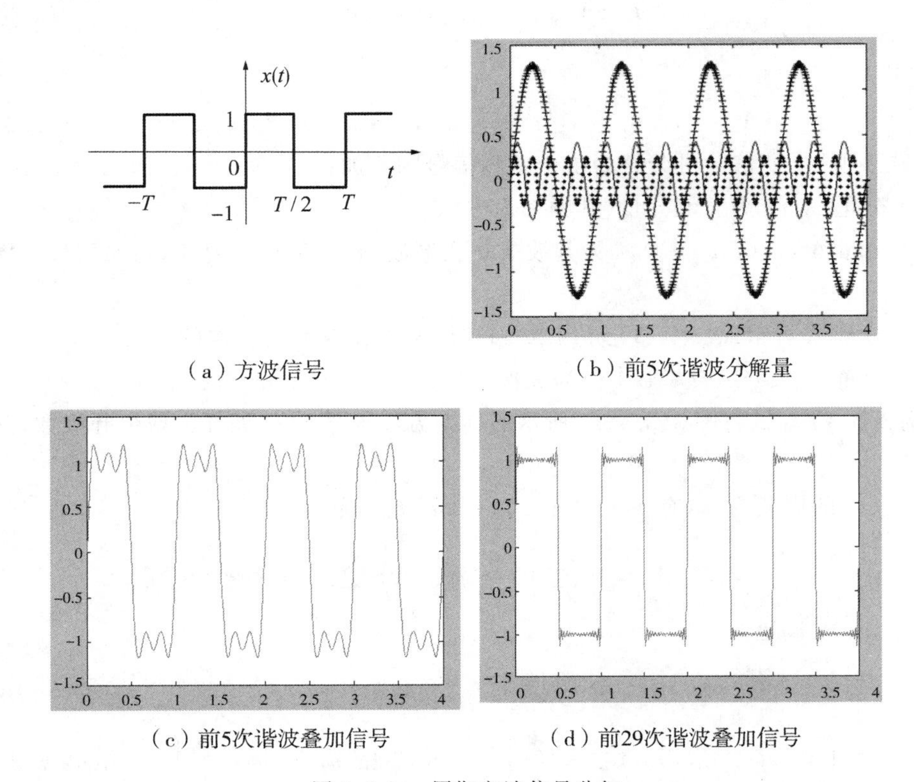

（a）方波信号　（b）前5次谐波分解量

（c）前5次谐波叠加信号　（d）前29次谐波叠加信号

图 3.3.1　周期方波信号分解

在进行周期信号的傅里叶级数分解时，有几个基本概念要掌握：

(1) 分解前后信号的周期不变。

$x(t)$ 的周期为 T，而分解的函数集 $\{1, \cos n\omega_0 t, \sin n\omega_0 t,\ n = 1, 2, \cdots\}$ 中每个元素的周期也为 T，即分解后的信号周期还是 T。

(2) 分解后的信号的奇偶性不变。

$x(t)$ 分解为式(3.3.1)形式时，当 $x(t)$ 为奇函数时，a_n 为零($1, \cos n\omega_0 t$ 为偶函数)；当 $x(t)$ 为偶函数时，b_n 为零($\sin n\omega_0 t$ 为奇函数)；例 3.3.1 中的方波信号为奇函数，则不需计算 a_n 就可得出其值为零。

(3) 周期信号的傅里叶级数分解告诉我们，任何周期信号(周期为 T，$\omega_0 = 2\pi/T$)，是由角频率为 $n\omega_0$($\cos(n\omega_0 t + \varphi_n)$) 的单频信号叠加而成的。

式(3.3.5)给出了一个将方波变成同频率的正弦波的方法：保留角频率为 ω_0 的信号，滤除其他频率的信号，该过程可通过本章后面讲述的带通滤波器完成，其物理模型如图 3.3.2 所示。

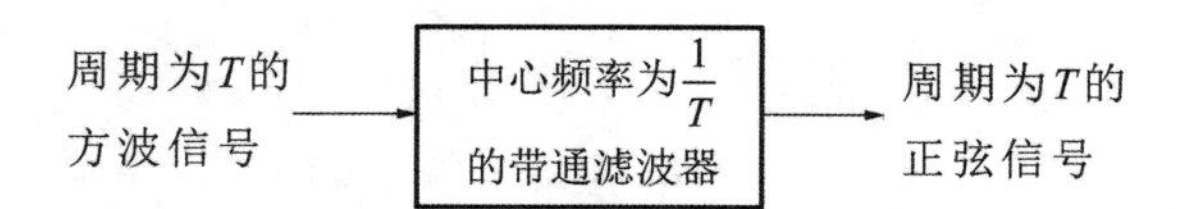

图 3.3.2 方波信号变成正弦信号物理模型

【例 3.3.2】 图 3.3.3 所示为周期为 T 的 PWM(Pulse Width Modulation,脉冲编码调制) 矩形波 $x_1(t)$,占空比为 $\eta=\frac{\tau}{T}$。

(1) 当占空比 $\eta=0.5$ 时,求其傅里叶级数的分解形式。

(2) 根据例 3.3.1 中的结果计算问题(1)。

(3) 求 PWM 的直流分量与占空比的关系。

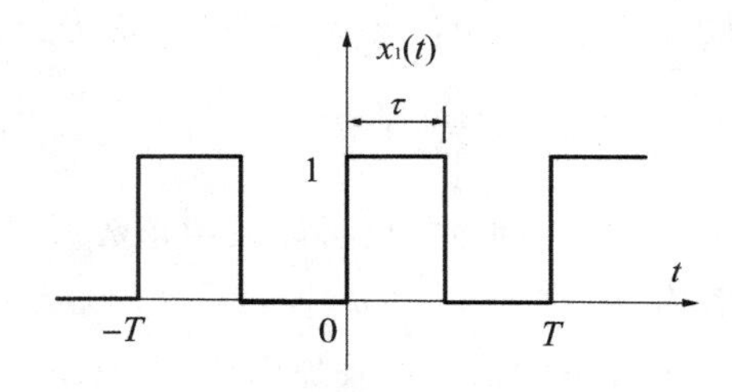

图 3.3.3 PWM 波

解:(1) 周期为 T,有 $\omega_0=2\pi/T$,当占空比 $\eta=0.5$ 时,有

$$\tau=T/2$$

$x_1(t)$ 可展开为

$$x_1(t)=\frac{a_0}{2}+\sum_{n=1}^{\infty}a_n\cos(n\omega_0 t)+\sum_{n=1}^{\infty}b_n\sin(n\omega_0 t)$$

其中 a_n,b_n 满足

$$a_n=\frac{2}{T}\int_{-T/2}^{T/2}x_1(t)\cos(n\omega_0 t)\mathrm{d}t=\frac{2}{T}\int_0^{T/2}\cos(n\omega_0 t)\mathrm{d}t$$

$$a_0=1$$

$$a_n=0(n=1,2,\cdots)$$

$$b_n=\frac{2}{T}\int_{-T/2}^{T/2}x_1(t)\sin(n\omega_0 t)\mathrm{d}t=\frac{2}{T}\int_0^{T/2}\sin(n\omega_0 t)\mathrm{d}t$$

$$=\frac{2}{T}\frac{1}{n\omega_0}[-\cos(n\omega_0 t)]\Big|_0^{\frac{T}{2}}=\frac{1}{n\pi}[1-\cos(n\pi)]$$

即有

$$x_1(t)=\frac{1}{2}+\frac{2}{\pi}\left[\sin\omega_0 t+\frac{1}{3}\sin 3\omega_0 t+\frac{1}{5}\sin 5\omega_0 t+\cdots+\frac{1}{n}\sin n\omega_0 t+\cdots\right]\ (n=1,3,5,\cdots)$$

(2) 与例 3.3.1 中的 $x(t)$ 比较,有

$$x_1(t) = \frac{1}{2} + \frac{1}{2}x(t)$$

根据式(3.3.5)，有

$$x_1(t) = \frac{1}{2} + \frac{2}{\pi}\left[\sin\omega_0 t + \frac{1}{3}\sin 3\omega_0 t + \frac{1}{5}\sin 5\omega_0 t + \cdots + \frac{1}{n}\sin n\omega_0 t + \cdots\right] \quad (n = 1,3,5,\cdots)$$

与问题(1) 结果一致。

(3) 不同占空 τ 对应 $x_1(t)$ 的直流分量$\frac{a_0}{2}$ 满足

$$\frac{a_0}{2} = \frac{1}{T}\int_0^{\tau} \mathrm{d}t = \frac{\tau}{T} = \eta \tag{3.3.6}$$

即 PWM 波的直流分量等于占空比。

PWM 波为常用的控制信号，如控制直流无刷电机的转速，其转速由 PWM 波的占空比决定；当占空比为 0 时，转速为 0，而占空比为 1 时转速最大。

3.3.2　周期信号的傅里叶指数形式分解

傅里叶级数可以采用上节的三角形式，也可以采用指数形式，具体描述为：

周期信号 $x(t)$，其周期为 T，取角频率 $\omega_0 = 2\pi/T$，则信号 $x(t)$ 可由正交函数集 $\{e^{jn\omega_0 t}, n = 0, \pm 1, \pm 2, \cdots\}$ 中的各元素线性叠加而成，即有

$$x(t) = \sum_{n=-\infty}^{\infty} X_n e^{jn\omega_0 t} \tag{3.3.7}$$

系数 X_n 称为傅里叶系数的指数形式，由式(3.2.9) 和式(3.2.7) 得

$$X_n = \frac{1}{T}\int_{-\frac{T}{2}}^{\frac{T}{2}} x(t) e^{-jn\omega_0 t} \mathrm{d}t \tag{3.3.8-1}$$

X_n 可能为复数，则可将其变成复指数形式

$$X_n = |X_n| e^{j\varphi_n} \tag{3.3.8-2}$$

【例 3.3.3】　将例 3.3.1 的周期方波信号采用虚指数函数分解。

解：信号周期为 T，取 $\omega_0 = 2\pi/T$

$$X_n = \frac{1}{T}\int_{-\frac{T}{2}}^{\frac{T}{2}} x(t) e^{-jn\omega_0 t} \mathrm{d}t = \begin{cases} 0, & n \text{ 为偶数} \\ 2/(n\pi j), & n \text{ 为奇数} \end{cases}$$

$$x(t) = \cdots + \frac{2}{-3\pi j} e^{j(-3\omega_0)t} + \frac{2}{-\pi j} e^{j(-\omega_0)t} + \frac{2}{\pi j} e^{j\omega_0 t} + \frac{2}{3\pi j} e^{j3\omega_0 t} + \cdots \tag{3.3.9}$$

采用欧拉公式：$\cos a = (e^{ja} + e^{-ja})/2$，指数形式可以转换为三角形式，可得

$$x(t) = \frac{4}{\pi}\left[\sin\omega_0 t + \frac{1}{3}\sin 3\omega_0 t + \frac{1}{5}\sin 5\omega_0 t + \cdots + \frac{1}{n}\sin n\omega_0 t + \cdots\right] \quad (n = 1,3,5,\cdots)$$

即式(3.3.9) 与式(3.3.5) 在数学上是一致的，它们只是傅里叶级数的两种不同表达方式。式(3.3.5) 中，信号的频率都大于等于零，而式(3.3.9) 将信号的频率扩展到负的部分。在后面的分析中我们可以看到，信号的频率为负虽然没有实际意义，但其与同等大小的正频率信号的对称特性并不影响我们对这些负频率信号物理意义的理解。

根据欧拉公式，指数分解和三角分解是可以互相转换的。

3.3.3 常见周期信号的分解

这里给出常见周期信号的三角形式分解：

1. 方波

方波为最基本的周期信号，图形如图 3.3.4 所示，周期为 T，角频率 $\omega_0 = 2\pi/T$，幅值为 U_m，则其三角形式分解为

$$x(t) = \frac{4U_m}{\pi}\left[\sin\omega_0 t + \frac{1}{3}\sin 3\omega_0 t + \frac{1}{5}\sin 5\omega_0 t + \frac{1}{7}\sin 7\omega_0 t + \cdots\right] \tag{3.3.10}$$

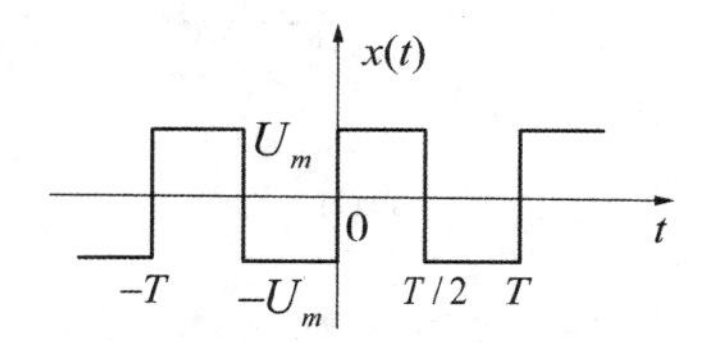

图 3.3.4　方波

2. 三角波

三角波一般用来作控制信号，其图形如图 3.3.5 所示，周期为 T，角频率 $\omega_0 = 2\pi/T$，幅值为 U_m，则其三角形式分解为

$$x(t) = \frac{8U_m}{\pi^2}\left(\sin\omega_0 t - \frac{1}{9}\sin 3\omega_0 t + \frac{1}{25}\sin 5\omega_0 t - \cdots\right) \tag{3.3.11}$$

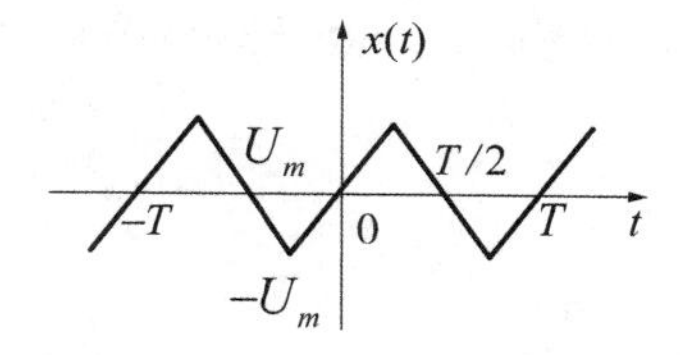

图 3.3.5　三角波

3. 半波

半波为半波整流输出的信号，其图形如图 3.3.6 所示，周期为 T，角频率 $\omega_0 = 2\pi/T$，幅值为 U_m，则其三角形式分解为

$$x(t) = \frac{2U_m}{\pi}\left(\frac{1}{2} + \frac{\pi}{4}\sin\omega_0 t - \frac{1}{3}\cos 2\omega_0 t - \frac{1}{15}\cos 4\omega_0 t + L\right) \tag{3.3.12}$$

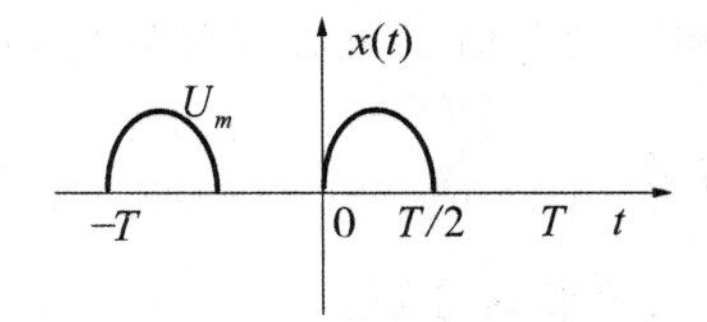

图 3.3.6　半波

4. 全波

全波为全波整流输出的信号，其图形如图 3.3.7 所示，周期为 T，角频率 $\omega_0 = 2\pi/T$，幅值为 U_m，则其三角形式分解为

$$x(t) = \frac{4U_m}{\pi}\left(\frac{1}{2} - \frac{1}{3}\cos 2\omega_0 t - \frac{1}{15}\cos 4\omega_0 t - \frac{1}{35}\cos 6\omega_0 t + \cdots\right) \tag{3.3.13}$$

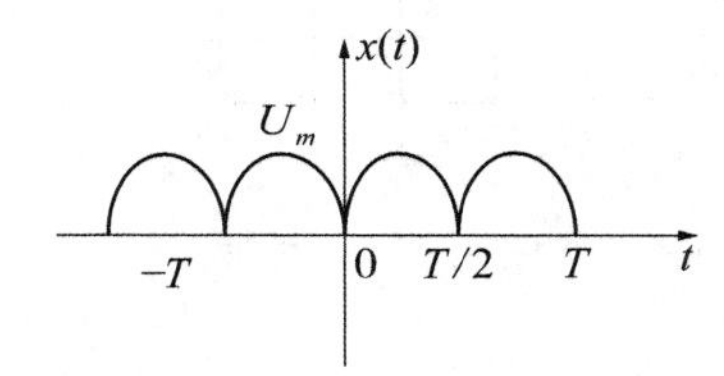

图 3.3.7　全波

5. 矩形波

矩形波也是常见的周期信号，其图形如图 3.3.8 所示，周期为 T，角频率 $\omega_0 = 2\pi/T$，占空比为 τ/T，幅值为 U_m，则其三角形式分解为

$$x(t) = \frac{\tau U_m}{T} + \frac{2U_m}{\pi}\left(\sin\frac{\tau\pi}{T}\cos\omega_0 t + \frac{1}{2}\sin\frac{2\tau\pi}{T}\cos 2\omega_0 t + \frac{1}{3}\sin\frac{3\tau\pi}{T}\cos 3\omega_0 t + \cdots\right) \tag{3.3.14}$$

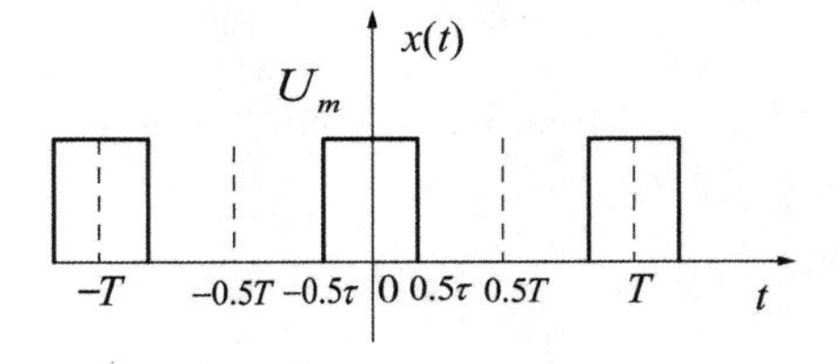

图 3.3.8　矩形波

3.3.4　周期信号的频谱

根据周期信号的分解可知，周期信号由许多单频信号叠加而成

$$x(t)=\frac{A_0}{2}+\sum_{n=1}^{\infty}A_n\cos(n\omega_0 t+\varphi_n)$$

或

$$x(t)=\sum_{n=-\infty}^{\infty}|X_n|\mathrm{e}^{\mathrm{j}\varphi_n}\mathrm{e}^{\mathrm{j}n\omega_0 t}$$

信号 $A_n\cos(n\omega_0 t+\varphi_n)$ 仍是自变量为 t 的时间信号，但这个信号可以从另外一个角度来看：它是一个角频率为 $n\omega_0$，振幅为 A_n，相位为 φ_n 的余弦信号。

在这些叠加的信号中，频率是不同的，且对应的振幅和相位是频率的函数，因此可由频率作为自变量，振幅和相位作为函数值的图像来描述这些叠加信号，从而得到信号的频率特性即频谱(信号由哪些频率信号构成)。

具体有，对于傅里叶级数三角形式，将 $A_n\sim\omega$ 和 $\varphi_n\sim\omega$ 的关系分别画在以 ω 为横轴的平面上，得到的两个图像分别称为**幅度频谱图**和**相位频谱图**，称为周期信号的单边频谱。在不做具体说明的情况下，信号频谱指信号幅度频谱。

傅里叶级数的指数形式将周期信号分解为 $|X_n|\mathrm{e}^{\mathrm{j}(n\omega_0 t+\varphi_n)}$ 的频率信号，其频率为 $n\omega_0(n=0,\pm1,\cdots)$，频率值可以为负。频率值为负是不好理解的，但从式(3.3.9)中我们看到，频率为 $n\omega_0$ 与频率为 $-n\omega_0$ 信号的系数是有一定的关系的：系数的模相等，相位相反，这两个信号相加后得到一个频率为 $n\omega_0$ 的余弦信号。即也可画 $|X_n|\sim\omega$(**幅度谱**)和 $\varphi_n\sim\omega$(**相位谱**)的关系，称为周期信号的双边谱。

周期为 2s 的方波信号，则 $\omega_0=\pi$，根据式(3.3.5)，其三角分解形式为

$$\begin{aligned}x(t)&=\frac{4}{\pi}\left[\sin\pi t+\frac{1}{3}\sin3\pi t+\frac{1}{5}\sin5\pi t+\frac{1}{7}\sin7\pi t+\cdots\right]\\&=\frac{4}{\pi}\left[\cos\left(\pi t-\frac{\pi}{2}\right)+\frac{1}{3}\cos\left(3\pi t-\frac{\pi}{2}\right)+\frac{1}{5}\cos\left(5\pi t-\frac{\pi}{2}\right)+\frac{1}{7}\cos\left(7\pi t-\frac{\pi}{2}\right)+\cdots\right]\end{aligned}$$

其幅度谱如图 3.3.9(a) 所示，相位谱如图 3.3.9(b) 所示。

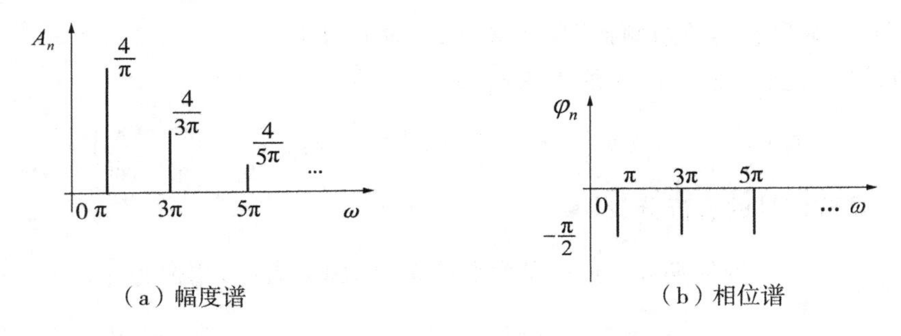

(a) 幅度谱　　(b) 相位谱

图 3.3.9　方波信号的频谱

如果用指数形式来描述，根据式(3.3.8)，周期为 2s 的方波可分解为

$$x(t)=\cdots+\frac{2}{-3\pi\mathrm{j}}\mathrm{e}^{\mathrm{j}(-3\pi)t}+\frac{2}{-\pi\mathrm{j}}\mathrm{e}^{\mathrm{j}(-\pi)t}+\frac{2}{\pi\mathrm{j}}\mathrm{e}^{\mathrm{j}\pi t}+\frac{2}{3\pi\mathrm{j}}\mathrm{e}^{\mathrm{j}3\pi t}+\cdots$$

$$= \frac{2}{3\pi}e^{j\frac{\pi}{2}}e^{j(-3\pi)t} + \frac{2}{\pi}e^{j\frac{\pi}{2}}e^{j(-\pi)t} + \frac{2}{\pi}e^{-j\frac{\pi}{2}}e^{j\pi t} + \frac{2}{3\pi}e^{-j\frac{\pi}{2}}e^{j3\pi t} + \cdots$$

其双边幅度谱和相位谱分别如图 3.3.10(a) 和图 3.3.10(b) 所示。

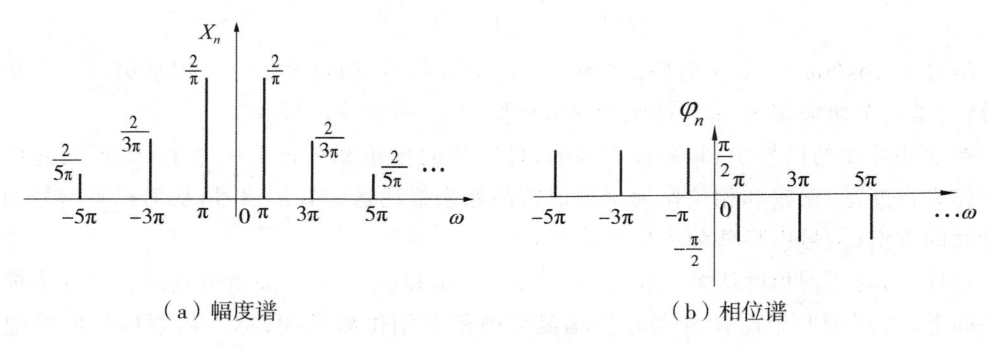

图 3.3.10　方波信号的双边谱

3.3.5　周期信号功率的频域计算

周期信号一般是功率信号，按傅里叶级数分解后，功率可用傅里叶级数表示。根据信号功率 P 的计算式(3.3.15)，将周期实信号分解为三角形式和指数形式，并由各分解量的正交性可得

$$P = \lim_{T\to\infty}\frac{1}{T}\int_{-T/2}^{T/2}|x^2(t)|\,dt = \left(\frac{A_0}{2}\right)^2 + \sum_{n=1}^{\infty}\frac{1}{2}A_n^2 = \sum_{n=-\infty}^{\infty}|X_n|^2 \qquad (3.3.15)$$

即功率计算可采用两种方法：(1) 定义直接计算(时域计算)；(2) 根据其傅里叶级数计算(频域计算)。

【例 3.3.4】　周期信号 $x(t) = 1 - \frac{1}{2}\cos\left(\frac{\pi}{4}t - \frac{2\pi}{3}\right) + \frac{1}{4}\sin\left(\frac{\pi}{3}t - \frac{\pi}{6}\right)$，试求该周期信号的周期 T，画出它的单边频谱图，并求 $x(t)$ 的平均功率。

解：应用三角公式改写 $x(t)$ 的表达式，即

$$x(t) = 1 + \frac{1}{2}\cos\left(\frac{\pi}{4}t - \frac{2\pi}{3} + \pi\right) + \frac{1}{4}\cos\left(\frac{\pi}{3}t - \frac{\pi}{6} - \frac{\pi}{2}\right)$$

显然 1 是该信号的直流分量；

$\frac{1}{2}\cos\left(\frac{\pi}{4}t + \frac{\pi}{3}\right)$的周期 $T_1 = 8$，其角频率为$\frac{\pi}{4}$，幅值为$\frac{1}{2}$，相位为$\frac{\pi}{3}$；

$\frac{1}{4}\cos\left(\frac{\pi}{3}t - \frac{2\pi}{3}\right)$的周期 $T_2 = 6$，其角频率为$\frac{\pi}{3}$，幅值为$\frac{1}{4}$，相位为 $-\frac{2\pi}{3}$；

这两个周期的公因数为 24，所以 $x(t)$ 的周期

$$T = 24$$

$x(t)$ 的单边振幅频谱图、相位频谱图分别如图 3.3.11(a)、(b) 所示。

功率为

$$P = 1 + \frac{1}{2}\left(\frac{1}{2}\right)^2 + \frac{1}{2}\left(\frac{1}{4}\right)^2 = \frac{37}{32}$$

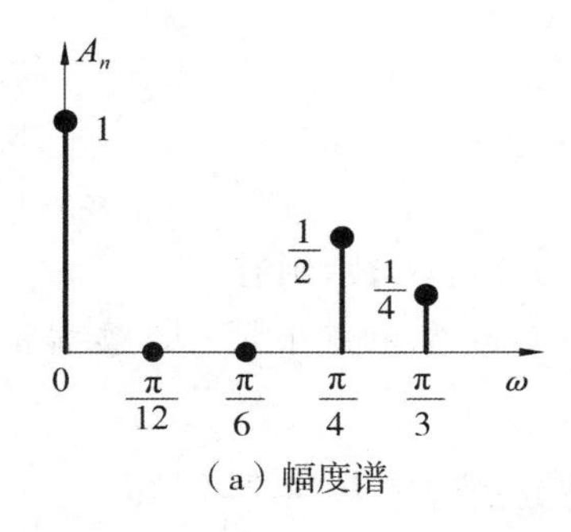

（a）幅度谱

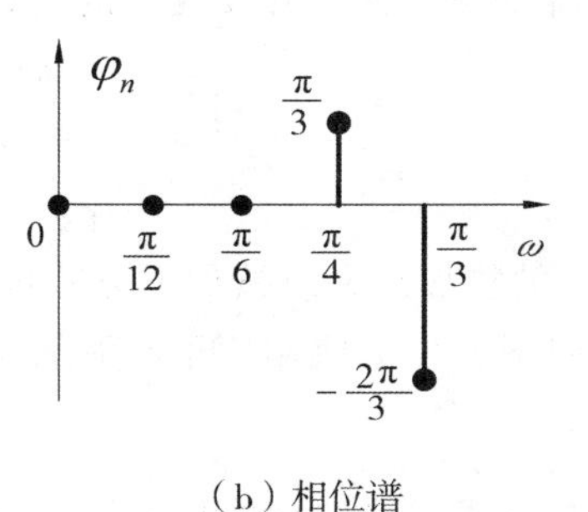

（b）相位谱

图 3.3.11　信号频谱

3.4　非周期信号的分解——傅里叶变换

3.4.1　傅里叶变换

非周期信号 $x(t)$ 可看成周期 $T\to\infty$ 时的周期信号。当周期 T 趋近于无穷大时，单频信号 $e^{jn\omega_0 t}$ 的频率间隔 ω_0 趋于无穷小，从而非周期信号可以理解成连续频率信号的叠加。各频率分量

$$X_n = \frac{1}{T}\int_{-\frac{T}{2}}^{\frac{T}{2}} x(t)e^{-jn\omega_0 t}dt$$

的幅度也趋近于无穷小($T\to\infty$)，不过，这些无穷小量之间仍有差别。

为了描述非周期信号的频谱特性，引入频谱密度的概念，令

$$X(\omega) = \lim_{T\to\infty}\frac{X_n}{1/T} = \lim_{T\to\infty}X_nT \tag{3.4.1}$$

称 $X(\omega)$ 为**频谱密度函数**，因积分中含复数，$X(\omega)$ 为复函数。

根据傅里叶级数指数分解形式有

$$X_nT = \int_{-T/2}^{T/2} x(t)e^{-jn\omega_0 t}dt$$

$$x(t) = \frac{1}{2\pi}\sum_{n=-\infty}^{\infty}X_nTe^{jn\omega_0 t}\omega_0$$

考虑到 T 趋于无穷大，则有 ω_0 趋于无穷小，记为 $d\omega$；$n\omega_0$ 变为连续量，计为 ω；同时，求和转换为积分，有

$$X(\omega) = \int_{-\infty}^{\infty}x(t)e^{-j\omega t}dt \tag{3.4.2}$$

$$x(t) = \frac{1}{2\pi}\int_{-\infty}^{\infty}X(\omega)e^{j\omega t}d\omega \tag{3.4.3}$$

式(3.4.2)称为傅里叶变换,式(3.4.3)称为傅里叶反变换,$X(\omega)$ 也称为 $x(t)$ 的傅里叶变换。

傅里叶变换与傅里叶反变换的关系也可以写成:

$$X(\omega) = \mathcal{F}[x(t)] \tag{3.4.4-1}$$

$$x(t) = \mathcal{F}^{-1}[X(\omega)] \tag{3.4.4-2}$$

$$x(t) \leftrightarrow X(\omega) \tag{3.4.4-3}$$

$X(\omega)$ 的物理意义可按如下方式理解,假设 $X(\omega)$ 为正实数,则有:

(1) 如图 3.4.1 所示,角频率从 ω_0 到 $\omega_0 + \mathrm{d}\omega$($\mathrm{d}\omega$ 为无穷小量)的频谱密度近似为 $X(\omega_0)$;

(2) 根据式(3.4.3),角频率从 ω_0 到 $\omega_0 + \mathrm{d}\omega$ 的分量信号为 $\dfrac{X(\omega_0)\mathrm{d}\omega}{2\pi}\mathrm{e}^{\mathrm{j}\omega_0 t}$。

即频率信号 $\mathrm{e}^{\mathrm{j}\omega_0 t}$ 的幅值为$\dfrac{X(\omega_0)\mathrm{d}\omega}{2\pi}$,而 $\mathrm{d}\omega$ 为频率的宽度,正如质量 = 密度×体积,这里幅值 $= X(\omega_0) \times \mathrm{d}\omega$,所以将 $X(\omega)$ 定义为频谱密度。

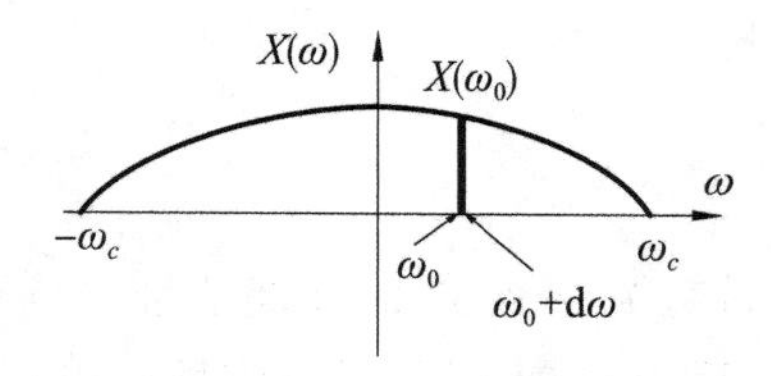

图 3.4.1　$X(\omega)$ 的物理意义

式(3.4.3)可理解为:信号 $x(t)$ 可分解为幅值密度为 $X(\omega)$(这里假设 $X(\omega)$ 为正实数)、角频率 ω 连续的频率信号 $\mathrm{e}^{\mathrm{j}\omega t}$ 的线性叠加。

信号的傅里叶变换 $X(\omega)$ 也称为信号的频谱,它描述了信号的频率特性。$X(\omega)$ 为复函数,可写为

$$X(\omega) = \mathrm{Re}(\omega) + \mathrm{jIm}(\omega) = |X(\omega)|\mathrm{e}^{\mathrm{j}\varphi(\omega)} \tag{3.4.5}$$

其中 $|X(\omega)|$ 是 $X(\omega)$ 的模,它代表信号中各频率分量的相对大小。$\varphi(\omega)$ 是 $X(\omega)$ 的相位,它表示信号中各频率分量之间的相位关系。与周期信号的频谱相一致,把 $|X(\omega)| \sim \omega$ 与 $\varphi(\omega) \sim \omega$ 曲线称为非周期信号的**幅度频谱**和**相位频谱**。变量 ω 的取值范围为

$$\omega \in [-\infty, \infty] \tag{3.4.6}$$

相位 $\varphi(\omega)$ 的取值范围为

$$\varphi(\omega) \in [-\pi, \pi] \tag{3.4.7}$$

【例 3.4.1】　计算下列信号的傅里叶变换

(1) $\mathrm{e}^{-t}\varepsilon(t)$　(2) $\mathrm{e}^{t}\varepsilon(t)$

解:(1) $\mathrm{e}^{-t}\varepsilon(t)$ 的傅里叶变换为

$$X(\omega) = \int_{-\infty}^{\infty} x(t)\mathrm{e}^{-\mathrm{j}\omega t}\mathrm{d}t = \int_{0}^{\infty} \mathrm{e}^{-t}\mathrm{e}^{-\mathrm{j}\omega t}\mathrm{d}t = \mathrm{e}^{-(1+\mathrm{j}\omega)t}/(1+\mathrm{j}\omega)\Big|_{\infty}^{0} = \frac{1}{1+\mathrm{j}\omega}$$

(2) $e^{t}\varepsilon(t)$ 的傅里叶变换为

$$X(\omega)=\int_{-\infty}^{\infty}x(t)e^{-j\omega t}dt=\int_{0}^{\infty}e^{t}e^{-j\omega t}dt=e^{(1-j\omega)t}/(1-j\omega)\Big|_{0}^{\infty}=\infty$$

$e^{t}\varepsilon(t)$ 的傅里叶变换不存在。

并不是所有的信号都可以进行傅里叶变换，$x(t)$ 的傅里叶变换存在的充分条件

$$\int_{-\infty}^{\infty}|x(t)|dt<\infty \tag{3.4.8}$$

即只要信号满足式(3.4.8)，则傅里叶变换一定存在，如上例中的 $e^{-t}\varepsilon(t)$ 信号；有些信号并不满足式(3.4.8)，但其傅里叶变换也存在，后面将要介绍的信号 $x(t)=\varepsilon(t)$、$x(t)=1$ 等，其傅里叶变换也存在。

3.4.2 常用函数的傅里叶变换

1. 单边指数函数

信号 $x(t)=e^{-at}\varepsilon(t)(a>0)$ 为单边指数函数，其图形如图 3.4.2(a) 所示(如 $a<0$，傅里叶变换不存在)，其傅里叶变换 $X(\omega)$ 满足

$$X(\omega)=\int_{0}^{\infty}e^{-at}e^{-j\omega t}dt=-\frac{1}{a+j\omega}e^{-(a+j\omega)t}\Big|_{0}^{\infty}=\frac{1}{a+j\omega} \tag{3.4.9}$$

幅度频谱 $|X(\omega)|$ 满足

$$X(\omega)=\frac{1}{a+j\omega}=\frac{1}{\sqrt{a^2+\omega^2}}e^{-j\arctan\frac{\omega}{a}}$$

$$|X(\omega)|=\frac{1}{\sqrt{a^2+\omega^2}}$$

其图形如图 3.4.2(b) 所示。

相位频谱 $\varphi(\omega)$ 满足

$$\varphi(\omega)=-\arctan\frac{\omega}{a}=\begin{cases}\varphi(\omega)=0(\omega\to 0)\\ \varphi(\omega)\to-\pi/2(\omega\to+\infty)\\ \varphi(\omega)\to\pi/2(\omega\to-\infty)\end{cases}$$

其图形如图 3.4.2(c) 所示。

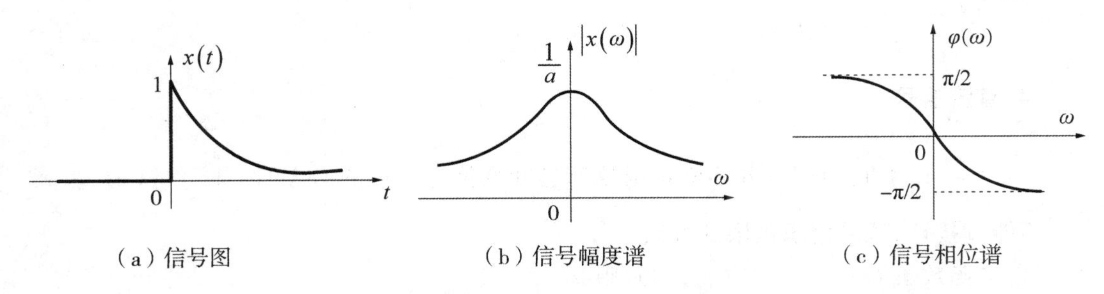

(a) 信号图 (b) 信号幅度谱 (c) 信号相位谱

图 3.4.2 $x(t)=e^{-at}\varepsilon(t)$ 频谱

2. 双边指数函数

信号 $x(t)=\mathrm{e}^{-a|t|}\ (a>0)$ 为双边指数函数，其图形如图 3.4.3(a) 所示，其傅里叶变换 $X(\omega)$ 满足

$$X(\omega)=\int_{-\infty}^{0}\mathrm{e}^{at}\mathrm{e}^{-\mathrm{j}\omega t}\mathrm{d}t+\int_{0}^{\infty}\mathrm{e}^{-at}\mathrm{e}^{-\mathrm{j}\omega t}\mathrm{d}t=\frac{1}{a-\mathrm{j}\omega}+\frac{1}{a+\mathrm{j}\omega}=\frac{2a}{a^2+\omega^2}\tag{3.4.10}$$

为正实数，则可直接画出其频谱图，如图 3.4.3(b) 所示：

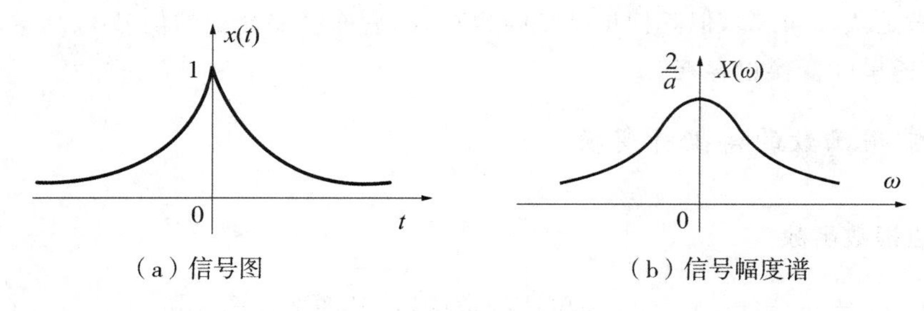

(a) 信号图　　(b) 信号幅度谱

图 3.4.3　$x(t)=\mathrm{e}^{-a|t|}\ (a>0)$ 的频谱

3. 冲激函数 $\boldsymbol{\delta}(t)$、$\boldsymbol{\delta}'(t)$

冲激函数 $\delta(t)$ 的傅里叶变换 $X(\omega)$ 满足

$$X(\omega)=\int_{-\infty}^{\infty}\delta(t)\mathrm{e}^{-\mathrm{j}\omega t}\mathrm{d}t=\int_{-\infty}^{\infty}\delta(t)\mathrm{d}t=1$$

即有

$$\delta(t)\longleftrightarrow\int_{-\infty}^{\infty}\delta(t)\mathrm{e}^{-\mathrm{j}\omega t}\mathrm{d}t=1\tag{3.4.11}$$

$\delta'(t)$ 的傅里叶变换 $X(\omega)$ 满足

$$\begin{aligned}X(\omega)&=\int_{-\infty}^{\infty}\delta'(t)\mathrm{e}^{-\mathrm{j}\omega t}\mathrm{d}t=\int_{-\infty}^{\infty}\mathrm{e}^{-\mathrm{j}\omega t}d\delta(t)=\mathrm{e}^{-\mathrm{j}\omega t}\delta(t)\Big|_{-\infty}^{\infty}-\int_{-\infty}^{\infty}\delta(t)\mathrm{d}\mathrm{e}^{-\mathrm{j}\omega t}\\&=\mathrm{j}\omega\int_{-\infty}^{\infty}\mathrm{e}^{-\mathrm{j}\omega t}\delta(t)\mathrm{d}t=\mathrm{j}\omega\int_{-\infty}^{\infty}\delta(t)\mathrm{d}t=\mathrm{j}\omega\end{aligned}$$

即有

$$\delta'(t)\longleftrightarrow\mathrm{j}\omega\tag{3.4.12}$$

4. 直流信号

$x(t)=1$ 为直流信号，并不满足函数傅里叶变换存在的充分条件：$\int_{-\infty}^{\infty}|f(x)|\mathrm{d}t<\infty$，不能直接计算，采用求极限的方法。

定义函数 $x_a(t)=\mathrm{e}^{-a|t|}\ (a>0)$，则有

$$x(t)=1=\lim_{a\to 0}x_a(t)$$

由式(3.4.10)

$$e^{-a|t|} \longleftrightarrow X_a(\omega) = \frac{2a}{a^2+\omega^2}$$

有

$$X(\omega) = \lim_{a\to 0} X_a(\omega) = \lim_{a\to 0} \frac{2a}{a^2+\omega^2} = \begin{cases} 0, & \omega \neq 0 \\ \infty, & \omega = 0 \end{cases}$$

而

$$\lim_{a\to 0}\int_{-\infty}^{\infty} \frac{2a}{a^2+\omega^2} d\omega = \lim_{a\to 0}\int_{-\infty}^{\infty} \frac{2}{1+\left(\frac{\omega}{a}\right)^2} d\frac{\omega}{a} = \lim_{a\to 0} 2\arctan\frac{\omega}{a}\Big|_{-\infty}^{\infty} = 2\pi$$

根据 δ 函数的定义：$\delta(\omega) = \begin{cases} 0, & \omega \neq 0 \\ \infty, & \omega = 0 \end{cases}$ 和 $\lim\limits_{a\to 0}\int_{-\infty}^{\infty}\delta(\omega)d\omega = 1$，有

$$1 \longleftrightarrow 2\pi\delta(\omega) \tag{3.4.13}$$

直流信号的频率为零($\cos 0t = 1$)，所以其频谱只包含频率为 $0(\delta(\omega))$ 的项。

5. 符号函数

符号函数记为 $\text{sgn}(t)$，其定义为

$$\text{sgn}(t) = \begin{cases} -1, & t < 0 \\ 1, & t > 0 \end{cases} \tag{3.4.14}$$

它并不满足函数傅里叶变换存在的充分条件，不能直接计算，也采用求极限的方法。

定义函数 $x_a(t) = \begin{cases} -e^{at}, & t < 0, \\ e^{-at}, & t > 0, \end{cases}$ $a > 0$，则有

$$\text{sgn}(t) = \lim_{a\to 0} x_a(t)$$

而

$$x_a(t) \longleftrightarrow X_a(\omega) = \frac{1}{a+j\omega} - \frac{1}{a-j\omega} = -\frac{j2\omega}{a^2+\omega^2}$$

有

$$\text{sgn}(t) \longleftrightarrow \lim_{a\to 0} X_a(\omega) = \lim_{a\to 0}\left(-\frac{j2\omega}{a^2+\omega^2}\right) = \frac{2}{j\omega} \tag{3.4.15}$$

6. 阶跃函数

$\varepsilon(t)$ 可分解为直流和符号函数之和，即

$$\varepsilon(t) = \frac{1}{2} + \frac{1}{2}\text{sgn}(t)$$

根据直流信号和符号函数的傅里叶变换，可得

$$\varepsilon(t) \longleftrightarrow \pi\delta(\omega) + \frac{1}{j\omega} \tag{3.4.16}$$

7. 门函数

门函数也称为矩形脉冲，宽度为 τ 的门函数记为 $g_\tau(t)$，其定义为

$$g_\tau(t)=\varepsilon\left(t+\frac{\tau}{2}\right)-\varepsilon\left(t-\frac{\tau}{2}\right)=\begin{cases}1, & |t|<\tau/2\\0, & |t|>\tau/2\end{cases}\tag{3.4.17}$$

其函数图像如图 3.4.4(a) 所示，其傅里叶变换可直接根据定义求得

$$X(\omega)=\int_{-\tau/2}^{\tau/2}\mathrm{e}^{-\mathrm{j}\omega t}\,\mathrm{d}t=\frac{\mathrm{e}^{-\mathrm{j}\frac{\tau}{2}}-\mathrm{e}^{\mathrm{j}\frac{\tau}{2}}}{-\mathrm{j}\omega}=\frac{2\sin\left(\tau\dfrac{\omega}{2}\right)}{\omega}=\tau\mathrm{Sa}\left(\tau\frac{\omega}{2}\right)\tag{3.4.18}$$

在这里定义函数

$$\mathrm{Sa}(x)=\frac{\sin(x)}{x}\tag{3.4.19}$$

为抽样函数，在连续信号抽样为离散信号的过程中会涉及该函数，所以称为抽样函数。$X(\omega)$ 的图像如图 3.4.4(b) 所示。其频谱满足

$$\tau\mathrm{Sa}\left(\tau\frac{\omega}{2}\right)=\begin{cases}|\tau\mathrm{Sa}(\tau\omega/2)| & 4n\pi/\tau<|\omega|<(2n+1)2\pi/\tau\\|\tau\mathrm{Sa}(\tau\omega/2)|\,\mathrm{e}^{\mathrm{j}\pi} & (2n+1)2\pi/\tau<|\omega|<(2n+2)2\pi/\tau\end{cases}$$

$g_\tau(t)$ 函数的幅度谱和相位谱分别如图 3.4.4(c)、图 3.4.4(d) 所示。

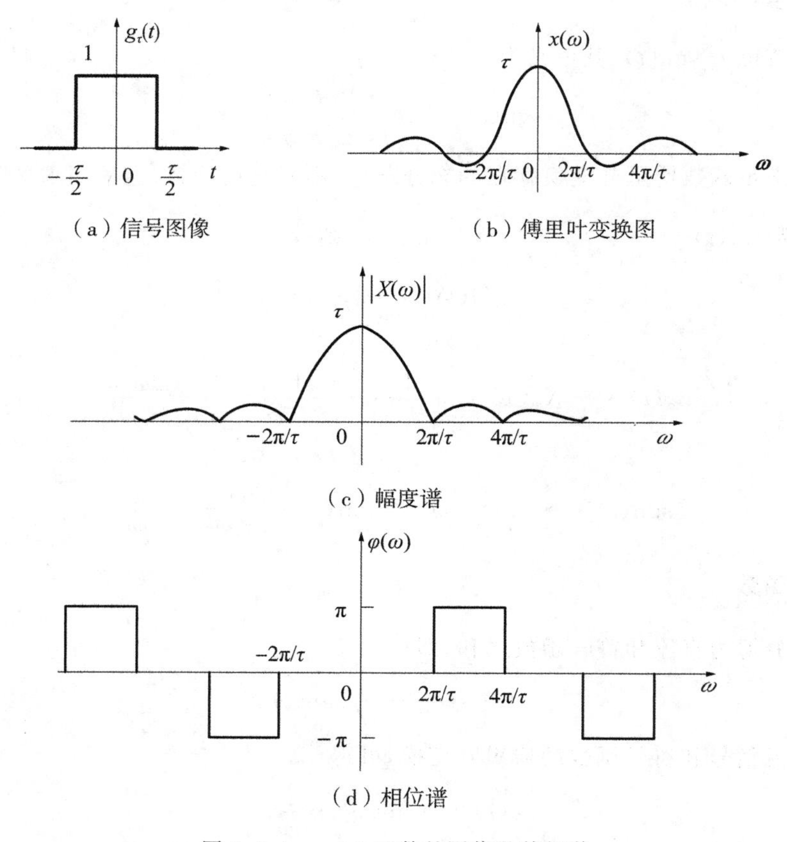

图 3.4.4　$g_\tau(t)$ 函数的图像及其频谱

从 $g_{\tau}(t)$ 的频谱可以看出：

(1) 该信号主要由低频信号构成；

(2) 第一零点的位置为 $\omega_s = 2\pi/\tau$，则有 $f_s = 1/\tau$，f_s 为信号频谱上第一个零点的宽度；常取第一个零点作为此信号的带宽，称为**谱零点宽度**；

(3) 当 τ 变小时，谱零点宽度增加，高频分量增加。这与其物理意义相一致：从时域上看，τ 变小，信号变化更快，高频分量增加。

3.5 傅里叶变换的性质

本章只给出傅里叶变换的性质描述及物理意义，其数学证明可参考其他教材，或根据定义直接证明。

在描述傅里叶变换的性质时，会涉及如下几个函数，其描述和相互关系如下：

$$x(t) \leftrightarrow X(\omega),\ x_1(t) \leftrightarrow X_1(\omega),\ x_2(t) \leftrightarrow X_2(\omega)$$

3.5.1 线性性质

傅里叶变换的线性特性可描述为

$$[ax_1(t) + bx_2(t)] \leftrightarrow [aX_1(\omega) + bX_2(\omega)] \tag{3.5.1}$$

这个性质虽然简单，但很重要，它是频域分析的基础。如图 3.5.1 所示函数，其傅里叶变换，可通过该性质计算得到：

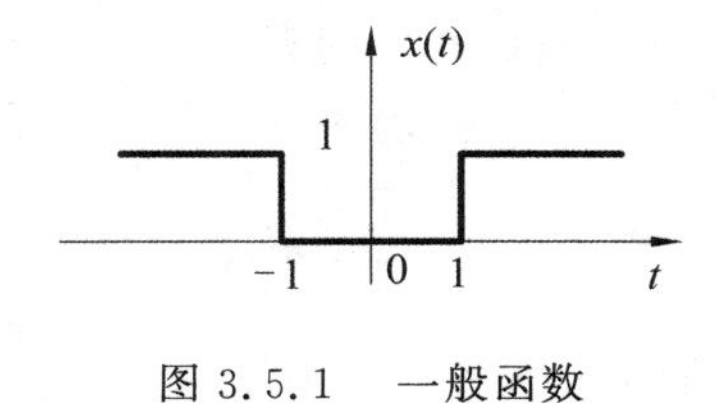

图 3.5.1 一般函数

$$x(t) = 1 - g_2(t)$$

因

$$1 \leftrightarrow 2\pi\delta(\omega)$$

$$g_2(t) \leftrightarrow 2\mathrm{Sa}(\omega)$$

根据傅里叶变换线性特性可得

$$x(t) \leftrightarrow 2\pi\delta(\omega) - 2\mathrm{Sa}(\omega)$$

3.5.2 奇偶虚实性

1. 奇偶性

如果 $x(t)$ 为实函数，其傅里叶变换 $X(\omega) = |X(\omega)|\mathrm{e}^{\mathrm{j}\varphi(\omega)} = R(\omega) + \mathrm{j}I(\omega)$ 满足：

$$R(\omega)=R(-\omega), I(\omega)=-I(-\omega) \tag{3.5.2-1}$$

即

$$|X(\omega)|=|X(-\omega)| \quad \varphi(\omega)=-\varphi(-\omega) \tag{3.5.2-2}$$

傅里叶变换的奇偶特性表示：实函数的幅度谱关于 Y 轴对称，相位谱关于原点对称。 在画信号频谱时，可只画出 $\omega \geqslant 0$ 部分，如上节中门函数记为 $g_\tau(t)$ 的频谱也可以画为如图 3.5.2 所示形状。

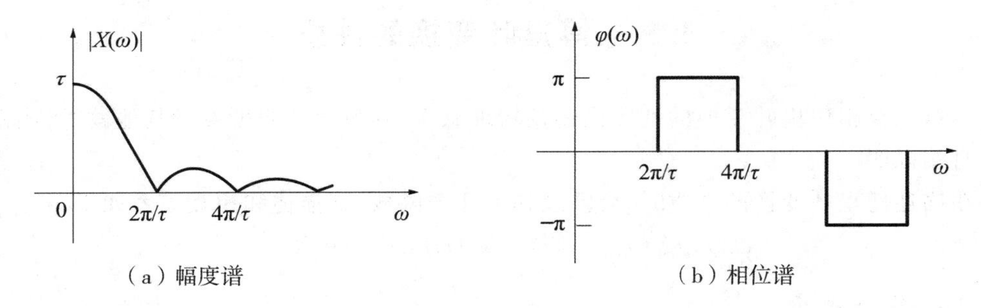

图 3.5.2　$g_\tau(t)$ 的频谱

2. 虚实性

如果实函数为偶函数，$x(t)=x(-t)$，则有

$$I(\omega)=0 \tag{3.5.2-3}$$

如果实函数为奇函数，$x(t)=-x(-t)$，则有

$$R(\omega)=0 \tag{3.5.2-4}$$

3.5.3　对称性

傅里叶变换的对称性描述如下：

如果 $x(t) \leftrightarrow X(\omega)$，则有

$$X(t) \leftrightarrow 2\pi x(-\omega) \tag{3.5.3}$$

傅里叶变换的对称性可以用来简化函数傅里叶变化的计算，如求常数 1 的傅里叶变换可按对称性计算得到。因

$$\delta(t) \leftrightarrow 1$$

根据傅里叶变换对称性有

$$1 \leftrightarrow 2\pi\delta(-\omega)$$

$\delta(\omega)$ 为偶函数，有

$$\delta(-\omega)=\delta(\omega)$$

则有

$$1 \leftrightarrow 2\pi\delta(\omega)$$

其计算过程比上节式(3.4.13)的直接计算简单。

【例 3.5.1】 某一信号的频谱 $X(\omega)=g_{2\omega_c}(\omega)$，如图 3.5.3(a) 所示，求该信号 $x(t)$。

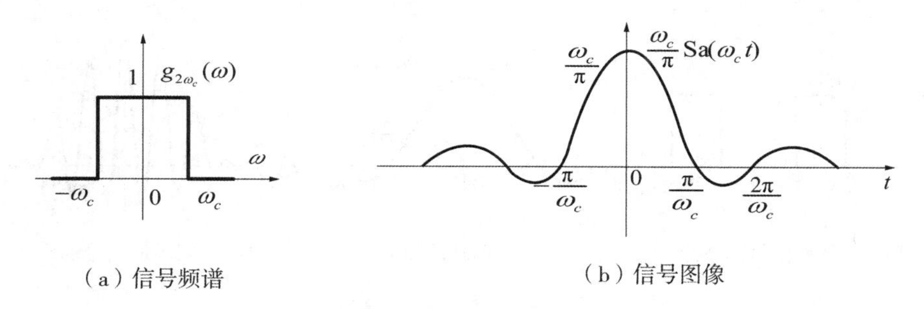

(a) 信号频谱　　(b) 信号图像

图 3.5.3 【例 3.5.1】图

解：可利用傅里叶变换的对称性求得，因

$$g_{2\omega_c}(t)\leftrightarrow 2\omega_c \mathrm{Sa}(\omega_c\omega)$$

根据对称性有

$$2\omega_c \mathrm{Sa}(\omega_c t)\leftrightarrow 2\pi g_{2\omega_c}(-\omega)$$

$g_{2\omega_c}(\omega)$ 为偶函数，并根据傅里叶变换的线性特性可得

$$\frac{\omega_c}{\pi}\mathrm{Sa}(\omega_c t)\leftrightarrow g_{2\omega_c}(\omega) \tag{3.5.4}$$

$\frac{\omega_c}{\pi}\mathrm{Sa}(\omega_c t)$ 的图形如图 3.5.3(b) 所示。

式(3.5.4) 将会在本章后面的理想低通滤波器分析中用到，在"通信原理" 等课程中也会涉及该式。

3.5.4 时移特性

傅里叶变换的时移特性为：

如有 $x(t)\leftrightarrow X(\omega)$，则

$$x(t-t_0)\longleftrightarrow \mathrm{e}^{-\mathrm{j}\omega t_0}X(\omega) \tag{3.5.5}$$

该式的物理意义为：**信号时间延时，其幅度谱不变**，如信号为实信号(相位谱过圆点)，相位谱基于原点旋转角度 $-t_0$。因而在研究信号的频谱(幅度谱)时，可不考虑时间信号的起始时间，而只关心其形状。

【例 3.5.2】 求图 3.5.4 所示三脉冲信号的频谱。

解：设 $x_0(t)$ 为宽度为 τ，高度为 E 的门函数，其傅里叶变换为

$$X_0(\omega)=E\tau \mathrm{Sa}\left(\frac{\omega\tau}{2}\right)$$

则有

$$x(t)=x_0(t+T)+x_0(t)+x_0(t-T)$$

根据傅里叶变换的时移特性，$x(t)$ 的频谱满足

$$X(\omega)=X_0(\omega)(1+\mathrm{e}^{\mathrm{j}\omega T}+\mathrm{e}^{-\mathrm{j}\omega T})$$

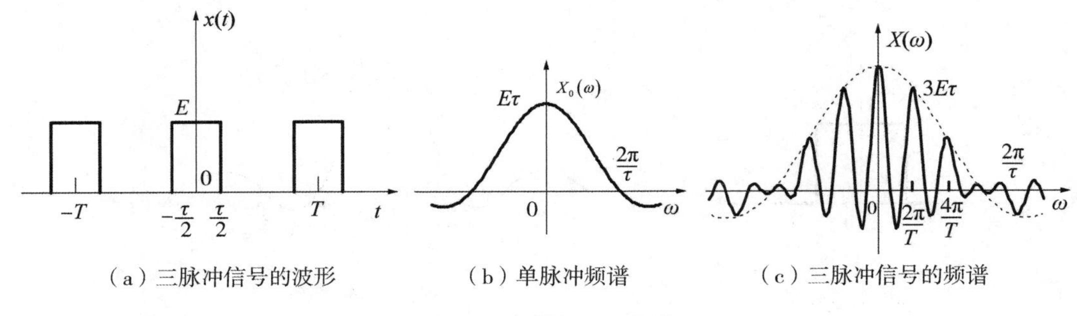

（a）三脉冲信号的波形　（b）单脉冲频谱　（c）三脉冲信号的频谱

图 3.5.4 【例 3.5.2】图

$$= E\tau \cdot \mathrm{Sa}\left(\frac{\omega\tau}{2}\right)[1 + 2\cos(\omega T)]$$

其频谱图如图 3.5.4(c) 所示，其中虚线为 $\mathrm{Sa}\left(\frac{\omega\tau}{2}\right)$的图形，是单脉冲信号的频谱，可以看到，多个同形状但延时不同的信号叠加时，合信号频谱的带宽与单信号频谱的带宽相同。

3.5.5　频移特性

傅里叶变换的频域特性描述为：

如有 $x(t) \leftrightarrow X(\omega)$，则

$$x(t)\mathrm{e}^{\mathrm{j}\omega_0 t} \longleftrightarrow X(\omega - \omega_0) \tag{3.5.6}$$

式(3.5.6) 的物理意义为：**信号与单频信号相乘，频谱形状不变，只进行频域搬移。**

图 3.5.5(*a*) 为将低频信号搬移到高频信号的一个具体实例，即调制系统模型：$x(t)$ 为低频信号，称为基带信号，其频谱 $X(\omega)$ 的示意图如图 3.5.5(b) 所示，频谱中心频率为零。调制后的信号称为频带信号，满足

$$s(t) = x(t)\cos\omega_c t = \frac{x(t)(\mathrm{e}^{\mathrm{j}\omega_c t} + \mathrm{e}^{-\mathrm{j}\omega_c t})}{2} \longleftrightarrow \frac{X(\omega - \omega_0) + X(\omega + \omega_0)}{2} \tag{3.5.7}$$

其频谱示意图如图 3.5.5(c) 所示，它将频谱中心由零搬移到 ω_0，将低频信号变成了高频信号。该模型是无线通信、远距离通信的基本模型。

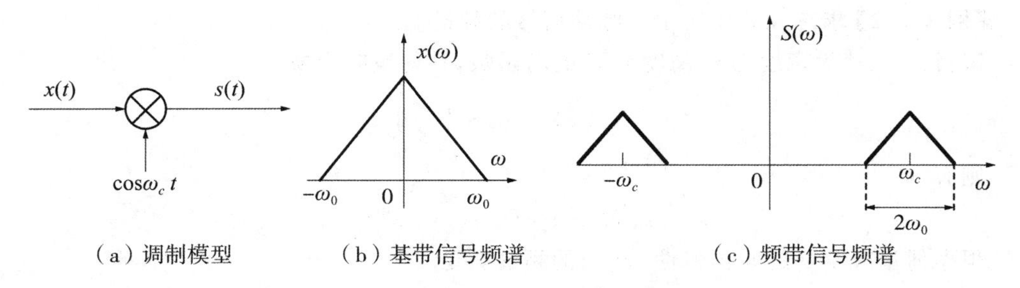

（a）调制模型　（b）基带信号频谱　（c）频带信号频谱

图 3.5.5　调制模型

3.5.6　卷积性质

卷积性质包括时域卷积性质和频域卷积性质。

1. 时域卷积性质

时域卷积性质描述如下：

若

$$x_1(t) \leftrightarrow X_1(\omega),\ x_2(t) \leftrightarrow X_2(\omega)$$

则有

$$x_1(t) * x_2(t) \leftrightarrow X_1(\omega) X_2(\omega) \tag{3.5.8}$$

系统的时域模型为

$$y_{zs}(t) = x(t) * h(t)$$

通过该性质，可得到系统的频谱分析模型

$$Y_{zs}(\omega) = X(\omega) H(\omega) \tag{3.5.9}$$

式(3.5.9)中，$H(\omega)$ 为 $h(t)$ 的傅里叶变换，其物理意义将在本章第7节中讲述。

2. 频域卷积性质

频域卷积性质描述如下：

$$x_1(t) x_2(t) \leftrightarrow \frac{1}{2\pi} X_1(\omega) * X_2(\omega) \tag{3.5.10}$$

该性质描述了时域相乘信号的傅里叶变换的计算方法。

如信号 $\left(\frac{\sin t}{t}\right)^2$ 的傅里叶变换的计算方法为：

因

$$g_2(t) \leftrightarrow 2\mathrm{Sa}(\omega)$$

根据傅里叶变换的对称性可得

$$2\mathrm{Sa}(t) \leftrightarrow 2\pi g_2(-\omega) = 2\pi g_2(\omega)$$

根据傅里叶变换的线性特性可得

$$\mathrm{Sa}(t) = \frac{\sin t}{t} \leftrightarrow \pi g_2(\omega)$$

根据傅里叶变换的频域卷积特性可得

$$\left(\frac{\sin t}{t}\right)^2 \leftrightarrow \frac{1}{2\pi}[\pi g_2(\omega)] * [\pi g_2(\omega)] = \frac{\pi}{2} g_2(\omega) * g_2(\omega)$$

3.5.7　时域微分和积分

傅里叶变换时域微分和积分特性描述为：

其微分特性为

$$x^{(n)}(t) \longleftrightarrow (\mathrm{j}\omega)^n X(\omega) \quad (n = 1, 2, \cdots) \tag{3.5.11-1}$$

积分特性为

$$x^{(-1)}(t) \longleftrightarrow \pi X(0)\delta(\omega)+\frac{X(\omega)}{\mathrm{j}\omega} \tag{3.5.11-2}$$

上式中,$X(0)$ 描述了信号频率为 0 的分量,即直流分量值。

借助傅里叶变换的时域微分和积分特性可简化某些信号的频谱计算过程,如:

因

$$\delta(t)\leftrightarrow 1$$

则有

$$\delta^{n}(t)\leftrightarrow(\mathrm{j}\omega)^{n}\quad(n=1,2,\cdots) \tag{3.5.12}$$

因

$$\varepsilon(t)=\delta^{-1}(t)$$

则有

$$\varepsilon(t)\leftrightarrow\pi\delta(\omega)+\frac{1}{\mathrm{j}\omega}$$

3.5.8　频域微分和积分

傅里叶变换频域微分和积分特性描述为:

其微分特性为

$$(-\mathrm{j}t)^{i}x(t)\leftrightarrow\frac{\mathrm{d}^{i}}{\mathrm{d}\omega^{i}}X(\omega)\quad(i=1,2,\cdots) \tag{3.5.13-1}$$

该特性主要应用于 $t^{n}x(t)$ 等的频谱计算。

积分特性为

$$\pi x(0)\delta(t)+\frac{x(t)}{(-\mathrm{j}t)}\longleftrightarrow\int_{-\infty}^{\omega}X(\eta)\mathrm{d}\eta \tag{3.5.13-2}$$

该特性主要应用于$\frac{x(t)}{t^{n}}$等的频谱计算。

以上给出了本书中用到的傅里叶变换性质,本书中主要应用到的性质有:**线性、虚实性、对称性、时移特性、频移特性、时域卷积特性、时域微分等基本性质**。表 3.5.1 给出了傅里叶变换的主要性质及其物理意义。

表 3.5.1　**傅里叶变换的性质**

$x(t)\leftrightarrow X(\omega),X(\omega)=R(\omega)+\mathrm{j}I(\omega)=\lvert X(\omega)\rvert \mathrm{e}^{\mathrm{j}\varphi(\omega)},x_1(t)\leftrightarrow X_1(\omega),x_2(t)\leftrightarrow X_2(\omega)$		
性质名称	数学描述	物理意义
线性	$[ax_1(t)+bx_2(t)]\leftrightarrow[aX_1(\omega)+bX_2(\omega)]$	
虚实性	如 $x(t)$ 为实函数 $\lvert X(\omega)\rvert=\lvert X(-\omega)\rvert,\varphi(\omega)=-\varphi(-\omega)$	实函数的幅度谱关于 y 轴对称,相位谱关于原点对称

续表

$x(t) \leftrightarrow X(\omega), X(\omega)=R(\omega)+\mathrm{j}I(\omega)=|X(\omega)|\mathrm{e}^{\mathrm{j}\varphi(\omega)}, x_1(t)\leftrightarrow X_1(\omega), x_2(t)\leftrightarrow X_2(\omega)$

性质名称	数学描述	物理意义
奇偶性	如 $x(t)$ 为实偶函数,则 $I(\omega)=0$ 如 $x(t)$ 为实奇函数,则 $R(\omega)=0$	
对称性	$X(t)\leftrightarrow 2\pi x(-\omega)$	方便计算
时移特性	$x(t-t_0) \longleftrightarrow \mathrm{e}^{-\mathrm{j}\omega t_0} X(\omega)$	相位谱对应于信号的延时
频移特性	$x(t)\mathrm{e}^{\mathrm{j}\omega_0 t} \longleftrightarrow X(\omega-\omega_0)$	低频信号和高频正弦相乘,信号频谱搬移到高频
时域卷积	$x_1(t) * x_2(t)\leftrightarrow X_1(\omega)X_2(\omega)$	给出了系统的频域分析模型
频域卷积	$x_1(t)x_2(t)\leftrightarrow X_1(\omega) * X_2(\omega)/2\pi$	
时域求导	$x^{(i)}(t) \longleftrightarrow (\mathrm{j}\omega)^i X(\omega)\ (i=1,2,\cdots)$	
时域微分	$x^{-1}(t)\leftrightarrow \pi X(0)\delta(\omega)+X(\omega)/(\mathrm{j}\omega)$	$X(0)$ 对应为 $x(t)$ 的直流分量
尺度变化	$x(at) \longleftrightarrow X(\frac{\omega}{a})/\lvert a\rvert$	$\lvert a\rvert>1$,信号压缩(变化加快,高频部分增加),频谱扩宽,高频部分量增加
频域微分	$(-\mathrm{j}t)^i x(t)\leftrightarrow \frac{\mathrm{d}^i}{\mathrm{d}\omega^i}X(\omega)\quad (i=1,2,\cdots)$	应用于 $tx(t)$ 等的频谱计算
频域积分	$\pi x(0)\delta(t)+\frac{x(t)}{(-\mathrm{j}t)} \longleftrightarrow \int_{-\infty}^{\omega} X(\eta)\mathrm{d}\eta$	应用于 $\frac{x(t)}{t}$ 等的频谱计算(当 $x(0)=0$ 时)

3.6 周期信号的傅里叶变换

周期信号除了可以分解为傅里叶级数形式,还可对其进行傅里叶变换。

3.6.1 正、余弦的傅里叶变换

1. $\cos\omega_0 t$ 的傅里叶变换

根据欧拉公式有

$$\cos\omega_0 t=\frac{1}{2}(\mathrm{e}^{\mathrm{j}\omega_0 t}+\mathrm{e}^{-\mathrm{j}\omega_0 t})$$

因

$$1\leftrightarrow 2\pi\delta(\omega)$$

根据傅里叶变换的频移特性有

$$e^{-j\omega_0 t} \longleftrightarrow 2\pi\delta(\omega+\omega_0) \tag{3.6.1-1}$$

$$e^{j\omega_0 t} \longleftrightarrow 2\pi\delta(\omega-\omega_0) \tag{3.6.1-2}$$

根据傅里叶变换的线性特性有

$$\cos\omega_0 t \leftrightarrow \pi[\delta(\omega-\omega_0)+\delta(\omega+\omega_0)] \tag{3.6.2}$$

式(3.6.2)也描述了信号的频谱密度(傅里叶变换)的物理意义：$\cos\omega_0 t$ 为角频率为 ω_0 的单频信号，其频谱密度只在 $\omega=\pm\omega_0$ 处不为零，其他时候都为零，即**频谱密度描述了时间信号的频率分布**。

2. $\sin\omega_0 t$ 的傅里叶变换

同样可得到 $\sin\omega_0 t$ 的傅里叶变换为

$$\sin\omega_0 t \longleftrightarrow j\pi[\delta(\omega+\omega_0)-\delta(\omega-\omega_0)] \tag{3.6.3}$$

3.6.2　周期脉冲

$\delta_T(t)$ 为周期为 T 的脉冲周期信号，其定义为

$$\delta_T(t) \overset{\text{def}}{=} \sum_{n=-\infty}^{\infty}\delta(t-nT) \tag{3.6.4}$$

其图形如图 3.6.1(a) 所示，其角频率 $\omega_0=\dfrac{2\pi}{T}$。

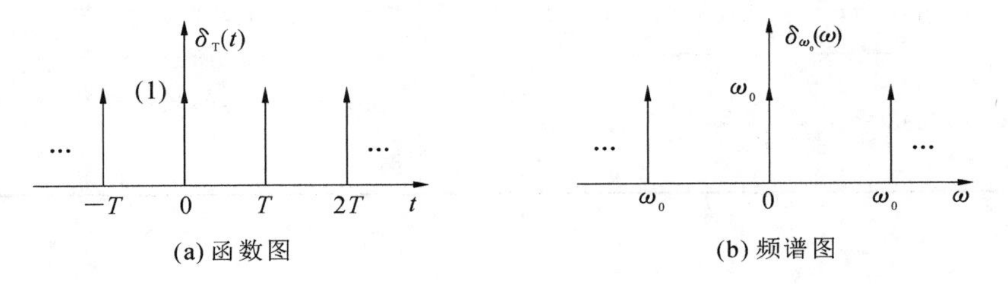

图 3.6.1　$\delta_T(t)$ 的频谱

$\delta_T(t)$ 的傅里叶级数满足

$$X_n=\frac{1}{T}\int_{-\frac{T}{2}}^{\frac{T}{2}}\delta(t)e^{-jn\omega_0 t}dt=\frac{1}{T}$$

则有

$$\delta_T(t)=\frac{1}{T}\sum_{n=-\infty}^{\infty}e^{jn\omega_0 t}$$

由式(3.6.1)可得

$$\delta_T(t)\leftrightarrow\omega_0\sum_{n=-\infty}^{\infty}\delta(\omega-n\omega_0) \tag{3.6.5}$$

$\delta_T(t)$ 的傅里叶变换非常重要，会用于周期信号的频谱计算，连续信号的采样模型分析等。

3.6.3 一般周期信号

图 3.6.2(a) 为一个周期信号的示意图,周期为 T,角频率 $\omega_0=\dfrac{2\pi}{T}$,其频谱的计算可以采用以下两种方法。

(1) 根据傅里叶级数得到。

根据傅里叶级数的定义有

$$X_n=\frac{1}{T}\int_{-\frac{T}{2}}^{\frac{T}{2}}x_T(t)\mathrm{e}^{-\mathrm{j}n\omega_0 t}\mathrm{d}t$$

和

$$x_T(t)=\sum_{n=-\infty}^{\infty}X_n\mathrm{e}^{\mathrm{j}n\omega_0 t}$$

由式(3.6.1) 可得

$$x_T(t)\leftrightarrow 2\pi\sum_{n=-\infty}^{\infty}X_n\delta(\omega-n\omega_0) \tag{3.6.6}$$

(2) 由 $\delta_T(t)$ 得到。

取 $x_T(t)$ 在一个周期内的图形 $x_0(t)$,其图形如图 3.6.2(b) 所示,则有

$$x_T(t)=x_0(t)*\delta_T(t)$$

$x_0(t)$ 的傅里叶变换为 $X_0(\omega)$,即

$$x_0(t)\leftrightarrow X_0(\omega)$$

根据傅里叶变换的时域卷积特性有

$$x_0(t)*\delta_T(t)\leftrightarrow X_0(\omega)\left[\omega_0\sum_{n=-\infty}^{\infty}\delta(\omega-n\omega_0)\right]$$

即有

$$x_T(t)\leftrightarrow\omega_0\sum_{n=-\infty}^{\infty}X_0(n\omega_0)\delta(\omega-n\omega_0) \tag{3.6.7}$$

与**非周期信号的频谱为连续谱不同,周期信号的频谱为离散谱**,它由多个单频信号叠加而成。其频谱为 $x_0(t)$ 频谱的离散谱$\left(\text{离散间距为}\dfrac{2\pi}{T}\right)$,如图 3.6.2(c)、(d) 所示。

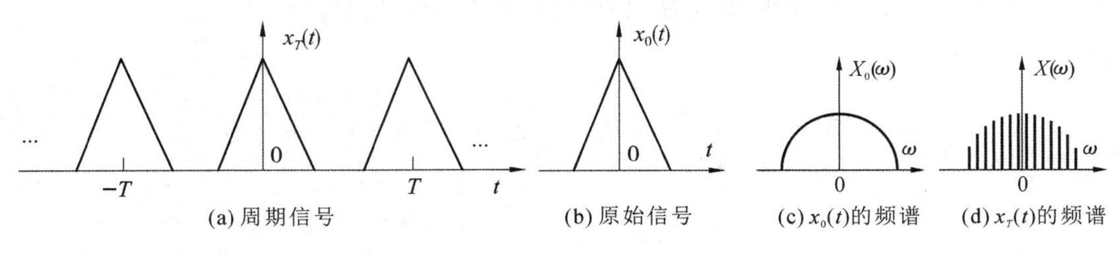

图 3.6.2 一般周期信号

3.7　连续 LTI 系统的频率特性分析

本章前面几节将信号分解为频率信号($e^{j\omega t}$),描述了信号的频率特性。本节将在此基础上,分析连续 LTI 系统对不同频率信号的响应特点,从而描述系统的频率特性。

3.7.1　线性元器件的频域模型

线性电路的基本元器件为电阻、电感和电容,在分析其频率特性时,需先得到其频域模型。具体方法为:

(1) 将电流 $i(t)$ 和电压 $u(t)$ 进行傅里叶变换,得到 $I(\omega)$ 和 $U(\omega)$;

(2) 根据元器件的物理特性,得出 $I(\omega)$ 与 $U(\omega)$ 的关系;

(3) 以 $Z(\omega)=\dfrac{U(\omega)}{I(\omega)}$ 描述元器件的频域特性。

1. 电感频域分析

电感时域分析如图 3.7.1(a) 所示,电流、电压之间的关系满足

$$u_L(t)=L\frac{\mathrm{d}i_L(t)}{\mathrm{d}t} \tag{3.7.1}$$

将 $i_L(t)$ 和电压 $u_L(t)$ 进行傅里叶变换

$$i_L(t)\leftrightarrow I_L(\omega)\qquad u_L(t)\leftrightarrow U_L(\omega)$$

根据傅里叶变换的时域求导特性可得

$$\frac{\mathrm{d}i_L(t)}{\mathrm{d}t}\leftrightarrow \mathrm{j}\omega I_L(\omega)$$

将式(3.7.1) 进行傅里叶变换,可得

$$U_L(\omega)=\mathrm{j}\omega L I_L(\omega)$$

电感感抗 $Z_L(\omega)$ 满足

$$Z_L(\omega)=\frac{U_L(\omega)}{I_L(\omega)}=\mathrm{j}\omega L \tag{3.7.2}$$

即采用频域描述时,电感的感抗为 $\mathrm{j}\omega L$,如图 3.7.1(b) 所示,电感具有如下特性:输入电压的频率越高,其感抗越大,即电感具有“阻高频-通低频” 的特性。

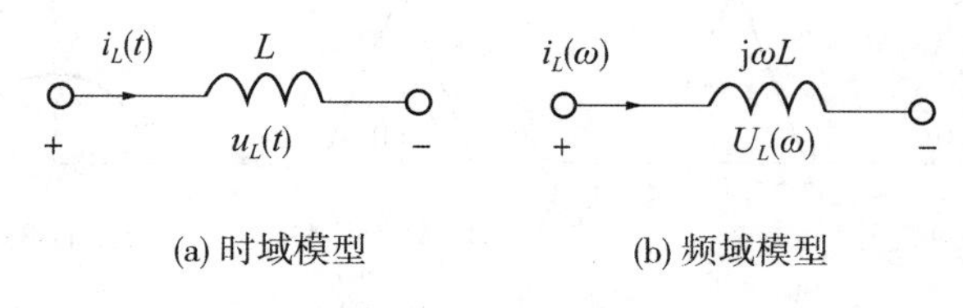

图 3.7.1　电感模型

2. 电容频域分析

电容时域分析如图 3.7.2(a) 所示，电流、电压之间的关系满足

$$i_C(t)=C\frac{\mathrm{d}u_C(t)}{\mathrm{d}t} \tag{3.7.3}$$

将 $i_C(t)$ 和电压 $u_C(t)$ 进行傅里叶变换

$$i_C(t)\leftrightarrow I_C(\omega) \quad u_C(t)\leftrightarrow U_C(\omega)$$

根据傅里叶变换的时域求导特性可得

$$\frac{\mathrm{d}u_C(t)}{\mathrm{d}t}\leftrightarrow \mathrm{j}\omega U_C(\omega)$$

将式(3.7.3) 进行傅里叶变换，可得

$$I_C(\omega)=\mathrm{j}\omega C U_C(\omega)$$

电容容抗 $Z_C(\omega)$ 满足

$$Z_C(\omega)=\frac{U_C(\omega)}{I_C(\omega)}=\frac{1}{\mathrm{j}\omega C} \tag{3.7.4}$$

即采用频域描述时，电容的容抗为$\frac{1}{\mathrm{j}\omega C}$，如图 3.7.2(b) 所示，电容具有如下特性：输入电压的频率越高，其容抗越小，即电容具有“阻低频-通高频”的特性。

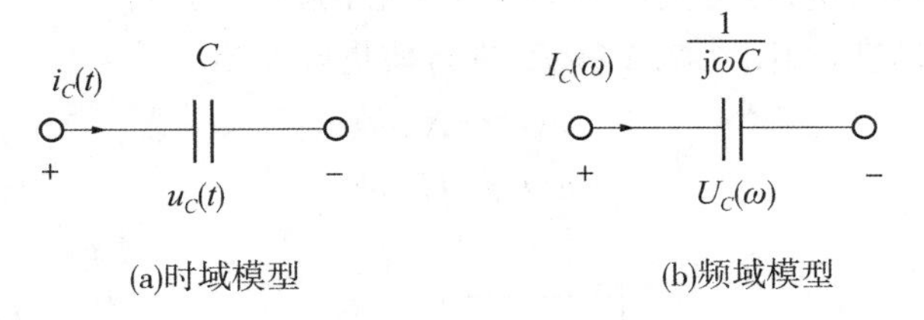

图 3.7.2 电容模型

3. 电阻频域模型

电阻时域分析如图 3.7.3(a) 所示，电流、电压之间的关系满足

$$u_R(t)=Ri_R(t) \tag{3.7.5}$$

将 $i_R(t)$ 和电压 $u_R(t)$ 进行傅里叶变换

$$i_R(t)\leftrightarrow I_R(\omega) \quad u_R(t)\leftrightarrow U_R(\omega)$$

将式(3.7.3) 进行傅里叶变换，可得

$$U_R(\omega)=RI_R(\omega)$$

电阻阻抗 $Z_R(\omega)$ 满足

$$Z_R(\omega)=\frac{U_R(\omega)}{I_R(\omega)}=R \tag{3.7.6}$$

即采用频域描述时，电阻阻抗为 R，如图 3.7.3(b) 所示，电阻具有如下特性：电阻阻

抗不随输入电压频率的变化而变换。

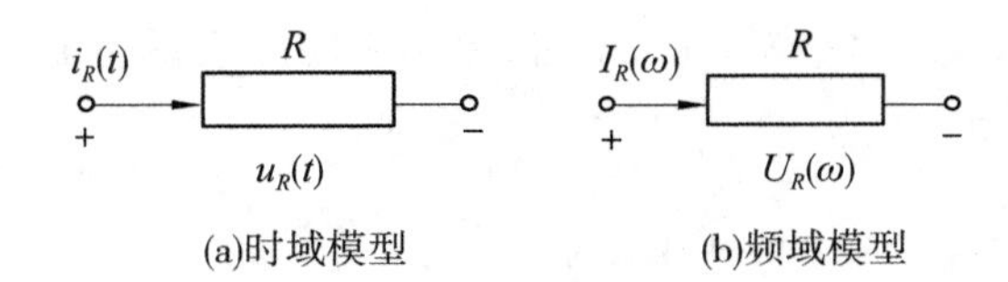

图 3.7.3　电阻模型

上述 3 个线性元器件的物理模式为近似模型，在高频电路分析中，其模型还需考虑这些器件的其他特性。

3.7.2　系统频率函数

1. 系统频率函数的定义

系统频率函数记为 $H(\omega)$，是冲激函数 $h(t)$ 的傅里叶变换，满足

$$H(\omega)=\int_{-\infty}^{\infty}h(t)\mathrm{e}^{-\mathrm{j}\omega t}\,\mathrm{d}t \tag{3.7.7}$$

通过系统的时域模型，可得到以 $H(\omega)$ 为中心的频域模型：

对于系统时域模型，如图 3.7.4 所示，进行傅里叶变换

$$x(t)\leftrightarrow X(\omega)$$

$$h(t)\leftrightarrow H(\omega)$$

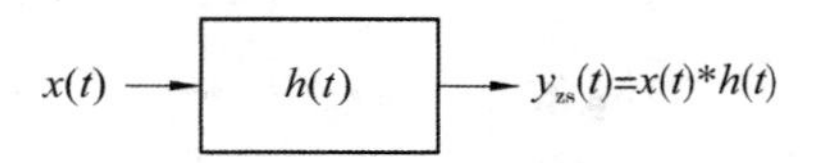

图 3.7.4　连续系统时域模型

LTI 连续系统时域分析模型为

$$y_{zs}(t)=x(t)*h(t)$$

对上式进行傅里叶变换可得

$$Y_{zs}(\omega)=X(\omega)H(\omega) \tag{3.7.8}$$

此式为连续系统的频域模型，可用图 3.7.5 描述。

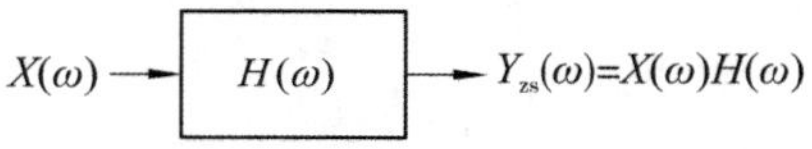

$X(\omega)$ → $H(\omega)$ → $Y_{zs}(\omega)=X(\omega)H(\omega)$

图 3.7.5　连续系统频域模型

式(3.7.8)可导出 $H(\omega)$ 的另外一种定义，即

$$H(\omega)=\frac{Y_{zs}(\omega)}{X(\omega)} \tag{3.7.9}$$

$H(\omega)$ 为复数，有

$$H(\omega)=|H(\omega)|e^{j\varphi(\omega)} \tag{3.7.10}$$

因LTI系统的 $h(t)$ 为实函数，根据傅里叶变换的奇偶特性可得

$$|H(\omega)|=|H(-\omega)| \quad \varphi(-\omega)=-\varphi(\omega) \tag{3.7.11}$$

$H(\omega)$ 描述了系统的一个重要物理量，可用 $H(\omega)$ 表示系统，如图3.7.5所示。

2. $H(\omega)$ 的计算

系统频域函数可以采用如下几种方式获得：

(1) 通过 $h(t)$ 的傅里叶变换求得。

如系统的 $h(t)=e^{-t}\varepsilon(t)$，则系统函数 $H(\omega)=\frac{1}{1+j\omega}$。

(2) 通过电路图直接获得。

如知道系统的电路图，则其 $H(\omega)$ 可直接求出，具体方法为：

① 将电感、电容、电阻等线性元件转换成其频域模型；

② 电流、电压都采用频域表示，采用电路理论(KLV、KLC等定理)计算 $H(\omega)=\frac{Y_{zs}(\omega)}{X(\omega)}$。

【例3.7.1】 如图3.7.6(a)所示电路，$RC=1$，$u_C(t)$ 为输出，$u_s(t)$ 为激励，求该系统的 $H(\omega)$。

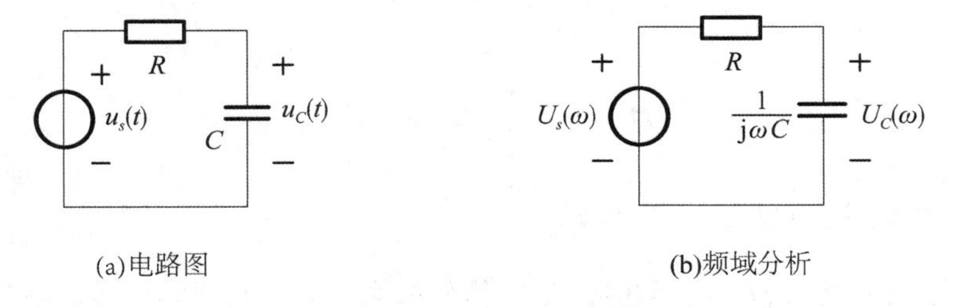

图3.7.6　【例3.7.1】图

解：将电路进行频域变换，如图3.7.6(b)所示。

$U_C(\omega)$，$U_s(\omega)$ 满足

$$\frac{U_s(\omega)}{R+\frac{1}{j\omega C}}\frac{1}{j\omega C}=U_C(\omega)$$

因

$$H(\omega)=\frac{U_C(\omega)}{U_s(\omega)}$$

则有

$$H(\omega)=\frac{\frac{1}{\mathrm{j}\omega C}}{R+\frac{1}{\mathrm{j}\omega C}}=\frac{1}{\mathrm{j}\omega+1}$$

(3) 由微分方程获得。

如知道系统的微分方程，则其 $H(\omega)$ 也可直接求出。具体方法为：

① 对方程两边进行傅里叶变换；

② 根据 $H(\omega)=\frac{Y_{zs}(\omega)}{X(\omega)}$ 计算。

【例 3.7.2】 某系统的微分方程为 $y'(t)+2y(t)=x(t)$，求 $H(\omega)$

解：方程左右两边同时进行傅里叶变换得

$$\mathrm{j}\omega Y(\omega)+2Y(\omega)=X(\omega)$$

则有

$$H(\omega)=\frac{Y(\omega)}{X(\omega)}=\frac{1}{\mathrm{j}\omega+2}$$

(4) 根据激励和响应直接获得。

将激励和响应进行傅里叶变换，由式(3.7.9)可直接得到系统频率函数。

如激励 $x(t)=\mathrm{e}^{-t}\varepsilon(t)$，响应 $y_{zs}(t)=\mathrm{e}^{-t}\varepsilon(t)-\mathrm{e}^{-2t}\varepsilon(t)$，则有

$$X(\omega)=\frac{1}{1+\mathrm{j}\omega}$$

$$Y(\omega)=\frac{1}{1+\mathrm{j}\omega}-\frac{1}{2+\mathrm{j}\omega}=\frac{1}{(1+\mathrm{j}\omega)(2+\mathrm{j}\omega)}$$

可得

$$H(\omega)=\frac{Y(\omega)}{X(\omega)}=\frac{1}{2+\mathrm{j}\omega}$$

3.7.3　系统的频率特性及其频谱

当系统用频率函数 $H(\omega)$ 描述时，很容易分析系统对不同频率信号的响应特性。

1. 基本信号 $\mathrm{e}^{\mathrm{j}\omega_0 t}$ 作用于 LTI 系统的响应

设 LTI 系统的冲激响应为 $h(t)$，当激励是角频率 ω_0 的基本信号 $\mathrm{e}^{\mathrm{j}\omega_0 t}$ 时，根据系统时域分析模型，其响应满足

$$y(t)=h(t)*\mathrm{e}^{\mathrm{j}\omega_0 t}=\int_{-\infty}^{\infty}h(\tau)\mathrm{e}^{\mathrm{j}\omega_0(t-\tau)}\mathrm{d}\tau$$

$$=\int_{-\infty}^{\infty}h(\tau)\mathrm{e}^{-\mathrm{j}\omega_0\tau}\mathrm{d}\tau\cdot\mathrm{e}^{\mathrm{j}\omega_0 t}=H(\omega_0)\mathrm{e}^{\mathrm{j}\omega_0 t}$$

即有

$$y(t)=H(\omega_0)\mathrm{e}^{\mathrm{j}\omega_0 t}=|H(\omega_0)|\mathrm{e}^{\mathrm{j}(\omega_0 t+\varphi(\omega_0))} \tag{3.7.12}$$

上式表明：对于连续 LTI 系统，激励为单频信号 $\mathrm{e}^{\mathrm{j}\omega_0 t}$ 时，其响应还是单频信号 $\mathrm{e}^{\mathrm{j}\omega_0 t}$，只是幅度和相位发生了变化。

2. 正弦信号作用于 LTI 系统

当激励为单频正弦信号 $\cos(\omega_0 t)$ 时，因

$$\cos(\omega_0 t)=\frac{\mathrm{e}^{\mathrm{j}\omega_0 t}+\mathrm{e}^{-\mathrm{j}\omega_0 t}}{2}$$

由式(3.7.12)可得其响应应满足

$$y_{ss}(t)=\frac{1}{2}(|H(\omega_0)|\mathrm{e}^{\mathrm{j}\varphi(\omega_0)}\mathrm{e}^{\mathrm{j}\omega_0 t}+|H(-\omega_0)|\mathrm{e}^{\mathrm{j}\varphi(-\omega_0)}\mathrm{e}^{-\mathrm{j}\omega_0 t})$$

由式(3.7.11)

$$|H(\omega)|=|H(-\omega)|,\varphi(-\omega)=-\varphi(\omega)$$

可得

$$y_{ss}(t)=|H(\omega_0)|\cos(\omega_0 t+\varphi(\omega_0)) \tag{3.7.13}$$

该模型可由图 3.7.7 描述，它描述了系统的频率特性，这里 $y_{ss}(t)$ 为稳态输出。

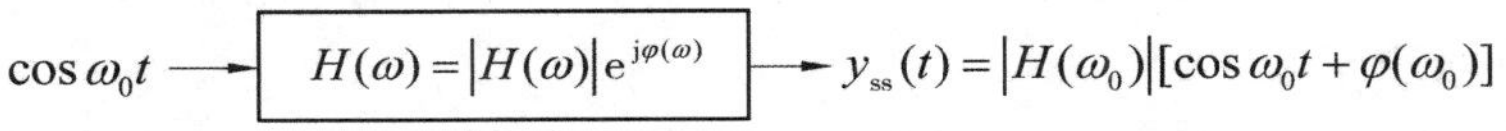

$$\cos\omega_0 t \longrightarrow \boxed{H(\omega)=|H(\omega)|\mathrm{e}^{\mathrm{j}\varphi(\omega)}} \longrightarrow y_{ss}(t)=|H(\omega_0)|[\cos\omega_0 t+\varphi(\omega_0)]$$

图 3.7.7 系统的频率特性图

3. 系统的频谱

式(3.7.13)描述了系统的频谱特性：即一个稳定的 LTI 系统，在**单频的输入信号下，稳态输出仍是一个与输入同频率的单频信号，且输出的幅值与相位是输入信号频率的函数。**

将 $|H(\omega)|$ 定义为系统的**幅频特性**，根据式(3.7.13)，它描述了系统对不同频率信号的幅值增益，其与 ω 的关系图，定义为系统的幅频谱。

将 $\varphi(\omega)$ 定义为系统的**相频特性**，根据式(3.7.13)，它描述了系统对不同频率信号的延时，其与 ω 的关系图，定义为系统的相频谱。

设连续 LTI 系统幅增益 $|H(\omega)|$ 的最大值为 A，则幅度增益大于 $0.707A(\sqrt{2}/2)$ 的频率范围定义为**系统带宽**，单位为 Hz。

【例 3.7.3】 对于例 3.7.1 所示的系统：(1) 画出其幅度谱和相位谱；(2) 求系统的带宽；(3) 求激励为 $1+\cos(100t)$ 所对应的稳态响应 $y_{ss}(t)$。

解：(1) 系统的频域响应函数为

$$H(\omega)=\frac{1}{\mathrm{j}\omega+1}=\frac{1}{\sqrt{\omega^2+1}}\mathrm{e}^{-\mathrm{j}\arctan\omega}$$

幅频特性 $|H(\omega)|$ 满足

$$|H(\omega)| = \frac{1}{\sqrt{\omega^2 + 1}}$$

相频特性 $\varphi(\omega)$ 满足

$$\varphi(\omega) = -\arctan\omega$$

借助 MATLAB 软件，可画出其幅度谱和相位谱，具体程序为

```
clear;
w=-40:0.01: 40; % 设置频率步长和范围
H=1./(sqrt(w.^2+1));
A=-atan(w);
subplot(2,2,1);
plot(w,H);
xlabel('W');
subplot(2,2,2);
plot(w,A);
xlabel('W');
```

其幅度谱如图 3.7.8(a) 所示：当频率为 0 时，具有最大幅值增益 1，随着频率的增大，幅值增益逐渐减小至 0。

其幅度谱如图 3.7.8(b) 所示：当频率为 0 时，相位延时为 0，随着频率的增大，相位延时逐渐增大至 $\pi/2$。

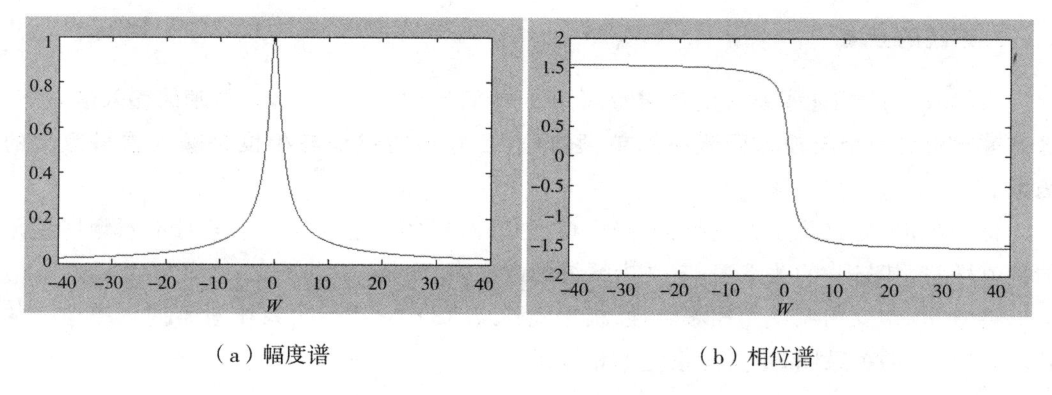

（a）幅度谱　　（b）相位谱

图 3.7.8　系统频谱图

（2）幅值增益最大值为 1，则截止频谱对应的幅值增益为 $\frac{\sqrt{2}}{2}$，即有

$$|H(\omega_c)| = \frac{1}{\sqrt{\omega_c^2 + 1}} = \frac{\sqrt{2}}{2}$$

求得

$$\omega_c = 1$$

(3) 因

$$|H(0)| = 1$$

$$|H(100)| = \frac{1}{\sqrt{100^2+1}}, \varphi(100) = -\arctan 100$$

则有

$$y_{ss}(t) = 1 + \frac{1}{\sqrt{100^2+1}}\cos(100t - \arctan 100) \approx 1$$

由该例可以看出:对应频率为 0 的信号,其响应幅度值不变。但对于角频率为 100 的信号,其响应幅度值只有原来的 1/100。该电路图经常用于电源电路,滤除电源中的高频噪声。其具体电路如图 3.7.9 所示:电路中电容一般很小,约 103(0.01μF) 左右,电路中没有串联电阻,是因为导线本身有电阻,且电源也有内阻。

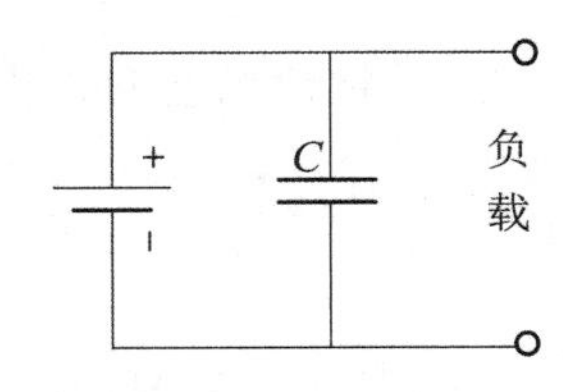

图 3.7.9 电源滤波电路

3.7.4 系统的频域分析方法

本节给出了连续 LTI 系统频域分析的两个基本模型,即:

(1) 系统频域模型

$$Y_{zs}(\omega) = X(\omega)H(\omega)$$

(2) 当激励为 $\cos(\omega_0 t)$,对应的响应为

$$y_{ss}(t) = |H(\omega_0)|\cos(\omega_0 + \varphi(\omega_0))$$

如采用频域分析,当激励的频谱是连续时,应采用模型(1);而激励的频谱为离散时,则采用模型(2) 会简化计算。下面给出这两种分析方式的具体应用。

【例 3.7.4】 如图 3.7.10(a) 所示的幅值为 1V、周期为 1ms 的方波信号 $u_s(t)$,通过如图(b) 所示的二阶滤波系统,其中 $RC = 0.5\times10^{-3}$,求输出信号 $u_C(t)$。

解: 根据式(3.3.9),$u_s(t)$ 可分解为

$$x(t) = \frac{4}{\pi}\left[\sin 2000\pi t + \frac{1}{3}\sin 6000\pi t + \frac{1}{5}\sin 10000\pi t + \cdots\right]$$

系统为两个 RC 系统的串联,则有

$$H(\omega) = \frac{U_C(\omega)}{U_s(\omega)} = \left(\frac{1}{jRC\omega+1}\right)^2 = \frac{1}{(RC\omega)^2+1}e^{-j2\arctan RC\omega}$$

则有

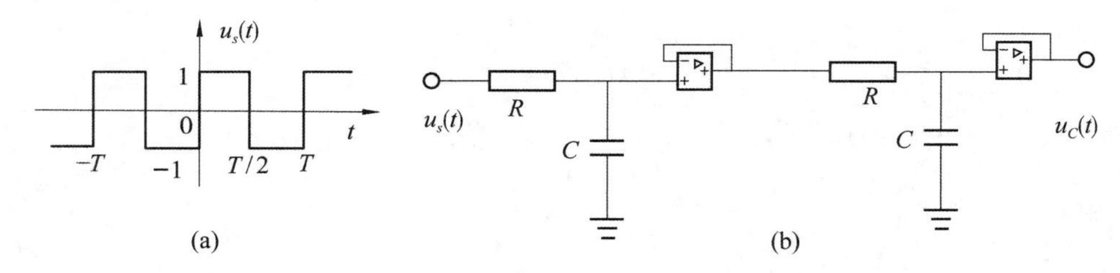

图 3.7.10 【例 3.7.4】图

$$|H(\omega)| = \frac{1}{(RC\omega)^2+1}, \varphi(\omega) = -2\arctan RC\omega$$

当输入信号的角频率为 2000π 时，其幅值增益和相位延时分别为

$$|H(2000\pi)| = \frac{1}{\pi^2+1} \approx 0.1, \varphi(2000\pi) = -2\arctan\pi \approx -142°$$

当输入信号的角频率为 6000π 时，其幅值增益和相位延时分别为

$$|H(6000\pi)| = \frac{1}{(3\pi)^2+1} \approx 0.01, \varphi(6000\pi) = -2\arctan(3\pi) \approx -169°$$

则有，响应 $u_C(t)$ 满足

$$u_C(t) = 0.1\sin(2000\pi t - 142°) + 0.01\sin(6000\pi t - 169°) + \cdots$$

相对于幅度 0.1，幅度 0.01 可忽略不计，即响应为 $0.1\sin(2000\pi t - 142°)$。在实际应用中，可用类似电路将方波转换为同周期的正弦波。

【例3.7.5】 如图3.7.11(a)所示为一模拟通信保密系统，可将语音信号在传输中倒频。如输入低频信号 $x(t)$ 的频谱如图 3.7.11(b) 所示，截止频率为 ω_m，两个系统的 $H_1(\omega)$、$H_2(\omega)$ 满足

$$H_1(\omega) = \begin{cases} 1, |\omega| > \omega_b \\ 0, |\omega| < \omega_b \end{cases}, H_2(\omega) = \begin{cases} 1, |\omega| < \omega_m \\ 0, |\omega| > \omega_m \end{cases}$$

如图 3.7.11(c)、(d) 所示，且有 $\omega_b \gg \omega_m$，画出输出信号 $y(t)$ 的频谱，并分析该系统的功能。

解：图 3.7.11(a) 中

$$x_1(t) = x(t)\cos\omega_b t$$

其频谱是将 $X(\omega)$ 中心角频率 0 频谱搬移到 ω_b，其频谱 $X_1(\omega)$ 如图 3.7.11(e) 所示。

$x_2(t)$ 的频谱 $X_2(\omega)$ 满足

$$X_2(\omega) = X_1(\omega)H_1(\omega)$$

其频谱图如图 3.7.11(f) 所示。

$x_3(t)$ 满足

$$x_3(t) = x_2(t)\cos[(\omega_b + \omega_m)t]$$

其频谱 $X_3(\omega)$ 满足

$$X_3(\omega) = \frac{1}{2}[X_2(\omega - \omega_b - \omega_m) + X_2(\omega + \omega_b + \omega_m)]$$

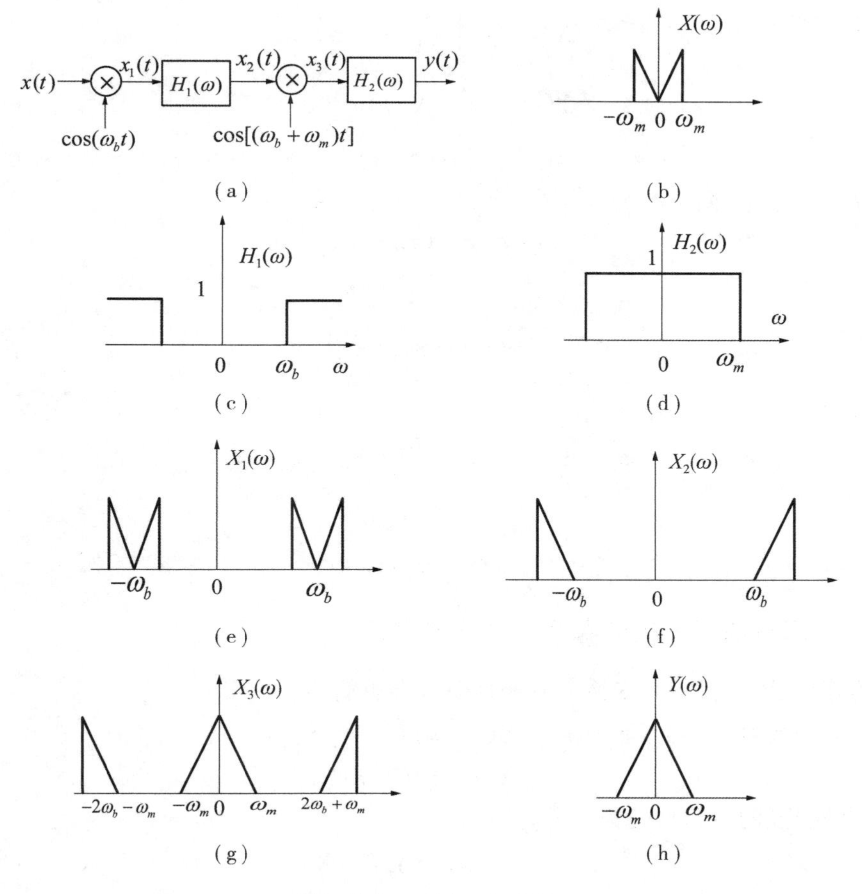

图 3.7.11　【例 3.7.5】图

其频谱图如图 3.7.11(g) 所示。

$y(t)$ 的频谱 $Y(\omega)$ 满足

$$Y(\omega) = X_3(\omega)H_2(\omega)$$

其频谱图如图 3.7.11(h) 所示。

比较图 3.7.11(b) 和图 3.7.11(h)，$Y(\omega)$ 图像为 $X(\omega)$ 图像沿 Y 轴旋转 180° 获得。

3.8　傅里叶变换的频率表示

傅里叶变换的变量为角频率 ω，但现实中更习惯用频率 f 描述信号和系统，如将傅里叶变换的变量用 f 来描述，信号与系统的频域分析过程会变得更简单、清晰。

3.8.1　傅里叶变换的频率表示

根据式(3.4.2) 和式(3.4.3)，采用频率 f，傅里叶变换和傅里叶反变换为：

$$X(f) = \int_{-\infty}^{\infty} x(t)\mathrm{e}^{-\mathrm{j}2\pi ft}\mathrm{d}t \tag{3.8.1-1}$$

$$x(t) = \int_{-\infty}^{\infty} X(f)\mathrm{e}^{\mathrm{j}2\pi ft}\mathrm{d}f \tag{3.8.1-2}$$

$$x(t) \leftrightarrow X(f) \tag{3.8.1-3}$$

$X(f)$ 与 $X(\omega)$ 的关系为

$$X(f) = X(\omega)\big|_{\omega=2\pi f} \tag{3.8.2}$$

如

$$g_\tau(t) \leftrightarrow \tau \mathrm{Sa}\left(\tau \frac{\omega}{2}\right)$$

而

$$\tau \mathrm{Sa}(\tau \frac{\omega}{2}) = \tau \mathrm{Sa}(\tau \frac{2\pi f}{2}) = \tau \mathrm{Sa}(\tau \pi f)$$

即有

$$g_\tau(t) \leftrightarrow \tau \mathrm{Sa}(\tau \pi f) \tag{3.8.3}$$

3.8.2　傅里叶变换(频率表示)的性质

采用频率表示,傅里叶变换的有些性质也会更简洁。

傅里叶变换对称性为:如 $x(t) \leftrightarrow X(f)$,则有

$$X(t) \leftrightarrow x(-f) \tag{3.8.4}$$

傅里叶变换的卷积特性为:

$$x_1(t) * x_2(t) \leftrightarrow X_1(f)X_2(f) \tag{3.8.5-1}$$

$$x_1(t)x_2(t) \leftrightarrow X_1(f) * X_2(f) \tag{3.8.5-2}$$

其他性质的描述基本不变。表 3.8.1 给出了傅里叶变换的频率表示及其性质。

表 3.8.1　**傅里叶变换的性质(频率形式)**

$X(f) = \int_{-\infty}^{\infty} x(t)\mathrm{e}^{-\mathrm{j}2\pi ft}\mathrm{d}t$　　$x(t) = \int_{-\infty}^{\infty} X(f)\mathrm{e}^{\mathrm{j}2\pi t}\mathrm{d}f$	
$x(t) \leftrightarrow X(f), X(\omega) = R(\omega) + \mathrm{j}I(\omega) = \lvert X(\omega)\rvert \mathrm{e}^{\mathrm{j}\varphi(\omega)}, x_1(t) \leftrightarrow X_1(\omega), x_2(t) \leftrightarrow X_2(\omega)$	
性质名称	数学描述
线性	$[ax_1(t) + bx_2(t)] \leftrightarrow [aX_1(f) + bX_2(f)]$
奇偶虚实性	如 $x(t)$ 为实函数,则 $\lvert X(f)\rvert = \lvert X(-f)\rvert$, $\varphi(f) = -\varphi(-f)$
	如 $x(t)$ 为实偶函数,则 $I(f) = 0$
	如 $x(t)$ 为实奇函数,则 $R(f) = 0$
$X(f) = \int_{-\infty}^{\infty} x(t)\mathrm{e}^{-\mathrm{j}2\pi ft}\mathrm{d}t$　　$x(t) = \int_{-\infty}^{\infty} X(f)\mathrm{e}^{\mathrm{j}2\pi t}\mathrm{d}f$	
$x(t) \leftrightarrow X(f), X(\omega) = R(\omega) + \mathrm{j}I(\omega) = \lvert X(\omega)\rvert \mathrm{e}^{\mathrm{j}\varphi(\omega)}, x_1(t) \leftrightarrow X_1(\omega), x_2(t) \leftrightarrow X_2(\omega)$	

续表

性质名称	数学描述
对称性	$X(t)\leftrightarrow x(-f)$
时移特性	$x(t-t_0)\longleftrightarrow \mathrm{e}^{-\mathrm{j}2\pi f t_0}X(f)$
频移特性	$x(t)\mathrm{e}^{\mathrm{j}2\pi f_0 t}\longleftrightarrow X(f-f_0)$
卷积特性	$x_1(t)*x_2(t)\leftrightarrow X_1(f)X_2(f)$
	$x_1(t)x_2(t)\leftrightarrow X_1(f)*X_2(f)$
时域微分 积分模型	$x^{(i)}(t)\longleftrightarrow (\mathrm{j}2\pi f)^i X(f)\quad (i=1,2,\cdots)$
	$x^{(-1)}(t)\longleftrightarrow \frac{X(0)\delta(f)}{2}+\frac{X(f)}{(\mathrm{j}2\pi f)}$
尺度变化	$x(at)\longleftrightarrow \frac{1}{\lvert a\rvert}X\left(\frac{f}{a}\right)$
频域微分	$(-\mathrm{j}2\pi t)^i x(t)\leftrightarrow \frac{\mathrm{d}^i}{\mathrm{d}f^i}X(f)\quad (i=1,2,\cdots)$
频域积分	$\frac{x(0)\delta(t)}{2}+\frac{x(t)}{(-\mathrm{j}2\pi t)}\longleftrightarrow \int_{-\infty}^{f}X(\eta)\mathrm{d}\eta$

3.8.3 常用函数的傅里叶变换(频率表示)

根据式(3.9.2)和常见函数的傅里叶变换 $X(\omega)$,可得到其 $X(f)$。

除了上面得到的

$$g_\tau(t)\leftrightarrow \tau\mathrm{Sa}(\tau\pi f)$$

还有如下常见函数的 $X(f)$:

因

$$1\leftrightarrow 2\pi\delta(\omega)$$

且有

$$\delta(2\pi f)=\frac{1}{2\pi}\delta(f)$$

则有

$$1\leftrightarrow \delta(f) \tag{3.8.6}$$

因

$$\cos\omega_0 t\leftrightarrow \pi[\delta(\omega-\omega_0)+\delta(\omega-\omega_0)]$$

且有

$$\cos\omega_0 t = \cos 2\pi f_0 t$$

则有

$$\cos 2\pi f_0 t \leftrightarrow \frac{\delta(f-f_0)+\delta(f-f_0)}{2} \tag{3.8.7}$$

同理可得

$$\sin 2\pi f_0 t \leftrightarrow \frac{\delta(f+f_0)-\delta(f-f_0)}{2\mathrm{j}} \tag{3.8.8}$$

因

$$\delta_T(t) \leftrightarrow \omega_0 \sum_{n=-\infty}^{\infty} \delta(\omega - n\omega_0)$$

有

$$\delta_T(t) \leftrightarrow f_0 \sum_{n=-\infty}^{\infty} \delta(f - nf_0) \quad f_0 = \frac{1}{T} \tag{3.8.9}$$

在以后的专业课程中，都会使用傅里叶变换的频率方式进行描述。

3.8.4　信号的能量谱与功率谱

在描述信号的频率特性时，除了用幅度谱和相位谱描述外，很多时候，我们也会用能量谱和功率谱描述信号的频率特性。

1. 能量谱

实信号 $x(t)$（电压或电流）在 1Ω 电阻上的瞬时功率为 $x^2(t)$，在区间 $-T/2 < t < T/2$ 上的能量为

$$\int_{-T/2}^{T/2} x^2(t)\mathrm{d}t$$

信号的能量定义为：在时间 $(-\infty,\infty)$ 区间内信号的能量，用 E 表示，即

$$E = \lim_{T\to\infty}\int_{-T/2}^{T/2} x^2(t)\mathrm{d}t = \int_{-\infty}^{\infty} x^2(t)\mathrm{d}t \tag{3.8.10}$$

如 E 有限 $(0 < E < \infty)$，信号称为能量信号。如本章中的门函数、单边指数衰减函数、双边指数衰减函数等。

将傅里叶反变换的定义式(3.8.1-2)

$$x(t) = \int_{-\infty}^{\infty} X(f)\mathrm{e}^{\mathrm{j}2\pi t}\mathrm{d}f$$

代入式(3.8.10)可得

$$\begin{aligned} E &= \int_{-\infty}^{\infty} x(t)\left[\int_{-\infty}^{\infty} X(f)\mathrm{e}^{\mathrm{j}2\pi t}\mathrm{d}f\right]\mathrm{d}t \\ &= \int_{-\infty}^{\infty} X(f)\left[\int_{-\infty}^{\infty} x(t)\mathrm{e}^{\mathrm{j}2\pi t}\mathrm{d}t\right]\mathrm{d}f \\ &= \int_{-\infty}^{\infty} X(f)X(-f)\mathrm{d}f \end{aligned}$$

由实函数傅里叶变换的对称性特性，有

$$X(-f) = X^*(f)$$

则有

$$X(f)X(-f) = |X(f)|^2$$

定义能量谱密度 $E(f)$

$$E(f) = |X(f)|^2 \tag{3.8.11}$$

则有

$$E = \lim_{T\to\infty}\int_{-T}^{T} |x(t)|^2 \mathrm{d}t = \int_{-\infty}^{\infty} E(f)\mathrm{d}f \tag{3.8.12}$$

信号的能量谱密度$E(f)$的单位为J·s(焦耳·秒)，它等于信号的幅度谱的平方，它在整个频域内的积分为信号的能量，因此称为能量谱密度，简称能量谱。

2. 功率谱

信号功率定义为在整个时间区间$(-\infty,\infty)$信号的平均功率，用P表示，如$x(t)$为实信号，则平均功率满足

$$P = \lim_{T\to\infty}\frac{1}{T}\int_{-T/2}^{T/2} x^2(t)\mathrm{d}t \tag{3.8.13}$$

如P有限$(0 < P < \infty)$，则称信号为功率有限信号，简称为功率信号，如本章中的阶跃函数、符号函数、直流信号、周期信号等。同样将傅里叶反变换的定义式(3.8.1-2)代入式(3.8.13)可得

$$P = \lim_{T\to\infty}\frac{1}{T}\int_{-\infty}^{\infty} |X(f)|^2 \mathrm{d}f$$

定义功率谱密度 $\rho(f)$

$$\rho(f) = \lim_{T\to\infty}\frac{|X(f)|^2}{T} \tag{3.8.14}$$

则有

$$P = \int_{-\infty}^{\infty}\rho(f)\mathrm{d}f \tag{3.8.15}$$

信号的功率谱密度$\rho(f)$的单位为W·s(瓦·秒)，它等于信号的幅度谱的平方除以时间$T(T\to\infty)$，它在整个频域内的积分为信号的功率，因此称为信号的功率谱密度，简称为功率谱。

噪声(随机信号)的频谱经常用功率谱来表示，如通信系统中常用的高斯白噪声，其功率谱密度为常数：

$$\rho(f) = a/2$$

根据功率谱的定义$\rho(f) = \lim\limits_{T\to\infty}\dfrac{|X(f)|^2}{T}$，可见高斯白噪声包含了整个频率范围内$(-\infty < f < \infty)$的所有信号，且幅值相等；其功率为无穷大。所以在处理高斯白噪声时，要滤去带外的频率分量，减小噪声的功率。

3.9　频域分析在模拟滤波器中的应用

滤波器是一种能使有用信号顺利通过而同时对无用频率信号进行抑制（或衰减）的电子系统，工程上常用它来做信号处理、数据传送和抑制干扰等。在电子测量、通信、信号处理等领域，滤波器的使用极为广泛。

3.9.1　模拟滤波器的分类

模拟滤波器实现模拟信号的滤波，按其功能一般分为低通滤波器（Low Pass Filter，LPF）、高通滤波器（High Pass Filter，HPF）、带通滤波器（Band Pass Filter，BPF）、带阻滤波器（Band Stop Filter，BSF）。

因实函数的频谱特性满足：幅度谱关于 y 轴对称，相位谱关于原点对称，在本节中描述滤波器的频谱图时，只画频率为正的部分。

1. 低通滤波器

模拟低通滤波器只通过角频率为 0 附近的低频信号。带宽为 ω_c 的理想低通滤波器的频率函数的定义为

$$|H_{\mathrm{LPF}}(\omega)| = g_{2\omega_c}(\omega) = \begin{cases} 1, & |\omega| < \omega_c \\ 0, & \text{其他} \end{cases} \tag{3.9.1}$$

其频谱图如图 3.9.1(a) 所示，其幅值增益最大值归一化为 1。当相位谱为 0，即有 $H_{\mathrm{LPF}}(\omega) = |H_{\mathrm{LPF}}(\omega)|$，则理想低通滤波器的冲激响应

$$h_{\mathrm{LPF}}(t) = \frac{\omega_c}{\pi}\mathrm{Sa}(\omega_c t) \tag{3.9.2}$$

$h(-\infty)$ 不为零，响应在激励之前，为非因果系统，**理想低通滤波器无法实现。**

2. 高通滤波器

高通滤波器只通过角频率大于某个值的高频信号。起始频率为 ω_c 的高通理想滤波器的频率函数的定义为

$$|H_{\mathrm{HPF}}(\omega)| = \begin{cases} 1, & |\omega| > \omega_c \\ 0, & \text{其他} \end{cases} \tag{3.9.3}$$

其频谱图如图 3.9.1(b) 所示。高通滤波器与低通滤波器的关系为

$$|H_{\mathrm{HPF}}(\omega)| = 1 - |H_{\mathrm{LPF}}(\omega)|$$

当相位谱为 0 时，高通滤波器的冲激响应

$$h_{\mathrm{HPF}}(t) = \delta(t) - \frac{\omega_c}{\pi}\mathrm{Sa}(\omega_c t) \tag{3.9.4}$$

3. 带通滤波器

模拟带通滤波器只通过角频率为中间部分的带通信号。带宽 ω_{c1} 到 ω_{c2} 之间的理想带

通滤波器的频率函数的定义为

$$|H_{\mathrm{BPF}}(\omega)|=\begin{cases}1,\omega_{c1}<|\omega|<\omega_{c2}\\0,\text{其他}\end{cases}\tag{3.9.5}$$

其频谱图如图 3.9.1(c) 所示。带通滤波器可由截止频率为 ω_{c2} 的低通滤波器和截止频率为 ω_{c1} 的低通滤波器相减获得。

$$|H_{\mathrm{BPF}}(\omega)|=|H_{\mathrm{LPF1}}(\omega)|-|H_{\mathrm{LPF2}}(\omega)|$$

当相位谱为零时，则高通滤波器的冲激响应

$$h_{\mathrm{BPF}}(t)=\frac{\omega_{c2}}{\pi}\mathrm{Sa}(\omega_{c2}t)-\frac{\omega_{c1}}{\pi}\mathrm{Sa}(\omega_{c1}t)\tag{3.9.6}$$

4. 带阻滤波器

带阻滤波器只阻止频率为中间部分的带通信号。阻止 ω_{c1} 到 ω_{c2} 之间的频率信号通过的理想带通滤波器频率函数

$$|H_{\mathrm{BSF}}(\omega)|=\begin{cases}0,\omega_{c1}<|\omega|<\omega_{c2}\\1,\text{其他}\end{cases}\tag{3.9.7}$$

其频谱图如图 3.9.1(d) 所示。带阻滤波器可由截止频率为 ω_{c1} 的低通滤波器和起始频率为 ω_{c2} 的高通滤波器相加获得。

$$|H_{\mathrm{BPF}}(\omega)|=|H_{\mathrm{LPF}}(\omega)|+|H_{\mathrm{HPF}}(\omega)|$$

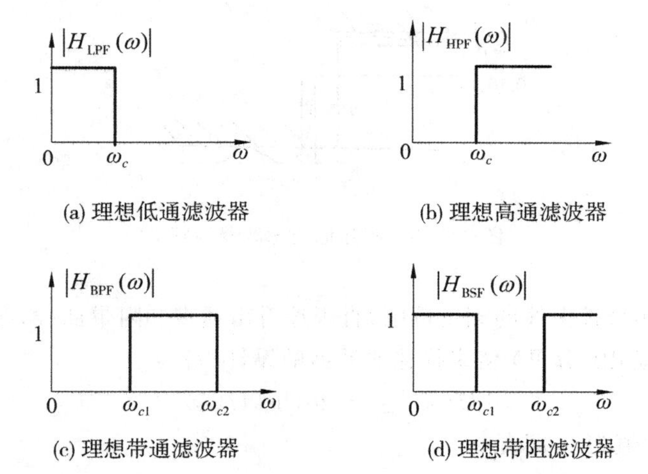

(a) 理想低通滤波器　(b) 理想高通滤波器

(c) 理想带通滤波器　(d) 理想带阻滤波器

图 3.9.1　4 种理想滤波器的频谱

当相位谱为 0 时，高通滤波器的冲激响应

$$h_{\mathrm{BPF}}(t)=\frac{\omega_{c1}}{\pi}\mathrm{Sa}(\omega_{c1}t)+\delta(t)-\frac{\omega_{c2}}{\pi}\mathrm{Sa}(\omega_{c2}t)\tag{3.9.8}$$

3.9.2　模拟滤波器的技术指标

理想滤波器是不可实现的，它只有在理论分析中才有用。所幸的是，实际中并不严格要求系统函数的幅度在干扰信号频带绝对为零，只要非常小就行，在有用信号频带也不必一定为恒定值，可以在很小的范围内变化，只要其幅度相对较大就行；幅频特性曲线也不必在某一频率处特别陡峭。

1. 通带截止频率、阻带截止频率

图 3.9.2 为一实际低通滤波器的幅频响应曲线，其幅频最大值幅归一化为 1，因低通滤波器角频率为 0 时幅频值最大，即有

$$|H(0)| = 1 \tag{3.9.9}$$

图中 δ_p 称为通带容限，ω_p 称为通带截止频率，频段$[0,\omega_p]$称为带宽，在通带范围内满足

$$1-\delta_p < |H(\omega)| \leqslant 1 \tag{3.9.10}$$

δ_s 称为阻带容限，ω_s 称为阻带截止频率，频段$[\omega_s,\infty]$称为阻宽，在阻带范围内满足

$$|H(\omega)| < \delta_s \tag{3.9.11}$$

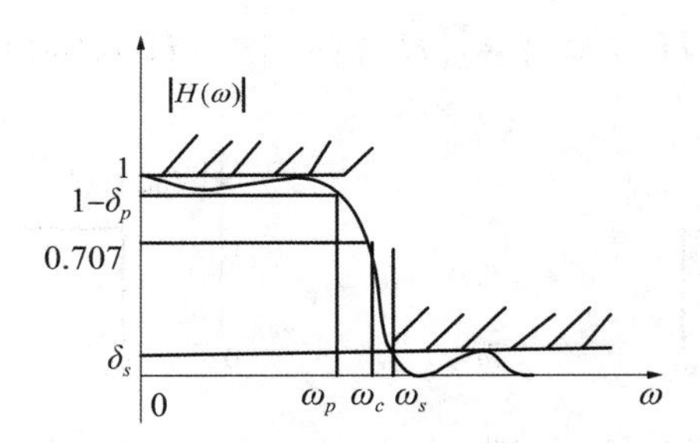

图 3.9.2　实际低通滤波器的频谱

为了压缩幅频特性曲线的刻度范围，直观地看出通带和阻带曲线，在工程上习惯用幅频函数平方的衰减 dB(分贝) 值来描述滤波器的设计指标：

$$|H(\omega)|_{\text{dB}} = 20(\lg|H(\omega)|) \tag{3.9.12}$$

$|H(\omega)|$最大值为 1，即有

$$|H(\omega)|_{\text{dB}} \leqslant 0 \tag{3.9.13}$$

通带内允许的最大衰减容限用 a_p 表示

$$a_p = 20\left(\lg\left|\frac{H(0)}{H(\omega_p)}\right|\right) = 20\left(\lg\left|\frac{1}{1-\delta_p}\right|\right) = -20\lg(1-\delta_p)(\text{dB}) \tag{3.9.14}$$

通阻内允许的最小衰减容限用 a_s 表示

$$a_s = 20\lg\left|\frac{H(0)}{H(\omega_s)}\right| = 20\lg\left|\frac{1}{\delta_s}\right| = -20\lg\delta_s(\text{dB}) \tag{3.9.15}$$

当$|H(\omega_p)|=\frac{\sqrt{2}}{2}$时，

$$a_p=10(\lg 2)=-3\text{dB} \tag{3.9.16}$$

此时的通带截止频率称为-3dB 带通截止频率，用ω_c表示。ω_p、ω_c、ω_s统称为边界频率，它们在滤波器设计中是很重要的。

2. 滤波器的阶数

滤波器频率函数$H(\omega)$表达式分母中ω的最高次数称为**滤波器的阶数**，如 4 阶滤波器巴特沃思低通滤波器的频率函数

$$|H_{\text{BTW}}(\omega)|=\frac{1}{\sqrt{1+\omega^8}}$$

6 阶滤波器巴特沃思低通滤波器的频率函数

$$|H_{\text{BTW}}(\omega)|=\frac{1}{\sqrt{1+\omega^{12}}}$$

图 3.9.3(a) 为 4 阶滤波器巴特沃思低通滤波器的频谱，图 3.9.3(b) 为 6 阶滤波器巴特沃思低通滤波器的频谱。

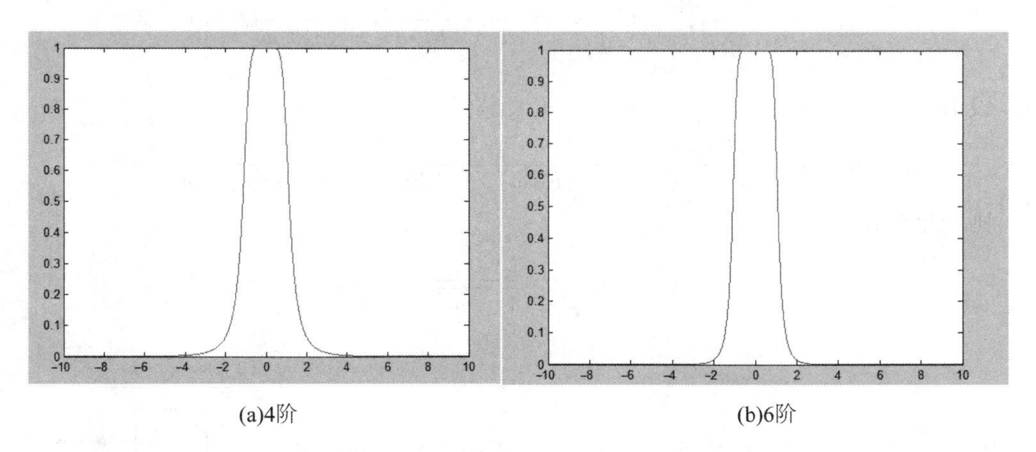

图 3.9.3　N阶滤波器巴特沃思低通滤波器频谱

比较这两个图形可看出：**滤波器阶数越高，其频谱越接近理想模型。**构造滤波器的积分、微分元件（电容、电感）的个数为滤波器的阶数，阶数越大，滤波器的构造越复杂。

3.9.3　有源和无源滤波器

按其构造可分为无源滤波器（passive filter）和有源滤波器（active filter），其中无源滤波器由R、L、C等组成，无须外加电源供电；有源滤波器由集成运放和R、C、L等组成，因运放工作时需提供外加电源，所以叫作有源滤波器。如图 3.9.4 所示的二阶滤波器中，(a) 为无源滤波器，(b) 为有源滤波器。

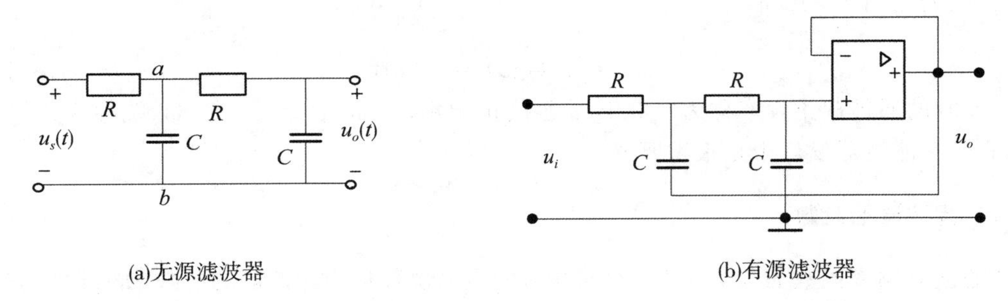

图 3.9.4 无源和有源滤波器

将图 3.9.4(a) 进行频域变换，如图 3.9.5(a) 所示，图中

$$U_{ab}(\omega)=\frac{\frac{1}{\mathrm{j}\omega C}//\left(R+\frac{1}{\mathrm{j}\omega C}\right)}{R+\frac{1}{\mathrm{j}\omega C}//\left(R+\frac{1}{\mathrm{j}\omega C}\right)}U_s(\omega)=\frac{1+RC\omega}{1-(RC\omega)^2+3\mathrm{j}RC\omega}U_s(\omega)$$

则有

$$U_0(\omega)=\frac{\frac{1}{\mathrm{j}\omega C}}{R+\frac{1}{\mathrm{j}\omega C}}U_{ab}(\omega)=\frac{1}{1-(RC\omega)^2+3\mathrm{j}RC\omega}U_s(\omega)$$

设 $RC=1$，则有

$$H(\omega)=\frac{U_0(\omega)}{U_s(\omega)}=\frac{1}{1-(RC\omega)^2+3\mathrm{j}RC\omega}=\frac{1}{1-\omega^2+3\mathrm{j}\omega}$$

则频谱满足

$$|H(\omega)|=\frac{1}{\sqrt{(1-\omega^2)^2+9\omega^2}}$$

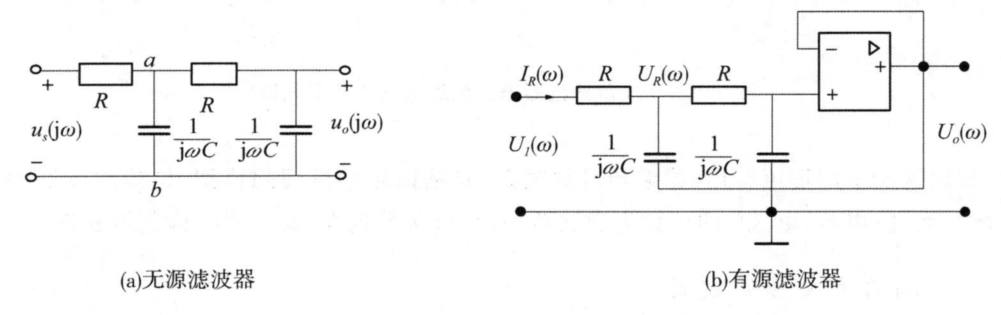

图 3.9.5 图 3.9.4 电路图的频域图

图 3.9.4(b) 中集成运放处于负反馈工作状态，则集成运放的两输入端“+”，“−”的电压和流过电流满足

$$u_+ = u_-, i_+ = i_- = 0$$

将图 3.9.4(b) 进行频域变换，如图 3.9.5(b) 所示，则有

$$U_+ = U_0(\omega)$$

第一个 R 右端处的电压 $U_R(\omega)$ 满足

$$U_R(\omega) = \frac{U_0(\omega)}{\frac{1}{C\omega \mathrm{j}}}\left(R + \frac{1}{C\omega \mathrm{j}}\right) = U_0(\omega)(RC\omega \mathrm{j} + 1)$$

流入第一个 R 的电流 $I_R(\omega)$ 为

$$I_R(\omega) = \frac{U_I(\omega) - U_R(\omega)}{R} = \frac{U_I(\omega) - U_0(\omega)(RC\omega \mathrm{j} + 1)}{R}$$

流出第一个 R 的电流为

$$\frac{U_R(\omega) - U_0(\omega)}{\frac{1}{C\omega \mathrm{j}}} + \frac{U_0(\omega)}{\frac{1}{C\omega \mathrm{j}}} = [U_0(\omega)(RC\omega \mathrm{j} + 1)]C\omega \mathrm{j}$$

则有

$$\frac{U_I(\omega) - U_0(\omega)(RC\omega \mathrm{j} + 1)}{R} = [U_0(\omega)(RC\omega \mathrm{j} + 1)]C\omega \mathrm{j}$$

有

$$H(\omega) = \frac{U_0(\omega)}{U_I(\omega)} = \frac{1}{(RC\omega \mathrm{j} + 1)^2}$$

因集成运放具有输入电阻大、输出电阻小的特点，相对于无源滤波器，**有源滤波器具有输入失真小，带负载能力强等特点。**

如图 3.9.4(a) 所示系统是不能看成两个 RC 低通滤波器串联的，这是因为对于第一个 RC 滤波器，当加入负载后(第二个 RC 电路)，其频率特性已发生了变化。而图 3.9.6 可看成两个 RC 低通滤波器串联，其系统频率函数满足

$$H(\omega) = \frac{1}{RC\omega \mathrm{j} + 1}\frac{1}{RC\omega \mathrm{j} + 1} = \frac{1}{(RC\omega \mathrm{j} + 1)^2}$$

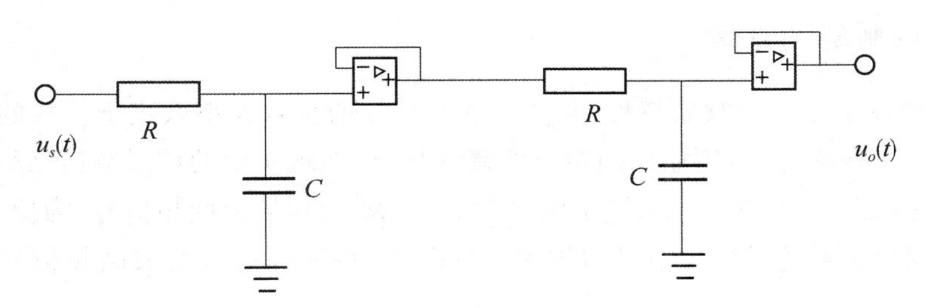

图 3.9.6　有源低通滤波器串联

3.10　频域分析的其他应用

3.10.1　无失真传输

信号无失真传输是指系统的输出信号与输入信号相比，只有幅度的大小和出现时间的先后不同，而没有波形上的变化。输入信号 $x(t)$ 经过无失真传输后，输出信号 $y(t)$ 满足

$$y(t)=Kx(t-t_0) \tag{3.10.1-1}$$

无失真传输系统的冲激响应

$$h(t)=K\delta(t-t_0) \tag{3.10.1-2}$$

即无失真传输系统为延时系统，其频率响应函数为

$$H(\omega)=K\mathrm{e}^{-\mathrm{j}\omega t_0} \tag{3.10.1-3}$$

其频谱图如图 3.10.1 所示。

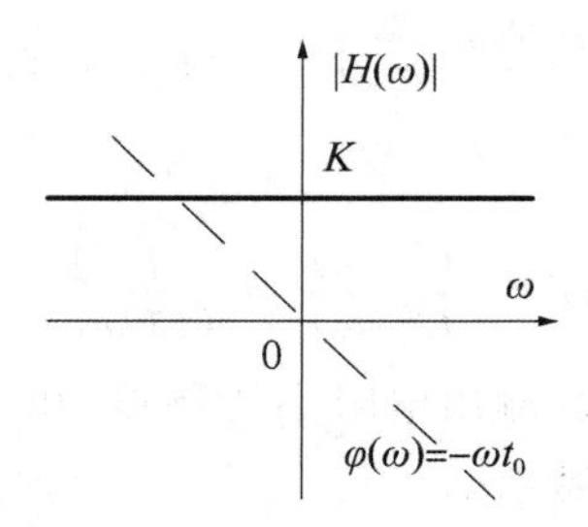

图 3.10.1　无失真系统频谱

在实际应用中，构造一个在整个频率范围内都不失真的系统非常困难，而是根据输入信号的特性，保证在特定的频率范围内，输出信号间的失真满足一定要求即可。如在滤波器的带宽定义中，信号的频率在这个范围内，信号基本是不失真的。

3.10.2　调制解调系统

3.7 节描述了系统的频域特性：某一系统对信号的衰减大小取决于信号的频率；如无线通信，信号的频率越大，传输相同距离的衰减越小。而现实中的信号频谱已固定（声音信号的频谱范围是 0.3 ～ 3.4kHz，图形信号为 0 ～ 6MHz），且为低频信号；为使其适合远距离或无线传输，在发送时需将信号的频谱进行搬移，将低频信号变成高频信号，该过程就叫**调制**。

调制基本模型如图 3.10.2(a) 所示。其中 $m(t)$ 为原始的低频信号，也叫作基带信号，其频谱如图 3.10.3(a) 所示，$\cos 2\pi f_0 t$ 为高频载波信号，$s_m(t)=m(t)\cos 2\pi f_0 t$ 为调制后的信号，也叫频带信号，其频谱如图 3.10.3(b) 所示。从图形上看，它是将 $M(f)$ 的中心频率由 0 搬到了 f_0 的位置。

在接收方，将调制信号还原成原始信号的过程称为解调。其基本物理模型如

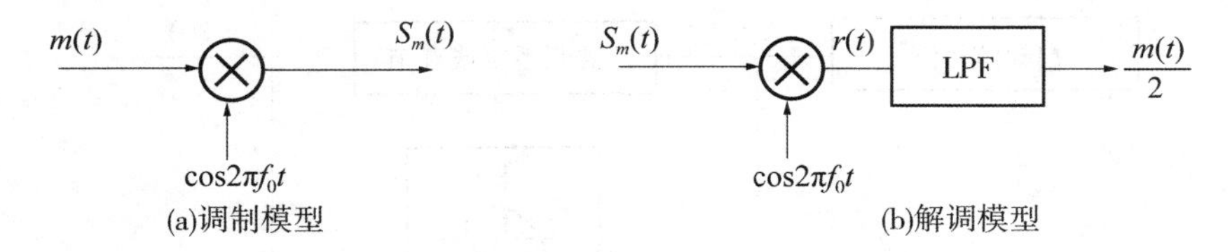

(a)调制模型 (b)解调模型

图 3.10.2 调制解调基本模型

图 3.10.2(b) 所示。有

$$r(t)=m(t)(\cos 2\pi f_0 t)^2=\frac{m(t)}{2}+\frac{m(t)\cos\cos 2\pi 2 f_0 t}{2}$$

其中$\frac{m(t)}{2}$为低频信号,而$\frac{m(t)\cos\cos 2\pi 2 f_0 t}{2}$为中心频率是$2f_0$的高频信号,这两个信号通过 LFP 后,只剩下$\frac{m(t)}{2}$。从而得到了原始的基带信号。

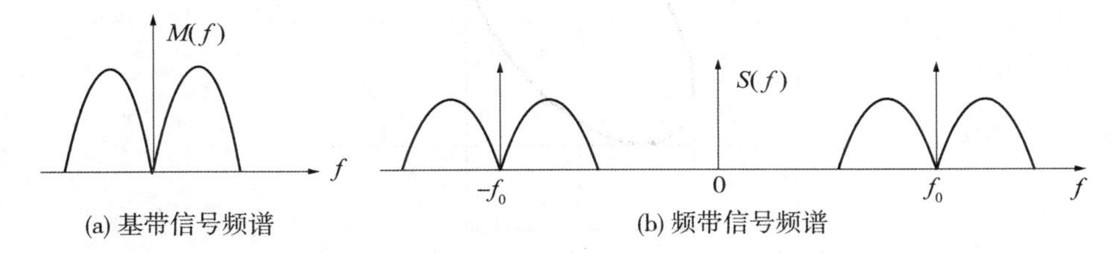

(a) 基带信号频谱 (b) 频带信号频谱

图 3.10.3 基带信号与频带信号的频谱

3.10.3 频率特性测试仪

频率特性测试仪俗称扫频仪,用于测量网络(电路)的频率特性,如测量滤波器、放大器、高频调谐器、双工器、天线等的频率特性。

其工作原理为:

根据连续 LTI 系统的频率特性,当输入信号为单频信号时,即

$$x(t)=A\sin(\omega_0 t)$$

则其输出 $y(t)$ 满足

$$y(t)=|H(\omega_0)|A\sin(\omega_0 t+\varphi(\omega_0))$$

这里$H(\omega_0)$、$\varphi(\omega_0)$为被测系统在角频谱为ω_0时的幅频特性和相频特性。通过更改输入信号的频率(扫频信号源完成),可得出系统在不同频率下的频谱。$H(\omega_0)$、$\varphi(\omega_0)$可通过李沙育图形法测得,频率特性测试仪的原理图如图 3.10.4 所示。

因$x(t)$和$y(t)$为同频信号,可构造李沙育图形,构造方法为:将输入信号值作为横轴值,输出信号值作为纵轴值,则得到的图形就是李沙育图形,如图 3.10.5 所示,其中X_m为输入信号的幅值,Y_m为输出信号的幅值,则有

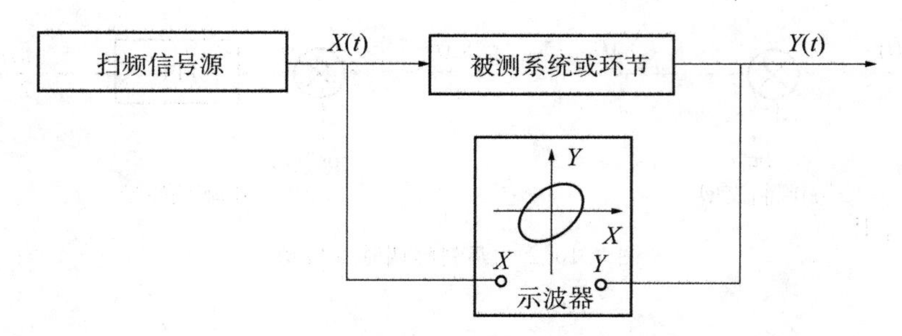

图 3.10.4　频率特性测试仪原理

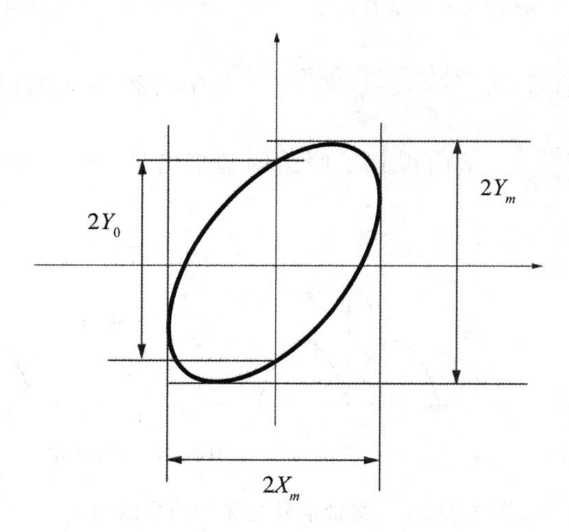

图 3.10.5　李沙育图形

$$A = X_m$$
$$|H(\omega_0)|A = Y_m$$

有

$$|H(\omega_0)| = \frac{Y_m}{X_m} \tag{3.10.2}$$

和纵轴相交的点$(0, Y_0)$满足

$$x(t) = A\sin(\omega_0 t) = 0$$

即

$$\omega_0 t = k\pi$$

则有

$$y(t) = H(\omega_0)A\sin(\omega_0 t + \varphi(\omega_0)) = \pm H(\omega_0)A\sin(\varphi(\omega_0)) = Y_0$$

即有

$$\sin(\varphi(\omega_0)) = \pm\frac{Y_0}{Y_m}$$

则

$$\varphi(\omega_0) = \pm \arcsin\left(\frac{Y_0}{Y_m}\right)$$

因系统不可能为超前系统，$\varphi(\omega_0)$（取值范围为$[-\pi,\pi]$）只能小于零，即有

$$\varphi(\omega_0) = -\arcsin\left(\frac{Y_0}{Y_m}\right) \tag{3.10.3}$$

这样就测出系统在 ω_0 处的幅度值和相位值，扫描信号源改变频率（幅度不变），就可得到系统在某一频段内的幅频特性。

3.11　基于 Python 的连续信号、系统频谱分析

傅里叶级数和傅里叶变换都涉及定积分，定积分计算机实现方法如下：信号 $x(t)$，计算$\int_0^T x(t)\mathrm{d}t$，就是求 $x(t)$ 的图形在$[0,T]$时间范围内与横轴 t 所围面积，$x(t)$ 用宽度为 Δ、高度为 $x(n\Delta)$ 的多个矩形脉冲近似表示，如图 3.11.1 所示。取适当的 Δ，使 $N=T/\Delta$ 为整数，则有：

$$\int_0^T x(t)\mathrm{d}t \overset{N=T/\Delta}{\approx} \sum_{n=0}^{N-1} x(n\Delta)\Delta \tag{3.11.1}$$

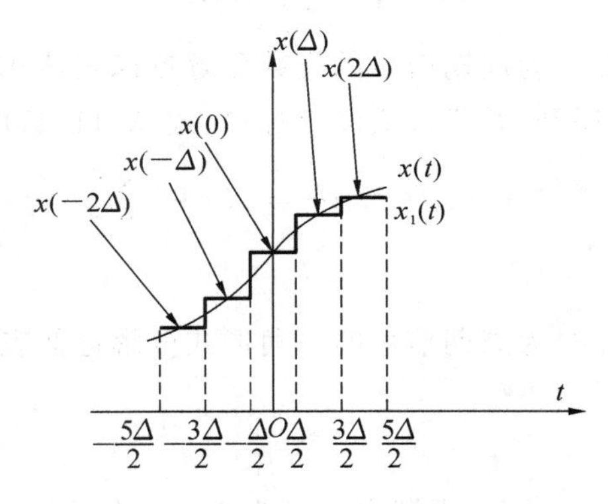

图 3.11.1　积分的近似求解

3.11.1　周期信号频谱 Python 仿真

1. 周期信号的分解

周期为 T 的信号 $x(t)$，其傅里叶指数分解为式(3.3.8)，即

$$X_k = \frac{1}{T}\int_0^T x(t)\mathrm{e}^{-\mathrm{j}k\omega_0 t}\mathrm{d}t, \omega_0 = 2\pi/T, k = 0, \pm 1, \cdots$$

将 $x(t)$在一个周期内的连续值离散为等间距的 N(N 为偶数)个点，间距 Δ 满足

$$\Delta = T/N$$

代入式(3.11.1)，有

$$X_k \approx \frac{1}{T}\sum_{n=0}^{N-1} x(n\Delta)\mathrm{e}^{-\mathrm{j}k\omega_0 n\Delta}\Delta = \frac{1}{N}\sum_{n=0}^{N-1} x(n)\mathrm{e}^{-\mathrm{j}k\frac{2\pi}{N}n}, k = 0, \pm 1, \cdots, \pm 0.5N \tag{3.11.2}$$

上述表达式中，一个周期内 $x(t)$ 的离散值有 N 个，所以求和范围为 $[0, N-1]$；且 $X_a = X_{N+a}$，所以 k 的取值范围为 $k=0, \pm 1, \cdots, \pm 0.5N$。$X_k$ 为复数，可以由其幅度 $|X_k|$ 和相位 φ_k 表示

$$X_k = |X_k|\mathrm{e}^{\mathrm{j}\varphi_k} \tag{3.11.3}$$

则有：

$$X_0 = \frac{1}{N}\sum_{n=0}^{N-1} x(n)，为实数$$

$$|X_k| = |X_{-k}|, \varphi_k = -\varphi_{-k}, k = \pm 1, \cdots, \pm 0.5N \tag{3.11.4}$$

将式(3.3.7)

$$x(t) = \sum_{k=-\infty}^{\infty} X_k \mathrm{e}^{\mathrm{j}k\omega_0 t}$$

代入式(3.11.2)，有

$$x(t) \approx \sum_{k=-0.5N}^{0.5N} X_k \mathrm{e}^{\mathrm{j}k\frac{2\pi}{T}t} \tag{3.11.5}$$

式(3.11.2)、式(3.11.5)为周期信号的指数分解近似表达式。

将式(3.11.2)进一步展开，并代入式(3.11.3)、式(3.11.4)可得

$$x(t) \approx X_0 + X_{-1}\mathrm{e}^{-\mathrm{j}\frac{2\pi}{T}t} + X_1\mathrm{e}^{\mathrm{j}\frac{2\pi}{T}t} + \cdots = X_0 + 2\sum_{k=1}^{0.5N}|X_k|\cos\left(k\frac{2\pi}{T}t + \varphi_k\right) \tag{3.11.6}$$

式(3.11.2)、式(3.11.6)为周期信号的三角形式分解近似表达式。

2. Python 算法实现

周期为 T 的信号 $x(t)$，在一个周期内取样为 N(N 为偶数)个点，对应的离散序列为 $x(n)$，其分解的指数系数 X_k(这里 k 为非负整数)的计算过程如下：

```
import numpy as np
# FS 变换：输入变量 xn 为信号一个周期离散后的序列，返回值 Xk 为 FS 变换
def FS(xn):
    Xk=[]
    N=np.size(xn)
    M=int(np.size(xn)/2)
    for k in np.arange(0,M):
        temp=0
        for n in np.arange(0,N):
```

```
            temp=temp+xn[n]* np.exp(-1j* k* 2* np.pi* n/N)/N
        Xk.append(temp)
    Xk=np.array(Xk)
    return Xk
```

将上述文件保存为文件名 FS_FUN. py(不改变存储路径)。在其他文件中输入 import FS_FUN,就可以调用以上函数了。

【例 3.11.1】 周期为 1s 的方波信号(电平为±1,占空比为 50%),一个周期内取样点为 20 个;利用 Python 计算其傅里叶级数及其幅度和相位,根据仿真值重新合成信号。并将所得幅度和相位与式(3.3.10)的幅度和相位进行比较。

解:运行代码为

```
import numpy as np
import FS_FUN
import matplotlib.pyplot as plt
T=1
N=20
xn=[]
for n in np.arange(0,int(N/2)):
    xn.append(1)
for n in np.arange(int(N/2),N):
    xn.append(-1)
Xk=FS_FUN.FS(xn)# 求傅里叶系数
M=np.size(Xk)
Xk_abs=2 * np.abs(Xk)# 求傅里叶系数模
Xk_phase=np.angle(Xk)# 求傅里叶系数相位

for i in np.arange(0,M ):
    print("abs is % f,phase is % f of frequnce % s * 2pi/T " % (Xk_abs[i],Xk_phase[i],i))

x=[]
t=np.arange(0, 5 * T,0.001)
for t1 in t:# 根据傅里叶系数合成原始信号
    temp=0
    for k in np.arange(0, M):
        temp=temp+Xk_abs[k] * np.cos(k * 2 * np.pi/T * t1+Xk_phase[k])
```

```
    x.append(temp)
x=np.array(x)
plt.plot(t, x)
```

运行结果为

```
abs is 0.000000,phase is 0.000000 of frequnce 0 * 2pi/T
abs is 1.278491,phase is-81.000000 of frequnce 1 * 2pi/T
abs is 0.000000,phase is-60.255119 of frequnce 2 * 2pi/T
abs is 0.440538,phase is-63.000000 of frequnce 3 * 2pi/T
abs is 0.000000,phase is-92.862405 of frequnce 4 * 2pi/T
abs is 0.282843,phase is-45.000000 of frequnce 5 * 2pi/T
abs is 0.000000,phase is-5.000645 of frequnce 6 * 2pi/T
abs is 0.224465,phase is-27.000000 of frequnce 7 * 2pi/T
abs is 0.000000,phase is 88.237609 of frequnce 8 * 2pi/T
abs is 0.202493,phase is-9.000000 of frequnce 9 * 2pi/T
```

Python 仿真计算结果：

直流分量为 0;

一次谐波分量为 $1.278\cos(\omega_0 t-81°)$；

二次谐波分量为 0;

三次谐波分量为 $0.44\cos(3\omega_0 t-63°)$；

......

式(3.3.10)的理论结果为：

直流分量为 0;

一次谐波分量为 $1.274\cos(\omega_0 t-90°)$；

二次谐波分量为 0;

三次谐波分量为 $0.425\cos(3\omega_0 t-90°)$；

......

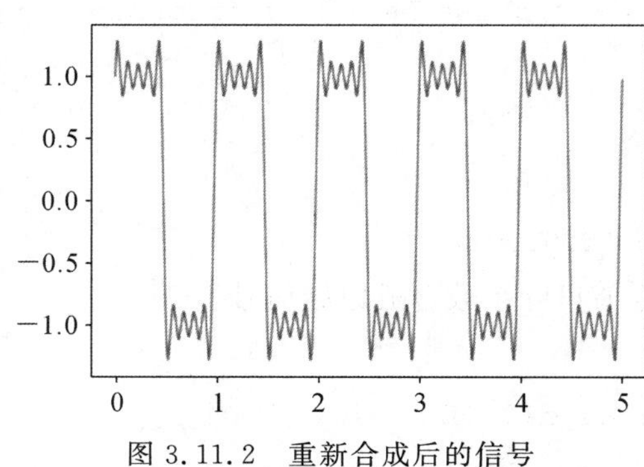

图 3.11.2　重新合成后的信号

3.11.2 非周期信号频谱 Python 仿真

根据式(3.4.1),非周期信号 $x(t)$可看作周期 $T\to\infty$时的周期信号。

$$X(\omega)=\lim_{T\to\infty}\frac{X_k}{1/T}=\lim_{T\to\infty}X_kT \tag{3.11.7}$$

在 Python 仿真时,$T\to\infty$是无法实现的,只能取有限值。T 越大,越接近理论值,但计算量越大。

取有限 T,并将信号离散化为长度为 N 的序列 $x(n)$,代入式(3.11.2),可近似得到非周期信号的频谱:

$$X(\omega)\Big|_{\omega=k\frac{2\pi}{T}}\approx X_kT=\frac{T}{N}\sum_{n=0}^{N-1}x(n)\mathrm{e}^{-\mathrm{j}k\frac{2\pi}{N}n} \tag{3.11.8}$$

非周期信号的频谱(傅里叶变换)可由如下函数实现:

FT 变换 ,T 为输入信号的长度(单位秒),xn 为信号在时间 T 内的取样值(其长度 N 为 T/t0,t0 为取样时间间隔),返回值中 w 为一维频率矩阵(W= 2 * k * pi/T,k= 0,±1,…,±0.5N),Xw * T 为频率 w 对应的傅里叶变换值。

```
import numpy as np
def FT(xn,T):
    Xw=[]
    N=np.size(xn)
    M=int(N/2)
    K=np.arange(0,M)
    w=2*K*np.pi/T
    for ki in K:
        temp=0
        for n in np.arange(0, N):
            temp=temp+xn[n]*np.exp(-1j*ki*2*np.pi*n/N)/N
        Xw.append(temp)
    Xw=np.array(Xw)
    return (w,Xw*T)
```

将上述文件保存为文件名 FT_FUN.py(不改变存储路径)。在其他文件中输入 import FT_FUN,就可以调用以上函数了。

1. 有限长信号频谱仿真

对于有限长信号,可扩大其信号长度(将信号周边为 0 的值也纳入进去),通过上述定义的函数获得其近似频谱。

【例 3.11.2】 宽度为 2 的门函数 $g_2(t)$,如图 3.11.3 所示,根据式(3.4.18)画出其

幅度谱。将信号长度扩大到 20(－10,10),用 Python 画出其近似谱,并与理论图形进行比较。

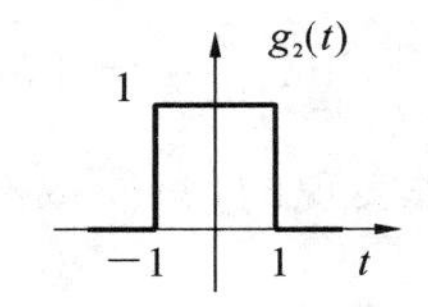

图 3.11.3　【例 3.11.2】图

解:取 T＝20(－10,10),采样时间间隔为 0.2s。

Python 实现代码为:

```
import numpy as np
import FT_FUN
import matplotlib.pyplot as plt
T=20
dT=0.2
xn=[]
# 构造 x(t)的离散值 xn
for n in np.arange(-T/2,-1,dT):
    xn.append(0)
for n in np.arange(-1,1,dT):
    xn.append(1)
for n in np.arange(1,T/2,dT):
    xn.append(0)
xn=np.array(xn)

W_Xw=FT_FUN.FT(xn, T)# 获得近似谱
abs_Xw=[]
for w in W_Xw[0]:# 构建门函数的理论频谱
    abs_Xw.append(np.abs(2 * np.sin(w)/w))
abs_Xw=np.array(abs_Xw)

p lt.plot(W_Xw[0], abs_Xw)# 理论频谱
plt.plot(W_Xw[0], np.abs(W_Xw[1]),'--')# 近似频谱
```

从仿真结果可以看到,计算机仿真的频谱(虚线图)与理论频谱(实线图)基本一致。

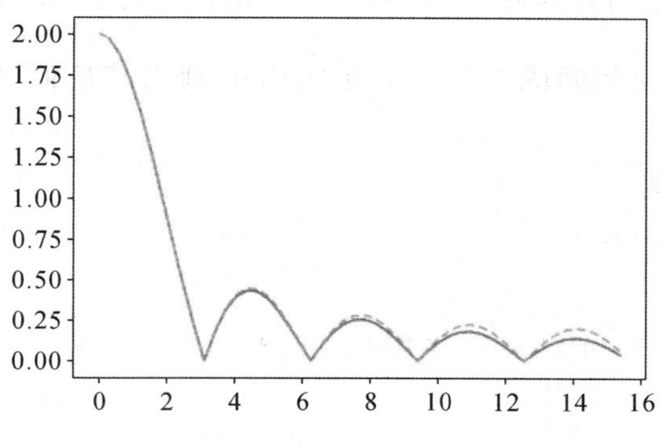

图 3.11.4 【例 3.11.2】仿真结果

图 3.11.5 列出在不同时间 T 下，理论频谱与仿真频谱的差异，可以看到 T 越大，差异越小。

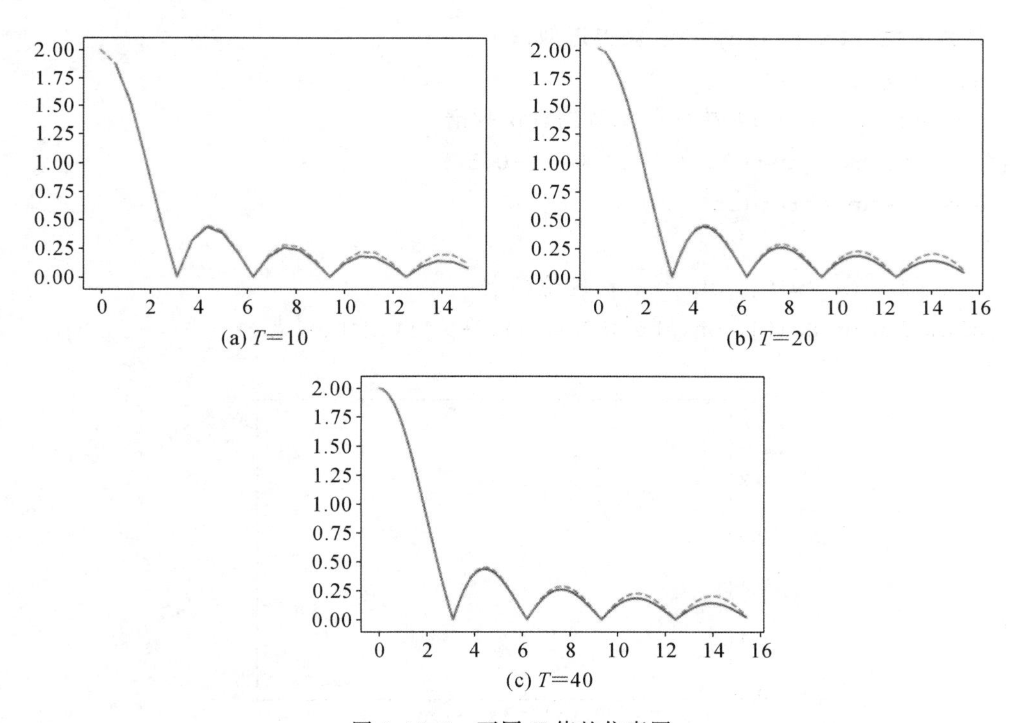

图 3.11.5 不同 T 值的仿真图

2. 无限长信号

截取无限长信号一段时间内的值(可采用矩形窗、三角窗、hanning 窗等)，再通过上述实现的傅里叶变换算法获得其近似频谱。

【例 3.11.3】 单边指数函数 $x(t)=\mathrm{e}^{-t}\varepsilon(t)$，其频谱满足 $|X(\omega)|=\frac{1}{\sqrt{1^2+\omega^2}}$。信号截取长度为 10s，离散时间间隔为 0.1s，用 Python 画出其近似谱，并与理论图形进行比较。

Python 实现代码为：

```
import numpy as np
import FT_FUN
import matplotlib.pyplot as plt
T=10
dT=0.1
n=np.arange(0,T,dT )
# 构造 x(t)的离散值 xn
xn=np.exp(-n)

W_Xw=FT_FUN.FT(xn, T)# 获得近似谱
abs_Xw=[]
for w in W_Xw[0]:# 构建门函数的理论频谱
    abs_Xw.append((1+w * w) * * (-0.5))
abs_Xw=np.array(abs_Xw)

p lt.plot(W_Xw[0], abs_Xw)# 理论频谱
plt.plot(W_Xw[0], np.abs(W_Xw[1]),'--')# 近似频谱
```

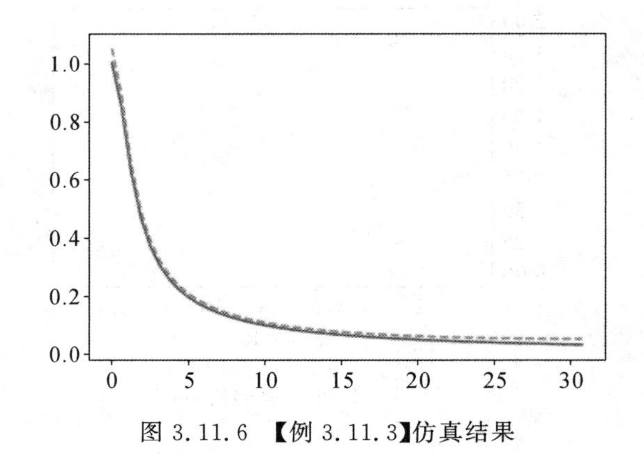

图 3.11.6 【例 3.11.3】仿真结果

从仿真结果可以看到，计算机仿真的频谱(虚线图)与理论频谱(实线图)基本一致。

图 3.11.7 列出在不同时间 T 下，理论频谱与仿真频谱的差异，可以看到 T 增大，信号值已趋于零，差异改善不明显。

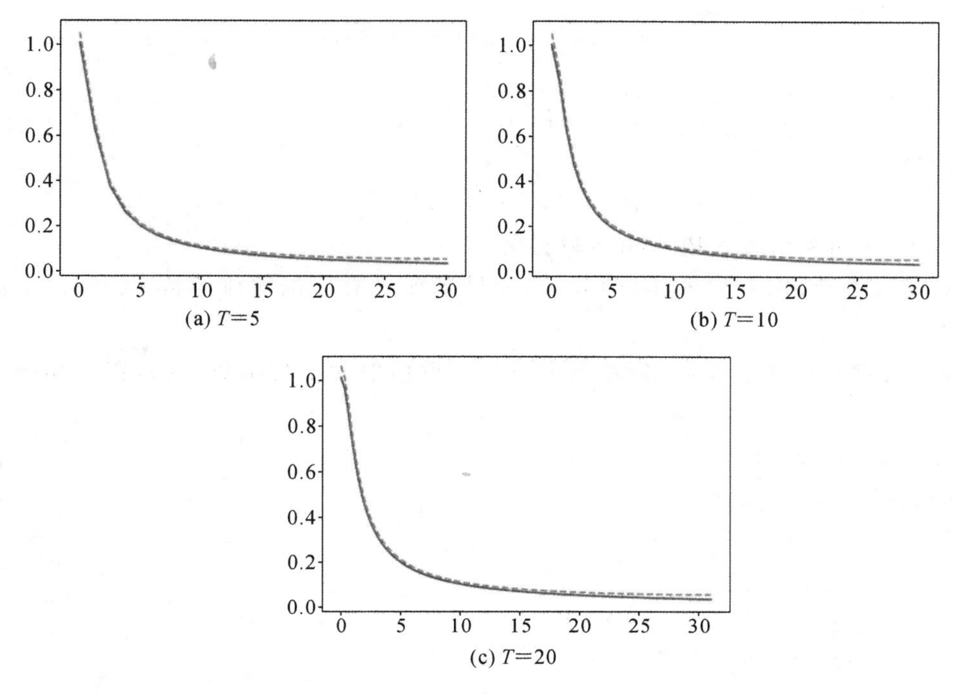

(a) $T=5$　(b) $T=10$　(c) $T=20$

图 3.11.7　不同 T 值的仿真图

3.11.3　连续系统的频谱求解

说明：该节涉及下一章中的系统函数 $H(s)$ 及其对应知识，但为了知识点的完整性，把它与信号的频谱仿真放在一起。读者可完成第 4 章学习后，再学习本小节内容。

如知道系统的冲激响应 $h(t)$，则可通过以上实现的 FT_FUN.py 函数，得到 $h(t)$ 的傅里叶变换 $H(\omega)$。

如知道系统函数 $H(s)$，且系统稳定，则可根据定义求得 $H(\omega)$：

$$H(\omega) = H(s)\mid_{s=\mathrm{j}\omega}$$

如系统函数为

$$H(s) = \frac{b_m s^m + b_{m-1} s^{m-1} + \cdots + b_1 s + b_0}{s^k + a_{k-1} s^{k-1} + \cdots + a_1 s + a_0}$$

则有

$$H(\omega) = \frac{b_m\,(\mathrm{j}\omega)^m + b_{m-1}\,(\mathrm{j}\omega)^{(m-1)} + \cdots + b_1(\mathrm{j}\omega) + b_0}{(\mathrm{j}\omega)^k + a_{k-1}\,(\mathrm{j}\omega)^{(k-1)} + \cdots + a_1(\mathrm{j}\omega) + a_0}$$

定义矩阵

$$B = [b_m, b_{m-1}, b_{m-2}, \cdots, b_0], A = [a_k, a_{k-1}, a_{k-2}, \cdots, a_0]$$

为分母、分子多项式一维矩阵。如

$$H(s) = \frac{s^2 + 1}{(s^2 + 5s + 6)}$$

则有

$$B = [1,0,1],A = [1,5,6]$$

如

$$H(s) = s^2 - 1$$

则有

$$B = [1,0,-1],A = [1]$$

其 $H(\omega)$ 可采用如下 Python 函数实现。

输入参数：B,A 为 H(s)的分子、分母多项式对应的一维矩阵(array,不能是 list),

w 为给定的角频率,取值范围为 0~∞,返回值为系统函数 H(ω)在 w 角频率处的值。

```
import numpy as np
def H_W_D(B,A,w):
        B_len=B.size
        A_len=A.size
        HB=0
        HA=0
        for b in np.arange(0,B_len):
              HB=HB+B[b] * (1j * w)^(B_len-1-b)) # B[b],取矩阵 B 中的第 b 个元素,b 的取值范围为 0,B_len-1
        for a in np.arange(0,A_len):
            HA=HA+A[a] * np.(1j * w)^(A_len-1-a))
        return HB/HA
```

将上述函数保存为文件 H_W_T.py,在其他程序中加入 import H_W_T 语句,就可以调用该函数(需在同一个目录中)。

【例 3.11.4】 画出系统函数 $H(s)=\dfrac{s^2}{(s^2+5s+6)}$ 的幅度谱和相位谱。

解:$s^2+5s+6=0$ 的根分别为 -2、-3,都小于 0,系统 $H(\omega)$ 存在。

```
import H_W_T
import numpy as np
import math
import cmath
import matplotlib.pyplot as plt
B=np.array([1,0,0])
A=np.array([1,5,6])
w=np.arange(0,8 * math.pi,0.1 * math.pi )
ABS_H_w=[]
```

```
Phase_H_w=[]
for a in w:
    temp=H_W_T.H_W_T(B, A, a)
    ABS_H_w.append(abs(temp))
    Phase_H_w.append(cmath.phase(temp))

plt.figure(1)
plt.xlabel("w(pi)")
plt.ylabel("|H(w)|")
plt.plot(w/math.pi,ABS_H_w)
plt.figure(2)
plt.xlabel("w(pi)")
plt.ylabel("Theta(W)")
plt.plot(w/math.pi,Phase_H_w)
```

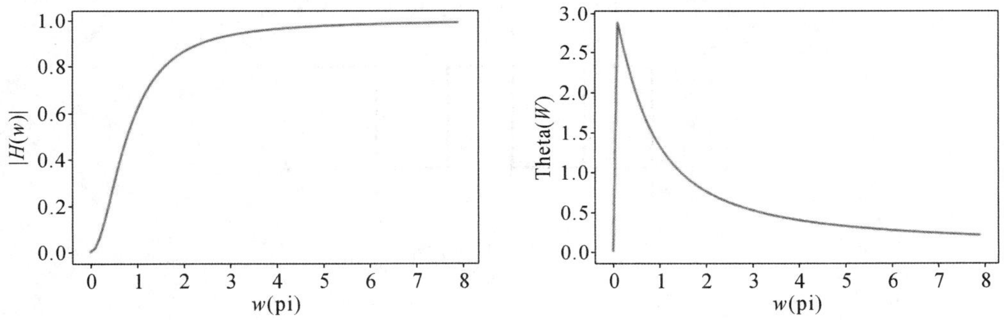

(a)【例3.11.4】幅度谱

(b)【例3.11.4】相位谱

图 3.11.8

从以上幅度谱可以看出,该系统为高通系统。

习 题 三

3-1 在一个图中画出信号 $x_1(t) = t^2$, $x_2(t) = t^3$ 的图像,比较这两个信号的变化快慢,并指出哪个信号的频率更高。

3-2 $x(t) = \cos 2\pi f_0 t$ 为电容两端的电压,求当 f_0 的值分别为 0,100 时,流过电容两端的电流。并指出电流幅值与电压频率之间的关系。

3-3 如图 3-1 所示,沃尔什(Walsh)无穷函数集在区间(0,1)内是完备的正交函数集,广泛应用于通信、信号加密等系统中。Walsh 函数用 Wal(n,t) 表示,其中 n 为函数编号,题 3-3 图给出了其前 8 个波形,证明这 8 个函数正交(证明方法:将区间(0,1)等分成 8

等份，将每个函数的这 8 个区间的值用矩阵描述出来，再进行分析，如 $\mathrm{Wal}(4,t) = [1\ \ -1\ \ -1\ \ 1\ \ 1\ \ -1\ \ -1\ \ 1]$）。

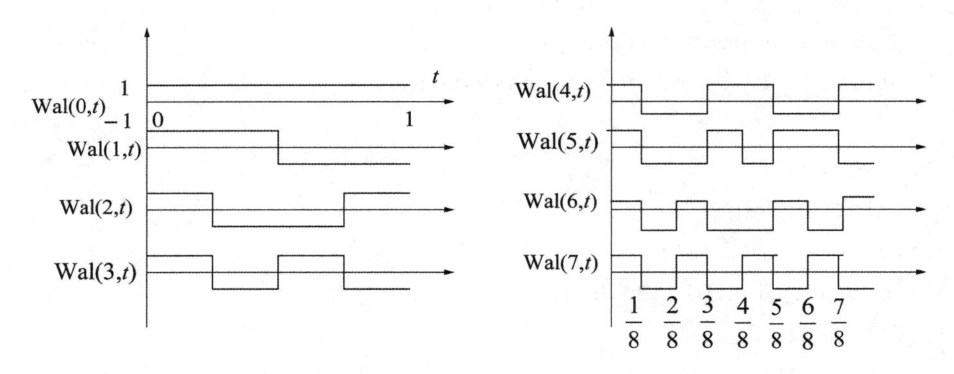

图 3-1　题 3-3 图

3-4　周期信号如图 3-2 所示。

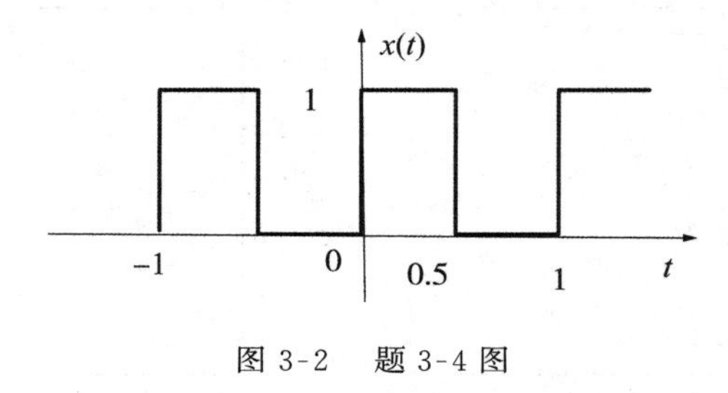

图 3-2　题 3-4 图

（1）根据定义，计算该信号的傅里叶级数的三角形式；

（2）根据方波信号与此信号的关系，用式(3.3.10) 验证该计算结果是否正确；

（3）用时域方法计算该信号的功率；

（4）用功率的频域表示式计算 $1+\frac{1}{3^2}+\frac{1}{5^2}+\frac{1}{7^2}+\cdots$

3-5　求图 3-3 所示锯齿波信号的傅里叶级数的三角形式，并画出幅度谱和相位谱（$T = 1\mathrm{ms}$）。

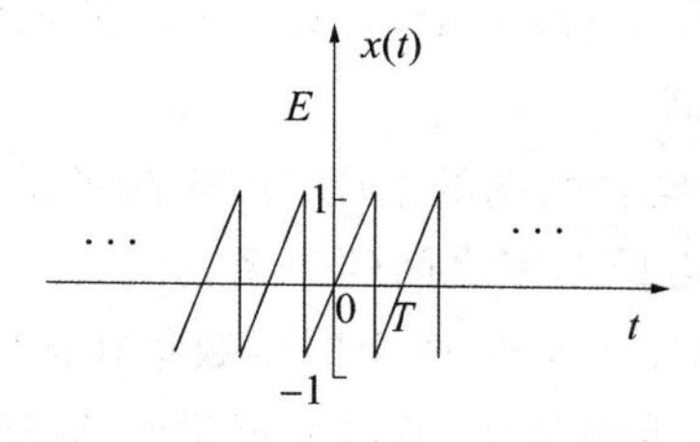

图 3-3　题 3-5 图

3-6 根据傅里叶级数的三角形式,证明周期奇函数分解量 $a_n = 0$,周期偶函数分解量 $b_n = 0$。

3.7 信号 $x(t) = 1 + 0.5\cos\left(\frac{\pi}{3}t\right) + 0.8\sin\left(\frac{\pi}{4}t + \frac{\pi}{3}\right)$,求该信号的周期,傅里叶级数的指数形式,画出其幅度谱和相位谱。

3-8 两信号幅度谱和相位谱如图 3-4 所示,求信号的时域表示 $x(t)$。

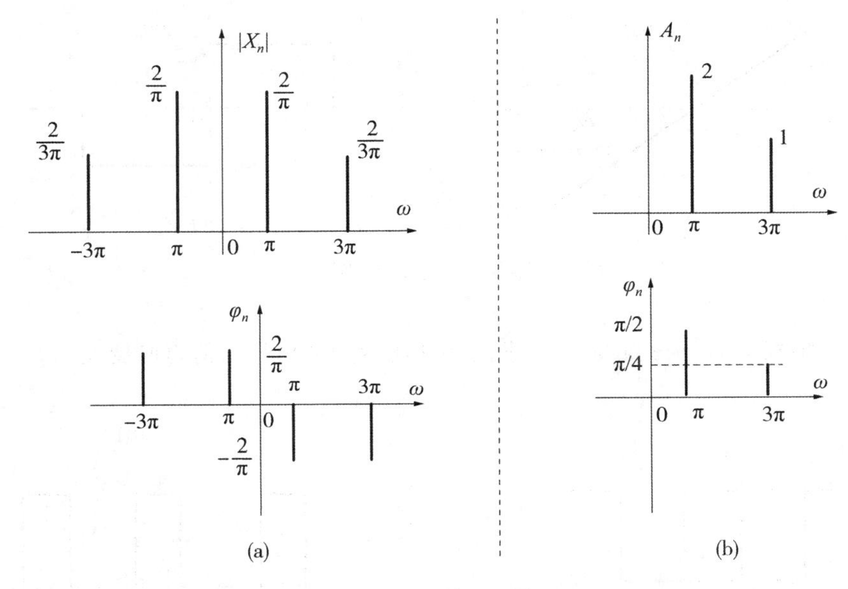

图 3-4 题 3-8 图

3-9 证明实周期函数傅里叶级数的指数形式满足:$|X_n| = |X_{-n}|$,$\varphi_n = -\varphi_{-n}$,即实周期函数的幅度谱关于 y 轴对称,相位谱关于原点对称。

3-10 根据傅里叶变换的定义求下列信号的傅里叶变换,并画出其幅度谱和相位谱。

(1) $x(t) = \varepsilon(t) - \varepsilon(t-2)$ (2) $x(t) = t[\varepsilon(t) - \varepsilon(t-2)]$

(3) $x(t) = \cos(\pi t)[\varepsilon(t+1) - \varepsilon(t-1)]$

3-11 根据傅里叶变换的定义求下列信号的傅里叶变换。

(1) $x(t) = e^t[\varepsilon(t) - \varepsilon(t-T)]$ (2) $x(t) = e^t\varepsilon(t)$

3-12 根据 $\delta(t) \longleftrightarrow 1$,说明现实中无法实现 $\delta(t)$ 信号。

3-13 根据傅里叶变换的特性,证明任何实信号都可分解为奇函数和偶函数之和。

3-14 利用傅里叶变换的性质计算下列函数的傅里叶变换。

(1) $x(t) = \frac{a}{a^2 + t^2}$ (2) $x(t) = \sin(\pi t)g_2(t)$ (3) $x(t) = \sin(\pi t)g_2(t-1)$

(4) $x(t) = e^t[\varepsilon(t) - \varepsilon(t-2)]$ (5) $x(t) = \delta(t-2)$

3-15 求图 3-5 所示 $X(\omega)$ 的傅里叶逆变换 $x(t)$。

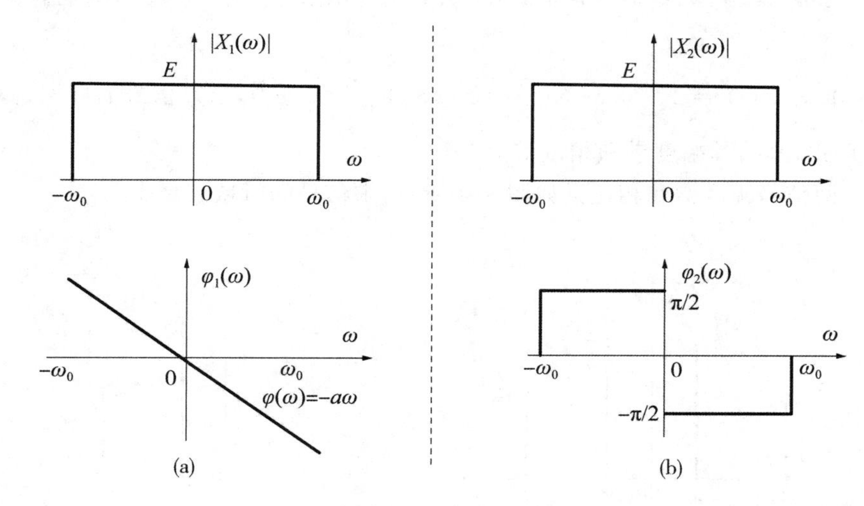

图 3-5　题 3-15 图

3-16　根据 $g_\tau(t)\leftrightarrow\tau\mathrm{Sa}(\omega\tau/2)$，求图 3-6 所示周期信号的傅里叶变换。

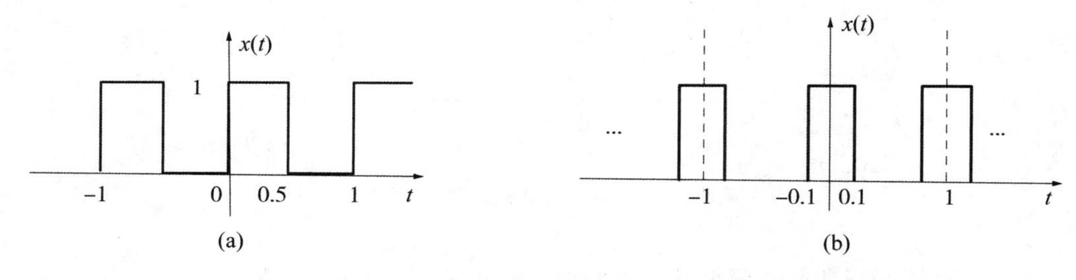

图 3-6　题 3-16 图

3-17　图 3-7 为信号 $x(t)$ 的频谱 $X(\omega)$，信号带宽为 $f_B\left(f_B=\dfrac{\omega_B}{2\pi}\right)$，求信号 $x_{T_s}(t)=x(t)\delta_T(t)$ 的频谱(用 $X(\omega)$ 表示)，并画出其图像$\left(\text{分为 } f_s=\dfrac{1}{T_s}<2f_B \text{ 和 } f_s>2f_B \text{ 两种情况}\right)$。

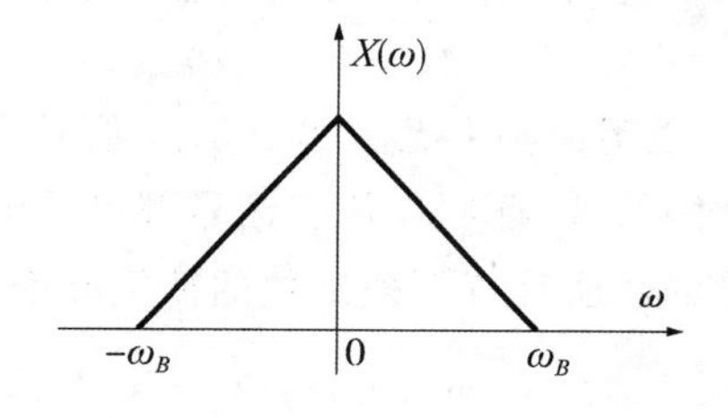

图 3-7　题 3-17 图

3-18　图 3-8 为信号 $x(t)$ 的频谱 $X(\omega)$，求信号 $x_1(t)=x(t)\sin(\omega_0 t)$ 的频谱（用 $X(\omega)$ 表示），并画出其幅度谱和相位谱。

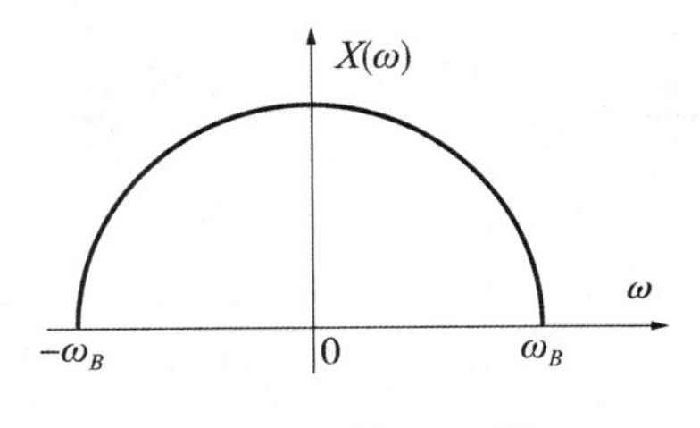

图 3-8　题 3-18 图

3-19　一连续 LTI 系统，当激励为 $x(t)=e^{-t}\varepsilon(t)$，零状态响应 $y_{zs}(t)=e^{-t}\varepsilon(t)-e^{-2t}\varepsilon(t)$，求系统的频率响应函数 $H(\omega)$ 和冲激响应函数 $h(t)$。

3-20　连续 LTI 系统的微分方程为 $y''(t)+3y'(t)+2y(t)=x'(t)+x(t)$，求系统的频率响应函数 $H(\omega)$。

3-21　图 3-9 为一理想低通滤波器的频谱图，截止频率为 $f_B\left(f_B=\frac{\omega_B}{2\pi}\right)$，求该系统的冲激响应 $h_1(t)$，并说明它是否为因果系统，现实中能否实现该系统。

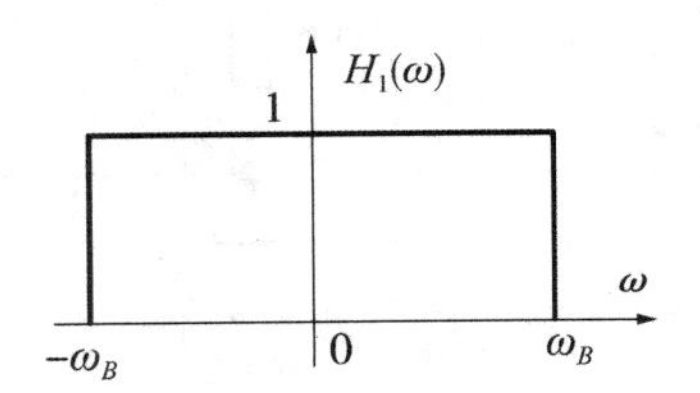

图 3-9　题 3-21 图，题 3-22 图

3-22　图 3-10 为一信号处理系统模型，LPF 为低通滤波器，其频谱图如图 3-9 所示，$T=\frac{2\pi}{\omega_B}$，计算系统的频率特性 $H(\omega)$，画出系统的幅度谱图像，并与无延时部分的系统比较，说明延时系统不会改变系统的带宽。

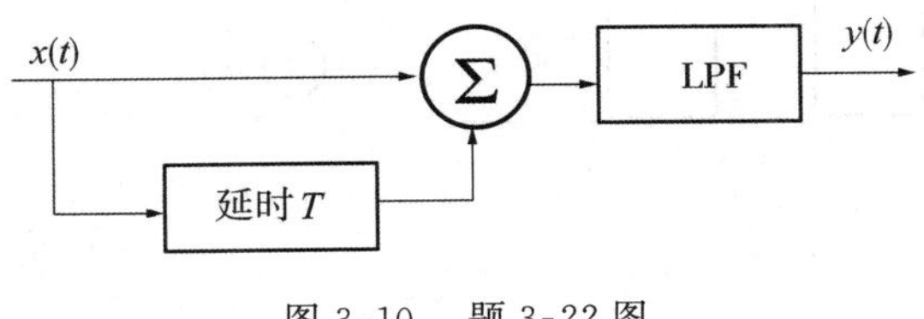

图 3-10　题 3-22 图

3-23　图 3-11 为两种 π 型滤波器，激励为 $u_s(t)$，其内阻为 R，响应为 $u_o(t)$，分别求其频率响应函数 $H(\omega)$，画出幅度谱。

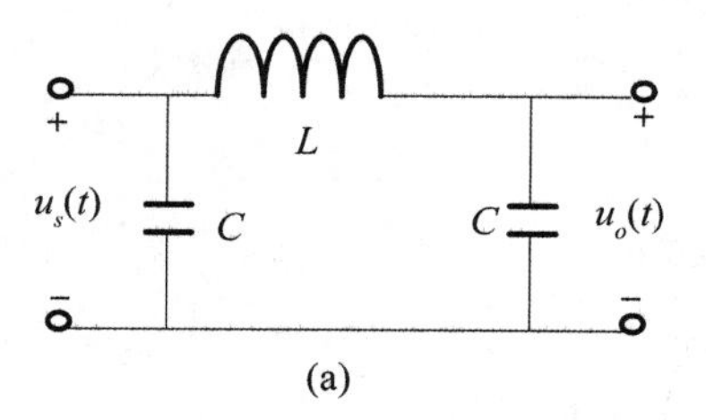

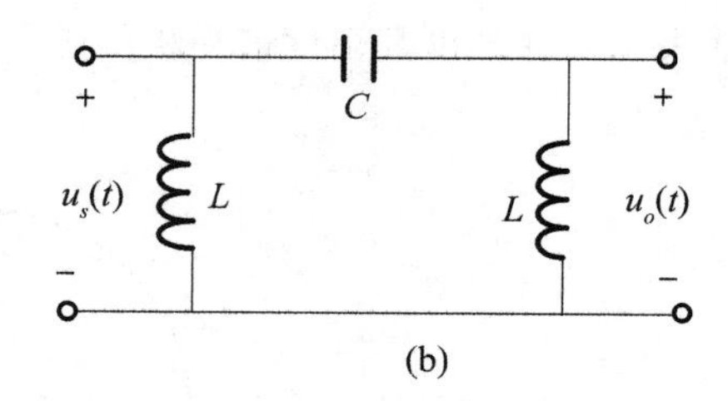

图 3-11　题 3-23 图

3-24　系统的频域响应函数为 $H(\omega)=\dfrac{1}{\mathrm{j}\omega+1}$，根据 $y_{zs}(t)=x(t)*h(t)$，求激励 $x(t)=\mathrm{e}^{-t}\cos 2t$ 时，系统的响应。

3-25　如图 3-12 所示系统，输入为 u_i，响应为 u_o，求：(1) 系统的频率函数，大致画出幅度谱和相位谱；(2) 当 $u_i(t)=1+\cos(10t)+\cos(1000t)$ 时，求响应 $u_o(t)$。

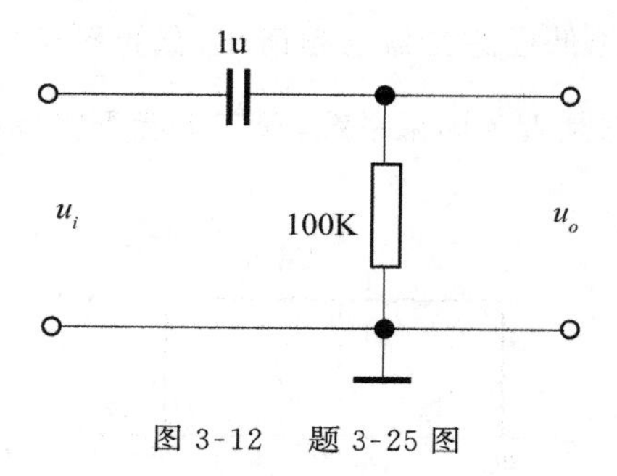

图 3-12　题 3-25 图

3-26　如图 3-13(a) 所示的周期性方波电压作用于图 3-13(b) 的 RL 电路，求响应电流 $i(t)$。

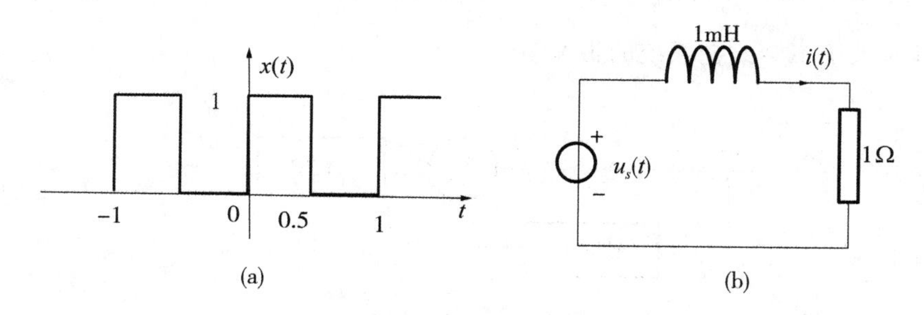

图 3-13　题 3-26 图

3-27　一个 LTI 系统的频率响应

$$H(\omega)=\begin{cases}e^{j\pi/2}, & -8\text{rad/s}<\omega<0\\ e^{-j\pi/2}, & 0<\omega<8\text{rad/s}\\ 0, & 其他\end{cases}$$

若输入为 $x(t)=\dfrac{\sin 4t}{t}\cos(6t)$，求该系统的输出 $y(t)$。

3-28　如图 3-14 所示系统，设输入信号 $x(t)=\dfrac{\sin 4t}{t}\cos(6t)$ 的频谱 $X(\omega)$ 和系统特性 $H_1(\omega)$、$H_2(\omega)$ 均给定，试画出 $y(t)$ 的频谱。

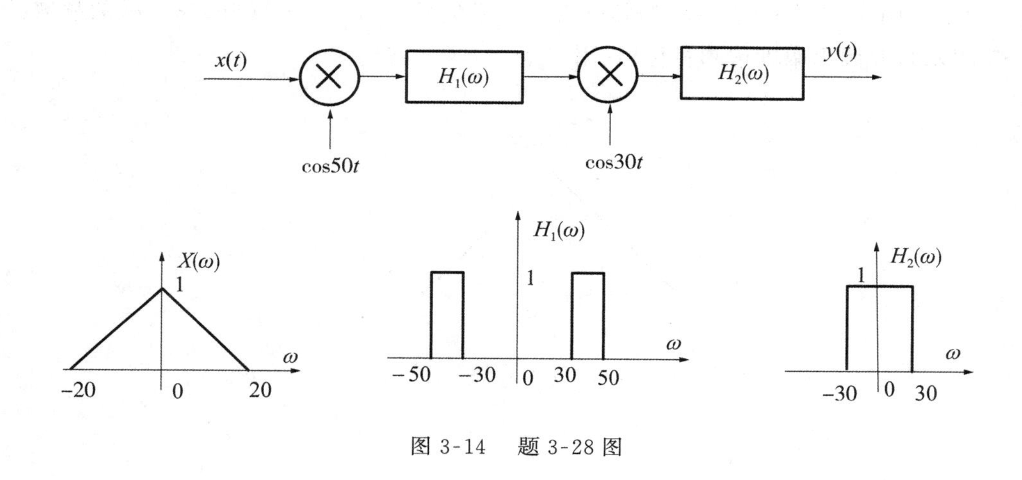

图 3-14　题 3-28 图

3-29　求图 3-15 所示两滤波器的系统响应函数，画出其幅度谱，并指出其类型，其中激励为 u_i，响应为 u_o。

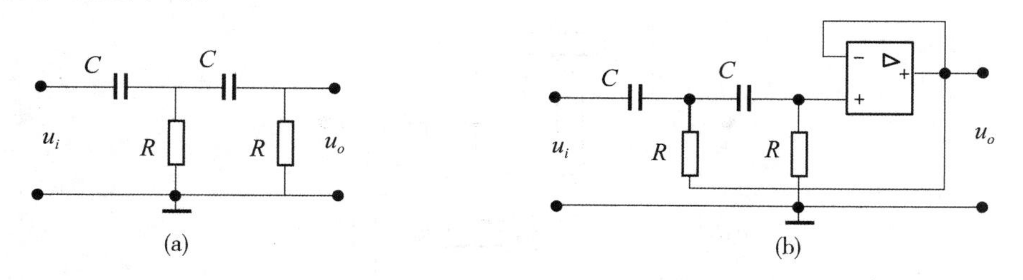

图 3-15　题 3-29 图

3-30　高斯白噪声的功率谱密度如图 3-16(a) 所示，$\rho(f)=n_0/2$。

(1) 求该信号的功率；

(2) 求该信号通过图 3-16(b) 所示增益为 1，带宽为 f_B 的理想低通滤波器后的功率。

3-31　根据功率谱密度的物理意义求信号 $x(t)=1$ 和 $x(t)=\cos 2\pi t$ 的功率谱密度。

3-32　信号 $x(t)$ 的频谱为 $X(f)$，信号带宽为 f_B，求信号 $x_s(t)=x(t)\delta_T(t)$ 的频谱(用 $X(f)$ 表示)，并画出其图像。并与习题 3-17 的计算过程比较，频谱用 f 表示还是用 ω 表示更方便。

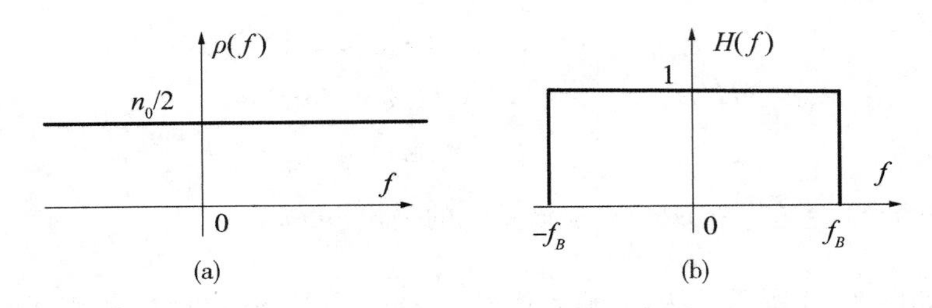

图 3-16　题 3-30 图

3-33　图 3-17 为信号 $x(t)$ 的频谱 $X(f)$，求信号 $x_1(t)=x(t)\sin(2\pi f_0 t)$ 的频谱（用 $X(f)$ 表示），并画出幅度谱和相位谱（用 f 表示）。

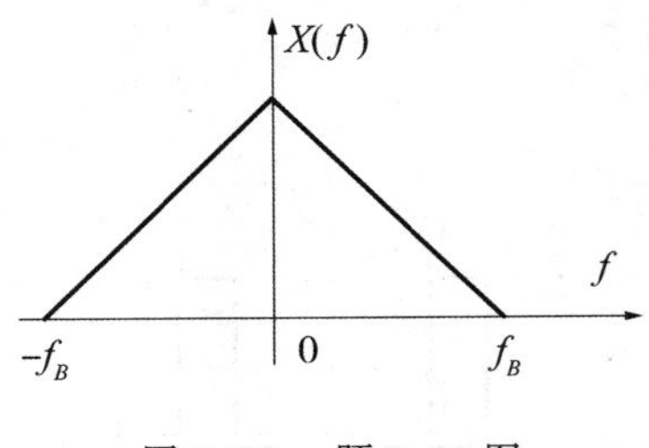

图 3-17　题 3-33 图

3-34　图 3-18 所示电路为分压电路，$u_s(t)$、$u_o(t)$ 分别为输入和输出，求该系统的频率响应函数 $H(\omega)$，为了无失真传输，R 和 C 应满足何种关系。

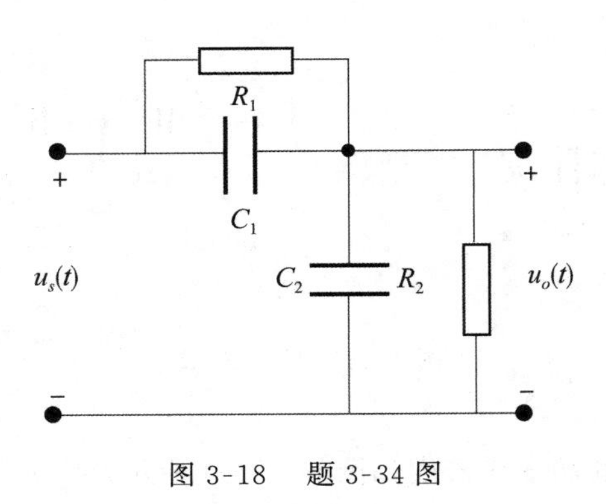

图 3-18　题 3-34 图

第4章　连续信号与系统的 s 域分析

本章以复频函数 $s=\sigma+\mathrm{j}\omega$ 为基础，引入拉普拉斯变换和反拉普拉斯变换，分析了信号的 s 变换和系统的 s 域分析模型，得出系统的 s 域描述形式系统函数 $H(s)$。引入 s 域后，可简化系统分析过程，系统的稳定性、频谱特性等基本特性可在 $H(s)$ 的基础上得到。

4.1　拉普拉斯变换

4.1.1　双边拉普拉斯变换的定义

定义复函数 s

$$s=\sigma+\mathrm{j}\omega \tag{4.1.1}$$

σ 为 s 的实部

$$\mathrm{Re}[s]=\sigma \tag{4.1.2}$$

ω 为 s 的虚部

$$\mathrm{Im}[s]=\omega \tag{4.1.3}$$

实部和虚部的取值范围都是$[-\infty,\infty]$。其图像表示如图 4.1.1 所示，称为复平面。

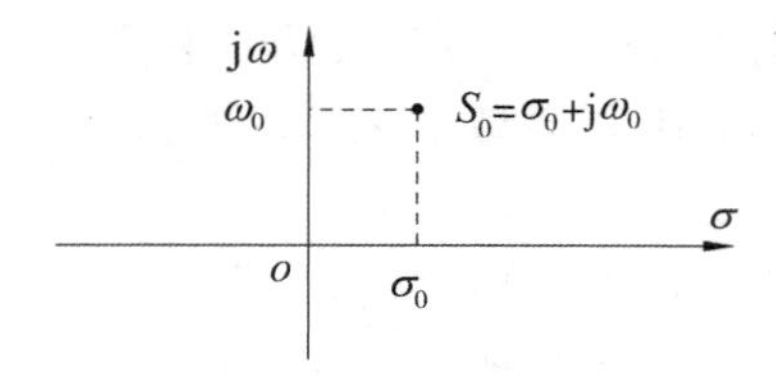

图 4.1.1　复函数 s 的平面

当 $\sigma=0$ 时，称 s 位于虚轴上；当 $\sigma<0$ 时，称 s 位于左半平面；当 $\sigma>0$ 时，称 s 在右半平面。

连续信号 $x(t)$，定义其双边拉普拉斯变换为 $X_b(s)$：

$$X_b(s)=\int_{-\infty}^{\infty}x(t)\mathrm{e}^{-st}\mathrm{d}t \tag{4.1.4}$$

$X_b(s)$ 称为 $x(t)$ 的双边拉普拉斯变换，$X_b(s)$ 的反拉普拉斯变换的定义为

$$x(t)=\frac{1}{2\pi\mathrm{j}}\int_{\sigma-\mathrm{j}\infty}^{\sigma+\mathrm{j}\infty}X_b(s)\mathrm{e}^{st}\mathrm{d}s \tag{4.1.5}$$

上述两式称为双边拉普拉斯变换对。可通过傅里叶变换推导得到：

信号 $x(t)\mathrm{e}^{-\sigma t}$ 的傅里叶变换为

$$F[x(t)\mathrm{e}^{-\sigma t}]=\int_{-\infty}^{\infty}[x(t)\mathrm{e}^{-\sigma t}]\mathrm{e}^{-\mathrm{j}\omega t}\mathrm{d}t=\int_{-\infty}^{\infty}x(t)\mathrm{e}^{-(\sigma+\mathrm{j}\omega)t}\mathrm{d}t$$

积分为 $\sigma+\mathrm{j}\omega$ 的函数，令其为 s 就可得到式(4.1.4)。借助反傅里叶变换

$$x(t)\mathrm{e}^{-\sigma t}=\frac{1}{2\pi}\int_{-\infty}^{\infty}X_b(s)\mathrm{e}^{\mathrm{j}\omega t}\mathrm{d}\omega$$

$$x(t)=\frac{1}{2\pi}\int_{-\infty}^{\infty}X_b(s)\mathrm{e}^{st}\mathrm{d}\omega$$

因 σ 与 ω 无关，则有 $\mathrm{d}\omega=\frac{\mathrm{d}s}{\mathrm{j}}$，上式可变为

$$x(t)=\frac{1}{2\pi\mathrm{j}}\int_{\sigma-\mathrm{j}\infty}^{\sigma+\mathrm{j}\infty}X_b(s)\mathrm{e}^{st}\mathrm{d}s$$

本书中信号的基本函数表达式为 e^{at}（或 $t^k\mathrm{e}^{at}$），其拉普拉斯变换的计算过程非常简单，且拉普拉斯变换的结果也具有一定的规律性，可根据其结果直接得到原始时间函数，本章就是应用拉普拉斯变换来实现第 2 章中的卷积积分等复杂的函数运算和系统分析模型。

4.1.2　双边拉普拉斯变换的收敛域

式(4.1.4)是信号 $x(t)$ 的双边拉普拉斯变换，同时也是信号 $x(t)\mathrm{e}^{-\sigma t}$ 的傅里叶变换，根据傅里叶变换存在的条件式(3.4.8)，则有双边拉普拉斯变换存在的条件为

$$\int_{-\infty}^{\infty}|x(t)|\mathrm{e}^{-\sigma t}\mathrm{d}t<\infty \tag{4.1.6}$$

只有选择合适的 σ 才能满足上式，即满足式(4.1.6)时 σ 的取值范围称为双边拉普拉斯变换的收敛域。

【例 4.1.1】　求因果信号 $x_1(t)=\mathrm{e}^{at}\varepsilon(t)$、反因果信号 $x_2(t)=\mathrm{e}^{\beta t}\varepsilon(-t)$、双边信号 $x_3(t)=\mathrm{e}^{at}\varepsilon(t)+\mathrm{e}^{\beta t}\varepsilon(-t)$ 和有限长信号 $f(t)=\mathrm{e}^{at}[\varepsilon(t)-\varepsilon(t-5)]$ 的拉普拉斯变换。

解：(1) 因果信号

$$X_{b1}(s)=\int_0^{\infty}\mathrm{e}^{at}\mathrm{e}^{-st}\mathrm{d}t=\left.\frac{\mathrm{e}^{-(s-a)t}}{-(s-a)}\right|_0^{\infty}=\frac{1}{s-a}[1-\lim_{t\to\infty}\mathrm{e}^{-(\sigma-a)t}\mathrm{e}^{-\mathrm{j}\omega t}]=\begin{cases}\dfrac{1}{s-a},\sigma>a\\ 不定,\sigma=a\\ 无界,\sigma<a\end{cases}$$

仅当 $\mathrm{Re}[s]=\sigma>\alpha$ 时，其拉氏变换存在，收敛域如图 4.1.2(a) 所示。即有

$$X_{b1}(s)=\frac{1}{s-a},\sigma>a$$

(2) 反因果信号

$$X_{b2}(s)=\int_{-\infty}^{0}\mathrm{e}^{\beta t}\mathrm{e}^{-st}\mathrm{d}t==\frac{1}{-(s-\beta)}[1-\lim_{t\to\infty}\mathrm{e}^{-(\sigma-\beta)t}\mathrm{e}^{-\mathrm{j}\omega t}]=\begin{cases}-\dfrac{1}{s-\beta},\sigma<\beta\\ 不定,\sigma=\beta\\ 无界,\sigma>\beta\end{cases}$$

$$X_{b2}(s)=\frac{1}{-(s-\beta)},\sigma<\beta$$

仅当 $\mathrm{Re}[s]=\sigma<\beta$ 时，其拉氏变换存在。收敛域如图 4.1.2(b) 所示。

(3) 双边信号

其双边拉普拉斯变换为因果信号与反因果信号拉普拉斯变换之和

$$X_{b3}(s)=\frac{1}{s-\alpha}-\frac{1}{(s-\beta)},\alpha<\sigma<\beta$$

其收敛域为 $\alpha<\mathrm{Re}[s]<\beta$，当 $\beta>\alpha$ 时，收敛域为一个带状区域，如图 4.1.2(c) 所示。

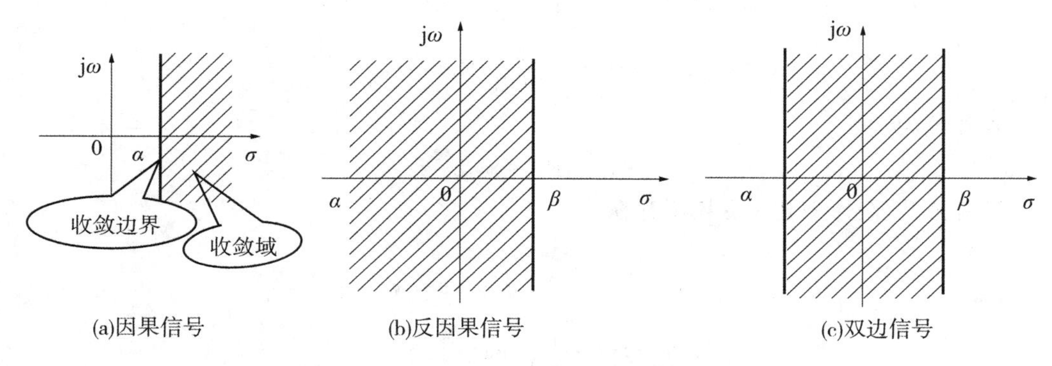

图 4.1.2　双边拉普拉斯变换的收敛域(阴影部分)

(4) 有限长信号

有限长信号是指信号的值在某一有限时间区域内不为零，而在其他时间区域内都为零，信号

$$f(t)=\mathrm{e}^{at}[\varepsilon(t)-\varepsilon(t-5)]$$

不为零的时间区域为[0,5]，其 s 变换为

$$\int_0^5 \mathrm{e}^{at}\,\mathrm{e}^{-st}\,\mathrm{d}t=\frac{1+\mathrm{e}^{-5s}}{s-a}$$

收敛域为去掉 $s=a$ 这点外的整个 s 平面。

从以上分析可得出，不同类型信号，其拉普拉斯变换的收敛域不同：

(1) 因果信号的双边拉普拉斯收敛域为实部大于某个数。

(2) 反因果信号的双边拉普拉斯收敛域为实部小于某个数。

(3) 双边信号的双边拉普拉斯收敛域为一个带状区域。

(4) 有限长信号的双边拉普拉斯收敛域为去掉某些点外的整个 s 平面。

并不是所有函数的双边拉普拉斯变换都存在，如本例中，当 $\beta<\alpha$ 时，$\alpha<\mathrm{Re}[s]<\beta$ 不满足，双边信号的拉普拉斯变换不存在。

【例 4.1.2】　求下列双边信号的拉普拉斯变换并注明收敛域。

(1) $x(t)=\mathrm{e}^{-2t}\varepsilon(t)+\mathrm{e}^{-t}\varepsilon(-t)$　(2) $x(t)=\mathrm{e}^{-t}\varepsilon(t)+\mathrm{e}^{-2t}\varepsilon(-t)$　(3) $x(t)=\mathrm{e}^{-t}$

解:(1)

$$e^{-2t}\varepsilon(t) \leftrightarrow \frac{1}{s+2}, \mathrm{Re}[s] > -2$$

$$e^{-t}\varepsilon(-t) \leftrightarrow -\frac{1}{s+1}, \mathrm{Re}[s] < -1$$

则有

$$e^{-2t}\varepsilon(t) + e^{-t}\varepsilon(-t) \leftrightarrow \frac{1}{s+2} - \frac{1}{s+1}, -2 < \mathrm{Re}[s] < -1$$

(2)

$$e^{-t}\varepsilon(t) \leftrightarrow \frac{1}{s+1}, \mathrm{Re}[s] > -1$$

$$e^{-2t}\varepsilon(-t) \leftrightarrow -\frac{1}{s+2}, \mathrm{Re}[s] < -2$$

收敛域为

$$-1 < \mathrm{Re}[s] < -2$$

没有公共部分,双边 s 变换不存在。

(3)

$$x(t) = e^{-t} = e^{-t}\varepsilon(t) + e^{-t}\varepsilon(-t)$$

$$e^{-t}\varepsilon(t) \leftrightarrow \frac{1}{s+1}, \mathrm{Re}[s] > -1$$

$$e^{-t}\varepsilon(-t) \leftrightarrow -\frac{1}{s+1}, \mathrm{Re}[s] < -1$$

收敛域没有公共部分,双边 s 变换不存在。

在本章后面的分析中,当激励不含 $\varepsilon(t)$ 时,如激励为 $x(t) = e^{-t}$,因其拉普拉斯变换不存在,所以不适用 s 域的分析方法。

4.1.3　(单边)拉普拉斯变换

因果信号 $x(t)$($t < 0$ 时为零),其单边 s 变换记为$\mathcal{F}[x(t)]$(简称为拉普拉斯变换或 s 变换)用 $X(s)$ 表示,则有

$$X(s) = \mathcal{F}[x(t)] = \int_{0_-}^{\infty} x(t)e^{-st}\mathrm{d}t \tag{4.1.7}$$

上式中积分下限取为 0_-,是考虑 $x(t)$ 中可能包含 $\delta(t)$,$\delta'(t)$ 等奇异函数。

拉普拉斯逆变换(反拉普拉斯的变换)记为$\mathcal{F}^{-1}[X(s)]$,表达式为

$$x(t) = \mathcal{F}^{-1}[X(s)] = \frac{1}{2\pi \mathrm{j}}\left[\int_{\sigma-\mathrm{j}\infty}^{\sigma+\mathrm{j}\infty} X_b(s)e^{st}\mathrm{d}s\right]\varepsilon(t) \tag{4.1.8}$$

拉普拉斯变换与逆变换的关系可记为

$$x(t) \leftrightarrow X(s) \tag{4.1.9}$$

$x(t)$ 的拉普拉斯变换存在的必要条件为:

(1) $x(t)$ 在区间$[0,\infty]$可积。

(2) 对于某个 δ_0 有

$$\lim_{t\to\infty}|f(t)|e^{-\sigma t}=0,\sigma>\sigma_0 \quad (4.1.10)$$

则对于 $\mathrm{Re}[s]=\sigma>\sigma_0$,拉普拉斯积分式(4.1.7)一致收敛。

【例 4.1.3】 求下列信号的拉普拉斯变换。

(1) $x(t)=g_\tau\left(t-\frac{\tau}{2}\right)$ (2) $x(t)=\frac{1}{t}\varepsilon(t)$ (3) $x(t)=e^{t^2}\varepsilon(t)$ (4) $x(t)=e^{2t}\varepsilon(t)$

解:(1)

$$X(s)=\int_{0_-}^{\infty}x(t)e^{-st}dt=\int_0^{\tau}e^{-st}dt=\frac{1-e^{-s\tau}}{s}$$

上式收敛,即收敛域为去掉点 $s=0$ 外的整个 s 平面。即有:

$$g_\tau\left(t-\frac{\tau}{2}\right)\leftrightarrow\frac{1-e^{-s\tau}}{s}$$,收敛域为去掉点 $s=0$ 外的整个 s 平面。

(2)

$x(t)$ 在区间$[0,\infty]$不可积

$$\int_{0_-}^{\infty}\frac{1}{t}dt=\ln t\Big|_{t=0}^{t=-\infty}=-\infty$$

不可积,拉普拉斯变换不存在。

(3)

$\lim\limits_{t\to\infty}e^{t^2}e^{-\sigma t}$,不存在 $\sigma>\sigma_0$ 表达式为零。

拉普拉斯变换不存在。

(4)

$$X(s)=\int_{0_-}^{\infty}x(t)e^{-st}dt=\int_0^{\infty}e^{2t}e^{-st}dt=\frac{1}{s-2},\mathrm{Re}[s]>2$$

4.1.4 常见函数的拉普拉斯变换

下面给出本书中常见函数的拉普拉斯变换。

1. $\boldsymbol{\delta(t)}$

$$X(s)=\int_{0_-}^{\infty}\delta(t)e^{-st}dt=1,\mathrm{Re}[s]>-\infty$$

即有

$$\delta(t)\leftrightarrow 1 \quad (4.1.11)$$

2. 指数函数 $\boldsymbol{e^{s_0t}\varepsilon(t)}$

$$e^{s_0t}\varepsilon(t)\leftrightarrow\frac{1}{s-s_0},\mathrm{Re}[s]>\mathrm{Re}[s_0] \quad (4.1.12)$$

3. $\varepsilon(t)$

$e^{0t}\varepsilon(t)=\varepsilon(t)$，则有

$$\varepsilon(t)\leftrightarrow \frac{1}{s},\mathrm{Re}[s]>0 \tag{4.1.13}$$

4. $(\cos\omega_0 t)\varepsilon(t)$

根据式(4.1.11)和欧拉公式 $\cos\omega_0 t=\dfrac{e^{j\omega_0 t}+e^{-j\omega_0 t}}{2}$，可得

$$(\cos\omega_0 t)\varepsilon(t)\leftrightarrow \frac{s}{s^2+\omega_0^2},\mathrm{Re}[s]>0 \tag{4.1.14}$$

5. $(\sin\omega_0 t)\varepsilon(t)$

$$(\sin\omega_0 t)\varepsilon(t)\leftrightarrow \frac{\omega_0}{s^2+\omega_0^2},\mathrm{Re}[s]>0 \tag{4.1.15}$$

4.1.5　s 变换与傅里叶变换的关系

因果信号 $x(t)$，其傅里叶变换为 $X(\omega)$，s 变换为 $X(s)$，收敛域为 $\mathrm{Re}[s]>\sigma_0$，则 $X(s)$ 和 $X(\omega)$ 的关系为：

(1) $\sigma_0<0$，$X(s)$ 的收敛域包含虚轴，则 $x(t)$ 的傅里叶变换存在，并且有

$$X(\omega)=X(s)\big|_{s=j\omega} \tag{4.1.16}$$

如

$$e^{-2t}\varepsilon(t)\leftrightarrow \frac{1}{s+2}$$

收敛域为 $\mathrm{Re}[s]>-2$，包含虚轴，则有

$$e^{-2t}\varepsilon(t)\leftrightarrow \left.\frac{1}{s+2}\right|_{s=j\omega}=\frac{1}{2+j\omega}$$

(2) $\sigma_0=0$，$X(s)$ 的收敛边界为虚轴，则有

$$X(\omega)=\lim_{\sigma\to 0}X(s)\big|_{s=\sigma+j\omega} \tag{4.1.17}$$

如

$$\varepsilon(t)\leftrightarrow \frac{1}{s}$$

收敛域为 $\mathrm{Re}[s]>0$，则有

$$\varepsilon(t)\leftrightarrow \lim_{\sigma\to 0}\frac{1}{\sigma+j\omega}=\lim_{\sigma\to 0}\frac{\sigma}{\sigma^2+\omega^2}+\lim_{\sigma\to 0}\frac{-j\omega}{\sigma^2+\omega^2}=\pi\delta(\omega)+\frac{1}{j\omega}$$

(3) $\sigma_0>0$，$X(s)$ 的收敛域不含虚轴，$X(\omega)$ 不存在。

$$\text{如 } e^{2t}\varepsilon(t)\leftrightarrow \frac{1}{s-2},\mathrm{Re}[s]>2$$

收敛域为 $\mathrm{Re}[s]>2$，其傅里叶变换不存在。

4.2 (单边)拉普拉斯变换性质

拉普拉斯变换的性质反映了信号的时域特性和 s 域特性的关系，熟悉它们对掌握 s 域分析方法十分重要。

4.2.1 线性性质

拉普拉斯变换线性特性描述如下：若有

$$x_1(t)\leftrightarrow X_1(s),\mathrm{Re}[s]>\sigma_1$$

$$x_2(t)\leftrightarrow X_2(s),\mathrm{Re}[s]>\sigma_2$$

则有

$$a_1x_1(t)+a_2x_2(t)\leftrightarrow a_1X_1(s)+a_1X_2(s) \tag{4.2.1}$$

式中，a_1 和 a_2 为常数，收敛域有两种可能：

(1) 收敛域为 σ_1 和 σ_2 的公共部分，如

$$\mathrm{e}^{-t}\varepsilon(t)\leftrightarrow\frac{1}{s+1},\mathrm{Re}[s]>-1$$

$$\mathrm{e}^{-2t}\varepsilon(t)\leftrightarrow\frac{1}{s+2},\mathrm{Re}[s]>-2$$

则有

$$\mathrm{e}^{-t}\varepsilon(t)+\mathrm{e}^{-2t}\varepsilon(t)\leftrightarrow\frac{1}{s+1}+\frac{1}{s+2},\mathrm{Re}[s]>-1$$

(2) 收敛域扩大，如

$$\varepsilon(t)\leftrightarrow\frac{1}{s},\mathrm{Re}[s]>0$$

$$\varepsilon(t-\tau)\leftrightarrow\frac{\mathrm{e}^{-s\tau}}{s},\mathrm{Re}[s]>0$$

而

$$\varepsilon(t)-\varepsilon(t-\tau)\leftrightarrow\frac{1-\mathrm{e}^{-s\tau}}{s},\text{收敛域为去掉 } s=0 \text{ 点外的整个 } s \text{ 平面}$$

这是因为 $\varepsilon(t)$ 和 $\varepsilon(t-\tau)$ 为无限长信号，而 $\varepsilon(t)-\varepsilon(t-\tau)$ 变成了有限长信号。

4.2.2 时移(延时)特性

拉普拉斯变换时移特性描述如下：若有

$$x(t)\varepsilon(t)\leftrightarrow X(s),\mathrm{Re}[s]>\sigma_0$$

当 t_0 为正实常数时，有

$$x(t-t_0)\varepsilon(t-t_0)\leftrightarrow\mathrm{e}^{-t_0s}X(s),\mathrm{Re}[s]>\sigma_0 \tag{4.2.2}$$

该式可通过拉普拉斯变换直接得到：

$$\mathcal{F}[x(t-t_0)\varepsilon(t-t_0)]=\int_{t_{0-}}^{\infty}x(t-t_0)\mathrm{e}^{-st}\mathrm{d}t\stackrel{令t-t_0=t}{=}\mathrm{e}^{-t_0s}\int_{0_-}^{\infty}x(t)\mathrm{e}^{-st}\mathrm{d}t=\mathrm{e}^{-t_0s}X(s)$$

【例 4.2.1】 因果周期脉冲序列表达式为 $\sum_{i=0}^{\infty}\delta(t-iT)$，如图 4.2.1 所示，求其 s 变换。

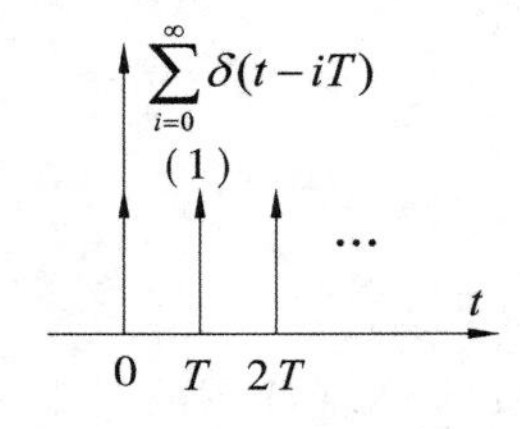

图 4.2.1　因果周期单位序列

解：

$$\sum_{i=0}^{\infty}\delta(t-iT)=\delta(t)+\delta(t-T)+\delta(t-2T)+\cdots$$

由式(4.2.1) 可得

$$\delta(t)\leftrightarrow 1,\delta(t-T)\leftrightarrow \mathrm{e}^{-Ts},\delta(t-2T)\leftrightarrow \mathrm{e}^{-2Ts},\cdots$$

根据式(4.2.1) 可得

$$\sum_{i=0}^{\infty}\delta(t-iT)\leftrightarrow 1+\mathrm{e}^{-Ts}+\mathrm{e}^{-2Ts}+\cdots=\lim_{N\to\infty}\frac{1-\mathrm{e}^{-(N+1)Ts}}{1-\mathrm{e}^{-Ts}}$$

当 $\mathrm{Re}[s]>0$ 时，$\lim\limits_{N\to\infty}\mathrm{e}^{-(N+1)Ts}=0$，即有

$$\sum_{i=0}^{\infty}\delta(t-iT)\leftrightarrow\frac{1}{1-\mathrm{e}^{-Ts}},\mathrm{Re}[s]>0 \tag{4.2.3}$$

4.2.3　尺度变换

拉普拉斯变换尺度特性描述如下，若

$$x(t)\varepsilon(t)\leftrightarrow X(s),\mathrm{Re}[s]>\sigma_0$$

当 a 为正实常数时，有

$$x(at)\varepsilon(t)\leftrightarrow\frac{1}{a}X\left(\frac{s}{a}\right),\mathrm{Re}[s]>a\sigma_0 \tag{4.2.4}$$

该式的推导过程为：

$$\mathcal{F}[x(at)\varepsilon(t)]=\int_{0_-}^{\infty}x(at)\mathrm{e}^{-st}\mathrm{d}t\overset{令 at=t}{=}\frac{1}{a}\int_{0_-}^{\infty}x(t)\mathrm{e}^{-\frac{s}{a}t}\mathrm{d}t=\frac{1}{a}X\left(\frac{s}{a}\right)$$

4.2.4　复频移(s 域平移)特性

拉普拉斯变换复频移特性描述如下，若

$$x(t)\leftrightarrow X(s),\mathrm{Re}[s]>\sigma_0$$

s_0 为复常数，则有

$$\mathrm{e}^{s_0t}x(t)\leftrightarrow X(s-s_0),\mathrm{Re}[s]>\sigma_0+\mathrm{Re}[s_0] \tag{4.2.5}$$

其推导过程为：

$$\mathcal{F}[e^{s_0 t}x(t)] = \int_{0_-}^{\infty} x(t)e^{-(s-s_0)t}dt = X(s-s_0)$$

如因

$$\varepsilon(t) \longleftrightarrow \frac{1}{s}$$

则有

$$e^{at}\varepsilon(t) \longleftrightarrow \frac{1}{s-a}$$

因

$$\cos(\omega_0 t)\varepsilon(t) \longleftrightarrow \frac{s}{s^2+\omega_0^2}$$

则有

$$e^{at}\cos(\omega_0 t)\varepsilon(t) \longleftrightarrow \frac{s-a}{(s-a)^2+\omega_0^2} \tag{4.2.6-1}$$

因

$$\sin(\omega_0 t)\varepsilon(t) \longleftrightarrow \frac{\omega_0}{s^2+\omega_0^2}$$

则有

$$e^{at}\sin(\omega_0 t)\varepsilon(t) \longleftrightarrow \frac{\omega_0}{(s-a)^2+\omega_0^2} \tag{4.2.6-2}$$

4.2.5 时域微分特性(微分定理)

拉普拉斯变换时域微分特性描述如下，若

$$x(t) \leftrightarrow X(s), \mathrm{Re}[s] > \sigma_0$$

则有

$$x^{(1)}(t) \leftrightarrow sX(s) - x(0_-) \tag{4.2.7-1}$$

该式可通过拉普拉斯变换得到：

$$\mathcal{F}[x^{(1)}(t)] = \int_{0_-}^{\infty} \frac{dx(t)}{dt}e^{-st}dt = \int_{0_-}^{\infty} e^{-st}dx(t)$$

$$= x(t)e^{-st}\Big|_{0_-}^{\infty} + s\int_{0_-}^{\infty} x(t)e^{-st}dt = sX(s) - x(0_-)$$

上式用到了拉普拉斯变换存在的条件式(4.1.9)：

$$\lim_{t\to\infty} x(t)e^{-st} = 0$$

对于多阶导数的拉普拉斯变换可通过式(4.2.7-1)迭代得到

$$x^{(2)}(t) = \frac{d[x^{(1)}(t)]}{dt} \leftrightarrow s[sX(s) - x(0_-)] - x^{(1)}(0_-)$$

推广到 k 阶导数有

$$x^{(2)}(t) \leftrightarrow s^2X(s) - sx(0_-) - x^{(1)}(0_-) \tag{4.2.7-2}$$

$$x^{(k)}(t)\leftrightarrow s^kX(s)-\sum_{i=0}^{k-1}s^{k-1-i}x^{(i)}(0_-) \tag{4.2.7-3}$$

在 LTI 系统分析中，激励 $x(t)$ 在 $t=0$ 时刻接入，其 0_- 时刻的各阶导数值满足 $x^{(i)}(0_-)=0$，则有

$$x^{(k)}(t)\leftrightarrow s^kX(s) \tag{4.2.8}$$

而响应 $y(t)$ 的初始值 $y^{(i)}(0_-)$ 不一定为零，其 s 变换应采用式(4.2.7-3)。

因

$$\delta(t)\leftrightarrow 1,\delta(0_-)=0,\delta^k(0_-)=0$$

则有

$$\delta'(t)\leftrightarrow s \tag{4.2.9-1}$$

$$\delta^k(t)\leftrightarrow s^k \tag{4.2.9-2}$$

4.2.6　时域积分特性(积分定理)

拉普拉斯变换时域积分特性描述如下：若

$$x(t)\leftrightarrow X(s),\mathrm{Re}[s]>\sigma_0$$

则有

$$x^{(-1)}(t)\leftrightarrow \frac{X(s)}{s}+\frac{x^{(-1)}(0_-)}{s} \tag{4.2.10-1}$$

上式可通过式(4.2.7)获得，令

$$y(t)\leftrightarrow Y(s),x(t)\leftrightarrow X(s),y(t)=x^{(1)}(t)$$

则有

$$y(t)\leftrightarrow sX(s)-x(0_-)=Y(s)$$

即

$$X(s)=\frac{Y(s)+x(0_-)}{s}$$

因

$$y(t)=x^{(1)}(t)$$

则有

$$y^{(-1)}(t)=x(t)$$

即有

$$y^{(-1)}(t)\leftrightarrow \frac{Y(s)}{s}+\frac{y^{(-1)}(0_-)}{s}$$

对于多阶积分的拉普拉斯变换，可通过式(4.2.10-1)迭代得到

$$x^{(-2)}(t)=\int_{-\infty}^{t}x^{(-1)}(\tau)\mathrm{d}\tau\leftrightarrow s\left[\frac{Y(s)}{s}+\frac{y^{(-1)}(0_-)}{s}\right]+\frac{y^{(-2)}(0_-)}{s}$$

推广到 k 阶积分有

$$x^{(-k)}(t)\leftrightarrow \frac{X(s)}{s^k}+\sum_{i=1}^{k}\frac{x^{(-i)}(0_-)}{s^{k-i+1}} \tag{4.2.10-2}$$

4.2.7 卷积定理

拉普拉斯变换卷积特性描述如下，若

$$x_1(t) \leftrightarrow X_1(s), \mathrm{Re}[s] > \sigma_1$$
$$x_2(t) \leftrightarrow X_2(s), \mathrm{Re}[s] > \sigma_2$$

则有

$$x_1(t) * x_2(t) \leftrightarrow X_1(s) X_2(s) \tag{4.2.11}$$

$$x_1(t) x_2(t) \leftrightarrow \frac{1}{2\pi \mathrm{j}} X_1(s) * X_2(s) \tag{4.2.12}$$

式(4.2.11)称为时域卷积定理，可通过拉普拉斯变换和卷积定义得到：

$$\begin{aligned}
\mathcal{F}[x_1(t) * x_2(t)] &= \int_{0_-}^{\infty} \left[\int_{-\infty}^{\infty} x_1(\tau) x_2(t-\tau) \mathrm{d}\tau \right] \mathrm{e}^{-st} \mathrm{d}t \\
&= \int_{-\infty}^{\infty} \left[\int_{0_-}^{\infty} x_2(t-\tau) \mathrm{e}^{-st} \mathrm{d}t \right] x_1(\tau) \mathrm{d}\tau \\
&= X_2(s) \int_{-\infty}^{\infty} x_1(\tau) \mathrm{e}^{-s\tau} \mathrm{d}\tau \\
&= X_2(s) \int_{0_-}^{\infty} x_1(\tau) \mathrm{e}^{-s\tau} \mathrm{d}\tau \\
&= X_1(s) X_2(s)
\end{aligned}$$

式(4.2.12)称为频域卷积定理，可通过拉普拉斯反变换的定义得到。

通过时域卷积定理，可得出系统的 s 域分析模型，将在本章第4节详细描述。

时域卷积定理还可简化拉普拉斯变换的计算过程，如 $t\varepsilon(t)$ 的拉普拉斯变换为

$$t\varepsilon(t) = \varepsilon(t) * \varepsilon(t) \leftrightarrow \frac{1}{s^2} \tag{4.2.13-1}$$

如$\frac{t^2\varepsilon(t)}{2} = \varepsilon(t) * \varepsilon(t) * \varepsilon(t)$，则有

$$\frac{t^2}{2}\varepsilon(t) \leftrightarrow \frac{1}{s^3} \tag{4.2.13-2}$$

【例 4.2.2】 三角形脉冲函数 $x_\Delta\left(t-\frac{\tau}{2}\right) = \begin{cases} t, 0 < t < \frac{\tau}{2} \\ \tau - t, \frac{\tau}{2} < t < \tau \\ 0, \text{其他} \end{cases}$

其图形如图 4.2.2 所示，求其拉普拉斯变换。

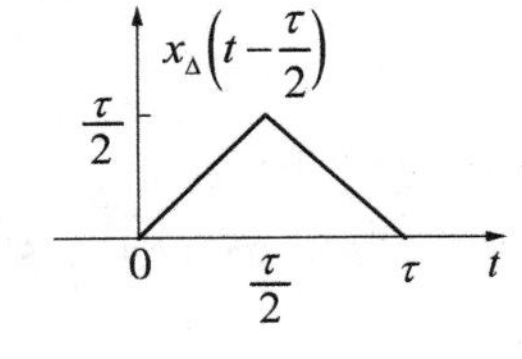

图 4.2.2 三角脉冲函数

解：

$$x_{\Delta}\left(t-\frac{\tau}{2}\right)=\left[\varepsilon(t)-\varepsilon\left(t-\frac{\tau}{2}\right)\right]*\left[\varepsilon(t)-\varepsilon\left(t-\frac{\tau}{2}\right)\right]$$

因

$$\left(\varepsilon(t)-\varepsilon\left(t-\frac{\tau}{2}\right)\right)\leftrightarrow\frac{1-\mathrm{e}^{-\frac{s\tau}{2}}}{s}$$

则有

$$x_{\Delta}\left(t-\frac{\tau}{2}\right)=\frac{2}{\tau}\left(\varepsilon(t)-\varepsilon\left(t-\frac{\tau}{2}\right)\right)*\left(\varepsilon(t)-\varepsilon\left(t-\frac{\tau}{2}\right)\right)\leftrightarrow\frac{(1-\mathrm{e}^{-\frac{s\tau}{2}})^2}{s^2}$$

4.2.8　s 域微分与积分

拉普拉斯变换时 s 域微分、积分特性描述如下：

若

$$x(t)\leftrightarrow X(s),\mathrm{Re}[s]>\sigma_0$$

则有

$$(-t)^k x(t)\leftrightarrow\frac{\mathrm{d}^k X(s)}{\mathrm{d}s^k}\tag{4.2.14}$$

$$\frac{x(t)}{t}\leftrightarrow\int_s^{\infty}X(\eta)\mathrm{d}\eta\tag{4.2.15}$$

上两式可通过定义直接得到：

$$\frac{\mathrm{d}X(s)}{\mathrm{d}s}=\frac{\mathrm{d}\int_{0_-}^{\infty}x(t)\mathrm{e}^{-st}\mathrm{d}t}{\mathrm{d}s}=\int_{0_-}^{\infty}x(t)\frac{\mathrm{d}\mathrm{e}^{-st}}{\mathrm{d}s}\mathrm{d}t$$

$$=\int_{0_-}^{\infty}[-tx(t)]\mathrm{e}^{-st}\mathrm{d}t=\mathcal{F}[-tx(t)]$$

$$\int_s^{\infty}X(\eta)\mathrm{d}\eta=\int_s^{\infty}\left(\int_{0_-}^{\infty}x(t)\mathrm{e}^{-\eta t}\mathrm{d}t\right)\mathrm{d}\eta=\int_{0_-}^{\infty}x(t)\left(\int_s^{\infty}\mathrm{e}^{-\eta t}\mathrm{d}\eta\right)\mathrm{d}t$$

$$=\int_{0_-}^{\infty}\left(\frac{x(t)}{t}\right)\mathrm{e}^{-st}\mathrm{d}t=\mathcal{F}\left[\frac{x(t)}{t}\right]$$

这两个定理主要用来简化 $t^n x(t)$ 和 $t^{-n}x(t)$ 的计算。如

$$t\mathrm{e}^{s_0 t}\varepsilon(t)\leftrightarrow\frac{1}{(s-s_0)^2}\tag{4.2.16-1}$$

$$t^k\mathrm{e}^{s_0 t}\varepsilon(t)\leftrightarrow\frac{k!}{(s-s_0)^{k+1}}\tag{4.2.16-2}$$

4.2.9　初值定理和终值定理

拉普拉斯变换初值域终值特性描述如下：

若

$$x(t)\leftrightarrow X(s),\mathrm{Re}[s]>\sigma_0$$

则有

$$x(0_+)=\lim_{s\to\infty}sx(s)\tag{4.2.17}$$

$$x(\infty)=\lim_{s\to 0}sx(s) \tag{4.2.18}$$

这两式可通过式(4.2.7-1)展开得到，通常用来通过 $X(s)$ 直接求 $x(0_+)$、$x(\infty)$，而不必求原函数 $x(t)$。上述表达式的证明过程可根据拉普拉斯定义获得。

这里介绍了拉普拉斯变换的 9 个性质，本书中用到的性质主要有：**线性、时移、尺度、复频移、时域微分、时域积分、卷积等基本性质**，且这些性质与傅里叶变换的性质描述基本一致。为了便于查阅，现将这 9 个性质归纳于表 4.2.1。

表 4.2.1 **拉普拉斯变换的性质**

性质名称		数学描述
1	线性	$[ax_1(t)+bx_2(t)]\leftrightarrow[aX_1(s)+bX_2(s)]$
2	时移特性	$x(t-t_0)\varepsilon(t-t_0)\leftrightarrow e^{-t_0 s}X(s)$
3	尺度变换	$x(at)\varepsilon(t)\leftrightarrow \frac{1}{a}X\left(\frac{s}{a}\right),\mathrm{Re}[s]>a\sigma_0$
4	复频移特性	$x(t)e^{s_0 t}\longleftrightarrow X(s-s_0)$
5	时域微分特性	$x^{(k)}(t)\leftrightarrow s^kX(s)-\sum_{i=0}^{k-1}s^{k-1-i}x^{(i)}(0_-)$
6	时域积分特性	$x^{(-k)}(t)\leftrightarrow \frac{X(s)}{s^k}+\sum_{i=1}^{k}\frac{x^{(-i)}(0_-)}{s^{k-i+1}}$
7	卷积	$x_1(t)*x_2(t)\leftrightarrow X_1(s)X_2(s)$
		$x_1(t)x_2(t)\leftrightarrow \frac{1}{2\pi j}X_1(s)*X_2(s)$
8	s 域微分和积分	$(-t)^kx(t)\leftrightarrow \frac{d^kX(s)}{ds^k}$
		$\frac{x(t)}{t}\leftrightarrow\int_s^\infty X(\eta)d\eta$
9	初值定理和终值定理	$x(0_+)=\lim_{s\to\infty}sF(s)$
		$x(\infty)=\lim_{s\to 0}sF(s)$

4.3 拉普拉斯逆变换

若象函数 $X(s)$ 是 s 的有理分式，可写为

$$X(s)=\frac{s^m+b_{m-1}s^{m-1}+\cdots+b_1s+b_0}{s^k+a_{k-1}s^{k-1}+\cdots+a_1s+a_0} \tag{4.3.1}$$

当分子最高次项 m 小于分母最高次项 k，称上式为**真分式**。

若 $m \geqslant k$，$X(s)$ 称为假分式，它可用多项式除法将象函数 $X(s)$ 分解为有理多项式 $P(s)$ 与有理真分式之和：

$$X(s) = P(s) + \frac{B(s)}{A(s)} \tag{4.3.2}$$

如 $X(s) = \dfrac{s^3 + 5s^2 + 9s + 7}{s^2 + 3s + 2}$，分子阶数 $3 \geqslant$ 分母阶数 2，为假分式，则有

$$\begin{array}{r}
s+2 \\
s^2+3s+2 \overline{\big) s^3+5s^2+9s+7} \\
\underline{s^3+3s^2+2s} \\
2s^2+7s+7 \\
\underline{2s^2+6s+4} \\
s+3
\end{array}$$

$$X(s) = s + 2 + \frac{s+3}{s^2 + 3s + 2}$$

由于

$$\mathcal{F}^{-1}[1] = \delta(t), \mathcal{F}^{-1}[s^k] = \delta^k(t)$$

故多项式 $P(s)$ 的原函数是由冲激函数及其导数项构成的。

下面主要讨论有理真分式的情形。

若 $F(s)$ 是 s 的实系数有理真分式（$m < n$），则可写为

$$X(s) = \frac{B(s)}{A(s)} = \frac{s^m + b_{m-1}s^{m-1} + \cdots + b_1 s + b_0}{s^k + a_{k-1}s^{k-1} + \cdots + a_1 s + a_0} \tag{4.3.3}$$

式中 $A(s)$ 称为 $X(s)$ 的特征多项式，方程

$$A(s) = (s - s_1)(s - s_2)\cdots(s - s_k) = 0 \tag{4.3.4}$$

称为特征方程，它的根称为**特征根**，k 个特征根 $s_i(i = 1, 2, \cdots, k)$ 称为 $X(s)$ 的**极点**。

有理真分式的拉普拉斯逆变换可采用分式展开法、留数定理等方法求得。

4.3.1 分式展开法

式(4.3.3)中，特征根可以为单实极点、共轭极点和重极点等。下面按这3种情况进行分析。

1. 单实极点

如极点 $s_i(i = 1, 2, \cdots, k)$ 互不相等，且都为实数，根据代数理论，$X(s)$ 可展开为：

$$X(s) = \frac{B(s)}{A(s)} = \frac{C_1}{s - s_1} + \frac{C_2}{s - s_2} + \cdots + \frac{C_k}{s - s_k} \tag{4.3.5-1}$$

式中

$$C_i = X(s)(s - s_i)\big|_{s = s_i} \tag{4.3.5-2}$$

因

$$\mathcal{F}^{-1}\left[\frac{1}{s - s_i}\right] = e^{s_i t}\varepsilon(t)$$

则有 $X(s)$ 的原函数 $x(t)$ 为

$$x(t)=[C_1e^{s_1t}+C_2e^{s_2t}+\cdots+C_ke^{s_kt}]\varepsilon(t) \tag{4.3.5-3}$$

式(4.3.5-2)可按如下方式推导：

将式(4.3.5-1)两边同乘$(s-s_i)$可得

$$X(s)(s-s_i)=\frac{C_1}{s-s_1}(s-s_i)+\frac{C_2}{s-s_2}(s-s_i)+\cdots+\frac{C_k}{s-s_k}(s-s_i)$$

当 $s=s_i$ 时，上式右边只剩下 C_i，即可得到式(4.3.5-2)。

【例 4.3.1】 $X(s)=\dfrac{2s^2+3s+3}{(s+1)(s+2)(s+3)}$，求其原函数 $x(t)$。

解：分母为 3 阶多项式，分子为 2 阶多项式，$X(s)$ 为真分式，极点分别为

$$s_1=-1,s_2=-2,s_3=-3$$

且都为单极点，则有

$$X(s)=\frac{2s^2+3s+3}{(s+1)(s+2)(s+3)}=\frac{C_1}{(s+1)}+\frac{C_2}{(s+2)}+\frac{C_3}{(s+3)}$$

$$C_1=X(s)(s+1)\big|_{s=-1}=1$$

$$C_2=X(s)(s+2)\big|_{s=-2}=-5$$

$$C_3=X(s)(s+3)\big|_{s=-3}=6$$

则有

$$x(t)=e^{-t}\varepsilon(t)-5e^{-2t}\varepsilon(t)+6e^{-3t}\varepsilon(t)$$

2. 共轭极点

如极点 s_1,s_2 为共轭复根

$$s_1=-\alpha+j\beta,s_2=-\alpha-j\beta,s_1^*=s_2$$

即

$$X(s)=\frac{B(s)}{A(s)}=\frac{B(s)}{A_1(s)((s+\alpha)^2+\beta^2)}$$

其他极点 $s_3,s_4,\cdots,s_k$ 都为单实极点，$X(s)$ 可展开为

$$X(s)=\frac{2A(s+\alpha)}{(s+\alpha)^2+\beta^2}-\frac{2B\beta}{(s+\alpha)^2+\beta^2}+\frac{C_3}{s-s_3}+\cdots+\frac{C_k}{s-s_k} \tag{4.3.6-1}$$

其中 A,B 满足

$$A+jB=(s+\alpha-j\beta)X(S)\Bigg|_{s=-\alpha+j\beta} \tag{4.3.6-2}$$

因

$$\mathcal{F}^{-1}\left[\frac{(s+\alpha)}{(s+\alpha)^2+\beta^2}\right]=e^{-\alpha t}\cos\beta t\varepsilon(t),\mathcal{F}^{-1}\left[\frac{\beta}{(s+\alpha)^2+\beta^2}\right]=e^{-\alpha t}\sin\beta t\varepsilon(t)$$

则有 $X(s)$ 的原函数 $x(t)$ 为

$$x(t)=[2Ae^{-\alpha t}\cos\beta t-2Be^{-\alpha t}\sin\beta t+C_3e^{s_3t}+\cdots+C_ke^{s_kt}]\varepsilon(t) \tag{4.3.6-3}$$

式(4.3.6-1)可按如下方式得到：

s_1, s_2 为单根，根据式(4.3.5-1)，则 $X(s)$ 的前两项展开式为

$$X_0(s) = \frac{C_1}{s+\alpha-\mathrm{j}\beta} + \frac{C_2}{s+\alpha+\mathrm{j}\beta}$$

式(4.3.6-2)所得为 C_1，即

$$C_1 = A + \mathrm{j}B$$

计算 C_2 可得到

$$C_2^* = C_1$$

将 C_1, C_2 代入 $X_0(s)$，可得

$$X_0(s) = \frac{2A(s+\alpha)}{(s+\alpha)^2+\beta^2} - \frac{2B\beta}{(s+\alpha)^2+\beta^2}$$

【例 4.3.2】　求 $X(s) = \dfrac{s^2+3}{(s+2)(s^2+2s+5)}$ 的原函数 $x(t)$。

解：

$$X(s) = \frac{s^2+3}{(s+2)(s^2+2s+5)} = \frac{s^2+3}{(s+2)((s+1)^2+2^2)}$$

分母为 3 阶多项式，分子为 2 阶多项式，$X(s)$ 为真分式，极点分别为共轭复根：

$$s_1 = s_2^* = -1+2\mathrm{j}(\alpha=1, \beta=2)，单实根\ s_3 = -2$$

则有

$$X(s) = \frac{2A(s+1)}{(s+1)^2+2^2} - \frac{2B\times 2}{(s+1)^2+2^2} + \frac{C_3}{s+2}$$

$$A+\mathrm{j}B = \left.\frac{s^2+3}{(s+2)(s+1+\mathrm{j}2)}\right|_{s=-1+\mathrm{j}2} = \frac{-1+\mathrm{j}2}{5}, A = -\frac{1}{5}, B = \frac{2}{5}$$

$$C_3 = (s+2)F(s)\big|_{s=-2} = \frac{7}{5}$$

则有

$$x(t) = \left[\frac{7}{5}\mathrm{e}^{-2t} - \frac{2}{5}\mathrm{e}^{-t}\cos(2t) - \frac{4}{5}\mathrm{e}^{-t}\sin(2t)\right]\varepsilon(t)$$

上面的计算过程也可采用如下方式简化：将 $X_0(s)$ 合并为

$$X_0(s) = \frac{bs+\mathrm{d}}{(s+\alpha)^2+\beta^2}$$

本例中的 $X(s)$ 可写为

$$X(s) = \frac{bs+\mathrm{d}}{(s+1)^2+2^2} + \frac{\frac{7}{5}}{(s+2)}$$

合并这两个分式，分子的 s^2 项应与 $X(s) = \dfrac{s^2+3}{(s+2)(s^2+2s+5)}$ 的 s^2 相同，即

$$bs^2 + \frac{7}{5}s^2 = s^2 \Rightarrow b = -\frac{2}{5}$$

同理，常数项也相同

$$2d + \frac{7}{5} \times 5 = 3 \Rightarrow d = -2$$

有

$$X(s) = \frac{-\frac{2}{5}s - 2}{(s+1)^2 + 2^2} + \frac{\frac{7}{5}}{(s+2)} = \frac{-\frac{2}{5}(s+1)}{(s+1)^2 + 2^2} - \frac{\frac{4}{5}(2)}{(s+1)^2 + 2^2} + \frac{\frac{7}{5}}{(s+2)}$$

则有

$$x(t) = \left[\frac{7}{5}e^{-2t} - \frac{2}{5}e^{-t}\cos(2t) - \frac{4}{5}e^{-t}\sin(2t)\right]\varepsilon(t)$$

3. 重极点

如极点满足

$$s_1 = s_2 = \cdots = s_r = a$$

则称 a 为 r 的重极点,有

$$X(s) = \frac{B(s)}{A(s)} = \frac{B(s)}{(s-a)^r A_1(s)}$$

其他极点 $s_{r+1}, s_{r+2}, \cdots, s_k$ 为单实极点,$X(s)$ 可展开为

$$F(s) = \frac{C_{11}}{(s-a)^r} + \frac{C_{12}}{(s-a)^{r-1}} + \cdots + \frac{C_{1r}}{(s-a)} + \frac{C_{r+1}}{(s-s_{r+1})} + \cdots + \frac{C_k}{(s-s_k)} \tag{4.3.7-1}$$

系数 C_{1i} 满足

$$C_{1i} = \frac{1}{(i-1)!}\frac{d^{i-1}}{ds^{i-1}}\left[(s-a)^i F(s)\right]\Big|_{s=a} \tag{4.3.7-2}$$

因

$$\mathcal{F}^{-1}\left[\frac{1}{(s-a)^k}\right] = \frac{1}{(k-1)!}t^{k-1}e^{at}\varepsilon(t)$$

则有 $X(s)$ 的原函数 $x(t)$ 为

$$x(t) = \left[\left(\frac{C_{11}}{(r-1)!}t^{r-1} + \frac{C_{12}}{(r-2)!}t^{r-2} + \cdots + C_{1r}\right)e^{at} + C_{r+1}e^{s_{r+1}t} + \cdots + C_k e^{s_k t}\right]\varepsilon(t) \tag{4.3.7-3}$$

式(4.3.7-2)可按如下方式得到:

$$F(s)(s-a)^r = C_{11} + C_{12}(s-a) + \cdots + C_{1r}(s-a)^{r-1} + \cdots \tag{4.3.7-4}$$

则有

$$C_{11} = F(s)(s-a)^r\big|_{s=a}$$

将式(4.3.7-4)两边分别对 s 求一次导可得

$$\frac{d[F(s)(s-a)^r]}{ds} = C_{12} + 2C_{13}(s-a) + \cdots + (r-1)C_{1r}(s-a)^{r-2} + \cdots \tag{4.3.7-5}$$

则有

$$C_{12}=\left.\frac{\mathrm{d}[F(s)\,(s-a)^{r}]}{\mathrm{d}s}\right|_{s=a}$$

按如上方法继续求导，可递推得到式(4.3.7-2)。

【例 4.3.3】　求 $X(s)=\dfrac{s-2}{s\,(s+1)^{3}}$ 的原函数 $x(t)$。

解：分母为3阶多项式，分子为1阶多项式，$X(s)$ 为真分式，极点分别为三重极点 $s_1=s_2=s_3=-1$，单实极点 $s_4=0$，则有

$$X(s)=\frac{C_{11}}{(s+1)^{3}}+\frac{c_{12}}{(s+1)^{2}}+\frac{C_{13}}{(s+1)}+\frac{C_{4}}{s}$$

$$C_{11}=(s+1)^{3}X(s)\Big|_{s=-1}=3$$

$$C_{12}=\frac{\mathrm{d}}{\mathrm{d}s}[(s+1)^{3}X(s)]\Big|_{s=-1}=\frac{s-(s-2)}{s^{2}}\Big|_{s=-1}=2$$

$$C_{13}=\frac{1}{2}\frac{\mathrm{d}^{2}}{\mathrm{d}s^{2}}[(s+1)^{3}X(s)]\Big|_{s=-1}=\frac{1}{2}\frac{-4s}{s^{4}}\Big|_{s=-1}=2$$

$$K_{2}=sF(s)\Big|_{s=0}=-2$$

参照式(4.2.13)和式(4.2.5)，则有

$$x(t)=\left(\frac{3}{2}t^{2}\mathrm{e}^{-t}+2t\mathrm{e}^{-t}+2\mathrm{e}^{-t}-2\right)\varepsilon(t)$$

4.3.2　留数法

采用留数法计算拉普拉斯逆变换的描述如下：

如函数 $X(s)$ 在平面 $\mathrm{Re}[s]<C$ 内除有有限个孤立奇点 $s_i(i=1,2,\cdots,k)$ 外是解析的，且当 $s\to\infty$ 时，$X(s)\to 0$，则有

$$x(t)=\frac{1}{2\pi\mathrm{j}}\int_{\sigma-\mathrm{j}\infty}^{\sigma+\mathrm{j}\infty}X(s)\mathrm{e}^{st}\,\mathrm{d}s=\sum_{i=1}^{k}\mathrm{Res}[F(s)\mathrm{e}^{st},s_i]\varepsilon(t)\tag{4.3.8-1}$$

$\mathrm{Res}[F(s)\mathrm{e}^{st},s_i]$ 为留数，其计算方法为：

当 s_i 为一阶极点时

$$\mathrm{Res}[F(s)\mathrm{e}^{st},s_i]=[(s-s_i)F(s)\mathrm{e}^{st}]_{s=s_i}\tag{4.3.8-2}$$

这与式(4.3.5)的计算结果一致。

当 s_i 为第 m 阶极点时

$$\mathrm{Res}[F(s)\mathrm{e}^{st},s_i]=\frac{1}{(m-1)!}\left[\frac{\mathrm{d}^{m-1}[(s-s_i)^{m}F(s)\mathrm{e}^{st}]}{\mathrm{d}s^{m-1}}\right]_{s=s_i}\tag{4.3.8-3}$$

这与式(4.3.7)的计算结果一致。

在拉普拉斯逆变换的计算中，一般采用分式分解法。

4.3.3　非有理分式的拉普拉斯逆变换

1. 分子中含有 $\mathrm{e}^{-t_0 s}$ 项

可根据拉普拉斯变换性质进行计算

$$x(t-t_0)\varepsilon(t-t_0) \leftrightarrow \mathrm{e}^{-t_0 s}X(s)$$

【例 4.3.4】 求 $X(s)=\dfrac{s\mathrm{e}^{-2s}-2}{s(s+1)}$ 的原函数 $x(t)$。

解：

$$X(s)=\frac{s\mathrm{e}^{-2s}-2}{s(s+1)}=\frac{s\mathrm{e}^{-2s}}{s(s+1)}-\frac{2}{s(s+1)}=\frac{\mathrm{e}^{-2s}}{(s+1)}+\left(\frac{1}{s}-\frac{1}{s+1}\right)\times(-2)$$

因

$$\frac{1}{(s+1)} \leftrightarrow \mathrm{e}^{-t}\varepsilon(t)$$

根据拉普拉斯变换的时移特性有

$$\frac{\mathrm{e}^{-2s}}{(s+1)} \leftrightarrow \mathrm{e}^{-(t-2)}\varepsilon(t-2)$$

则有

$$x(t)=\mathrm{e}^{-(t-2)}\varepsilon(t-2)-2\varepsilon(t)+2\mathrm{e}^{-t}\varepsilon(t)$$

2. 分母中含有 $\mathrm{e}^{-t_0 s}$ 项

如

$$X(s)=\frac{B(s)}{(1-\mathrm{e}^{-t_0 s})A_1(s)}=\frac{B(s)}{A_1(s)}\frac{1}{(1-\mathrm{e}^{-t_0 s})}$$

根据因果周期冲激序列 $\sum_{i=0}^{\infty}\delta(t-it_0)$ 的 s 变换进行计算

$$\sum_{i=0}^{\infty}\delta(t-it_0) \leftrightarrow \frac{1}{1-\mathrm{e}^{-t_0 s}}$$

设 $\dfrac{B(s)}{A_1(s)}$ 的原函数为 $x_1(t)$，即

$$\frac{B(s)}{A_1(s)} \leftrightarrow x_1(t) \tag{4.3.9-1}$$

则有

$$x(t)=x_1(t)*\sum_{i=0}^{\infty}\delta(t-it_0)=\sum_{i=0}^{\infty}x_1(t-it_0) \tag{4.3.9-2}$$

【例 4.3.5】 求 $X(s)=\dfrac{[1-\mathrm{e}^{-s}]^2}{s(1-\mathrm{e}^{-3s})}$ 的原函数 $x(t)$，并画出其图像。

解：

$$X(s)=\frac{[1-\mathrm{e}^{-s}]^2}{s(1-\mathrm{e}^{-3s})}=\frac{1-2\mathrm{e}^{-s}+\mathrm{e}^{-2s}}{s(1-\mathrm{e}^{-3s})}$$

因

$$\frac{1}{s} \leftrightarrow \varepsilon(t)$$

则有

$$\frac{1}{s(1-\mathrm{e}^{-3s})} \leftrightarrow \sum_{i=0}^{\infty}\varepsilon(t-3i)$$

有

$$\frac{1-2\mathrm{e}^{-s}+\mathrm{e}^{-2s}}{s(1-\mathrm{e}^{-3s})}\leftrightarrow x(t)=\sum_{i=0}^{\infty}\varepsilon(t-3i)-2\varepsilon(t-3i-1)+\varepsilon(t-3i-2)$$

当 $i=0$ 时，有

$$\varepsilon(t)-2\varepsilon(t-1)+\varepsilon(t-2)=[\varepsilon(t)-\varepsilon(t-1)]-[\varepsilon(t-1)-\varepsilon(t-2)]$$

$x(t)$ 的图像如图 4.3.1 所示。

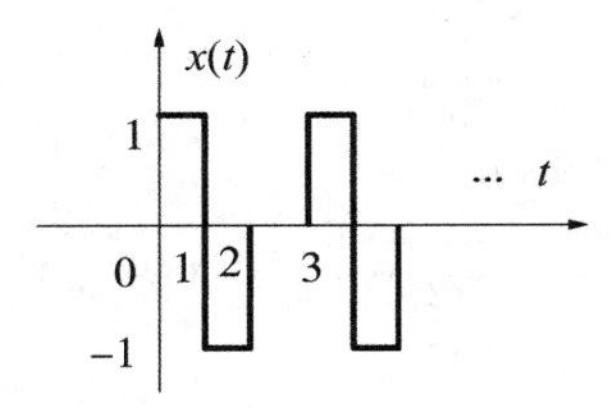

图 4.3.1　因果周期函数

4.3.4　常见象函数的逆变换

为了便于查阅，这里将本书中象函数的逆变换归纳于表 4.3.1。

表 4.3.1　常见象函数的逆变换

象函数		原函数
1	$\frac{1}{s-a}$	$\mathrm{e}^{at}\varepsilon(t)$
2	$\frac{1}{(s-a)^k}$	$\frac{t^{k-1}\mathrm{e}^{at}\varepsilon(t)}{(k-1)!}$
3	$\frac{s-a}{(s-a)^2+\omega_0^2}$	$\mathrm{e}^{at}(\cos\omega_0 t)\varepsilon(t)$
4	$\frac{\omega_0}{(s-a)^2+\omega_0^2}$	$\mathrm{e}^{at}(\sin\omega_0 t)\varepsilon(t)$
5	1	$\delta(t)$
6	s^k（k 为正整数）	$\delta^k(t)$
7	$\frac{1}{1-\mathrm{e}^{-Ts}}$	$\sum_{i=0}^{\infty}\delta(t-iT)$

4.4　系统函数 $H(s)$

4.4.1　系统函数定义及系统复频域模型

系统函数记为 $H(s)$，是冲击响应 $h(t)$ 的拉普拉斯变换

$$H(s)=\int_{0_-}^{\infty}h(t)\mathrm{e}^{-st}\mathrm{d}t \tag{4.4.1-1}$$

即 $h(t)$ 与 $H(s)$ 为拉普拉斯变换对

$$h(t)\leftrightarrow H(s) \tag{4.4.1-2}$$

当 $x(t)$ 为激励，$y_{zs}(t)$ 为零状态响应，连续 LTI 系统的时域分析模型为

$$y_{zs}(t)=x(t)*h(t)$$

将上式进行 s 变换

$$y_{zs}(t)\leftrightarrow Y(s)\quad x(t)\leftrightarrow X(s)\quad h(t)\leftrightarrow H(s)$$

根据拉普拉斯变换的卷积特性可得

$$Y_{zs}(s)=X(s)H(s) \tag{4.4.2}$$

上式为系统的 s 域模型。当用 $H(s)$ 来描述系统时，系统的 s 域分析模型图如图4.4.1所示。

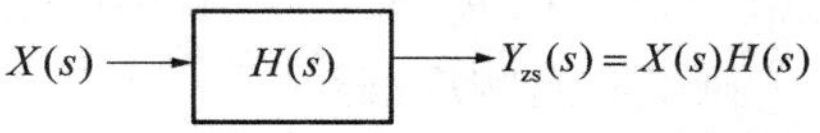

$X(s)$ ⟶ [$H(s)$] ⟶ $Y_{zs}(s)=X(s)H(s)$

图 4.4.1　系统的 s 域分析模型图

根据系统的 s 域模型，系统函数 $H(s)$ 也可定义为：系统零状态响应的象函数 $Y_{zs}(s)$ 与激励的象函数 $X(s)$ 之比，即

$$H(s)=\frac{Y_{zs}(s)}{X(s)} \tag{4.4.3}$$

【例 4.4.1】　描述连续系统的微分方程为 $y''(t)+3y'(t)+2y(t)=x(t)$，$x(t)=\varepsilon(t)$，求系统函数 $H(s)$，冲激响应 $h(t)$ 和零状态响应 $y_{zs}(t)$。

解：零状态响应 $y_{zs}(t)$ 满足的方程为

$$y''_{zs}(t)+3y'_{zs}(t)+2y_{zs}(t)=x(t)$$

且有 $y_{zs}(0_-)=y'_{zs}(0_-)=0$

对该方程进行 s 变换可得

$$Y_{zs}(s)(s^2+3s+2)=X(s)$$

则有

$$H(s)=\frac{Y_{zs}(s)}{X(s)}=\frac{1}{s^2+3s+2}$$

因 $h(t)\leftrightarrow H(s)$，且有

$$H(s)=\frac{1}{s+1}-\frac{1}{s+2}$$

有

$$h(t)=(\mathrm{e}^{-t}-\mathrm{e}^{-2t})\varepsilon(t)$$

因

$$Y_{\mathrm{zs}}(s)=X(s)H(s)$$

$$x(t)=\varepsilon(t)\leftrightarrow\frac{1}{s}$$

则有

$$Y_{\mathrm{zs}}(s)=\frac{1}{(s^2+3s+2)}\frac{1}{s}=\frac{0.5}{s}-\frac{1}{s+1}+\frac{0.5}{s+2}$$

有

$$y_{\mathrm{zs}}(t)=(0.5-\mathrm{e}^{-t}+0.5\mathrm{e}^{-2t})\varepsilon(t)$$

从上例可以看出，应用系统函数 $H(s)$ 和复频域模型，系统响应求解过程变得非常简单明了，所以在连续系统分析中，一般采用复频域模型。

从系统复频域分析模型中还可以看到：

(1) 当激励为 $\mathrm{e}^{at}\varepsilon(t)$ 函数形式时，LTI 系统的**零状态响应为冲激响应项和激励项的线性组合**，不会有新的函数项出现。如例 4.4.1 中，冲激响应项为 $\mathrm{e}^{-t}\varepsilon(t)$，$\mathrm{e}^{-2t}\varepsilon(t)$，激励项为 $\varepsilon(t)$，响应则为这 3 项的线性叠加。

(2) 当冲激响应和激励中有相同项 $\mathrm{e}^{at}\varepsilon(t)$ 时，响应中会出现 $t\mathrm{e}^{at}\varepsilon(t)$ 项；如激励为 $\mathrm{e}^{-t}\varepsilon(t)$，冲激响应也为 $\mathrm{e}^{-t}\varepsilon(t)$，则零状态响应满足

$$Y_{\mathrm{zs}}(s)=\frac{1}{(s+1)^2}$$

有

$$y_{\mathrm{zs}}(t)=t\mathrm{e}^{-t}\varepsilon(t)$$

4.4.2　系统函数 $H(s)$ 的计算

系统频域函数可以采用如下几种方式获得。

1. 由微分方程获得

如系统微分方程($x(t)$ 为激励，$y(t)$ 为响应)

$$y^k(t)+a_{k-1}y^{k-1}(t)+\cdots+a_0y(t)=b_mx^m(t)+b_{m-1}x^{m-1}(t)+\cdots+b_0x(t) \tag{4.4.4}$$

零状态响应 $y_{\mathrm{zs}}(t)$ 满足上式，且初始条件都为零，即

$$y_{\mathrm{zs}}(0_-)=y_{\mathrm{zs}}{}^{(1)}(0_-)=\cdots=0$$

进行拉普拉斯变换可得到

$$s^kY_{\mathrm{zs}}(s)+a_{k-1}s^{k-1}Y_{\mathrm{zs}}(s)+\cdots+a_0Y_{\mathrm{zs}}(s)=b_ms^mX(s)+b_{m-1}s^{m-1}X(s)+\cdots+b_0X(s)$$

因

$$H(s)=\frac{Y_{zs}(s)}{X(s)}$$

则系统函数 $H(s)$ 为

$$H(s)=\frac{B(s)}{A(s)}=\frac{b_m s^m+b_{m-1}s^{m-1}+\cdots+b_0}{s^k+a_{k-1}s^{k-1}+\cdots+a_0} \tag{4.4.5}$$

即 $H(s)$ 只与描述系统的微分方程有关，即只与系统的结构、元件参数等有关，而与激励、初始状态等无关。对于 LTI 系统，式中的 $a_i(i=0,1,2,\cdots,k)$，$b_j(j=0,1,2,\cdots,m)$ 均为实常数，式(4.4.5) 为 $H(s)$ 的通用表达式。

2. 通过 $h(t)$ 求得

$h(t)$ 的拉普拉斯变换 $H(s)$，如系统的冲激响应

$$h(t)=\mathrm{e}^{-t}\varepsilon(t)$$

则系统函数为

$$H(s)=\frac{1}{s+1}$$

3. 根据激励和响应获得

如激励

$$x(t)=\mathrm{e}^{-t}\varepsilon(t)$$

响应

$$y_{zs}(t)=\mathrm{e}^{-t}\varepsilon(t)-\mathrm{e}^{-2t}\varepsilon(t)$$

有

$$X(s)=\frac{1}{s+1}$$

$$Y_{zs}(s)=\frac{1}{s+1}-\frac{1}{s+2}=\frac{1}{(s+1)(s+2)}$$

则有

$$H(s)=\frac{Y_{zs}(s)}{X(s)}=\frac{1}{s+2}$$

【例 4.4.2】　求下列 LTI 系统的系统函数 $H(s)$。

(1) $y''_{zs}(t)+3y'_{zs}(t)+2y_{zs}(t)=2x(t)+x'(t)$　　(2) $h(t)=(\mathrm{e}^{-2t}+\mathrm{e}^{-3t})\varepsilon(t)$

(3) 当激励 $x(t)=\mathrm{e}^{-2t}\varepsilon(t)$，零状态响应 $y_{zs}(t)=\mathrm{e}^{-t}\varepsilon(t)-\mathrm{e}^{-2t}\varepsilon(t)$。

解：(1) 因系统微分方程为

$$y''_{zs}(t)+3y'_{zs}(t)+2y_{zs}(t)=x'(t)+2x(t)$$

则有

$$H(s)=\frac{s+2}{s^2+3s+2}$$

(2) 因

$$h(t)\leftrightarrow H(s)$$

则有

$$H(s)=\mathcal{F}[h(t)]=\frac{1}{s+2}+\frac{1}{s+3}=\frac{2s+5}{s^2+5s+6}$$

(3) 因

$$X(s)=\frac{1}{s+2}$$

$$Y_{zs}(s)=\frac{1}{s+1}-\frac{1}{s+2}=\frac{1}{(s+1)(s+2)}$$

则有

$$H(s)=Y_{zs}(s)/F(s)=\frac{1}{s+1}$$

4.4.3　$H(s)$ 的零点和极点

$H(s)$ 的通用表达式为

$$H(s)=\frac{B(s)}{A(s)}=\frac{b_m s^m+b_{m-1}s^{m-1}+\cdots+b_0}{s^k+a_{k-1}s^{k-1}+\cdots+a_0}$$

则

$$A(s)=0$$

的根称为 $H(s)$ 的**极点**。

$$B(s)=0$$

的根称为 $H(s)$ 的**零点**。

设 $H(s)$ 可分解为

$$H(s)=\frac{B(s)}{A(s)}=\frac{b_m(s-p_1)(s-p_2)\cdots(s-p_m)}{(s-s_1)(s-s_2)\cdots(s-s_n)} \tag{4.4.6}$$

则有：

(1) $H(s)$ 的零点为 $p_i(i=1,2,\cdots,m)$；

(2) $H(s)$ 的极点为 $s_i(i=1,2,\cdots,k)$。

如 $H(s)=\dfrac{(s-1)}{(s+1+\mathrm{j})(s+1-\mathrm{j})}$，其零点为 $p_1=1$，极点为 $s_1=-1-\mathrm{j}$，$s_2=-1+\mathrm{j}$，在 s 平面，其极点和零点的描述如图 4.4.2 所示。

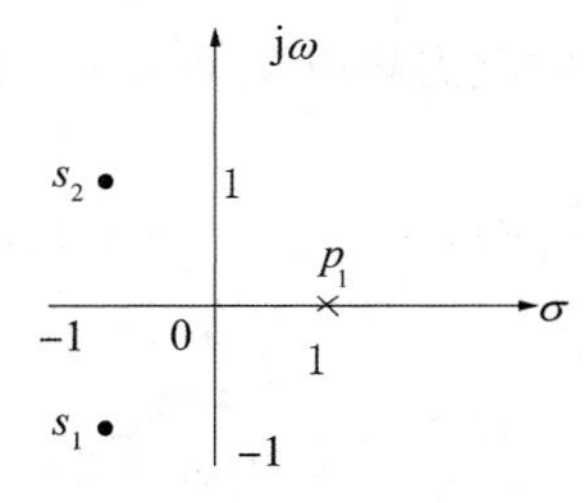

图 4.4.2　极点和零点的描述

根据拉普拉斯逆变换的相关方法可得：

系统函数的极点决定了响应中自然响应的表达形式。如系统函数极点为 $s_1=-1$，$s_2=-2$，则其自然响应项为

$$(c_1\mathrm{e}^{-t}+c_2\mathrm{e}^{-2t})\varepsilon(t)$$

如系统函数极点为 $s_{1,2}=-1$，$s_3=-2$，则其自然响应项为

$$(c_1t\mathrm{e}^{-t}+c_2\mathrm{e}^{-t}+c_3\mathrm{e}^{-2t})\varepsilon(t)$$

当 $A(s)$ 为高阶时，其极点可借助 MATLAB 等工具进行计算。

如

$$A(s)=s^4+3s^3+2s^2+1$$

可在 MATLAB 中运行 roots 命令得到其极点，具体命令为：

```
roots([1 3 2 0 1])  % [1 3 2 0 1] 对应表达式 A(s) = s^4 + 3s^3 + 2s^2 + 1
```

可得到 4 个极点，分别为：

$-1.6924+0.3181\mathrm{j}$；$-1.6924-0.3181\mathrm{j}$；$0.1924+0.5479\mathrm{j}$；$0.1924-0.5479\mathrm{j}$

4.4.4 $H(s)$ 与系统稳定性分析

系统的稳定性是系统分析与设计中的重要因素。实际系统通常是稳定的，否则系统将不能正常工作。

稳定系统的定义为：一个系统，如对任意有界输入产生的零状态响应也是有界的，则该系统为稳定系统。

系统稳定的充分必要条件为

$$\int_{-\infty}^{\infty}|h(t)|\,\mathrm{d}t<\infty \tag{4.4.7}$$

$h(t)$ 是 $H(s)$ 的原函数，其形式与 $H(s)$ 的极点位置相关。对于 r 重极点 $s_i=a+b\mathrm{j}$，对应的 r 项分解式为

$$H_i(s)=\frac{c_{i1}}{(s-s_i)^r}+\frac{c_{i2}}{(s-s_i)^{r-1}}+\cdots+\frac{c_{ir}}{(s-s_i)}$$

其原函数为 $h(t)$ 的一部分，记为 $h_i(t)$：

$$h_i(t)=\sum_{k=1}^{r}c_kt^{k-1}\mathrm{e}^{at}\mathrm{e}^{\mathrm{j}bt}\varepsilon(t) \tag{4.4.8}$$

则有：

(1) 当 $a<0$ 时，极点 $s_i=a+b\mathrm{j}$ 位于左半平面，t 值逐渐增大时，$t^{n-1}\mathrm{e}^{at}$ 衰减，$\mathrm{e}^{\mathrm{j}bt}$ 振荡，即 t 值逐渐增大时，$h_i(t)$ 衰减至趋于零；式(4.4.7) 满足。

(2) 当 $a=0$ 时，极点 $s_i=a+b\mathrm{j}$ 位于虚轴上，$r=1$(单极点) 时，$\mathrm{e}^{\mathrm{j}bt}$ 振荡，$\int_{-\infty}^{\infty}|h(t)|\,\mathrm{d}t$ 为无穷大；$r>1$(多极点) 时，$t^{r-1}\mathrm{e}^{\mathrm{j}bt}$ 振荡增加到无穷大；式(4.4.7) 不满足。

(3) 当 $a>0$ 时，极点 $s_i=a+b\mathrm{j}$ 位于右半平面，$t^{n-1}\mathrm{e}^{-at}\mathrm{e}^{-\mathrm{j}bt}$ 振荡增加，即 t 值逐渐增大时，$h_i(t)$ 增加至无穷大；式(4.4.7) 不满足。

从上面 $H(s)$ 的极点和 $h(t)$ 的关系可得，**系统稳定的充分必要条件**为：$H(s)$ 的所有

极点都位于左半平面内。

【例 4.4.3】　求下列系统函数所对应的系统是否为稳定系统。

(1) $H(s)=\dfrac{s^2+4s}{s^2+3s+2}$　(2) $H(s)=\dfrac{s-2}{s^4+3s^3+2s^2+2s+3}$

(3) $H(s)=\dfrac{s-2}{s^2-s-2}$　(4) $H(s)=\dfrac{s-2}{s^4+3s^3-2s^2+2s+3}$

(5) $H(s)=\dfrac{1}{s}$　(6) $H(s)=\dfrac{s+1}{s^2+25}$

解：(1)

$$H(s)=\frac{s^2+4s}{s^2+3s+2}$$

不是真分式，化简为

$$H(s)=1+\frac{s-2}{(s+1)(s+2)}$$

因

$$1\leftrightarrow\delta(t)$$

且

$$\int_{-\infty}^{\infty}|\delta(t)|\,\mathrm{d}t=1$$

不影响系统的稳定性。

$H(s)$ 的极点为 -1，-2，都在左半平面内，系统稳定。

(2) MATLAB 中运行命令“roots([1 3 2 2 3])”，得到 4 个根为

$$-2.2380,\ -1.3140,\ 0.2760+0.9716\mathrm{j},\ 0.2760-0.9716\mathrm{j}$$

其中后面两个根位于右边平面，系统不稳定。

(3) $H(s)$ 的分子、分母包含相同项 $s-2$，应先消除该项，即有

$$H(s)=\frac{1}{s+1}$$

极点为 -1，在左半平面内，系统稳定。

(4) 如果系统的极点都在左半平面或虚轴上，则对应的多项式系数必须是同号的，这里系数 -2 与其他系数不同号，有极点位于正半平面，系统不稳定。

(5) 极点位于零点

$$h(t)=\varepsilon(t)$$

而

$$\int_{-\infty}^{\infty}|\varepsilon(t)|\,\mathrm{d}t\to\infty$$

即系统不稳定。

(6)

$$H(s)=\frac{s}{s^2+5^2}+\frac{1}{5}\,\frac{5}{s^2+5^2}$$

则有

$$h(t)=\left(\cos5t+\frac{1}{5}\sin5t\right)\varepsilon(t)=\frac{\sqrt{26}}{5}\cos\left(5t-\arctan\frac{1}{5}\right)\varepsilon(t)$$

$$\int_{-\infty}^{\infty}|h(t)|\mathrm{d}t\rightarrow\infty$$

系统不稳定，但 $h(t)$ 为余弦函数，称该系统为振荡系统。

对于非稳定系统，其响应的数学分析方法与稳定系统是一样的，但所得结果与实践系统是不一致的。

如系统 $H(s)=\dfrac{1}{(s+1)(s-1)}$，激励为 $x(t)=\varepsilon(t)$，则响应数学分析过程为

$$Y_{\mathrm{zs}}(s)=\frac{1}{s+1}\frac{1}{s-1}\frac{1}{s}=0.5\frac{1}{s-1}+0.5\frac{1}{s+1}-\frac{1}{s}$$

则有

$$y_{\mathrm{zs}}(t)=(0.5\mathrm{e}^{t}+0.5\mathrm{e}^{-t}-1)\varepsilon(t)$$

当 $t\rightarrow\infty$ 时，响应无穷大，实际系统是没有能量来维持该响应的，如系统是由运放等构成，输出信号的幅值不会超过运放的供电电压。

4.4.5　$H(s)$ 与频率函数 $H(\omega)$ 的关系

因果系统 $H(s)$ 的收敛域为

$$\mathrm{Re}[s]>\text{所有极点的实部} \tag{4.4.9}$$

所以有

(1) 当所有极点的实部都小于零，$H(s)$ 的收敛域包含虚轴，则 $H(\omega)$ 存在，并且有

$$H(\omega)=H(s)\big|_{s=\mathrm{j}\omega} \tag{4.4.10}$$

如 $H(s)=\dfrac{1}{s+2}$，则有

$$H(\omega)\leftrightarrow\frac{1}{2+\mathrm{j}\omega}$$

(2) 当有极点实部为零，其余极点实部小于零，$H(s)$ 的收敛域边界为虚轴，则有

$$H(\omega)=\lim_{\sigma\rightarrow0}H(s)\big|_{s=\sigma+\mathrm{j}\omega} \tag{4.4.11}$$

如

$$H(s)=\frac{1}{s}$$

则有

$$H(\omega)=\lim_{\sigma\rightarrow0}\frac{1}{\sigma+\mathrm{j}\omega}=\lim_{\sigma\rightarrow0}\frac{\sigma}{\sigma^{2}+\omega^{2}}+\lim_{\sigma\rightarrow0}\frac{-\mathrm{j}\omega}{\sigma^{2}+\omega^{2}}=\pi\delta(\omega)+\frac{1}{\mathrm{j}\omega}$$

(3) 当有极点实部大于零，$H(s)$ 的收敛域不含虚轴，$H(\omega)$ 不存在。如系统函数为

$$H(s)=\frac{1}{s-1}$$

则系统频率函数 $H(\omega)$ 不存在。

4.5　系统复频域(s 域)分析

复频域分析法就是采用拉普拉斯变换的分析方法，即 s 域分析，是研究 LTI 系统的基本工具。

4.5.1　微分方程的 s 域求解

利用单边拉普拉斯变换和系统函数，可将系统的微分方程变为复频域的代数方程，利用拉普拉斯逆变换，可简化方程的求解。

【例 4.5.1】　描述某 LTI 系统的微分方程为

$$y''(t)+5y'(t)+6y(t)=2x'(t)+6x(t)$$

初始状态 $y(0_-)=1, y'(0_-)=-1$，激励 $x(t)=5\cos t\varepsilon(t)$，求系统的零输入响应 $y_{zi}(t)$、零状态响应 $y_{zs}(t)$ 和全响应 $y(t)$。

解： 方程进行拉普拉斯变换得

$$[s^2Y(s)-sy(0_-)-y'(0_-)]+5sY(s)-5y(0_-)+6Y(s)=2(s+3)X(s)$$

则有

$$Y(s)=\frac{sy(0_-)+y'(0_-)+5y(0_-)}{s^2+5s+6}+\frac{2(s+3)}{s^2+5s+6}X(s)$$

方程右边第一项只与初始条件有关，为零输入响应的 s 域变换；第二项只与激励有关，与初始条件无关，为零状态响应的 s 域变换。即有

$$Y_{zi}(s)=\frac{sy(0_-)+y'(0_-)+5y(0_-)}{s^2+5s+6}=\frac{s+4}{(s+2)(s+3)}$$

$$Y_{zs}(s)=H(s)X(s)=\frac{2(s+3)}{s^2+5s+6}\frac{5s}{s^2+1}=\frac{10s}{(s+2)(s^2+1)}$$

$$Y_{zi}(s)=\frac{s+4}{(s+2)(s+3)}=\frac{C_1}{(s+2)}+\frac{C_2}{(s+3)}$$

$$C_1=Y_{zi}(s)(s+2)\big|_{s=-2}=2,$$

$$C_2=Y_{zi}(s)(s+3)\big|_{s=-3}=-1$$

则有

$$y_{zi}(t)=2e^{-2t}\varepsilon(t)-e^{-3t}\varepsilon(t)$$

零状态响应满足

$$Y_{zs}(s)=\frac{10s}{(s+2)(s^2+1)}=\frac{C_1}{(s+2)}+\frac{as+b}{s^2+1}$$

$$C_1=Y_{zs}(s)(s+2)\big|_{s=-2}=-4$$

则有

$$C_1(s^2+1)+(as+b)(s+2)=10s\Rightarrow a=4, b=2$$

即

$$Y_{zs}(s)=\frac{10s}{(s+2)(s^2+1)}=-\frac{4}{(s+2)}+\frac{4s}{s^2+1}+\frac{2}{s^2+1}$$

有

$$y_{zs}(t) = (-4e^{-2t} + 4\cos t + 2\sin t)\varepsilon(t)$$

即

$$y(t) = y_{zi}(t) + y_{zs}(t) = (-2e^{-2t} - e^{-3t} + 4\cos t + 2\sin t)\varepsilon(t)$$

与时域方法求解系统微分方程比较，s 域更简洁明了，因此，在实际应用中，系统的微分方程一般使用 s 域求解。

【例 4.5.2】 LTI 系统的初始条件为 $y(0_-) = 1, y'(0_-) = -1$，当激励 $x(t) = e^{-t}\varepsilon(t)$，系统的全响应为 $y(t) = [e^{-t} + 2e^{-2t} + e^{-3t}]\varepsilon(t)$，求系统函数和微分方程。

解：响应中$[2e^{-2t} + e^{-3t}]\varepsilon(t)$ 为自由响应，与激励 $e^{-t}\varepsilon(t)$ 无关，只与系统构造有关。其 s 变换的分母分别为

$$\frac{1}{s+2}, \frac{1}{s+3}$$

则系统函数的极点为

$$s_1 = -2, s_2 = -3$$

$H(s)$ 的分母为

$$(s+2)(s+3) = s^2 + 5s + 6$$

微分方程的左边表达式为

$$y''(t) + 5y'(t) + 6y(t)$$

其单边 s 变换为

$$Y(s)[s^2 + 5s + 6] - sy(0_-) - y'(0_-) - 5y(0_-) = Y(s)[s^2 + 5s + 6] - (s+4)$$

则系统零输入响应的 s 变换为

$$Y_{zi}(s) = \frac{s+4}{(s+2)(s+3)} = \frac{2}{(s+2)} - \frac{1}{(s+3)}$$

$$y_{zi}(t) = 2e^{-2t}\varepsilon(t) - e^{-3t}\varepsilon(t)$$

则

$$y_{zs}(t) = y(t) - y_{zi}(t) = (e^{-t} + 2e^{-3t})\varepsilon(t)$$

$$Y_{zs}(s) = \frac{1}{s+1} + \frac{2}{s+3} = \frac{3s+5}{(s+1)(s+3)}$$

因

$$x(t) = e^{-t}\varepsilon(t) \leftrightarrow \frac{1}{s+1}$$

系统函数 $H(s)$ 为

$$H(s) = \frac{Y_{zs}(s)}{X(s)} = \frac{3s+5}{s+3}$$

因

$$H(s) = \frac{3s+5}{s+3} = \frac{(3s+5)(s+2)}{(s+3)(s+2)} = \frac{3s^2 + 11s + 10}{s^2 + 5s + 6}$$

则系统的微分方程为

$$y''(t)+5y'(t)+6y(t)=3x''(t)+11x'(t)+10x(t)$$

4.5.2　激励不含 $\varepsilon(t)$ 时的分析方法

激励不含 $\varepsilon(t)$ 时，其双边 s 变换一般不存在，如 $x(t)=e^{at}$ 或 $x(t)=\cos\omega_0 t$ 等，都为双边函数，其双边 s 变换不存在，不能采用 s 域模型 $Y_{zs}(s)=X(s)H(s)$。但可根据时域模型和系统函数 $H(s)$ 进行分析。

如激励为 $x(t)=e^{at}$，系统函数为 $H(s)$，冲激响应为 $h(t)$，根据系统时域模型，零状态响应 $y_{zs}(t)$ 满足

$$y_{zs}(t)=h(t)*x(t)=\int_{-\infty}^{\infty}h(\tau)e^{a(t-\tau)}d\tau=e^{at}\int_{-\infty}^{\infty}h(\tau)e^{-a\tau}d\tau$$

当 $H(s)$ 的收敛域包含 $\mathrm{Re}[s]=\mathrm{Re}[a]$ 时，有

$$y_{zs}(t)=e^{at}\,H(s)\big|_{s=a} \tag{4.5.1}$$

这里需要说明的是，不管 $\mathrm{Re}[a]$ 大于0还是小于0，$x(t)=e^{at}$ 在某些区域的值会为无穷大，在实际应用中不会出现，这里只是描述其数学分析方法。当 $\mathrm{Re}[a]=0$ 时（$x(t)=\cos\omega_0 t$），函数为振荡函数，具体的分析过程在本书的第3章已描述。

【例4.5.3】　离散因果系统的系统函数为 $H(s)=\dfrac{1}{s+1}$，激励分别为如下函数，计算系统的零状态响应 $y_{zs}(t)$：(1) $x(t)=e^{-0.7t}\varepsilon(t)$；(2) $x(t)=e^{-0.7t}$。

解：(1)

$$X(s)=\frac{1}{s+0.7}$$

则

$$Y_{zs}(s)=\frac{1}{s+0.7}\frac{1}{s+1}=\frac{10}{3}\frac{1}{s+0.7}-\frac{10}{3}\frac{1}{s+1}$$

有

$$y_{zs}(t)=\frac{10}{3}[e^{-0.7t}-e^{-t}]\varepsilon(t)$$

(2) $x(t)=e^{-0.7t}$ 的双边 s 变换不存在，只能采用时域计算。

因 $H(s)$ 的收敛域为 $\mathrm{Re}[s]>-1$，包含 $\mathrm{Re}[s]=-0.7$ 区域，根据式(4.5.1)，则有

$$y_{zs}(t)=e^{-0.7t}\,H(s)\big|_{s=-0.7}=e^{-0.7t}\frac{1}{-0.7+1}=\frac{10}{3}e^{-0.7t}$$

4.5.3　电路的 s 域求解

系统用电路图描述时，可采用 s 域分析法直接求解。

1. 基本元件的 s 域模型

电路是由电阻、电容、电感和电源等基本元件构成的，这里给出其 s 域模型。

1) 电阻元件

电阻为无记忆元件，根据其时域模型

$$u(t) = Ri(t)$$

将电压、电流进行 s 域变换

$$u(t) \leftrightarrow U(s), i(t) \leftrightarrow I(s)$$

可得

$$U(s) = RI(s) \tag{4.5.2}$$

式(4.5.2)为电阻的 s 域模型，当电流、电压采用 s 域表示时，电阻值还是 R，如图 4.5.1(a) 所示。

2）电感元件

电感为记忆元件，其电器特性与初始电流 $i_L(0_-)$ 有关。根据其时域模型

$$u(t) = L\frac{di_L(t)}{dt}$$

进行 s 变换，利用拉普拉斯时域微分特性可得

$$U(s) = sLI_L(s) - Li_L(0_-) \tag{4.5.3-1}$$

式(4.5.3) 为电感的 s 域模型，当电流、电压采用 s 域表示时，电感的感抗为 Ls，且引入了与电流方向相反的电压源 $Li_L(0_-)$，如图 4.5.1(b) 所示。

如只分析系统的零状态响应，则其 s 域模型为

$$U(s) = sLI_L(s) \tag{4.5.3-2}$$

3）电容元件

电容为记忆元件，其电器特性与初始电流 $u_c(0_-)$ 有关。根据其时域模型

$$i(t) = c\frac{du_c(t)}{dt}$$

进行 s 变换，利用拉普拉斯时域微分特性可得

$$U_c(s) = \frac{I(s)}{Cs} + \frac{u_c(0_-)}{s} \tag{4.5.4-1}$$

式(4.5.4)为电容的 s 域模型，当电流、电压采用 s 域表示时，电感的感抗为 $\frac{1}{Cs}$，且引入了与电流方向相同的电压源 $\frac{u_c(0_-)}{s}$，如图 4.5.1(c) 所示。

如只分析系统的零状态响应，则电容的 s 域模型为

$$U_c(s) = \frac{I(s)}{sc} \tag{4.5.4-2}$$

4）电源

当电源为电压源时，设电压为 E，电源在 $t = 0$ 时刻开始接入，则电压源两端电压应描述为

$$U(t) = E\varepsilon(t)$$

则其 s 域模型为

$$U_I(s) = \frac{E}{s} \tag{4.5.5}$$

如图 4.5.1(d) 所示。

当电源为电流源时，设电流为 E，电源在 $t=0$ 时刻开始接入，则流过电流源的电流应描述为

$$i(t)=E\varepsilon(t)$$

则其 s 域模型为

$$I(s)=\frac{E}{s} \tag{4.5.6}$$

如图 4.5.1(e) 所示。

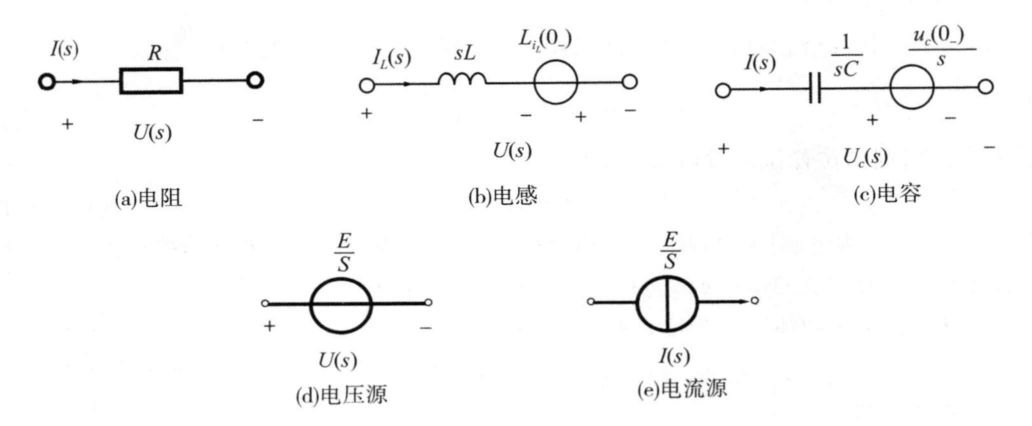

图 4.5.1　元件的 s 域模型

2. 电路的 s 域分析方法

有了元器件的 s 域模型，则电路的 s 域求解就非常简单了，具体步骤为：

(1) 确定电感、电容等记忆元件的初始值。

(2) 电流、电压、元器件换成其 s 域模型。

(3) 利用 KLC、KLV 定理列出所求物理量满足的 s 表达式。

(4) 进行反拉普拉斯变换求出相应的时域表达式。

【例 4.5.4】　图 4.5.2(a) 为汽车点火系统的电路模型，汽车蓄电池电压为 12V，L 为点火线圈。当开关在 $t=0$ 时刻断开时，将在电感(火花塞)两端产生高压，由高压打火点燃汽油而发动。设 $R=2\Omega$，$L=1\text{H}$，$C=0.25\mu\text{F}$，试求 $t\geqslant 0$ 时的电压 $u_L(t)$ 及其最大值。

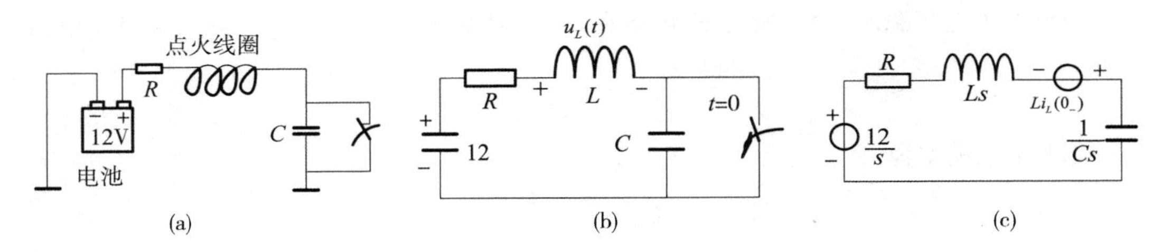

图 4.5.2　汽车点火系统

解：电路的初始状态满足

$$i_L(0_-)=\frac{12}{2}\mathrm{A}=6\mathrm{A}\quad u_c(0_-)=0$$

将电路进行 s 域变换，如图 4.5.2(c) 所示。由 KLV 方程可得

$$I(s)=\frac{\dfrac{12}{s}+Li_L(0_-)}{R+sL+\dfrac{1}{sC}}=\frac{\dfrac{12}{s}+6}{2+s+\dfrac{10^6}{0.25s}}$$

$$=\frac{6s+12}{s^2+2s+2000^2}\approx\frac{6s}{s^2+2000^2}+\frac{12}{s^2+2000^2}$$

$$=\frac{6s}{s^2+2000^2}+\frac{12}{2000}\times\frac{2000}{s^2+2000^2}$$

则有

$$i(t)=\left(6\cos 2000t+\frac{6}{1000}\sin 2000t\right)\mathrm{A}$$

$$\approx 6\cos(2000t)\mathrm{A}\quad(t\geqslant 0)$$

有

$$u_L(t)=L\frac{\mathrm{d}i}{\mathrm{d}t}=-12000\sin(2000t)\mathrm{V}$$

$$u_{L_{\max}}=-12000\mathrm{V}$$

电感(火花塞)电压瞬时可达到 12000V，从而击穿周围的气体，产生电火花。

4.5.4 系统框图的 s 域描述

连续系统的框图基本元件为加法器、积分器和数乘器，根据拉普拉斯变换的线性特性，若

$$y(t)=x_1(t)+x_2(t)$$

则有

$$Y(s)=X_1(s)+X_2(s)$$

则加法器的 s 域模型如图 4.5.3(b) 所示。

同样根据拉普拉斯的线性特性，可得到数乘器的 s 域模型，如图 4.5.3(d) 所示。

根据拉普拉斯变换的积分特性，不考虑初始值，若

$$y(t)=\int_{-\infty}^{t}x(\tau)\mathrm{d}\tau$$

则有

$$Y(s)=s^{-1}X(s)$$

积分器的 s 域模型如图 4.5.3(f) 所示。

借助 s 域模型，可将系统的时域框图转换为 s 域框图，从而直接得到系统的微分方程。

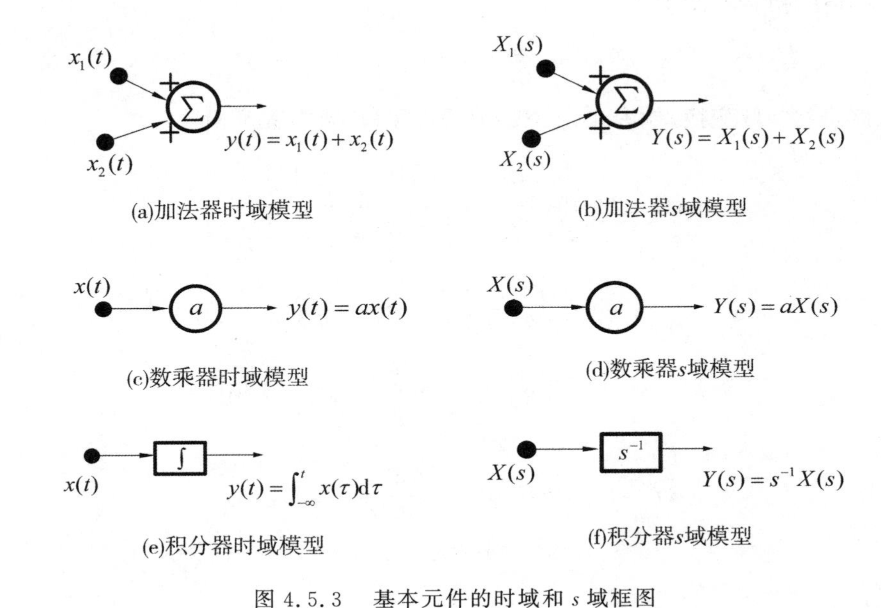

图 4.5.3　基本元件的时域和 s 域框图

【例 4.5.5】　系统的时域框图如图 4.5.4 所示，将其转换为 s 域框图，并求其系统的微分方程。

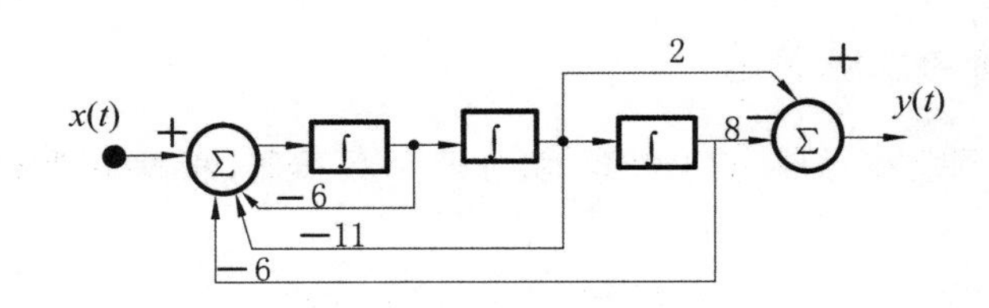

图 4.5.4　系统时域框图

解：将时域框图中的信号和基本元件都作 s 域变换，则可得到 s 域框图，如图 4.5.5 所示。

令 s 域框图中前一个加法器的输出为 $R(s)$，则有

$$R(s)=X(s)-6R(s)s^{-1}-11R(s)s^{-2}-6R(s)s^{-3}$$

即

$$X(s)=R(s)(1+6s^{-1}+11s^{-2}+6s^{-3})$$

后面加法器满足

$$Y(s)=R(s)(2s^{-2}-8s^{-3})$$

则有

$$\frac{Y(s)}{X(s)}=\frac{2s^{-2}-8s^{-3}}{1+6s^{-1}+11s^{-2}+6s^{-3}}=\frac{2s-8}{s^3+6s^2+11s+6}$$

即

$$s^3Y(s)+6s^2Y(s)+11sY(s)+6Y(s)=2sX(s)-8X(s)$$

根据拉普拉斯微分特性,将上式进行拉普拉斯逆变换可得到系统微分方程为

$$y'''(t)+6y''(t)+11y'(t)+6y(t)=2x'(t)-8x(t)$$

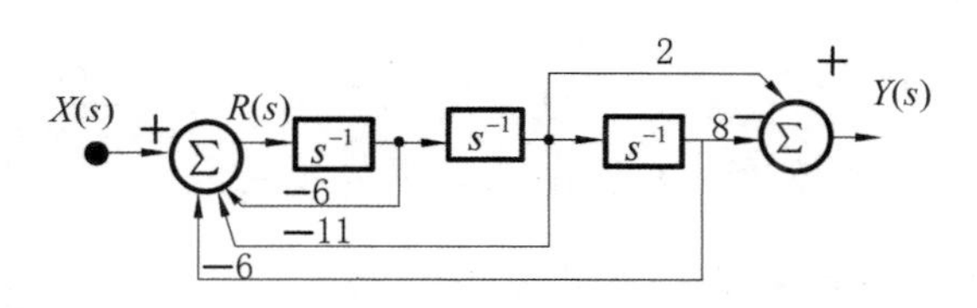

图 4.5.5 系统 s 域框图

4.5.5 负反馈系统的 s 域分析

将一个系统的输出信号的一部分或全部以一定方式和路径送回系统的输入端作为输入信号的一部分,这个作用过程叫反馈。按反馈的信号极性分类,反馈可分为正反馈和负反馈。若反馈信号与输入信号极性相反或变化方向相反,则叠加的结果将使净输入信号减弱,这种反馈叫负反馈。放大电路通常采用负反馈技术以稳定系统的工作状态。

在集成运放电路中,因集成运放的放大倍数非常大(近似为无穷大),需通过引入负反馈使其输出处于稳定状态,同样,也可以通过引入负反馈,使非稳定子系统的输出处于稳定。

【例 4.5.6】 分析图 4.5.6 中子系统的稳定性,并求反馈信号放大倍数 k 满足什么条件后,复合系统为稳定系统。

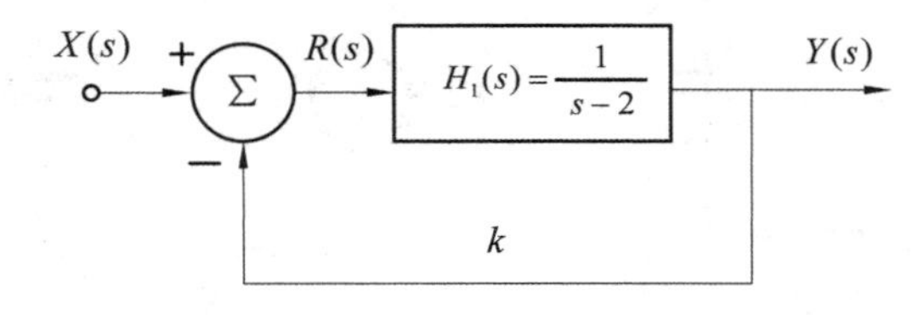

图 4.5.6 反馈系统

解:子系统的系统函数为 $H_1(s)=\dfrac{1}{s-2}$

其极点为

$$s_1=2$$

在 s 平面的右边,系统不稳定。

设复合系统的加法器输出为 $R(s)$,则有

$$R(s)=X(s)-kR(s)H_1(s)$$

有

$$X(s) = (1 + kH_1(s))R(s)$$

而

$$Y(s) = R(s)H_1(s)$$

复合系统的系统函数 $H(s)$ 满足

$$H(s) = \frac{Y(s)}{X(s)} = \frac{H_1(s)}{1 + kH_1(s)} = \frac{1}{k + s - 2}$$

当 $k > 2$ 时，$H(s)$ 的极点在 s 平面的左边，系统稳定。

4.5.6　系统的 s 域分析和频域分析方法比较

连续系统的分析方式主要采用 s 域分析和频域分析，其具体应用范围为：

(1) 当激励为因果信号时，其拉普拉斯变换存在，可采用 s 域分析，如 $x(t) = \cos\omega_0 t\varepsilon(t)$，可分析系统的零状态响应和零输入响应。

(2) 激励作用在整个时间范围$[-\infty, \infty]$，且为稳态输入，如 $x(t) = \cos\omega_0 t$，其拉普拉斯变换不存在，不能采用 s 域方法分析，可采用频域分析。因信号从无限早前就接入了，且为稳态信号（其值在某一范围内波动），而系统的某些响应（如 e^{at}，$a < 0$）会随着时间 t 的增大而趋于零，即这种分析模型中，分析系统的稳态响应，主要应用于滤波器等系统分析中。

下面两个例题给出了这两种不同方法的联系和区别。

【例 4.5.7】　如图 4.5.7(a) 所示系统，$RC = 1$，初始值 $u_c(0_-) = 0$。激励分别为如下输入，求响应 $u_c(t)$：(1) $u_s(t) = \cos\omega_0 t\varepsilon(t)$；(2) $u_s(t) = \cos\omega_0 t$。

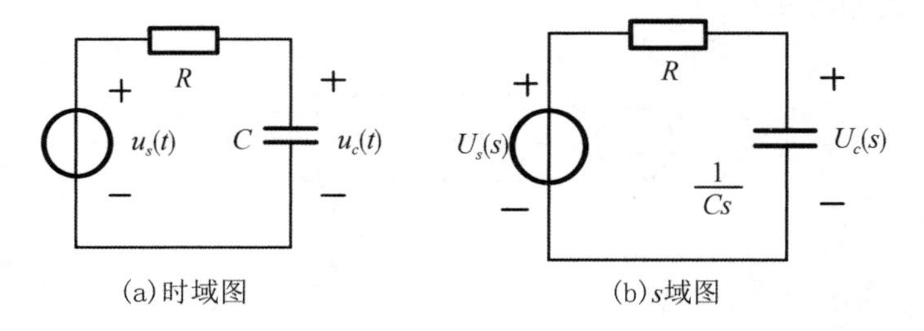

图 4.5.7　RC 电路

解：(1) $u_s(t) = \cos\omega_0 t\varepsilon(t)$，其拉普拉斯变换存在，可采用 s 域分析：

因初始条件为零，RC 电路的 s 域模型如图 4.5.7(b) 所示。有

$$H(s) = \frac{U_c(s)}{U_s(s)} = \frac{\frac{1}{Cs}}{\frac{1}{Cs} + R} = \frac{1}{RCs + 1} = \frac{1}{s + 1}$$

而

$$U_s(s)=\frac{s}{s^2+\omega_0^2}$$

则有

$$U_c(s)=\frac{1}{s+1}\frac{s}{s^2+\omega_0^2}=\frac{k_1}{s+1}+\frac{k_2 s+k_3}{s^2+\omega_0^2}$$

其中

$$k_1=U_c(s)(s+1)\big|_{s=-1}=-\frac{1}{1+\omega_0^2}$$

即

$$\frac{1}{s+1}\frac{s}{s^2+\omega_0^2}=-\left(\frac{1}{1+\omega_0^2}\right)\frac{1}{s+1}+\frac{k_2 s+k_3}{s^2+\omega_0^2}$$

上式左右两边相等,则有

$$k_2=\frac{1}{1+\omega_0^2},k_3=\frac{\omega_0^2}{1+\omega_0^2}$$

有

$$U_c(s)=-\left(\frac{1}{1+\omega_0^2}\right)\frac{1}{s+1}+\left(\frac{1}{1+\omega_0^2}\right)\frac{s}{s^2+\omega_0^2}+\left(\frac{\omega_0}{1+\omega_0^2}\right)\frac{\omega_0}{s^2+\omega_0^2}$$

则有

$$\begin{aligned}U_c(t)&=\frac{1}{(1+\omega_0^2)}[\cos(\omega_0 t)+\omega_0\sin(\omega_0 t)-\mathrm{e}^{-t}]\varepsilon(t)\\&=\frac{1}{\sqrt{(1+\omega_0^2)}}[\cos(\omega_0 t-\arg\omega_0)]\varepsilon(t)-\frac{1}{(1+\omega_0^2)}\mathrm{e}^{-t}\varepsilon(t)\end{aligned}\tag{4.5.7}$$

其中$\frac{1}{\sqrt{(1+\omega_0^2)}}[\cos(\omega_0 t-\arg\omega_0)]\varepsilon(t)$,其值在$\pm\frac{1}{\sqrt{(1+\omega_0^2)}}$间波动,称为稳态响应;而$-\frac{1}{(1+\omega_0^2)}\mathrm{e}^{-t}\varepsilon(t)$在$t\to\infty$时,其值为0,称为瞬态响应。

(2) $u_s(t)=\cos\omega_0 t$,其拉普拉斯变换不存在,不能用s域分析,可采用频域分析。

因

$$H(s)=\frac{1}{s+1}$$

其极点小于零,则有

$$H(\omega)=H(s)\big|_{s=\mathrm{j}\omega}=\frac{1}{\mathrm{j}\omega+1}=\frac{1}{\sqrt{1+\omega^2}}\mathrm{e}^{\mathrm{j}\arctan(-\omega)}$$

即

$$|H(\omega)|=\frac{1}{\sqrt{1+\omega^2}},\varphi(\omega)=-\arctan\omega$$

当激励为角频率ω_0的单频信号时,响应为

$$u_c(t)=\frac{1}{\sqrt{1+\omega_0^2}}\cos(\omega_0 t-\arctan\omega_0)\tag{4.5.8}$$

与式(4.5.7)比较，上式只包含了稳态响应项。比较这两个结果可以看出：**激励不含 $\varepsilon(t)$（无起始时间）时，我们只关心系统工作一段时间后的稳态响应；激励含 $\varepsilon(t)$（有起始时间）时，我们还关心激励刚加入时的瞬态响应。**

习　题　四

4-1　根据定义求下列函数的双边拉普拉斯变换，并注明收敛域。

(1) $x(t)=e^{-t}\varepsilon(t)$　(2) $x(t)=te^{-t}\varepsilon(t)$　(3) $x(t)=\varepsilon(t)$

(4) $x(t)=\varepsilon(t)-\varepsilon(t-2)$　(5) $x(t)=e^{-t}\varepsilon(-t)$　(6) $x(t)=e^{-t}$

(7) $x(t)=\cos\omega_0 t$

4-2　根据定义求下列函数导数的单边拉普拉斯变换。

(1) $x(t)=e^{-t}\varepsilon(t), x(0_-)=0$　(2) $y(t)=e^{-t}\varepsilon(t), y(0_-)=0$　(3) $x(t)=\varepsilon(t)$

4-3　根据单边拉普拉斯变换定义求下列函数的频谱 $X(\omega)$。

(1) $x(t)=e^{-t}\varepsilon(t)$　(2) $x(t)=\varepsilon(t)-\varepsilon(t-4)$　(3) $x(t)=e^{t}\varepsilon(t)$

4-4　根据拉普拉斯变换的性质计算下列函数 $x(t)$ 的（单边）拉普拉斯变换。

(1) $x(t)=t^2\varepsilon(t)$　(2) $x(t)=e^{-t}\cos 5t\varepsilon(t)$　(3) $x(t)=e^{-(t-2)}\varepsilon(t-2)$

(4) $x(t)=te^{-t}\varepsilon(t)$　(5) $x(t)=e^{-(t+2)}\varepsilon(t+2)$

(6) $x(t)=x''(t)$，其中 $x(t)=e^{-t}\varepsilon(t), x(0_-)=1, x'(0_-)=2$

4-5　求图 4-1 所示有始周期信号 $x(t)$ 的拉普拉斯变换。

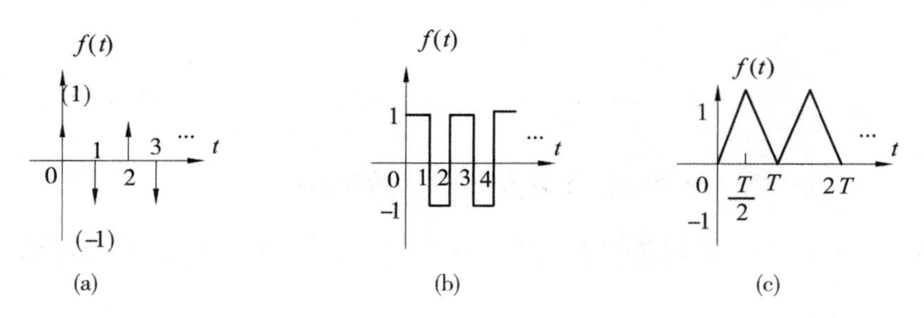

图 4-1　题 4-5 图

4-6　根据 $\varepsilon(t)*\varepsilon(t)=t\varepsilon(t)$，$\varepsilon(t)*\varepsilon(t)*\varepsilon(t)=0.5t^2\varepsilon(t)$ 和拉普拉斯复平移特性，计算下列信号的拉普拉斯变换。

(1) $x(t)=te^{-2t}\varepsilon(t)$　(2) $x(t)=t^2e^{-2t}\varepsilon(t)$　(3) $x(t)=t\cos(\omega_0 t)\varepsilon(t)$

4-7　利用拉普拉斯变换计算下列卷积积分。

(1) $x(t)=e^{-2t}\varepsilon(t)*e^{-3t}\varepsilon(t)$　(2) $x(t)=te^{-2t}\varepsilon(t)*e^{-3t}\varepsilon(t)$

4-8　求下列象函数的原函数 $x(t)$。

(1) $X(s)=\dfrac{s^3-2}{s^2+5s+6}$　(2) $X(s)=\dfrac{s-2}{s^2+5s+6}$　(3) $X(s)=\dfrac{s^2+s+1}{s(s^2+1)}$

(4) $X(s)=\dfrac{s-2}{(s+1)^2}$ (5) $X(s)=\dfrac{s-2}{(s+1)^2(s+2)}$ (6) $X(s)=\dfrac{1-e^{-s}}{(s+2)}$

(7) $X(s)=1-e^{-s}$ (8) $X(s)=\dfrac{1-e^{-2s}}{s(1-e^{-s})}$

4-9 求下列系统的系统函数 $H(s)$。

(1)$h(t)=e^{-2t}\varepsilon(t)$ (2) $y''(t)+3y'(t)+2y(t)=x'(t)+2x(t)$

(3) 激励为 $e^{-2t}\varepsilon(t)$,响应为 $2e^{-2t}\varepsilon(t)+e^{-3t}\varepsilon(t)$

4-10 求下列系统函数的零点和极点,并判断系统是否稳定。

(1) $H(s)=\dfrac{s+1}{s^2+2s+4}$ (2) $H(s)=\dfrac{1}{s^2+2s+1}$

(3) $H(s)=\dfrac{s+1}{s^2+3s+2}$ (4) $H(s)=\dfrac{s+1}{s^3+3s^2+2s+1}$

4-11 求下列系统的频率响应函数 $H(\omega)$。

(1) $H(s)=\dfrac{s+1}{s^2+2s+3}$ (2) $H(s)=\dfrac{1}{s^2+6s+8}$ (3) $H(s)=\dfrac{1}{s^2+3s-5}$

(4) $H(s)=\dfrac{1}{s^3+3s^2+2s+2}$ (5) $H(s)=\dfrac{s+3}{s^3+3s^2+2s-2}$

4-12 某连续LTI系统的激励为 $\varepsilon(t)$,零状态响应为 $e^{-2t}\varepsilon(t)$,求系统函数 $H(s)$ 和微分方程。

4-13 某 LTI 系统,初始条件 $y(0_-)=1$,当激励为 $\varepsilon(t)$ 时,完全响应 $y(t)=3e^{-t}\varepsilon(t)$,求系统函数 $H(s)$。

4-14 LTI 系统的初始条件为 $y(0_-)=1$,当激励 $x(t)=e^{-t}\varepsilon(t)$,系统完全响应为 $y(t)=[e^{-t}+e^{-3t}]\varepsilon(t)$,求系统函数和微分方程。

4-15 设系统的微分方程为 $y''(t)+4y'(t)+3y(t)=2x'(t)+x(t)$,已知 $y'(0_-)=1$,$y(0_-)=1$,$x(t)=e^{-2t}\varepsilon(t)$。试用 s 域方法求零输入响应和零状态响应。

4-16 因果系统的系统函数为 $H(s)=\dfrac{1}{s+2}$,激励分别为如下函数,计算系统的零状态响应 $y_{zs}(t)$。

(1) $x(t)=e^{-0.5t}\varepsilon(t)$ (2) $x(t)=e^{-0.5t}$

4-17 对于图 4-2 所示电路,切换开关 K 处于"1"的位置,电路为稳定状态,开关于 $t=0$ 时由 1 端转向 2 端。已知 $R=100\Omega$,$L=1\text{H}$,$C=400\mu\text{F}$,求换路后的电流$i(t)$。

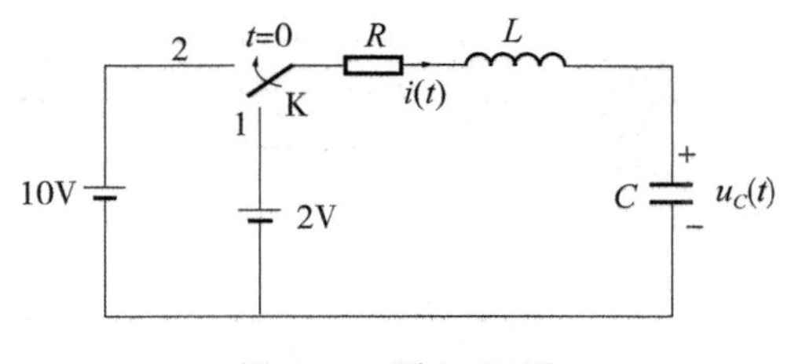

图 4-2 题 4-17 图

4-18　某系统的框图如图 4-3 所示，求：

(1) 系统函数 $H(s)$；

(2) 冲激响应 $h(t)$；

(3) 激励为 $e^{-3t}\varepsilon(t)$ 时，系统的零状态响应。

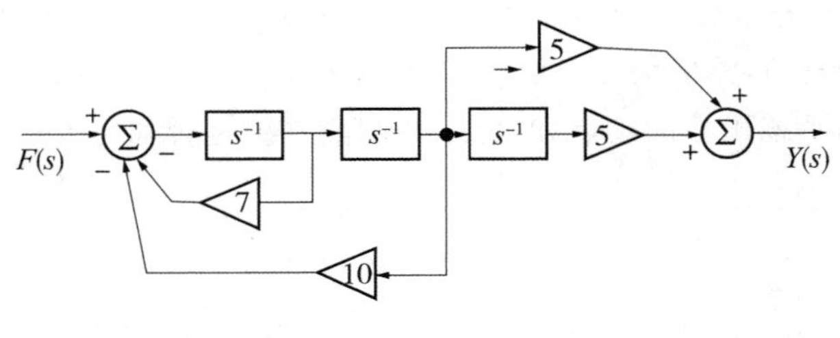

图 4-3　题 4-18 图

4-19　系统图如图 4-4 所示，u_i 为输入，u_o 为输出，$RC=1$。求该系统的系统函数 $H(s)$，频率响应函数 $H(\omega)$。

4-20　如图 4-5 所示系统，输入为 $u_s(t)$，响应为 u_o，求

(1) 系统的频率函数 $H(\omega)$，系统函数 $H(s)$；

(2) 当激励为 $\cos(10t)$ 时的稳态响应 $y_{ss}(t)$；

(3) 当激励为 $\cos(10t)\varepsilon(t)$ 时的零状态响应 $y_{zs}(t)$。

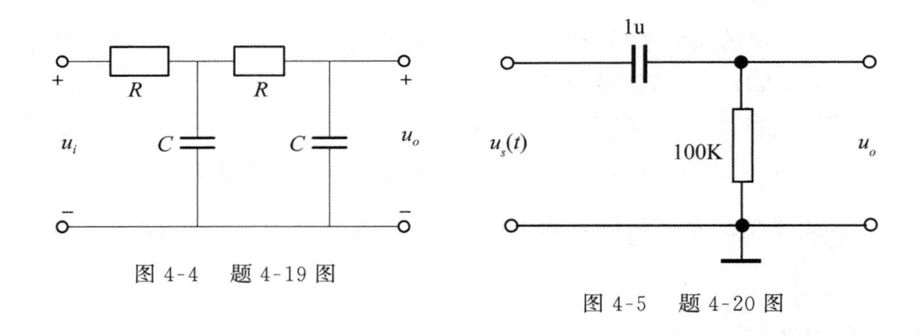

图 4-4　题 4-19 图

图 4-5　题 4-20 图

4-21　反馈系统如图 4-6 所示，判断子系统 $H_1(s)$ 是否为稳定系统；求放大倍数 k 满足什么条件后，反馈系统稳定。

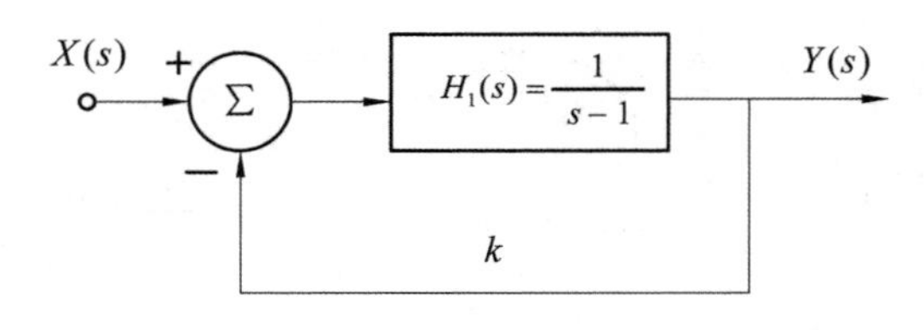

图 4-6　题 4-21 图

第 5 章　离散信号与系统的 z 域分析

本章以复函数 $z=\mathrm{e}^{sT}=\mathrm{e}^{(\sigma+\mathrm{j}\omega)T}$ 为基础引入 z 变换和反 z 变换，分析了离散序列的 z 变换和离散系统的 z 域模型，得出系统的 z 域描述形式——系统函数 $H(z)$。引入 z 域后，可简化离散系统的分析过程。

5.1　z 变换

5.1.1　双边 z 变换的定义

在上章复变量 s 的基础上定义复变量 z：

$$z=\mathrm{e}^{sT}=\mathrm{e}^{(\sigma+\mathrm{j}\omega)T}=\mathrm{Re}[z]+\mathrm{jIm}(z)=|z|\mathrm{e}^{\mathrm{j}\phi(z)} \tag{5.1.1}$$

T 为常数，为离散信号相邻点的时间间隔。$\mathrm{Re}[z]$ 为 z 的实部，$\mathrm{Im}(z)$ 为 z 的虚部。

$|z|$ 为 z 的模

$$|z|=\mathrm{e}^{\sigma T} \tag{5.1.2}$$

$\phi(z)$ 为 z 的复角

$$\phi(z)=\omega T \tag{5.1.3}$$

本书中 z 用模和复角的方式描述，$|z|$ 的取值范围为 $[0,\infty]$，$\phi(z)$ 的取值范围为 $[0,2\pi)$。其图像表示如图 5.1.1 所示，称为 z 平面。

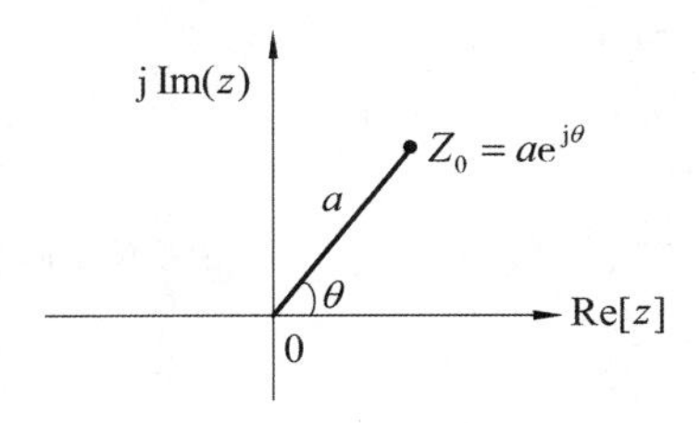

图 5.1.1　z 平面

离散信号 $x(n)$，其双边 z 变换记为 $\mathscr{Z}[x(n)]$，用 $X(z)$ 表示，满足

$$X(z)=\mathscr{Z}[x(n)]=\sum_{n=-\infty}^{\infty}x(n)z^{-n} \tag{5.1.4}$$

$X(z)$ 的反 z 变换记为 $\mathscr{Z}^{-1}[X(z)]$，其定义为

$$x(n)=\mathcal{Z}^{-1}[X(z)]=\frac{1}{2\pi\mathrm{j}}\oint_C X(z)z^{n-1}\mathrm{d}z \tag{5.1.5}$$

上式中 C 为包围 $X(z)z^{n-1}$ 所有极点的逆时针闭合积分路线，其物理意义和推导过程将在本章5.3节中的逆 z 变换中介绍。

$x(n)$ 和 $X(z)$ 称为 z 变换对，它们之间的关系可记为

$$x(n)\leftrightarrow X(z) \tag{5.1.6}$$

式(5.1.4)可通过连续信号的 s 变换得到，其推导过程如下：

对连续信号 $x(t)$ 进行等间隔为 T 的冲激取样后，得到信号 $x_s(t)$：

$$x_s(t)=x(t)\delta_T(t)=\sum_{n=-\infty}^{\infty}x(nT)\delta(t-nT)$$

两边取双边拉普拉斯变换，得到 $X_{Sb}(s)$：

$$X_{Sb}(s)=\sum_{n=-\infty}^{\infty}x(nT)\mathrm{e}^{-nTs} \tag{5.1.7}$$

$x(nT)$ 为第 n 个离散点的函数值，记为 $x(n)$。根据 z 的定义

$$z=\mathrm{e}^{sT}$$

式(5.1.7)变成了复变量 z 的函数式，记为 $X(z)$，则有

$$X(z)=\sum_{n=-\infty}^{\infty}x(n)z^{-n}$$

5.1.2　z 变换的收敛域

z 变换为无穷幂级数之和，根据级数的理论，式(5.1.4)所示求和收敛的充分条件为

$$\sum_{n=-\infty}^{\infty}|x(n)z^{-n}|<\infty \tag{5.1.8}$$

满足上式的 z 值区域称为 z 变换 $X(z)$ 的收敛域。

【例5.1.1】　求以下序列的双边 z 变换，并注明收敛域。

(1) 有限长序列 $x_1(n)=\{1,2,\overset{n=0}{3},2,1\}$；

(2) 因果序列 $x_2(n)=a^n\varepsilon(n)$；

(3) 反因果序列 $x_3(n)=b^n\varepsilon(-n-1)$；

(4) 双边序列 $x_4(n)=x_2(n)+x_3(n)$。

解：(1) 序列 $x_1(n)$ 只在离散区间$[-2,2]$有非零值，则其 z 变换为

$$X_1(z)=\sum_{n=-2}^{2}x_1(n)z^{-n}=z^2+2z+3+2z^{-1}+z^{-2}$$

当 $|z|\neq 0$ 和 $|z|\neq\infty$，上式收敛，即收敛域为

$$0<|z|<\infty$$

(2) 因果序列

$$X_2(z)=\sum_{n=0}^{\infty}x_2(n)z^{-n}=\lim_{N\to\infty}\sum_{n=0}^{N}(az^{-1})^n=\lim_{N\to\infty}\frac{1-(az^{-1})^{N+1}}{1-az^{-1}}=\begin{cases}\dfrac{z}{z-a}, & |z|>|a|\\ \text{不定}, & |z|=|a|\\ \infty, & |z|<|a|\end{cases}$$

因而有

$$X_2(z)=\frac{z}{z-a}$$

收敛域为

$$|z|>|a|$$

收敛域如图 5.1.2(a) 所示。

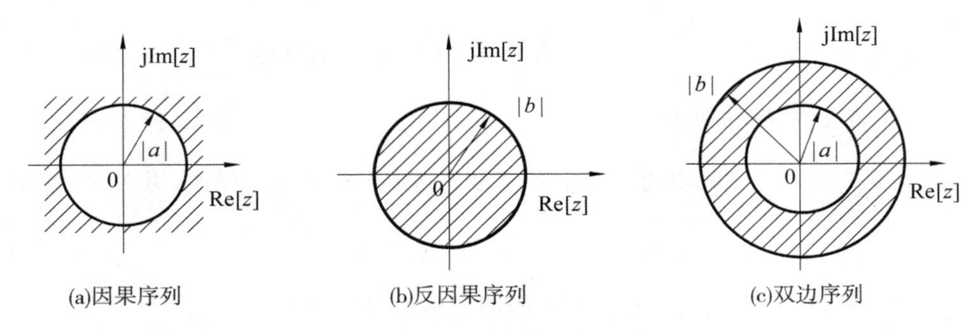

图 5.1.2 序列 z 变换的收敛域(阴影部分)

(3) 反因果序列

$$X_3(z)=\sum_{n=-\infty}^{-1}x_3(n)z^{-n}=\lim_{N\to\infty}\sum_{n=1}^{N}(b^{-1}z)^n=\lim_{N\to\infty}\frac{b^{-1}z-(b^{-1}z)^N}{1-b^{-1}z}$$

$$=\begin{cases}-\dfrac{z}{z-b},|z|<|b|\\ \text{不定},|z|=|b|\\ \infty,|z|>|a|\end{cases}$$

因而有

$$X_3(z)=-\frac{z}{z-b}$$

收敛域为

$$|z|<|b|$$

收敛域如图 5.1.2(b) 所示。

(4) 双边序列

当 $|a|<|b|$ 时,$|a|<|z|<|b|$ 有公共部分,即有

$$X_4(z)=X_2(z)+X_3(z)=\frac{z}{z-a}-\frac{z}{z-b}$$

收敛域为

$$|a|<|z|<|b|$$

收敛域如图 5.1.2(c) 所示。根据以上分析,可得出如下结论:

有限长序列的收敛域至少包含 $0<|z|<\infty$,当 z 变换不包含 $z^N(N\geqslant1)$ 时,还包含 $|z|=\infty$;当 z 变换不包含 $z^{-N}(N\geqslant1)$ 时,还包含 $|z|=0$。

因果序列的收敛域为半径为 R 的圆外，即 $|z| > R$（R 的值由序列的具体形式决定）。

反因果序列的收敛域为半径为 R 的圆内，即 $|z| < R$（R 的值由序列的具体形式决定）。

双边序列的收敛域为半径为 R_1 和 R_2 的环形区域内，即 $R_1 < |z| < R_2$（R_1 和 R_2 的值由序列的具体形式决定）。

并不是所有序列的双边 z 变换都存在，如序列 $x(n) = a^n$，它为双边序列，满足

$$x(n) = a^n = a^n\varepsilon(n) + a^n\varepsilon(-n-1)$$

其收敛域为 $|a| < |z| < |a|$，没有公共区域，即 a^n 的双边 z 变换不存在。

5.1.3　单边 z 变换的定义

定义离散信号 $x(n)$，其单边 z 变换也记为 $\mathcal{Z}[x(n)]$，简称为 z 变换，用 $X(z)$ 表示

$$X(z) = \mathcal{Z}[x(n)] = \sum_{n=0}^{\infty} x(n)z^{-n} \tag{5.1.9}$$

$x(n)$ 和 $X(z)$ 称为 z 变换对，它们之间的关系记为

$$x(n) \leftrightarrow X(z) \tag{5.1.10}$$

对于因果序列，当 $n < 0$ 时，其值为 0，双边 z 变换和单边 z 变换相同。如离散 LTI 系统中，激励 $x(n)$ 为因果序列，则其双边 z 变换和单边 z 变换相同；而响应 $y(n)$ 的初始值 $y(-1), y(-2), \cdots$ 不为 0，则其双边 z 变换和单边 z 变换不同。

5.1.4　常见因果序列的 z 变换

下面给出本书中常用因果序列的 z 变换。

1. 单位序列 $\boldsymbol{\delta(n)}$

$$\mathcal{Z}[\delta(n)] = \delta(0)z^0 = 1$$

即有

$$\delta(n) \leftrightarrow 1, 0 \leqslant |z| \leqslant \infty \tag{5.1.11}$$

2. 因果指数序列 $\boldsymbol{a^n\varepsilon(n)}$

$$a^n\varepsilon(n) \leftrightarrow \frac{z}{z-a}, |z| > |a| \tag{5.1.12}$$

3. 单位阶跃序列 $\boldsymbol{\varepsilon(n)}$

因

$$1^n\varepsilon(n) = \varepsilon(n)$$

则有

$$\varepsilon(n) \leftrightarrow \frac{z}{z-1}, |z| > 1 \tag{5.1.13}$$

4. 余弦序列$(\cos\theta_0 n)\varepsilon(n)$

根据式(5.1.11)和欧拉公式

$$\cos\theta_0 n = \frac{(e^{j\theta_0})^n + (e^{-j\theta_0})^n}{2}$$

可得

$$(\cos\theta_0 n)\varepsilon(n) \leftrightarrow \frac{1}{2}\left(\frac{z}{z-e^{j\theta_0}} + \frac{z}{z-e^{-j\theta_0}}\right) = \frac{z(z-\cos\theta_0)}{z^2-2z\cos\theta_0+1}, |z|>1 \quad (5.1.14)$$

5. 正弦序列$(\sin\theta_0 n)\varepsilon(n)$

按式(5.1.14)的推理方法可得

$$(\sin\theta_0 n)\varepsilon(n) \leftrightarrow \frac{z\sin\theta_0}{z^2-2z\cos\theta_0+1}, |z|>1 \quad (5.1.15)$$

5.2 z 变换的性质

z 变换的性质反映了序列的时域特性和 z 域特性的关系，熟悉它们对掌握 z 域分析方法十分重要。

本节中，如没有特别指出，所描述的性质符合双边 z 变换和单边 z 变换。

5.2.1 线性

z 变换的线性特性描述为：若有

$$x_1(n) \leftrightarrow X_1(z)$$

$$x_2(n) \leftrightarrow X_2(z)$$

则有

$$a_1x_1(z) + a_2x_2(z) \leftrightarrow a_1X_1(z) + a_1X_2(z) \quad (5.2.1)$$

式中 a_1 和 a_2 为常数，收敛域有两种可能：

(1) 收敛域为 $X_1(z)$ 和 $X_2(z)$ 收敛域的公共部分，如

$$2^n\varepsilon(n) \leftrightarrow \frac{z}{z-2}, |z|>2$$

$$\varepsilon(n) \leftrightarrow \frac{z}{z-1}, |z|>1$$

则有

$$(2^n+1)\varepsilon(n) \leftrightarrow \frac{z}{z-1} + \frac{z}{z-2}, |z|>2$$

(2) 收敛域扩大，如

$$\varepsilon(n) \leftrightarrow \frac{z}{z-1}, |z|>1$$

$$z[\varepsilon(n-1)]=\sum_{n=1}^{\infty}z^{-n}=\lim_{N\to\infty}\frac{z^{-1}-z^{-N}}{1-z^{-1}}=\frac{1}{1-z},|z|>1$$

而

$$\varepsilon(n)-\varepsilon(n-1)\leftrightarrow\frac{z}{z-1}-\frac{1}{z-1}=1,0\leqslant|z|\leqslant\infty$$

这是因为 $\varepsilon(n)$ 和 $\varepsilon(n-1)$ 为无限长序列，而

$$\varepsilon(n)-\varepsilon(n-1)=\delta(n)$$

变成了有限长序列。

5.2.2　移位(移序)特性

双边 z 变换与单边 z 变换的移位特性各具不同特点，下面分别进行分析。

1. 双边 z 变换

对正整数 m，若 $x(n)$ 的双边 z 变换为 $X(z)$，则有

$$x(n\pm m)\leftrightarrow z^{\pm m}X(z)\tag{5.2.2}$$

其证明过程如下：

$$z[x(n-m)]=\sum_{n=-\infty}^{\infty}x(n-m)z^{-n}\overset{令n-m=k}{=}\sum_{k=-\infty}^{\infty}x(k)z^{-(k+m)}=z^{-m}\sum_{k=-\infty}^{\infty}x(k)z^{-k}=z^{-m}X(z)$$

2. 单边 z 变换

对正整数 m，若 $x(n)$ 的单边 z 变换为 $X(z)$，则有

$$x(n-m)\leftrightarrow z^{-m}X(z)+\sum_{n=0}^{m-1}x(n-m)z^{-n}\tag{5.2.3}$$

$$x(n+m)\leftrightarrow z^{m}X(z)-\sum_{n=1}^{m}x(m-n)z^{n}\tag{5.2.4}$$

式(5.2.3)证明过程如下：

$$\begin{aligned}z[x(n-m)]&=\sum_{n=0}^{\infty}x(n-m)z^{-n}\overset{令n-m=k}{=}\sum_{k=-m}^{\infty}x(k)z^{-(k+m)}\\&=z^{-m}\sum_{k=-m}^{\infty}x(k)z^{-k}=x(-m)+z^{-1}x(-m+1)\\&\quad+\cdots+z^{-(m-1)}x(-1)+z^{-m}\sum_{k=0}^{\infty}x(k)z^{-k}\\&=z^{-m}X(z)+\sum_{n=0}^{m-1}x(n-m)z^{-n}\end{aligned}$$

式(5.2.4)证明过程如下：

$$\begin{aligned}z[x(n+m)]&=\sum_{n=0}^{\infty}x(n+m)z^{-n}\overset{令n+m=k}{=}\sum_{k=m}^{\infty}x(k)z^{-(k-m)}=z^{m}\sum_{k=m}^{\infty}x(k)z^{-k}\\&=z^{-m}X(z)-z^{m}x(0)-z^{m-1}x(1)-\cdots-zx(m-1)\end{aligned}$$

$$= z^m X(z) - \sum_{n=1}^{m} x(m-n) z^n$$

单边 z 变换主要用来求解差分方程，如对应系统中的激励 $x(n)$ 和响应 $y(n)$，因

$$x(-1) = x(-2) = \cdots = 0$$

则有

$$x(n \pm m) \leftrightarrow z^{\pm m} X(z) \tag{5.2.5}$$

而 $y(-1), y(-2), \cdots$ 不一定为 0，则有

$$y(n-1) \leftrightarrow z^{-1} y(z) + y(-1) \tag{5.2.6-1}$$

$$y(n-2) \leftrightarrow z^{-2} y(z) + z^{-1} y(-1) + y(-2), \cdots \tag{5.2.6-2}$$

单边 z 变换的延时特性是系统差分方程 z 域求解的数学基础。

【例 5.2.1】 求周期为 N 的有始周期性单位序列 $\sum\limits_{m=0}^{\infty} \delta(n-mN)$ 的 z 变换。

解：因

$$\delta(n) \leftrightarrow 1$$

则有

$$\delta(n-mN) \leftrightarrow z^{-mN}$$

有

$$\sum_{m=0}^{\infty} \delta(n-mN) \leftrightarrow \sum_{m=0}^{\infty} z^{-mN} = \frac{1}{1-z^{-N}} = \frac{z^N}{z^N-1}, |z| > 1 \tag{5.2.7}$$

5.2.3 序列乘 a^n（z 域尺度变换）

若

$$x(n) \leftrightarrow X(z)$$

则有

$$a^n x(n) \leftrightarrow X\left(\frac{z}{a}\right) \tag{5.2.8}$$

该式的推导如下：

$$z[a^n x(n)] = \sum_{n=-\infty}^{\infty} a^n x(n) z^{-n} = \sum_{n=-\infty}^{\infty} x(n) \left(\frac{z}{a}\right)^{-n} = X\left(\frac{z}{a}\right)$$

z 域尺度变换主要用来简化 z 变换的计算。

【例 5.2.2】 根据 $\varepsilon(n) \leftrightarrow \dfrac{z}{z-1}$，计算下列序列的 z 变换。

(1) $a^n \varepsilon(n)$ (2) $\cos(\theta_0 n)\varepsilon(n)$ (3) $\sin(\theta_0 n)\varepsilon(n)$

(4) $a^n \cos(\theta_0 n)\varepsilon(n)$ (5) $a^n \sin(\theta_0 n)\varepsilon(n)$

解：(1) 因

$$\varepsilon(n) \leftrightarrow \frac{z}{z-1}$$

则有

$$a^{n}\varepsilon(n)\leftrightarrow \frac{z/a}{z/a-1}=\frac{z}{z-a}$$

(2)

$$\cos(\theta_0 n)\varepsilon(n)=\frac{e^{j\theta_0 n}+e^{-j\theta_0 n}}{2}\varepsilon(n)$$

则有

$$\cos(\theta_0 n)\varepsilon(n)\leftrightarrow \frac{0.5z/e^{j\theta_0}}{z/e^{j\theta_0}-1}+\frac{0.5z/e^{-j\theta_0}}{z/e^{-j\theta_0}-1}=\frac{z(z-\cos\theta_0)}{z^2-2z\cos\theta_0+1}$$

即

$$\cos(\theta_0 n)\varepsilon(n)\leftrightarrow \frac{z(z-\cos\theta_0)}{z^2-2z\cos\theta_0+1}$$

(3)

$$\sin(\theta_0 n)\varepsilon(n)=\frac{e^{j\theta_0 n}-e^{-j\theta_0 n}}{2i}\varepsilon(n)$$

则有

$$\sin(\theta_0 n)\varepsilon(n)\leftrightarrow \frac{1}{2j}\left(\frac{0.5jz/e^{j\theta_0}}{z/e^{j\theta_0}-1}-\frac{0.5z/e^{-j\theta_0}}{z/e^{-j\theta_0}-1}\right)=\frac{z\sin\theta_0}{z^2-2z\cos\theta_0+1}$$

即

$$\sin(\theta_0 n)\varepsilon(n)\leftrightarrow \frac{z\sin\theta_0}{z^2-2z\cos\theta_0+1}$$

(4) 因

$$\cos(\theta_0 n)\varepsilon(n)\leftrightarrow \frac{z(z-\cos\theta_0)}{z^2-2z\cos\theta_0+1}$$

则有

$$a^{n}\cos(\theta_0 n)\varepsilon(n)\leftrightarrow \frac{\dfrac{z}{a}\left(\dfrac{z}{a}-\cos\theta\right)}{\dfrac{z^2}{a^2}-\dfrac{2z}{a}\cos\theta_0+1}=\frac{z(z-a\cos\theta_0)}{z^2-2az\cos\theta_0+a^2} \tag{5.2.9}$$

(5)

因

$$\sin(\theta_0 n)\varepsilon(n)\leftrightarrow \frac{z\sin\theta_0}{z^2-2z\cos\theta_0+1}$$

则有

$$a^{n}\sin(\theta_0 n)\varepsilon(n)\leftrightarrow \frac{za\sin\theta_0}{z^2-2az\cos\theta_0+a^2} \tag{5.2.10}$$

5.2.4　卷积定理

z 域变换的卷积特性描述为:若有

$$x_1(n)\leftrightarrow X_1(z),\ x_2(n)\leftrightarrow X_2(z)$$

则有

$$x_1(n) * x_2(n) \leftrightarrow X_1(z)X_2(z) \tag{5.2.11}$$

卷积定理是系统 z 域分析的数学基础，可通过它得到系统的 z 域模型。

【例 5.2.3】 根据卷积定理等 z 变换特性求下列序列的 z 变换。

(1) $n\varepsilon(n)$ (2) $\dfrac{n(n-1)\varepsilon(n)}{2}$ (3) $\dfrac{a^n n(n-1)\varepsilon(n)}{2}$

(4) $\dfrac{n(n-1)(n-2)\cdots n(n-k+1)\varepsilon(n)}{k!}$

(5) $a^n \dfrac{n(n-1)(n-2)\cdots n(n-k+1)\varepsilon(n)}{k!}$

解：(1) 因

$$\varepsilon(n) * \varepsilon(n) = (n+1)\varepsilon(n) = (n+1)\varepsilon(n+1)$$

有

$$n\varepsilon(n) = \varepsilon(n) * \varepsilon(n-1) \leftrightarrow \frac{z}{z-1}\frac{z^{-1}z}{z-1} = \frac{z}{(z-1)^2}$$

即

$$n\varepsilon(n) \leftrightarrow \frac{z}{(z-1)^2} \tag{5.2.12}$$

(2) $\varepsilon(n) * \varepsilon(n) * \varepsilon(n) = (n+1)\varepsilon(n) * \varepsilon(n) \overset{\text{卷积定义}}{=} \left[\sum_{i=0}^{n}(i+1)\right]\varepsilon(n)$

$$= \frac{(n+2)(n+1)}{2}\varepsilon(n) = \frac{(n+2)(n+1)}{2}\varepsilon(n+2)$$

因

$$\frac{(n+2)(n+1)}{2}\varepsilon(n+2) = \varepsilon(n) * \varepsilon(n) * \varepsilon(n) \leftrightarrow \frac{z^3}{(z-1)^3}$$

根据 z 变换的时延特性有

$$\frac{n(n-1)\varepsilon(n)}{2} \leftrightarrow \frac{z}{(z-1)^3} \tag{5.2.13}$$

(3) 因

$$\frac{n(n-1)\varepsilon(n)}{2} \leftrightarrow \frac{z}{(z-1)^3}$$

则有

$$a^n n(n-1)\varepsilon(n) \leftrightarrow \frac{2a^2 z}{(z-a)^3} \tag{5.2.14}$$

(4)

通过卷积和定义可得到

$$\underbrace{\varepsilon(n) * \varepsilon(n) * \cdots * \varepsilon(n)}_{k\text{个}} = \frac{(n+k-1)(n+k-2)\cdots n\varepsilon(n)}{k!}$$

$$= \frac{(n+k-1)(n+k-2)\cdots n\varepsilon(n+k-1)}{k!}$$

因

$$\underbrace{\varepsilon(n) * \varepsilon(n) * \cdots * \varepsilon(n)}_{k个} \leftrightarrow \left(\frac{z}{z-1}\right)^k$$

则有

$$\frac{n(n-1)(n-2)\cdots n(n-k+1)\varepsilon(n)}{k!} \leftrightarrow \frac{z}{(z-1)^k} \tag{5.2.15}$$

(5) 根据式(5.2.15)和 z 变换的性质可得

$$a^n \frac{n(n-1)(n-2)\cdots n(n-k+1)\varepsilon(n)}{k!} \leftrightarrow \frac{a^{k-1}z}{(z-a)^k} \tag{5.2.16}$$

5.2.5　序列乘 n(z 域微分)

若有

$$x(n) \leftrightarrow X(z)$$

则有

$$nx(n) \leftrightarrow -z\frac{\mathrm{d}}{\mathrm{d}z}X(z) \tag{5.2.17-1}$$

$$n^2x(n) \leftrightarrow (-z)\left[-z\frac{\mathrm{d}}{\mathrm{d}z}X(z)\right], \cdots \tag{5.2.17-2}$$

该性质主要用来计算 $n^kx(n)$ 的 z 变换,或者$\frac{z}{(z-a)^n}$的逆 z 变换。

【例 5.2.4】　求 $na^{n-1}\varepsilon(n)$,$0.5n(n-1)a^{n-2}\varepsilon(n)$ 的 z 变换。

$$a^n\varepsilon(n) \leftrightarrow \frac{z}{z-a} \Rightarrow na^n\varepsilon(n) \leftrightarrow -z\mathrm{d}\left(\frac{z}{z-a}\right)/\mathrm{d}z = \frac{az}{(z-a)^2}$$

则有

$$na^{n-1}\varepsilon(n) \leftrightarrow \frac{z}{(z-a)^2}$$

同理

$$n^2a^{k-1}\varepsilon(n) \leftrightarrow -z\mathrm{d}\left(\frac{z}{(z-a)^2}\right)/\mathrm{d}z = \frac{z}{(z-2)^2} + \frac{2az}{(z-2)^3}$$

根据 z 变换的线性特性有

$$0.5(n^2a^{k-1}\varepsilon(n) - na^{k-1}\varepsilon(n)) \leftrightarrow \frac{2az}{(z-2)^3}$$

即有

$$0.5n(n-1)a^{n-2}\varepsilon(n) \leftrightarrow \frac{z}{(z-2)^3}$$

从上面两例可以看出,采用例 5.2.3 计算$\frac{z}{(z-a)^n}$的原序列过程要简单。

5.2.6　序列除$(n+M)$(z 域积分)

若有

$$x(n) \leftrightarrow X(z)$$

设有整数 M,且有 $n+M>0$,则

$$\frac{x(n)}{n+M} \leftrightarrow z^{M} \int_{z}^{\infty} \frac{X(\eta)}{\eta^{M+1}} \mathrm{d}\eta \tag{5.2.18}$$

其推导过程如下:因

$$X(z) = \sum_{n=-\infty}^{\infty} x(n) z^{-n}$$

代入到上式的右边有

$$z^{M} \int_{z}^{\infty} \frac{X(\eta)}{\eta^{M+1}} \mathrm{d}\eta = z^{M} \int_{z}^{\infty} \frac{\sum_{n=-\infty}^{\infty} x(n) \eta^{-n}}{\eta^{M+1}} \mathrm{d}\eta = z^{M} \sum_{n=-\infty}^{\infty} x(n) \int_{z}^{\infty} \eta^{-(n+M+1)} \mathrm{d}\eta$$

$$= z^{M} \sum_{n=-\infty}^{\infty} x(n) \left[\frac{\eta^{-n+M}}{n+M}\right]_{\infty}^{z} = \sum_{n=-\infty}^{\infty} \frac{x(n)}{n+M} z^{-n} = \mathcal{Z}\left[\frac{x(n)}{n+M}\right]$$

上式应用了 $n+M>0$ 时,$\eta^{-(n+M)}\big|_{\eta=\infty}$ 为 0。

z 域积分特性主要用来计算$\dfrac{x(n)}{n+M}$等序列的 z 变换。

5.2.7 时域反转

时域反转只适合双边 z 变换。

若有

$$x(n) \leftrightarrow X(z), a < |z| < \beta$$

则有

$$x(-n) \leftrightarrow X(z^{-1}), \frac{1}{\beta} < |z| < \frac{1}{a} \tag{5.2.19}$$

其推导过程如下:

$$\mathcal{Z}[x(-n)] = \sum_{n=-\infty}^{\infty} x(-n) z^{-n} = \sum_{n=\infty}^{-\infty} x(n) z^{n} = \sum_{n=-\infty}^{\infty} x(n) (z^{-1})^{-n} = X(z^{-1})$$

其收敛域为

$$a < |z^{-1}| < \beta$$

即有

$$\frac{1}{\beta} < |z| < \frac{1}{a}$$

该性质描述了因果序列和反因果序列双边 z 变换的关系。

【例 5.2.5】 求序列 $a^{n}\varepsilon(-n-1)$ 的 z 变换。

解:因

$$\left(\frac{1}{a}\right)^{n} \varepsilon(n) \leftrightarrow \frac{z}{z-\frac{1}{a}}, |z| > \left|\frac{1}{a}\right|$$

则有

$$\left(\frac{1}{a}\right)^{-n}\varepsilon(-n)=a^{n}\varepsilon(-n)\leftrightarrow\frac{\frac{1}{z}}{\frac{1}{z}-\frac{1}{a}},|z|<|a|$$

根据 z 变换的时移特性有

$$a^{n+1}\varepsilon(-n-1)\leftrightarrow z\frac{\frac{1}{z}}{\frac{1}{z}-\frac{1}{a}}=-\frac{az}{z-a},|z|<|a|$$

即有

$$a^{n}\varepsilon(-n-1)\leftrightarrow-\frac{z}{z-a},|z|<|a| \tag{5.2.20}$$

上式也可根据 z 变换的定义直接得到。

5.2.8　求和

若有

$$x(n)\leftrightarrow X(z)$$

则有

$$\sum_{i=-\infty}^{n}x(i)\leftrightarrow\frac{z}{z-1}X(z) \tag{5.2.21}$$

此式只符合双边 z 变换。其推导过程如下：

$$x(n)*\varepsilon(n)=\sum_{i=-\infty}^{\infty}x(i)\varepsilon(n-i)=\sum_{i=-\infty}^{n}x(i)$$

根据 z 变换卷积定理和 $\varepsilon(n)\leftrightarrow\frac{z}{z-1}$，可得

$$\sum_{i=-\infty}^{n}x(i)=x(n)*\varepsilon(n)\leftrightarrow\frac{z}{z-1}X(z)$$

5.2.9　初值定理和终值定理

若 $k<N$ 时，$x(n)=0$，且有

$$x(n)\leftrightarrow X(z)$$

则有 $x(n)$ 的初值 $x(N)$ 为：

$$x(N)=\lim_{z\to\infty}z^{N}X(z) \tag{5.2.22}$$

$x(n)$ 的终值 $x(\infty)$ 为：

$$x(\infty)=\lim_{z\to1}(z-1)X(z) \tag{5.2.23}$$

上述两式可根据 z 变换的定义得到。

这里将这些 z 变换性质列于表 5.2.1。本书中应用到的性质主要有：**线性、移位、尺度变换、卷积**等基本性质。

表 5.2.1 **z 变换的性质**

$x(n)\leftrightarrow X(z)$　$x_1(n)\leftrightarrow X_1(z)$　$x_2(n)\leftrightarrow X_2(z)$			
1	性质名称	数学描述	备注
2	线性	$a_1x_1(z)+a_2x_2(z)\leftrightarrow a_1X_1(z)+a_1X_2(z)$	单边、双边
3	移位特性	$x(n\pm m)\leftrightarrow z^{\pm m}X(z)$	双边 z 变换
		$x(n-m)\leftrightarrow z^{-m}X(z)+\sum_{n=0}^{m-1}x(n-m)z^{-n}$	单边 z 变换，$m>0$
4	尺度变换	$a^n x(n)\leftrightarrow X\left(\frac{z}{a}\right)$	单边、双边
5	卷积	$x_1(n)*x_2(n)\leftrightarrow X_1(z)X_2(z)$	单边、双边
6	序列乘 n	$nx(n)\leftrightarrow -z\frac{\mathrm{d}}{\mathrm{d}z}X(z)$	单边、双边
7	序列除$(n+M)$	$\frac{x(n)}{n+M}\leftrightarrow z^M\int_z^{\infty}\frac{X(\eta)}{\eta^{M+1}}\mathrm{d}\eta$	单边、双边
8	时域反转	$x(-n)\leftrightarrow X(z^{-1})$	双边 z 变换
9	求和	$\sum_{i=-\infty}^{n}x(i)\leftrightarrow \frac{z}{z-1}X(z)$	单边、双边
10	初值定理	$x(N)=\lim_{z\to\infty}z^N X(z)$	单边、双边
11	终值定理	$x(\infty)=\lim_{z\to 1}(z-1)X(z)$	单边、双边

5.3 逆 z 变换

5.3.1 逆 z 变换的定义

离散序列 $x(n)$ 的 z 变换记为 $\mathcal{Z}[x(n)]$，$X(z)$ 的逆 z 变换记为 $\mathcal{Z}^{-1}[X(z)]$，其定义为

$$x(n)=\mathcal{Z}^{-1}[X(z)]=\frac{1}{2\pi \mathrm{j}}\oint_C X(z)z^{n-1}\mathrm{d}z \tag{5.3.1}$$

式中 C 为处于 $X(z)$ 的收敛域内并包围坐标原点的逆时针闭合积分曲线，如图 5.3.1 所示，阴影部分为收敛域，闭合曲线 C 为式(5.3.1) 中的积分曲线。

其推导过程如下：

式(5.3.1) 右边的积分区域在收敛域内时，$X(z)$ 项可展开为

$$X(z)=\sum_{n=-\infty}^{\infty}x(n)z^{-n}$$

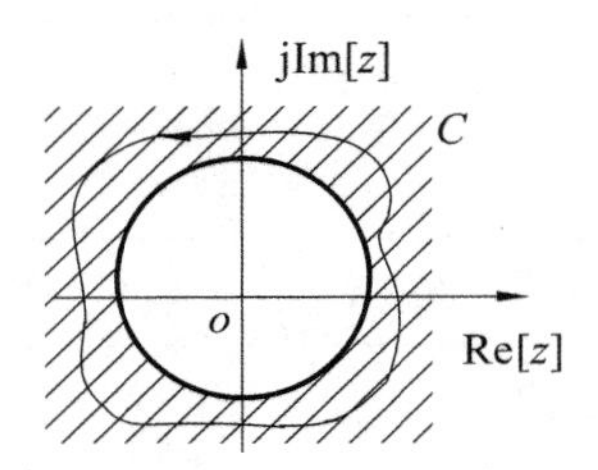

图 5.3.1　闭合曲线 C

即有

$$\frac{1}{2\pi j}\oint_C z^{n-1}X(z)dz = \frac{1}{2\pi j}\oint_C\left[\sum_{m=-\infty}^{\infty}x(m)z^{-m}\right]z^{n-1}dz$$

$$= \frac{1}{2\pi j}x(m)\oint_C\sum_{m=-\infty}^{\infty}z^{n-m-1}dz \tag{5.3.2}$$

根据复变函数中的柯西定理（C 为包围坐标原点的逆时针闭合积分曲线），有

$$\oint_C z^{k-1}dz = \begin{cases}2\pi j, k=0\\ 0, k\neq 0\end{cases}$$

只有当 $m=n$ 时，式(5.3.2) 项不为 0，即有

$$\frac{1}{2\pi j}\oint_C z^{n-1}X(z)dz = \frac{1}{2\pi j}x(m)\oint_C\sum_{m=-\infty}^{\infty}z^{n-m-1}dz = x(n)$$

闭合逆时针积分曲线 C 应在 $X(z)$ 的收敛域内，且包围坐标原点。

逆 z 变换的计算方法有三种：留数法、长除法和部分分式展开法。其中部分分式展开法比较简单，应用最广，本节将详细讲解，而另外两种方法仅做简要介绍。

5.3.2　留数法计算逆 z 变换

根据留数定理，式(5.3.1) 可展开为

$$x(n) = z^{-1}[X(z)] = \frac{1}{2\pi j}\oint_C X(z)z^{n-1}dz = \sum_m[X(z)z^{n-1}\text{ 在 } C \text{ 内极点的留数}]$$

可简写为

$$x(n) = \sum_m \text{Res}\left[X(z)z^{n-1}\right]_{z=z_m} \tag{5.3.3}$$

式中 Res 表示极点的留数，z_m 为 $X(z)z^{n-1}$ 在闭合曲线 C 内的极点，因 C 在 $X(z)$ 的收敛区域内，因此 z_m 为 $X(z)z^{n-1}$ 在 $X(z)$ 的收敛区域内的极点。

留数的具体计算公式为：如 $X(z)z^{n-1}$ 在 $z=z_m$ 处有 r 阶极点，则有

$$\sum_m \text{Res}\left[X(z)z^{n-1}\right]_{z=z_m} = \frac{1}{(r-1)!}\left\{\frac{d^{r-1}}{dz^{r-1}}\left[(z-z_m)^r X(z)z^{n-1}\right]\right\}_{z=z_m} \tag{5.3.4}$$

当 $r=1$ 时，则有

$$\sum_m \text{Res}\left[X(z)z^{n-1}\right]_{z=z_m} = \left[(z-z_m)X(z)z^{n-1}\right]_{z=z_m} \tag{5.3.5}$$

【例 5.3.1】　$X(z)=\dfrac{z}{(z-1)(z-0.5)}$，求在如下三种不同收敛域下的逆 z 变换 $x(n)$。

(1) $|z|>1$　(2) $0.5<|z|<1$　(3) $|z|<0.5$

解：

$$x(n)=\sum_{m}\mathrm{Res}\left[\frac{z^n}{(z-1)(z-0.5)}\right]_{z=z_m}$$

(1) 收敛域为 $|z|>1$。

逆 z 变换闭合积分区域内的极点包括单极点 $z_1=1$，$z_2=0.5$；当 $n\leqslant-1$ 时，还包括 $-n$ 阶极点 $z_3=0$，则有

$$\mathrm{Res}\left[\frac{z^n}{(z-1)(z-0.5)}\right]_{z=z_1}=\left[\frac{z^n}{(z-1)(z-0.5)}(z-1)\right]_{z=1}=2$$

$$\mathrm{Res}\left[\frac{z^n}{(z-1)(z-0.5)}\right]_{z=z_2}=\left[\frac{z^n}{(z-1)(z-0.5)}(z-0.5)\right]_{z=0.5}=-2\,(0.5)^n$$

$$\mathrm{Res}\left[\frac{z^n}{(z-1)(z-0.5)}\right]_{z=z_3}=\frac{1}{(-n-1)!}\left\{\frac{\mathrm{d}^{(-n-1)}}{\mathrm{d}z^{(-n-1)}}\left[\frac{1}{(z-1)(z-0.5)}\right]\right\}_{z=0}=2\,(0.5)^n-2$$

所以有

$$\begin{aligned}x(n)&=2-2\,(0.5)^n+[2\,(0.5)^n-2]\varepsilon(-n-1)\\&=[2-2\,(0.5)^n]\varepsilon(n)\end{aligned}$$

(2) 收敛域为 $0.5<|z|<1$。

逆 z 变换闭合积分区域内的极点包括单极点 $z_1=0.5$；当 $n\leqslant-1$ 时，还包括 $-n$ 阶极点 $z_2=0$：

$$\begin{aligned}x(n)&=-2\,(0.5)^n+[2\,(0.5)^n-2]\varepsilon(-n-1)\\&=-2\,(0.5)^n\varepsilon(n)-2\varepsilon(-n-1)\end{aligned}$$

(3) 收敛域为 $|z|<0.5$。

当 $n\leqslant-1$ 时，逆 z 变换闭合积分区域内包括 $-n$ 阶极点 $z_1=0$：

$$x(n)=[2\,(0.5)^n-2]\varepsilon(-n-1)$$

5.3.3　长除法计算逆 z 变换

z 变换的定义为

$$X(z)=\sum_{n=-\infty}^{\infty}x(n)z^{-n}$$

如将 $X(z)$ 分解为

$$X(z)=\cdots+a_1z^{-1}+a_0+a_{-1}z^1+\cdots\tag{5.3.6}$$

则有

$$\cdots,x(1)=a_1,x(0)=a_0,x(-1)=a_{-1},\cdots\tag{5.3.7}$$

长除法就是利用分式的除法，将 $X(z)$ 分解为式(5.3.6)，从而得到 $x(n)$ 在每一点的具体值。

【例 5.3.2】 $X(z)=\dfrac{z}{(z-1)(z-0.5)}$，求在如下两种不同收敛域的逆 z 变换 $x(n)$。

(1) $|z|>1$　(2) $|z|<0.5$

解：(1) 因收敛域 $|z|>1$，$x(n)$ 为因果信号，$n<0$ 时，$x(n)=0$

将 $\dfrac{z}{(z-1)(z-0.5)}$ 进行长除

$$
\begin{array}{r}
z^{-1}+1.5z^{-2} \\
z^2-1.5z+0.5\,\overline{)\,z\qquad\qquad\qquad} \\
\underline{z-1.5+0.5z^{-1}} \\
1.5-0.5z^{-1} \\
\underline{1.5-2.25z^{-1}+0.75} \\
1.75z^{-1}-0.75
\end{array}
$$

所以有 $x(0)=0$，$x(1)=1$，$x(2)=1.5$，…

(2) 因收敛域 $|z|<0.5$，$x(n)$ 为反因果信号，$n\geqslant 0$ 时，$x(n)=0$

将 $\dfrac{z}{(z-1)(z-0.5)}$ 进行长除

$$
\begin{array}{r}
2z+6z^2 \\
z^2-1.5z+0.5\,\overline{)\,z\qquad\qquad} \\
\underline{z-3z^2+2z^3} \\
3z^2-2z^3 \\
\underline{3z^3-9z^3+6z^4} \\
7z^3-6z^4 \\
\cdots
\end{array}
$$

所以有 $x(-1)=2$，$x(-1)=6$，…

以上两种收敛域所求得的逆 z 变换与例 5.3.1 相同，如收敛域为 $0.5<|z|<1$，$x(n)$ 为双边序列，用长除法的计算方法就相对复杂。

利用长除法，可确定函数 $X(z)$ 的原因果序列 $x(n)$ 的初值。

【例 5.3.3】 $X(z)=\dfrac{z}{(z-1)(z-0.5)}$，求原因果序列 $x(n)$ 的初值。

解：

$$X(z)=\frac{z}{(z^2-1.5z+0.5)}=z^{-1}+az^{-2}+\cdots$$

根据 z 变换的定义可以得到，因果序列的第一个不为零的值为

$$x(1)=1$$

5.3.4　分式展开法计算逆 z 变换

如 $\dfrac{X(z)}{z}$ 为分式表达式

$$\frac{X(z)}{z}=\frac{B(z)}{A(z)}=\frac{b_m z^m+b_{m-1}z^{m-1}+\cdots+b_1 z+b_0}{z^k+a_{k-1}z^{k-1}+\cdots+a_1 z+a_0} \tag{5.3.8}$$

式中 $m<k$，称为真分式。

如分式表达式中 $m\geqslant k$，称为假分式，可通过化简变为真分式与 1、z、z^2 等的线性叠加。而

$$\delta(n+1)\leftrightarrow z$$

$$\delta(n+2)\leftrightarrow z^2$$

即假分式的逆 z 变换也是通过计算相应真分式的逆 z 变换得到的。

如 $X(z)=\dfrac{z^3+z^2+1}{z^2+0.3z+0.02}$，则有

$$\frac{X(z)}{z}=\frac{z^3+z^2+1}{z(z^2+0.3z+0.02)}$$

分子、分母的最高次项都是 3，为假分式，化简可得

$$\frac{X(z)}{z}=\frac{z^3+z^2+1}{z(z^2+0.3z+0.02)}=1+\frac{0.7z^2-0.02z+1}{z(z^2+0.3z+0.02)}$$

则有

$$X(z)=z+\frac{0.7z^2-0.02z+1}{z^2+0.3z+0.02}$$

设上式右边最后一项的反 z 变换为 $x_1(n)$，则有 $X(z)$ 的原函数 $x(n)$ 为

$$x(n)=\delta(n+1)+x_1(n)$$

式(5.3.8)中，设 $X(z)$ 为真分式，分母项

$$A(z)=(z-z_1)(z-z_2)\cdots(z-z_k)=0 \tag{5.3.9}$$

称为特征方程，它的根称为特征根，k 个特征根 $z_i(i=1,2,\cdots,k)$ 称为 $\dfrac{X(z)}{z}$ 的极点。

极点可能是单极点、共轭单极点或重极点。下面按这 3 种情况分析。

1. 都为单极点

$\dfrac{X(z)}{z}$ 可展开为

$$\frac{X(z)}{z}=\frac{C_1}{z-z_1}+\cdots+\frac{C_k}{z-z_k}$$

$$X(z)=\frac{C_1 z}{z-z_1}+\cdots+\frac{C_k z}{z-z_k} \tag{5.3.10-1}$$

系数 C_i 满足

$$C_i=\frac{X(z)}{z}(z-z_i)\bigg|_{z=z_i} \tag{5.3.10-2}$$

其推理方法与拉普拉斯逆变换一样。

根据 z 变换的结论可得到式(5.3.10)的逆 z 变换 $x(n)$：当收敛域满足 $|z|>z_i$，有

$$(z_i)^n\varepsilon(n)\leftrightarrow\frac{z}{z-z_i} \tag{5.3.11}$$

当收敛域满足 $|z| < z_i$，有

$$-(z_i)^n \varepsilon(-n-1) \leftrightarrow \frac{z}{z-z_i} \tag{5.3.12}$$

【例 5.3.4】 $X(z)=\dfrac{z}{(z-1)(z-0.5)}$，求在如下 3 种不同收敛域下的逆 z 变换 $x(n)$。

(1) $|z|>1$　(2) $0.5<|z|<1$　(3) $|z|<0.5$

解：

$$\frac{X(z)}{z}=\frac{1}{(z-1)(z-0.5)}=\frac{C_1}{(z-1)}-\frac{C_2}{(z-0.5)}$$

$$C_1=\frac{X(z)}{z}(z-1)\bigg|_{z=1}=2$$

$$C_2=\frac{X(z)}{z}(z-0.5)\bigg|_{z=0.5}=2$$

则有

$$X(z)=\frac{2z}{(z-1)}-\frac{2z}{(z-0.5)}$$

(1) 收敛域 $|z|>1$，原序列为因果序列，有

$$x(n)=[2-2(0.5)^n]\varepsilon(n)$$

(2) 收敛域 $0.5<|z|<1$

$$\frac{2z}{(z-1)} \text{的原序列为反因果序列}$$

$$\frac{2z}{(z-0.5)} \text{的原序列为因果序列}$$

则有

$$x(n)=-2(0.5)^n\varepsilon(n)-2\varepsilon(-n-1)$$

(3) 收敛域 $|z|<0.5$，为反因果序列，有

$$x(n)=[2(0.5)^n-2]\varepsilon(-n-1)$$

比较例 5.3.1、例 5.3.2 与例 5.3.4 的计算过程，分式展开法最为简单，实际应用中一般采用分式展开法。

2. 含共轭单极点

如果 $X(z)$ 有一对共轭单极点 $z_{1,2}=c\pm \mathrm{j}d=a\mathrm{e}^{\pm \mathrm{j}\beta}$

$$a=\sqrt{c^2+\mathrm{d}^2},\beta=\arctan\frac{\mathrm{d}}{c}$$

则可将 $X(z)$ 展开为

$$\frac{X(z)}{z}=\frac{C_1}{z-z_1}+\frac{C_2}{z-z_2}+\cdots$$

式中省略项为单极点的分解项，可按上面的单极点分解方法求得。

因 z_1，z_2 为共轭极点，则可得到

$$C_2^* = C_1 = |C_1| e^{-j\theta} \tag{5.3.13}$$

则有

$$\frac{C_1}{z - z_1} + \frac{C_2}{z - z_2} = \frac{|C_1| e^{j\theta}}{z - a e^{j\beta}} + \frac{|C_1| e^{-j\theta}}{z - a e^{-j\beta}}$$

其逆 z 变换为：

如收敛域 $|z| > a$，有

$$z\left(\frac{|C_1| e^{j\theta}}{z - a e^{j\beta}} + \frac{|C_1| e^{-j\theta}}{z - a e^{-j\beta}}\right) \leftrightarrow 2 |C_1| a^n \cos(\beta n + \theta) \varepsilon(n) \tag{5.3.14-1}$$

如收敛域 $|z| < a$，有

$$z\left(\frac{|C_1| e^{j\theta}}{z - a e^{j\beta}} + \frac{|C_1| e^{-j\theta}}{z - a e^{-j\beta}}\right) \leftrightarrow -2 |C_1| a^n \cos(\beta n + \theta) \varepsilon(-n - 1) \tag{5.3.14-2}$$

【例 5.3.5】 求象函数 $X(z) = \dfrac{z^3}{(z+1)(z^2+1)}$ 的原因果序列 $x(n)$。

解：

$$\frac{X(z)}{z} = \frac{z^2}{(z+1)(z^2+1)}$$

$\dfrac{X(z)}{z}$ 的极点为

$$z_1 = -1, z_{2,3} = \pm e^{j\frac{\pi}{2}}$$

则有

$$\frac{X(z)}{z} = \frac{C_1}{z - j} + \frac{C_1{}^*}{z + j} + \frac{C_3}{z + 1}$$

根据单极点分解方法可得

$$C_1 = (z - i)\frac{X(z)}{z} = \frac{z^2}{(z+1)(z+i)}\bigg|_{z=i} = \frac{\sqrt{2}}{4} e^{j\frac{\pi}{4}}$$

$$C_3 = (z+1)\frac{X(z)}{z} = \frac{z^2}{(z^2+1)}\bigg|_{z=-1} = 0.5$$

则有

$$X(z) = \frac{\frac{\sqrt{2}}{4} e^{j\frac{\pi}{4}} z}{z - e^{j\frac{\pi}{2}}} + \frac{\frac{\sqrt{2}}{4} e^{-j\frac{\pi}{4}} z}{z - e^{-j\frac{\pi}{2}}} + \frac{z}{z+1}$$

有

$$x(n) = \left[0.5(-1)^n + \frac{\sqrt{2}}{2}\cos\left(\frac{n\pi}{2} + \frac{\pi}{4}\right)\right]\varepsilon(n)$$

上面的计算过程也可采用如下方式简化：(z^2+1) 不展开，即有

$$\frac{C_3}{z+1} + \frac{C_a z + C_b}{z^2 + 1} = \frac{z^2}{(z+1)(z^2+1)}$$

其中

$$C_3=(z+1)\frac{X(z)}{z}=\left.\frac{z^2}{(z^2+1)}\right|_{z=-1}=0.5$$

上式左边两项的合并项应与右边相等，则有

$$C_a=0.5, C_b=-0.5$$

而

$$\frac{z(0.5z-0.5)}{z^2+1}=\frac{0.5z\left(z-\cos\frac{\pi}{2}\right)}{z^2-2z\cos\frac{\pi}{2}+1}-\frac{0.5z\left(\sin\frac{\pi}{2}\right)}{z^2-2z\cos\frac{\pi}{2}+1}$$

$$\leftrightarrow 0.5\left(\cos\frac{\pi}{2}n-\sin\frac{\pi}{2}n\right)\varepsilon(n)$$

即有

$$x(n)=0.5\left((-1)^n+\cos\frac{\pi}{2}n-\sin\frac{\pi}{2}n\right)\varepsilon(n)$$

$$=\left[0.5(-1)^n+\frac{\sqrt{2}}{2}\cos\left(\frac{n\pi}{2}+\frac{\pi}{4}\right)\right]\varepsilon(n)$$

3. 含 r 重极点

如极点满足

$$z_1=z_2=\cdots=z_r=a$$

则称 a 为 r 重极点，有

$$\frac{X(z)}{z}=\frac{B(z)}{A(z)}=\frac{B(z)}{(z-a)^r A_1(z)}$$

其他极点 $z_{r+1}, z_{r+2}, \cdots, z_k$ 为单实极点，$\frac{X(z)}{z}$ 可展开为

$$X(z)=\frac{C_{11}z}{(z-a)^r}+\frac{C_{12}z}{(z-a)^{r-1}}+\cdots+\frac{C_{1r}z}{(z-a)}+\frac{C_{r+1}z}{(z-s_{r+1})}+\cdots+\frac{C_k z}{(z-s_k)} \tag{5.3.15-1}$$

系数 C_{1i} 满足

$$C_{1i}=\frac{1}{(i-1)!}\frac{\mathrm{d}^{i-1}}{\mathrm{d}z^{i-1}}\left[(z-a)^i\frac{x(z)}{z}\right]\bigg|_{z=a} \tag{5.3.15-2}$$

其推理方法与拉普拉斯逆变换一样。

当收敛域满足 $|z|>a$，有

$$\frac{z}{(z-a)^r}\leftrightarrow\frac{n(n-1)\cdots(n-r+2)}{(r-1)!}a^{n-r+1}\varepsilon(n) \tag{5.3.16-1}$$

当收敛域满足 $|z|<a$，有

$$\frac{z}{(z-a)^r}\leftrightarrow-\frac{n(n-1)\cdots(n-r+2)}{(r-1)!}a^{n-r+1}\varepsilon(-n-1) \tag{5.3.16-2}$$

【例 5.3.6】　因果序列的 z 变换为 $X(z)=\frac{z^3+z^2}{(z-1)^3}$，求其逆 z 变换 $x(n)$。

解：

$$\frac{X(z)}{z}=\frac{z^2+z}{(z-1)^3}=\frac{K_{11}}{(z-1)^3}+\frac{K_{12}}{(z-1)^2}+\frac{K_{13}}{z-1}$$

$$K_{11}=(z-1)^3\left.\frac{X(z)}{z}\right|_{z=1}=2$$

$$K_{12}=\frac{\mathrm{d}}{\mathrm{d}z}\left[(z-1)^3\frac{X(z)}{z}\right]\bigg|_{z=1}=3$$

$$K_{13}=\frac{1}{2}\frac{\mathrm{d}^2}{\mathrm{d}z^2}\left[(z-1)^3\frac{X(z)}{z}\right]\bigg|_{z=1}=1$$

则有

$$X(z)=\frac{2z}{(z-1)^3}+\frac{3z}{(z-1)^2}+\frac{z}{z-1}$$

有

$$x(n)=[n(n-1)+3n+1]\varepsilon(n)$$

上例还可以采用更简单的方法展开：

$$\frac{X(z)}{z}=\frac{z^2+z}{(z-1)^3}=\frac{(z-1)^2+3(z-1)+2}{(z-1)^3}$$

$$=\frac{2}{(z-1)^3}+\frac{3}{(z-1)^2}+\frac{1}{(z-1)}$$

5.4　系统函数 $H(z)$

5.4.1　系统函数 $H(z)$ 的定义及系统 z 域模型

离散系统的系统函数记为 $H(z)$，是单位序列响应 $h(n)$ 的 z 变换，即

$$H(z)=\sum_{n=-\infty}^{\infty}h(n)z^{-n} \tag{5.4.1-1}$$

$h(n)$ 与 $H(z)$ 为 z 变换对

$$h(n)\leftrightarrow H(z) \tag{5.4.1-2}$$

离散系统的时域分析模型为($x(n)$ 为激励，$y_{zs}(n)$ 为零状态响应)

$$y_{zs}(n)=x(n)*h(n)$$

进行 z 变换

$$y_{zs}(n)\leftrightarrow Y_{zs}(z)\quad x(n)\leftrightarrow X(z)\quad h(n)\leftrightarrow H(z)$$

根据 z 变换的卷积特性可得

$$Y_{zs}(z)=X(z)H(z) \tag{5.4.2}$$

上式为离散系统的 z 域模型。用 $H(z)$ 来描述系统时，图 5.4.1 为系统的 z 域分析模型图。

根据系统的 z 域模型，系统函数 $H(z)$ 也可定义为：系统零状态响应的 z 变换 $Y_{zs}(z)$

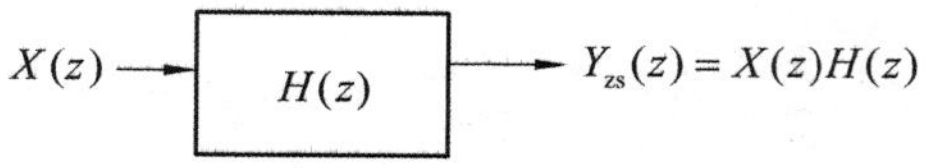

$X(z) \rightarrow$ $H(z)$ $\rightarrow Y_{zs}(z)=X(z)H(z)$

图 5.4.1　离散系统的 z 域分析模型图

与激励的 z 变换之比 $X(z)$，即

$$H(z)=\frac{Y_{zs}(z)}{X(z)} \tag{5.4.3}$$

【例 5.4.1】　描述离散系统的差分方程为 $y(n)+0.3y(n-1)+0.02(n-2)=x(n)$，$x(n)=\varepsilon(n)$，求系统函数 $H(z)$，单位序列响应 $h(n)$ 和零状态响应 $y_{zs}(n)$。

解：零状态响应 $y_{zs}(n)$ 满足的方程为

$$y_{zs}(n)+0.3y_{zs}(n-1)+0.02y_{zs}(n-2)=x(n)$$

且有

$$y_{zs}(-1)=y_{zs}(-2)=0$$

对该方程进行 z 变换可得

$$Y_{zs}(z)(1+0.3z^{-1}+0.02z^{-2})=X(z)$$

则有

$$H(z)=\frac{Y_{zs}(z)}{X(s)}=\frac{z^2}{z^2+0.3z+0.02}=\frac{2z}{z+0.2}-\frac{z}{z+0.1}$$

因

$$h(n)\leftrightarrow H(z)$$

可得

$$h(n)=(2\,(-0.2)^n-(-0.1)^n)\varepsilon(n)$$

因

$$Y_{zs}(z)=X(z)H(z)$$

$$x(n)=\varepsilon(n)\leftrightarrow\frac{z}{z-1}$$

则有

$$Y_{zs}(s)=\frac{z^3}{z^2+0.3z+0.02}\cdot\frac{1}{z-1}=\frac{\frac{100}{132}z}{z-1}+\frac{\frac{1}{3}z}{z+0.2}-\frac{\frac{1}{11}z}{z+0.1}$$

有

$$y_{zs}(n)=\left[\frac{100}{132}+\frac{1}{3}\,(-0.2)^n-\frac{1}{11}\,(-0.1)^n\right]\varepsilon(n)$$

从上例可以看出，应用系统函数和 z 模型，系统分析、系统响应求解过程变得非常简单明了，所以在离散系统分析中，一般采用 z 域模型。

5.4.2　系统函数 $H(z)$ 的计算

系统频域函数可以采用如下几种方式获得：

1. 由差分方程获得

如系统微分方程($x(n)$ 为激励,$y(n)$ 为响应)

$$y(n)+a_1y(n-1)+\cdots+a_ky(n-k)=b_0x(n)+b_1x(n-1)+\cdots+b_mx(n-m) \tag{5.4.4}$$

对于零状态响应 $y_{zs}(z)$,其初始条件都为零,即 $y_{zs}(-1)=y_{zs}(-2)=\cdots=0$,对上式进行 z 变换可得

$$Y_{zs}(z)+a_1z^{-1}Y_{zs}(s)+\cdots+a_kz^{-k}Y_{zs}(s)=b_0X(z)+b_1z^{-1}X(s)+\cdots+b_mz^{-m}X(z)$$

根据系统函数的定义 $H(z)=\dfrac{Y_{zs}(z)}{X(z)}$,则有

$$H(z)=\frac{B(z)}{A(z)}=\frac{b_0+b_1z^{-1}+\cdots+b_mz^{-m}}{1+a_1z^{-1}+\cdots+a_kz^{-k}} \tag{5.4.5}$$

$H(z)$ 只与描述系统的差分方程有关,即只与系统的结构、元件参数等有关,而与激励、初始状态等无关。对于 LTI 系统,式中的 $a_i(i=0,1,\cdots,k)$、$b_j(j=0,1,\cdots,m)$ 均为实常数,此式为 $H(z)$ 的通用表达式。

2. 通过 $h(n)$ 的 z 变换求得

如系统的单位序列响应 $h(n)$ 为

$$h(n)=\delta(n-1)$$

则系统函数 $H(z)$ 为

$$H(z)=z^{-1}$$

3. 根据激励和响应直接获得

如激励 $x(n)=\varepsilon(n)$,响应 $y_{zs}(n)=\varepsilon(n)-(0.1)^n\varepsilon(n)$,则有

$$X(z)=\frac{z}{z-1}$$

$$Y_{zs}(z)=\frac{z}{z-1}-\frac{z}{z-0.1}=\frac{0.9z}{(z-1)(z-0.1)}$$

则

$$H(z)=\frac{Y_{zs}(z)}{X(z)}=\frac{0.9}{z-0.1}$$

【例 5.4.2】 求下列系统的系统函数 $H(z)$。

(1) $y(n)+y(n-1)+0.25y(n-2)=2x(n)+x(n-1)$;

(2) $h(n)=(0.1^n-0.2^n)\varepsilon(n)$;

(3) 当激励 $x(n)=0.1^n\varepsilon(n)$,零状态响应 $y_{zs}(n)=0.2^n\varepsilon(n)-0.1^n\varepsilon(n)$。

解:(1) 因系统差分方程为

$$y(n)+y(n-1)+0.25y(n-2)=2x(n)+x(n-1)$$

方程两边 z 变换可得

$$Y_{zs}(z)+z^{-1}Y_{zs}(z)+0.25z^{-2}Y_{zs}(z)=2X(z)+z^{-1}X(z)$$

则有

$$H(z)=\frac{Y_{zs}(z)}{X(z)}=\frac{2+z^{-1}}{1+z^{-1}+0.25z^{-2}}=\frac{2z^2+z}{z^2+z^1+0.25}$$

(2) 因

$$h(n)\leftrightarrow H(z)$$

则有

$$H(z)=\frac{z}{z-0.1}-\frac{z}{z-0.2}=-\frac{0.1z}{z^2-0.3z+0.02}$$

(3) 因

$$X(z)=\frac{z}{z-0.1}$$

$$Y_{zs}(z)=\frac{z}{z-0.2}-\frac{z}{z-0.1}=\frac{0.1z}{z^2-0.3z+0.02}$$

则有

$$H(z)=Y_{zs}(z)/X(z)=\frac{0.1}{z-0.2}$$

5.4.3　$H(z)$ 的零点和极点分析

$H(z)$ 的通用表达式为式(5.4.5)，$A(z)=0$ 的根称为 $H(z)$ 的极点，$B(z)=0$ 的根称为 $H(z)$ 的零点。设 $H(z)$ 可分解为

$$H(z)=\frac{B(z)}{A(z)}=\frac{b_m(z-p_1)(s-p_2)\cdots(s-p_m)}{(z-z_1)(z-z_2)\cdots(z-z_n)} \tag{5.4.6}$$

则有：

(1) $H(z)$ 的零点为 $p_i(i=1,2,\cdots,m)$；

(2) $H(z)$ 的极点为 $z_i(i=1,2,\cdots,k)$。

当 $A(z)$ 为高阶时，其极点可借助 MATLAB 等工具进行计算。如

$$A(z)=z^4+3z^3-2z^2+1$$

该多项式可表示为

$$[1\quad 3\quad -2\quad 0\quad 1]$$

即 z^4 项系数为 1，z^3 项系数为 3，z^2 项系数为 -2，z 项系数为 0，常数项为 1，则可在 MATLAB 中运行 roots 命令得到其极点，具体命令为：

```
roots([1  3  -2  0  1])
```

可得到 4 个极点分别为

$$-3.5421, 0.5446+0.4685j, 0.5446-0.4685j, -0.5470$$

5.4.4　$H(z)$ 与系统稳定性分析

一个离散系统，对任意有界输入产生的零状态响应也是有界的，则称该系统为稳定系

统。系统稳定的充分必要条件为

$$\sum_{n=-\infty}^{\infty} |h(n)| < \infty \tag{5.4.7}$$

$h(n)$ 是 $H(z)$ 的原函数,其形式与 $H(z)$ 的极点位置相关。对于 r 重极点 z_i,对应的分解式之一为

$$H_i(z) = \frac{c_i z}{(z - z_i)^r}$$

其原函数为 $h(n)$ 的一部分,记为 $h_i(n)$

$$h_i(n) = c_i \frac{n(n-1)(n-2)\cdots n(n-r+1)}{r!} z_i{}^n \varepsilon(n)$$

(1) 当 $|z_i| < 1$,极点 z_i 位于单位圆内,n 值逐渐增大时,z_i^{n-1} 衰减趋于零,式(5.4.7)满足。

(2) 当 $|z_i| = 1$,极点 z_i 位于单位圆上,z_i 为多重极点时,n 值逐渐增大,$h_i(n)$ 增大至无穷大;z_i 为单极点时,$z_i{}^{n-1}$ 振荡变化,式(5.4.7) 不满足。

(3) 当 $|z_i| < 1$,极点 z_i 位于单位圆外,n 值逐渐增大时,z_i^{n-1} 增大至无穷,式(5.4.7)不满足。

从上面 $H(z)$ 的极点和 $h(n)$ 的关系可得,**因果系统稳定的充分条件为**:$H(z)$ 的所有**极点都位于单位圆内**。

对于无极点的系统,如 $H(z) = 1$,系统也是稳定的。

对于多阶系统,分母 $A(z)$ 可采用 MATLAB 工具计算出极点,也可采用朱里准则进行判断。朱里准则的具体判断方法,请参考相应书籍。

【例 5.4.3】 判断下列系统的稳定性。

(1) $y(n) = x(n) + x(n-1)$

(2) $h(n) = (0.1^n - 0.2^n)\varepsilon(n)$

(3) $h(n) = (2^n - 0.2^n)\varepsilon(n)$

(4) $H(z) = 1 + z^{-1}$

(5) $H(z) = \dfrac{z+1}{z^2 + z + 0.25}$

(6) $H(z) = \dfrac{z+1}{z^3 - z^2 + 0.5z + 0.25}$

解:(1) 差分方程为

$$y(n) = x(n) + x(n-1)$$

$x(n) = \delta(n)$ 时,系统的零状态响应为 $h(n)$,则 $h(n)$ 满足

$$h(n) = \delta(n) + \delta(n-1)$$

式(5.4.7) 满足,系统稳定。

(2)

$$\sum_{n=-\infty}^{+\infty} |h(n)| = \sum_{n=0}^{\infty} (0.2^n - 0.1^n) = \frac{1}{0.8} - \frac{1}{0.9}$$

式(5.4.7) 满足,系统稳定。

(3)

$$\sum_{n=-\infty}^{+\infty} |h(n)| = \sum_{n=0}^{\infty} [(2)^n - (0.2)^n] = \lim_{n\to\infty} 2^n - \frac{1}{0.8}$$

式(5.4.7)不满足,系统不稳定。

(4) 系统极点为 $z_1=0$,系统稳定。

(5) 系统极点为 $z_{1,2}=-0.5$,系统稳定。

(6)
$$A(z)=z^3-z^2+0.5z+0.25$$

该多项式可表示为

$$[1\ -1\ 0.5\ 0.25]$$

则可在MATLAB中运行 roots 命令得到其极点,具体命令为:

```
roots([1 -1 0.5 0.25])
```

可得到3个极点,分别为

$$0.6437+0.6750\mathrm{i},\quad 0.6437-0.6750\mathrm{i},\quad -0.2874$$

极点都在单位圆内,系统稳定。

5.5　离散系统复频域(z 域)分析

借助系统的 z 域模型 $Y_{zs}(z)=H(z)X(z)$,z 变换特性和反 z 变换等,可实现离散系统的 z 域分析,简化系统分析过程。

5.5.1　差分方程的 z 域求解

差分方程中,$x(n)$ 为激励,在 $n=0$ 时接入,有

$$x(-1)=x(-2)=\cdots=0$$

响应 $y(n)$ 的初始条件 $y(-1),y(-2),\cdots$ 不一定为零。根据单边 z 变换的移位特性,有

$$x(n\pm m)\leftrightarrow z^{\pm m}X(z)$$

$$y(n-1)\leftrightarrow z^{-1}y(z)+y(-1)$$

$$y(n-2)\leftrightarrow z^{-2}y(z)+z^{-1}y(-1)+y(-2),\cdots$$

可得到 $X(z)$ 与 $Y(z)$ 的表达式,再利用逆 z 变换,可求出方程的解。

【例5.5.1】　若某系统的差分方程为 $y(n)-y(n-1)-2y(n-2)=x(n)+2x(n-2)$,已知 $y(-1)=2,y(-2)=-1/2,x(n)=\varepsilon(n)$。求系统的零输入响应 $y_{zi}(n)$,零状态响应 $y_{zs}(n)$ 和完全响应 $y(n)$。

解:方程两边进行单边 z 变换,有

$$Y(z)-[z^{-1}Y(z)+y(-1)]-2[z^{-2}Y(z)+y(-2)+y(-1)z^{-1}]=X(z)+2z^{-2}X(z)$$

$$Y(z)=\frac{(1+2z^{-1})y(-1)+2y(-2)}{1-z^{-1}-2z^{-2}}+\frac{1+2z^{-2}}{1-z^{-1}-2z^{-2}}X(z)\tag{5.5.1}$$

式(5.5.1)右边的第一项只与初始条件相关,为 $y_{zi}(n)$ 的 z 变换 $y_{zi}(z)$;代入初始条件得

$$Y_{zi}(z)=\frac{z^2+4z}{(z-2)(z+1)}=\frac{2z}{z-2}+\frac{-z}{z+1}$$

进行逆 z 变换可得

$$y_{zi}(n)=[2(2)^n-(-1)^n]\varepsilon(n)$$

式(5.5.1)右边的第二项只与激励相关,为 $y_{zs}(n)$ 的 z 变换 $y_{zs}(z)$;$x(n)$ 的 z 变换为

$$X(z)=\frac{z}{z-1}$$

则有

$$Y_{zs}(z)=\frac{1+2z^{-2}}{1-z^{-1}-2z^{-2}}X(z)=\frac{z^2+2}{z^2-z-2}\frac{z}{z-1}=\frac{2z}{z-2}+\frac{1}{2}\frac{z}{z+1}-\frac{3}{2}\frac{z}{z-1}$$

进行逆 z 变换得

$$y_{zs}(n)=\left[2^{n+1}+\frac{1}{2}(-1)^n-\frac{3}{2}\right]\varepsilon(n)$$

则有

$$y(n)=y_{zi}(n)+y_{zs}(n)=\left[4(2)^n-\frac{1}{2}(-1)^n-\frac{3}{2}\right]\varepsilon(n)$$

【例 5.5.2】 LTI 离散系统初始条件为 $y(-1)=10, y(-2)=+\frac{400}{3}$,激励 $x(n)=(0.2)^n\varepsilon(n)$,完全响应为 $y(n)=[(0.1)^n+(0.2)^n+(0.3)^n]\varepsilon(n)$,求系统函数和差分方程。

解:响应中$[(0.1)^n+(0.3)^n]\varepsilon(n)$与激励无关,只与系统构造有关。其 z 变换基本形式分别为

$$\frac{1}{1-0.1z^{-1}},\frac{1}{1-0.3z^{-1}}$$

系统函数的极点为

$$z_1=0.1, z_2=0.3$$

则 $H(z)$ 的分母为

$$(1-0.1z^{-1})(1-0.3z^{-1})=1-0.4z^{-1}+0.03z^{-2}$$

差分方程的左边表达式为

$$y(n)-0.4y(n-1)+0.03y(n-2)$$

其单边 z 变换为

$$\begin{aligned}&Y(z)[1-0.4z^{-1}+0.03z^{-2}]-0.4y(-1)+0.03z^{-1}y(-1)+0.03y(-2)\\&=Y(z)[1-0.4z^{-1}+0.03z^{-2}]+0.3z^{-1}\end{aligned}$$

则系统的零输入响应的 z 变换为

$$\begin{aligned}Y_{zi}(z)&=\frac{-0.3z^{-1}}{1-0.4z^{-1}+0.03z^{-2}}=\frac{-0.3z}{z^2-0.4z+0.03}\\&=\frac{1.5z}{z-0.1}-\frac{1.5z}{z-0.3}\end{aligned}$$

其逆 z 变换为

$$y_{zi}(n)=[1.5(0.1)^n-1.5(0.3)^n]\varepsilon(n)$$

则有

$$y_{zs}(n)=y(n)-y_{zi}(n)=(-0.5(0.1)^n+(0.2)^n+2.5(0.3)^n)\varepsilon(n)$$

其 z 变换为

$$Y_{zs}(z)=-\frac{0.5z}{z-0.1}+\frac{z}{z-0.2}+\frac{2.5z}{z-0.3}=\frac{z(3z^2-0.9z+0.05)}{(z-1)(z-0.2)(z-0.3)}$$

因

$$x(n)=(0.2)^n\varepsilon(n)\leftrightarrow\frac{z}{z-0.2}$$

则系统函数 $H(z)$ 为

$$H(z)=\frac{Y_{zs}(z)}{X(z)}=\frac{3z^2-0.9z+0.05}{(z-0.1)(z-0.3)}=\frac{3-0.9z^{-1}+0.05z^{-2}}{1-0.4z^{-1}+0.03z^{-2}}$$

则系统的微分方程为

$$y(n)-0.4y(n-1)+0.03y(n-2)=3x(n)-0.9x(n-1)+0.05x(n-2)$$

5.5.2　激励不含单位阶跃序列的分析方法

激励不含 $\varepsilon(n)$ 时，其 z 变换一般不存在，如

$$x(n)=a^n \text{ 或 } x(n)=\cos\beta n$$

都为双边序列，其 z 变换不存在，不能采用 z 域模型 $Y_{zs}(z)=X(z)H(z)$。但可根据时域模型和系统函数 $H(z)$ 进行分析。

如激励为 $x(n)=a^n$，系统函数为 $H(z)$，单位序列响应为 $h(n)$，根据时域模型，系统零状态响应 $y_{zs}(n)$ 满足

$$y_{zs}(n)=h(n)*x(n)=\sum_{i=-\infty}^{\infty}h(i)a^{n-i}=a^n\sum_{i=-\infty}^{\infty}h(i)a^{-i}$$

当 $H(z)$ 的收敛域包含 $|z|=|a|$ 时，有

$$y_{zs}(n)=a^n H(z)\big|_{z=a}\tag{5.5.2}$$

这里需要说明的是，不管 $|a|$ 大于 1 还是小于 1，$x(n)=a^n$ 在某些区域的值会为无穷大，在实际应用中不会出现，这里只是描述其数学分析方法。当 $|a|=1$（如 $x(n)=e^{j\beta n}$ 等）时，序列为振荡序列，具体的分析过程见本书第 6 章。

【例 5.5.3】　离散因果系统的系统函数为 $H(z)=\dfrac{z}{z-0.5}$，激励分别为如下序列，计算系统的零状态响应 $y_{zs}(n)$。

(1) $x(n)=(0.7)^n\varepsilon(n)$　　　(2) $x(n)=(0.7)^n$

解：(1) $x(n)$ 的 z 变换为

$$X(z)=\frac{z}{z-0.7}$$

则有

$$Y_{zs}(z)=H(z)X(z)=\frac{z}{z-0.7}\frac{z}{z-0.5}=\frac{7}{2}\frac{z}{z-0.7}-\frac{5}{2}\frac{z}{z-0.5}$$

有

$$y_{zs}(n) = \left[\frac{7}{2}(0.7)^n - \frac{5}{2}(0.5)^n\right]\varepsilon(n)$$

(2) $x(n) = (0.7)^n$ 的 z 变换不存在,只能采用时域计算。

因 $H(z)$ 的收敛域为 $|z| > 0.5$,包含 $|z| = 0.7$ 区域,则有

$$y_{zs}(n) = (0.7)^n \frac{0.7}{0.7-0.5} = \frac{7}{2}(0.7)^n$$

5.5.3　系统框图的复频域描述

离散系统的框图基本元件为加法器、延时器和数乘器,根据 z 变换的线性特性,若

$$y(n) = x_1(n) + x_2(n)$$

则有

$$Y(z) = X_1(z) + X_2(z)$$

则加法器的 z 域模型如图 5.5.1(b) 所示。

同样根据 z 变换的线性特性,可得到数乘器的 z 域模型,如图 5.5.1(d) 所示。

根据 z 变换的延时特性,不考虑初始值,若

$$y(n) = x(n-1)$$

则有

$$Y(z) = z^{-1}X(z)$$

则延时器的 z 域模型如图 5.5.1(f) 所示。

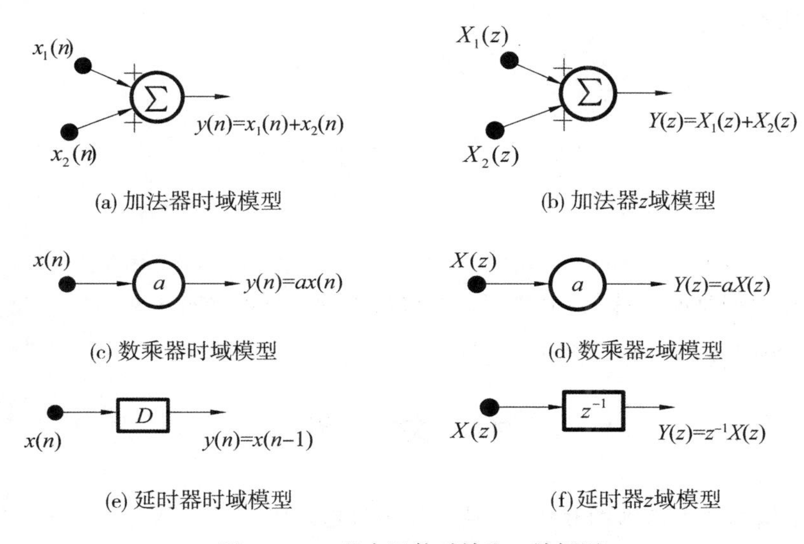

图 5.5.1　基本元件时域和 z 域框图

借助 z 域模型,可将系统的时域框图转换为 z 域框图,从而直接得到系统的差分方程。

【例 5.5.4】　离散系统的时域框图如图 5.5.2 所示,将其转换为 z 域框图,并求系统

的差分方程。

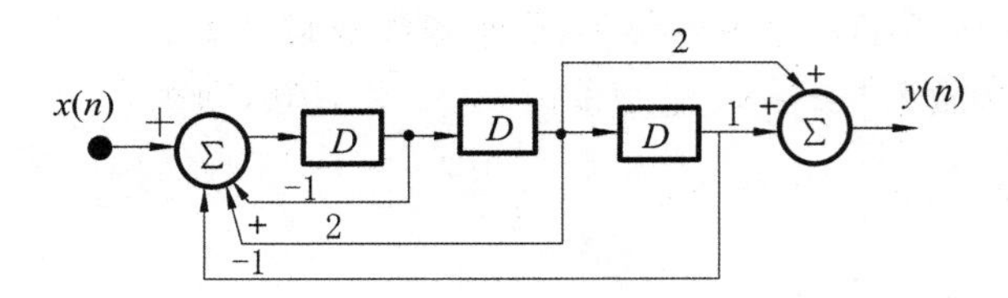

图 5.5.2　系统时域框图

解:将时域框图中的序列和基本元件都作 z 域变换，则可得到 z 域框图，如图 5.5.3 所示。

令 z 域框图中的前一个加法器的输出为 $R(z)$，则有

$$R(z)=X(z)-R(z)z^{-1}+2R(z)z^{-2}-R(z)z^{-3}$$
$$X(z)=R(z)(1+z^{-1}-2z^{-2}+z^{-3})$$

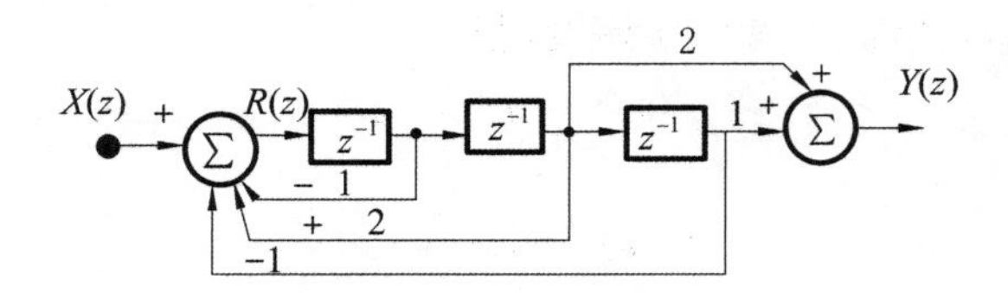

图 5.5.3　系统 z 域框图

后面加法器满足

$$Y(z)=R(z)(2z^{-2}+z^{-3})$$

则有

$$\frac{Y(z)}{X(z)}=\frac{2z^{-2}+z^{-3}}{1+z^{-1}-2z^{-2}+z^{-3}}$$

即

$$Y(z)+z^{-1}Y(z)-2z^{-2}+z^{-3}Y(z)=2z^{-2}X(z)+z^{-3}X(z)$$

根据 z 变换的延时特性，将上式逆 z 变换可得到系统的差分方程，即

$$y(n)+y(n-1)-2y(n-2)+y(n-3)=2x(n-2)+x(n-3)$$

习　题　五

5-1　根据定义求序列的双边 z 变换，并注明收敛域。

(1) $x(n)=a^n\varepsilon(n)$　(2) $x(n)=na^n\varepsilon(n)$　(3) $\varepsilon(n)$　(4) $\varepsilon(n)-\varepsilon(n-5)$

(5) $x(n)=a^n\varepsilon(-n-1)$　(6) $x(n)=a^n$　(7) $x(n)=\cos\beta n$

5-2　根据定义计算。

(1) $y(n)=(0.5)^n\varepsilon(n)$，$y(-1)=y(-2)=0$，求 $y(n-1)$ 和 $y(n-2)$ 的单边 z 变换。

(2) $y(n)=(0.5)^n\varepsilon(n)$，$y(-1)=1$，$y(-2)=1$，求 $y(n-1)$ 和 $y(n-2)$ 的单边 z 变换。

5-3 根据 z 变换的性质计算下列序列 $y(n)$ 的(单边)z 变换。

(1) $y(n)=n\varepsilon(n)$ (2) $y(n)=na^n\varepsilon(n)$ (3) $y(n)=\left[\cos\frac{\pi}{2}n\right]\varepsilon(n)$

(4) $y(n)=\left[(0.3)^n\cos\frac{\pi}{2}n\right]\varepsilon(n)$

5-4 根据 $\varepsilon(n)*\varepsilon(n)=(n+1)\varepsilon(n)$，$\varepsilon(n)*\varepsilon(n)*\varepsilon(n)=\frac{(n+2)(n+1)}{2!}\varepsilon(n)$ 和 z 变换的性质计算下列序列的 z 变换。

(1) $x(n)=na^n\varepsilon(n)$ (2) $x(n)=n^2a^n\varepsilon(n)$ (3) $x(n)=n(\cos\omega_0 n)\varepsilon(n)$

5-5 利用 z 变换计算下列卷积求和。

(1) $x(n)=(0.5)^n\varepsilon(n)*(0.6)^n\varepsilon(n)$ (2) $x(n)=(0.5)^n\varepsilon(n)*\varepsilon(n)$

(3) $x(n)=(0.5)^n\varepsilon(n)*\delta(n-1)$

5-6 根据幂级数展开法，计算下列象函数对应的因果序列中第一个不为零的初值。

(1) $X(z)=\frac{z-2}{z^2+5z+6}$ (2) $X(z)=\frac{z^2-2}{z^2+5z+6}$ (3) $X(z)=\frac{z^2-2}{z^4+5z+6}$

5-7 根据分式分解法计算象函数 $X(z)=\frac{z^2}{z^2+0.3z+0.02}$ 在不同收敛域下的原序列。

(1) $|z|>0.2$ (2) $|z|<0.1$

5-8 根据留数法计算象函数 $X(z)=\frac{z^2}{z^2+0.3z+0.02}$ 在不同收敛域下的原序列。

(1) $|z|>0.2$ (2) $|z|<0.1$ (3) $0.1<|z|<0.2$

5-9 根据分式展开法计算象函数 $X(z)=\frac{z^2}{z^2+0.3z+0.02}$ 在不同收敛域下的原序列。

(1) $|z|>0.2$ (2) $|z|>0.1$ (3) $0.1<|z|<0.2$

5-10 求下列象函数对应的因果序列。

(1) $X(z)=\frac{z^3}{z^2+5z+6}$ (2) $X(z)=\frac{z-2}{z^2+5z+6}$ (3) $X(z)=\frac{z}{z^2+2}$

(4) $X(z)=\frac{z^3}{\left(z-\frac{1}{2}\right)[z^2+1]}$ (5) $X(z)=\frac{z^2}{(z-1)\left[z^2+\frac{1}{4}\right]}$

(6) $X(z)=\frac{z^2-z}{(z+1)^2}$

5-11 求下列系统的系统函数 $H(z)$。

(1) $h(z)=0.5^n\varepsilon(n)$；

(2) $y(n)+0.7y(n-1)+0.1y(n-2)=x(n)+2x(n-1)$；

(3) 当激励为 $0.3^n\varepsilon(n)$，零状态响应为 $0.2^n\varepsilon(n)+0.3^n\varepsilon(n)$。

5-12　求下列系统函数的零点和极点，并判断系统是否稳定。

(1) $H(z)=\dfrac{z+1}{z^2+2z+4}$　(2) $H(z)=\dfrac{z^3}{z^2-0.6z+0.08}$

(3) $H(z)=\dfrac{z}{z-1}$　(4) $H(z)=\dfrac{z^2-2z}{(z-1)^2}$　(5) $H(z)=\dfrac{z+1}{z^3-\frac{16}{12}z^2+\frac{7}{12}z-\frac{1}{12}}$

5-13　根据系统稳定性和分式分解法，求下列象函数所对应的因果序列的终值 $x(\infty)$。

(1) $X(z)=\dfrac{z+1}{z^2-4z+8}$　(2) $X(z)=\dfrac{z+1}{(z-1)(z-0.3)}$

(3) $X(z)=\dfrac{z^2}{(z+0.2)(z-0.3)}$　(4) $X(z)=\dfrac{z^2}{\left(z-\frac{1}{2}\right)\left(z^2+\frac{3}{4}\right)}$

5-14　某离散 LTI 系统的激励为 $\varepsilon(n)$，零状态响应为 $n\varepsilon(n)$，求系统函数 $H(z)$ 和差分方程。

5-15　某 LTI 系统，初始条件 $y(-1)=1$，当激励为 $\varepsilon(n)$ 时，完全响应 $y(n)=(0.2)^n\varepsilon(n)$，求系统函数 $H(z)$。

5-16　LTI系统的初始条件为 $y(-1)=1$，当激励 $x(n)=(0.1)^n\varepsilon(n)$，系统完全响应为 $y(n)=[2(0.1)^n+(0.2)^n]\varepsilon(n)$，求系统函数和差分方程。

5-17　设系统差分方程为 $y(n)-0.8y(n-1)+0.12y(n-2)=x(n)-x(n-1)$，已知 $y(-1)=1$，$y(-2)=-1$，$x(n)=\varepsilon(n)$。求零输入响应和零状态响应。

5-18　描述某 LTI 系统的微分方程为 $y(n)-0.5y(n-1)=x(n)$，激励 $x(n)=(\cos\pi n)\varepsilon(n)$，求零状态响应 $y_{zs}(n)$。

5-19　离散因果系统的系统函数为 $H(z)=\dfrac{1}{(z-0.1)(z+0.2)}$，激励分别为如下函数，计算系统的零状态响应 $y_{zs}(n)$。

(1) $x(n)=(0.3)^n\varepsilon(n)$　(2) $x(n)=(0.3)^n$　(3) $x(n)=\cos\dfrac{\pi}{2}n$

5-20　某系统的框图如图 5-1 所示，求：

(1) 系统函数 $H(z)$；

(2) 单位序列响应 $h(n)$；

(3) 激励为 $x(n)=(0.3)^n\varepsilon(n)$ 时，系统的零状态响应。

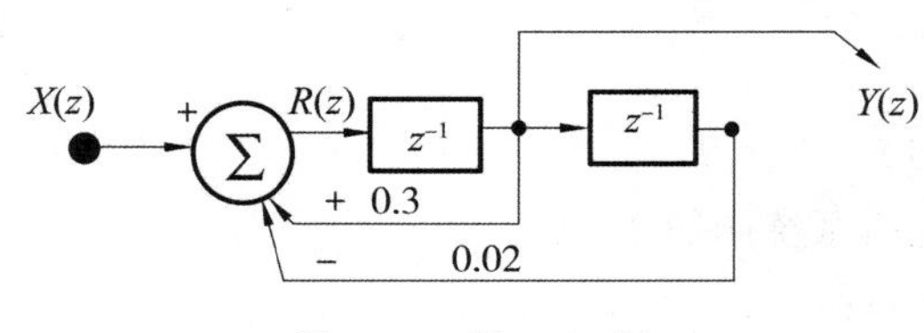

图 5-1　题 5-20 图

第6章 离散信号与系统的频率分析

本章以信号分解为基础，借助离散傅里叶变换，将离散序列分解为频率序列 $\cos\theta n$（或虚指数序列 $e^{j\theta n}$）的线性叠加，得出离散序列的频率特性；在此基础上，以频率序列 $\cos\theta n$ 作为基本输入序列，进一步分析离散 LTI 系统的频率特性，并得出离散系统的频域分析模型。

6.1 基本单频序列

本节介绍了 $\cos\theta n$，$e^{-j\frac{2\pi}{N}n}$ 等基本序列，它们是序列频谱分析的基础。

6.1.1 单频余弦序列

角频率为 θ 的单频余弦序列表达式为

$$x(n)=\cos\theta n \tag{6.1.1}$$

因 n 为整数，θ 与 $2\pi+\theta$ 的序列是同一个序列，因此在分析该序列时，可只讨论 θ 的取值范围为 $[0,2\pi)$ 或 $[-\pi,\pi)$，即

$$\theta\in[0,2\pi)\text{ 或 }[-\pi,\pi) \tag{6.1.2}$$

1. 单频余弦序列的周期性

（1）当 θ 为零时

$$\cos 0n=1 \tag{6.1.3}$$

是周期为任何整数的周期序列。

（2）当 $\theta=M\dfrac{2\pi}{N}$（N，M 为整数）时

$$\cos M\frac{2\pi}{N}n=\cos M\frac{2\pi}{N}(n+mN) \tag{6.1.4}$$

是周期为 N 的周期序列，式中 m 为整数。

（3）当 θ 不为 $\dfrac{M}{N}2\pi$ 时，$\cos\theta n$ 不是周期序列。

如序列 $\cos\dfrac{2\pi}{3}n$ 的周期为 3，序列 $\cos\dfrac{5\pi}{7}n$ 的周期为 14，而 $\cos 3n$，$\cos 0.5n$ 等都不是周期序列。

2. 单频余弦序列的频率特性

单频余弦序列不仅具有时间特性，同时具有频率特性。图 6.1.1 列举了单频余弦序列 $x(n)=\cos\theta n$ 中 θ 取值分别为 $0,\frac{\pi}{8},\frac{\pi}{4},\frac{3\pi}{8},\frac{\pi}{2},\frac{5\pi}{8},\frac{3\pi}{4},\frac{7\pi}{8},\pi$ 时的 9 个图像，可以看到：$\theta=0$ 时序列值始终为 1，其值不变；在 $\theta=\pi$ 时，序列值在 -1 和 1 间交替变化，每次跳变 2，序列值变化最快；而在 $\theta=\pi/2$ 时，序列值在 -1、0 和 1 间交替变化，每次跳变 1，序列值变换较快。通过以上分析可得出单频序列 $\cos\theta n$ 的频率特性：

(1) θ 在 0（或 2π）附近，信号变换缓慢，$\cos\theta n$ 称为低频序列；

(2) θ 在 π 附近，信号变换最快，$\cos\theta n$ 称为高频序列；

(3) θ 在 $\pi/2$ 附近，信号变换较快，$\cos\theta n$ 称为中频序列。

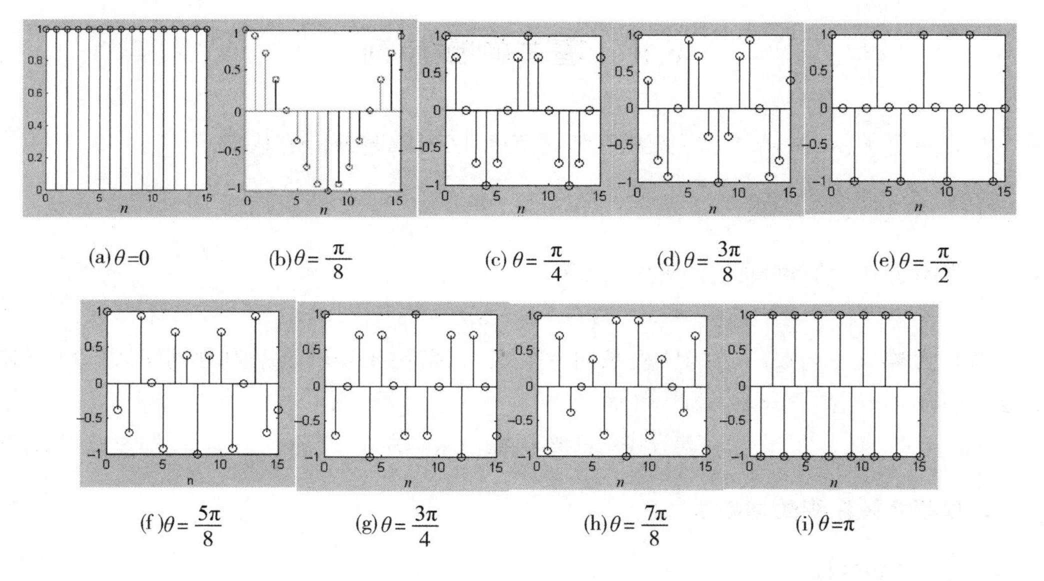

(a) $\theta=0$　(b) $\theta=\frac{\pi}{8}$　(c) $\theta=\frac{\pi}{4}$　(d) $\theta=\frac{3\pi}{8}$　(e) $\theta=\frac{\pi}{2}$

(f) $\theta=\frac{5\pi}{8}$　(g) $\theta=\frac{3\pi}{4}$　(h) $\theta=\frac{7\pi}{8}$　(i) $\theta=\pi$

图 6.1.1　$\cos\theta n$ 的图像

6.1.2　单频复指数序列

周期单频复指数序列的定义为

$$x(n)=e^{-j\frac{2\pi}{N}n}=\cos\frac{2\pi}{N}n-j\sin\frac{2\pi}{N}n \tag{6.1.5}$$

其周期为 N（N 为正整数），角频率为 $\frac{2\pi}{N}$。

以角频率 $\frac{2\pi}{N}$ 为倍数的复指数频率序列定义为 W_N^{kn}

$$W_N^{kn}=e^{-j\frac{2\pi k}{N}n},\quad k=0,1,\cdots,N-1 \tag{6.1.6}$$

该复指数序列的角频率为$\frac{2\pi k}{N}$，且是周期为 N 的周期序列，即满足

$$W_N^{kn} = W_N^{(k+N)n} \tag{6.1.7}$$

所以 k 的取值范围为 0 到 $N-1$，W_N^{kn} 是本章所要用到的最重要序列，只有理解了它的特性，才会理解后面的其他傅里叶变换的物理意义：

(1) W_N^{kn} 是周期为 N、角频率为$\frac{2\pi k}{N}$的周期单频复指数序列，$\frac{2\pi}{N}$为基波频率，变量 k 描述了序列的不同角频率，而变量 n 为序列的时间变量，W_N^{kn} 还是变量为 n 的离散序列。

(2) k 的取值范围为 $0,1,\cdots,N-1$，当 k 在 0(或 $N-1$) 附近，其角频率在 0 附近，W_N^{kn} 为低频序列，k 在$\frac{N}{2}$附近，其角频率在 π 附近，W_N^{kn} 为高频序列。

6.1.3　单频复指数序列集

定义包含 N 个周期单频复指数序列集

$$\phi(n) = \{W_N^{-kn}\} = \{W_N^{-0n}, W_N^{-n}, \cdots, W_N^{-(N-1)n}\} \tag{6.1.8}$$

其中 N 为序列集的周期，其基本频率为$\frac{2\pi}{N}$。在此序列集中，这 N 个序列的角频率都是基波频率的整数倍。

单频复指数序列集具有正交性。在求和区域$[0,N-1]$，$\phi(n)$ 中的任何两个元素满足：

当 $l=m$ 时

$$\sum_{n=0}^{N-1} W^{-mn}(W^{-ln})^* = \sum_{n=0}^{N-1} e^{j\frac{2\pi m}{N}n} \cdot e^{-j\frac{2\pi m}{N}n} = \sum_{n=0}^{N-1} e^{j0n} = N$$

当 $l\neq m$ 时，令 $r=m-l$，因 m 和 l 都小于 N，有 $|r|<N$，$e^{j\frac{2\pi r}{N}}\neq 1$，则有

$$\sum_{n=0}^{N-1} W^{-mn}(W^{-ln})^* = \sum_{n=0}^{N-1} e^{j\frac{2\pi(m-l)}{N}n} = \sum_{n=0}^{N-1} e^{j\frac{2\pi r}{N}n} = \frac{1-(e^{j\frac{2\pi r}{N}})^N}{1-e^{j\frac{2\pi r}{N}}} = 0$$

即在求和区域$[0,N-1]$，$\phi(n)$ 是正交的，有：

$$\sum_{n=0}^{N-1} W_N^{-mn}(W_N^{-ln})^* = \begin{cases} N, & l=m \\ 0, & l\neq m \end{cases} \tag{6.1.9}$$

6.2　周期序列的频率特性

与连续时间信号的傅里叶级数分解一样，本章将用完备正交序列集$\{W_N^{-kn}\}$中的 N 个单频复指数序列的线性组合来表示周期序列，将周期序列分解为多个单频序列的线性叠加，从而得到周期序列的频率特性。

6.2.1　周期序列的离散傅里叶级数(DFS)

离散傅里叶级数的英文名称为 Discrete Fourier Series，简写为 DFS，它将周期为 N 的序列分解为有限正交完备函数集$\{W_N^{-0n}, W_N^{-n}, \cdots, W_N^{-(N-1)n}\}$中各元素的线性叠加。

根据信号分解理论,周期为 N 的周期序列 $x(n)$,可由周期同样为 N 的单频复指数序列集 $\phi(n)$ 中的各元素线性叠加而成,即

$$x(n)=\sum_{k=0}^{N-1}X_k \mathrm{e}^{\mathrm{j}\frac{2\pi k}{N}n}=\sum_{k=0}^{N-1}X_k W_N^{-kn},k=0,1,2,\cdots,N-1 \tag{6.2.1}$$

式中 X_k 称为 $x(n)$ 的离散傅里叶级数,其表达式为

$$X_k=\frac{1}{N}\sum_{n=0}^{N-1}x(n)\mathrm{e}^{-\mathrm{j}\frac{2\pi k}{N}n}=\frac{1}{N}\sum_{n=0}^{N-1}x(n)W_N^{kn},\quad k=0,1,2,\cdots,N-1 \tag{6.2.2}$$

式(6.2.2) 称为 DFS 变换,式(6.2.1) 称为 DFS 反变换,记为 IDFS,X_k 和 $x(n)$ 的关系:

$$X_k=\mathrm{DFS}[X(n)]=\frac{1}{N}\sum_{n=0}^{N-1}x(n)W_N^{kn} \tag{6.2.3-1}$$

$$x(n)=\mathrm{IDFS}[X_k]=\sum_{k=0}^{N-1}X_k W_N^{-kn} \tag{6.2.3-2}$$

$$x(n)\leftrightarrow X_k \tag{6.2.3-3}$$

式(6.2.2) 可根据式(6.2.1) 获得:将式(6.2.1) 两边乘以 $\mathrm{e}^{-\mathrm{j}\frac{2\pi i}{N}n}$,并进行求和运算可得

$$\sum_{n=0}^{N-1}x(n)\mathrm{e}^{-\mathrm{j}\frac{2\pi i}{N}n}=\sum_{n=0}^{N-1}X_0 W_N^{0n}W_N^{in}+\cdots+\sum_{n=0}^{N-1}X_i W_N^{-in}W_N^{in}+\cdots$$

根据 $\phi_k(n)$ 的正交性,上式右边唯一不为零的项为

$$\sum_{n=0}^{N-1}X_i W_N^{-in}W_N^{in}$$

即有

$$X_i=\frac{1}{N}\sum_{n=0}^{N-1}x(n)\mathrm{e}^{-\mathrm{j}\frac{2\pi i}{N}n}$$

式(6.2.1) 的物理意义为:周期为 N 的周期序列可分解为 N 个单频复指数序列的线性叠加,单频复指数序列的频率为基波频率 $\frac{2\pi}{N}$ 的整数倍,这些单频复指数序列的系数可由式(6.2.2) 求得。

式(6.2.2) 可借鉴矩阵运算完成:

定义 $1\times N$ 矩阵 $\boldsymbol{An}$,$\boldsymbol{Ak}$

$$\boldsymbol{An}=[0,1,\cdots,N-1] \tag{6.2.4}$$

$$\boldsymbol{Ak}=[0,1,\cdots,N-1] \tag{6.2.5}$$

在一个周期内,序列 $x(n)$ 的 N 个值构成 $1\times N$ 矩阵 $\boldsymbol{xn}$。

$$\boldsymbol{xn}=[x(0),x(1),\cdots,x(N-1)] \tag{6.2.6}$$

定义 $N\times N$ 复指数序列矩阵为 $\boldsymbol{W}$

$$\boldsymbol{W}=\begin{bmatrix} W_N^{(0)(0)} & W_N^{(1)(0)} & W_N^{(2)(0)} & \cdots & W_N^{(N-1)(0)} \\ W_N^{(0)(1)} & W_N^{(1)(1)} & W_N^{(2)(1)} & \cdots & W_N^{(N-1)(1)} \\ \vdots & \vdots & \vdots & & \vdots \\ W_{(0)(N-1)N} & W_N^{(1)(N-1)} & W_N^{(2)(N-1)} & \cdots & W_N^{(N-1)(N-1)} \end{bmatrix}=[\exp(-\mathrm{j}2\pi/N)]^{[\boldsymbol{An}'\times\boldsymbol{Ak}]} \tag{6.2.7}$$

式中 $\boldsymbol{An}'$ 为 $\boldsymbol{An}$ 的转置。

则 DFS 变换得到矩阵 $\boldsymbol{Xk}$

$$\boldsymbol{Xk}=[X_0,X_1,X_2,\cdots,X_{N-1}] \tag{6.2.8}$$

满足

$$\boldsymbol{Xk}=\frac{\boldsymbol{xn}\times\boldsymbol{W}}{N}=\frac{1}{N}[x(0),x(1),\cdots,x(N-1)]\cdot$$

$$\begin{bmatrix} W_N^{(0)(0)} & W_N^{(1)(0)} & W_N^{(2)(0)} & \cdots & W_N^{(N-1)(0)} \\ W_N^{(0)(1)} & W_N^{(1)(1)} & W_N^{(2)(1)} & \cdots & W_N^{(N-1)(1)} \\ \vdots & \vdots & \vdots & & \vdots \\ W_N^{(0)(N-1)} & W_N^{(1)(N-1)} & W_N^{(2)(N-1)} & \cdots & W_N^{(N-1)(N-1)} \end{bmatrix}$$

即有

$$\boldsymbol{Xk}=\frac{\boldsymbol{xn}}{N}\times[\exp(-\mathrm{j}2\pi/N)]^{[\boldsymbol{An}'\times\boldsymbol{Ak}]} \tag{6.2.9}$$

以上计算过程可由 MATLAB 软件完成，可自定义函数 dfs(xn,N)：

function[Xk]=dfs(xn,N)；%xn 为周期为 N 的序列前 N 个值构成的 $1\times N$ 矩阵，Xk 为所求的傅里叶级数。

```
n=0:N-1;
k=0:N-1;
WN=exp(-j* 2* pi/N);
nk=n'* k;
Xk=(xn* WN.^nk)/N;
end
```

【例 6.2.1】 离散周期矩形脉冲序列 $x(n)$ 如图 6.2.1 所示，周期 $N=4$，它在一个周期内可以表示为 $x(n)=\begin{cases}1, & n=0,1\\ 0, & n=2,3\end{cases}$。

(1) 求其傅里叶级数；

(2) 写出其分解式；

(3) 证明分解式与原式相等。

解：(1) 将 $x(n)$ 代入离散傅里叶级数变换公式(6.2.5)可得

$$X_k=\frac{1}{N}\sum_{n=0}^{N-1}x_N(n)\mathrm{e}^{-\mathrm{j}\frac{2\pi k}{N}n}=(\mathrm{e}^{-\mathrm{j}0}+\mathrm{e}^{-\mathrm{j}\frac{2\pi k}{4}})/4$$

则有

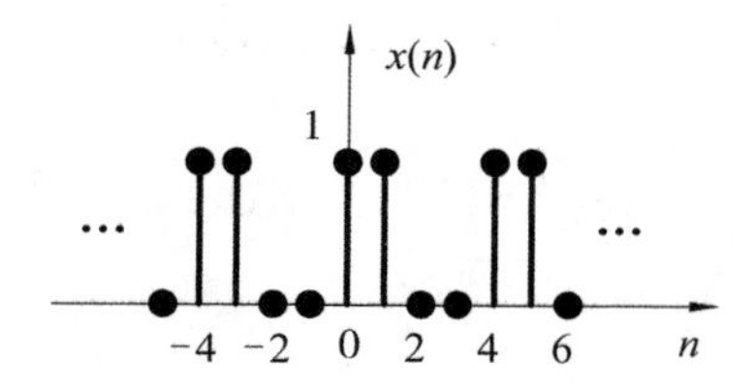

图 6.2.1　周期矩形脉冲序列

$$X_0 = (e^{-j0} + e^{-j0})/4 = 0.5$$
$$X_1 = (e^{-j0} + e^{-j\frac{2\pi}{4}})/4 = \frac{1-j}{4}$$
$$X_2 = (e^{-j0} + e^{-j\frac{4\pi}{4}})/4 = 0$$
$$X_3 = (e^{-j0} + e^{-j\frac{6\pi}{4}})/4 = \frac{1+j}{4}$$

即傅里叶级数为

$$X_0 = 0.5 \quad X_1 = \frac{1-j}{4} \quad X_2 = 0 \quad X_3 = \frac{1+j}{4}$$

(2) 代入 DFS 反变换公式(6.2.6),有

$$x(n) = 0.5e^{j0} + \frac{(1-j)}{4}e^{j\frac{2\pi}{4}n} + \frac{(1+j)}{4}e^{j\frac{6\pi}{4}n}$$

即有

$$x(n) = 0.5\left[1 + \cos\frac{\pi}{2}n + \sin\frac{\pi}{2}n\right] = 0.5 + \frac{\sqrt{2}}{2}\cos\left(\frac{\pi}{2}n - \frac{\pi}{4}\right) \qquad (6.2.10)$$

(3) 上式的左边和右边满足:

$x(n)$ 的周期为 4,$0.5\left[1 + \cos\frac{\pi}{2}n + \sin\frac{\pi}{2}n\right]$ 的周期也是 4;

$x(0) = 1$,而 $0.5\left[1 + \cos\frac{\pi}{2}0 + \sin\frac{\pi}{2}0\right] = 1$;

$x(1) = 1$,而 $0.5\left[1 + \cos\frac{\pi}{2} + \sin\frac{\pi}{2}\right] = 1$;

$x(2) = 0$,而 $0.5\left[1 + \cos\pi + \sin\pi\right] = 0$;

$x(3) = 0$,而 $0.5\left[1 + \cos\frac{3\pi}{2} + \sin\frac{3\pi}{2}\right] = 0$。

即左边和右边相等。上述各分量图像可由 MATLAB 编程画出,其程序如下:

```
n=0: 7; % 设置范围
w=n * 2 * pi/4;
x0=0.5 * cos(0 * w);
x1= (sqrt(2)/2) * cos(1 * w-pi/4);
```

```
x=x0+x1;
subplot(2,2,1);stem (n,x0);
subplot(2,2,2);stem (n,x1);
subplot(2,2,3);stem (n,x);
```

各分量图像如图 6.2.2 所示,(a) 为角频率为 0 的序列图像,(b) 为角频率为 $\frac{\pi}{2}$ 的序列图像,(c) 为这两序列的合图像,与原始序列的图形(图 6.2.1) 一致。

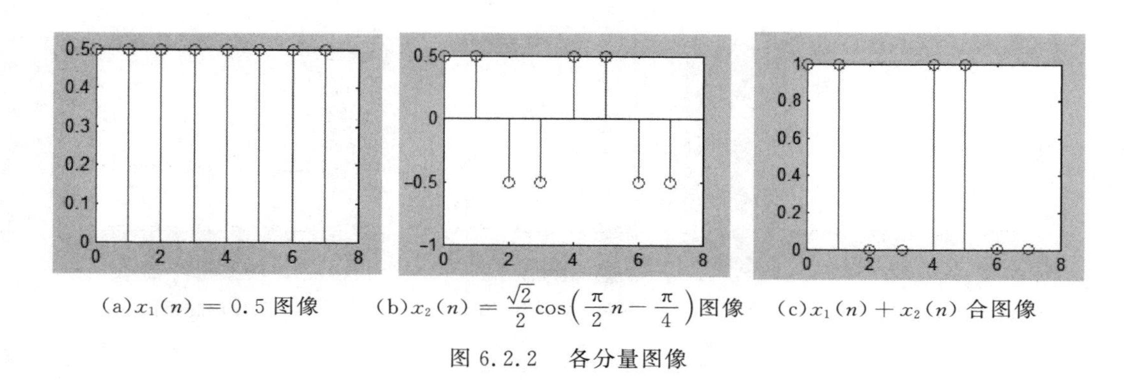

(a) $x_1(n)=0.5$ 图像　(b) $x_2(n)=\frac{\sqrt{2}}{2}\cos\left(\frac{\pi}{2}n-\frac{\pi}{4}\right)$ 图像　(c) $x_1(n)+x_2(n)$ 合图像

图 6.2.2　各分量图像

求解上例中的(1)问还可借助 MATLAB 软件完成,具体代码如下:

```
N=4; % 序列周期
xn=[ones(1,N/2),zeros(1,N/2)]; % 序列一个周期内的值,[1,1,0,0]
Xk=dfs(xn,N);% 调用上文自定义的 DFS 变换函数
Xk% 显示 Xk 矩阵的值
```

可得到 X_k 的值:

$$X_k=[0.5,0.25-0.25\mathrm{i},0-0\mathrm{i},0.25+0.25\mathrm{i}]$$

6.2.2　周期序列的频谱

式(6.2.2) 中 X_k 为复数,令

$$X_k=|X_k|\mathrm{e}^{\mathrm{j}\varphi_k} \tag{6.2.11}$$

代入式(6.2.1),则有

$$x(n)=\sum_{k=0}^{N-1}X_k\mathrm{e}^{\mathrm{j}\frac{2\pi k}{N}n}=\sum_{k=0}^{N-1}|X_k|\mathrm{e}^{\mathrm{j}\varphi_k}\mathrm{e}^{\mathrm{j}\frac{2\pi k}{N}n}$$

序列 $|X_k|\mathrm{e}^{\mathrm{j}\varphi_k}\mathrm{e}^{\mathrm{j}\frac{2\pi k}{N}n}$ 仍是自变量为 n 的离散时间序列,它同时也具有频率特性:是角频率为$\frac{2\pi k}{N}$,振幅为 $|X_k|$,相位为 φ_k 的单频复指数序列。

$|X_k|$、φ_k 分别称为 $x(n)$ 幅度谱和相位谱,它们都是角频率变量 θ 的函数,只是这里 θ

只取 N 个离散值 $0,\frac{2\pi}{N},\cdots,\frac{(N-1)2\pi}{N}$。

将 $|X_k|\sim\theta$ 和 $\varphi_k\sim\theta$ 的关系分别画在以 θ(取值范围 $[0,2\pi)$) 为横轴的平面上,得到的两个图像,分别称为幅度频谱图和相位频谱图。周期序列的频谱为离散谱。

【例 6.2.2】 离散周期矩形脉冲序列 $x(n)$ 如图 6.2.3(a) 所示,周期 $N=16$,它在一个周期内可以表示为 $x(n)=\begin{cases}1, & n=0,1,2,3\\0, & \text{其他}\end{cases}$,求其 DFS 变换 X_k,画出其幅度谱和相位谱。

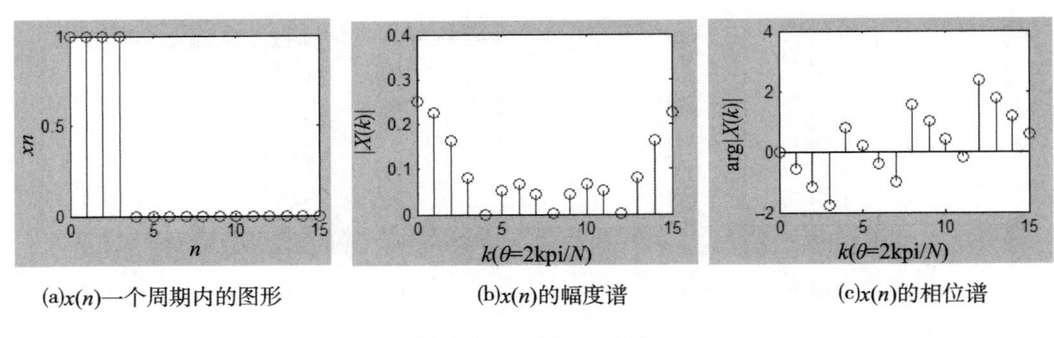

(a)$x(n)$—一个周期内的图形　(b)$x(n)$的幅度谱　(c)$x(n)$的相位谱

图 6.2.3　例 6.2.2 图

解:可借助 MATLAB 软件和本节定义的 dfs(xn,N) 函数完成。具体代码为:

```
N = 16; % 序列周期
xn = [ones(1,4),zeros(1,12)]; % 序列一个周期内的值[1,1,1,1,0,0,… ]
n = 0: N-1;
Xk = dfs(xn,N);
subplot(2,2,1);stem(n,xn); ylabel ('xn');xlabel('n'); % 显示序列的图形
subplot(2,2,2);stem(n,abs(Xk)); ylabel ('| X(k) |');xlabel('k(θ = 2kpi/N)'); % 显示序列幅度谱
subplot(2,2,3);stem(n,angle(Xk)); ylabel ('arg| X(k)| ');xlabel ('k(θ= 2kpi/N)'); % 显示相位谱
```

运行以上代码后可得图 6.2.3 所示三个图像。其幅度谱如图 6.2.3(b) 所示,可以看出:在 $k=0$ 附近(低频分量),其分量值较大,而在 $k=8$ 附近(高频分量),其分量值非常小。该周期序列的低频分量所占比重大,高频分量所占比重小。相位谱如图 6.2.3(c) 所示。

6.2.3　周期序列的功率

序列的功率用 P 表示,如 $x(n)$ 为周期为 N 的周期序列,则其功率定义为

$$P=\frac{1}{N}\sum_{n=0}^{N-1}x(n)^2 \tag{6.2.12}$$

令 $x(n)=\sum_{k=0}^{N-1}X_kW_N^{-kn}$，根据 W_N^{-kn} 的正交性可得

$$P=\sum_{k=0}^{N-1}|X_k|^2 \tag{6.2.13}$$

式(6.2.13)给出了周期序列的另外一种计算方法：如知道了周期序列的傅里叶级数，则序列的功率为这些级数模的平方和。

6.3　非周期序列的频率特性

非周期序列 $x(n)$ 可视为周期为无穷大的周期序列，这样就可借助周期序列的傅里叶级数计算过程得到非周期序列的频谱特性。

6.3.1　非周期序列的离散时间傅里叶变换(DTFT)

非周期序列 $x(n)$ 可视为周期 N 为无穷大的周期序列，当 $N\to\infty$ 时，角频率 $\frac{2\pi}{N}$ 为无穷小量，记为 $\mathrm{d}\theta$，即

$$\mathrm{d}\theta=\lim_{N\to\infty}\frac{2\pi}{N} \tag{6.3.1}$$

而角频率 $\frac{2\pi}{N}k$ 变为连续变量，记为 θ

$$\theta=\lim_{N\to\infty}\frac{2\pi}{N}k \tag{6.3.2}$$

θ 的取值范围为长度为 2π 的连续区间，根据式(6.2.2)，NX_k 可变为

$$NX_k=\lim_{N\to\infty}\sum_{n=\langle N\rangle}x(n)\mathrm{e}^{-\mathrm{j}n\frac{2\pi}{N}k}=\sum_{n=-\infty}^{\infty}x(n)\mathrm{e}^{-\mathrm{j}\theta n}$$

式中求和是变量 $\mathrm{e}^{\mathrm{j}\theta}$ 的函数，NX_k 可记为 $X(\mathrm{e}^{\mathrm{j}\theta})$，即有

$$X(\mathrm{e}^{\mathrm{j}\theta})=\sum_{n=-\infty}^{\infty}x(n)\mathrm{e}^{-\mathrm{j}\theta n} \tag{6.3.3}$$

$X(\mathrm{e}^{\mathrm{j}\theta})$ 称为 $x(n)$ 的频谱密度函数，上式称为 $x(n)$ 的离散时间傅里叶变换(Discrete-time Fourier Transform，DTFT)。

$N\to\infty$ 时，式(6.2.2)变成了无穷小求和，可转换为积分运算

$$x(n)=\lim_{N\to\infty}\frac{1}{2\pi}\frac{2\pi}{N}\sum_{k=0}^{N-1}NX_k\mathrm{e}^{\mathrm{j}\frac{2\pi}{N}kn}=\frac{1}{2\pi}\int_{2\pi}X(\mathrm{e}^{\mathrm{j}\theta})\mathrm{e}^{\mathrm{j}\theta n}\mathrm{d}\theta \tag{6.3.4}$$

此式称为 $X(\mathrm{e}^{\mathrm{j}\theta})$ 的离散时间傅里叶反变换(IDTFT)。

$x(n)$ 与 $X(\mathrm{e}^{\mathrm{j}\theta})$ 的关系为

$$X(\mathrm{e}^{\mathrm{j}\theta})=\mathrm{DTFT}[x(n)]=\sum_{n=-\infty}^{\infty}x(n)\mathrm{e}^{-\mathrm{j}\theta n} \tag{6.3.5-1}$$

$$x(n)=\mathrm{IDTFT}[X(\mathrm{e}^{\mathrm{j}\theta})]=\frac{1}{2\pi}\int_{2\pi}X(\mathrm{e}^{\mathrm{j}\theta})\mathrm{e}^{\mathrm{j}\theta n}\mathrm{d}\theta \tag{6.3.5-2}$$

$$x(n) \leftrightarrow X(\mathrm{e}^{\mathrm{j}\theta}) \tag{6.3.5-3}$$

并不是所有的序列都可进行傅里叶变换，$x(n)$ 的 DTFT 存在的充分条件为

$$\sum_{n=-\infty}^{\infty} |x(n)| < \infty \tag{6.3.6}$$

即只要序列满足此条件，则其傅里叶变换一定存在，如下例中的 $x(n) = 2^{-n}\varepsilon(n)$ 序列；而有些序列并不满足式(6.3.6)，但其傅里叶变换也存在，如后面将要介绍的信号 $x(n) = \varepsilon(n)$、$x(n) = 1$ 等。

6.3.2　非周期序列的频谱

序列 $x(n)$ 的傅里叶变换 $X(\mathrm{e}^{\mathrm{j}\theta})$ 是角频率 θ 的复函数，称为 $x(n)$ 的频谱密度函数，其物理意义可按如下方式理解：

设 $X(\mathrm{e}^{\mathrm{j}\theta})$ 的图形如图 6.3.1 所示，角频率从 θ_0 到 $\theta_0 + \mathrm{d}\theta$（$\mathrm{d}\theta$ 为无穷小量）的频谱密度近似为 $X(\mathrm{e}^{\mathrm{j}\theta_0})$，角频率近似为 θ_0。

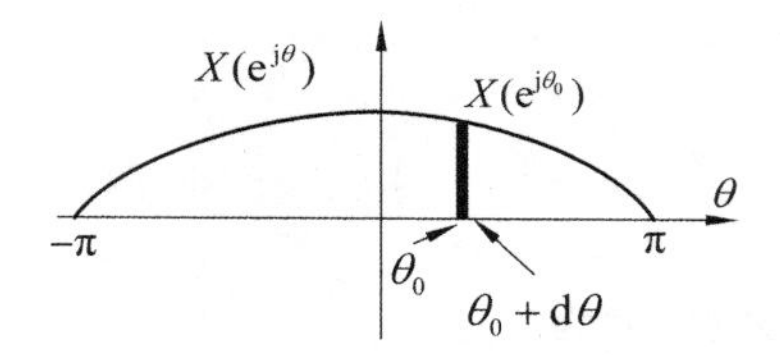

图 6.3.1　$X(\mathrm{e}^{\mathrm{j}\theta})$ 的物理意义

根据式(6.3.4)

$$x(n) = \frac{1}{2\pi}\int_{2\pi} X(\mathrm{e}^{\mathrm{j}\theta})\mathrm{e}^{\mathrm{j}\theta n}\,\mathrm{d}\theta$$

角频率从 θ_0 到 $\theta_0 + \mathrm{d}\theta$ 的分量信号为

$$\frac{X(\mathrm{e}^{\mathrm{j}\theta_0})\mathrm{d}\theta}{2\pi}\mathrm{e}^{\mathrm{j}\theta_0 n}$$

即频率序列 $\mathrm{e}^{\mathrm{j}\theta_0 n}$ 的幅值为$\dfrac{X(\mathrm{e}^{\mathrm{j}\theta_0})\mathrm{d}\theta}{2\pi}$，而 $\mathrm{d}\theta$ 为角频率的宽度，正如质量 = 密度×体积，所以将 $X(\mathrm{e}^{\mathrm{j}\theta_0})$ 定义为频谱密度函数。

式(6.3.4)可理解为：序列 $x(n)$ 可分解为幅值密度为 $X(\mathrm{e}^{\mathrm{j}\theta})$，角频率 θ 连续的复频序列 $\mathrm{e}^{\mathrm{j}\theta n}$ 的线性叠加。

序列的傅里叶变换 $X(\mathrm{e}^{\mathrm{j}\theta})$ 也称为序列的频谱，它描述了信号的频率特性。$X(\mathrm{e}^{\mathrm{j}\theta})$ 为复函数，可写为

$$X(\mathrm{e}^{\mathrm{j}\theta}) = \mathrm{Re}(\theta) + \mathrm{jIm}(\theta) = |X(\mathrm{e}^{\mathrm{j}\theta})|\mathrm{e}^{\mathrm{j}\varphi(\theta)} \tag{6.3.7}$$

其中 $|X(\mathrm{e}^{\mathrm{j}\theta})|$ 是 $X(\mathrm{e}^{\mathrm{j}\theta})$ 的模，它代表信号中各频率分量的相对大小。$\varphi(\theta)$ 是 $X(\mathrm{e}^{\mathrm{j}\theta})$ 的相位，它表示序列中各频率分量之间的相位关系，把 $|X(\mathrm{e}^{\mathrm{j}\theta})| \sim \theta$ 与 $\varphi(\theta) \sim \theta$ 曲线称为非

周期序列的**幅度谱**和**相位谱**，统称为频谱，**非周期序列的频谱为连续谱**。

【例 6.3.1】　$x(n)$ 图形如图 6.3.2(a) 所示，计算其频谱，并画出其幅度谱和相位谱。

解：$x(n)$ 的频谱 $X(e^{j\theta})$ 满足

$$X(e^{j\theta}) = \sum_{n=-\infty}^{\infty} R_4(n)e^{-j\theta n} = \sum_{n=0}^{3} e^{-j\theta n} = \frac{1-e^{-j4\theta}}{1-e^{-j\theta}}$$

$$= \frac{e^{-j(2\theta-2\theta)} - e^{-j(2\theta+2\theta)}}{e^{-j(\theta/2-\theta/2)} - e^{-j(\theta/2+\theta/2)}} = \frac{\sin 2\theta}{\sin\dfrac{\theta}{2}} e^{-j\frac{3}{2}\theta}$$

$|X(e^{j\theta})| = \left|\dfrac{\sin 2\theta}{\sin\theta/2}\right|$，其幅度谱如图 6.3.2(b) 所示。

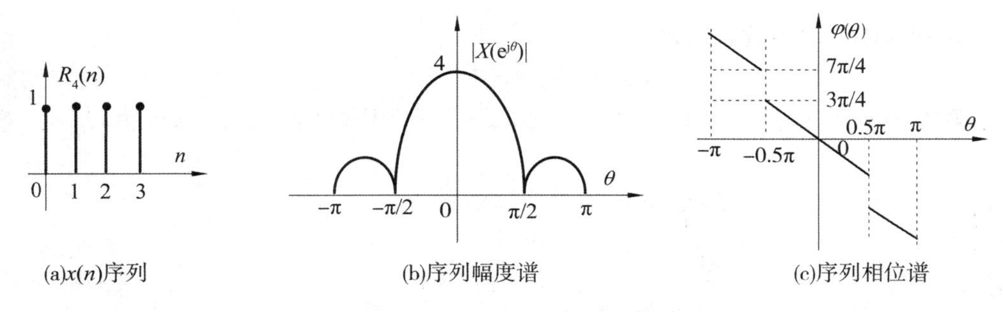

图 6.3.2　单位矩形序列的频谱

6.3.3　DTFT 变换与 z 变换

非周期序列的傅里叶变换可通过 z 变换求得，如 $x(n)$ 的 z 变换为 $X(z)$，即有

$$X(z) = \sum_{n=-\infty}^{\infty} x(n)z^{-n}$$

这里将 z 换成 $e^{j\theta}$ 就是 $x(n)$ 的 DTFT 变换，因 $|e^{j\theta}| = 1$，$X(z)$ 的收敛域决定了 $X(e^{j\theta})$ 的值：

(1) 如 $X(z)$ 的收敛区域包含单位圆 $|z| = 1$，可取 $z = e^{j\theta}$，则有

$$X(e^{j\theta}) = X(z)\big|_{z=e^{j\theta}} \tag{6.3.8}$$

(2) 如 $X(z)$ 的收敛边界为单位圆，则有

$$X(e^{j\theta}) = \lim_{z\to e^{j\theta}} X(z) \tag{6.3.9}$$

(3) 如 $X(z)$ 的收敛区域在单位圆外，$H(e^{j\theta})$ 不存在。

【例 6.3.2】　计算下列序列的 DTFT。

(1) $x(n) = 2^{-n}\varepsilon(n)$　　(2) $x(n) = 2^{n}\varepsilon(n)$

解：(1) $x(n) = 2^{-n}\varepsilon(n)$ 的 z 变换 $X(z)$ 为

$$X(z) = \frac{z}{z-0.5}$$

收敛域为 $|z| > 0.5$，包含单位圆，则有

$$X(\mathrm{e}^{\mathrm{j}\theta}) = \frac{\mathrm{e}^{\mathrm{j}\theta}}{\mathrm{e}^{\mathrm{j}\theta} - 0.5}$$

(2) $x(n) = 2^n\varepsilon(n)$ 的 z 变换 $X(z)$ 为

$$X(z) = \frac{z}{z-2}$$

收敛域为 $|z| > 2$，不包含单位圆，其 DTFT 不存在。

6.3.4　常用序列的傅里叶变换

1. 因果指数序列

因果指数序列的函数表达式为

$$x(n) = a^n\varepsilon(n)(|a| < 1)$$

a 的值有两种可能：$0 < a < 1$ 与 $-1 < a < 0$；其图形如图 6.3.3(a)、(b) 所示。

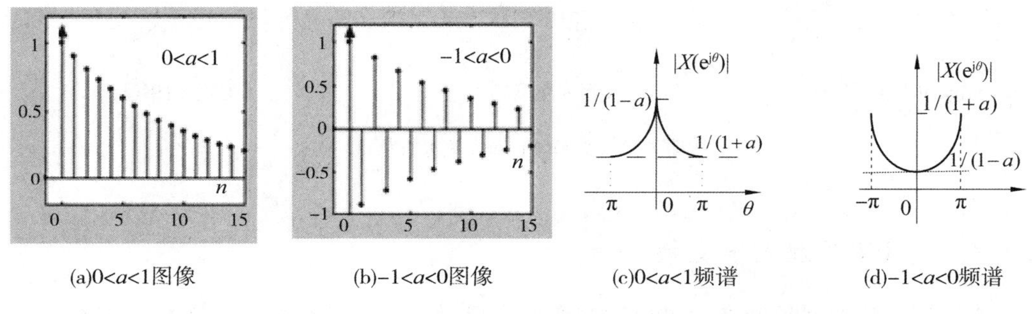

(a)0<a<1图像　(b)-1<a<0图像　(c)0<a<1频谱　(d)-1<a<0频谱

图 6.3.3　$x(n) = a^n\varepsilon(n)$ 的图像及其幅度谱

其 z 变换为

$$X(z) = \frac{z}{z-a}\text{，收敛域为 } |z| > |a|\text{，包含单位圆}$$

则其 DTFT 变换为

$$X(\mathrm{e}^{\mathrm{j}\theta}) = \frac{\mathrm{e}^{\mathrm{j}\theta}}{\mathrm{e}^{\mathrm{j}\theta} - a} = \frac{1}{1 - a\mathrm{e}^{-\mathrm{j}\theta}} = \frac{1}{1 - a\cos\theta + a\mathrm{j}\sin\theta} = \frac{1}{\sqrt{1 + a^2 - 2a\cos\theta}}\mathrm{e}^{-\mathrm{j}\arg\frac{a\sin\theta}{1-a\cos\theta}}$$

其幅度谱为

$$|X(\mathrm{e}^{\mathrm{j}\theta})| = \frac{1}{\sqrt{1 + a^2 - 2a\cos\theta}} \tag{6.3.10}$$

其图像如图 6.3.3(c)、(d) 所示。

分析图 6.3.3 可看到：当 $0 < a < 1$ 时，序列变化缓慢，频谱图(c) 中低频成分所占比重大；当 $-1 < a < 0$ 时，序列变化快，其频谱图(d) 中高频成分所占比重大。

2. 单位矩形序列

单位矩形序列的定义为

$$R_L(n)=\varepsilon(n)-\varepsilon(n-L) \tag{6.3.11}$$

其图像如图 6.3.4(a) 所示。

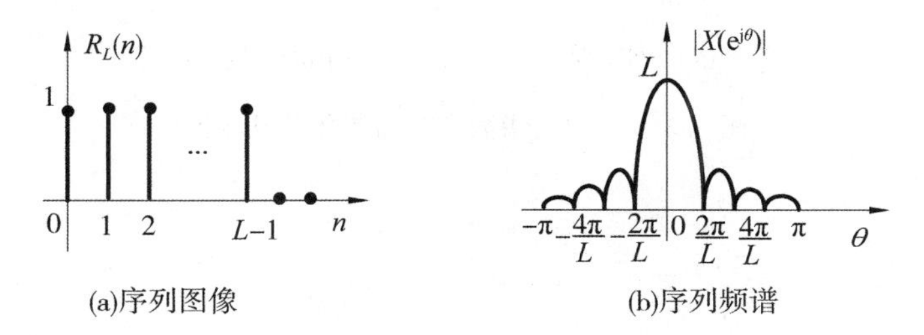

图 6.3.4 单位矩形序列的图像及其频谱

其 z 变换为

$$X(z)=\sum_{n=0}^{L-1}z^{-n}=\frac{1-z^{-L}}{1-z^{-1}}$$

$R_L(n)$ 为有限长序列，其 z 变换收敛域为 $0<|z|<\infty$，包含单位圆，即有

$$X(e^{j\theta})=\frac{1-e^{-jL\theta}}{1-e^{-j\theta}}=\frac{\sin(\theta L/2)}{\sin(\theta/2)}e^{-j\frac{L-1}{2}\theta}$$

$$|X(e^{j\theta})|=\left|\frac{\sin(\theta L/2)}{\sin(\theta/2)}\right| \tag{6.3.12}$$

幅度谱第一零点位置为

$$\theta_0=2\pi/L \tag{6.3.13}$$

0 到 θ_0 间的频谱称为主瓣频谱，它包含了序列的主要频率分量，L 越大，其主瓣宽度越小。

3. 双边指数序列

双边指数序列的定义为

$$x(n)=a^{|n|}\ (0<a<1)$$

其图像如图 6.3.5(a) 所示。

因 $x(n)=a^n\varepsilon(n)+\left(\frac{1}{a}\right)^n\varepsilon(-n)$，其 z 变换为

$$X(z)=\frac{z}{z-a}-\frac{z}{z-1/a}$$，收敛域为 $a<|z|<1/a$，包含单位圆

则有

$$X(e^{j\theta})=\frac{e^{j\theta}}{e^{j\theta}-a}-\frac{e^{j\theta}}{e^{j\theta}-1/a}=\frac{1}{1-ae^{-j\theta}}-\frac{ae^{j\theta}}{ae^{j\theta}-1}$$

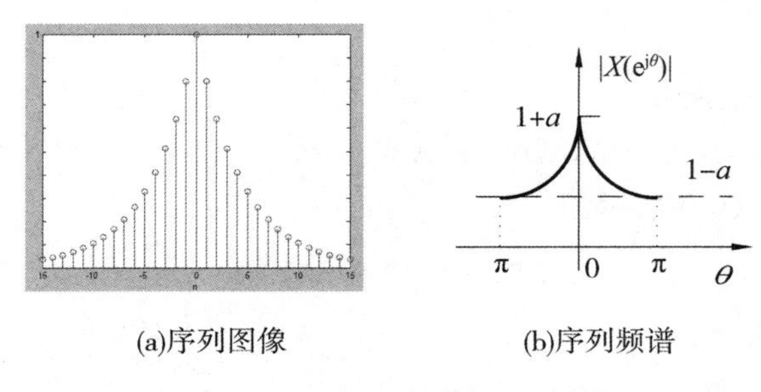

(a)序列图像　　(b)序列频谱

图 6.3.5　双边指数序列的图像及其频谱

$$= \frac{1-a^2}{1+a^2-2a\cos\theta} \tag{6.3.14}$$

4. 单位脉冲序列 $\boldsymbol{\delta(n)}$

其傅里叶变换为

$$X(e^{j\theta}) = \sum_{n=-\infty}^{\infty} x(n)e^{-jn\theta} = 1 \tag{6.3.15}$$

其频谱图如图 6.3.6(b) 所示。

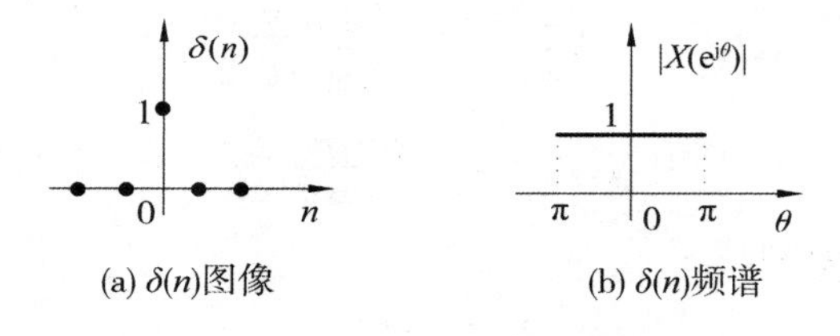

(a) $\delta(n)$图像　　(b) $\delta(n)$频谱

图 6.3.6　$\delta(n)$ 的图像及其频谱

5. 单位直流序列

单位直流序列的表达式为

$$x(n) = 1 = \cos 0n$$

$$\sum_{n=-\infty}^{\infty} |x(n)| \to \infty$$

并不满足序列傅里叶变换存在的充分条件，不能直接计算，采用求极限的方法：

对于双边指数序列，当 $a \to 1$ 时，有

$$x(n) = \lim_{a\to 1} a^{|n|}$$

其傅里叶变换为

$$X(e^{j\theta}) = \lim_{a\to 1}\frac{1-a^2}{1+a^2-2a\cos\theta}\begin{cases}0, & \theta \neq 0\\ \infty, & \theta = 0\end{cases},(\theta \text{ 在}[-\pi,\pi) \text{ 区间})$$

$$\lim_{a \to 1}\int_{-\infty}^{\infty} \frac{1-a^2}{1+a^2-2a\cos\theta}\mathrm{d}\theta = 2\pi$$

根据 $\delta(\theta)$ 函数的定义：

$$\delta(\theta)=\begin{cases}0, & \theta\neq 0\\ \infty, & \theta=0\end{cases} \text{和} \int_{-\infty}^{\infty}\delta(\theta)\mathrm{d}\theta = 1$$

有

$$1 \leftrightarrow 2\pi\delta(\theta) \tag{6.3.16}$$

这里直流序列的频率为 0($1=\cos 0n$)，所以其频谱只包含频率为 0($\delta(\theta)$)的项。

6.3.5 DTFT 的性质

将 z 变换中的 z 换成 $e^{j\theta}$ 就是 DTFT 变换，z 变换的性质可直接应用到 DTFT 变换中。包括线性特性、时移特性、频移性质、卷积性质等，具体描述为：

如 $x(n)\leftrightarrow X(e^{j\theta})=|X(e^{j\theta})|e^{j\varphi(\theta)}$ $x_1(n)\leftrightarrow X_1(e^{j\theta})$ $x_2(n)\leftrightarrow X_2(e^{j\theta})$

根据 z 变换线性特性

$$a_1x_1(z)+a_2x_2(z)\leftrightarrow a_1X_1(z)+a_1X_2(z)$$

可得到 DTFT 的线性特性

$$[ax_1(n)+bx_2(n)]\leftrightarrow[aX_1(e^{j\theta})+bX_2(e^{j\theta})] \tag{6.3.17}$$

根据 z 变换移位特性

$$x(n\pm m)\leftrightarrow z^{\pm m}X(z)$$

可得到 DTFT 的移位特性

$$x(n\pm n_0) \longleftrightarrow e^{\pm j\theta n_0}X(e^{j\theta}) \tag{6.3.18}$$

即当序列延时，其幅度谱不变，只相位谱图像发生基于原点的旋转，旋转角度为 $-n_0$。在现实中，研究序列的频谱(幅度谱)时，一般不关心原始序列的起始时间，而只关心其形状。

根据 z 变换尺度特性

$$a^n x(n)\leftrightarrow X\left(\frac{z}{a}\right)$$

令 $a=e^{j\theta_0}$，可得到 DTFT 的频移特性

$$x(n)e^{j\theta_0 n} \longleftrightarrow X(e^{j(\theta-\theta_0)}) \tag{6.3.19}$$

即序列与单频复指数序列相乘，频谱形状不变，只是进行频域搬移。根据该性质，可得到如下序列的 DTFT：

(1) $\cos(\theta_0 n)$ (2) $\sin(\theta_0 n)$ (3) $x(n)\cos(\theta_0 n)$

因 $1\leftrightarrow 2\pi\delta(\theta)$，$\cos(\theta_0 n)=(e^{j\theta_0 n}+e^{-j\theta_0 n})/2$，则有

$$\cos(\theta_0 n)\leftrightarrow\pi[(\delta(\theta+\theta_0)+\delta(\theta-\theta_0)] \tag{6.3.20}$$

因 $\sin(\theta_0 n)=\dfrac{(e^{j\theta_0 n}-e^{-j\theta_0 n})}{2j}$，则有

$$\sin(\theta_0 n) \leftrightarrow \pi j[(\delta(\theta+\theta_0)-\delta(\theta-\theta_0)] \quad (6.3.21)$$

设 $x(n) \leftrightarrow X(e^{j\theta})$，则有

$$x(n)\cos(\theta_0 n) \leftrightarrow \frac{X(e^{j(\theta+\theta_0)})+X(e^{j(\theta-\theta_0)})}{2} \quad (6.3.22)$$

即序列与 $\cos(\theta_0 n)$ 相乘后，频谱进行了搬移，但频谱形状不变。

$\sin(\theta_0 n)$ 与 $\cos(\theta_0 n)$ 的幅度谱如图 6.3.7 所示。

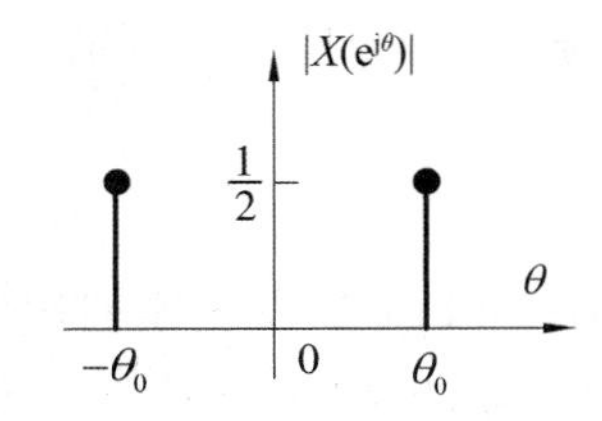

图 6.3.7 单频序列的幅度谱

根据 z 变换卷积特性

$$x_1(n) * x_2(n) \leftrightarrow X_1(z)X_2(z)$$

可得到 DTFT 的卷积特性

$$x_1(n) * x_2(n) \leftrightarrow X_1(e^{j\theta})X_2(e^{j\theta}) \quad (6.3.23)$$

同时 DTFT 变换还有与 z 变换不同的特性，包括奇偶性和周期性。

1. 奇偶虚实性

如果 $x(n)$ 为实函数，其傅里叶变换 $X(e^{j\theta})=\mathrm{Re}(\theta)+j\mathrm{Im}(\theta)$ 满足

$$\mathrm{Re}(\theta)=\mathrm{Re}(-\theta), \mathrm{Im}(\theta)=-\mathrm{Im}(-\theta) \quad (6.3.24\text{-}1)$$

或

$$|X(e^{j\theta})|=|X(e^{-j\theta})|, \varphi(\theta)=-\varphi(-\theta) \quad (6.3.24\text{-}2)$$

即实序列的幅度谱关于 Y 轴对称，相位谱关于原点对称。

如果 $x(n)$ 为偶序列，即 $x(n)=x(-n)$，则有

$$\mathrm{Im}(\theta)=0 \quad (6.3.25)$$

如果 $x(n)$ 为奇序列，即 $x(n)=-x(-n)$，则有

$$\mathrm{Re}(\theta)=0 \quad (6.3.26)$$

如图 6.3.2 所示单位矩形序列的幅度谱就符合式(6.3.24-2)的描述。

2. 周期性

序列的傅里叶变换 $X(e^{j\theta})$ 是周期为 2π 的函数，即有

$$X(e^{j\theta})=X(e^{j(\theta+2\pi)}) \quad (6.3.27)$$

在分析 $X(e^{j\theta})$ 时，只给出 θ 在 2π 范围的值。图 6.3.8(a)、(b) 分别给出了一个实序列在 θ 取 $[-\pi,\pi)$ 区域和 $[0,2\pi)$ 区域内的频谱图。

从图 6.3.8(b) 不难发现，对于实序列，同时还有

$$|X(e^{j(\pi-\theta)})|=|X(e^{-j(\pi+\theta)})|,\varphi(\pi-\theta)=-\varphi(\pi+\theta) \tag{6.3.28}$$

即实序列的幅度频谱关于 $y=\pi$ 轴偶对称，相位谱关于点 $(\pi,0)$ 奇对称。因而在画实序列的频谱时，可只画 $[0,\pi)$ 区域。如图 6.3.8(c) 所示。

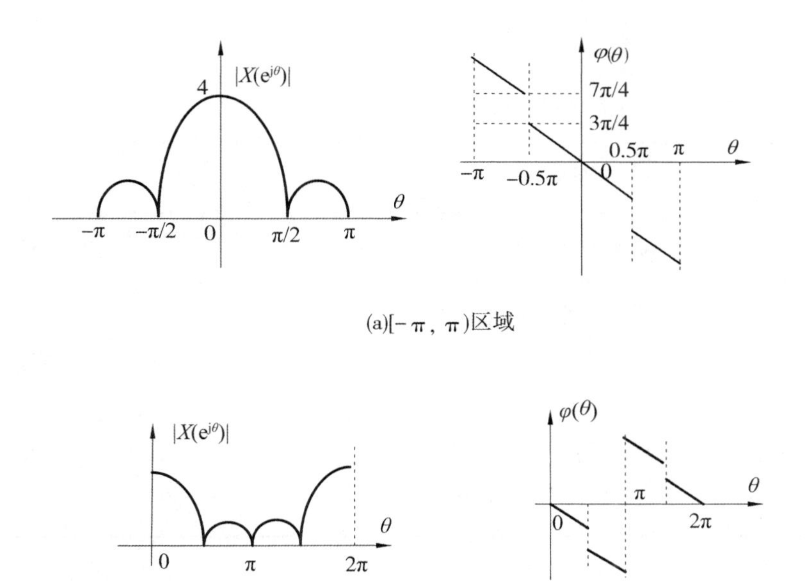

(a)[−π, π)区域

(b)[0, 2π)区域

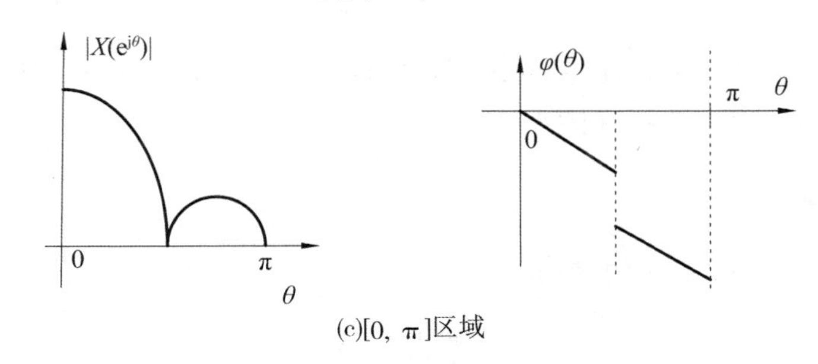

(c)[0, π]区域

图 6.3.8　实序列的频谱不同表示区域

这里将这些 DTFT 变换性质列于表 6.3.1。

表 6.3.1　**DTFT 变换的性质**

性质名称	数学描述
线性	$a_1x_1(z)+a_2x_2(z)\leftrightarrow a_1X_1(e^{j\theta})+a_1X_2(e^{j\theta})$
虚实性	如 $x(n)$ 为实序列 $\lvert X(e^{j\theta})\rvert=\lvert X(e^{-j\theta})\rvert,\varphi(\theta)=-\varphi(-\theta)$
奇偶性	如 $x(n)$ 为实偶序列，则 $I(e^{j\theta})=0$
	如 $x(n)$ 为实奇序列，则 $R(e^{j\theta})=0$
移位特性	$x(n\pm n_0)\longleftrightarrow e^{\pm j\theta n_0}X(e^{j\theta})$
频移特性	$x(n)e^{j\theta_0 n}\longleftrightarrow X(e^{j(\theta-\theta_0)})$
卷积	$x_1(n)*x_2(n)\leftrightarrow X_1(e^{j\theta})X_2(e^{j\theta})$
周期性	$X(e^{j\theta})=X(e^{j(\theta+2\pi)})$
	如 $x(n)$ 为实序列 $\lvert X(e^{j(\pi-\theta)})\rvert=\lvert X(e^{-j(\pi+\theta)})\rvert,\varphi(\pi-\theta)=-\varphi(\pi+\theta)$

6.3.6　序列的能量谱

在描述序列的频率特性时，除了用幅度谱和相位谱描述外，很多时候我们也会用能量谱和功率谱描述序列的频率特性。

1. 能量谱

实序列 $x(n)$ 能量 E 定义为

$$E=\lim_{N\to\infty}\sum_{<n=N>}x(n)^2 \tag{6.3.29}$$

如 E 有限（$0<E<\infty$），信号称为能量信号。

借助 DTFT 变换，定义能量谱密度 $E(e^{j\theta})$

$$E(e^{j\theta})=\lvert X(e^{j\theta})\rvert^2 \tag{6.3.30}$$

则有

$$E=\frac{1}{2\pi}\int_{2\pi}E(e^{j\theta})d\theta \tag{6.3.31}$$

信号的能量谱密度 $E(e^{j\theta})$ 单位为 J · 弧度（焦耳 · 弧度），它等于信号的幅度谱的平方，它在角频率宽度为 2π 范围内的积分为信号的能量，因此称为能量谱密度，简称能量谱。

2. 序列功率谱

序列功率定义为在整个区间$(-\infty,\infty)$信号的平均功率，用P表示，如$x(n)$为实信号，则平均功率满足

$$P=\lim_{N\to\infty}\frac{1}{N}\sum_{<n=N>}x(n)^2 \tag{6.3.32}$$

如P有限$(0<P<\infty)$，则称信号为功率有限信号，简称为功率信号，如本章中的阶跃函数、符号函数、直流信号、周期信号等。

定义功率谱密度$\rho(\mathrm{e}^{\mathrm{j}\theta})$

$$\rho(\mathrm{e}^{\mathrm{j}\theta})=\lim_{N\to\infty}\frac{|X(\mathrm{e}^{\mathrm{j}\theta})|^2}{N} \tag{6.3.33}$$

则有

$$P=\frac{1}{2\pi}\int_{2\pi}\rho(\mathrm{e}^{\mathrm{j}\theta})\mathrm{d}\theta \tag{6.3.34}$$

序列的功率谱密度$\rho(\mathrm{e}^{\mathrm{j}\theta})$单位为W·弧度（瓦·弧度），它等于序列的幅度谱的平方除以时间$N(N\to\infty)$，它在整个频域内的积分为信号的功率，因此称为信号的功率谱密度，简称为功率谱。

6.4 有限长序列的离散傅里叶变换

6.4.1 有限长序列的离散傅里叶变换(DFT)

长度为N的有限长序列$x(n)$是指区间为$[0,N-1]$，其余各点处皆为零，如图6.4.1(a)所示，即

$$x(n)=\begin{cases}x(n), & 0\leqslant n\leqslant N-1\\ 0, & n\text{为其余值}\end{cases} \tag{6.4.1}$$

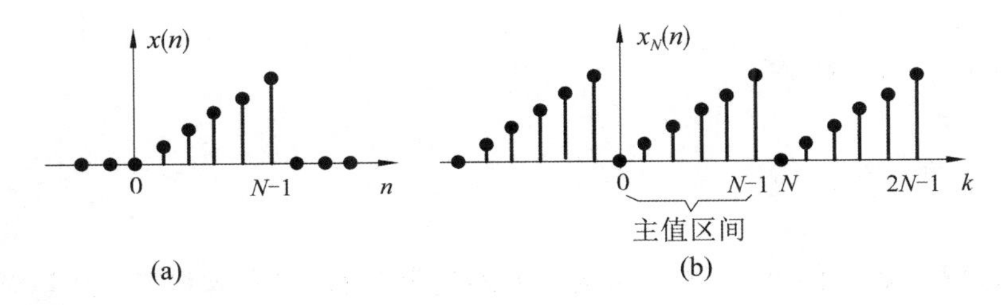

图6.4.1 有限长序列

可将其扩展为周期为N的周期序列$x_N(n)$，如图6.4.1(b)所示，则有

$$x_N(n)=\sum_{m=-\infty}^{\infty}x(n+mN) \tag{6.4.2}$$

即 $x(n)$ 为 $x_N(n)$ 的主值区间序列。

周期序列的 DFS 变换求和区域只限于主值区间。因此，可将这两个变换引申到有限长序列的傅里叶变换：

定义长度为 N 的有限长序列 $x(n)$ 的离散傅里叶变换(Discrete Fourier Transform，DFT) 为

$$X(k)=\frac{1}{N}\sum_{n=0}^{N-1}x(n)\mathrm{e}^{-\mathrm{j}\frac{2\pi k}{N}n}=\frac{1}{N}\sum_{n=0}^{N-1}x(n)W^{kn},k=0,1,2,\cdots,N-1 \tag{6.4.3}$$

$X(k)$ 的反离散傅里叶变换为

$$x(n)=\sum_{k=0}^{N-1}X(k)\mathrm{e}^{\mathrm{j}\frac{2\pi}{N}kn}=\sum_{k=0}^{N-1}X(k)W^{-kn} \tag{6.4.4}$$

有限长序列 $x(n)$ 与 $X(k)$ 的关系为

$$X(k)=\mathrm{DFT}[x(n)] \tag{6.4.5-1}$$

$$x(n)=\mathrm{IDFT}[X(k)] \tag{6.4.5-2}$$

$$x(n)\leftrightarrow X(k) \tag{6.4.5-3}$$

DFT 解决了序列频谱的计算机运算问题，它将序列截取成长度为 N(包括适当数量的补 0 点）的有限长离散序列，用角频率为 $0,\frac{1}{N},\frac{2}{N},\cdots,\frac{N-1}{N}$ 的离散谱**近似**描述序列的连续谱。

因 $X(k)$ 是复函数，可表示为

$$X(k)=|X(k)|\mathrm{e}^{\mathrm{j}\varphi(k)} \tag{6.4.6}$$

$|X(k)|$称为有限序列的幅频特性，$|X(k)|$与 k 的图形称为有限序列的幅度谱。$\varphi(k)$ 称为有限序列的相频特性，$\varphi(k)$ 与 k 的图形称为有限序列的相位谱。

有限长序列的 DFT 计算也可采用矩阵计算完成，其计算过程与 DFS 基本一致，这里列举了 MATLAB 实现 DFT 计算的函数。

```
function[Xk]=dft(xn,N)% xn 为长度为 N 的有限序列 N 个值构成 1×N 矩阵,Xk 为所求的 DFT 变换
n=0:N-1;
k=0:N-1;
WN=exp(-j*2*pi/N);
nk=n'*k;
Xk=(xn*WN.^nk)/N;
end
```

【例 6.4.1】　画出图 6.4.2(a) 所示的有限长序列的 DFT 变换所对应的幅度谱和相位谱，取长度 $N=8$。

解：可采用上面定义的 DFT 函数，具体实现的 MATLAB 代码为

```
xn=[0,1,2,3,0,0,0,0];
N=8;
Xk=dft(xn,N);
```

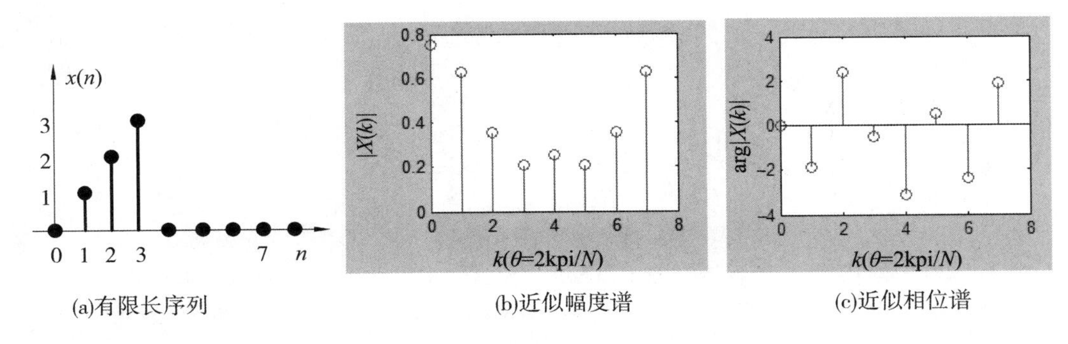

(a)有限长序列　　(b)近似幅度谱　　(c)近似相位谱

图 6.4.2　有限长序列 DFT 变换

```
k=0:N-1;
subplot(2,2,1);
stem(k,abs(Xk)); ylabel ('|X(k)|');xlabel('k(θ=2kpi/N)'); % 显示序列的幅度谱
subplot(2,2,2);
stem(k,angle(Xk)); ylabel ('arg(X(k))'); xlabel('k(θ=2kpi/N)');% 显示序列的相位谱
```

6.4.2　DFT 与 DTFT 的关系

根据 DFT 和 DTFT 的定义,长度为 N 的序列,其 $X(\mathrm{e}^{\mathrm{j}\theta})$ 与 $X(k)$ 的关系为

$$X(k)=\frac{1}{N}X(\mathrm{e}^{\mathrm{j}\theta})\Big|_{\theta=\frac{2\pi}{N}k}\quad(k=0,1,\cdots,N-1)\tag{6.4.7}$$

即有限长序列的离散谱是在其连续谱上取 N 个间隔相等的离散点。DFT 是 DTFT 的近似表示。在实际应用中,不管是有限长序列还是无限长序列,其频谱分析都是通过 DFT 变换来近似实现的。

【例 6.4.2】　长度为 8 的单位矩形序列 $R_8(n)$,计算其 DTFT 变换,并画出其频谱;采用 DFT 变换,画出 N 分别为 8、32、128、512 和 1024 时的离散谱,并与其连续谱比较。

解:根据单位矩形序列的频谱表达式(6.3.15)可得 $R_8(n)$ 的幅度谱为

$$|R(\mathrm{e}^{\mathrm{j}\theta})|=\left|\sin4\theta\Big/\sin\frac{\theta}{2}\right|$$

其频谱如图 6.4.3(b) 所示。采用例 6.4.1 的类似程序,可得到 N 为 8、16、128 和 1024 时的幅度谱,如图 6.4.3(c)、(d)、(e) 、(f) 所示。

可以看到:将图(b)θ 换成$\frac{2\pi k}{8}(k=0,1,\cdots,7)$,就可得到图(c) 所示的 $N=8$ 时 $R_4(n)$ 的离散谱;将图(b)θ 换成$\frac{2\pi k}{16}(k=0,1,\cdots,15)$,就可得到图(d) 所示的 $N=16$ 时 $R_4(n)$ 的离散谱。

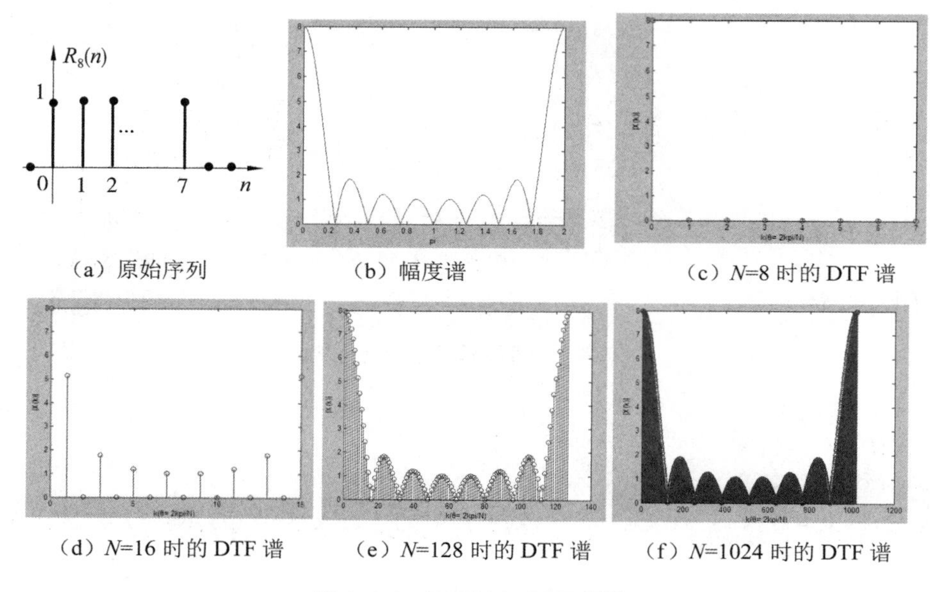

(a) 原始序列　(b) 幅度谱　(c) N=8 时的 DTF 谱

(d) N=16 时的 DTF 谱　(e) N=128 时的 DTF 谱　(f) N=1024 时的 DTF 谱

图 6.4.3　DTFT 与 DFT 频谱

由以上分析可得：有限长序列的离散谱是在其连续谱上取 N 个间隔相等的离散点。N 值越大，谱线越密，离散谱越接近连续谱。

在实际应用中，N 的取值与所需要的频谱分辨率 θ_0 有关，其具体关系为

$$\frac{2\pi}{N} \leqslant \theta_0 \tag{6.4.8}$$

如频谱分辨率 $\theta_0 = \pi/1000$，则 N 的取值为 2048。

6.4.3　DFT 的实际应用

DFT 是计算机分析序列频谱的最重要手段，它可实现有限长序列和无限长序列的计算机分析。例 6.4.2 列举了有限长序列的计算机分析方法，并可通过补零增加长度的方法使分析值与理论值更接近。

无限长序列频谱的计算机分析可采用 DFT 变换实现。

【例 6.4.3】　无限长序列 $x(n) = (-0.99)^n \varepsilon(n)$，(1) 画出其幅度谱；(2) 将序列截取长度 $N = 32$ 的有限长序列，画出其 DTFT 频谱和 DFT 频谱。

解：(1) 根据因果序列频谱的表达式(6.3.12)，$x(n)$ 的频谱 $X(\mathrm{e}^{\mathrm{j}\theta})$ 满足

$$|X(\mathrm{e}^{\mathrm{j}\theta})| = \frac{1}{\sqrt{1.9801 + 1.98\cos\theta}}$$

其幅度谱如图 6.4.4(a) 所示。

(2) 设截取后的序列为 $x_1(n)$，其 DTFT 变换为 $X_1(\mathrm{e}^{\mathrm{j}\theta})$，满足

$$X_1(\mathrm{e}^{\mathrm{j}\theta}) = \mathrm{DTFT}[x(n)R_{32}(n)]$$

其计算过程可将 $x_1(n)$ 扩展为长度为 2048(或更大) 序列的 DFT 近似表示，幅度谱如图 6.

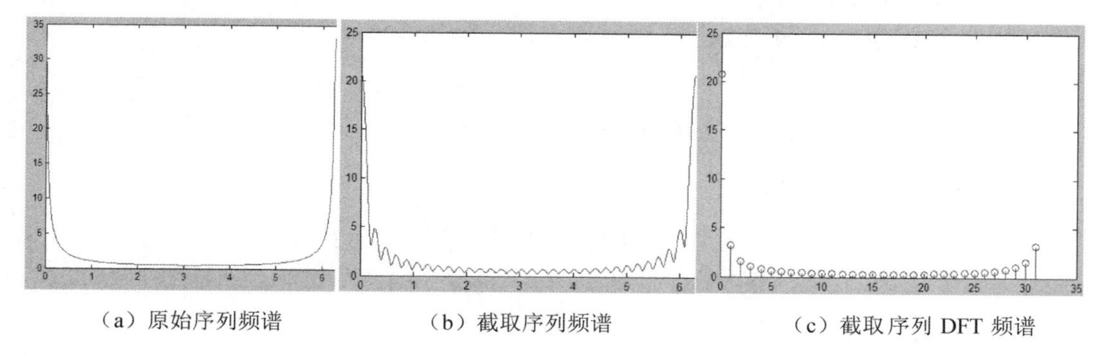

（a）原始序列频谱　（b）截取序列频谱　（c）截取序列 DFT 频谱

图 6.4.4　无限长序列的 DTFT 和 DFT

4.4(b) 所示，其 MATLAB 代码为

```
N1=0:32;
x1=0.97.^N1;
x2=zeros(1,2016);
xn=[x1,x2];
N=2048;
Xk=dft(xn,N);
K=0:N-1;
plot(2* k* pi/2048,abs(Xk)); % 显示序列的幅度谱
```

比较图 6.4.4(a)、(b) 频谱图，我们会发现：无限长序列截短后，其频谱会产生失真。在实际应用中可在截取窗 $R_L(n)$ 后增加过渡窗，或采用三角(Bartlett)窗、汉宁(Hanning)窗、哈明(Hamming)窗进行截取，减小失真。

长度 N 为 32 时，$x_1(n)$ 的 DFT 幅度谱如图 6.4.4(c) 所示，其 MATLAB 代码为

```
N=32;
n=0:N-1;
xn=0.97.^n;
Xk=dft(xn,N);
stem(n,abs(Xk)); % 显示序列的幅度谱
```

与图(a) 比较，图(c) 还是有一定失真，截取长度 N 越大，失真越小，但计算量会增加(计算量正比于 N^2) 方式的增多。

对于单频序列 $x(n)=\cos\dfrac{m\pi}{M}n$，当截取窗 $R_N(n)$ 长度 $N=2M$ 时，其 DFT 频谱不失真。

分析过程如下：

$x(n)=\cos\dfrac{m\pi}{M}n$ 的频谱 $|X(e^{j\theta})|$ 如图 6.4.5(a) 所示，截取窗 $R_{2M}(n)$ 的幅度谱

$|R(\mathrm{e}^{\mathrm{j}\theta})|$ 如图 6.4.5(b) 所示。

则截取后的序列 $x_1(n)$ 满足

$$x_1(n) = x(n)R_{2M}(n) \leftrightarrow \frac{R\left(\mathrm{e}^{\mathrm{j}\left(\theta-\frac{m\pi}{M}\right)}\right)+R\left(\mathrm{e}^{\mathrm{j}\left(\theta+\frac{m\pi}{M}\right)}\right)}{2}$$

其幅度谱 $|X_1(\mathrm{e}^{\mathrm{j}\theta})|$ 满足

$$|X_1(\mathrm{e}^{\mathrm{j}\theta})| = \frac{R\left(\mathrm{e}^{\mathrm{j}\left(\theta-\frac{m\pi}{M}\right)}\right)+R\left(\mathrm{e}^{\mathrm{j}\left(\theta+\frac{m\pi}{M}\right)}\right)}{2}$$

其图形如图 6.4.5(c) 所示。

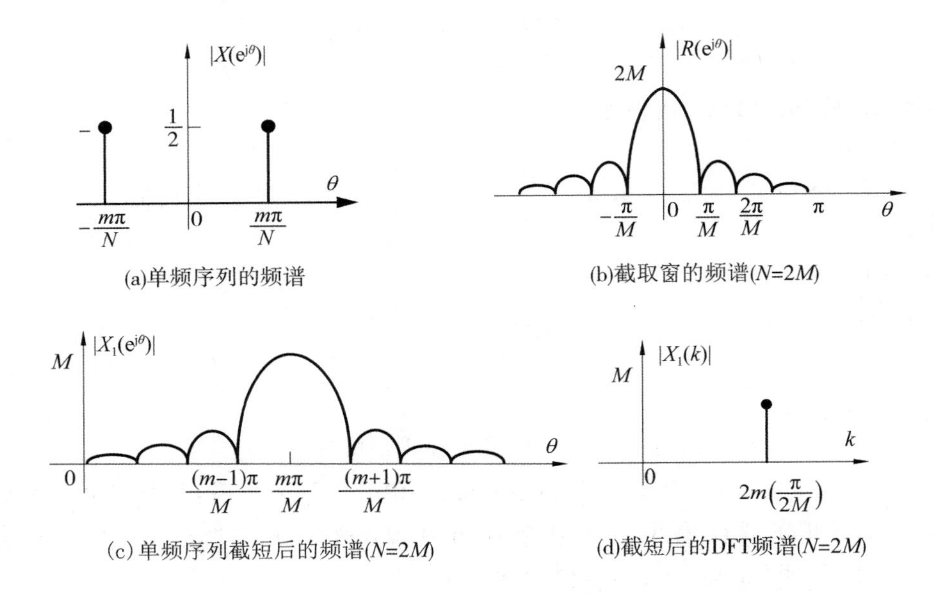

图 6.4.5　单频序列的截短频谱

对于长度为 $2M$ 的 DFT 变换的频谱 $X_1(k)$ 满足

$$X_1(k) = X_1(\mathrm{e}^{\mathrm{j}\theta})\big|_{\theta=\frac{k\pi}{2M}}$$

$k = 2m$ 时的频谱值不为 0，其他离散值都为 0，如图 6.4.5(d) 所示，与 $x(n)$ 的频谱图一致。

【例 6.4.4】　序列 $x_1(n) = 2\cos\frac{10\pi}{64}n + \sin\frac{30\pi}{64}n$，$x_2(n) = 2\cos\frac{10\pi}{72}n + \sin\frac{30\pi}{72}n$，取 $N = 128$，画出其 DFT 频谱。

解： 其频谱分析的 MATLAB 代码为

```
N=128;
n=0:N-1;
x1n=2*cos(10*pi*n/64)+cos(30*pi*n/64);
x2n=2*cos(10*pi*n/72)+cos(30*pi*n/72);
```

```
Xk1=abs(dft(x1n,N));
Xk2=abs(dft(x2n,N));
a=2*n*pi./N;
subplot(2,2,1);stem(a(1:N/2),Xk1(1:N/2));grid;
subplot(2,2,2);stem(a(1:N/2),Xk2(1:N/2));grid;
```

所得幅度谱如图 6.4.6 所示,图(a)为 $x_1(n)$ 的 DFT 频谱,只有在 $\theta=\frac{10\pi}{64},\frac{30\pi}{64}$ 处值不为 0,与 $x_1(n)$ 的 DTFT 频谱一致;图(b)为 $x_2(n)$ 的 DFT 频谱,除了在 $\theta=\frac{10\pi}{72},\frac{30\pi}{72}$ 处值不为 0 外,在其附近的值也不为 0,与 $x_2(n)$ 的 DTFT 频谱有一定失真。

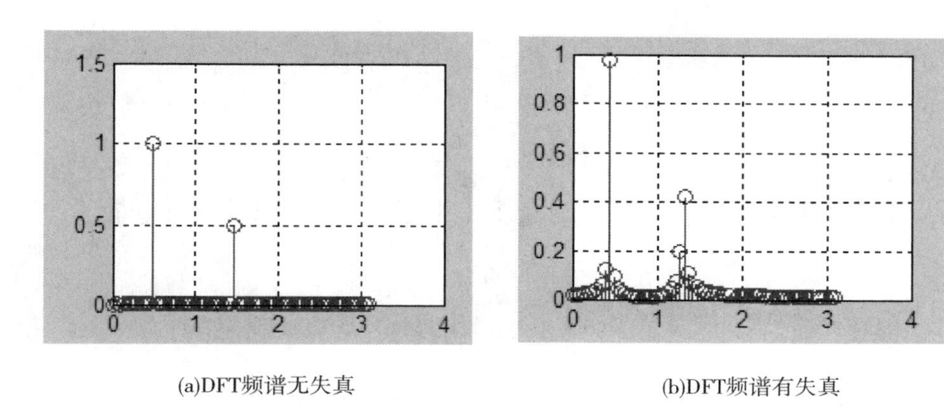

(a)DFT频谱无失真　　(b)DFT频谱有失真

图 6.4.6　单频序列的 DFT 变换

6.4.4　DFT 的性质

在描述 DFT 的性质时,会涉及如下长度都是 N 的有限序列,其描述和相互关系如下:

$$x(n)\leftrightarrow X(k)\quad x_1(n)\leftrightarrow X_1(k)\quad x_2(n)\leftrightarrow X_2(k)$$

1. 线性性质

DFT 的线性特性满足

$$[ax_1(n)+bx_2(n)]\leftrightarrow[aX_1(k)+bX_2(k)]\tag{6.4.9}$$

2. 对称性

DFT 的线性特性满足

若

$$x(n)\leftrightarrow X(k)$$

则有

$$X(n)\leftrightarrow Nx(-k)\tag{6.4.10}$$

3. 时移特性

为了不改变有限长序列的主值区域 $[0, N-1]$，在 DTF 中的时间位移采用“圆周移位”，如右移 m，一般写作

$$x((n-m))_N R_N(n)$$

其中 $x((n-m))_N$ 表示对 $x(n)$ 进行圆周右移 m 运算，$R_N(n)$ 表示长度为 N 的矩形脉冲序列，即有

$$R_N(n) = \varepsilon(n) - \varepsilon(n-N)$$

如长度为6的有限序列，如图 6.4.7(a) 所示，则圆周右移2的图像如图(b) 所示，圆周左移 2 的图像如图(c) 所示。

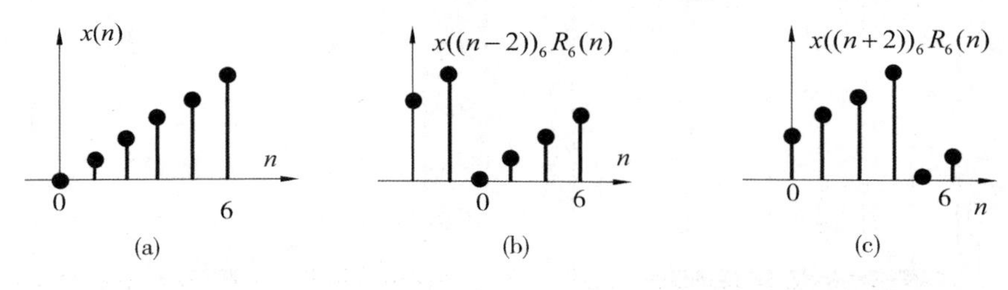

图 6.4.7　圆周移位

DFT 的时移特性满足

$$x((n-n_0))_N R_N(n) \leftrightarrow W_N^{n_0 k} X(k) \tag{6.4.11}$$

4. 频移性质

DFT 的时移特性满足

$$x(n) W_N^{-k_0 n} \leftrightarrow X((k-k_0))_N R_N(n) \tag{6.4.12}$$

频域特性表明：若时间序列乘以单频指数序列 $W_N^{-k_0 n}$，则其 DTF 向右圆周移动 k_0 单位。与连续信号类似，可以看作调试信号的频谱搬移，因而也称为“调制定理”。

5. 时域循环卷积(圆卷积)

长度为 M, N 的有限长序列 $x_1(n)$，$x_2(n)$，根据卷积和(线卷积) 的定义

$$x_1(n) * x_2(n) = \sum_{i=-\infty}^{\infty} x_1(i) x_2(n-i)$$

其长度为 $M+N-1$，卷积后序列长度发生了改变。

为了不改变卷积后序列的长度，定义长度为 N 的有限长序列 $x_1(n)$，$x_2(n)$ 的循环卷积(圆卷积)

$$x_1(n) \otimes x_2(n) = \sum_{i=0}^{N-1} x_1(i) x_2((n-i))_N = \sum_{i=0}^{N-1} x_2(i) x_1((n-i))_N \tag{6.4.13}$$

循环卷积所得序列的长度还是 N，长度不变。

如长度为3的有限长序列 $x_1(n)=\{\overset{n=0}{0},1,2\}$，$x_2(n)=\{\overset{n=0}{1},2,3\}$，求 $x(n)=x_1(n)\otimes x_2(n)$。

解：

$$x(0)=x_1(0)x_2((0))_3+x_1(1)x_2((-1))_3+x_1(2)x_2((-2))_3$$
$$=x_1(0)x_2(0)+x_1(1)x_2(2)+x_1(2)x_2(1)=7$$
$$x(1)=x_1(0)x_2((1))_3+x_1(1)x_2((0))_3+x_1(2)x_2((-1))_3$$
$$=x_1(0)x_2(1)+x_1(1)x_2(0)+x_1(2)x_2(2)=7$$
$$x(2)=x_1(0)x_2((2))_3+x_1(1)x_2((1))_3+x_1(2)x_2((0))_3$$
$$=x_1(0)x_2(2)+x_1(1)x_2(1)+x_1(2)x_2(0)=4$$

则有 $x(n)=x_1(n)\otimes x_2(n)=\{\overset{n=0}{7},7,4\}$，其他位置为0，序列长度还是3。

时域卷积定理

$$x_1(n)\otimes x_2(n)\leftrightarrow X_1(k)X_2(k) \tag{6.4.14}$$

序列间的线卷积也可间接应用此性质计算。长度为 L 和 M 的有限长序列 $x_3(n)$，$x_4(n)$，用补零的方法将其扩展成长度为 $L+M-1$ 的序列 $x'_3(n)$，$x'_4(n)$。

则有

$$x_3(n)*x_4(n)=x'_3(n)\otimes x'_4(n) \tag{6.4.15}$$

借助此性质和后面的FFT计算可简化序列间的卷积计算，该过程称为快速卷积，具体实现步骤如图6.4.8所示：

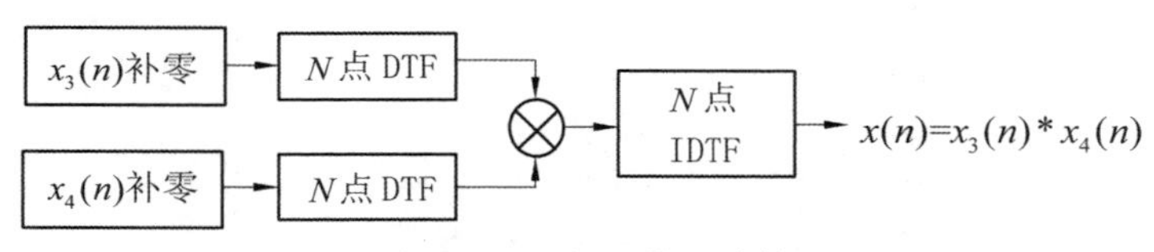

图6.4.8　卷积快速计算

(1) 序列补零；如 $x_3(n)$ 长度为 L，$x_4(n)$ 长度为 M，则两个序列补零，使长度都变为 $N(=M+L-1)$。

(2) $x_3(n)$，$x_4(n)$ 进行DFT变换得到 $X_3(k)$，$X_4(k)$，并得到 $X_3(k)X_4(k)$。

(3) 将 $X_3(k)X_4(k)$ 进行IDTF变换，即可得到 $x_3(n)*x_4(n)$。

频域循环卷积

$$x_1(n)x_2(n)\leftrightarrow \frac{1}{N}X_1(k)\otimes X_2(k) \tag{6.4.16}$$

式中

$$X_1(k)\otimes X_2(k)=\sum_{l=0}^{N-1}X_1(l)X_2((k-l))_N=\sum_{l=0}^{N-1}X_2(l)X_1((k-l))_N$$

6.4.5　快速傅里叶变换介绍

长度为 N(包括适当数量的补0点)的有限长离散序列的频谱计算，需进行约 N^2 次加法计算，随着 N 的增加，该计算量会大幅增加。

快速傅里叶变换(FFT)是 DFT 变换的一种计算算法，该算法大幅减少了 DFT 的计算量；采用快速傅里叶变换(FFT)，长度为 N 的有限序列的计算量为 $N\log_2 N$。傅里叶变换的出现，使 DTF 在图像处理、信号处理等领域得以广泛应用。

FFT 的计算算法，可参考《数字信号处理》等教材，这里不再详细讲解。在用 MATLAB 进行 DFT 运算时，可调用其内部函数 FFT 进行快速计算。

【例 6.4.5】　序列 $x(n)=2\cos\dfrac{10\pi}{64}n+\sin\dfrac{30\pi}{64}n$，用计算机分析该序列的频谱。

解：取 $N=128$，其频谱分析的 MATLAB 代码为

```
N=128;
n=0:N-1;
xn=2* cos(10* pi* n/64)+cos(30* pi* n/64);
Xk=abs(fft(xn,N)/N);
a=2* n* pi./N;
stem(a(1:N/2),Xk(1:N/2));grid
```

所得幅度谱如图 6.4.9 所示。

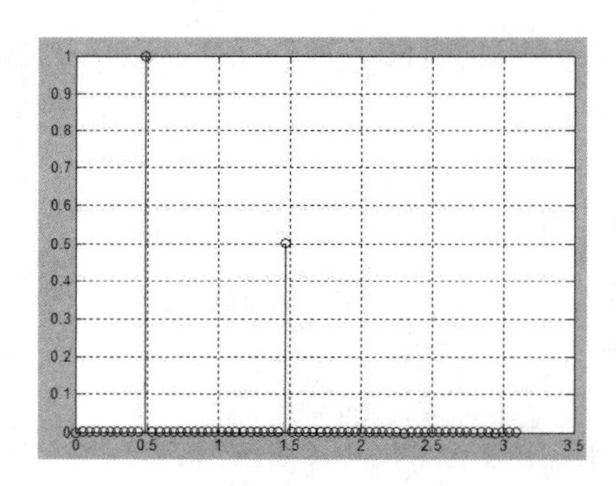

图 6.4.9　FFT 变换

6.5　离散 LTI 系统的频率特性

本章前几节将序列分解为频率序列 $e^{j\frac{2\pi k}{N}n}$(W_N^{-kn})的线性叠加，从而描述了信号的频率特性：

周期序列分解为 $x(n)=\sum\limits_{k=0}^{N-1}X_k W_N^{-kn}$；

非周期序列分解为 $x(n)=\dfrac{1}{2\pi}\int_0^{2\pi}X(e^{j\theta})e^{j\theta n}\,d\theta$。

本节以 $e^{j\theta n}$ 为基本输入序列，分析离散系统对不同频率序列的响应特点，从而描述离

散系统的频率特性。序列 $e^{j\theta n}$ 的定义域n 取值范围为$(-\infty,\infty)$，$n=-\infty$ 时，可认为系统的状态为 0，本节的频域分析中响应为稳态零状态响应，用 $y_{ss}(n)$ 表示。

6.5.1　系统频率函数

1. 系统频率函数的定义

系统频率函数为系统单位冲击响应 $h(n)$ 的傅里叶变换，记为 $H(e^{j\theta})$，满足

$$H(e^{j\theta})=\sum_{n=-\infty}^{\infty}h(n)e^{-j\theta n} \tag{6.5.1}$$

因上式右边求和的基本量为 $e^{-j\theta}$，所以记为 $H(e^{j\theta})$，它是自变量为θ的函数。如$h(n)=\delta(n)$

则

$$H(e^{j\theta})=\sum_{n=-\infty}^{\infty}\delta(n)e^{-j\theta n}=1$$

可用 $H(e^{j\theta})$ 来描述系统激励和响应间的关系。设激励 $x(n)$ 的傅里叶变换为 $X(e^{j\theta})$，响应 $y_{zs}(n)$ 的傅里叶变换为 $Y(e^{j\theta})$，则有

$$y_{zs}(n)=x(n)*h(n)$$

借助序列的 DTFT 变换的卷积特性

$$x_1(n)*x_2(n)\leftrightarrow X_1(e^{j\theta})X_2(e^{j\theta})$$

可得到

$$Y_{zs}(e^{j\theta})=X(e^{j\theta})H(e^{j\theta}) \tag{6.5.2}$$

此式可用框图 6.5.1 表示，该图描述了在频域分析方式下，系统、激励、响应三者间的关系，称为系统频域分析框图。

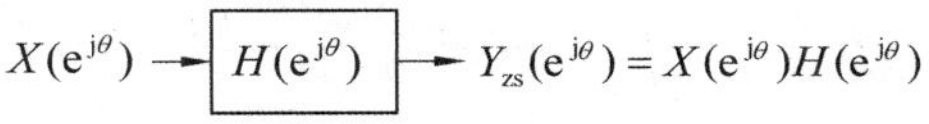

$X(e^{j\theta})$ → $H(e^{j\theta})$ → $Y_{zs}(e^{j\theta})=X(e^{j\theta})H(e^{j\theta})$

图 6.5.1　系统频域分析框图

因 $H(e^{j\theta})$ 为复数，可将其用模和相位的形式描述，即

$$H(e^{j\theta})=|H(e^{j\theta})|e^{j\varphi(\theta)} \tag{6.5.3}$$

如 $H(e^{j\theta})=\dfrac{1}{1+e^{-j\theta}}$，则有

$$H(e^{j\theta})=\frac{1}{1+\cos\theta-j\sin\theta}=\sqrt{\frac{1}{(1+\cos\theta)^2+(\sin\theta)^2}}e^{j\arctan\frac{\sin\theta}{1+\cos\theta}}$$

即有

$$|H(e^{j\theta})|=\sqrt{\frac{1}{(1+\cos\theta)^2+(\sin\theta)^2}},\varphi(\theta)=\arctan\frac{\sin\theta}{1+\cos\theta}$$

$|H(e^{j\theta})|$，$\varphi(\theta)$ 都是自变量 θ 的函数。

2. $H(e^{j\theta})$ 的计算

系统频域函数可以采用如下几种方式获得：

(1) 通过 $h(n)$ 的傅里叶变换求得。

(2) 通过 $H(z)$ 计算。当因果系统的系统函数 $H(z)$ 的极点都在单位圆内时，其收敛域包含单位圆，因系统 $H(z)$ 的定义为 $H(z)=\sum\limits_{n=-\infty}^{\infty}h(n)z^{-n}$，且 $|e^{j\theta}|=1$，可将 $H(z)$ 中的 z 取为 $e^{j\theta}$，得到

$$H(e^{j\theta})=H(z)\big|_{z=e^{j\theta}}\ (H(z)\text{ 的极点都在单位圆内}) \tag{6.5.4}$$

当因果系统的系统函数 $H(z)$ 有极点在单位圆外或单位圆上时，则 $H(e^{j\theta})$ 不存在。

【例 6.5.1】　求如下因果系统的 $H(e^{j\theta})$。

(1) $h(n)=\delta(n)+2\delta(n-1)+\delta(n-2)$　(2) $H(z)=\dfrac{z}{z-0.5}$

(3) $H(z)=\dfrac{z}{z-2}$　(4) $y(n)=\dfrac{x(n)+x(n-1)+x(n-2)}{3}$

解：(1)

$$\begin{aligned}H(e^{j\theta})&=\sum_{n=-\infty}^{\infty}h(n)e^{-j\theta n}=e^{-j0}+2e^{-j\theta}+e^{-j2\theta}\\&=e^{-j\theta}(e^{j\theta}+2+e^{-j\theta})=(2+2\cos\theta)e^{-j\theta}\end{aligned}$$

(2) $H(z)$ 的极点为 0.5，在单位圆内，则有

$$H(e^{j\theta})=H(z)\big|_{z=e^{j\theta}}=\frac{e^{j\theta}}{e^{j\theta}-0.5}=\frac{e^{j\frac{\theta}{2}}}{0.25(e^{j\frac{\theta}{2}}+e^{-j\frac{\theta}{2}})+0.75(e^{j\frac{\theta}{2}}-e^{-j\frac{\theta}{2}})}$$

$$=\frac{e^{j\frac{\theta}{2}}}{0.5\cos\dfrac{\theta}{2}+1.5j\sin\dfrac{\theta}{2}}=\sqrt{\frac{1}{\left(0.5\cos\dfrac{\theta}{2}\right)^2+\left(1.5\sin\dfrac{\theta}{2}\right)^2}}\,e^{j\left[\frac{\theta}{2}-\arctan\left(3\tan\frac{\theta}{2}\right)\right]}$$

(3) $H(z)$ 的极点为 2，在单位圆外，则 $H(e^{j\theta})$ 不存在。

(4)

$$y(n)=\frac{x(n)+x(n-1)+x(n-2)}{3}$$

对上式进行 z 变换可得系统的系统函数 $H(z)$：

$$H(z)=\frac{Y(z)}{X(z)}=\frac{1+z^{-1}+z^{-2}}{3}$$

$H(z)$ 的收敛域为 $z>0$，所以该系统的频率函数为

$$H(e^{j\theta})=\frac{1+e^{-j\theta}+e^{-j2\theta}}{3}=\frac{e^{-j\theta}}{3}(e^{j\theta}+1+e^{-j\theta})=\frac{2\cos\theta+1}{3}e^{-j\theta}$$

3. 系统的频率特性及频谱

LTI 离散系统的单位序列响应为 $h(n)$，当激励为 $e^{j\theta n}$ 时，有

$$y_{zs}(n) = h(n) * \mathrm{e}^{\mathrm{j}\theta n} = \sum_{i=-\infty}^{\infty} h(i)\mathrm{e}^{\mathrm{j}\theta(n-i)} = H(\mathrm{e}^{\mathrm{j}\theta})\mathrm{e}^{\mathrm{j}\theta n} \tag{6.5.5}$$

且有

$$H(\mathrm{e}^{\mathrm{j}\theta}) = |H(\mathrm{e}^{-\mathrm{j}\theta})|\mathrm{e}^{\mathrm{j}\varphi(\theta)}$$

因系统 $h(n)$ 为实函数，根据序列 DTFT 变换的奇偶性，有

$$|H(\mathrm{e}^{\mathrm{j}\theta})| = |H(\mathrm{e}^{-\mathrm{j}\theta})|, \varphi(\theta) = -\varphi(-\theta)$$

当激励为 $\cos(\theta n)$ 的单频余弦序列时，因 $\cos(\theta n) = \dfrac{\mathrm{e}^{\mathrm{j}\theta n} + \mathrm{e}^{-\mathrm{j}\theta n}}{2}$，则有

$$y(n) = |H(\mathrm{e}^{\mathrm{j}\theta})|\cos(\theta n + \varphi(\theta)) \tag{6.5.6}$$

可用图 6.5.2 描述。

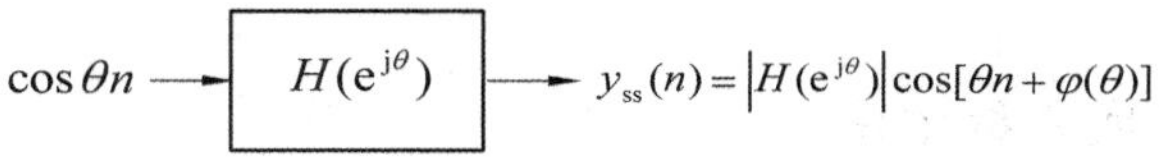

$\cos\theta n$ → $H(\mathrm{e}^{\mathrm{j}\theta})$ → $y_{ss}(n) = |H(\mathrm{e}^{\mathrm{j}\theta})|\cos[\theta n + \varphi(\theta)]$

图 6.5.2　单频序列的响应

上式描述了离散系统的频率特性：一个稳定的离散 LTI 系统，输入为单频序列时，稳态输出仍是一个同频的单频序列，幅值增益为 $|H(\mathrm{e}^{\mathrm{j}\theta})|$，相位（延时）为 $\varphi(\theta)$。

将 $|H(\mathrm{e}^{\mathrm{j}\theta})|$ 定义为系统的幅频特性，它描述了系统对不同频率序列的幅值增益，其与 θ 的关系图 $|H(\mathrm{e}^{\mathrm{j}\theta})| \sim \theta$，定义为系统的**幅度谱**。将 $\varphi(\theta)$ 定义为系统的相频特性，它描述了系统对不同频率序列的延时，其与 θ 的关系图 $\phi(\theta) \sim \theta$，定义为系统的**相位谱**。在无具体说明下，系统的频谱指幅度谱。

根据 DTFT 变换的性质，LTI 离散实系统的频谱形状具有如下特点：

(1) 变量 θ 取值范围在 2π 区间，如$[-\pi,\pi)$，或$[0,2\pi)$；

(2) 幅度谱关于 y 轴对称，相位谱关于原点对称；

(3) 对应 $y=\pi$ 轴有如下对称关系：

$$|H(\mathrm{e}^{\mathrm{j}(\pi+\theta)})| = |H(\mathrm{e}^{\mathrm{j}(\pi-\theta)})|, \varphi(\pi+\theta) = -\varphi(\pi-\theta) \tag{6.5.7}$$

因而在描述离散系统频谱时，可只画出其$[0,\pi]$区间。

【例 6.5.2】　系统差分方程为 $y(n) = \dfrac{x(n)+x(n-1)+x(n-2)+x(n-3)}{4}$，画出其幅度谱和相位谱。

解：系统的单位序列响应 $h(n)$ 满足

$$h(n) = \frac{\delta(n)+\delta(n-1)+\delta(n-2)+\delta(n-3)}{4}$$

$$H(\mathrm{e}^{\mathrm{j}\theta}) = \sum_{n=-\infty}^{\infty} h(n)\mathrm{e}^{-\mathrm{j}\theta n} = \frac{1+\mathrm{e}^{-\mathrm{j}\theta}+\mathrm{e}^{-\mathrm{j}2\theta}+\mathrm{e}^{-\mathrm{j}3\theta}}{4} = \mathrm{e}^{-\mathrm{j}\frac{3}{2}\theta}\frac{(\cos\frac{3}{2}\theta + \cos\frac{1}{2}\theta)}{2}$$

$$|H(\mathrm{e}^{\mathrm{j}\theta})| = \left|\frac{\cos(\frac{3}{2}\theta)+\cos(\frac{1}{2}\theta)}{2}\right|, \varphi(\theta) = \begin{cases} -\dfrac{3}{2}\theta, 0<\theta<\dfrac{\pi}{2} \\ -\dfrac{3}{2}\theta-\pi, \dfrac{\pi}{2}<\theta<\pi \end{cases}$$

其幅度谱如图 6.5.3(a) 所示，相位谱如图 6.5.3(b) 所示。

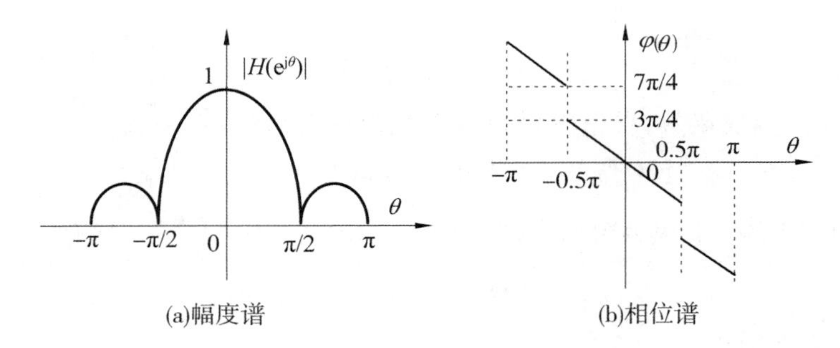

(a)幅度谱　　(b)相位谱

图 6.5.3　系统频谱图

6.5.2　系统的频域分析方法

离散 LTI 系统频域分析有两个基本模型：

(1) $Y(e^{j\theta}) = X(e^{j\theta})H(e^{j\theta})$；

(2) 激励 $\cos(\theta n)$ 对应的响应为 $y_{zs}(n) = |H(e^{j\theta})|\cos(\theta n + \varphi(\theta))$。

采用频域分析，当激励的频谱是连续时，应用模型(1)；当激励的频谱为离散时，则采用模型(2) 会简化计算。

在序列的频谱分析中，一般采用离散谱(DFT 变换) 近似描述其连续谱，所以在离散系统的频域分析中主要采用模型(2)，下面将列举 2 个例题，讲述系统频域分析的实际应用方法。

【例 6.5.3】　如图 6.5.4 所示为雷达系统的一阶滤波器模型。输入序列为雷达监测到的运动物体的距离 $x(n)$。

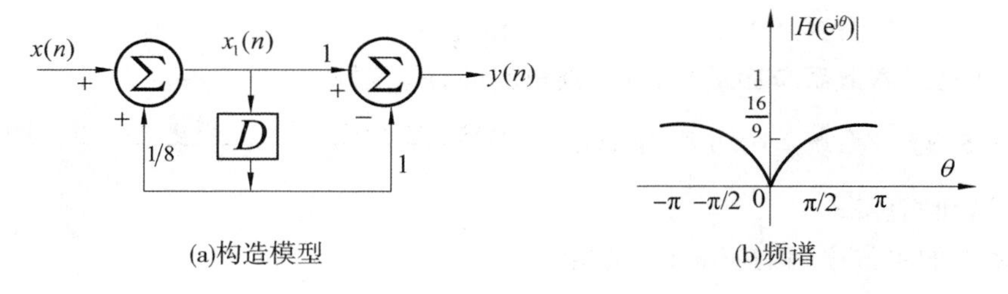

(a)构造模型　　(b)频谱

图 6.5.4　一阶雷达系统模型

(1) 求该滤波器的频率函数 $H(e^{j\theta})$，画出其幅度谱；

(2) 分析该滤波器的作用；

(3) 求输入为 $1 + \cos\left(\frac{\pi}{6}n\right) + \cos(\pi n)$ 对应的响应。

解：(1) 设中间变量为 $x_1(n)$，并进行 z 变换，则有

$$X_1(z)=\frac{z}{z-1/8}X(z),Y(z)=(1-z^{-1})X_1(z)$$

则有

$$H(z)=\frac{Y(z)}{X(z)}=\frac{z-1}{z-1/8}$$

其极点为 $z=1/8$,收敛域包含单位圆,则有

$$H(e^{j\theta})=H(z)\big|_{z=e^{j\theta}}=\frac{e^{j\theta}-1}{e^{j\theta}-1/8}=\frac{e^{j\frac{\theta}{2}}(e^{j\frac{\theta}{2}}-e^{-j\frac{\theta}{2}})}{e^{j\frac{\theta}{2}}\left[\frac{9}{16}(e^{j\frac{\theta}{2}}-e^{-j\frac{\theta}{2}})+\frac{7}{16}(e^{j\frac{\theta}{2}}+e^{-j\frac{\theta}{2}})\right]}$$

$$=\frac{2j\sin(\theta/2)}{\left[\frac{9}{8}j\sin(\theta/2)+\frac{7}{8}\cos(\theta/2)\right]}=\frac{16}{9}\frac{1}{[1-\frac{7}{9}j\cot(\theta/2)]}$$

$$|H(e^{j\theta})|=\frac{16}{\sqrt{81+49\cot^2(\theta/2)}},\varphi(\theta)=\arctan\left[\frac{7}{9}\cot(\theta/2)\right]$$

(2) 在角频率为0附近的增益为0,而在角频率为π时的增益最大,该滤波器滤去低频序列,保留高频序列。

(3) $1+\cos\left(\frac{\pi}{6}n\right)+\cos(\pi n)$ 三个分序列的角频率分别为 $0,\frac{\pi}{6},\pi$,其幅值增益和延时分别为

$$|H(e^{j0})|=0,|H(e^{j\frac{\pi}{6}})|=0.58,\varphi\left(\frac{\pi}{6}\right)=71°,|H(e^{j\pi})|=1.78,\varphi(\pi)=0°$$

则有

$$y(n)=0.58\cos\left(\frac{\pi}{6}n+71°\right)+1.78\cos(\pi n)$$

【例 6.5.4】 周期为 4 的离散矩形脉冲序列 $x(n)$ 如图 6.5.5(a) 所示,当它作为激励通过图 6.5.5(b) 所示系统时,求系统的稳态输出 $y(n)$,并画出其波形。

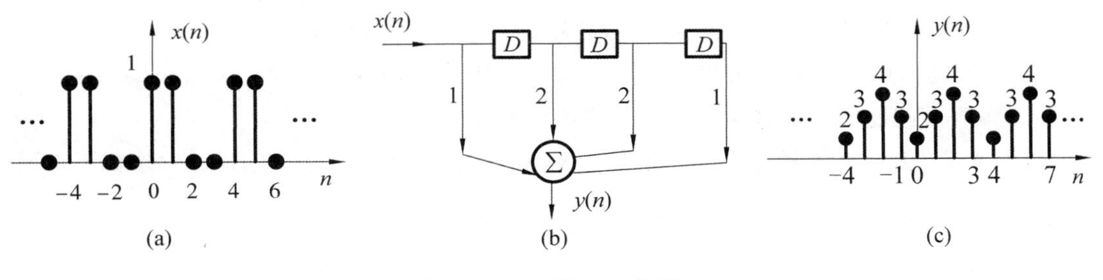

图 6.5.5 【例 6.5.4】图

解: $x(n)$ 是周期为 4 的周期序列,则其傅里叶级数为

$$X_k=\frac{1}{N}\sum_{n=0}^{N-1}x_N(n)e^{-j\frac{2\pi k}{N}n}=(e^{-j0}+e^{-j\frac{2\pi k}{4}})/4$$

则有 $X_0=0.5,X_1=\frac{1-j}{4},X_2=0,X_3=\frac{1+j}{4}$

$$x(n)=0.5\mathrm{e}^{\mathrm{j}0}+\frac{(1-\mathrm{j})}{4}\mathrm{e}^{\mathrm{j}\frac{2\pi}{4}n}+\frac{(1+\mathrm{j})}{4}\mathrm{e}^{\mathrm{j}\frac{6\pi}{4}n}=0.5\left[1+\sqrt{2}\cos\left(\frac{\pi}{2}n-\frac{\pi}{4}\right)\right]$$

系统单位序列响应为

$$h(n)=\delta(n)+2\delta(n-1)+2\delta(n-2)+\delta(n-3)$$

则其频率响应函数为

$$H(\mathrm{e}^{\mathrm{j}\theta})=1+2\mathrm{e}^{-\mathrm{j}\theta}+2\mathrm{e}^{-\mathrm{j}2\theta}+\mathrm{e}^{-\mathrm{j}3\theta}=\mathrm{e}^{-\mathrm{j}\frac{3\theta}{2}}\left(2\cos\frac{3\theta}{2}+4\cos\frac{\theta}{2}\right)$$

则有

$$H(\mathrm{e}^{\mathrm{j}0})=6,H(\mathrm{e}^{\mathrm{j}\frac{\pi}{2}})=\sqrt{2}\mathrm{e}^{-\mathrm{j}\frac{3}{4}\pi}$$

输出为

$$y(n)=3-\cos\left(\frac{\pi}{2}n\right)$$

其图像如图 6.5.5(c) 所示。

此题还可以直接根据图 6.5.5(b) 得到响应 $y(n)$：

$$y(n)=x(n)\times1+x(n-1)\times2+x(n-2)\times2+x(n-3)\times1$$

则有

$$y(0)=x(0)+2x(-1)+2x(-2)+x(-3)=2$$
$$y(1)=x(1)+2x(0)+2x(-1)+x(-2)=3$$
$$y(2)=x(2)+2x(1)+2x(0)+x(1)=4$$
$$y(3)=x(3)+2x(2)+2x(1)+x(0)=3$$

因 $y(n)$ 的周期为 4，则 $y(n)$ 的周期也为 4，且在一个周期的值如上式所示，结果与频域分析方法所得结果一致。

6.5.3　离散系统的 z 域分析和频域分析方法比较

离散系统的分析方式主要采用 z 域分析和频域分析，其具体应用范围为：

(1) 当激励为因果序列时，采用 z 域分析，如 $x(n)=\sin\theta_0 n\varepsilon(n)$；

(2) 激励作用在整个时间范围$[-\infty,\infty]$时，则采用频域分析，如 $x(n)=\sin\theta_0 n$。

下面两个例题给出了这两种不同方法的联系和区别。

【例 6.5.5】　离散系统的差分方程为 $y(n)-0.2y(n-1)=x(n)$，分别求如下不同激励的零状态响应 $y(n)$：(1) $x(n)=\sin\frac{\pi}{3}n\varepsilon(n)$；(2) $x(n)=\sin\frac{\pi}{3}n$。

解：(1)

$$H(z)=\frac{1}{1-0.2z^{-1}}=\frac{z}{z-0.2}$$

$$X(z)=\frac{z\sin\frac{\pi}{3}}{z^2-2z\cos\frac{\pi}{3}+1}$$

则有

$$Y(z)=\frac{z^2\frac{\sqrt{3}}{2}}{(z-0.2)(z^2-z+1)}=\frac{\sqrt{3}}{8.4}\left[\frac{z}{(z-0.2)}-\frac{z(z-5)}{(z^2-z+1)}\right]$$

$$=\frac{\sqrt{3}}{8.4}\left[\frac{z}{(z-0.2)}-\frac{z(z-0.5)}{(z^2-z+1)}+\frac{\frac{9}{\sqrt{3}}z\frac{\sqrt{3}}{2}}{(z^2-z+1)}\right]$$

$$y(n)=\frac{\sqrt{3}}{8.4}(0.2)^n\varepsilon(n)+\sqrt{\frac{10}{8.4}}\left(\sin\frac{\pi}{3}n-\arctan\frac{\sqrt{3}}{9}\right)\varepsilon(n)$$

其中$\sqrt{\frac{10}{8.4}}\left(\sin\frac{\pi}{3}n-\arctan\frac{\sqrt{3}}{9}\right)\varepsilon(n)$项与激励相关,称为受迫响应,其值在$\pm\sqrt{\frac{10}{8.4}}$间变换,也称为稳态响应。$\frac{\sqrt{3}}{8.4}(0.2)^n\varepsilon(n)$项与激励无关,只与系统相关,称为自然响应,$n\to\infty$时,其值为0,所以也称为瞬态响应。

(2) $H(z)=\frac{z}{z-0.2}$,极点为$z=0.2$,在单位圆内,则有

$$H(e^{j\theta})=H(z)\big|_{z=e^{j\theta}}=\frac{e^{j\theta}}{e^{j\theta}-0.2}$$

$$H(e^{j\frac{\pi}{3}})=H(z)\big|_{z=e^{j\theta}}=\frac{0.5+j\sqrt{3}/2}{0.3+j\sqrt{3}/2}=\sqrt{\frac{0.5^2+\frac{3}{4}}{0.3^2+\frac{3}{4}}}e^{-j\arctan\frac{\sqrt{3}}{9}}=\sqrt{\frac{10}{8.4}}e^{-j\arctan\frac{\sqrt{3}}{9}}$$

所以有

$$y(n)=\sqrt{\frac{10}{8.4}}\left(\sin\frac{\pi}{3}n-\arctan\frac{\sqrt{3}}{9}\right)$$

响应只包含了上例中的受迫响应(稳态响应)。

从以上两例也可以看出:激励不含$\varepsilon(n)$(没有给出作用时间)时,我们只关心系统工作一段时间后的稳态响应;激励含$\varepsilon(n)$(指出作用时间)时,我们还关心激励刚加入时的瞬态响应。

6.6 数字滤波器

离散序列是由角频率为0到2π的频率序列构成的,其中角频率为0称为低频序列,而角频率为π称为高频序列。数字滤波器就是根据实际需要,滤去序列中的一部分频率,保留特定频率的线性系统。

6.6.1 数字滤波器的基本构造

数字滤波器是由数字延时单元、乘法器和加法器组成的一种算法或装置,根据其单位序列响应$h(n)$中不为零项的数目,可分为有限长脉冲响应(Finite Impulse Response)滤波器(简称为FIR滤波器)和无限长脉冲响应(Infinite Impulse Response)滤波器(简称为

IIR 滤波器)。下面分别介绍这两种滤波器。

1. FIR 滤波器

FIR 滤波器是指其单位序列响应 $h(n)$ 取值不为零的项有限,可由有限个延时单元线性叠加而成。如图 6.6.1(a) 所示为 $N-1$ 个移位单位构成的 FIR 滤波器,N 称为 FIR 数字滤波器的长度,则单位序列响应满足

$$h(n)=a_0\delta(n)+a_1\delta(n-1)+\cdots+a_{N-1}\delta(n-N+1) \tag{6.6.1}$$

这里 $a_0,a_1,\cdots,a_n$ 都是实数。

2. IIR 滤波器

IIR 滤波器是指其单位序列响应 $h(n)$ 取值不为零的项有无限项,不能由有限个移位单元线性叠加而成,只能由延时单元和其反馈构成。

如图 6.6.1(b) 所示,在第一个加法器中,加入了延时器的反馈序列,该系统是一个 IIR 滤波器,系统函数 $H(z)$ 满足

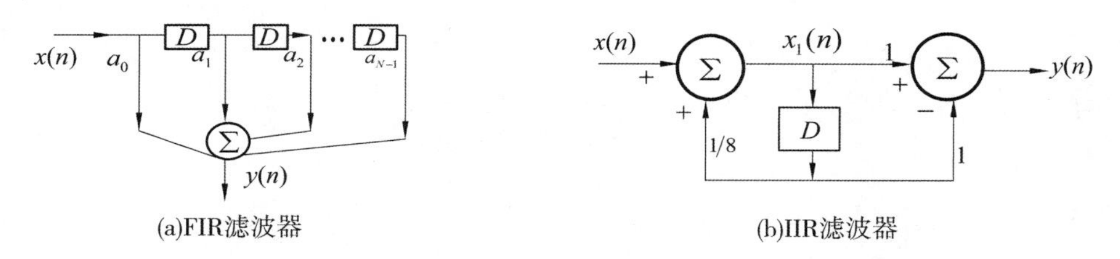

图 6.6.1　FIR 滤波器的构造

$$H(z)=\frac{Y(z)}{X(z)}=\frac{z-1}{z-1/8}=8-7\frac{z}{z-1/8}$$

则有

$$h(n)=8\delta(n)-7\left(\frac{1}{8}\right)^n\varepsilon(n)$$

$h(n)$ 取值不为零的项有无限项,所以称为 IIR 滤波器。

6.6.2　数字滤波器的技术指标

数字滤波器的频率响应为 $H(e^{j\theta})$,满足

$$H(e^{j\theta})=|H(e^{j\theta})|e^{j\varphi(\theta)} \tag{6.6.2}$$

$|H(e^{j\theta})|$ 称为滤波器的幅频特性,$\varphi(\theta)$ 称为滤波器的相频特性。滤波器技术指标主要包括幅频指标和相频指标。

1. 幅频指标

以低通滤波器为例,实际数字滤波器的幅度谱及技术指标如图 6.6.2 所示。

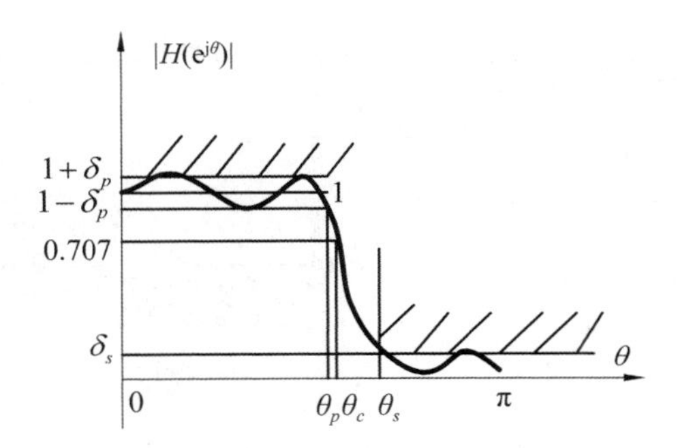

图 6.6.2 实际低通滤波器的幅频特性

图中，将角频率为 0 时的幅频增益归一化为 1，即

$$|H(e^{j0})| = 1 \tag{6.6.3}$$

图中 δ_p 称为通带容限，增益为 $1-\delta_p$ 时的角频率 θ_p 称为通带截止频率，频段 $[0,\theta_p]$ 称为通带带宽，在通带范围内幅值增益满足

$$|H(e^{j\theta})| > (1-\delta_p) \tag{6.6.4}$$

δ_s 称为阻带容限，增益为 δ_s 时的角频率 θ_s 称为阻带截止频率，频段 $[\theta_s,\pi]$ 称为阻宽，在阻带范围内满足

$$|H(e^{j\theta})| < \delta_s \tag{6.6.5}$$

为了压缩幅频特性曲线的刻度范围，更直观地看出通带和阻带曲线，在工程上习惯用幅频特性平方的分贝(dB)值来描述滤波器的设计指标。具体表示方法为

$$|H^2(e^{j\theta})|_{dB} = 20(\lg|H(e^{j\theta})|) \tag{6.6.6}$$

如幅度增益 $|H(e^{j\theta})|$ 为 $\sqrt{2}/2$，则其对应的分贝为

$$20(\lg\sqrt{2}/2) = -3\text{dB}$$

此时的通带截止频率称为 −3dB 带通截止频率，用 θ_c 表示。θ_p，θ_c，θ_s 统称为边界频率，它们在滤波器设计中是很重要的。

【例 6.6.1】 如图 6.6.3 所示为由 8 个单位延时器构成的长度为 9 的 FIR 低通滤波器，系统的单位序列响应为 $h(n)=\dfrac{\sin[\pi(n-4)/3]}{\pi(n-4)}[\varepsilon(n)-\varepsilon(n-9)]$，画出其频谱的原始图和分贝图，并求出 −3dB 的截止频率。

解：

$$H(e^{j\theta}) = \frac{\sin\frac{4\pi}{3}}{4\pi} + \frac{\sin\frac{2\pi}{3}}{2\pi}e^{-j2\theta} + \frac{\sin\frac{\pi}{3}}{\pi}e^{-j3\theta} + \frac{1}{3}e^{-j4\theta} + \frac{\sin\frac{\pi}{3}}{\pi}e^{-j5\theta} + \frac{\sin\frac{2\pi}{3}}{2\pi}e^{-j6\theta} + \frac{\sin\frac{4\pi}{3}}{4\pi}e^{-j8\theta}$$

$$|H(e^{j\theta})| = 2\left|\left(\frac{\sin\frac{4\pi}{3}}{4\pi}\cos4\theta + \frac{\sin\frac{2\pi}{3}}{2\pi}\cos2\theta + \frac{\sin\frac{\pi}{3}}{\pi}\cos\theta + \frac{1}{6}\right)\right|$$

当 $\theta=0$ 时，其频谱增益为 1.02。

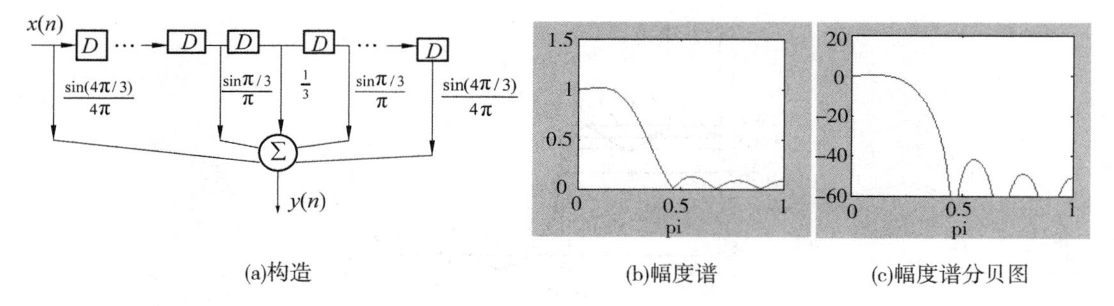

(a)构造　　(b)幅度谱　　(c)幅度谱分贝图

图 6.6.3　滤波器的频谱图

则归一化的频谱为 $|H(e^{j\theta})|/1.02$。

可用 MATLAB 程序画出频谱图及其分贝图，如图 6.6.3(b)、(c) 所示。在 θ 的定义域区间 $[0,\pi]$ 内用 640 个离散点近似表示，则程序代码如下：

```
n = [0:640];
y = abs(2* sin(4* pi/3)* cos(4* pi* n/640)/(4* pi) + 2* sin(2* pi/3)*
cos(pi* n* 2/640)/(2* pi) + 2* sin(pi/3)* cos(pi* n/640)/pi + (1/3))/1.02;
subplot(2,2,1);plot(n/640,y);xlabel('pi'); % 幅度谱
y = 20* log(y);
y = max(y, - 60);
subplot(2,2,2);plot(n/640,y); xlabel('pi'); % 分贝图
```

$n = 157$ 时，对应衰减为 -3dB，则

$$\theta_c = \frac{158}{640}\pi = 0.25\pi$$

2. 滤波器的相频指标

当输入序列由不同频率序列构成，增益相同，但延时不同时，输出序列也会失真。图 6.6.4 给出了因延时不同导致的失真情况，图(a) 为输入序列 $x(n) = \cos\frac{\pi}{3}n + \cos\frac{\pi}{6}n$，输出序列为 $y(n) = \cos\frac{\pi}{3}n + \cos\frac{\pi}{6}(n-2)$，角频率为 $\pi/3$ 的延时为 0，而角频率为 $\pi/6$ 的延时为 2；幅值增益都为 1；可以看到(a) 和(b) 的图像不一样，序列失真。

要使序列在 $[0,\theta_p]$ 带宽内不失真，不同频率的延时必须一致，这样的滤波器称为**线性相位滤波器**。其频率特性在频带内应为一条直线

$$\varphi(\theta) = n_0\theta + \Phi, \theta \in [0,\theta_p] \tag{6.6.7}$$

式中 n_0、Φ 为常数。如序列 $\cos n\theta$ 通过系统的响应为

$$\begin{aligned} y(n) &= |H(e^{jn\theta})|\cos(n\theta + n_0\theta + \Phi) \\ &= |H(e^{jn\theta})|[\cos\Phi\cos(\theta(n+n_0)) - \sin\Phi\sin(\theta(n+n_0))] \end{aligned}$$

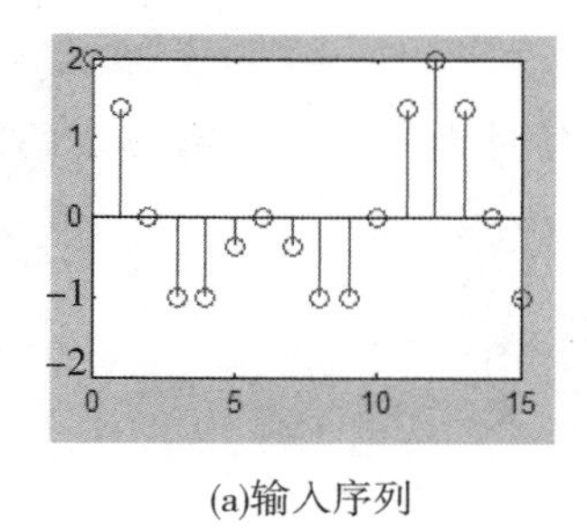

(a)输入序列

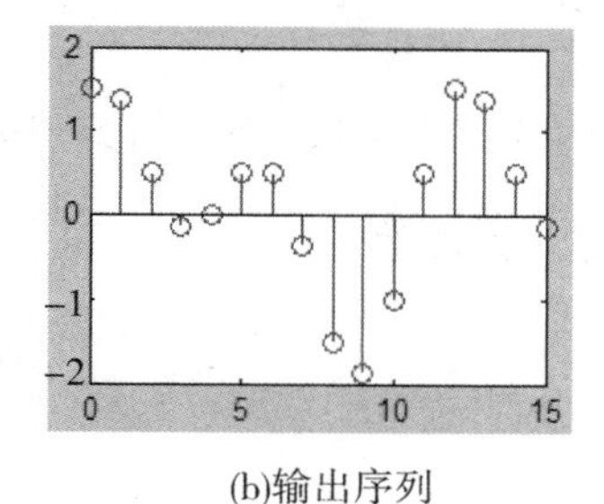

(b)输出序列

图 6.6.4　不同延时导致的失真

序列的延时都是 n_0，与角频率 θ 无关。

FIR 滤波器容易达到线性相位，而 IIR 滤波器则难以实现。下面给出了常用的 4 种线性相位 FIR 滤波器，如图 6.6.5 所示。这些滤波器的长度为 N，起始位置为 0，单位序列响应 $h(n)$ 满足

$$h(n)=a_0\delta(n)+a_1\delta(n-1)+\delta(n-2)+\cdots+a_{N-1}\delta(n-(N-1))$$

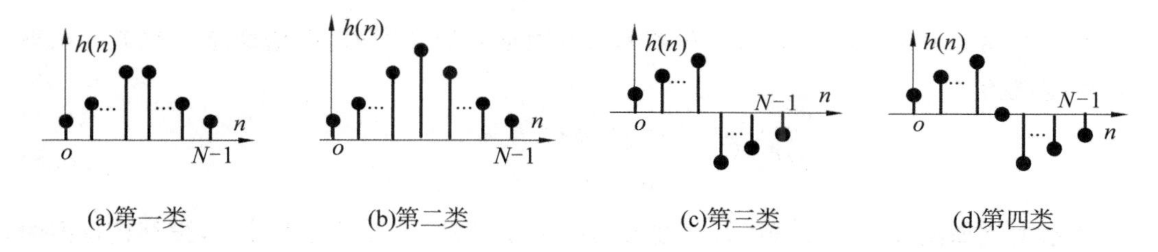

图 6.6.5　线性相位 FIR 滤波器

第一类满足：N 为偶数

$$a_{N-i-1}=a_i$$

$$H(\mathrm{e}^{\mathrm{j}\theta})=\sum_{n=0}^{N-1}h(n)\mathrm{e}^{-\mathrm{j}\theta n}=2\mathrm{e}^{-\mathrm{j}\frac{N-1}{2}\theta}\left(a_0\cos\frac{N-1}{2}\theta+a_1\cos\frac{N-2}{2}\theta+\cdots+a_{\frac{N}{2}-1}\cos\frac{1}{2}\theta\right)$$

上式最右边括号内的值为实数，当其值为正时，延时为$\dfrac{N-1}{2}$。

第二类满足：N 为奇数

$$a_{N-i-1}=a_i$$

$$H(\mathrm{e}^{\mathrm{j}\theta})=2\mathrm{e}^{-\mathrm{j}\frac{N-1}{2}\theta}\left(a_0\cos\frac{N-1}{2}\theta+a_1\cos\frac{N-2}{2}\theta+\cdots+a_{\frac{N-1}{2}-1}\cos\frac{1}{2}\theta+a_{\frac{N-1}{2}}\right)$$

上式最右边括号内的值为实数，当其值为正时，延时为$\dfrac{N-1}{2}$。

第三类满足：N 为偶数

$$a_{N-i-1}=-a_i$$

$$H(e^{j\theta}) = \sum_{n=0}^{N-1} h(n)e^{-j\theta n} = 2e^{-j(\frac{N-1}{2}\theta-\frac{\pi}{2})}\left(a_0\sin\frac{N-1}{2}\theta + a_1\sin\frac{N-2}{2}\theta + \cdots + a_{\frac{N}{2}-1}\sin\frac{1}{2}\theta\right)$$

上式最右边括号内的值为实数，当其值为正时，延时为$\frac{N-1}{2}$，并有 $\pi/2$ 的固定相移。

第四类满足：N 为奇数

$$a_{N-i-1} = -a_i，且\ a_{\frac{N-1}{2}} = 0$$

即有

$$H(e^{j\theta}) = 2e^{-j(\frac{N-1}{2}\theta-\frac{\pi}{2})}\left(a_0\sin\frac{N-1}{2}\theta + a_1\sin\frac{N-2}{2}\theta + \cdots + a_{\frac{N-1}{2}}\sin\frac{1}{2}\theta\right)$$

上式最右边括号内的值为实数，当其值为正时，延时为$\frac{N-1}{2}$，并有 $\pi/2$ 的固定相移。

6.6.3　数字滤波器的实现

本节将介绍 4 种基本类型的数字滤波器的实现：低通滤波器（LPF）、高通滤波器（HPF）、带通滤波器（BPF）、带阻滤波器（BSF）。

1. 数字低通滤波器

数字低通滤波器（LPF）只通过角频率为 0 附近的低频序列。理想低通滤波器的频率函数的定义为

$$|H(e^{j\theta})| = \begin{cases} C, & \theta < \theta_0, \theta > 2\pi - \theta_0 \\ 0, & \theta_0 < \theta < 2\pi - \theta_0 \end{cases} \tag{6.6.8}$$

其幅度谱如图 6.6.6(a) 所示，滤波器的截止频率为 θ_0。为了便于分析，设其相位谱为零，即 $H(e^{j\theta}) = |H(e^{j\theta})|$，则其单位序列响应 $h_{\mathrm{LPF}}(n)$ 满足

$$h_{\mathrm{LPF}}(n) = \frac{1}{2\pi}\int_0^{2\pi} H(e^{j\theta})e^{j\theta n}\mathrm{d}\theta = \frac{1}{2\pi}\int_0^{\theta_0} e^{j\theta n}\mathrm{d}\theta + \frac{1}{2\pi}\int_{2\pi-\theta_0}^{2\pi} e^{j\theta n}\mathrm{d}\theta = \frac{1}{2\pi}\int_{-\theta_0}^{\theta_0} e^{j\theta n}\mathrm{d}\theta$$

$$h_{\mathrm{LPF}}(n) = \frac{\sin\theta_0 n}{\pi\theta_0 n} \tag{6.6.9-1}$$

$$h_{\mathrm{LPF}}(n) = \cdots + \frac{\sin\theta_0}{\pi\theta_0}\delta(n+1) + \frac{\theta_0}{\pi\theta_0}\delta(n) + \frac{\sin\theta_0}{\pi\theta_0}\delta(n-1) + \cdots \tag{6.6.9-2}$$

其构造模型如图 6.6.6(b) 所示，该滤波器由无穷多个延时器构成，且不管 N 多大，其不满足当 $n < 0$ 时，$h_{\mathrm{LPF}}(N-n) = 0$，为非因果系统。应用中，可用一个矩形窗选取 $h_{\mathrm{LPF}}(N-n)$ 中间的 $2N$ 个延时器，构造一个长度为 $2N+1$ 的滤波器，即矩形窗低通滤波器，其单位序列响应 $h_{\mathrm{LPF-Rec}}(n)$ 满足

$$h_{\mathrm{LPF-Rec}}(n) = h_{\mathrm{LPF-Rec}}(n) = h_{\mathrm{LPF}}(n-N)[\varepsilon(n) - \varepsilon(n-N-1)] \tag{6.6.10}$$

矩形窗低通滤波器的构造如图 6.6.6(c) 所示，图 6.6.6(d) 给出了长度为 9，$\theta_0 = \pi/3$ 的矩形窗滤波器频谱。在实际应用中（如示波器的滤波），还可以采用三角（Bartlett）窗、汉宁（Hanning）窗、哈明（Hamming）窗等对 $h_{\mathrm{LPF}}(n)$ 的值进行修改。

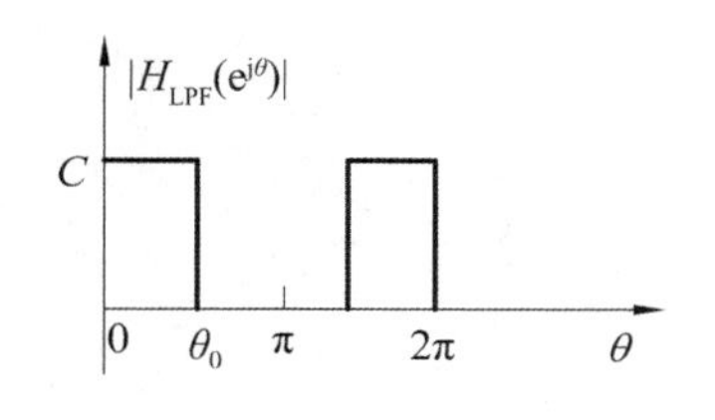

(a)理想幅度谱

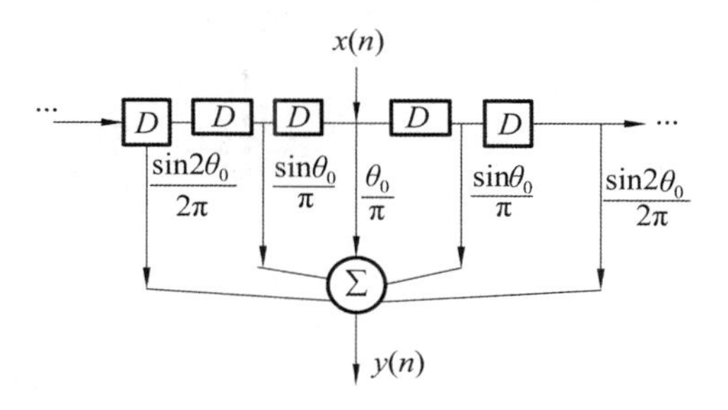

(b)理想模型

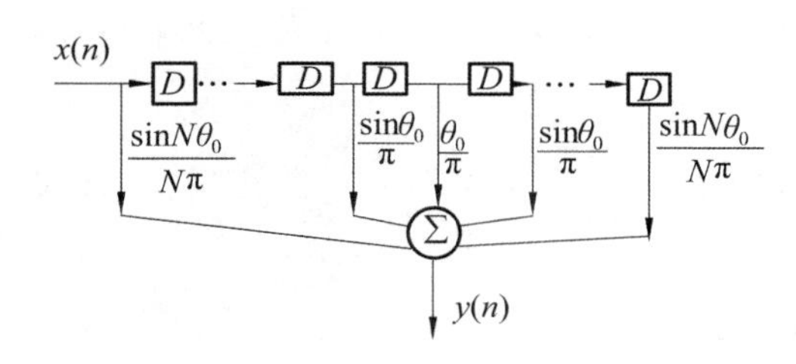

(c)长度为2N+1的低通滤波器模型

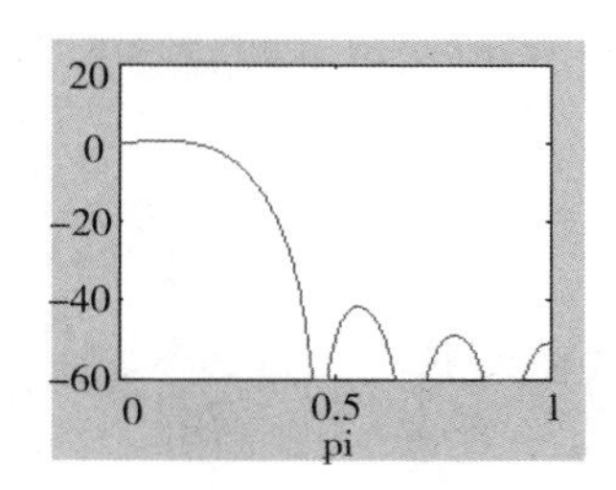

(d)长度为9, $\theta_0=\pi/3$的滤波器频谱

图 6.6.6　低通滤波器

【例6.6.2】　计算图6.6.7(a)所示滤波器的系统函数$H(\mathrm{e}^{\mathrm{j}\theta})$，画出其幅度谱，并指出该滤波的类型。

解:系统的差分方程为

$$y(n)=x(n)+x(n-1)+x(n-2)+x(n-3)$$

系统进行z变换，有

$$H(z)=\frac{Y(z)}{X(z)}=1+z^{-1}+z^{-2}+z^{-3}$$

$H(z)$的收敛域为$z>0$。所以该系统的频率函数为

$$H(\mathrm{e}^{\mathrm{j}\theta})=1+\mathrm{e}^{-\mathrm{j}\theta}+\mathrm{e}^{-\mathrm{j}2\theta}+\mathrm{e}^{-\mathrm{j}3\theta}=\mathrm{e}^{-\mathrm{j}\frac{3\theta}{2}}\left(\mathrm{e}^{\mathrm{j}\frac{3\theta}{2}}+\mathrm{e}^{\mathrm{j}\frac{\theta}{2}}+\mathrm{e}^{-\mathrm{j}\frac{\theta}{2}}+\mathrm{e}^{-\mathrm{j}\frac{3\theta}{2}}\right)$$

$$|H(\mathrm{e}^{\mathrm{j}\theta})|=2\left|\left(\cos\frac{3\theta}{2}\right)+\left(\cos\frac{\theta}{2}\right)\right|=2\left|4\left(\cos\frac{\theta}{2}\right)^{3}-2\left(\cos\frac{\theta}{2}\right)\right|$$

该滤波器为低通滤波器，其频谱图如图6.6.7(b)所示。

2. 数字高通滤波器

数字高通滤波器(HPF)只通过角频率为π附近的低频序列。理想高通滤波器的频率函数的定义为

$$|H_{\mathrm{HPF}}(\mathrm{e}^{\mathrm{j}\theta})|=\begin{cases}C, & \pi-\theta_0<\theta<\pi+\theta_0\\0, & \theta<\pi-\theta_0,\theta<\pi+\theta_0\end{cases}\tag{6.6.11}$$

其幅度谱为如图6.6.8(a)所示，它只让角频率为$[\pi-\theta_0,\pi+\theta_0]$的序列通过。

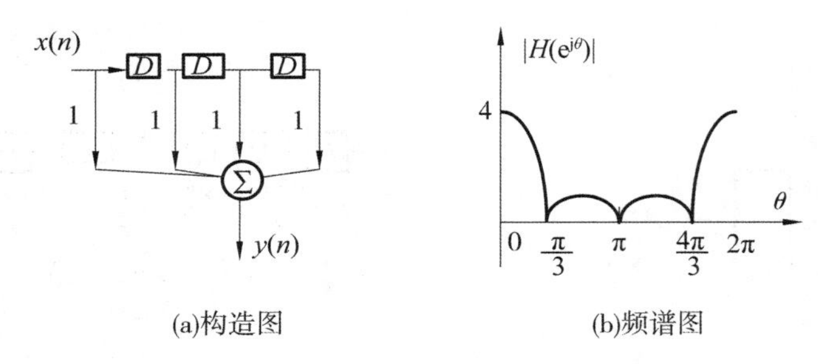

(a)构造图　　(b)频谱图

图 6.6.7　低通滤波器

为了便于分析，设其相位谱为零，即 $H(\mathrm{e}^{\mathrm{j}\theta})=|H(\mathrm{e}^{\mathrm{j}\theta})|$，则其单位序列响应 $h_{\mathrm{BPF}}(n)$ 满足

$$h_{\mathrm{BPF}}(n)=(-1)^n h_{\mathrm{LPF}}(n)=(-1)^n\frac{\sin\theta_0 n}{\pi n}\tag{6.6.12}$$

推理过程如下：

$$h_{\mathrm{LPF}}(n)\leftrightarrow H_{\mathrm{LPF}}(\mathrm{e}^{\mathrm{j}\theta})$$

$$(-)^n h_{\mathrm{LPF}}(n)=\mathrm{e}^{-\mathrm{j}\pi n}h_{\mathrm{LPF}}(n)\leftrightarrow H_{\mathrm{LPF}}(\mathrm{e}^{\mathrm{j}(\theta+\pi)})$$

$H_{\mathrm{LPF}}(\mathrm{e}^{\mathrm{j}(\theta+\pi)})$ 将 $H_{\mathrm{LPF}}(\mathrm{e}^{\mathrm{j}\theta})$ 移动了 π，系统变为高通滤波器。其构造模型如图 6.6.8(b) 所示，与理想低通滤波器一样，该系统无法实现；现实中常采用截短法构造一个长度为 $2N+1$ 的滤波器，结构图如图 6.6.8(c) 所示；图 6.6.8(d) 给出了长度为 9，$\theta_0=\pi/3$ 的高通滤波器频谱，其图形可将图 6.6.6(d) 右移 π 得到。

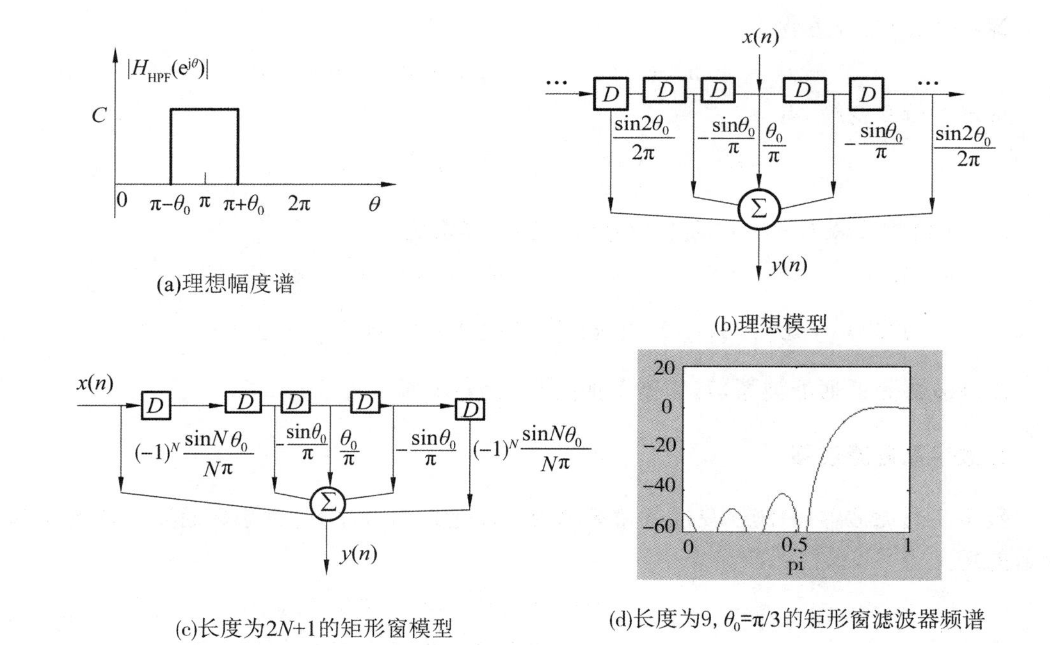

(a)理想幅度谱　　(b)理想模型

(c)长度为2N+1的矩形窗模型　　(d)长度为9, $\theta_0=\pi/3$的矩形窗滤波器频谱

图 6.6.8　高通滤波器

【例 6.6.3】 计算下列滤波器的系统函数 $H(e^{j\theta})$，如图 6.6.9(a) 所示，画出其幅度谱，并指出该滤波的类型。

解：系统的差分方程为

$$y(n)=x(n)-x(n-1)+x(n-2)-x(n-3)$$

系统进行 z 变换，有

$$H(z)=\frac{Y(z)}{X(z)}=1-z^{-1}+z^{-2}-z^{-3}$$

$H(z)$ 的收敛域为 $z>0$。所以该系统的频率函数为

$$H(e^{j\theta})=1-e^{-j\theta}+e^{-j2\theta}-e^{-j3\theta}=e^{-j\frac{3\theta}{2}}(e^{j\frac{3\theta}{2}}-e^{j\frac{\theta}{2}}+e^{-j\frac{\theta}{2}}-e^{-j\frac{3\theta}{2}})$$

$$|H(e^{j\theta})|=2\left|\left(\sin\frac{3\theta}{2}\right)-\left(\sin\frac{\theta}{2}\right)\right|=2\left|2\left(\sin\frac{\theta}{2}\right)-4\left(\sin\frac{\theta}{2}\right)^3\right|$$

该滤波器为高通滤波器，它将例 6.6.2 系统中的频谱右移了 π，如图 6.6.9(b) 所示。

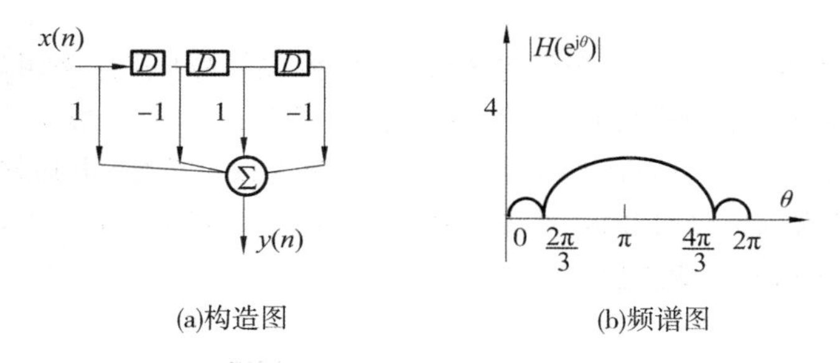

图 6.6.9　高通滤波器

3. 数字带通与带阻滤波器

数字带通滤波器(BPF) 的频谱如图 6.6.10(a) 所示，起始角频率为 θ_1，截止角频率为 θ_2。它可由截止频率为 θ_1 和 θ_2 的两个低通滤波器并联相减得到，其理想模型的单位序列响应满足

$$h(n)=\left(\frac{\sin\theta_1 n}{\pi n}-\frac{\sin\theta_2 n}{\pi n}\right)\tag{6.6.13}$$

数字带阻滤波器(BSF) 的频谱如图 6.6.10(b) 所示，它阻止角频率$[\theta_1,\theta_2]$ 间的序列通过；可由截止角频率为 θ_1 的低通滤波器和起始角频率为 θ_2 的高通滤波器并联相加得到，其理想模型的单位序列响应满足

$$h(n)=\left(\frac{\sin\theta_1 n}{\pi n}+(-1)^n\frac{\sin\theta_2 n}{\pi n}\right)\tag{6.6.14}$$

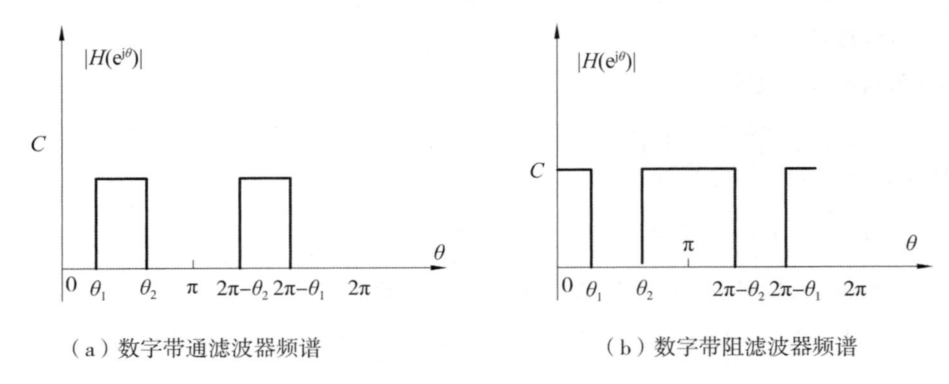

（a）数字带通滤波器频谱　　（b）数字带阻滤波器频谱

图 6.6.10　数字带通与带阻滤波器

6.7　连续信号的数字化处理

随着数字技术的发展，声音、图像等连续信号（模拟信号）普遍采用数字化的方法进行分析、处理和传输，连续信号的数字化处理的基本框图如图 6.7.1 所示，ADC（Analog-to-Digital Converter）将模拟信号转换为数字信号，由抽样、量化等基本单元构成，数字系统完成信号的分析、处理等功能，最后 DAC（Digital-to-Analog Converter）再将处理后的数字信号转变为模拟信号。

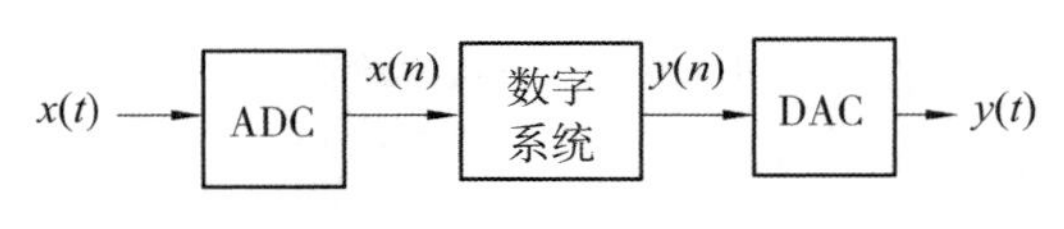

图 6.7.1　模拟信号的数字化处理

本节将讲述模拟信号转变为数字信号时必须遵循的定理 —— 取样定理，并介绍模拟信号数字化处理的两个典型应用：模拟信号的频率分析和模拟信号的数字化滤波。

6.7.1　取样定理

将模拟信号转换为数字信号时，首先要将时间连续的模拟信号转换为时间离散的离散信号，该过程称为取样，如图 6.7.2 所示，取样时间间隔为 T，取样频率为 f_s，其满足

$$f_s = \frac{1}{T} \tag{6.7.1}$$

取样频率 f_s 越小，单位时间内的离散点越少，数字系统处理任务就越小，但失真就会越大；相反，当取样频率 f_s 越大时，单位时间内的离散点越多，失真就会越小，但数字系统处理任务就越大。**取样定理描述了在离散信号不失真时，取样的最小频率值满足的条件，**其具体表示为：如低频模拟信号的频谱分布在$(0, f_H)$范围内，如取样信号不失真，取样频

率 f_s 应满足

$$f_s \geqslant 2f_H \tag{6.7.2}$$

其推导过程可由理想取样得到，理想取样过程如图 6.7.2 所示。

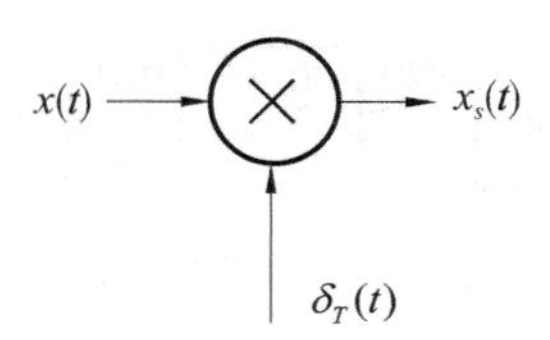

图 6.7.2 理想取样

$\delta_T(t)$ 为周期为 T 的脉冲函数，T 为取样间隔，取样频率 $f_s=\dfrac{1}{T}$，取样过程的时域和频域分析过程如图 6.7.3 所示。

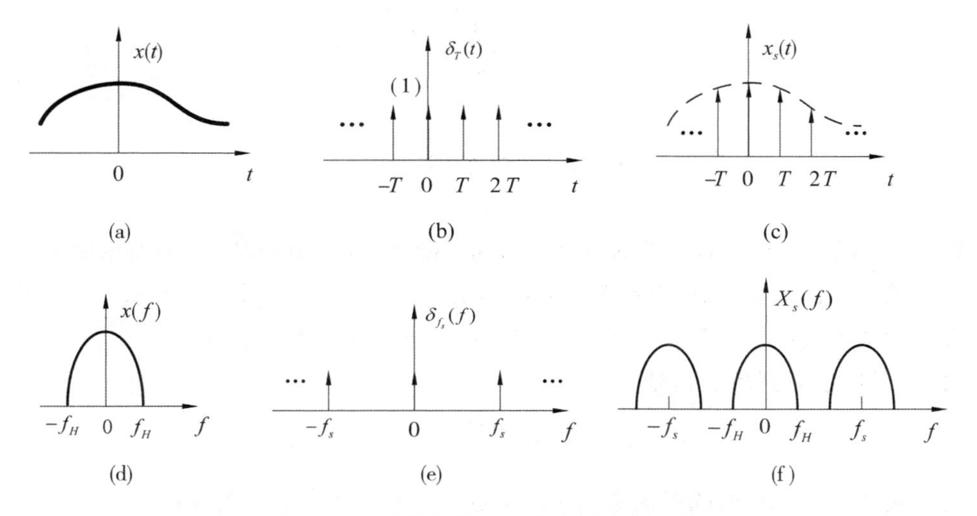

图 6.7.3 理想取样的时域分析和频域分析

$X(f)$ 为 $x(t)$ 的频谱，其频率分布在$(0,f_H)$范围内；$\delta_{f_s}(f)$ 为 $\delta_T(t)$ 的频谱，其还是周期脉冲函数，其周期为 f_s；$X_s(f)$ 为 $x_s(t)$ 的频谱，满足

$$X_s(f)=X_s(f)*\delta_{f_s}(f)=\sum_{i=-\infty}^{\infty}X_s(f-if_s) \tag{6.7.3}$$

当 $f_s\geqslant 2f_H$，各移位频谱不会叠加，如图 6.7.3(f) 所示，将其通过截止频率为 f_H 的低通滤波器后，可还原信号 $x(t)$。

取样定理是将模拟信号数字化应遵循的基本定理，如语音信号的频率范围为(0，3.4kHz)，一般将其取样频率设置为 8kHz，而图像信号的频率范围为(0,6MHz)，将其取样频率设置为 12MHz。

6.7.2　模拟信号的数字滤波

借助数字滤波器，可完成模拟信号的滤波，其原理图如图 6.7.4 所示。

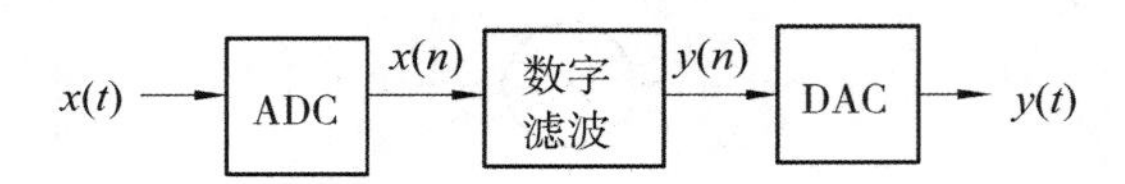

图 6.7.4　模拟信号数字滤波模型

如实现低频信号的滤波，可根据理想低通数字滤波器构造一个实际的滤波器，截止角频率为 θ_0，由 $2N$ 个延时器构成的 FIR 低通滤波器结构为

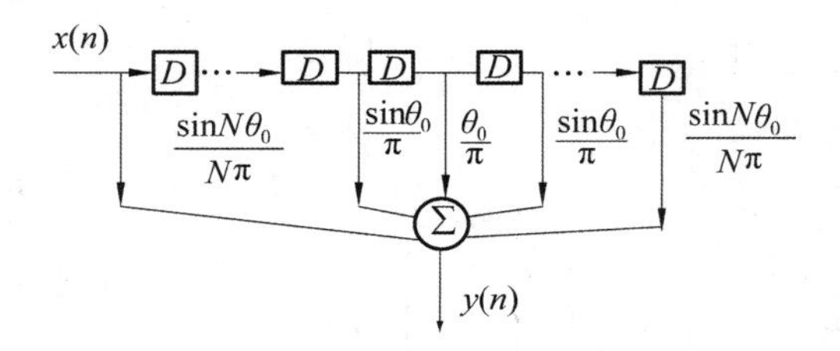

图 6.7.5　低通数字滤波器

【例 6.7.1】　设模拟信号为 $\cos(50\pi t)$，加入随机噪声，用 MATLAB 画出原始信号波形和加入噪声后的波形；取样频率为 4000Hz，信号经 ADC 变换后通过图 6.7.5 延时器构成的数字低通滤波器后（$2N=8, \theta_0=\pi/3$），再次画出其波形。

解：信号离散后到离散信号

$$x_1(n)=\cos\left(\frac{50\pi}{4000}n\right)=\cos\left(\frac{\pi}{80}n\right)$$

可通过 MATLAB 的随机函数 randn 构造一个标准正态分布的随机噪声

$$r(n)=\text{randn}(n)$$

加噪声后的信号为 $x(n)$，满足

$$x(n)=x_1(n)+r(n)$$

图 6.7.5 所示系统（$2N=8, \theta_0=\pi/3$）的差分方程为

$$y(n)=\frac{\sin\frac{4}{3}\pi}{4\pi}x(n)+\frac{\sin\pi}{3\pi}x(n-1)+\frac{\sin\frac{2}{3}\pi}{2\pi}x(n-2)+\frac{\sin\frac{1}{3}\pi}{\pi}x(n-3)+\frac{1}{3}x(n-4)$$
$$+\frac{\sin\frac{4}{3}\pi}{4\pi}x(n-5)+\frac{\sin\pi}{3\pi}x(n-6)+\frac{\sin\frac{2}{3}\pi}{2\pi}x(n-7)+\frac{\sin\frac{1}{3}\pi}{\pi}x(n-8)$$

上述计算过程可按如下程序实现：

```
Fs = 8000;     % Sampling frequency
```

```
T = 1/Fs;       % Sample time    % Length of signal
n = [1:500];
x1(n) = cos(pi* 50* n* T);
subplot(2,2,1);plot(T* n(9:500),x1(9:500));
r(n) = randn(size(n));
x(n) = x1(n) + 0.1* r(n);% Sinusoids plus noise
subplot(2,2,2);plot(T* n(9:500),x(9:500));
y(1:492) = sin(4* pi/15)* x(n(9:500))/(4* pi) + sin(3* pi/15)* x(n(8:
499))/(3* pi) + sin(2* pi/15)* x(n(7:498))/(2* pi) + sin(pi/ 15)* x(n(6:
497))/(pi) + (1/15) * x(n(5:496)) + sin(pi/15)* x(n(4:495))/(pi) +
sin(2* pi/15)* x(n(3:494))/(2* pi) + sin(3* pi/15)* x(n(2:493))/(3* pi) +
sin(4* pi/15)* x(n(1:492))/(4* pi);
subplot(2,2,3);plot(T* n(1:492),y(1:492));
```

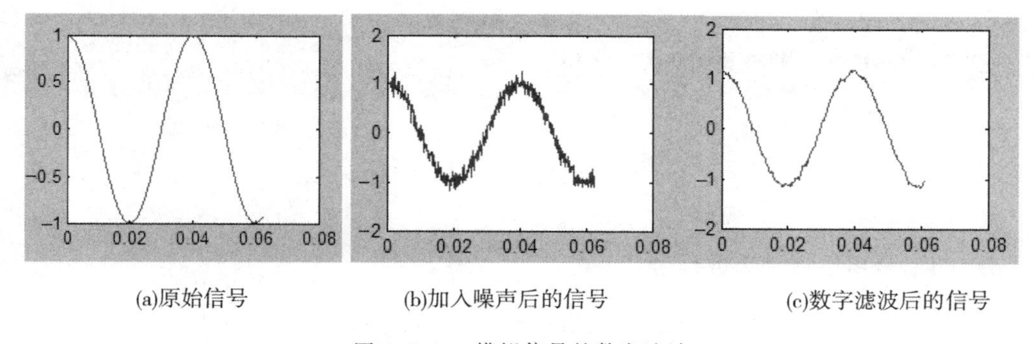

(a)原始信号　　(b)加入噪声后的信号　　(c)数字滤波后的信号

图 6.7.6　模拟信号的数字滤波

从图 6.7.6(c) 可以看到,数字滤波器滤掉了高频噪声,当数字滤波器的长度越长时,滤波效果会越好。

6.7.3　模拟信号的频谱分析

连续信号的频谱分析即傅里叶变换是不便于用计算机处理的,因此通常是通过采样转换为离散信号后,借助 DFT 变换,可完成模拟信号的分析,其原理图如图 6.7.7 所示。

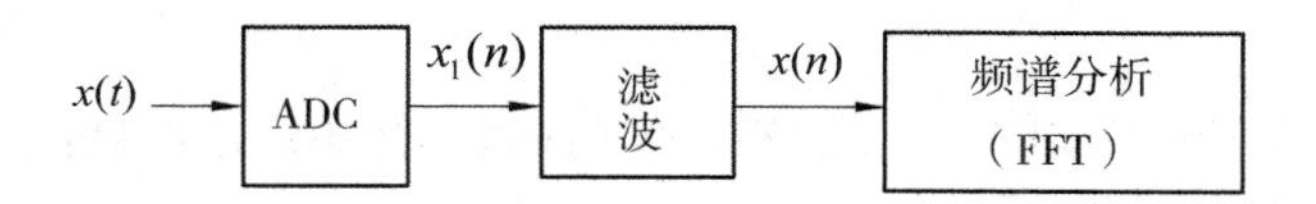

图 6.7.7　模拟信号的频谱分析原理图

具体步骤为:

（1）ADC。将模拟信号转变为离散的数字信号，取样频率由取样定理决定。

（2）滤波。滤去高频噪声。

（3）截取并进行 DFT（或 FFT）变换。截取长度为 N 的数据进行 DFT 变换，N 值越大频谱越接近实际值，但计算量越大。N 值一般取为 2^M，如 512，1024，2048 等。

【例 6.7.2】　设模拟信号为 $\cos(200\pi t)+2\cos(400\pi t)$，取样频率为 1000Hz，采用 FFT 变换，取 $N=512$ 和 $N=64$ 时信号的频谱。

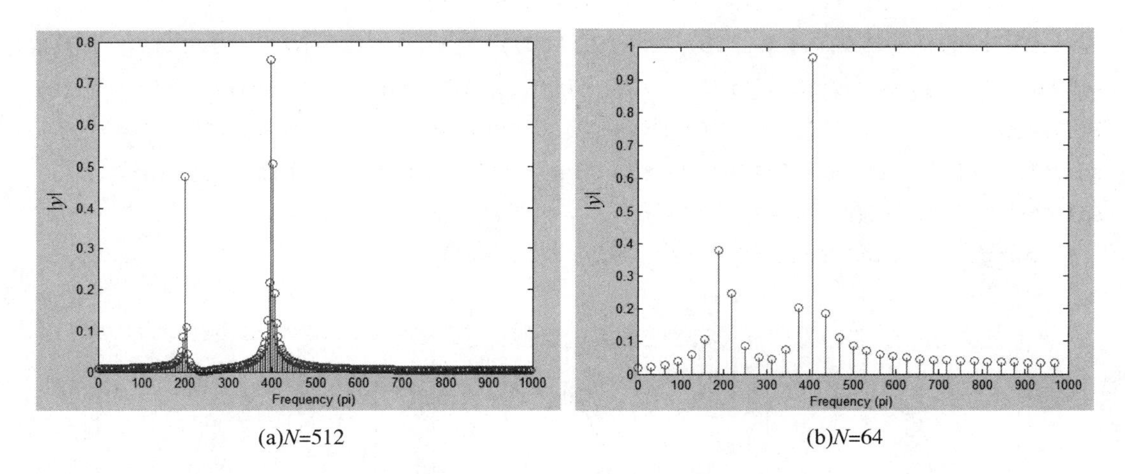

(a)N=512　　(b)N=64

图 6.7.8　模拟信号的 DFT 频谱

解：将信号离散得到离散信号

$$x(n)=\cos\left(\frac{2\pi}{10}n\right)+2\cos\left(\frac{4\pi}{10}n\right)$$

用 MATLAB 可实现频谱分析过程，具体程序为：

```
Fs = 1000;         % Sampling frequency
N = 64;         % Length of signal
n = [0:N-1];  % Time vector
k = [0:N-1];  % Time vector
x = cos(2* pi* n/10) + 2* cos(4* pi* n/10);
y = abs(fft(x,N)/N);
stem(2* Fs* k(1:N/2)/N,y(1:N/2));xlabel('Frequency (pi)');ylabel ('| Y
| ');% FFT 分析
```

DFT 频谱为近似频谱，不可避免存在一定的误差。这些误差包括：

（1）采样时的混频效应。

按照取样定理，如低频模拟信号的频谱分布在$(0,f_H)$范围内，如取样信号不失真，取样频率 f_s 应满足 $f_s\geqslant 2f_H$，否则 DFT 分析时会产生混频效应。实际应用中，采样频率 f_s 要取到模拟信号最高频率的 3 至 5 倍。

上例中，信号最大频率为200Hz，当采样频率小于400Hz时，就会产生混频效应。如f_s取350Hz，则信号离散后的序列

$$x(n)=\cos\left(\frac{20\pi}{35}n\right)+2\cos\left(\frac{40\pi}{35}n\right)$$

结果将频率为$\frac{40\pi}{35}$的序列频谱当成了频率为$\frac{30\pi}{35}$的频谱。产生了混叠效应。如图6.7.9所示。

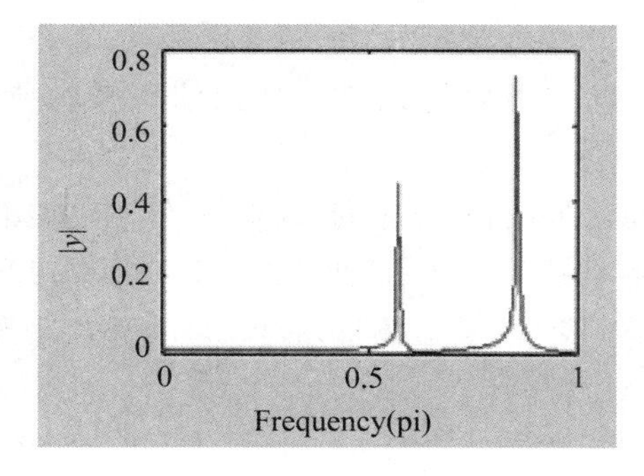

图6.7.9 混频效应

（2）离散信号量化时的量化误差。

模拟信号采样后，要将采样信号进行量化，如将范围在[0,0.5]的采样值，量化为0.25，采样值和量化值间存在误差，该过程由ADC完成，ADC的位数越大，量化误差就越小。

（3）截取时的频谱泄漏效应。

无限长序列$x(n)$频谱分析时，只截取连续的N个点，得到其数学模型为

$$x_1(n)=x(n)R_N(n)$$

$$R_N(n)=\varepsilon(n)-\varepsilon(n-N)$$

$R_N(n)$为长度为N的单位矩形序列，其频谱$R(e^{j\theta})$如图6.7.10(a)所示，如$x(n)$为角频率为θ_0的单频信号，即其频谱为$X(e^{j\theta})$，如图6.7.10(b)所示，满足

$$X(e^{j\theta})=0.5[\delta(\theta-\theta_0)+\delta(\theta+\theta_0)]$$

则截取后序列$x_1(n)$的频谱$X(e^{j\theta})$如图6.7.10(c)所示，满足

$$X_1(e^{j\theta})=0.5[R(e^{j(\theta-\theta_0)})+R(e^{j(\theta+\theta_0)})]$$

截取后的频谱被扩宽，该现象称为频谱泄漏效应，当截取宽度N越大时，频谱泄漏现象越少。

（4）DFT变换时产生的栅栏效应。

DFT变换用N个离散点近似地描述序列的连续谱。就如同在N个栅栏缝隙中观察整个信号的频谱，因此该现象称为栅栏效应。由于“栅栏”的存在，有可能挡住比较大的频谱分量，造成较大的误差。为了改善栅栏效应，对于有限长序列常采用原序列尾部补零，对应

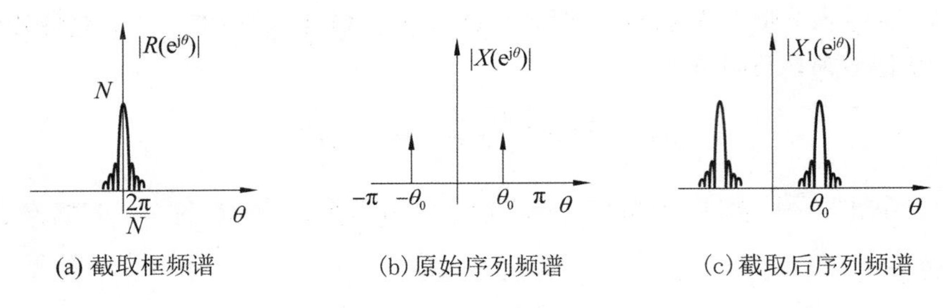

(a) 截取框频谱　(b) 原始序列频谱　(c) 截取后序列频谱

图 6.7.10　频谱泄漏效应

无限长序列可增加截取长度，从而增加采样点数，使原来漏掉的某些频谱分量被检测出来。

图 6.7.11 是一个长度为 16 的矩形序列，其傅里叶变换如图 6.7.11(a) 所示。图(b)、(c)、(d) 分别是长度增加到(补零)32、64、128 点的 DFT 频谱。由图可见，随着 DFT 长度的增加，序列 DFT 频谱越来越接近其 FT 频谱。长度越小，栅栏现象越明显。

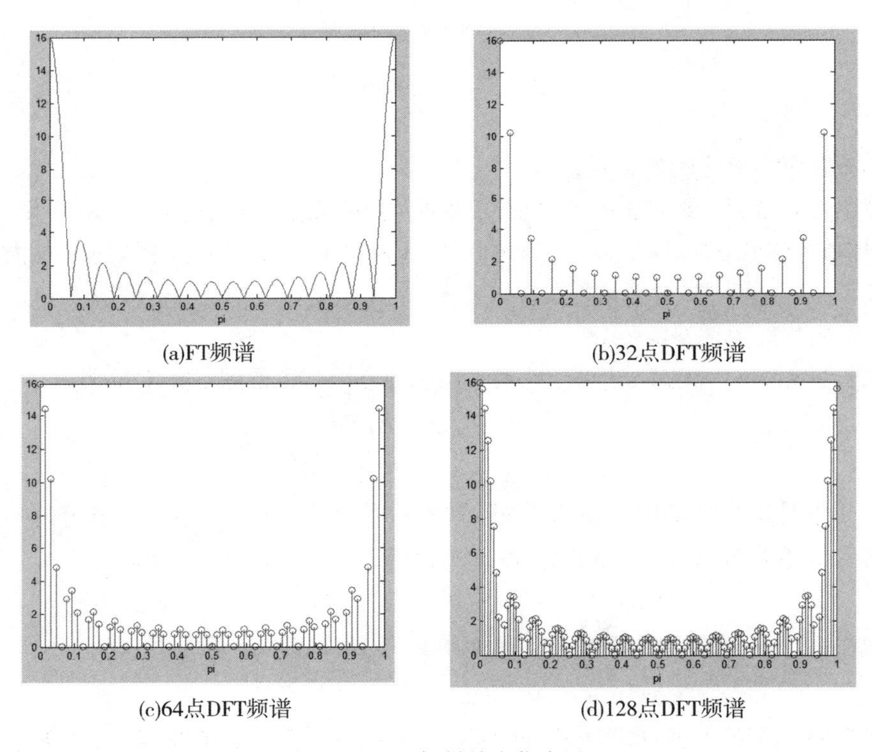

(a)FT频谱　(b)32点DFT频谱

(c)64点DFT频谱　(d)128点DFT频谱

图 6.7.11　栅栏效应仿真图

6.8 基于 Python 的离散信号、系统频谱分析

6.8.1 周期序列的傅里叶变换(DFS)

1. DFS 变换、反变换算法

周期 N 的序列 xn，其 DFS 变换的定义为：

$$X(k)=\frac{1}{N}\sum_{n=0}^{N-1}x(n)\mathrm{e}^{-\mathrm{j}\frac{2\pi k}{N}n}=\frac{1}{N}\sum_{n=0}^{N-1}x(n)W^{kn},\ k=0,1,2,\cdots,N-1$$

其中，$W_N^{kn}=\mathrm{e}^{-\mathrm{j}\frac{2\pi k}{N}n}$，$k=0,1,\cdots,N-1$。

上述计算过程的实现方法为：xn 在一个周期内的矩阵为

$$xn=[x(0),x(1),\cdots,x(N-1)]$$

定义 $1\times N$ 矩阵 An，Ak：

$$An=[0,1,\cdots,N-1],Ak=[0,1,\cdots,N-1]$$

定义 $N\times N$ 复指数序列矩阵为 W：

$$W=\begin{bmatrix}W_N{}^{(0)(0)},W_N{}^{(1)(0)},W_N{}^{(2)(0)},\cdots,W_N{}^{(N-1)(0)}\\W_N{}^{(0)(1)},W_N{}^{(1)(1)},W_N{}^{(2)(1)},\cdots,W_N{}^{(N-1)(1)}\\\cdots\\W_N{}^{(0)(N-1)},W_N{}^{(1)(N-1)},W_N{}^{(2)(N-1)},\cdots,W_N{}^{(N-1)(N-1)}\end{bmatrix}=[\exp(-\mathrm{j}2\pi/N)]^{[An'\times Ak]}$$

式中，An' 为 An 的转置。

则由 DTF 变换得到矩阵 $Xk=[X_0,X_1,X_2,\cdots,X_{N-1}]$，满足

$$Xk=\frac{xn\times W}{N}=\frac{1}{N}[x(0),x(1),\cdots,x(N-1)]\times$$

$$\begin{bmatrix}W_N{}^{(0)(0)},W_N{}^{(1)(0)},W_N{}^{(2)(0)},\cdots,W_N{}^{(N-1)(0)}\\W_N{}^{(0)(1)},W_N{}^{(1)(1)},W_N{}^{(2)(1)},\cdots,W_N{}^{(N-1)(1)}\\\cdots\\W_N{}^{(0)(N-1)},W_N{}^{(1)(N-1)},W_N{}^{(2)(N-1)},\cdots,W_N{}^{(N-1)(N-1)}\end{bmatrix}$$

即有

$$Xk=\frac{xn}{N}\times[\exp(-\mathrm{j}2\pi/N)]^{[An'\times Ak]}$$

Xk 的 IDFS 变换定义为

$x(n)=\sum_{k=0}^{N-1}X(k)\mathrm{e}^{\frac{\mathrm{j}2\pi}{N}kn}=\sum_{k=0}^{N-1}X(k)W^{-kn}$，即

$$xn=Xk\times W^{-1}=[X(0),X(1),\cdots,X(N-1)]\times$$

$$\begin{bmatrix} W_N^{-(0)(0)}, W_N^{-(1)(0)}, W_N^{-(2)(0)}, \cdots, W_N^{-(N-1)(0)} \\ W_N^{-(0)(1)}, W_N^{-(1)(1)}, W_N^{-(2)(1)}, \cdots, W_N^{-(N-1)(1)} \\ \cdots \\ W_N^{-(0)(N-1)}, W_N^{-(1)(N-1)}, W_N^{-(2)(N-1)}, \cdots, W_N^{-(N-1)(N-1)} \end{bmatrix}$$

即有

$$xn = Xk \times [\exp(-\mathrm{j}2\pi/N)]^{[-An' \times Ak]}$$

2. DFS、IDFS 算法实现

```
import numpy as np
import math
# DFS 变换 输入变量 xn 为原始序列,返回值 Xk 为 DFS 变换
def DFS(xn):
    N=np.size(xn)
    xn=xn.reshape(1, -1) # 做矩阵转置或相乘时,长度为 N 的一维矩阵需转换
为(1,N)矩阵
    # 下面定义 xn,An,Ak 为(1,N),其中 An=Ak=[0 1 2 … N-1]
    An=(np.arange(0, N)).reshape(1,-1)
    Ak=np.arange(0, N).reshape(1,-1)
    An_T=An.T
    W=np.exp(-math.pi* 2j/N) * * (An_T@ Ak)
    Xk=xn@ W/N
    # (1,N)矩阵,转换为(N,)矩阵
    Xk=Xk.squeeze()
    return Xk
# IDFS 变换 输入变量 Xk,返回值 xn 为 XK 的 IDFS 变换
def IDFS(Xk):
    import numpy as np
    import math
    Xk=Xk.reshape(1, -1)
    N=np.size(Xk)
    An=(np.arange(0, N)).reshape(1,-1)
    Ak=np.arange(0, N).reshape(1,-1)
    An_T=An.T
    W=np.exp(math.pi* 2j/N) * * (An_T@ Ak)
    xn=Xk@ W
    # (1,N)矩阵,转换为(N,)矩阵
    xn=xn.squeeze()
```

```
    return xn
```

将上述文件保存为文件名 DFS_FUN. py(不改变存储路径)。在其他文件中输入 import DFS_FUN,就可以调用以上两个函数了。

3. 周期序列频谱

可借助 cmath 包完成复数的相位计算,如

```
import cmath
x=complex(1, 3)
print('x=',x)   # x=1+3j
r =abs(x)
a =cmath.phase(x)
print("|x|=:", r)
print("复数的辐角为:", a)
```

【例 6.8.1】 长度为 8 的周期序列 xn,一个周期内的值为[1 1 1 1 0 0 0 0],求其 DFT 变换 Xk,画出其幅度谱和相位谱,求 XK 的 IDFT 变换 $xn1$,并比较 xn 与 $xn1$。

```
import DFS_FUN
import numpy as np
import matplotlib.pyplot as plt
import cmath
xn=np.array([1,1,1,1,0,0,0,0])
N=xn.size
Xk_w=[]
Xk=DFS_FUN.DFS(xn)
print('Xk=',Xk)
xn1=DFS_FUN.IDFS(Xk)
print('xn1=',xn1)
n=np.arange(0,Xk.size)
plt.subplot(211)
plt.xlabel("$ \Theta$ (0- - 2)* pi")
plt.ylabel("|XK|")
plt.stem(n* 2/N, abs(Xk))
for i in Xk:
    temp=cmath.phase(i)
    Xk_w.append(temp)
plt.subplot(212)
plt.xlabel("$ \Theta$ (0- - 2)* pi")
plt.ylabel("e(j$ \Theta$ )")
```

```
plt.stem(n* 2/N, Xk_w )
```

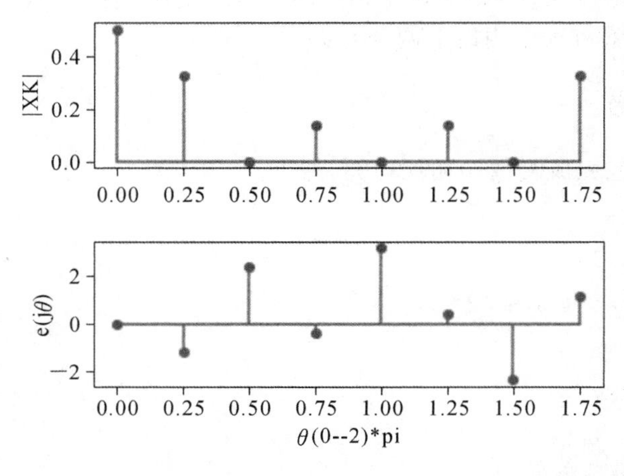

图 6.8.1 【例 6.8.1】图

计算得到

```
xn1=[[ 1.00000000e+00+2.77555756e-16j  1.00000000e+00+4.44089210e-16j
   1.00000000e+00+1.94289029e-16j  1.00000000e+00-9.99200722e-16j
  -1.16573418e-15-1.38777878e-15j  -1.44328993e-15-4.99600361e-16j
   -1.72084569e-15+2.49800181e-16j  -1.88737914e-15+1.60982339e-15j]]
  =[[1 1 1 1 0 0 0 0]]=xn
```

6.8.2 有限长序列的频谱分析

1. DTFT 变换

有限长序列 $x(n)$（n 在$[0,N-1]$值不为零），其他值为零。则可定义：

$$xn = [x(0)\ x(1)\ \cdots\ x(N-1)]$$

则其 z 变换

$$X(Z) = [x(0)z^{n-1} + x(1)z^{n-2} + \cdots + x(N-1)z^{0}]/z^{n-1}$$

分母对应的多项式为

$$X = [x(0)\ x(1)\ \cdots\ x(N-1)]$$

分子对应的多项式为

$$A = [1\ 0\ \cdots\ 0]，长度为\ N$$

则 $x(n)$的 DTFT 变换为

$$X(e^{j\theta}) = [x(0)e^{j\theta(N-1)} + x(1)e^{j\theta(N-1)} + \cdots + x(N-1)e^{j\theta 0}]/e^{j\theta(N-1)}$$

其 $X(e^{j\theta})$可采用如下 Python 函数实现：

```
# 输入参数:X 为有限长序列的一维矩阵(array,不能是 list),
# w 为给定的角频率,取值范围 0～2pi,返回值为系统函数 X(e^jw)在 w 角频率处的值
import numpy as np
defX_jW_D(X,w):
    X_len=X.size
    A_len=X_len
    A=[]
    # 构造 A=[1 0 0 … 0],长度为 N
    A.append(1)
    for i in np.arange(1,A_len):
        A.append(0)
    A=np.array(A)

    HB=0
    HA=0

      for b in np.arange(0,B_len):
          HB=HB+B[b] * np.exp(1j * w * (B_len-1-b))# B[b],取矩阵 B 中的第 b 个元素,b 的取值范围 0,B_len
      for a in np.arange(0,A_len):
          HA=HA+A[a] * np.exp(1j * w * (A_len-1-a))
      return HB/HA
```

【例 6.8.2】 长度为 4 的有限长序列 xn=[1 1 1 1],画出其幅度谱和相位谱。

```
import X_jW_D
import numpy as np
import math
import cmath
import matplotlib.pyplot as plt
X=np.array([1, 1,1,1])
w=np.arange(0,2 * math.pi,0.01 * math.pi )
ABS_X_jw=[]
Phase_X_jw=[]
for a in w:
    temp=X_jW_D.X_jW_D(X, a)
    ABS_X_jw.append(abs(temp))
    Phase_X_jw.append(cmath.phase(temp))
```

```
p lt.figure(1)
plt.xlabel("$ \Theta$ (0--2) * pi")
plt.ylabel("|X(ej$ \Theta$ |)")
plt.plot(w/math.pi,ABS_X_jw)
plt.figure(2)
plt.xlabel("$ \Theta$ (0--2) * pi")
plt.ylabel("$ \Theta$ |")
plt.plot(w/math.pi,Phase_X_jw)
```

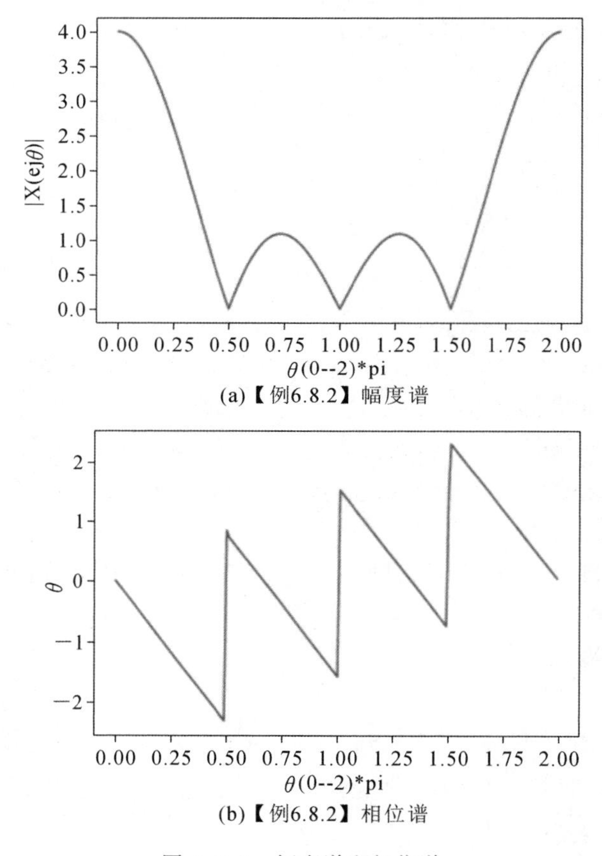

(a)【例6.8.2】幅度谱

(b)【例6.8.2】相位谱

图 6.8.2　幅度谱和相位谱

2. DFT,IDFT 变换

长度为 N 的有限长序列 xn,可通过 DTF 得出其间隔为 2 * pi/N 的近似离散谱 Xk。计算过程为将 xn 扩展为周期为 N 的周期序列,然后计算该周期序列的 DFS。其实现与 DFS 一样,为便于区分,这里给其定义新的函数 DFT 及 IDFT。

```
import numpy as np
    import math
    # DFT变换 输入变量xn为原始序列,返回值Xk为DFT变换
    def DFT(xn):
        N=np.size(xn)
    # 做矩阵转置或相乘时,长度为N的一维矩阵需转换为(1,N)矩阵
        xn=xn.reshape(1, -1)
    # 下面定义xn,An,Ak为(1,N),其中An=Ak=[0 1 2 … N-1]
        An=(np.arange(0, N)).reshape(1,-1)
        Ak=np.arange(0, N).reshape(1,-1)
        An_T=An.T
        W=np.exp(-math.pi * 2j/N) * * (An_T@ Ak)
        Xk=xn@ W/N
    # (1,N)矩阵,转换为(N,)矩阵
        Xk=Xk.squeeze()
        return Xk
    # IDFT变换 输入变量Xk,返回值xn为XK的IDFT变换
    def IDFT(Xk):
        import numpy as np
        import math
        Xk=Xk.reshape(1, -1)
        N=np.size(Xk)
        An=(np.arange(0, N)).reshape(1,-1)
        Ak=np.arange(0, N).reshape(1,-1)
        An_T=An.T
        W=np.exp(math.pi * 2j/N) * * (An_T@ Ak)
        xn=Xk@ W
    # (1,N)矩阵,转换为(N,)矩阵
        xn=xn.squeeze()
        return xn
```

【例6.8.3】 长度为4的有限长序列$xn=[1\ 1\ 1\ 1]$,将其长度分别截取为$N=16$,256,分别画出其幅度谱和相位谱。并与【例6.8.3】中的频谱作比较。

```
import DFT_FUN
import numpy as np
import matplotlib.pyplot as plt
import cmath
x2n=[1,1,1,1]
```

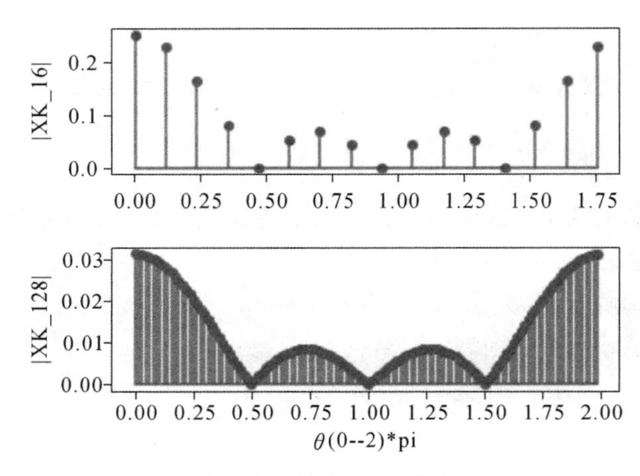

图 6.8.3　【例 6.8.3】频谱

```
x1n=[1,1,1,1]
N=4
# 序列长度扩展为 16
for i in np.arange(0, 16-N):
    x1n.append(0)
# 序列长度扩展为 128
for i in np.arange(0, 128-N):
    x2n.append(0)
# list 转换为 array
x1n=np.array(x1n)
x2n=np.array(x2n)

X1k=DFT_FUN.DFT(x1n)
X2k=DFT_FUN.DFT(x2n)
N1=X1k.size
N2=X2k.size
n1=np.arange(0,N1)
n2=np.arange(0,N2)


plt.subplot(211)
plt.xlabel("$ \Theta$ (0--2)* pi")
plt.ylabel("|XK_16|")
plt.stem(n1* 2/N1, abs(X1k))
```

```
plt.subplot(212)
plt.xlabel("$ \Theta$ (0--2)* pi")
plt.ylabel("|XK_128|")
plt.stem(n2* 2/N2, abs(X2k))
```

6.8.3 离散系统的频谱求解

如系统为稳定系统，则可根据定义

$$H(e^{j\theta}) = H(z)\mid_{z=e^{j\theta}}$$

如系统函数为

$$H(z) = \frac{b_m z^m + b_{m-1} z^{m-1} + \cdots + b_1 z + b_0}{z^k + a_{k-1} z^{k-1} + \cdots + a_1 z + a_0}$$

则有

$$H(e^{j\theta}) = \frac{b_m e^{j\theta m} + b_{m-1} e^{j\theta(m-1)} + \cdots + b_1 e^{j\theta} + b_0}{e^{j\theta k} + a_{k-1} e^{j\theta(k-1)} + \cdots + a_1 e^{j\theta} + a_0}$$

定义矩阵

$$B = [b_m, b_{m-1}, b_{m-2}, \cdots, b_0], A = [a_k, a_{k-1}, a_{k-2}, \cdots, a_0]$$

为分母、分子多项式一维矩阵。如

$$H(z) = \frac{z^2 + 1}{(z^2 - 0.7z + 0.1)}$$

则有

$$B = [1, 0, 1], A = [1, -0.7, 0.1]$$

如

$$H(z) = z^2 + 1$$

则有

$$B = [1, 0, 1], A = [1]$$

其 $H(e^{j\theta})$ 可采用如下 Python 函数实现：

```
# 输入参数：B,A 为 H(z)的分子、分母多项式对应的一维矩阵(array,不能是list)。
# w 为给定的角频率，取值范围 0~2pi，返回值为系统函数 H(e^jw)在 w 角频率处的值。
import numpy as np
def H_jW_D(B,A,w):
        B_len=B.size
        A_len=A.size
        HB=0
        HA=0
        for b in np.arange(0,B_len):
```

```
            HB=HB+B[b]* np.exp(1j* w* (B_len-1-b))# B[b],取矩阵 B 中
的第 b 个元素,b 的取值范围 0,B_len-1
        for a in np.arange(0,A_len):
            HA=HA+A[a]* np.exp(1j* w* (A_len-1-a))
        return HB/HA
```

将上述函数保存为文件 H_jW_D. py,在其他函数中可通过 import H_jW_D 调用该函数(需在同一个目录中)。

【例 6.8.4】 画出系统函数 $H(z)=\dfrac{z^2+1}{(z^2-0.7z+0.1)}$的幅度谱和相位谱。

解:$z^2-0.7z+0.1=0$ 的根分别为 0.5,0.2,在单位元内,系统 $H(e^{j\theta})$存在。

```
import H_jW_D
import numpy as np
import math
import cmath
import matplotlib.pyplot as plt
B=np.array([1, 0, 1])
A=np.array([1,-0.7,0.1])
w=np.arange(0,2* math.pi,0.01* math.pi )
ABS_H_jw=[]
Phase_H_jw=[]
for a in w:
    temp=H_jW_D.H_jW_D(B, A, a)
    ABS_H_jw.append(abs(temp))
    Phase_H_jw.append(cmath.phase(temp))

p lt.figure(1)
plt.xlabel("$ \Theta$ (0--2pi)")
plt.ylabel("|X(ej$ \Theta$ |)")
plt.plot(w,ABS_H_jw)
plt.figure(2)
plt.xlabel("$ \Theta$ (0--2pi)")
plt.ylabel("$ \Theta$ |")
plt.plot(w,Phase_H_jw)
```

6.8.4　信号通过系统求解

1. 根据系统频域分析模型求解

根据系统频域分析:

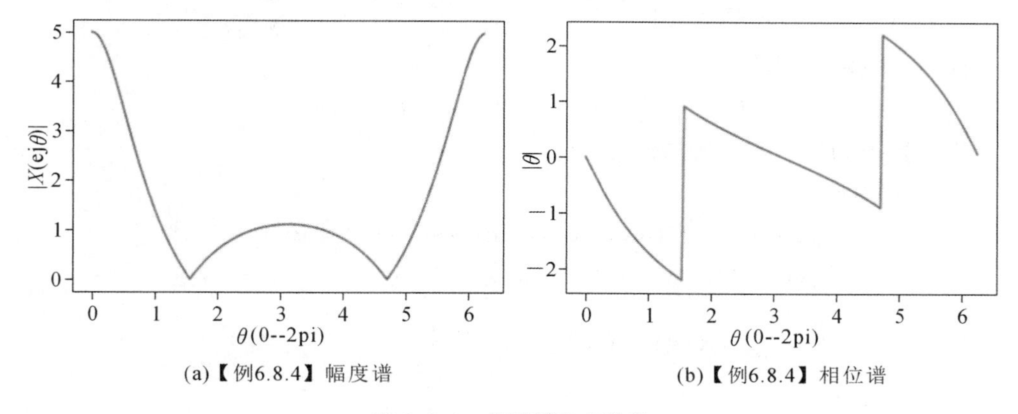

(a)【例6.8.4】幅度谱　(b)【例6.8.4】相位谱

图 6.8.4　幅度谱和相位谱

$$\cos(\theta n) \rightarrow \boxed{H(e^{j\theta})} \rightarrow y_{zs}(n) = |H(e^{j\theta})|\cos[\theta n + \varphi(\theta)]$$

当激励为 $\cos(\theta n)$，对应的响应为

$$y_{zs}(n) = |H(e^{j\theta})|\cos(\theta n + \varphi(\theta))$$

对于周期为 N 的实数序列 $x(n)$，有

$$X(k) = \mathrm{DFT}(x(n)) = |X(k)|e^{j\theta(k)}, k = 0, \cdots, N-1$$

且有

$$|X(k)| = |X(-k)|, \theta(k) = -\theta(-k)$$

因 $X(n)=\mathrm{DFT}(x(n))$，其周期也是 N，则有

$$|X(k)| = |X(-k)| = |X(N-k)|, \theta(k) = -\theta(-k) = -\theta(N-k)$$

且有 $X(0)$为实数，其相位 $\theta(0)$只可能为 0 或 π；

当 N 为偶数时，$X(N/2)$ 为实数，$\theta(N/2)$ 只可能为 0 或 π，可求出其 $X(k)=|X(k)|e^{j\theta(k)}$，根据 IDFT 变换，有

$$xn = \sum_{k=0}^{N-1} X(k)e^{j\frac{2\pi k}{N}n}$$

当 N 为偶数时，有

$$\begin{aligned} xn &= X(0)\cos(0n) + X(N/2)\cos(\pi n) + \sum_{k=1}^{N/2-1}(|X(k)|e^{j\frac{2\pi k}{N}n+\theta(k)} \\ &\quad + |X(N-k)|e^{j\frac{2\pi(N-k)}{N}n+\theta(n-k)} \\ &= |X(0)|\cos(0n+\theta(0)) + |X(N/2)|\cos(\pi n + \theta(N/2)) \\ &\quad + 2\sum_{k=1}^{N/2-1}|X(k)|\cos\left(j\frac{2\pi k}{N}n + \theta(k)\right) \end{aligned}$$

当 N 为奇数时，有

$$xn = X(0)\cos(0n) + \sum_{k=1}^{(N-1)/2}(|X(k)|e^{j\frac{2\pi k}{N}n+\theta(k)} + |X(N-k)|e^{j\frac{2\pi(N-k)}{N}n+\theta(n-k)})$$

$$= |X(0)|\cos(0n+\theta(0)) + 2\sum_{k=1}^{(N-1)/2}|X(k)|\cos\left(\mathrm{j}\,\frac{2\pi k}{N}n+\theta(k)\right)$$

系统的频率响应满足

$$H(\mathrm{e}^{\mathrm{j}\frac{2\pi k}{N}}) = H(z)\big|_{z=\mathrm{e}^{\mathrm{j}\frac{2\pi k}{N}}} = |H(k)|\mathrm{e}^{\mathrm{j}\varphi(k)}$$

则通过系统 $H(\mathrm{e}^{\mathrm{j}\theta})$所得的响应为：

当 n 为偶数时，

$$\begin{aligned}y_{ss}(n) = {} & |H(0)||X(0)|\cos(0n+\theta(0)+\varphi(0)) + \\ & |H(N/2)||X(N/2)|\cos(\pi n+\theta(N/2)+\varphi(N/2)) \\ & + 2\sum_{k=1}^{N/2-1}|X(k)||H(k)|\cos\left(\mathrm{j}\,\frac{2\pi k}{N}n+\theta(k)+\varphi(k)\right)\end{aligned}$$

当 n 为奇数时，

$$\begin{aligned}y_{ss}(n) = {} & |\mathrm{H}(0)||X(0)|\cos(0n+\theta(0)+\varphi(0)) \\ & + 2\sum_{k=1}^{(N-1)/2}|X(k)||H(k)|\cos\left(\mathrm{j}\,\frac{2\pi k}{N}n+\theta(k)+\varphi(k)\right)\end{aligned}$$

【例 6.8.5】 周期为 4 的离散矩形脉冲序列 $x(n)$如图 6.8.5(a)所示，当它作为激励通过图 6.8.5(b)所示系统时，利用系统频域分析模型，借助 Python 仿真并画出 $y(t)$波形，并与【例 6.8.4】比较。

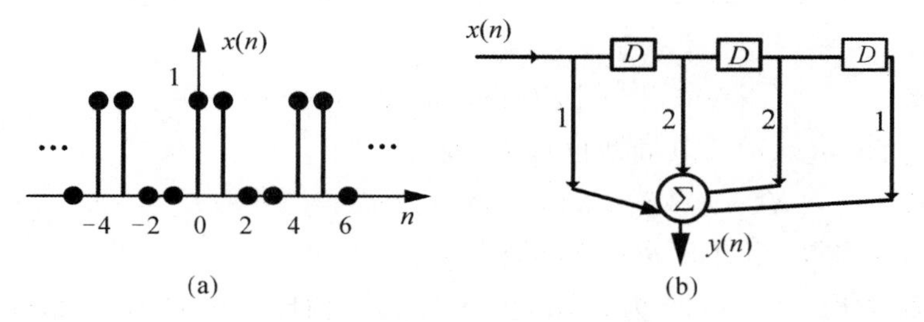

图 6.8.5 【例 6.8.5】的信号与系统图

解：

$$h(n) = \delta(n) + 2\delta(n-1) + 2\delta(n-2) + \delta(n-3)$$

$$H(z) = 1 + 2z^{-1} + 2z^{-2} + z^{-3} = \frac{z^3 + 2z^2 + 2z^1 + 1}{z^3}$$

xn 的一个周期为[1 1 0 0]，则借助本章的 DFT 变换函数(文件名为 DFT_FUN. py)和频域求解函数(文件为名 H_jw_D. py)，实现代码为

```
import DFT_FUN
import H_jW_D
import numpy as np
import matplotlib.pyplot as plt
import math
```

```
import cmath
xn=np.array([1,1,0,0])
Xk_phase=[]
Xk_abs=[]
Xk=DFT_FUN.DFT(xn)
for Xi in Xk:
    temp1=abs(Xi)
    temp2=cmath.phase(Xi)
    Xk_abs.append(temp1)
    Xk_phase.append(temp2)

N=xn.size
B=np.array([1,2,2,1])
A=np.array([1,0,0,0])
H_jw_abs=[]
H_jw_phase=[]
w=np.arange(0,2*math.pi,2*math.pi/N )
for a in w:
    temp=H_jW_D.H_jW_D(B, A, a)
    H_jw_abs.append(abs(temp))
    H_jw_phase.append(cmath.phase(temp))
n=np.arange(0,N)
k=0
y_ss=H_jw_abs[k]*Xk_abs[k]*np.cos(k/N*2*math.pi*n+Xk_phase[k]
+H_jw_phase[k])
if N% 2==0:
    k=int(N/2)
    y_ss+=H_jw_abs[k]*Xk_abs[k]*np.cos(k/N*2*math.pi*n+Xk_
phase[k]+H_jw_phase[k])

for i in np.arange(1,int(N/2)):
y_ss=y_ss+2*H_jw_abs[i]*Xk_abs[i]*np.cos(i/N*2*math.pi*n+Xk_
phase[i]+H_jw_phase[i])
print("y_ss=",y_ss)
```

结果为：y_ss=[2. 3. 4. 3.]。与【例 6.5.4】结论一致。

2. 通过 DFT 变换和 IDFT 变换实现

序列 $x(n)$通过系统 $h(n)$所得响应 $y_{zs}(n)$满足

$$y_{zs}(n) = x(n) * h(n)$$

则有

$$Y_{zs}(e^{j\theta}) = X(e^{j\theta})H(e^{j\theta})$$

如 $x(n)$为周期为 N 的序列，所得响应 $y_{zs}(n)$也是周期为 N 的序列。则有

$$\theta = 2\pi k/N, k = 0,1,\cdots,N-1$$

$$y_{zs}(n) = \text{IDFT}(Y(e^{j\theta}))$$

【例 6.8.6】　通过 DFT 和 IDFT 变换完成【例 6.8.5】的计算。

解：

```
import DFT_FUN
import H_jW_D
import numpy as np
import matplotlib.pyplot as plt
import math
import cmath
# 计算 xn 的 IDFT
xn=np.array([1,1,0,0])
Xk=DFT_FUN.DFT(xn)

N=xn.size
B=np.array([1,2,2,1])
A=np.array([1,0,0,0])
H_jw=[]
# 计算 h(n)在 2kpi/N 频率上的 IDFT
w=np.arange(0,2*math.pi,2*math.pi/N )
for a in w:
    temp=H_jW_D.H_jW_D(B, A, a)
    H_jw.append(temp)
Yw=Xk*H_jw
y_ss=DFT_FUN.IDFT(Yw)
print("y_ss=",y_ss)
```

可得到

```
y_ss=[2-1.66533454e-16j  3+-2.22044605e-16j  4-7.83959061e-17j
3+2.22044605e-16j]
=[2. 3. 4. 3.]
```

与【例 6.8.5】结论一致。

习 题 六

6-1 指出下列序列是否为周期序列，并计算周期序列的周期。

(1) $x_1(n)=(-1)^n$ (2) $x_2(n)=\cos 0.5n$ (3) $x_3(n)=\cos\frac{\pi}{3}n$

(4) $x_4(n)=\cos\frac{\pi}{3}n+\cos\frac{\pi}{5}n$ (5) $x_5(n)=\cos\frac{\pi}{3}n+\cos n$

6-2 画出序列 $\cos\frac{7\pi}{6}n$，$\cos\frac{\pi}{3}n$ 的图像（取 $n=0\sim5$），比较这两个图形相邻点值的变化大小，指出哪个序列的频率更高。

6-3 写出下列复指数序列的最简表达式。

(1) $x_1(n)=W_5^{1n}+W_5^{4n}$ (2) $x_2(n)=W_6^{1n}-W_6^{5n}$ (3) $x_3(n)=W_8^{2n}-W_4^{1n}$

6-4 周期序列 $x(n)$ 如图 6-1 所示。

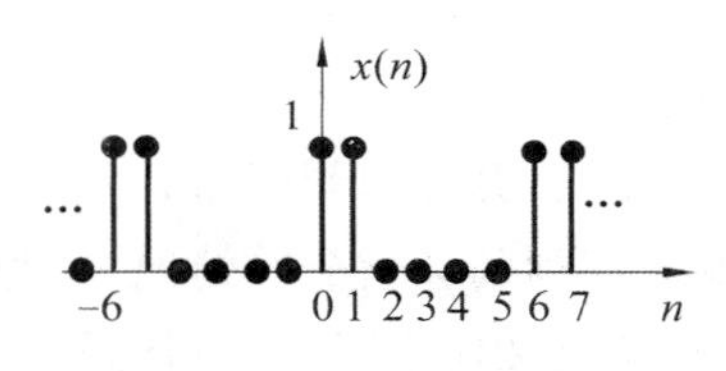

图 6-1 题 6-4 图

(1) 计算其离散傅里叶级数；

(2) 写出序列的分解形式；

(3) 画出其幅度谱和相位谱；

(4) 证明原始序列与分解序列是同一序列。

6-5 如图 6-2 所示为两个周期序列频谱图，分别求其原始序列。

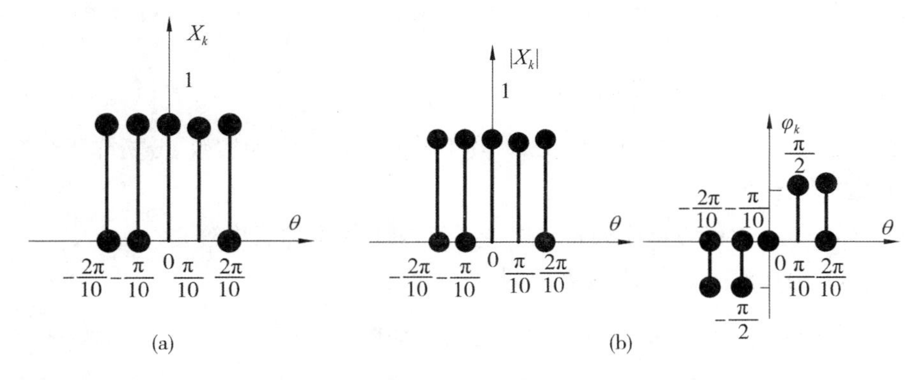

图 6-2 题 6-5 图

6-6　写出下列周期序列的傅里叶级数矩阵计算表达式。

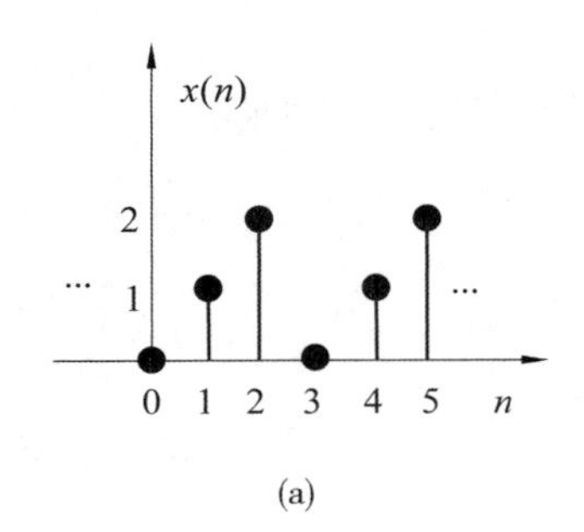

(a)

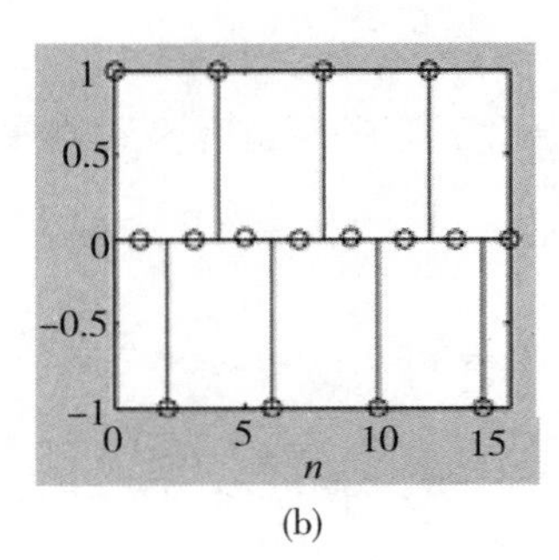

(b)

图 6-3　题 6-6 图

6-7　周期序列 $x(n)=W_5^{1n}+W_5^{4n}+0.5W_5^{2n}+0.5W_5^{3n}$，分别采用时域方法和频域方法计算其功率。

6-8　序列 $x_1(n)=(0.5)^n\varepsilon(n)$，$x_2(n)=(-0.5)^n\varepsilon(n)$。

(1) 画出这两个序列的图像(取 $n=0\sim4$)；

(2) 求这两个序列的傅里叶变换，并画出幅度谱；

(3) 根据幅度谱，指出这两个序列的频谱分布情况，并与序列图像做比较。

6-9　根据序列的傅里叶变换定义计算下列序列的傅里叶变换。

(1) $x_1(n)=\delta(n-5)$　(2) $x_2(n)=\left(\frac{1}{3}\right)^n\varepsilon(n-1)$　(3) $x_3(n)=(3)^n\varepsilon(-n)$

(4) $x_4(n)=\varepsilon(n)-\varepsilon(n-3)$　(5) $x_5(n)=\varepsilon(n-3)-\varepsilon(n-6)$

6-10　序列 $x_1(n)=[\varepsilon(n)-\varepsilon(n-3)]$，$x_2(n)=[\varepsilon(n)-\varepsilon(n-3)]\cos(\pi n)$。

(1) 画出这两个序列的幅度谱；

(2) 比较这两个幅度谱，指出序列和单频序列相乘后频谱的变换规律。

6-11　求如下序列的 z 变换(指明收敛域)；并根据 z 变换求其傅里叶变换。

(1) $x_1(n)=3^n\varepsilon(n)$　(2) $x_2(n)=\left(\frac{1}{2}\right)^n\varepsilon(n)$　(3) $x_3(n)=\delta(n-2)$

(4) $x_4(n)=\left(\frac{1}{3}\right)^n\cos\left(\frac{\pi}{3}n\right)\varepsilon(n)$　(5) $x_5(n)=\left[\left(\frac{1}{2}\right)^n\varepsilon(n)\right]*\left[\left(\frac{1}{3}\right)^n\varepsilon(n)\right]$

6-12　复数 $x(n)=x_1(n)+\mathrm{j}x_2(n)$，其中 $x_1(n)$，$x_2(n)$ 为实数。分析如下情况，讨论 $x(n)$ 的 DTFT 频谱特点。

(1) $x_1(n)$，$x_2(n)$ 都为奇序列；　(2) $x_1(n)$，$x_2(n)$ 都为偶序列；

(3) $x_1(n)$ 为偶序列，$x_2(n)$ 为奇序列。

6-13　无限长序列 $x_1(n)=\cos\frac{\pi}{2}n$ 的图形如图 6-4 所示。

(1) 计算其 DTFT 变换并画出其幅度谱；

(2) 将其截取长度为 7 的有限长序列，计算其 DTFT 变换并画出其幅度谱；

(3) 比较这两个频谱,说明无限长序列在截取后,其频谱是否会失真。

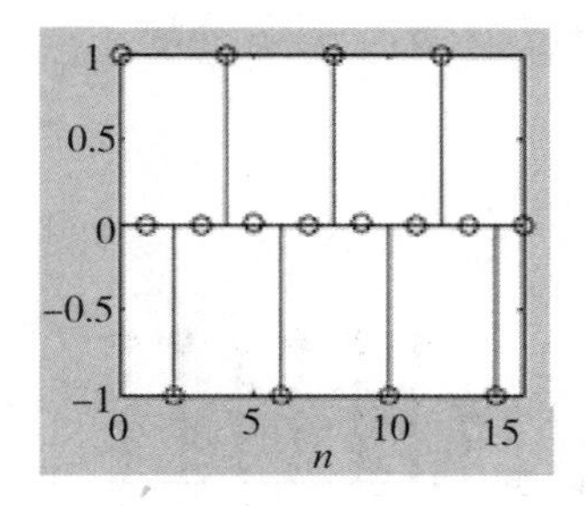

图 6-4 题 6-13 图

6-14 有限长序列 $x(n)$ 的图像如图 6-5 所示。

(1) 定义序列长度为 4,计算其离散傅里叶变换,并画出其频谱;

(2) 定义序列长度为 8,计算其离散傅里叶变换,并画出其频谱;

(3) 分析这两种情况下的频谱之间的区别和联系。

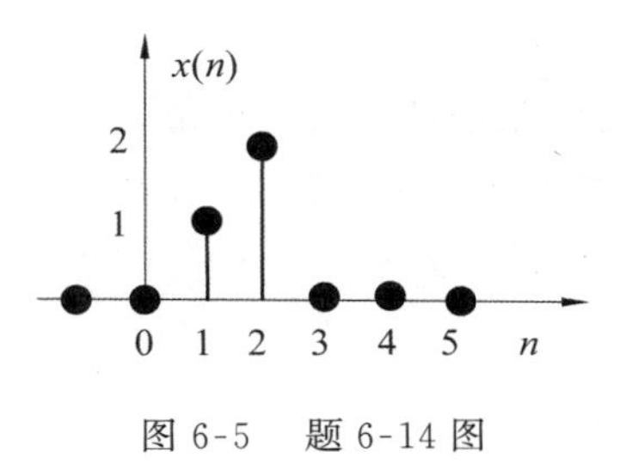

图 6-5 题 6-14 图

6-15 序列 $x(n)$ 的图像如图 6-6 所示。

(1) 计算其 DTFT 变换,画出其幅度谱;

(2) 定义序列长度为 16,根据 DTFT 变换计算其 DFT 变换,画出其离散谱。

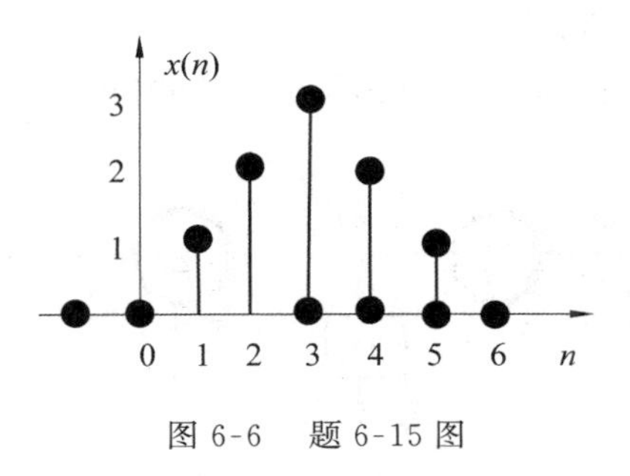

图 6-6 题 6-15 图

6-16 根据 $\cos\theta_0 n$ 和 $R_L(n)$ 的 DTFT 频谱,粗略画出 $\cos\frac{\pi}{6}n$,$R_{12}(n)$,$R_{16}(n)$ 的幅度

谱，并分别画出 $\cos\left(\frac{\pi}{6}n\right)R_{12}(n)$ 和 $\cos\left(\frac{\pi}{6}n\right)R_{16}(n)$ 的 DFT 幅度谱。

6-17　长度为8的有限长序列 $x(n)$ 如图 6-7 所示，分别画出序列 $x((n-2))_8G_8(n)$ 和 $x((n+3))_8G_8(n)$ 的图形。

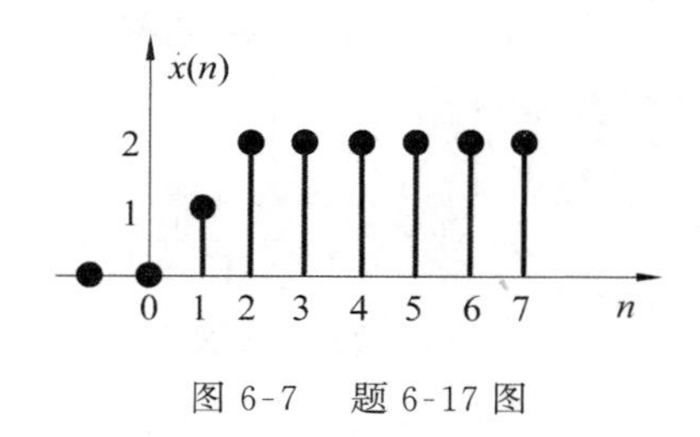

图 6-7　题 6-17 图

6-18　长度为 4 的有限长序列 $x_1(n)=\delta(n)+2\delta(n-1)+2\delta(n-1)+\delta(n)$，计算 $x(n)=x_1(n)\otimes x_1(n)$。

6-19　证明课本中的式(6.4.15)。

6-20　长度为 N 的序列 DTF 和 IDTF 变换的计算量都是 $N*\log_2 N$ 次，序列 $x_3(n)$，$x_3(n)$ 的长度都是 1024，计算 $x_3(n)*x_4(n)$。

(1) 按卷积的定义直接计算，粗略统计其计算量；

(2) 按本书图 6.4.8 所示的卷积快速计算，统计其计算量。

6-21　LTI 系统的差分方程如下 $y(n)=x(n)+2x(n-1)+2x(n-2)+x(n-3)$，其中 $x(n)$ 为激励，$y(n)$ 为响应。

(1) 计算系统函数 $H(z)$；

(2) 计算单位序列响应 $h(n)$；

(3) 计算频率响应函数 $H(e^{j\theta})$，并画出其幅度谱和相位谱；

(4) 激励 $x(n)=2+\cos 0.5\pi n+\cos \pi n$，求输出信号 $y(n)$。

6-22　如图 6-8 所示的一阶滤波器模型。

(1) 求该滤波器的频率函数 $H(e^{j\theta})$，画出其幅度谱；

(2) 分析该滤波器的作用；

(3) 求输入为 $1+\cos(\pi n/2)+\cos(\pi n)$ 对应的响应。

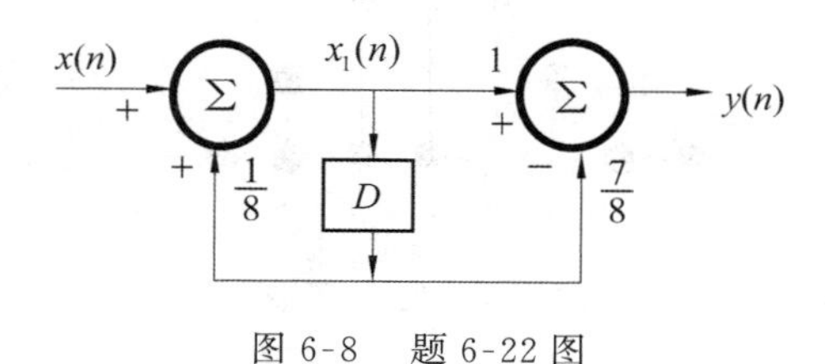

图 6-8　题 6-22 图

6-23　周期序列 $x(n)$ 的图形如图 6-9(a) 所示，写出 $x(n)$ 的分解形式，并求其通过

6-9(b) 所示系统后的输出序列。

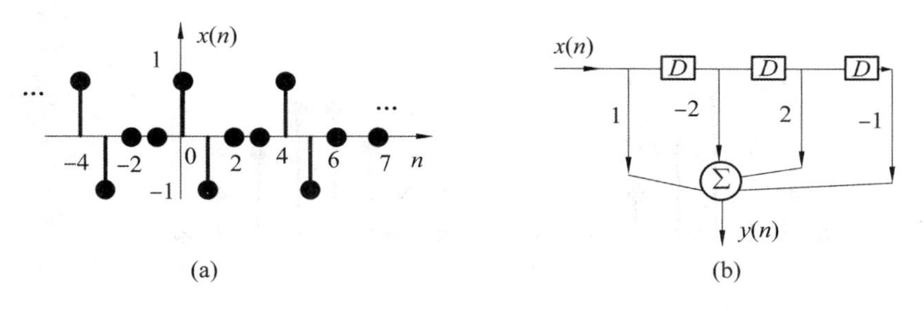

图 6-9　题 6-23 图

6-24　某一 LTI 离散系统,其单位脉冲响应为 $h(n)=\begin{cases}0.5, & n=0,4\\ 1, & n=1,2,3\\ 0, & \text{其余}\end{cases}$,求系统频率函数 $H(e^{j\theta})$,若输入 $x(n)=1+\cos\left(\frac{\pi}{3}n\right)$,求系统的响应。

6-25　FIR 滤波器的构造如图 6-10 所示。

(1) 写出其单位序列响应 $h(n)$ 的表达式。

(2) 计算其频率响应函数,假设增益可以为负,证明该滤波器对不同频率序列具有共同延时。

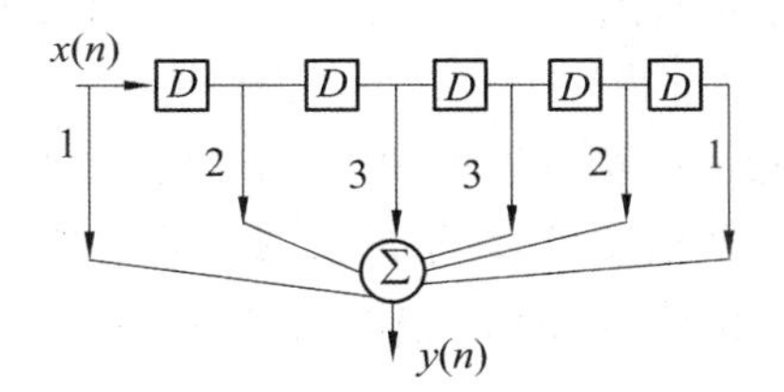

图 6-10　题 6-25,题 6-28 图

6-26　IIR 滤波器的构造如图 6-11 所示。

(1) 写出其单位序列响应 $h(n)$ 的表达式。

(2) 计算其频率响应函数,证明该滤波器对不同频率序列有不同延时。

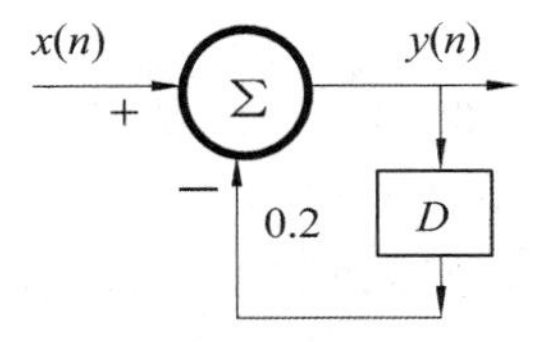

图 6-11　题 6-26 图

6-27　FIR 滤波器的单位序列响应如图 6-12(a)、(b)、(c)、(d) 所示，求其频率响应函数，假设增益可以为负，证明这些系统对不同频率的延时是一致的。

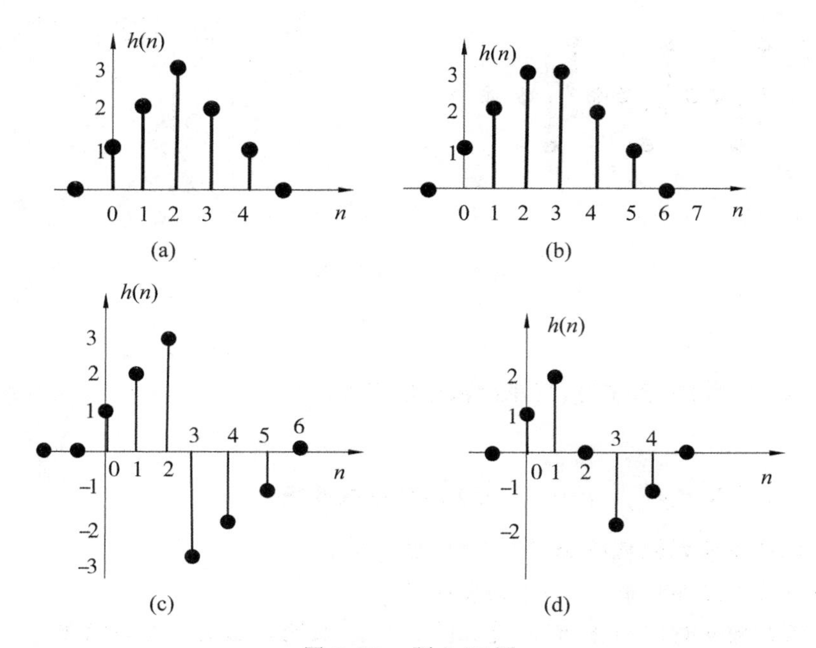

图 6-12　题 6-27 图

6-28　FIR 滤波器的构造如图 6-10 所示，画出其幅度谱，并求出其—3dB 的截止频率。

6-29　两个 FIR 滤波器的结构分别如图 6-13(a)、(b) 所示。

(1) 求其频率函数，画出其幅度谱，并指出其滤波器类型；

(2) 比较这两个滤波器，证明图(b) 的幅度谱是将图(a) 的幅度谱右移了角频率 π。

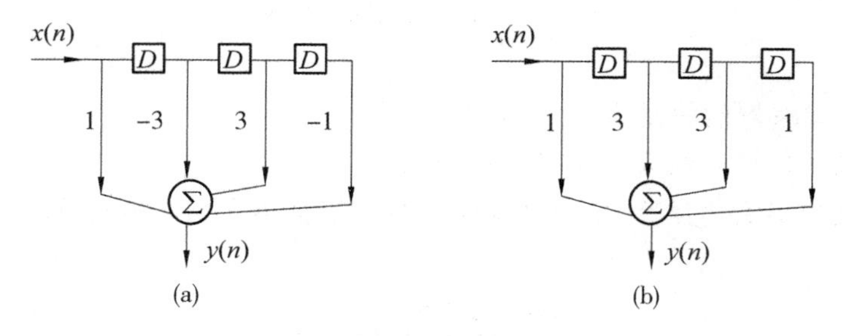

图 6-13　题 6-29 图

6-30　两个 IIR 滤波器的结构分别如图 6-14(a)、(b) 所示。

(1) 求其频率函数，画出其幅度谱，并指出其滤波器类型；

(2) 比较这两个滤波器，证明图(b) 的幅度谱是将图(a) 的幅度谱右移了角频率 π。

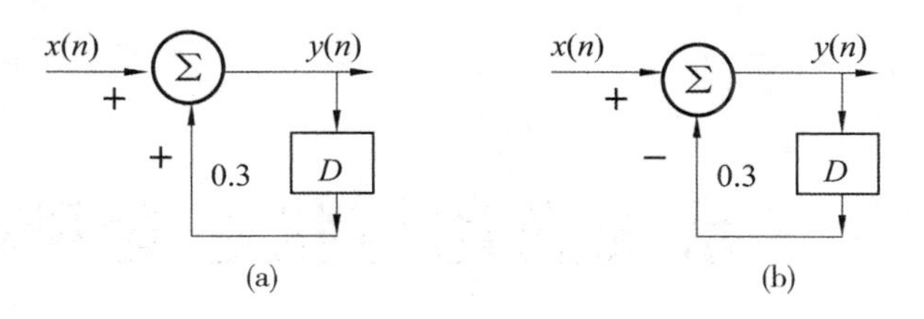

图 6-14 题 6-30 图

6-31 IIR 滤波器的结构如图 6-15 所示，求其频率函数，画出其幅度谱，并指出其滤波器类型。

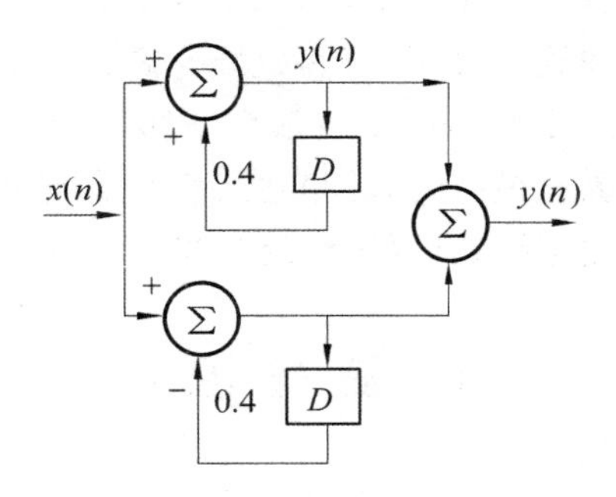

图 6-15 题 6-31 图

6-32 模拟信号的数字滤波框图如图 6-16 所示，ADC 采样频率为 8000Hz，滤波系统的单位序列响应为 $h(n)=\delta(n)+2\delta(n-1)+\delta(n-2)$，忽略 ADC、DAC 带来的误差，输入信号 $x(t)=1+\cos(2\pi\times 2000t)+\cos(2\pi\times 4000t)$，求输出信号 $y(t)$。

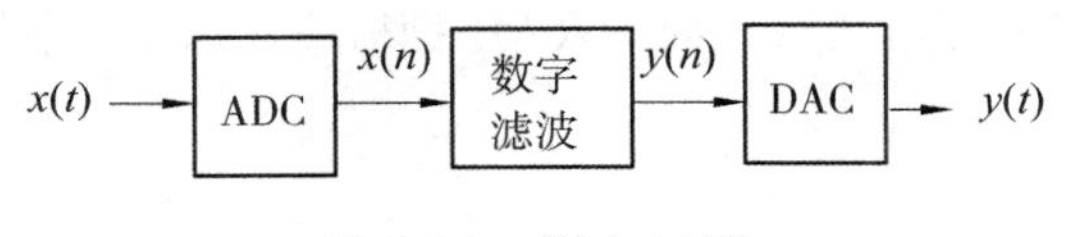

图 6-16 题 6-32 图

第7章　系统描述与状态变量分析

前面给出了系统的基本描述方法：实物图、数学方程、冲激响应或单位序列响应、系统函数、频率响应函数和系统框图等，本章将介绍更直观的描述方法——信号流图，并利用图论的相关理论，简化复杂系统的描述。

本章同时介绍了系统的状态变量描述法，也称状态空间法，此方法的主要特点是利用系统内部特性的状态变量来描述系统，并将它应用于多输入-多输出系统。前面章节讨论系统时均是运用输入-输出法，对于多输入-多输出系统，尤其是对于现代工程中遇到的越来越多的非线性系统或时变系统的研究，此描述法则几乎不可实现。此外，状态空间法也可用来描述非线性系统或时变系统，且易于借助计算机求解。

7.1　信号流图

为了简化系统的设计和描述，可以采用信号流图的分析方法。信号流图是一种借助拓扑图形求线性代数方程组解的一种方法。1953年由S. J. 梅森(Mason)提出，故又称梅森图。这一方法能将各有关变量的因果关系在图中明显地表示出来，常用于分析线性系统，求系统函数等。

7.1.1　信号流图中的常用术语

信号流图是由节点和有向线段组成的几何图形，其常用术语有以下几种。

1. 节点

信号流图中的每个节点表示一个变量或信号，用圆点表示。如图7.1.1所示，4个圆圈表示了4个节点 $X(s)$，$Y(s)$，$X(z)$，$Y(z)$ 。

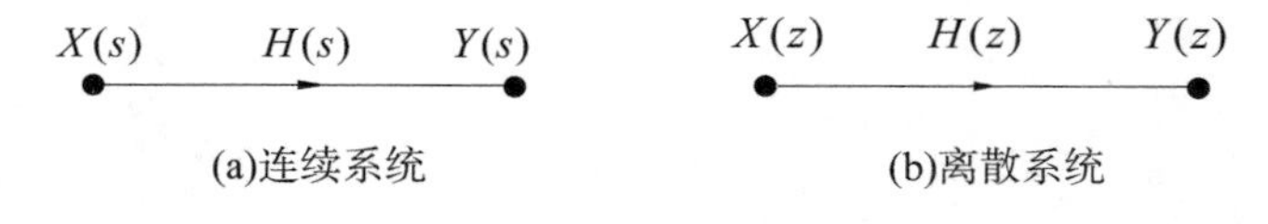

图7.1.1　信号流图的节点和支路

2. 支路和支路增益

连接两个节点之间的有向线段称为支路。每条支路上的权值就是该支路的增益。图

7.1.1中 $X(s)$,$Y(s)$ 构成一条支路,其支路增益为 $H(s)$; $X(z)$,$Y(z)$ 构成一条支路,其支路增益为 $H(z)$。有

$$Y(s) = X(s)H(s) \tag{7.1.1}$$

$$Y(z) = X(z)H(z) \tag{7.1.2}$$

3. 源点、汇点和混合节点

仅有出支路的节点称为源点(或输入节点)。仅有入支路的节点称为汇点(或输出节点)。有入有出的节点称为混合节点。如图7.1.2所示,则有:$X(s)$ 为源点,$Y(s)$ 为汇点,其他节点 A、B、C、D、E 都是混合节点。

混合节点可通过引入增益为1的支路变成汇点。图7.1.2中 E 为混合节点,通过引入增益为1的子路得到汇点 $Y(s)$,且有 $Y(s) = E$。

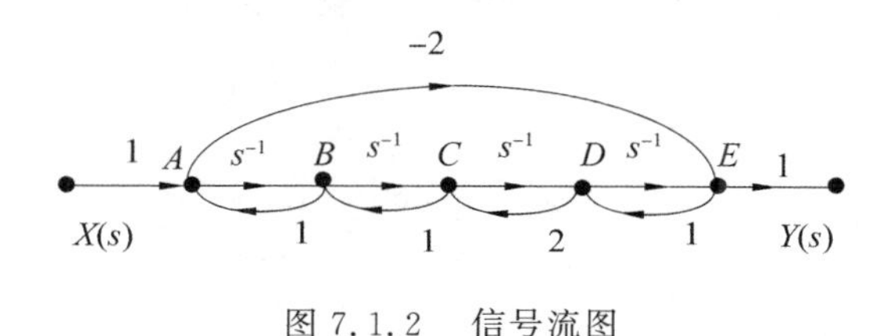

图7.1.2 信号流图

4. 通路、开通路、闭通路(回路、环)、不接触回路、自回路

沿箭头指向从一个节点到其他节点的路径称为通路。如果通路与任一节点相遇不多于一次,则称为开通路。如通路的终点就是起点,并与其余节点相遇不多于一次,称为闭通路(回路、环)。相互没有公共节点的回路,称为不接触回路。只有一个节点和一条支路的回路称为自回路。

5. 前向通路

从源点到汇点的开通路称为前向通路。

6. 前向通路增益,回路增益

通路中各支路增益的乘积。

图7.1.2中,前向通路有两条:

$X(s) \to A \to E \to Y(s)$ 和 $X(s) \to A \to B \to C \to D \to E \to Y(s)$,其增益分别为 -2 和 s^{-4}。

环路有5条,分别为 $L_1: A \to B \to A$,$L_2: B \to C \to B$,$L_3: C \to D \to C$,$L_4: D \to E \to D$ 和 $L_5: A \to E \to D \to C \to B \to A$。且 L_1 与 L_3、L_4 不接触;L_2 与 L_4 不接触。

信号流图具有如下基本性质:

(1) 信号只能沿支路箭头方向传输。且满足:支路的输出是该支路的输入与支路增益

的乘积。

(2) 当节点有多个输入时，该节点将所有输入支路的信号相加，并将和信号传输给所有与该节点相连的输出支路。

如图 7.1.3 所示，节点 x_3 有多个输入和多个输出，则有

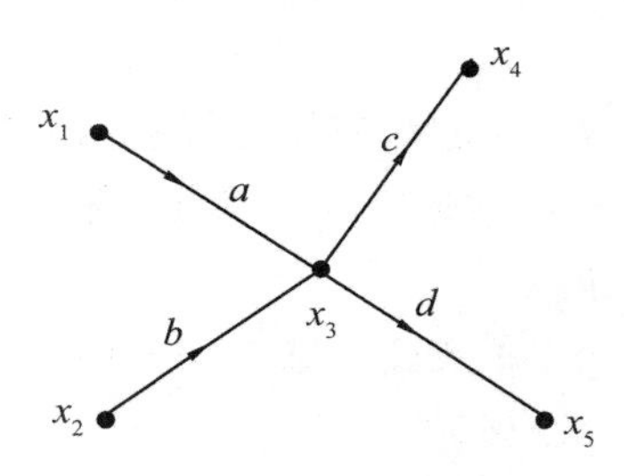

图 7.1.3 多输入、多输出节点

$$x_3 = ax_1 + bx_2$$
$$x_4 = cx_3 = cax_1 + cbx_2$$
$$x_5 = dx_3 = dax_1 + dbx_2$$

7.1.2 流图简化的基本规则

在信号流图的分析中，当流图比较简单时，可进行化简，最终得到其系统函数。流图化简的基本规则为：

(1) 多个串联支路可合并为一条支路，其增益为各支路增益之积。如图 7.1.4(a) 所示，增益分别为 H_1 和 H_2 两条串联支路，可合并为一条增益为 H_1H_2 的支路，同时消除中间节点。

(2) 多个并联支路可合并为一条支路，其增益为各支路增益之和。如图 7.1.4(b) 所示，增益分别为 H_1 和 H_2 两条并联支路，可合并为一条增益为 H_1+H_2 的支路。

(3) 自环消除。如图 7.1.4(c) 所示，通路 $x_1 \to x_2 \to x_3$ 的增益为 H_1H_3，x_2 处有增益为 H_2 的自环，可消除该自环节，得到

$$x_2 = H_1x_1 + H_2x_2$$
$$x_3 = H_3x_2$$

则有

$$x_3 = \frac{H_1H_3}{1-H_2}x_1 \tag{7.1.3}$$

利用以上基本规则，可对一个简单系统的流图进行化简，得到系统函数，具体步骤为：

(1) 将串联支路合并，减少节点；

(2) 将并联支路合并，减少支路；

(3) 消除自环；

(4) 将流图简化为只包含源点和汇点的流图，从而得到系统函数。

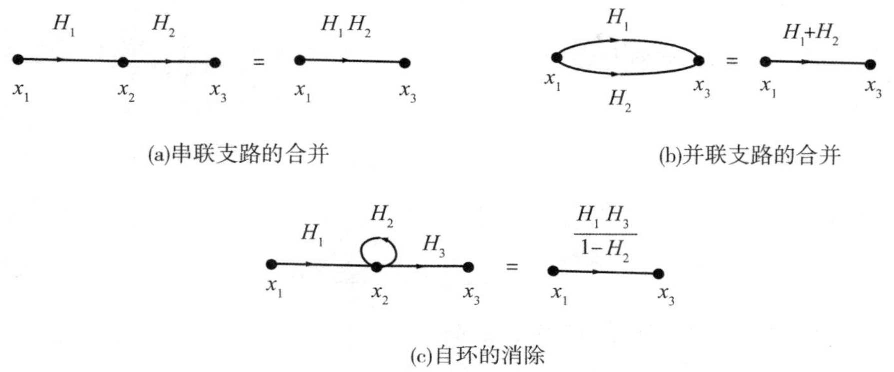

(a)串联支路的合并

(b)并联支路的合并

(c)自环的消除

图 7.1.4 信号流图的化简

【例 7.1.1】 求图 7.1.5(a) 所示信号流图的系统函数 $H(s)$。

解:(1) 串联支路合并。将 $X_1 \to X_2 \to X_1$ 串联支路合并为增益为 $-s^{-1}$ 的支路 $X_1 \to X_1$，$X_1 \to X_2 \to X_3 \to X_1$ 支路合并为增益为 $-2s^{-2}$ 的支路 $X_1 \to X_1$，如图 7.1.5(b) 所示。

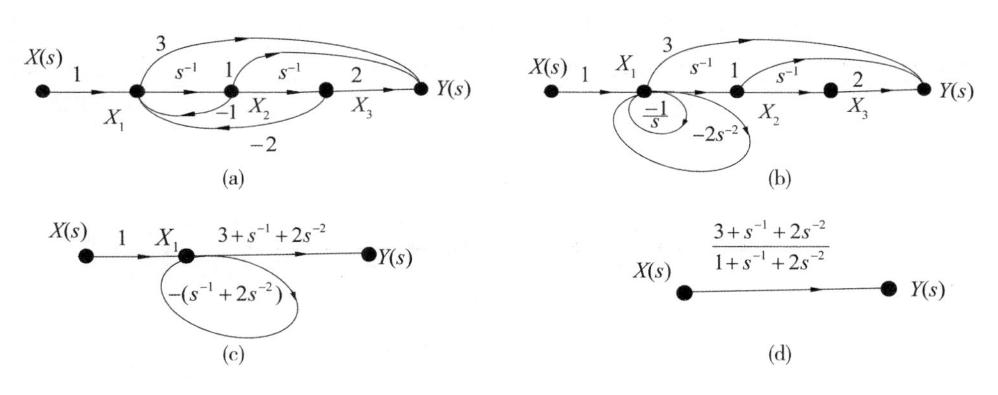

图 7.1.5 信号流图化简

(2) 并联支路合并。将两个 $X_1 \to X_1$ 的并联支路合并为增益为 $-(s^{-1}+2s^{-2})$ 的支路；将三条增益分别为 $3, s^{-1}, 2s^{-2}$ 的并联支路 $X_1 \to Y(s)$，$X_1 \to X_2 \to Y(s)$，$X_1 \to X_2 \to X_3 \to Y(s)$ 合并为支路 $X_1 \to Y(s)$，增益为 $3+s^{-1}+2s^{-2}$，如图 7.1.5(c) 所示。

(3) 消除自环 $X_1 \to X_1$，如图 7.1.5(d) 所示。

最后有：

$$H(s) = \frac{Y(s)}{X(s)} = \frac{3+s^{-1}+2s^{-2}}{1+s^{-1}+2s^{-2}}$$

上述简化方法只适合**所有环路都通过一个公共点，并且所有前向通路都经过该公共点的信号流图**。当信号流图的多个环路不相连，其简化过程相对复杂，可采用梅森公式。

7.1.3　梅森公式

梅森(Mason)公式,或称梅森增益公式,用于求取系统函数。梅森公式为信号流图理论的核心内容。其定义为:

$$H=\frac{1}{\Delta}\sum_{i}p_i\Delta_i \tag{7.1.4}$$

式中,H 为系统函数,Δ 称为信号流图的特征行列式,满足

$$\Delta=1-\sum_{j}L_j+\sum_{m,n}L_mL_n-\sum_{p,q,r}L_pL_qL_r+\cdots \tag{7.1.5}$$

其中 $\sum_{j}L_j$ 为所有不同回路的增益之和;

$\sum_{m,n}L_mL_n$ 为所有两两不接触回路的增益乘积之和;

$\sum_{p,q,r}L_pL_qL_r$ 为所有三三不接触回路的增益乘积之和。

……

式(7.1.4)中 i 表示由源点到汇点的不同前向通路的标号。p_i 是由源点到汇点的第 i 条前向通路增益;Δ_i 为第 i 条前向通路特征行列式的余因子,即与第 i 条前向通路不相接触的子图的特征行列式,其计算方法同 Δ 的计算。

【例 7.1.2】　求图 7.1.6 所示信号流图的系统函数 $H(s)$。

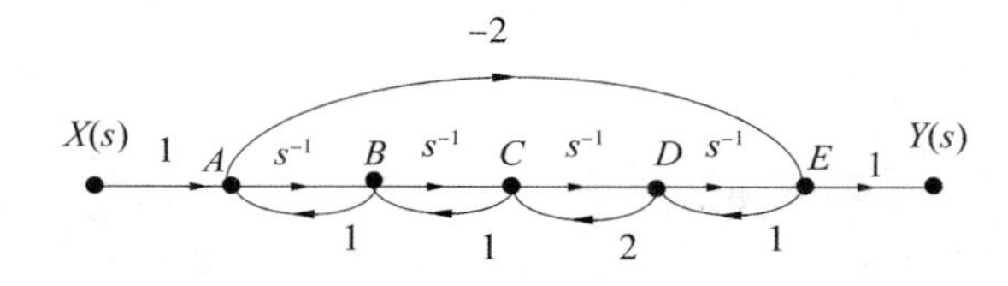

图 7.1.6　信号流图

解:该信号流图环路有 5 条:

L_1:$A\to B\to A$,增益为 s^{-1};

L_2:$B\to C\to B$,增益为 s^{-1};

L_3:$C\to D\to C$,增益为 $2s^{-1}$;

L_4:$D\to E\to D$,增益为 s^{-1};

L_5:$A\to E\to D\to C\to B\to A$,增益为 -4。

两两不相连的环路有 L_1L_3、L_1L_4、L_2L_4,不存在三三以上的不相连环路。则有

$$\Delta=1-\sum_{j}L_j+\sum_{m,n}L_mL_n=5-5s^{-1}+4s^{-2}$$

前向通路有两条:第一条为 $X(s)\to A\to E\to Y(s)$,增益为 -2;与其不相连的支点为 B、C、D;B、C、D 构成的子图中包含两个环路 L_2、L_3,且这两个环路相连,则有

$$p_1=-2$$

$$\Delta_1 = 1 - 3s^{-1}$$

第二条为 $X(s) \to A \to B \to C \to D \to E \to Y(s)$，增益为 s^{-4}，与其不相连的支点不存在，没有环路。则有

$$p_2 = s^{-4}$$

$$\Delta_2 = 1$$

最后可得

$$H = \frac{1}{\Delta}\sum_i p_i \Delta_i = \frac{-2(1-3s^{-1})+s^{-4}}{5-5s^{-1}+4s^{-2}}$$

7.2 系统的实现

在设计系统时，经常根据系统的功能，计算出其对应的系统函数 $H(z)$ 或 $H(s)$，构造系统的流图和框图，再根据框图的基本元件的构造，从而实现系统。

7.2.1 直接实现

知道了系统函数的表达式，就可根据流图的理论直接设计：如系统函数表达式为分式表达式，且分子、分母由 s^{-N} 或 $z^{-N}(N \geqslant 0)$ 项线性叠加而成，则分母中除 1 之外，其余每项都可看成通过一个公共点的回路。分子中每一项可看成通过这个公共点的前向支路。

下面两个例题讲述了具体构造方法。

【例 7.2.1】 连续系统的系统函数为 $H(s) = \dfrac{5s+5}{s^2+7s+10}$，画出其信号流图。

解：

$$H(s) = \frac{5s+5}{s^2+7s+10} = \frac{5s^{-1}+5s^{-2}}{1+7s^{-1}+10s^{-2}} = \frac{5s^{-1}+5s^{-2}}{1-(-7s^{-1}-10s^{-2})}$$

(1) 构建节点和主通路。

分子分母中 s^{-1} 的最高项为 2，则激励 $X(s)$ 和响应 $Y(s)$ 之间应用两条增益为 s^{-1} 的串联支路；$X(s)$ 为源点，应串联一条增益为 1 的出支路；$Y(s)$ 为汇点，应串联一条增益为 1 的入支路，如图 7.2.1(a) 所示。

(2) 增加回路和通路、修改主通路的增益。有两种方法：

① 与 $X(s)$ 相连的点 X_1 作为公共点，所有的回路和通路都经过这个点，如图 7.2.1(b) 所示。

② 与 $Y(s)$ 相连的点 X_3 作为公共点，所有的回路和通路都经过这个点，如图 7.2.1(c) 所示。节点有多个输入信号，该节点为加法器，图(c) 有 3 个加法器，图(b) 只有 2 个加法器，实现起来更方便，所以常用图(b) 表示。

【例 7.2.2】 离散系统的系统函数为 $H(z) = \dfrac{2z^2+2z+5}{z^2+0.7z+0.1}$，画出其信号流图。

解： $H(z) = \dfrac{z^3+2z^2+2z+1}{z^2+0.7z+0.1} = \dfrac{(2+2z^{-1}+5z^{-2})}{1-(-0.7z^{-1}-0.1z^{-2})}$

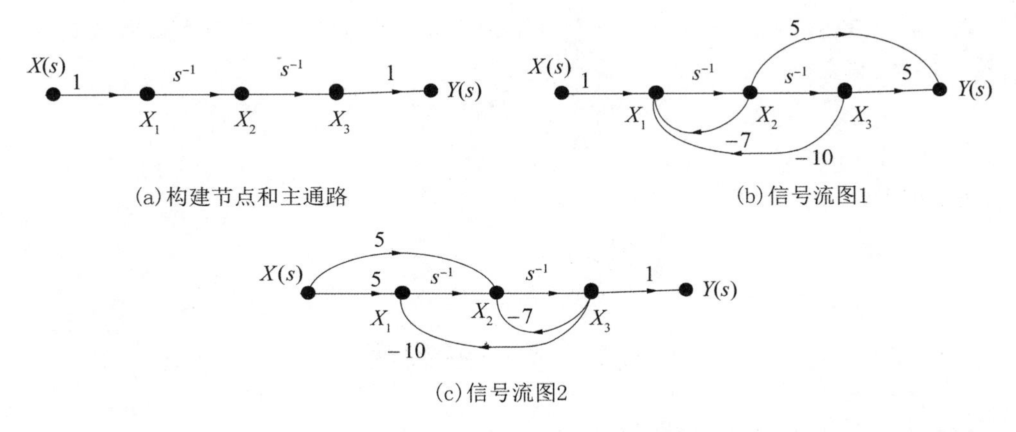

(a)构建节点和主通路　　(b)信号流图1

(c)信号流图2

图 7.2.1　信号流图的构建

上例中的构建方法可得到 $H(z)$ 的信号流图的两种表示方法，如图 7.2.2(a)、(b) 所示。

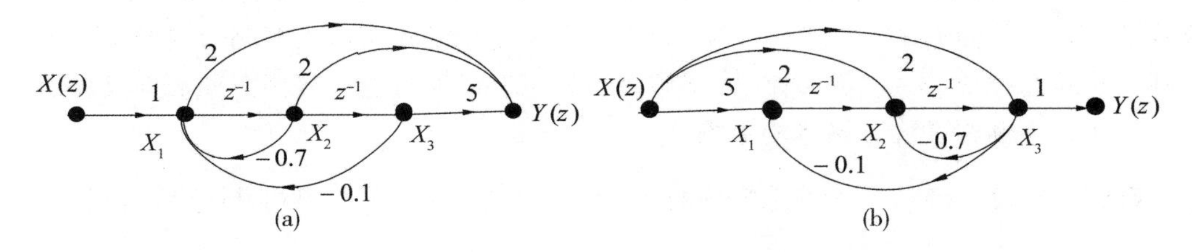

(a)　　(b)

图 7.2.2　【例 7.2.2】图

在本节后面系统的具体实现分析中，图(a) 只需 2 个求和器，而图(b) 需 3 个求和器，实际应用中，一般采用图(a)。

7.2.2　级联和并联实现

级联形式是将系统函数 $H(\cdot)$(连续系统为 $H(s)$，离散系统为 $H(z)$) 分解为几个简单的系统函数的乘积，即

$$H(\cdot)=H_1(\cdot)H_2(\cdot)\cdots H_l(\cdot)=\prod_{i=1}^{l}H_i(\cdot) \tag{7.2.1}$$

其框图形式如图 7.2.3 所示，其中每一个子系统 $H_i(\cdot)$ 可以用直接形式实现。

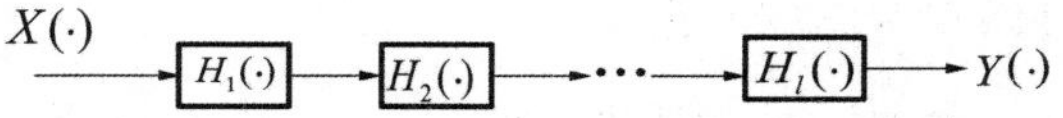

$X(\cdot)$ → $H_1(\cdot)$ → $H_2(\cdot)$ → ⋯ → $H_l(\cdot)$ → $Y(\cdot)$

图 7.2.3　系统级联表示

并联形式是将 $H(z)$ 或 $H(s)$ 分解为几个较简单的子系统之和，即

$$H(\cdot) = H_1(\cdot) + H_2(\cdot) + \cdots + H_l(\cdot) = \sum_{i=1}^{l} H_i(\cdot) \tag{7.2.2}$$

框图形式如图 7.2.4 所示，其中各子系统可用直接形式实现。

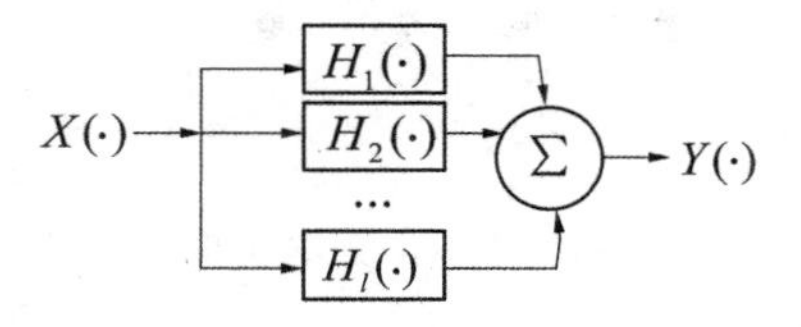

图 7.2.4 系统并联表示

【例 7.2.3】 某连续系统的系统函数 $H(s)=\dfrac{s+2}{s^3+3s^2+5s+3}$，分别用级联和并联形式模拟系统。

解：(1) 级联实现。

首先将 $H(s)$ 的分子、分母多项式分解为一次因式与二次因式的乘积。于是

$$H(s)=\frac{(s+2)}{(s+1)(s^2+2s+3)}=\frac{s^{-1}}{1+s^{-1}}\ \frac{s^{-1}+2s^{-2}}{1+2s^{-1}+3s^{-2}}=H_1(s)H_2(s)$$

其中 $H_1(s)=\dfrac{s^{-1}}{1+s^{-1}}$，$H_2(s)=\dfrac{s^{-1}+2s^{-2}}{1+2s^{-1}+3s^{-2}}$

则有系统的级联流图如图 7.2.5 所示。

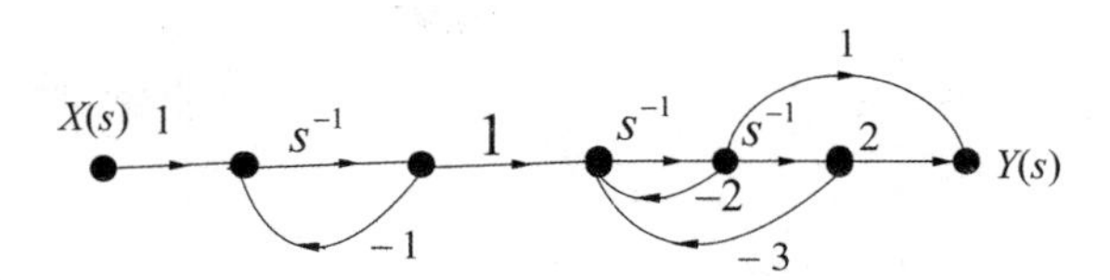

图 7.2.5 级联实现

(2) 并联模拟。

首先将 $H(s)$ 的分子、分母多项式分解为一次因式与二次因式相加。于是

$$H(s)=\frac{(s+2)}{(s+1)(s^2+2s+3)}=\frac{0.5}{s+1}+\frac{-0.5s+0.5}{s^2+2s+3}$$

$$=\frac{0.5s^{-1}}{1+s^{-1}}+\frac{-0.5s^{-1}+0.5s^{-2}}{1+2s^{-1}+3s^{-2}}=H_1(s)+H_2(s)$$

其中

$$H_1(s)=\frac{0.5s^{-1}}{1+s^{-1}}$$

$$H_2(s)=\frac{0.5s^{-1}+0.5s^{-2}}{1+2s^{-1}+3s^{-2}}$$

则有系统的并联流图如图 7.2.6 所示。

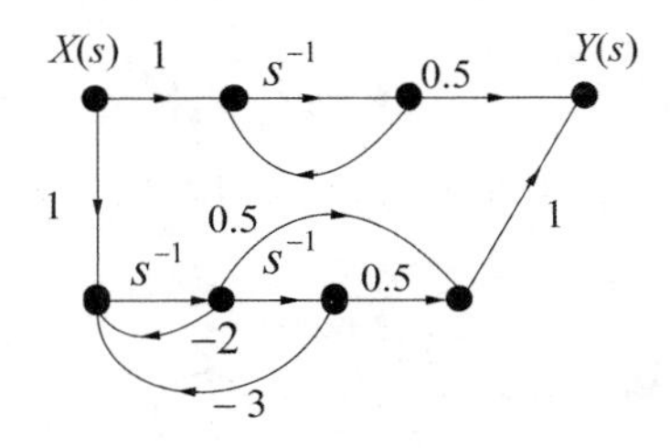

图 7.2.6　并联实现

7.2.3　连续系统的实现

连续系统框图的基本元件为加法器、积分器和放大器，其对应框图已在第 1 章中描述，其物理实现分别为：

（1）加法器。

加法器的框图如图 7.2.7(a) 所示，其对应的信号流图如图 7.2.7(b) 所示，其物理实现有很多方式。图 7.2.7(c) 为由集成运放构成的带放大的加法器。图 7.2.7(d) 为由集成运放构成的带放大的加减法器(信号为电压信号)。

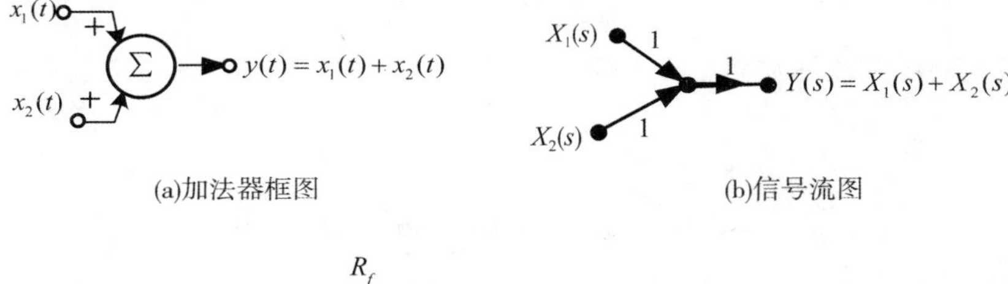

(a)加法器框图　　(b)信号流图

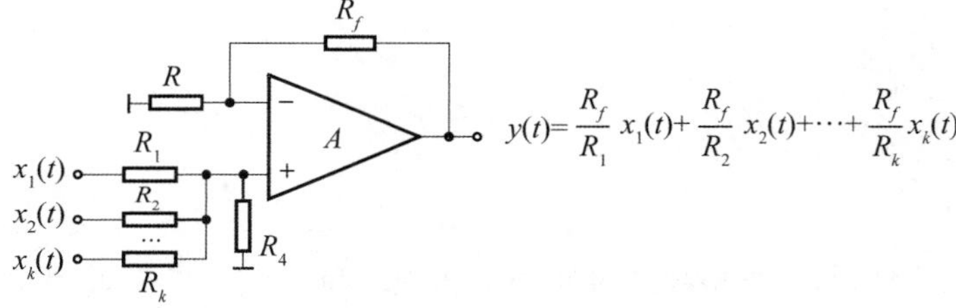

(c)带放大的加法电路

$$y(t)=\left(\frac{R_f}{R_{21}}x_{21}(t)+\cdots+\frac{R_f}{R_{2j}}x_{2j}(t)\right)-\left(\frac{R_f}{R_{11}}x_{11}(t)+\cdots+\frac{R_f}{R_{1k}}x_{1k}(t)\right)$$

(d)带放大的加减法电路

图 7.2.7　放大器

（2）积分器。

积分器的框图如图 7.2.8(a) 所示，其对应的信号流图如图 7.2.8(b) 所示，其物理实现有很多方式，图 7.2.8(c) 为由集成运放构成的带放大的积分器。

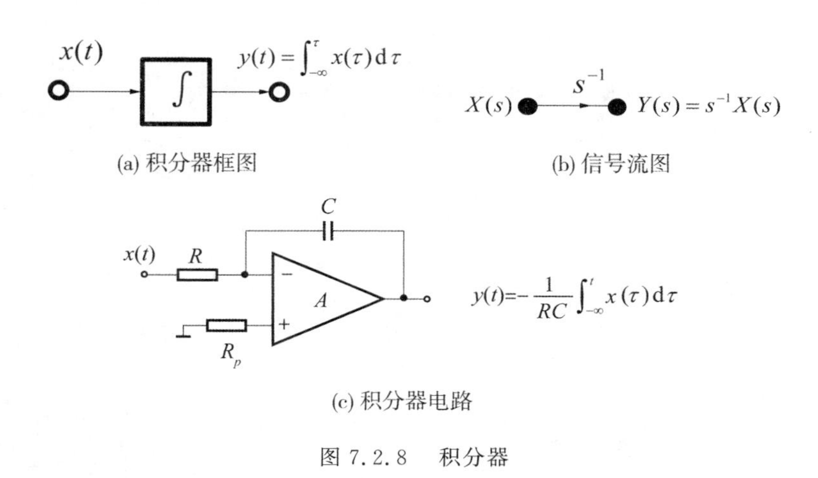

图 7.2.8 积分器

（3）放大器。

放大器的框图如图 7.2.9(a) 所示，其对应的信号流图如图 7.2.9(b) 所示，其物理实现有很多方式，图 7.2.9(c) 为由集成运放构成的正向放大器，图 7.2.9(d) 为由集成运放构成的反向放大器。

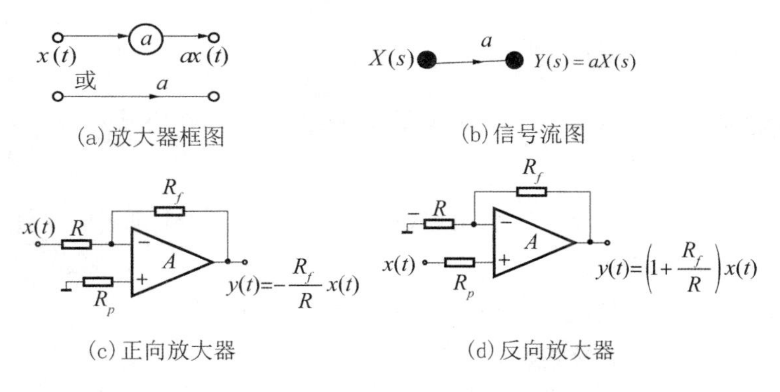

图 7.2.9 放大器

要实现具有某一功能的连续系统，其实现步骤为：

（1）根据功能计算出系统函数 $H(s)$；

（2）根据系统函数 $H(s)$ 构造系统流图；

（3）根据信号流图构造系统。

【例 7.2.4】　连续系统 $H(s)=\dfrac{-5s-5}{s^2+7s+10}$，用集成运放构造该系统。

解：$H(s)$ 对应的信号流图如图 7.2.10 所示。

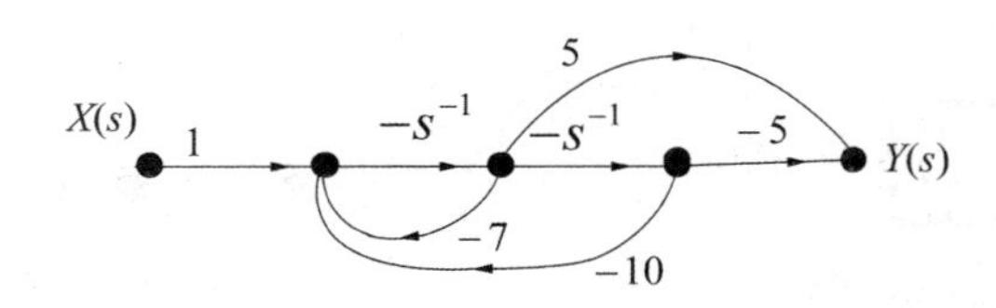

图 7.2.10　信号流图

则系统的实现如图 7.2.11 所示，图中 $RC=1$。

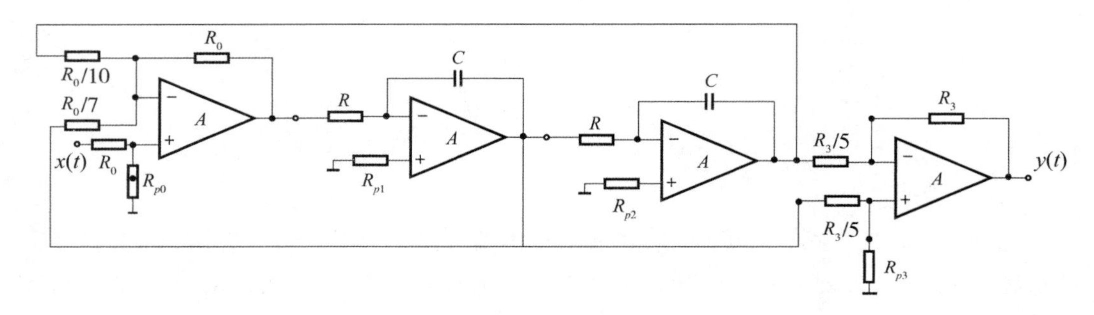

图 7.2.11　系统实现

7.2.4　离散系统的实现

离散系统的基本元件为加法器、单位延时器和放大器，其对应框图已在第 1 章中描述，与信号流图的关系如图 7.2.12 所示。

离散系统的基本单元可采用集成电路、DSP、计算机等硬件和相应软件实现，我们这里用系统框图来表示其实现。

如需要具有某一功能的离散系统，其实现步骤为：

(1) 根据功能计算出离散系统函数 $H(z)$；

(2) 根据系统函数 $H(z)$ 构造系统流图；

(3) 根据信号流图构造系统框图。

【例 7.2.5】　离散系统的系统函数为 $H(z)=\dfrac{2z^2+2z+5}{z^2+0.7z+0.1}$，画出其系统框图。

解：信号流图如图 7.2.13(a) 所示，则系统框图如图 7.2.13(b) 所示。

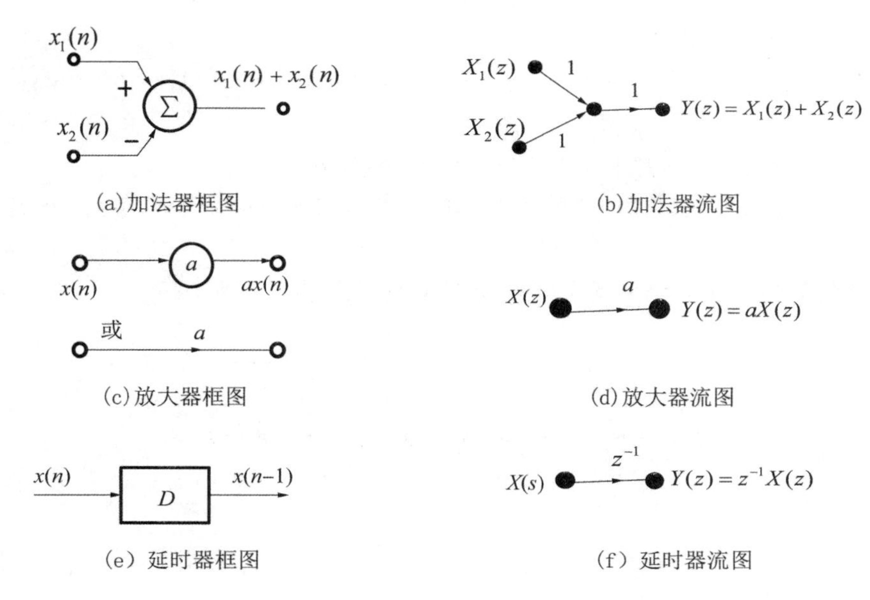

(a)加法器框图　　(b)加法器流图

(c)放大器框图　　(d)放大器流图

(e) 延时器框图　　(f) 延时器流图

图 7.2.12　离散系统的基本元件

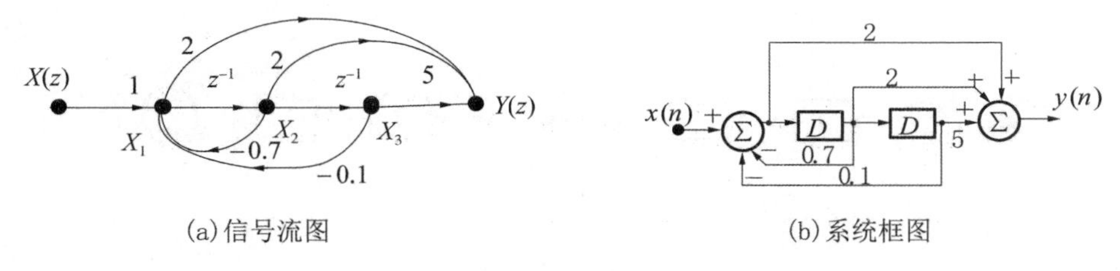

(a)信号流图　　(b)系统框图

图 7.2.13　离散系统的实现

7.3　系统各描述方法的关系

系统描述方法共有 7 种:实物图、方框图、数学方程、冲激响应(或单位序列响应)、系统频率函数、系统函数和信号流图。从前面的章节分析中可看到,系统函数处于核心地位,本节将以系统函数为中心,介绍它与其他方法的相互关系。

7.3.1　连续系统各描述方法间的关系

连续系统激励为 $x(t)$,响应为 $y(t)$,若系统函数 $H(s)$ 为

$$H(s)=\frac{B(s)}{A(s)}=\frac{b_m s^m+b_{m-1}s^{m-1}+\cdots+b_0}{s^k+a_{k-1}s^{k-1}+\cdots+a_0}\tag{7.3.1}$$

则该系统的冲激响应 $h(t)$ 与 $H(s)$ 为拉普拉斯变换对

$$h(t) \leftrightarrow H(s) \tag{7.3.2}$$

则系统的微分方程为

$$y^{k}(t)+a_{k-1}y^{k-1}(t)+\cdots+a_0y(t)=b_mx^m(t)+b_{m-1}x^{m-1}(t)+\cdots+b_0x(t) \tag{7.3.3}$$

式中 $y^i(t)$、$x^i(t)$ 分别表示 $y(t)$ 和 $x(t)$ 的 i 阶导数。

如 $A(s)=0$ 的所有根（$H(s)$ 的极点）都小于零，则系统的频率函数 $H(\omega)$ 满足

$$H(\omega)=H(s)\big|_{s=\mathrm{j}\omega} \tag{7.3.4}$$

该系统的信号流图如图 7.3.1 所示，系统框图如图 7.3.2 所示。

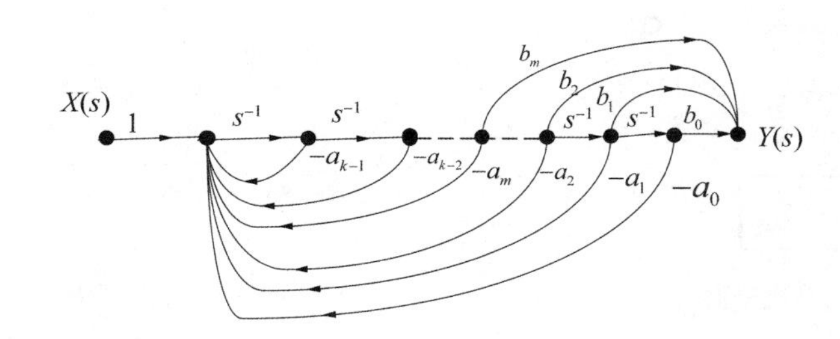

图 7.3.1　信号流图

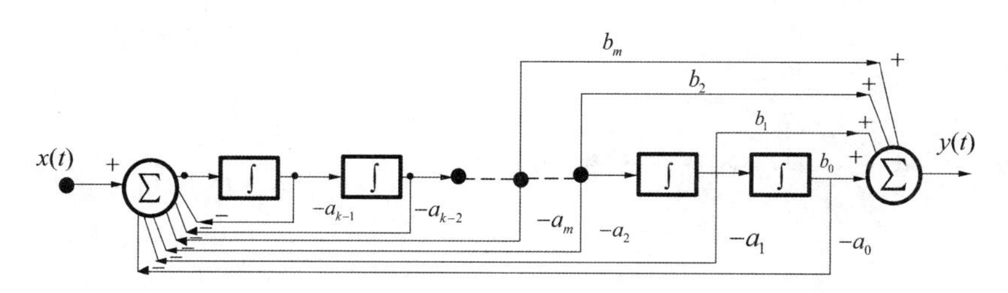

图 7.3.2　系统框图

【例 7.3.1】　连续系统的系统函数为 $H(s)=\dfrac{2s-8}{s^3+6s^2+11s+6}$，求该系统的频率函数、微分方程、冲激响应、信号流图、方框图和实物图。

解：利用 MATLAB 函数 roots 可求该系统函数的极点，如输入命令为

roots([1 6 11 6])

可得极点为 −1，−2，−3，都小于零；则系统的频率函数存在，为

$$H(\omega)=H(s)\big|_{s=\mathrm{j}\omega}=\frac{2\mathrm{j}\omega-8}{\mathrm{j}(-\omega^3+11\omega)-6\omega^2+6}$$

微分方程为

$$y'''(t)+6y''(t)+11y'(t)+6y(t)=2x'(t)-8x(t)$$

因

$$H(s)=\frac{2s-8}{(s+1)(s+2)(s+3)}=\frac{-5}{(s+1)}+\frac{12}{(s+2)}-\frac{7}{(s+3)}$$

有

$$h(t)=(-5e^{-t}+12e^{-2t}-7e^{-3t})\varepsilon(t)$$

因

$$H(s)=\frac{2s-8}{s^3+6s^2+11s+6}=\frac{2s^{-2}-8^{-3}}{1-(-6s^{-1}-11s^{-2}-6s^{-3})}$$

信号流图和框图如图 7.3.3(a)、(b) 所示。实物图如图 7.3.3(c) 所示，图中 $RC=1$。

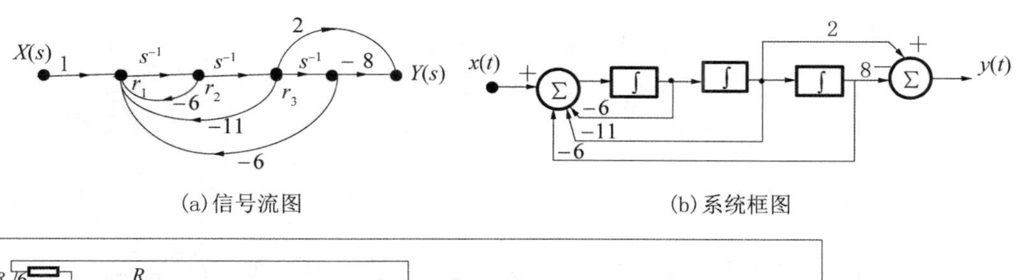

(a) 信号流图　　(b) 系统框图

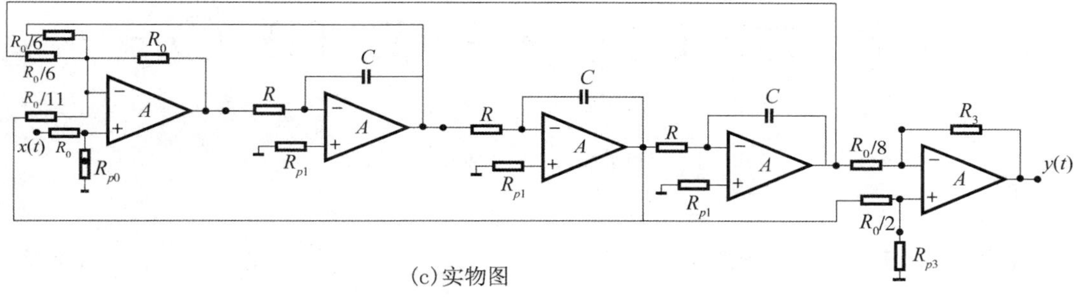

(c) 实物图

图 7.3.3　【例 7.3.1】图

7.3.2　离散系统描述方法间的关系

离散系统激励为 $x(n)$，响应为 $y(n)$，系统函数 $H(z)$ 为

$$H(z)=\frac{B(z)}{A(z)}=\frac{b_mz^m+b_{m-1}z^{m-1}+\cdots+b_0}{z^k+a_{k-1}z^{k-1}+\cdots+a_0}\tag{7.3.5}$$

则该系统的冲激响应 $h(n)$ 与 $H(z)$ 为 z 变换对

$$h(n)\leftrightarrow H(z)\tag{7.3.6}$$

$$H(z)=\frac{b_mz^m+b_{m-1}z^{m-1}+\cdots+b_0}{z^k+a_{k-1}z^{k-1}+\cdots+a_0}=\frac{b_mz^{m-k}+b_{m-1}z^{m-k-1}+\cdots+b_0z^{-k}}{1+a_{k-1}z^{-1}+\cdots+a_0z^{-k}}$$

系统的微分方程为

$$y(n)+a_{k-1}y(n-1)+\cdots+a_ky(n-k)=b_mx(n+m-k)+\cdots+b_0x(n-k)\tag{7.3.7}$$

如 $A(z)=0$ 所有根（$H(z)$ 的极点）的模小于 1，则系统的频率函数 $H(e^{j\theta})$ 满足

$$H(e^{j\theta})=H(z)\big|_{z=e^{j\theta}}\tag{7.3.8}$$

该系统的信号流图如图 7.3.4 所示。

该系统的框图如图 7.3.5 所示。

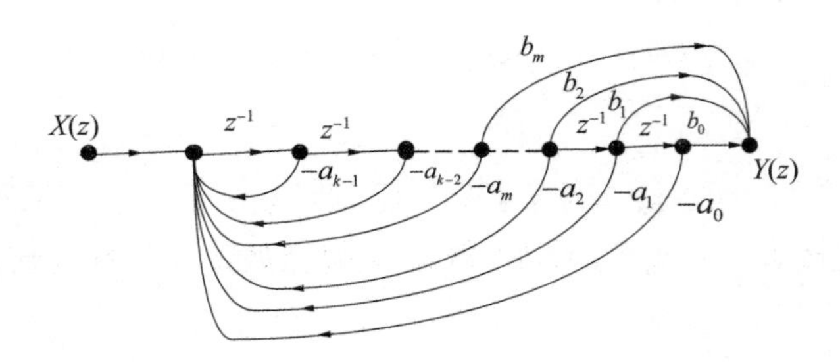

图 7.3.4　信号流图

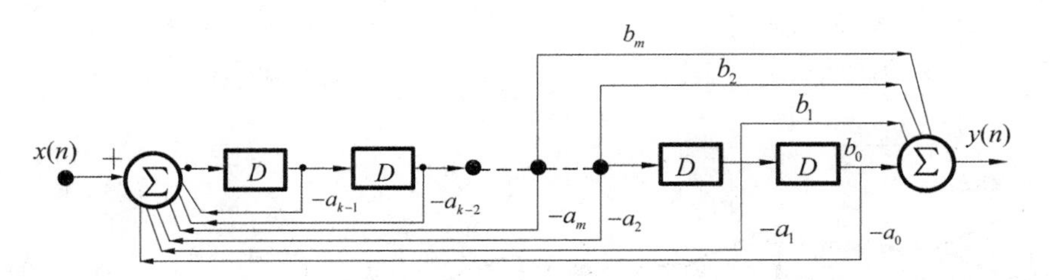

图 7.3.5　系统框图

【例 7.3.2】　离散系统的系统函数为 $H(z)=\dfrac{2z^3-2z}{z^3-0.5z^2+0.25z-0.125}$，求该系统的频率函数、差分方程、单位序列响应、信号流图。

解：利用 MATLAB 函数 roots 可求该系统函数的极点，当输入命令为

roots([1 －0.5 0.25 －0.125])

可得极点为 0.5，0.5j，0.5j，其模都小于 1；则系统的频率函数存在，为

$$H(e^{j\theta})=\frac{2e^{j3\theta}-2e^{j\theta}}{e^{j3\theta}-0.5e^{j2\theta}+0.25e^{j\theta}-0.125}$$

$$\frac{H(z)}{z}=\frac{2z^2-2}{(z-0.5)(z^2+0.5^2)}=\frac{-3}{z-0.5}+\frac{5z-4.5}{z^2+0.5^2}$$

则有

$$H(z)=\frac{-3z}{z-0.5}+\frac{5z(z-0.5\cos 0.5\pi)}{z^2-2*0.5z\cos 0.5\pi+0.5^2}-\frac{9*0.5\sin 0.5\pi}{z^2-2*0.5z\cos 0.5\pi+0.5^2}$$

有

$$h(n)=[-3\,(0.5)^n+5\,(0.5)^n\cos 0.5\pi n+9\,(0.5)^n\sin 0.5\pi n]\varepsilon(n)$$

因

$$H(z)=\frac{2-2z^{-2}}{1-(0.5z^{-1}-0.25z^{-2}+0.125z^{-3})}$$

则系统信号流图如图 7.3.6 所示。

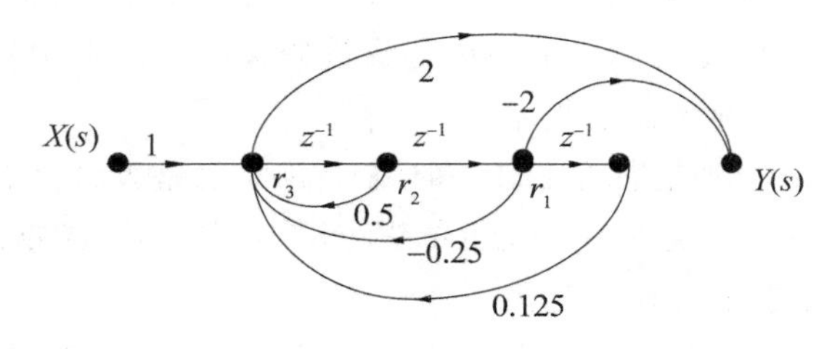

图 7.3.6　信号流图

7.4　系统的状态变量描述

对于多输入 - 多输出系统，非线性系统或时变系统，采用单输入 - 输出描述法几乎不可能。随着系统理论和计算机技术的发展，状态变量法在这些系统的分析中得到了广泛应用。本节将介绍如何用状态变量和状态方程描述系统。

7.4.1　状态变量与状态方程

在系统分析时，除了分析输入 - 输出关系外，有时还要了解系统内部其他变量特性，如图7.4.1所示RLC谐振电路，电容两端电压 $u_c(t)$、流过电感电流 $i_L(t)$ 是该系统的重要变量，其与输入电压 $u_s(t)$ 三者间的关系，可用如下微分方程描述

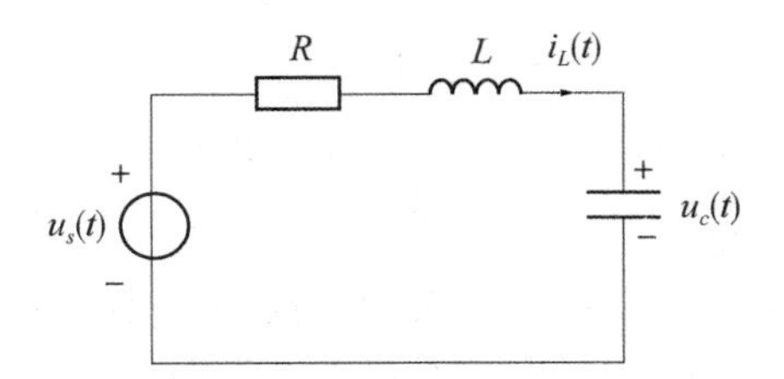

图 7.4.1　谐振电路

$$Ri_L(t)+L\frac{\mathrm{d}}{\mathrm{d}t}i_L(t)+u_c(t)=u_s(t)$$

$$\frac{\mathrm{d}}{\mathrm{d}t}u_c(t)=\frac{1}{C}i_L(t)$$

以上两式可以写成

$$\begin{cases}\dfrac{\mathrm{d}}{\mathrm{d}t}i_L(t)=-\dfrac{R}{L}i_L(t)-\dfrac{1}{L}u_c(t)+\dfrac{1}{L}u_s(t)\\[2ex]\dfrac{\mathrm{d}}{\mathrm{d}t}u_c(t)=\dfrac{1}{C}i_L(t)\end{cases}\tag{7.4.1}$$

式(7.4.1) 是以 $i_L(t)$ 和 $u_c(t)$ 作为变量的一阶微分方程组。由微分方程理论可知，当

这两个变量在 $t=t_0$ 时刻的值 $u_c(t_0)$、$i_L(t_0)$ 已知，则 $t\geqslant t_0$ 时，给定激励 $u_s(t)$ 就可确定系统的全部工作情况。这里将 $u_c(t_0)$、$i_L(t_0)$ 称为该系统在 $t=t_0$ 时的状态，描述状态随时间变化的变量 $i_L(t)$ 和 $u_c(t)$ 称为状态变量。

系统状态定义为：一个动态系统在某一时刻 t_0 的状态是表示该系统的一组最少物理量，通过这些物理量和输入就能完全确定系统的全部工作情况。**状态变量**定义为：表示系统状态随时间变化的变量称为状态变量。

系统的状态变量选取并不是唯一的。图 7.4.1 所示系统也可以取 $u_L(t)$、$i_c(t)$ 作为状态变量。

方程组(7.4.1) 称为系统的状态方程。**状态方程**定义为：描述状态变量变化规律的一组一阶微分方程组。各方程的左边是状态变量的一阶导数，右边是包含有系统参数、状态变量和激励的一般函数表达式，但不含微分和积分运算。

在状态变量法中，可将状态方程以矢量和矩阵形式表示，于是式(7.4.1) 改写为

$$\begin{bmatrix}\frac{\mathrm{d}}{\mathrm{d}t}i_L(t)\\ \frac{\mathrm{d}}{\mathrm{d}t}u_c(t)\end{bmatrix}=\begin{bmatrix}-\frac{R}{L} & -\frac{1}{L}\\ \frac{1}{C} & 0\end{bmatrix}\begin{bmatrix}i_L(t)\\ u_c(t)\end{bmatrix}+\begin{bmatrix}\frac{1}{L}\\ 0\end{bmatrix}[u_s(t)] \tag{7.4.2}$$

令 $r_1(t)=i_L(t)$、$r_2(t)=u_c(t)$，$x_1(t)=u_s(t)$ 可定义状态矢量 $\boldsymbol{r}(t)=\begin{bmatrix}r_1(t)\\ r_2(t)\end{bmatrix}$ 和输入矢量 $\boldsymbol{x}(t)=[x_1(t)]$，则状态方程(7.4.2) 可简写为

$$\boldsymbol{r}'(\boldsymbol{t})=\boldsymbol{A}_r(t)+\boldsymbol{B}\boldsymbol{x}(t) \tag{7.4.3}$$

式中

$$\boldsymbol{A}=\begin{bmatrix}-\frac{R}{L} & -\frac{1}{L}\\ \frac{1}{C} & 0\end{bmatrix},\quad \boldsymbol{B}=\begin{bmatrix}\frac{1}{L}\\ 0\end{bmatrix}$$

若指定电容电压为输出信号，用 $\boldsymbol{y}(t)$ 表示，则输出方程的矩阵形式为

$$\boldsymbol{y}(t)=[0\quad 1]\boldsymbol{r}(t)+[0]\boldsymbol{x}(t) \tag{7.4.4}$$

输出方程的定义为：描述系统输出与状态变量、激励之间的关系方程组。各方程左边是输出变量，右边是包括系统参数、状态变量和激励的一般函数表达式，但不含微分和积分运算。

7.4.2　连续系统状态方程的一般形式

设有一个 k 阶多输入-多输出连续系统，如图 7.4.2 所示。其 k 个状态变量记为 $r_1(t)$，…，$r_k(t)$，m 个激励为 $x_1(t)$，…，$x_m(t)$，q 个输出为 $y_1(t)$，…，$y_q(t)$，则状态方程的一般形式如下

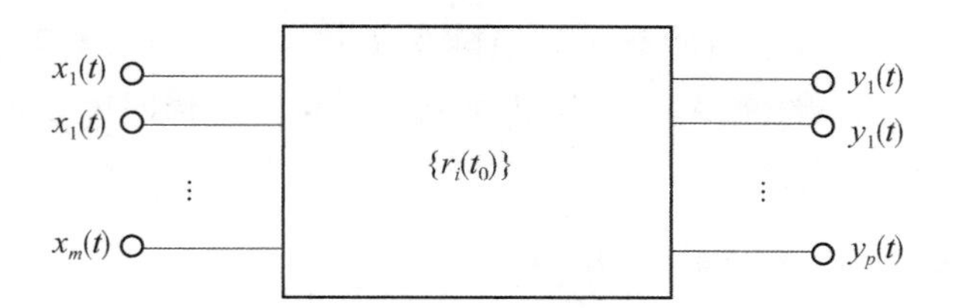

图 7.4.2　多输入-多输出系统

$$
\begin{aligned}
r_1'(t) &= a_{11}r_1(t)+a_{12}r_2(t)+\cdots+a_{1k}r_k(t)+b_{11}x_1(t)+b_{12}x_2(t)+\cdots+b_{1m}x_m(t)\\
r_2'(t) &= a_{21}r_1(t)+a_{22}r_2(t)+\cdots+a_{2k}r_k(t)+b_{21}x_1(t)+b_{22}x_2(t)+\cdots+b_{2m}x_m(t)\\
&\cdots\\
r_k'(t) &= a_{k1}r_1(t)+a_{k2}r_2(t)+\cdots+a_{kk}r_k(t)+b_{k1}x_1(t)+b_{k2}x_2(t)+\cdots+b_{km}x_m(t)
\end{aligned}
\tag{7.4.5}
$$

定义**状态矢量** $\boldsymbol{r}(t)$，**输入矢量** $\boldsymbol{x}(t)$ 和行列式 $\boldsymbol{A}$、$\boldsymbol{B}$：

$$
\boldsymbol{r}(t)=\begin{bmatrix} r_1(t)\\ r_2(t)\\ \vdots\\ r_k(t)\end{bmatrix},\boldsymbol{x}(t)=\begin{bmatrix} x_1(t)\\ x_2(t)\\ \vdots\\ x_m(t)\end{bmatrix},\boldsymbol{A}=\begin{bmatrix} a_{11} & a_{12} & \cdots & a_{1k}\\ a_{21} & a_{22} & \cdots & a_{2k}\\ \vdots & \vdots & \ddots & \vdots\\ a_{k1} & a_{k2} & \cdots & a_{kk}\end{bmatrix},\boldsymbol{B}=\begin{bmatrix} b_{11} & b_{12} & \cdots & b_{1m}\\ b_{21} & b_{22} & \cdots & b_{2m}\\ \vdots & \vdots & \ddots & \vdots\\ b_{k1} & b_{k2} & \cdots & b_{km}\end{bmatrix}
\tag{7.4.6}
$$

状态方程的矢量表达式

$$
\boldsymbol{r}'(t)=\boldsymbol{A}\boldsymbol{r}(t)+\boldsymbol{B}\boldsymbol{x}(t)
\tag{7.4.7}
$$

q 个输出 $y_1(t),y_2(t),\cdots,y_q(t)$所对应的输出方程矩阵为

$$
\begin{bmatrix} y_1(t)\\ y_2(t)\\ \vdots\\ y_q(t)\end{bmatrix}=\begin{bmatrix} c_{11} & c_{12} & \cdots & c_{1k}\\ c_{21} & c_{22} & \cdots & c_{2k}\\ \vdots & \vdots & & \vdots\\ c_{q1} & c_{q2} & \cdots & c_{qk}\end{bmatrix}\begin{bmatrix} r_1(t)\\ r_2(t)\\ \vdots\\ r_k(t)\end{bmatrix}+\begin{bmatrix} d_{11} & d_{12} & \cdots & d_{1m}\\ d_{21} & d_{22} & \cdots & d_{2m}\\ \vdots & \vdots & & \vdots\\ d_{q1} & d_{q2} & \cdots & d_{qm}\end{bmatrix}\begin{bmatrix} x_1(t)\\ x_2(t)\\ \vdots\\ x_m(t)\end{bmatrix}
\tag{7.4.8}
$$

定义**输出矢量** $\boldsymbol{y}(t)$和行列式$\boldsymbol{C}$,$\boldsymbol{D}$：

$$
\boldsymbol{y}(t)=\begin{bmatrix} y_1(t)\\ y_2(t)\\ \vdots\\ y_q(t)\end{bmatrix},
$$

$$
\boldsymbol{C}=\begin{bmatrix} c_{11} & c_{12} & \cdots & c_{1k}\\ c_{21} & c_{22} & \cdots & c_{2k}\\ \vdots & \vdots & & \vdots\\ c_{q1} & c_{q2} & \cdots & c_{qk}\end{bmatrix},\boldsymbol{D}=\begin{bmatrix} d_{11} & d_{12} & \cdots & d_{1m}\\ d_{21} & d_{22} & \cdots & d_{2m}\\ \vdots & \vdots & & \vdots\\ d_{q1} & d_{q2} & \cdots & d_{qm}\end{bmatrix}
\tag{7.4.9}
$$

于是，输出方程简写成

$$\boldsymbol{y}(t)=\boldsymbol{Cr}(t)+\boldsymbol{Dx}(t) \tag{7.4.10}$$

对于线性时不变系统，上面所有系数矩阵为常数矩阵。式(7.4.7)、式(7.4.10)分别是状态方程和输出方程的矩阵形式。应用状态方程和输出方程的概念，可以研究许多复杂的工程问题。

7.4.3　离散系统状态方程的一般形式

离散时间系统是用差分方程描述的，选择适当的状态变量把差分方程化为关于状态变量的一阶差分方程组，这个差分方程组就是该系统的状态方程。

设 k 阶离散系统有 k 个状态变量，记为 $r_1(n),\cdots,r_k(n)$，m 个激励 $x_1(n),\cdots,x_m(n)$，q 个输出 $y_1(n),\cdots,y_q(n)$，则状态方程的一般形式如下

$$\begin{bmatrix} x_1(n+1) \\ x_2(n+1) \\ \vdots \\ x_k(n+1) \end{bmatrix}=\begin{bmatrix} a_{11} & a_{12} & \cdots & a_{1k} \\ a_{21} & a_{22} & \cdots & a_{2k} \\ \vdots & \vdots & \ddots & \vdots \\ a_{k1} & a_{k2} & \cdots & a_{kk} \end{bmatrix}\begin{bmatrix} r_1(n) \\ r_2(n) \\ \vdots \\ r_k(n) \end{bmatrix}+\begin{bmatrix} b_{11} & b_{12} & \cdots & b_{1m} \\ b_{21} & b_{22} & \cdots & b_{2m} \\ \vdots & \vdots & \ddots & \vdots \\ b_{k1} & b_{k2} & \cdots & b_{km} \end{bmatrix}\begin{bmatrix} x_1(n) \\ x_2(n) \\ \vdots \\ x_m(n) \end{bmatrix} \tag{7.4.11}$$

输出方程为

$$\begin{bmatrix} y_1(n) \\ y_2(n) \\ \vdots \\ y_q(n) \end{bmatrix}=\begin{bmatrix} c_{11} & c_{12} & \cdots & c_{1k} \\ c_{21} & c_{22} & \cdots & c_{2k} \\ \vdots & \vdots & \ddots & \vdots \\ c_{q1} & c_{q2} & \cdots & c_{qk} \end{bmatrix}\begin{bmatrix} r_1(n) \\ r_2(n) \\ \vdots \\ r_k(n) \end{bmatrix}+\begin{bmatrix} d_{11} & d_{12} & \cdots & d_{1m} \\ d_{21} & d_{22} & \cdots & d_{2m} \\ \vdots & \vdots & \ddots & \vdots \\ d_{q1} & d_{q2} & \cdots & d_{qm} \end{bmatrix}\begin{bmatrix} x_1(n) \\ x_2(n) \\ \vdots \\ x_m(n) \end{bmatrix} \tag{7.4.12}$$

以上二式可简记为

$$\boldsymbol{x}(n+1)=\boldsymbol{Ar}(n)+\boldsymbol{Bx}(n) \tag{7.4.13}$$

$$\boldsymbol{y}(n)=\boldsymbol{Cr}(n)+\boldsymbol{Dx}(n) \tag{7.4.14}$$

式中

$$\boldsymbol{r}(n)=\begin{bmatrix} r_1(n) \\ r_2(n) \\ \vdots \\ r_k(n) \end{bmatrix},\boldsymbol{x}(n)=\begin{bmatrix} x_1(n) \\ x_2(n) \\ \vdots \\ x_m(n) \end{bmatrix},\boldsymbol{y}(n)=\begin{bmatrix} y_1(n) \\ y_2(n) \\ \vdots \\ y_q(n) \end{bmatrix}$$

$$\boldsymbol{A}=\begin{bmatrix} a_{11} & a_{12} & \cdots & a_{1k} \\ a_{21} & a_{22} & \cdots & a_{2k} \\ \vdots & \vdots & \ddots & \vdots \\ a_{k1} & a_{k2} & \cdots & a_{kk} \end{bmatrix},\boldsymbol{B}=\begin{bmatrix} b_{11} & b_{12} & \cdots & b_{1m} \\ b_{21} & b_{22} & \cdots & b_{2m} \\ \vdots & \vdots & \ddots & \vdots \\ b_{k1} & b_{k2} & \cdots & b_{km} \end{bmatrix}$$

$$\boldsymbol{C}=\begin{bmatrix} c_{11} & c_{12} & \cdots & c_{1k} \\ c_{21} & c_{22} & \cdots & c_{2k} \\ \vdots & \vdots & \ddots & \vdots \\ c_{q1} & c_{q2} & \cdots & c_{qk} \end{bmatrix},\boldsymbol{D}=\begin{bmatrix} d_{11} & d_{12} & \cdots & d_{1m} \\ d_{21} & d_{22} & \cdots & d_{2m} \\ \vdots & \vdots & \ddots & \vdots \\ d_{q1} & d_{q2} & \cdots & d_{qm} \end{bmatrix}$$

$\boldsymbol{r}(n)$、$\boldsymbol{x}(n)$、$\boldsymbol{y}(n)$分别称为状态矢量、输入矢量和输出矢量，其各分量都是离散时间序列。观察离散时间系统的状态方程可以看出：$n+1$时刻的状态变量是n时刻状态变量和输入信号的函数。在离散时间系统中，动态元件是延时器，因而常常取延时器的输出作为系统的状态变量。

7.5 系统状态方程的建立

7.5.1 连续系统状态方程建立

1. 电路图的状态方程

由电路图直接建立状态方程的步骤如下：

(1) 选取状态变量。

将全部的独立电感电流和独立电容电压作为状态变量。

(2) 建立状态方程和输出方程。

根据电感特性 $u_L(t)=L\dfrac{\mathrm{d}}{\mathrm{d}t}i_L(t)$，电容特性 $i_c(t)=C\dfrac{\mathrm{d}}{\mathrm{d}t}u_c(t)$和 KCL、KVL 定理建立如式(7.4.7) 所示的状态方程，如式(7.4.10) 所示的输出方程。

【例 7.5.1】 图 7.5.1 所示为一个二阶系统，写出其状态方程。

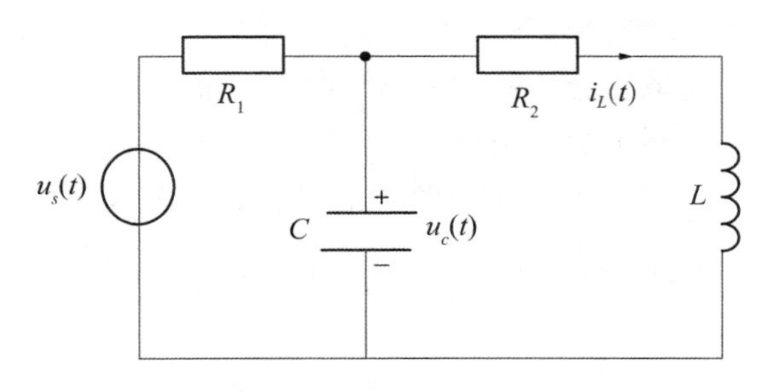

图 7.5.1 二阶系统

解：如图 7.5.1 所示，选电容电压 $u_c(t)$和电感电流 $i_L(t)$为状态变量。

写出包含有 $u'_c(t)$和 $i'_L(t)$的方程：

$$\begin{cases}R_1(cu'_c(t)+i_L(t))+u_c(t)=u_s(t)\\R_2i_L(t)+Li'_L(t)=u_c(t)\end{cases}$$

将上式整理，最后得所求状态方程为

$$\begin{cases}u'_c(t)=-\dfrac{1}{R_1C}u_c(t)-\dfrac{1}{C}i_L(t)+\dfrac{1}{R_1C}u_s(t)\\i'_L(t)=\dfrac{1}{L}u_c(t)-\dfrac{R_2}{L}i_L(t)\end{cases}$$

其矩阵形式

$$\begin{bmatrix} u_c'(t) \\ i_L'(t) \end{bmatrix} = \begin{bmatrix} -\dfrac{1}{R_1C} & -\dfrac{1}{C} \\ \dfrac{1}{L} & -\dfrac{R_2}{L} \end{bmatrix} \begin{bmatrix} u_c(t) \\ i_L(t) \end{bmatrix} + \begin{bmatrix} \dfrac{1}{R_1C} \\ 0 \end{bmatrix} i(t)$$

在状态变量的选取中，选取的电感电流和电容电压必须是独立的，如图 7.5.2 所示电路中，因 $i_1(t)=i_2(t)+i_3(t)$，三个电感的电流有一个不是独立的，只能取其中两个的电流和电容电压作为状态变量。

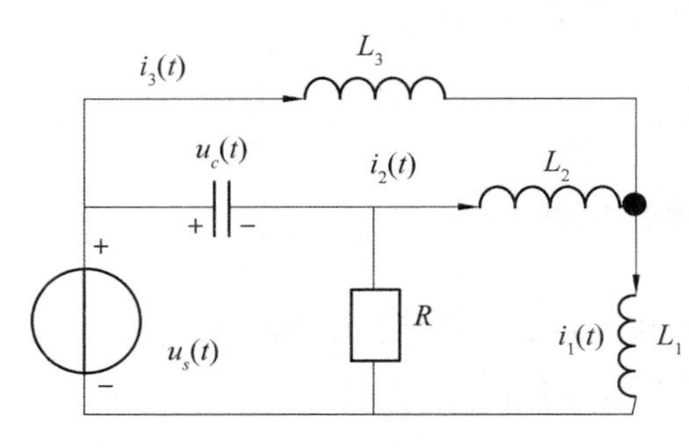

图 7.5.2　三阶系统

2. 信号流图(系统函数、框图)建立状态方程

由信号流图建立状态方程的步骤如下：

(1) 选取状态变量。选取积分器的输出作为状态变量。

(2) 建立状态方程。围绕加法器列出状态方程和输出方程。

系统函数、框图可直接转换为信号流图后按如上方式转换。

【例 7.5.2】 LTI 系统的系统函数为 $H(s)=\dfrac{s+2}{s^3+6s^2+11s+6}$，求状态方程和输出方程。

解：

$$H(s)=\frac{s^{-2}+2s^{-3}}{1+6s^{-1}+11s^{-2}+6s^{-3}}$$

其信号流图如图 7.5.3 所示。

取积分器的输出 r_1,r_2,r_3 作为状态变量，如图 7.5.2 所示，则有

$$\begin{cases} r_1'(t)=r_2(t) \\ r_2'(t)=r_3(t) \\ r_3'(t)=-6r_1(t)-11r_2(t)-6r_3(t)+x(t) \end{cases}$$

其矩阵形式为

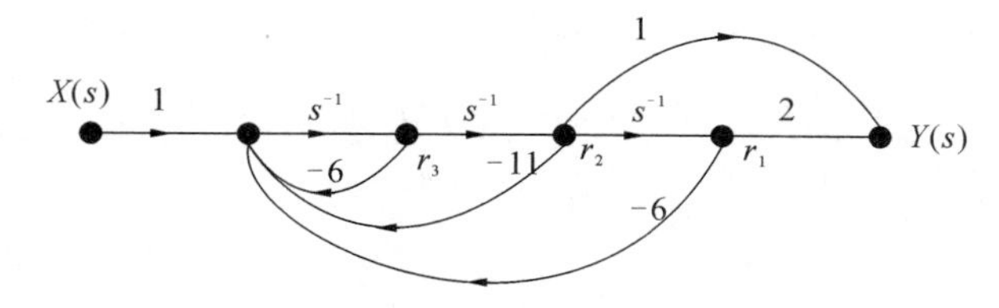

图 7.5.3　信号流图

$$\begin{bmatrix} r_1'(t) \\ r_2'(t) \\ r_3'(t) \end{bmatrix} = \begin{bmatrix} 0 & 1 & 0 \\ 0 & 0 & 1 \\ -6 & -11 & -6 \end{bmatrix} \begin{bmatrix} r_1(t) \\ r_2(t) \\ r_3(t) \end{bmatrix} + \begin{bmatrix} 0 \\ 0 \\ 1 \end{bmatrix} x(t)$$

输出方程为

$$\boldsymbol{y}(t) = \begin{bmatrix} 2 & 1 & 0 \end{bmatrix} \begin{bmatrix} r_1(t) \\ r_2(t) \\ r_3(t) \end{bmatrix}$$

3. 微分方程的状态方程

由单输入－单输出系统的微分方程可直接得到其系统函数和信号流图，其状态方程可按信号流图状态方程的建立方法进行建立。

对于多输入－多输出系统，也是先构造信号流图，然后再得到状态方程和输出方程。

【例 7.5.3】　二输入、二输出系统的差分方程描述如下，求其状态方程和输出方程。

$$\begin{cases} y_1'(t) - 2y_2(t) = x_1(t) \\ y_1''(t) + y_1'(t) + y_2'(t) + y_1(t) = x_2(t) \end{cases}$$

其信号流图如图 7.5.4 所示。

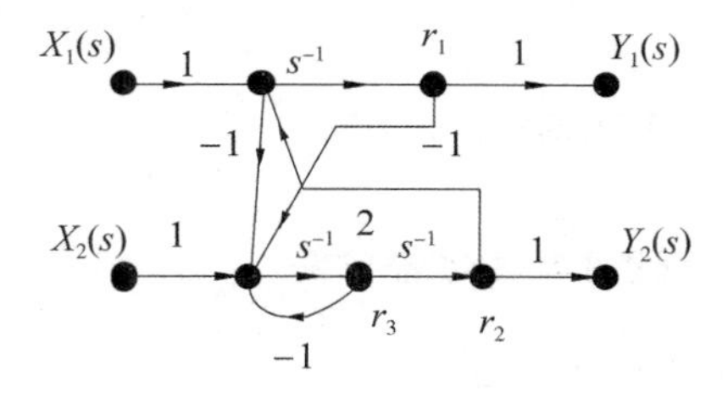

图 7.5.4　信号流图

取积分器的输出 r_1, r_2, r_3 作为状态变量，如图 7.5.4 所示，则有

$$\begin{cases} r_1'(t) = 2r_2(t) + x_1(t) \\ r_2'(t) = r_3(t) \\ r_3'(t) = -2r_2(t) - x_1(t) - r_1(t) - r_3(t) + x_2(t) \end{cases}$$

其矩阵形式为

$$\begin{bmatrix} r_1'(t) \\ r_2'(t) \\ r_3'(t) \end{bmatrix} = \begin{bmatrix} 0 & 2 & 0 \\ 0 & 0 & 1 \\ -1 & -2 & -1 \end{bmatrix} \begin{bmatrix} r_1(t) \\ r_2(t) \\ r_3(t) \end{bmatrix} + \begin{bmatrix} 1 & 0 \\ 0 & 0 \\ -1 & 1 \end{bmatrix} \begin{bmatrix} x_1(t) \\ x_2(t) \end{bmatrix}$$

输出方程为

$$\begin{cases} y_1(t) = r_1(t) \\ y_2(t) = r_2(t) \end{cases}$$

其矩阵形式为

$$\begin{bmatrix} y_1(t) \\ y_2(t) \end{bmatrix} = \begin{bmatrix} 1 & 0 & 0 \\ 0 & 1 & 0 \end{bmatrix} \begin{bmatrix} r_1(t) \\ r_2(t) \\ r_3(t) \end{bmatrix}$$

此例题中方程右边只含激励 $x_1(t)$，$x_2(t)$ 的线性叠加，如还含有 $x_1'(t)$，$x_2'(t)$ 等变量时，系统差分方程如下

$$\begin{cases} y_1'(t) - 2y_2(t) = x_1(t) + x_2'(t) \\ y_1''(t) + y_1'(t) + y_2'(t) + y_1(t) = x_2(t) + x_1'(t) \end{cases}$$

则可把此系统当成 4 的输入变量 $x_1(t)$，$x_2(t)$，$x_3 = x_1'(t)$，$x_4 = x_2'(t)$ 来构造状态方程，即状态方程和输出方程为

$$\begin{bmatrix} r_1'(t) \\ r_2'(t) \\ r_3'(t) \end{bmatrix} = \begin{bmatrix} 0 & 2 & 0 \\ 0 & 0 & 1 \\ -1 & -2 & -1 \end{bmatrix} \begin{bmatrix} r_1(t) \\ r_2(t) \\ r_3(t) \end{bmatrix} + \begin{bmatrix} 1 & 0 & 0 & 1 \\ 0 & 0 & 0 & 0 \\ -1 & 1 & 1 & -1 \end{bmatrix} \begin{bmatrix} x_1(t) \\ x_2(t) \\ x_3(t) \\ x_4(t) \end{bmatrix}$$

输出方程为

$$\begin{bmatrix} y_1(t) \\ y_2(t) \end{bmatrix} = \begin{bmatrix} 1 & 0 & 0 \\ 0 & 1 & 0 \end{bmatrix} \begin{bmatrix} r_1(t) \\ r_2(t) \\ r_3(t) \end{bmatrix}$$

7.5.2　离散系统状态方程建立

1. 信号流图(系统函数、框图)建立状态方程

由信号流图建立状态方程的步骤如下：

(1) 选取状态变量。选取延时器的输出作为状态变量。

(2) 建立状态方程。围绕加法器列出状态方程。

系统函数、框图可直接转换为信号流图后按如上方式转换。

【例 7.5.4】　已知 LTI 系统的系统函数为 $H(z) = \dfrac{z+4}{z^3 + 5z^2 + 2z - 1}$，写出状态方程和输出方程。

解：

$$H(z)=\frac{z^{-2}+4z^{-3}}{1+5z^{-1}+2z^{-2}-z^{-3}}$$

其信号流图如图 7.5.5 所示。

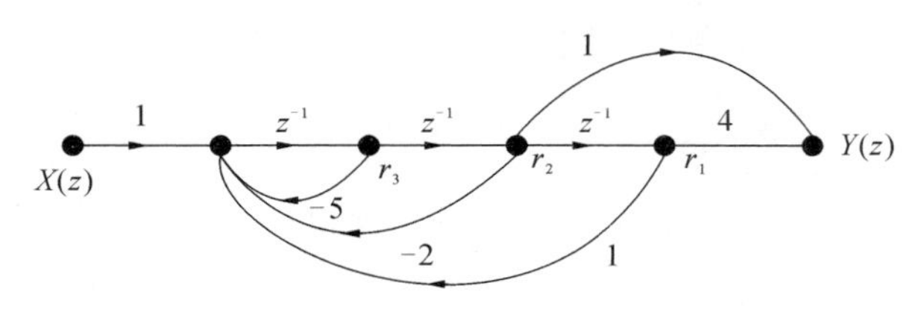

图 7.5.5 信号流图

取延时器的输出 r_1, r_2, r_3 作为状态变量，如图 7.5.5 所示，则有

$$\begin{cases} r_1(n+1)=r_2(n) \\ r_2(n+1)=r_3(n) \\ r_3(n+1)=r_1(n)-2r_2(n)-5r_3(n)+x(n) \end{cases}$$

其矩阵形式为

$$\begin{bmatrix} r_1(n+1) \\ r_2(n+1) \\ r_3(n+1) \end{bmatrix}=\begin{bmatrix} 0 & 1 & 0 \\ 0 & 0 & 1 \\ 1 & -2 & -5 \end{bmatrix}\begin{bmatrix} r_1(n) \\ r_2(n) \\ r_3(n) \end{bmatrix}+\begin{bmatrix} 0 \\ 0 \\ 1 \end{bmatrix}x(n)$$

输出方程为

$$y(n)=\begin{bmatrix} 4 & 1 & 0 \end{bmatrix}\begin{bmatrix} r_1(t) \\ r_2(t) \\ r_3(t) \end{bmatrix}$$

2. 差分方程的状态方程

由单输入 - 单输出系统的差分方程可直接得到其系统函数和信号流图，其状态方程可按信号流图状态方程的建立方法建立。

对于多输入 - 多输出系统，也是先构造信号流图，然后再得到状态方程。

【例 7.5.5】 二输入、二输出系统的差分方程描述如下，求其状态方程和输出方程。

$$\begin{cases} y_1(n+1)-2y_2(n)=x_1(n) \\ y_2(n+1)+y_1(n)+y_2(n)+y_2(n-1)=x_2(n) \end{cases}$$

解：其信号流图如图 7.5.6 所示。

取延时器的输出 r_1, r_2, r_3 作为状态变量，如图 7.5.6 所示，则有

$$\begin{cases} r_1(n+1)=2r_3(n)+x_1(n) \\ r_2(n+1)=r_3(n) \\ r_3(n+1)=-r_1(t)-r_2(t)-r_3(t)+x_2(n) \end{cases}$$

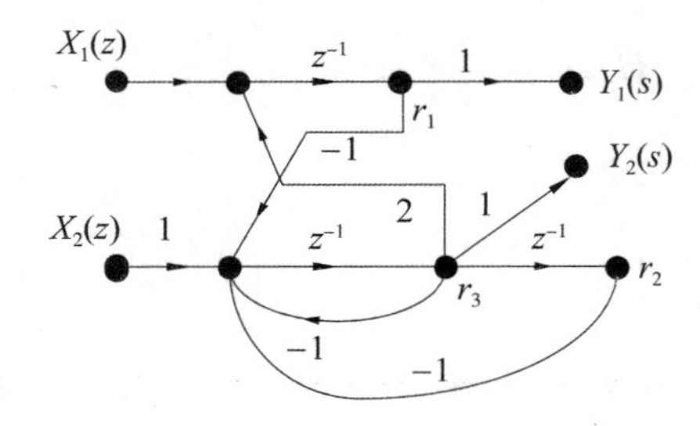

图 7.5.6　信号流图

其矩阵形式为

$$\begin{bmatrix} r_1(n+1) \\ r_2(n+1) \\ r_3(n+1) \end{bmatrix} = \begin{bmatrix} 0 & 0 & 2 \\ 0 & 0 & 1 \\ -1 & -1 & -1 \end{bmatrix} \begin{bmatrix} r_1(n) \\ r_2(n) \\ r_3(n) \end{bmatrix} + \begin{bmatrix} 1 & 0 \\ 0 & 0 \\ 0 & 1 \end{bmatrix} x(n)$$

输出方程为

$$\begin{cases} y_1(n) = r_1(n) \\ y_2(n) = r_3(n) \end{cases}$$

其矩阵形式为

$$\begin{bmatrix} y_1(n) \\ y_2(n) \end{bmatrix} = \begin{bmatrix} 1 & 0 & 0 \\ 0 & 0 & 1 \end{bmatrix} \begin{bmatrix} r_1(n) \\ r_2(n) \\ r_3(n) \end{bmatrix}$$

此例题中方程右边只含激励 $x_1(n)$，$x_2(n)$ 的线性叠加，如还含有 $x_1(n-1)$，$x_2(n-1)$ 等变量时，系统差分方程如下

$$\begin{cases} y_1(n+1) - 2y_2(n) = x_1(n) + x_2(n-1) \\ y_2(n+1) + y_1(n) + y_2(n) + y_2(n-1) = x_2(n) + x_1(n-1) \end{cases}$$

则可把此系统当成 4 的输入变量 $x_1(n)$，$x_2(n)$，$x_3 = x_1(n-1)$，$x_4 = x_2(n-1)$ 来构造状态方程，即状态方程和输出方程为

$$\begin{bmatrix} r_1(n+1) \\ r_2(n+1) \\ r_3(n+1) \end{bmatrix} = \begin{bmatrix} 0 & 2 & 0 \\ 0 & 0 & 1 \\ -1 & -1 & -1 \end{bmatrix} \begin{bmatrix} r_1(n) \\ r_2(n) \\ r_3(n) \end{bmatrix} + \begin{bmatrix} 1 & 0 & 0 & 1 \\ 0 & 0 & 0 & 0 \\ 0 & 1 & 1 & 0 \end{bmatrix} \begin{bmatrix} x_1(n) \\ x_2(n) \\ x_3(n) \\ x_4(n) \end{bmatrix}$$

输出方程为

$$\begin{bmatrix} y_1(n) \\ y_2(n) \end{bmatrix} = \begin{bmatrix} 1 & 0 & 0 \\ 0 & 0 & 1 \end{bmatrix} \begin{bmatrix} r_1(n) \\ r_2(n) \\ r_3(n) \end{bmatrix}$$

7.6 系统状态方程的求解

求解连续时间系统状态方程通常有两种方法：一种是基于拉普拉斯变换的复频域求解；另一种是采用时域法求解。下面分别进行介绍。

7.6.1 连续时间系统状态方程的求解

1. 连续时间系统状态方程的复频域求解

对给定的状态方程和输出方程

$$\begin{cases}\boldsymbol{r}'(t)=\boldsymbol{A}\boldsymbol{r}(t)+\boldsymbol{B}\boldsymbol{x}(t)\\ \boldsymbol{y}(t)=\boldsymbol{C}\boldsymbol{r}(t)+\boldsymbol{D}\boldsymbol{x}(t)\end{cases} \tag{7.6.1}$$

两边取拉普拉斯变换

$$\begin{cases}s\boldsymbol{R}(s)-\boldsymbol{r}(0_-)=\boldsymbol{A}\boldsymbol{R}(s)+\boldsymbol{B}\boldsymbol{X}(s)\\ \boldsymbol{Y}(s)=\boldsymbol{C}\boldsymbol{R}(s)+\boldsymbol{D}\boldsymbol{X}(s)\end{cases} \tag{7.6.2}$$

式中，$\boldsymbol{r}(0_-)$为初始条件的列矩阵

$$\boldsymbol{r}(0_-)=\begin{bmatrix}r_1(0_-)\\ r_2(0_-)\\ \vdots\\ r_k(0_-)\end{bmatrix} \tag{7.6.3}$$

整理得

$$\begin{cases}\boldsymbol{R}(s)=(s\boldsymbol{I}-\boldsymbol{A})^{-1}\boldsymbol{r}(0_-)+(s\boldsymbol{I}-\boldsymbol{A})^{-1}\boldsymbol{B}\boldsymbol{X}(s)\\ \boldsymbol{Y}(s)=\boldsymbol{C}(s\boldsymbol{I}-\boldsymbol{A})^{-1}\boldsymbol{r}(0_-)+[\boldsymbol{C}(s\boldsymbol{I}-\boldsymbol{A})^{-1}\boldsymbol{B}+\boldsymbol{D}]\boldsymbol{X}(s)\end{cases} \tag{7.6.4}$$

因而时域表示式为

$$\begin{cases}\boldsymbol{r}(t)=\boldsymbol{L}^{-1}[(s\boldsymbol{I}-\boldsymbol{A})^{-1}\boldsymbol{r}(0_-)]+\boldsymbol{L}^{-1}[(s\boldsymbol{I}-\boldsymbol{A})^{-1}\boldsymbol{B}\boldsymbol{X}(s)]\\ \boldsymbol{y}(t)=\underbrace{\boldsymbol{C}\boldsymbol{L}^{-1}[(s\boldsymbol{I}-\boldsymbol{A})^{-1}\boldsymbol{r}(0_-)]}_{\text{零输入解}}+\underbrace{\boldsymbol{L}^{-1}\{[\boldsymbol{C}(s\boldsymbol{I}-\boldsymbol{A})^{-1}\boldsymbol{B}+\boldsymbol{D}]\boldsymbol{X}(s)\}}_{\text{零状态解}}\end{cases} \tag{7.6.5}$$

这里

$$(s\boldsymbol{I}-\boldsymbol{A})^{-1}=\frac{\operatorname{adj}(s\boldsymbol{I}-\boldsymbol{A})}{|s\boldsymbol{I}-\boldsymbol{A}|} \tag{7.6.6}$$

$\operatorname{adj}(s\boldsymbol{I}-\boldsymbol{A})$和$|s\boldsymbol{I}-\boldsymbol{A}|$分别是矩阵$(s\boldsymbol{I}-\boldsymbol{A})$的伴随矩阵和行列式。

令

$$\boldsymbol{\Phi}(t)=\boldsymbol{L}^{-1}[(s\boldsymbol{I}-\boldsymbol{A})^{-1}] \tag{7.6.7}$$

它反映了系统状态变化的本质，称状态过渡矩阵。

定义多输入 - 多输出系统的**系统函数矩阵** $\boldsymbol{H}(s)$ 满足

$$\boldsymbol{H}(s)=\frac{\boldsymbol{Y}(s)}{\boldsymbol{X}(s)} \tag{7.6.8}$$

由式(7.6.5)可得

$$\boldsymbol{H}(s)=\boldsymbol{C}(s\boldsymbol{I}-\boldsymbol{A})^{-1}\boldsymbol{B}+\boldsymbol{D} \tag{7.6.9}$$

【例 7.6.1】 已知状态方程和输出方程为

$$\begin{cases}r_1'(t)=-2r_1(t)+r_2(t)+x(t)\\ r_2'(t)=-r_2(t)\end{cases}$$

$$y(t)=r_1(t)$$

系统的初始状态为 $r_1(0_-)=1,r_2(0_-)=1$,激励 $x(t)=\varepsilon(t)$。试求：

(1) 此系统的全响应;(2) 状态过渡矩阵;(3) 系统函数矩阵 $\boldsymbol{H}(s)$ 和冲激响应 $h(t)$。

解:(1) 将系统的状态方程和输出方程都写成矩阵形式,得

$$\begin{bmatrix}r_1'(t)\\ r_2'(t)\end{bmatrix}=\begin{bmatrix}-2 & 1\\ 0 & -1\end{bmatrix}\begin{bmatrix}r_1(t)\\ r_2(t)\end{bmatrix}+\begin{bmatrix}1\\ 0\end{bmatrix}\varepsilon(t)$$

$$y(t)=\begin{bmatrix}1 & 0\end{bmatrix}\begin{bmatrix}r_1(t)\\ r_2(t)\end{bmatrix}$$

由此可知 $\boldsymbol{A},\boldsymbol{B},\boldsymbol{C},\boldsymbol{D}$ 四个矩阵分别为

$$\boldsymbol{A}=\begin{bmatrix}-2 & 1\\ 0 & -1\end{bmatrix}\qquad \boldsymbol{B}=\begin{bmatrix}1\\ 0\end{bmatrix}\qquad \boldsymbol{C}=\begin{bmatrix}1 & 0\end{bmatrix}\qquad \boldsymbol{D}=0$$

系统的初始状态为

$$\boldsymbol{r}(0_-)=\begin{bmatrix}r_1(0_-)\\ r_2(0_-)\end{bmatrix}=\begin{bmatrix}1\\ 1\end{bmatrix}$$

计算

$$s\boldsymbol{I}-\boldsymbol{A}=s\begin{bmatrix}1 & 0\\ 0 & 1\end{bmatrix}-\begin{bmatrix}-2 & 1\\ 0 & -1\end{bmatrix}=\begin{bmatrix}s+2 & -1\\ 0 & s+1\end{bmatrix},$$

$$|s\boldsymbol{I}-\boldsymbol{A}|=(s+2)(s+1)$$

$$\operatorname{adj}(s\boldsymbol{I}-\boldsymbol{A})=\begin{bmatrix}s+1 & 1\\ 0 & s+2\end{bmatrix},(s\boldsymbol{I}-\boldsymbol{A})^{-1}=\begin{bmatrix}\dfrac{1}{s+2} & \dfrac{1}{s+1}-\dfrac{1}{s+2}\\ 0 & \dfrac{1}{s+1}\end{bmatrix}$$

由式(7.6.5)可得,$\boldsymbol{Y}_{zi}(s)$满足

$$\boldsymbol{Y}_{zi}(s)=\boldsymbol{C}(s\boldsymbol{I}-\boldsymbol{A})^{-1}\boldsymbol{r}(0_-)=\begin{bmatrix}\dfrac{1}{s+2} & \dfrac{1}{s+1}-\dfrac{1}{s+2}\end{bmatrix}\begin{bmatrix}1\\ 1\end{bmatrix}=\frac{1}{s+1}$$

$\boldsymbol{Y}_{zs}(s)$满足

$$\boldsymbol{Y}_{zs}(s)=[\boldsymbol{C}(s\boldsymbol{I}-\boldsymbol{A})^{-1}\boldsymbol{B}+\boldsymbol{D}]\boldsymbol{X}(s)=\frac{1}{s(s+2)}$$

分别对 $Y_{zi}(s)$和 $Y_{zs}(s)$求反变换

$$y_{zi}(t)=\boldsymbol{L}^{-1}\left\{\frac{1}{s+1}\right\}=\mathrm{e}^{-t}\varepsilon(t)$$

$$y_{zs}(t)=\boldsymbol{L}^{-1}\left\{\frac{1}{s(s+2)}\right\}=\frac{1}{2}(1-\mathrm{e}^{-2t})\varepsilon(t)$$

从而系统的全响应为

$$y(t)=y_{zi}(t)+y_{zs}(t)=\left(\frac{1}{2}+e^{-t}-\frac{1}{2}e^{-2t}\right)\varepsilon(t)$$

(2) 状态过渡矩阵 $\boldsymbol{\Phi}(t)$满足

$$\boldsymbol{\Phi}(t)=\boldsymbol{L}^{-1}\left[(s\boldsymbol{I}-\boldsymbol{A})^{-1}\right]=\boldsymbol{L}^{-1}\left\{\begin{bmatrix}\frac{1}{s+2} & \frac{1}{s+1}-\frac{1}{s+2}\\ 0 & \frac{1}{s+1}\end{bmatrix}\right\}=\begin{bmatrix}e^{-2t} & e^{-t}-e^{-2t}\\ 0 & e^{-t}\end{bmatrix}\varepsilon(t)$$

(3) $\boldsymbol{H}(s)$ 满足

$$\boldsymbol{H}(s)=\boldsymbol{C}(s\boldsymbol{I}-\boldsymbol{A})^{-1}\boldsymbol{B}+\boldsymbol{D}=\begin{bmatrix}1 & 0\end{bmatrix}\begin{bmatrix}\frac{1}{s+2} & \frac{1}{s+1}-\frac{1}{s+2}\\ 0 & \frac{1}{s+1}\end{bmatrix}\begin{bmatrix}1\\0\end{bmatrix}=\frac{1}{s+2}$$

则单位冲激响应为

$$h(t)=\boldsymbol{L}^{-1}\left[\frac{1}{s+2}\right]=e^{-2t}\varepsilon(t)$$

此例题是对一个简单二阶系统进行状态变量法求解的过程，其运算过程较烦琐。因此分析简单系统时，状态变量法并不具有优势。但是，随着系统的阶数增高以及输入或输出数目的增加，它的优越性就十分明显了，借助矩阵运算理论，较为复杂的系统也可方便地利用计算机求解。

2. 连续时间系统状态方程的时域求解

将式(7.6.1)表示的连续时间系统状态方程改写为

$$\boldsymbol{r}'(t)-\boldsymbol{A}\boldsymbol{r}(t)=\boldsymbol{B}\boldsymbol{x}(t)$$

它与一阶微分方程

$$y'(t)-ay(t)=bx(t)$$

形式相似。该微分方程的求解过程为：

方程两边乘 e^{-at} 可得

$$e^{-at}y'(t)-ae^{-at}y(t)=be^{-at}x(t)$$

$$\frac{d\left[e^{-at}y(t)\right]}{dt}=be^{-at}x(t)$$

方程两边积分

$$\int_{0_-}^{t}d\left[e^{-a\tau}y(\tau)\right]=\int_{0_-}^{t}be^{-a\tau}x(\tau)d\tau$$

$$y(t)=y(0_-)e^{at}+\int_{0_-}^{t}e^{a(t-\tau)}bx(\tau)d\tau,t\geqslant 0$$

将 a 换为 A，b 换为 B，则状态方程解可写为

$$\boldsymbol{r}(t)=e^{At}\boldsymbol{r}(0_-)+\int_{0_-}^{t}e^{A(t-\tau)}\boldsymbol{B}\boldsymbol{x}(\tau)d\tau,t\geqslant 0 \tag{7.6.10}$$

这里省略了具体推导过程。

其中 $\boldsymbol{r}(0_-)$ 为初始条件的列矩阵。将此结果代入输出方程有

$$\boldsymbol{y}(t)=\boldsymbol{Cr}(t)+\boldsymbol{Dx}(t)=\underbrace{\boldsymbol{C}\mathrm{e}^{At}\boldsymbol{r}(0_-)}_{\text{zero input}}+\underbrace{\int_{0_-}^{t}\boldsymbol{C}\mathrm{e}^{A(t-\tau)}\boldsymbol{Bx}(\tau)\mathrm{d}\tau+\boldsymbol{Dx}(t)}_{\text{zero station}}$$

$$=\boldsymbol{C}\mathrm{e}^{At}\boldsymbol{r}(0_-)+\boldsymbol{C}\mathrm{e}^{A(t)}*\boldsymbol{Bx}(t)+\boldsymbol{Dx}(t) \qquad (7.6.11)$$

将时域求解结果式(7.6.10)和式(7.6.11)与变换域求解结果式(7.6.5)相比较，不难发现 $(s\boldsymbol{I}-\boldsymbol{A})^{-1}$ 就是 e^{At} 的拉普拉斯变换，也即

$$\mathrm{e}^{At}=L^{-1}[(s\boldsymbol{I}-\boldsymbol{A})^{-1}] \qquad (7.6.12)$$

时域求解还是要进行 s 变换，在实际应用中，状态方程求解一般采用复频域求解方法。

7.6.2　离散时间系统状态方程的求解

离散时间系统状态方程的求解和连续时间系统状态方程的求解方法类似，包括时域和 z 域方法，下面分别介绍。

1. 离散时间系统状态方程的时域求解

一般离散时间系统的状态方程表示为

$$\boldsymbol{r}(n+1)=\boldsymbol{Ar}(n)+\boldsymbol{Bx}(n) \qquad (7.6.13)$$

此式为一阶差分方程，可以应用迭代法求解。

设给定系统的初始条件为 $\boldsymbol{x}(0)$，将 n 等于 0,1,2,… 依次代入上式有

$$\boldsymbol{r}(1)=\boldsymbol{Ar}(0)+\boldsymbol{Br}(0) \qquad (7.6.14)$$

$$\boldsymbol{r}(2)=\boldsymbol{Ar}(1)+\boldsymbol{Bx}(1)=\boldsymbol{A}^2\boldsymbol{r}(0)+\boldsymbol{ABx}(0)+\boldsymbol{Bx}(1)$$

依此可推得

$$\boldsymbol{r}(n)=\boldsymbol{A}^n\boldsymbol{r}(0)+\boldsymbol{A}^{n-1}\boldsymbol{Bx}(0)+\boldsymbol{A}^{n-2}\boldsymbol{Bx}(1)+\cdots+\boldsymbol{Bx}(n-1)$$

$$=\boldsymbol{A}^n\boldsymbol{r}(0)+\left[\sum_{i=0}^{n-1}\boldsymbol{A}^{n-1-i}\boldsymbol{Bx}(i)\right] \qquad (7.6.15)$$

相应地输出为

$$\boldsymbol{y}(n)=\boldsymbol{Cx}(n)+\boldsymbol{De}(n)=\boldsymbol{CA}^n\boldsymbol{r}(0)+\left[\sum_{i=0}^{n-1}\boldsymbol{CA}^{n-1-i}\boldsymbol{Bx}(i)\right]+\boldsymbol{De}(n) \qquad (7.6.16)$$

称 $\boldsymbol{A}^n$ 为离散时间系统的状态转移矩阵或状态过渡矩阵，它与连续时间系统中的 e^{At} 含义类似，用 $\boldsymbol{\Phi}(n)$ 表示，即

$$\boldsymbol{\Phi}(n)=\boldsymbol{A}^n \qquad (7.6.17)$$

2. 离散时间系统状态方程的 z 域求解

对离散时间系统的状态方程式(7.6.15)和输出方程式(7.6.11)两边取 z 变换

$$\begin{cases}z\boldsymbol{R}(z)-z\boldsymbol{r}(0)=\boldsymbol{AR}(z)+\boldsymbol{BX}(z)\\ \boldsymbol{Y}(z)=\boldsymbol{CR}(z)+\boldsymbol{DX}(z)\end{cases} \qquad (7.6.18)$$

整理得到

$$\boldsymbol{R}(z)=(z\boldsymbol{I}-\boldsymbol{A})^{-1}z\boldsymbol{r}(0)+(z\boldsymbol{I}-\boldsymbol{A})^{-1}\boldsymbol{B}\boldsymbol{X}(z) \tag{7.6.19}$$

$$\boldsymbol{Y}(z)=\boldsymbol{C}(z\boldsymbol{I}-\boldsymbol{A})^{-1}z\boldsymbol{r}(0)+[\boldsymbol{C}(z\boldsymbol{I}-\boldsymbol{A})^{-1}\boldsymbol{B}+\boldsymbol{D}]\boldsymbol{X}(z) \tag{7.6.20}$$

取其逆变换即得时域表达式为

$$\boldsymbol{r}(n)=\mathcal{Z}^{-1}[(z\boldsymbol{I}-\boldsymbol{A})^{-1}z]\boldsymbol{r}(0)+\mathcal{Z}^{-1}[(z\boldsymbol{I}-\boldsymbol{A})^{-1}\boldsymbol{B}\boldsymbol{X}(z)] \tag{7.6.21}$$

$$\boldsymbol{y}(n)=\underbrace{\mathcal{Z}^{-1}[\boldsymbol{C}(z\boldsymbol{I}-\boldsymbol{A})^{-1}z]\boldsymbol{r}(0)}_{\text{零输入解}}+\underbrace{\mathcal{Z}^{-1}\{[\boldsymbol{C}(z\boldsymbol{I}-\boldsymbol{A})^{-1}\boldsymbol{B}+\boldsymbol{D}]\boldsymbol{X}(z)\}}_{\text{零状态解}} \tag{7.6.22}$$

将式(7.6.22)与式(7.6.16)比较,可以得出状态转移矩阵

$$\boldsymbol{A}^n=\mathcal{Z}^{-1}[(z\boldsymbol{I}-\boldsymbol{A})^{-1}z]=\mathcal{Z}^{-1}[(\boldsymbol{I}-z^{-1}\boldsymbol{A})^{-1}] \tag{7.6.23}$$

而由式(7.6.22)中零状态响应分量,可以得出系统函数表示式

$$\boldsymbol{H}(z)=\boldsymbol{C}(z\boldsymbol{I}-\boldsymbol{A})^{-1}\boldsymbol{B}+\boldsymbol{D} \tag{7.6.24}$$

这里定义

$$\boldsymbol{\Phi}(z)=(z\boldsymbol{I}-\boldsymbol{A})^{-1}=\frac{\operatorname{adj}(z\boldsymbol{I}-\boldsymbol{A})}{|z\boldsymbol{I}-\boldsymbol{A}|} \tag{7.6.25}$$

$\operatorname{adj}(z\boldsymbol{I}-\boldsymbol{A})$和$|z\boldsymbol{I}-\boldsymbol{A}|$分别是矩阵$(z\boldsymbol{I}-\boldsymbol{A})$的伴随矩阵和行列式,$\boldsymbol{\Phi}(z)$称为离散系统的状态转移矩阵。

【例 7.6.2】 某离散时间系统的状态方程和输出方程如下,$x(n)=\varepsilon(n)$,$r_1(0)=0$,$r_2(0)=1$,试求此系统的全响应和系统的差分方程。

$$\begin{bmatrix} r_1(n+1) \\ r_2(n+1) \end{bmatrix}=\begin{bmatrix} 0 & \frac{1}{2} \\ -\frac{1}{2} & 1 \end{bmatrix}\begin{bmatrix} r_1(n) \\ r_2(n) \end{bmatrix}+\begin{bmatrix} 1 \\ -1 \end{bmatrix}x(n)$$

$$\boldsymbol{y}(n)=\begin{bmatrix} 1 & 1 \end{bmatrix}\begin{bmatrix} r_1(n) \\ r_2(n) \end{bmatrix}$$

解:(1) 由给定的状态方程,可得

$$(z\boldsymbol{I}-\boldsymbol{A})=\begin{bmatrix} z & -\frac{1}{2} \\ \frac{1}{2} & z-1 \end{bmatrix}$$

其逆矩阵为

$$(z\boldsymbol{I}-\boldsymbol{A})^{-1}=\frac{\operatorname{adj}(z\boldsymbol{I}-\boldsymbol{A})}{|z\boldsymbol{I}-\boldsymbol{A}|}=\frac{1}{z^2-z+\frac{1}{4}}\begin{bmatrix} z-1 & \frac{1}{2} \\ -\frac{1}{2} & z \end{bmatrix}=\begin{bmatrix} \dfrac{z-1}{\left(z-\frac{1}{2}\right)^2} & \dfrac{\frac{1}{2}}{\left(z-\frac{1}{2}\right)^2} \\ \dfrac{-\frac{1}{2}}{\left(z-\frac{1}{2}\right)^2} & \dfrac{z}{\left(z-\frac{1}{2}\right)^2} \end{bmatrix}$$

$$\boldsymbol{Y}_{zi}(z)=\begin{bmatrix}1 & 1\end{bmatrix}\begin{bmatrix}\dfrac{z-1}{(z-0.5)^2} & \dfrac{0.5}{(z-0.5)^2}\\ \dfrac{-0.5}{(z-0.5)^2} & \dfrac{z}{(z-0.5)^2}\end{bmatrix}z\begin{bmatrix}0\\1\end{bmatrix}$$

$$=\frac{(z+0.5)z}{(z-0.5)^2}=\frac{z}{(z-0.5)}+\frac{z}{(z-0.5)^2}$$

则有

$$\boldsymbol{y}_{zi}(n)=(1+2n(0.5)^n)\varepsilon(n)$$

$$\boldsymbol{Y}_{zs}(z)=\begin{bmatrix}1 & 1\end{bmatrix}\begin{bmatrix}\dfrac{z-1}{(z-0.5)^2} & \dfrac{0.5}{(z-0.5)^2}\\ \dfrac{-0.5}{(z-0.5)^2} & \dfrac{z}{(z-0.5)^2}\end{bmatrix}\begin{bmatrix}1\\-1\end{bmatrix}\left(\frac{z}{z-1}\right)=\frac{-2}{(z-0.5)^2}\left(\frac{z}{z-1}\right)$$

$$=\left(\frac{-8z}{z-1}\right)+\frac{4z}{(z-0.5)^2}+\frac{-8z}{(z-0.5)}$$

则有

$$y_{zs}(n)=[-8+4n(0.5)^n+8(0.5)^n]\varepsilon(n)$$

(2) 求差分方程

由式(7.63)有

$$\boldsymbol{H}(z)=\boldsymbol{C}(z\boldsymbol{I}-\boldsymbol{A})^{-1}\boldsymbol{B}+\boldsymbol{D}$$

$$=\begin{bmatrix}1 & 1\end{bmatrix}\frac{1}{z^2-z+\frac{1}{4}}\begin{bmatrix}z-1 & \frac{1}{2}\\ -\frac{1}{2} & z\end{bmatrix}\begin{bmatrix}0\\1\end{bmatrix}=\frac{z+\frac{1}{2}}{z^2-z+\frac{1}{4}}$$

由此可知描述系统的差分方程为

$$y(n)-y(n-1)+\frac{1}{4}y(n-2)=x(n)+\frac{1}{2}x(n-1)$$

7.6.3 系统状态方程求解的 MATLAB 实现

1. 连续时间系统状态方程和输出方程求解的 MATLAB 实现

MATLAB 中的 lsim 命令可以用来计算 LTI 系统对任意输入的响应，连续系统的状态方程和输出方程解函数调用接口为

$$[\boldsymbol{y},\boldsymbol{r}]=\mathrm{lsim}(\boldsymbol{A},\boldsymbol{B},\boldsymbol{C},\boldsymbol{D},\boldsymbol{x},\boldsymbol{t},\boldsymbol{r}_0)$$

离散系统的状态方程和输出方程解函数调用接口为

$$[\boldsymbol{y},\boldsymbol{r}]=\mathrm{dlsim}(\boldsymbol{A},\boldsymbol{B},\boldsymbol{C},\boldsymbol{D},\boldsymbol{x},\boldsymbol{r}_0)$$

其中输入参数 $\boldsymbol{A}$、$\boldsymbol{B}$、$\boldsymbol{C}$、$\boldsymbol{D}$ 为状态方程和输出方程的系数矩阵，$\boldsymbol{x}$ 为输入变量的离散值所组成的矩阵，$\boldsymbol{t}$ 为连续时间的离散矩阵。$\boldsymbol{r}_0$ 为状态变量初始值所组成的矩阵。输出参数 $\boldsymbol{y}$ 为输出变量解的矩阵值，$\boldsymbol{r}$ 为状态变量解的矩阵值。

【例 7.6.3】 已知连续系统的状态方程和输出方程为

$$r'(t)=Ar(t)+Bx(t),\quad y(t)=Cr(t)$$

系数矩阵为

$$A=\begin{bmatrix}-2 & 3\\ -1 & -1\end{bmatrix},B=\begin{bmatrix}3 & 2\\ 2 & 1\end{bmatrix},C=\begin{bmatrix}1 & 2\\ -2 & 2\\ 1 & -1\end{bmatrix}$$

状态变量的初始状态为$r_1(0_-)=0$,$r_2(0_-)=1$时,输入变量为$x_1(t)=\varepsilon(t)$,$x_2(t)=\mathrm{e}^{-2t}\varepsilon(t)$,求系统状态方程和输出方程的解。

解:输入变量$x(t)$、状态变量$r(t)$、输出变量$y(t)$、状态初始值$r(0_-)$的矩阵形式分别为

$$x(t)=\begin{bmatrix}x_1(t)\\ x_2(t)\end{bmatrix}=\begin{bmatrix}\varepsilon(t)\\ \mathrm{e}^{-2t}\varepsilon(t)\end{bmatrix},r(t)=\begin{bmatrix}r_1(t)\\ r_2(t)\end{bmatrix},r(0_-)=\begin{bmatrix}0\\ 1\end{bmatrix},y(t)=\begin{bmatrix}y_1(t)\\ y_2(t)\\ y_3(t)\end{bmatrix}$$

输出方程可写为

$$y(t)=Cr(t)+Dx(t)$$

其中

$$D=\begin{bmatrix}0 & 0\\ 0 & 0\\ 0 & 0\end{bmatrix}$$

MATLAB 中的 lsim 命令可以用来计算 LTI 系统对任意输入的响应。

对于连续的输入变量

$$x(t)=\begin{bmatrix}\varepsilon(t)\\ \mathrm{e}^{-2t}\varepsilon(t)\end{bmatrix}$$

(1) 系统的响应可以用下面的程序实现:

```
clear;
A = [- 2,3; - 1, - 1];
B = [3,2; 2,1];
C = [1,2; - 2,2; 1, - 1];
D = zeros(3,2);
t = 0:0.05:8; % 模拟 0 < t < 8 秒
r0 = [0,1]'; % 初始状态为零
x(:,1) = ones(length(t),1); x(:,2) = exp(- 2* t); % x(t) 矢量
[y,r] = lsim(A,B,C,D,x,t,r0);
subplot(211);plot(t,r(:,1),'-',t,r(:,2),'--');title('状态响应曲线')
subplot(212);plot(t,y(:,1),'-',t,y(:,2),'--',t,y(:,3),'-.');title('输出响应曲线')
```

程序运行后,系统的状态$r_1(t)$,$r_2(t)$的曲线如图 7.6.1 所示,输出$y_1(t)$,$y_2(t)$,$y_3(t)$

的曲线如图 7.6.2 所示。

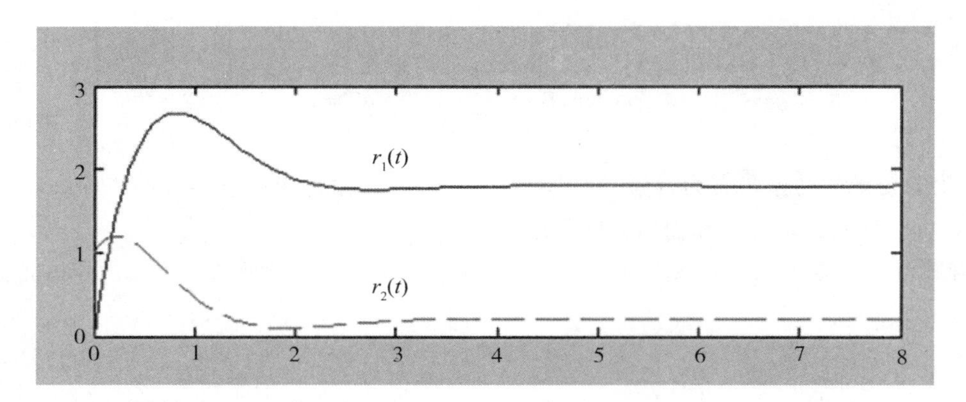

图 7.6.1　状态响应曲线

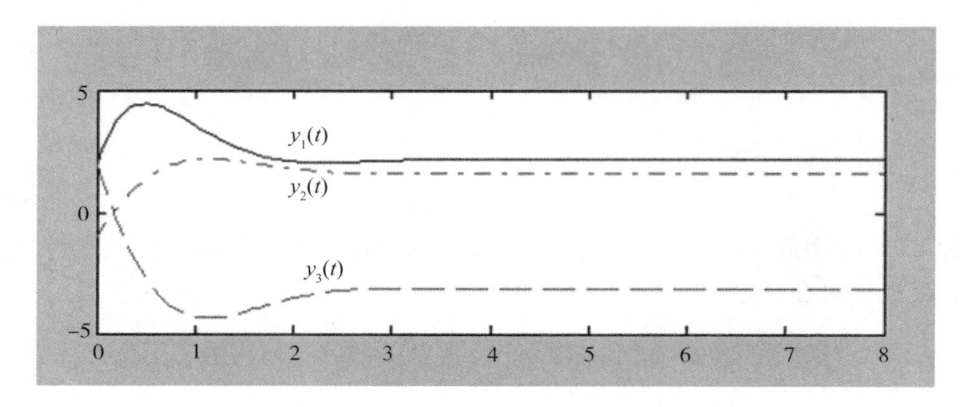

图 7.6.2　输出响应曲线

这里 MATLAB 只能给出状态和输出信号曲线，或它们在某一时刻的值，但不能给出其具体函数表达式。

2. 离散时间系统状态方程和输出方程求解的 MATLAB 实现

【例 7.6.4】　已知状态方程的系数矩阵为：

$$\boldsymbol{A}=\begin{bmatrix}1 & -1 & 0\\1 & 0 & 1\\0 & 1 & 0\end{bmatrix},\boldsymbol{B}=\begin{bmatrix}1 & 0 & 1\\0 & 1 & 0\\0 & 0 & 1\end{bmatrix},\boldsymbol{C}=\begin{bmatrix}0 & 1 & 0\\1 & 0 & 1\end{bmatrix},\boldsymbol{D}=\begin{bmatrix}0 & 0 & 0\\0 & 1 & 0\end{bmatrix}$$

初始状态为 $r_1(0)=1$，$r_2(0)=1$，$r_3(0)=0$，输入变量为 $x_1(n)=\varepsilon(n)$，$x_2(n)=(0.2)^n\varepsilon(n)$，$x_3(n)=(-0.3)^n\varepsilon(n)$，试用 MATLAB 求系统的状态方程和输出方程的解。

解：输入变量 $\boldsymbol{x}(n)$、状态变量 $\boldsymbol{r}(n)$、输出变量 $\boldsymbol{y}(n)$、状态初始值 $\boldsymbol{r}(0)$ 的矩阵形式分别为

$$\boldsymbol{x}(n)=\begin{bmatrix}x_1(n)\\x_2(n)\\x_3(n)\end{bmatrix}=\begin{bmatrix}\varepsilon(n)\\0.2^n\varepsilon(n)\\(-0.3)n\varepsilon(n)\end{bmatrix},\boldsymbol{r}(n)=\begin{bmatrix}r_1(n)\\r_2(n)\\r_3(n)\end{bmatrix},\boldsymbol{r}(0)=\begin{bmatrix}1\\1\\0\end{bmatrix},\boldsymbol{y}(n)=\begin{bmatrix}y_1(n)\\y_2(n)\end{bmatrix}$$

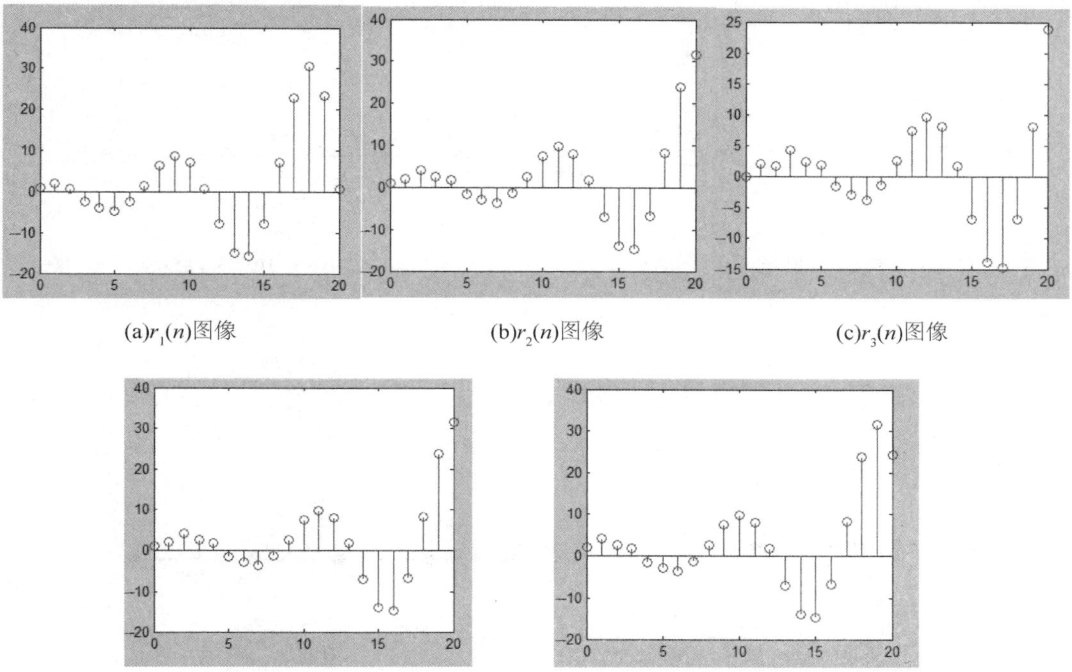

(a)$r_1(n)$图像　　(b)$r_2(n)$图像　　(c)$r_3(n)$图像

(d)$y_1(n)$图像　　(e)$y_1(n)$图像

图 7.6.3　状态和输出序列图像

MATLAB 中的 dlsim 命令可以用来计算状态方程的解。本例用 MATLAB 程序实现如下：

```
clear;
A = [1, - 1,0;1,0,1;0,1,0];
B = [1,0,1;0,1,0;0,0,1];
C = [0,1,0; 1,0,1];
D = [0,0,0;0,1,0];
r0 = [1,1,0]';
n = 0:1:20;
x(:,1) = ones(length(n),1); x(:,2) = ((0.2).^n); x(:,3) = ((- 0.3). ^n);
% x(n) 矢量
[y,r] = dlsim(A,B,C,D,x,r0);
subplot(231);stem(n,r(:,1));     subplot(232);stem(n,r(:,2));     sub
plot(233); stem(n,r(:,3));
subplot(234);stem(n,y(:,1));subplot(235);stem(n,y(:,2));
```

习　题　七

7-1　指出下图所示流图中的节点、前向通路及其增益、环路及其增益。

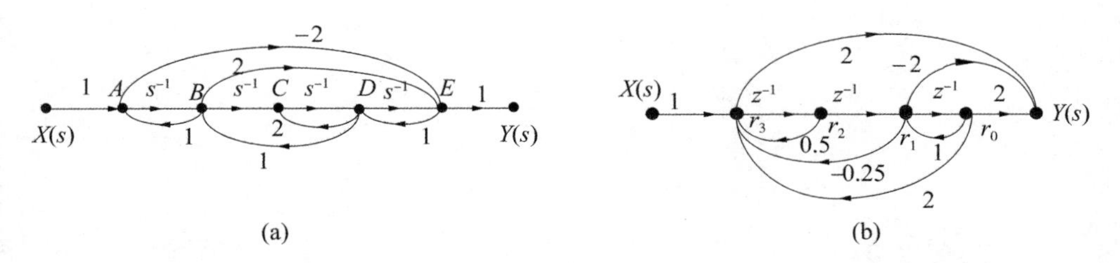

图 7-1　题 7-1 图

7-2　化简下列流图,并求出系统函数。

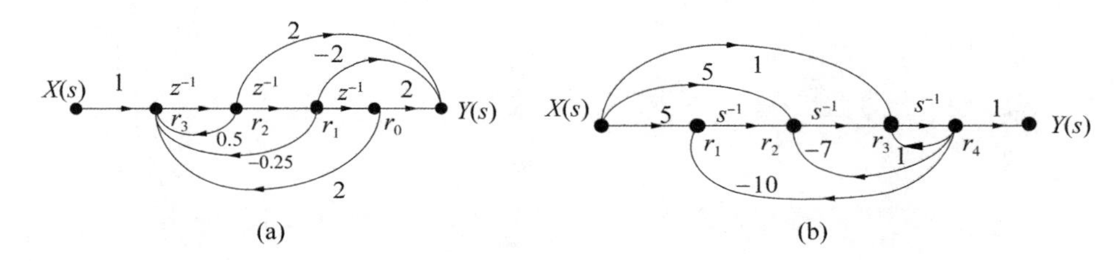

图 7-2　题 7-2 图

7-3　根据梅森公式计算下列流图的系统函数。

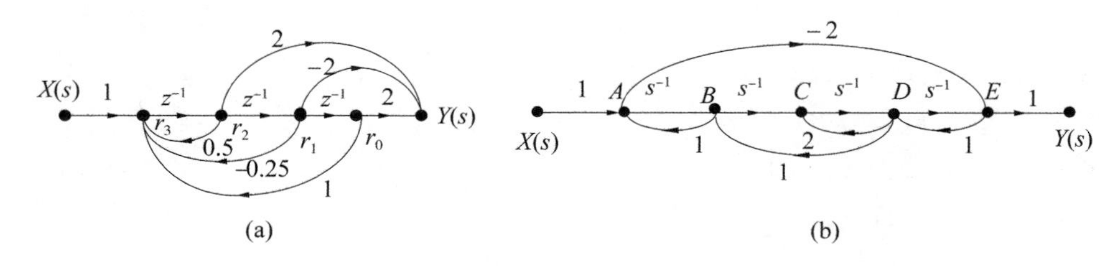

图 7-3　题 7-3 图

7-4　用信号流图直接实现下列系统。

(1) $H(s)=\dfrac{4s}{(s+1)(s+2)^2}$　(2) $H(z)=\dfrac{z^2+4z+2}{z^3+0.5z^2+0.5z^1+0.2}$

7-5　用信号流图实现下列系统的串联和并联模式。

(1) $H(s)=\dfrac{4s}{(s+1)(s+2)(s+3)}$　(2) $H(z)=\dfrac{4z+2}{(z+0.5)(z+0.2)}$

7-6 求下列连续系统的微分方程、冲激响应、系统响应函数、信号流图和系统框图，并用基本元器件实现这些系统。

(1) $H(s)=\dfrac{5s}{(s+1)(s^2+4)}$ (2) $H(s)=\dfrac{5s}{(s+1)(s+4)}$

7-7 求下列离散系统的差分方程、单位序列响应、系统响应函数、信号流图和系统框图。

(1) $H(z)=\dfrac{z}{(z+0.1)(z^2+0.01)}$ (2) $H(z)=\dfrac{z}{(z+0.1)(z+0.2)(z+0.3)}$

7-8 如图 7-4 所示连续系统，列出状态变量和状态方程。

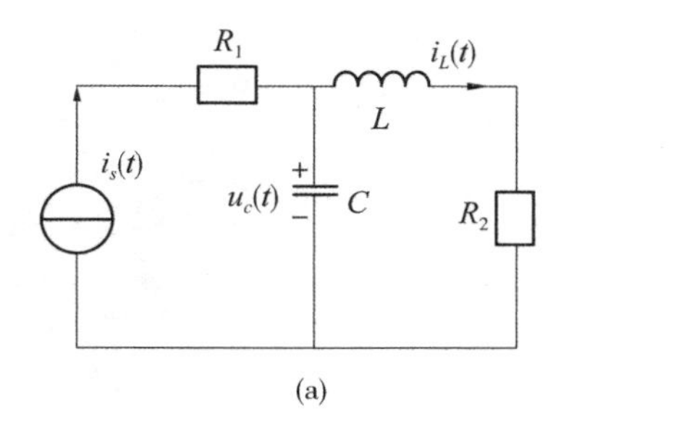

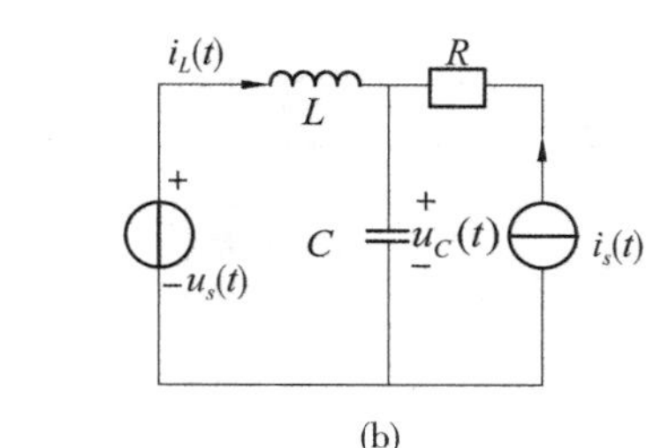

图 7-4 题 7-8 图

7-9 描述连续系统的微分方程为$\begin{cases}y_1'(t)-y_2(t)=x_1(t)\\ y_2'(t)+y_1(t)=x_2(t)\end{cases}$，列出状态变量、状态方程和输出方程。

7-10 描述连续系统的微分方程为$\begin{cases}y_1'(t)-y_2(t)=x_1(t)+x_2(t)\\ y_2'(t)+y_1(t)=x_2'(t)\end{cases}$，列出状态变量、状态方程和输出方程。

7-11 描述离散系统的差分方程为$\begin{cases}y_1(n+1)-y_2(n)=x_1(n)\\ y_2(n+1)+y_1(n)=x_2(n)\end{cases}$，列出状态变量、状态方程和输出方程。

7-12 描述离散系统的差分方程为$\begin{cases}y_1(n)-y_2(n-1)=x_1(n)+x_2(n-1)\\ y_2(n)+y_1(n-1)=x_2(n)+2x_1(n-2)\end{cases}$，列出状态变量、状态方程和输出方程。

7-13 分别写出下列连续系统的状态变量、状态方程和输出方程。

(1) $H(s)=\dfrac{2s+8}{s^3+6s^2+11s+6}$ (2) $H(s)=\dfrac{1}{s^3+4s^2+3s+2}$

7-14 分别写出下列离散系统的状态变量、状态方程和输出方程。

(1) $H(z)=\dfrac{z^3-13z+12}{z^3+6z^2+11z+6}$ (2) $H(z)=\dfrac{1}{1-z^{-1}-0.11z^{-2}}$

7-15 分别写出下列系统的状态变量、状态方程和输出方程。

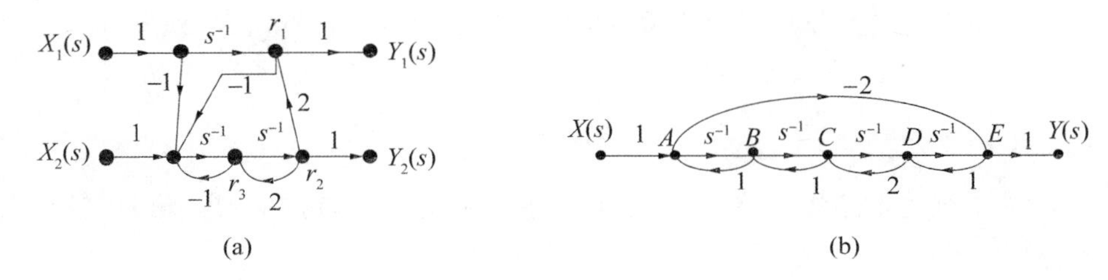

图 7-5　题 7-15 图

7-16　分别写出下列离散系统的状态变量、状态方程和输出方程。

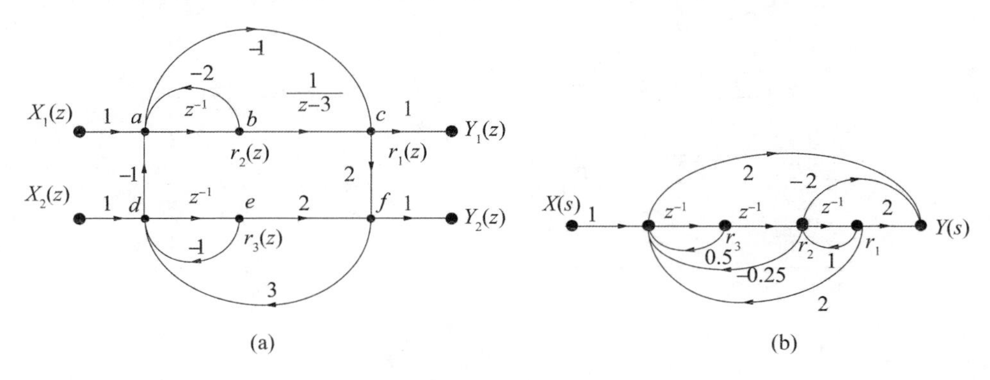

图 7-6　题 7-16 图

7-17　连续系统的状态方程和输出方程的矩阵系数分别为 $\boldsymbol{A}=\begin{bmatrix}-1 & 2\\ -1 & -4\end{bmatrix}$，$\boldsymbol{B}=\begin{bmatrix}0\\1\end{bmatrix}$，$\boldsymbol{C}=[1\quad 1]$，$\boldsymbol{D}=[1]$，初始条件为 $\boldsymbol{r}(0_-)=\begin{bmatrix}3\\2\end{bmatrix}$，激励 $x(t)=\varepsilon(t)$，求其状态方程和输出方程解的 s 域表达式和时域表达式。

7-18　离散系统的状态方程和输出方程分别为 $\boldsymbol{A}=\begin{bmatrix}0 & 1\\ -6 & 5\end{bmatrix}$，$\boldsymbol{B}=\begin{bmatrix}0\\1\end{bmatrix}$，$\boldsymbol{C}=\begin{bmatrix}1 & 1\\ 2 & -1\end{bmatrix}$，$\boldsymbol{D}=0$，状态变量的初始值为 $\boldsymbol{r}(0)=\begin{bmatrix}1\\2\end{bmatrix}$，求其状态方程和输出方程的解。

7-19　离散系统的状态方程和输出方程分别为

$$\begin{bmatrix}x_1(k+1)\\ x_2(k+1)\end{bmatrix}=\begin{bmatrix}0 & \frac{1}{2}\\ -\frac{1}{2} & 1\end{bmatrix}\begin{bmatrix}x_1(k)\\ x_2(k)\end{bmatrix}+\begin{bmatrix}0\\1\end{bmatrix}e(k)$$

$$y(k)=[1\quad 1]\begin{bmatrix}x_1(k)\\ x_2(k)\end{bmatrix}$$

求状态过渡矩阵 $\boldsymbol{\Phi}(z)$ 和描述系统的系统函数 $H(z)$。

习题答案

习题一

1-2　$x(n) = \cos(0.5\pi n)$

1-3　(1)、(2)、(5) 随机信号;(3)、(4) 确知信号

1-4　(1) $T = 2\mu s$　(2) $T = 24s$　(3) $N = 2$　(4) 非周期　(5) 非周期　(6) 任意周期的周期信号

1-5　(1) $P = 0.5W$　(2) $E = 4J$　(3) $E = 1J$　(4) 不是能量信号,也不是功率信号

1-6　(1) $P = 1.125W$　(2) $P = 0.625W$　(3) $P = 0.625W$　(4) $P = 1.5W$

1-7　$x_1(t) - x_2(t) = 1$

1-11　(1) $\Delta x(n) = -(0.5)^n\varepsilon(n)$　$\sum x(n) = (2-(0.5)^n)\varepsilon(n)$

(2) $\Delta x(n) = \delta(n)$　$\sum x(n) = (n+1)\varepsilon(n)$

(3) $\Delta x(n) = \delta(n) - \delta(n-1)$　$\sum x(n) = \varepsilon(n)$

1-13　(1) $e^{j\frac{\pi}{3}t}$　(2) $\sqrt{5}e^{-j\arctan 2}$　(3) $\frac{\sqrt{2}}{2}e^{-j(\arctan 2+\arctan 3)}$　(4) $2e^{-j\frac{\pi}{2}}$

1-16　(1) 0　(2) 1　(3) 1　(4) 2

1-17　(1) $\varepsilon(t)$　(2) $-e^{-t}\varepsilon(t)+\delta(t)$　(3) $e^{-t}\varepsilon(t)$　(4) $(n+1)\varepsilon(n)$　(5) $\varepsilon(n)$

1-19　(1) $u_c''(t) + \frac{1}{RC}u_c'(t)\frac{1}{LC}u_c(t) = \frac{1}{LC}x(t)$　(2) $x(t) = 5\varepsilon(t)$

(3) $u_c(0_-) = 5, u_c'(0_-) = 0$

1-20　$y(n) = x(n) - 2x(n-1) + x(n-2)$

1-21　线性元件:(1)(2)(3)(5);非线性元件:(4)(6)(7)(8)

1-22　(1) 线性,时变;(2) 线性,时不变;(3) 非线性,时不变;(4) 线性,时不变;(5) 线性,时变;(6) 非线性,时变

1-23　(1) 因果;(2) 因果;(3) 非因果;(4) 因果;(5) 非因果;(6) 因果

1-25　$\begin{cases} y_{zi}'(t) + 2y_{zi}(t) = 0 \\ y_{zi}(0_+) = 1 \end{cases}$　$\begin{cases} y_{zs}'(t) + 2y_{zs}(t) = x(t) \\ y_{zs}(0_-) = 0 \end{cases}$

1-26　(1) $0.5(1-e^{-2t})\varepsilon(t)$　(2) $0.25(1-e^{-2t})\varepsilon(t) - 0.5te^{-2t}\varepsilon(t)$

1-27 $\left[\frac{10}{9}-\frac{(0.1)^n}{9}\right]\varepsilon(n)$

1-29 $y_{zs}(t)=-3e^{-2t}\varepsilon(t)+2\delta(t)$

1-30 $y_{zs}(n)=-(0.5)^n\varepsilon(n)+2\delta(n)$

1-31 $[e^{-2t}+3e^{-t}]\varepsilon(t)$

1-32 $[(0.2)^n+3n(0.2)^n]\varepsilon(n)$

1-33 $y_{zs}(t)=\int_0^{\infty}e^{-\tau}h(t-\tau)d\tau$

1-34 $y_{zs}(n)=\sum_{i=\infty}^{\infty}x(i)h(n-i)$

1-35 非因果系统;不能

习题二

2-2 (a) $x_1(n)=2\delta(n+1)+3\delta(n-1)+6\delta(n-2)$

(b) $x_2(n)=3\delta(n)+2\delta(n-1)+4\delta(n-2)$

(c) $x_3(n)=\delta(n)+\delta(n-1)+\delta(n-2)$

2-3 $y_{zi}(t)=(3e^{-t}-e^{-2t})\varepsilon(t)$ $h(t)=(e^{-t}-e^{-2t})\varepsilon(t)$

$y_{zs}(t)=(0.5-e^{-t}+0.5e^{-2t})\varepsilon(t)$

2-4 $y_{zi}(n)=\left(\frac{1}{15}(-0.2)^n-\frac{1}{6}(-0.5)^n\right)\varepsilon(n)$

$h(n)=\left(-\frac{2}{3}(-0.2)^n+\frac{5}{3}(-0.5)^n\right)\varepsilon(n)$

$y_{zs}(n)=\left(-\frac{1}{9}(-0.2)^n+\frac{5}{9}(-0.5)^n+\frac{5}{9}\right)\varepsilon(n)$

2-5 (2)$h(t)=e^{-t}\varepsilon(t)$

2-6 (2)$h(n)=\left(\frac{8}{3}(-0.2)^n-\frac{5}{3}(-0.5)^n\right)\varepsilon(n)$

2-7 $u_{czi}(t)=5(1-e^{-100t})\varepsilon(t)$,$u_{czs}(t)=12e^{-100t}\varepsilon(t)$, $u_C(t)=u_{czi}(t)+u_{czs}(t)$

2-8 $h(t)=\varepsilon(t)+t\varepsilon(t)$ $y_{zs}(t)=t\varepsilon(t)$

2-9 $h(n)=\delta(n)+\delta(n-1)+\delta(n-2)$

$y_{zs}(n)=0.5^n\varepsilon(n)+0.5^{n-1}\varepsilon(n-1)+0.5^{n-2}\varepsilon(n-2)$

2-10 (1) $\frac{t^2}{2}\varepsilon(t)$ (2) $0.5e^{-2t}\varepsilon(t)-0.5e^{-4t}\varepsilon(t)$ (3) $te^{-2t}\varepsilon(t)$

(4) $\frac{(n+2)(n+1)}{2}\varepsilon(n)$ (5) $5(0.5)^n\varepsilon(n)-4(0.4)^n\varepsilon(n)$

(6) $(n+1)(0.5)^n\varepsilon(n)$

2-12 (1) $\varepsilon(t-3)$ (2) $e^{-2(t-3)}\varepsilon(t-3)$ (3) $\delta(t-2)$ (4) $\varepsilon(n-3)$

(5) $0.5^{(n-3)}\varepsilon(n-3)$ (6) $\delta(n-3)$

2-13 (a)$(t-3)\varepsilon(t-3)+(t+1)\varepsilon(t+1)+(t-1)\varepsilon(t-1)+(t+3)\varepsilon(t+3)$

(b) $\frac{1}{2}t^2\varepsilon(t)-(t-2)^2\varepsilon(t-2)+\frac{1}{2}(t-4)^2\varepsilon(t-4)-2(t-2)\varepsilon(t-2)+2(t-4)\varepsilon(t-4)$

2-15 (a)$h(t)=\delta(t)-e^{-2t}\varepsilon(t)-e^{-3t}\varepsilon(t)$ (b)$h(n)=\varepsilon(n-1)+0.5^{n-1}\varepsilon(n-1)$

2-18 (1) $g(t)=h(t)*\varepsilon(t)$ (2) $g(t)=\varepsilon(t)-e^{-t}\varepsilon(t)$ (3) $y_{zs}(t)=x'(t)*g(t)$

2-19 (1) $g(n)=h(n)*\varepsilon(n)$ (2) $g(n)=2\varepsilon(n)-0.5^n\varepsilon(n)$

(3) $y_{zs}(n)=[x(n)-x(n-1)]*g(n)$

2-20 (1) 不能 (2) 不能

2-21 (1) 能 (2) 能

习题三

3-4 (1) $x(t)=0.5+\frac{2}{\pi}\left[\sin\omega_0 t+\frac{1}{3}\sin 3\omega_0 t+\frac{1}{5}\sin 5\omega_0 t+\frac{1}{7}\sin 7\omega_0 t+\cdots\right]$

(3) $P=0.5$ (4) $\frac{\pi^2}{8}$

3-5 $x(t)=\frac{2}{\pi}\left[\sin\omega_0 t-\frac{1}{2}\sin 2\omega_0 t+\frac{1}{3}\sin 3\omega_0 t-\frac{1}{4}\sin 4\omega_0 t+\cdots\right]$

3-8 (a)$x(t)=\frac{4}{\pi}\sin\pi t+\frac{4}{3\pi}\sin 3\pi t$ (b)$x(t)=2\cos\left(\pi t+\frac{\pi}{2}\right)+\cos\left(3\pi t+\frac{\pi}{4}\right)$

3-14 (1) $X(\omega)=\pi e^{-a|\omega|}$ (2) $X(\omega)=0.5j[\mathrm{Sa}(\omega+\pi)-\mathrm{Sa}(\omega-\pi)]$

(3) $X(\omega)=-0.5j[\mathrm{Sa}(\omega+\pi)-\mathrm{Sa}(\omega-\pi)]e^{-j\omega}$

(4) $X(\omega)=j\pi[\delta(\omega+1)-\delta(\omega-1)]$

(5) $X(\omega)=e^{-2\omega}$ (6) $X(\omega)=\frac{1}{j\omega-1}$

3-15 $x_1(t)=\frac{\omega_0}{\pi}\mathrm{Sa}(\omega_0(t-a))$ $x_2(t)=\frac{\omega_0}{\pi}\mathrm{Sa}\left(\frac{\omega_0 t}{2}\right)\sin\frac{\omega_0 t}{2}$

3-19 $H(\omega)=\frac{1}{j\omega+2}$ $h(t)=e^{-2t}\varepsilon(t)$

3-20 $H(\omega)=\frac{j\omega+1}{2-\omega^2+3j\omega}$

3-22 $H(\omega)=H_1(\omega)(1+e^{-j\omega T})$

3-23 (a)$H(\omega)=\frac{1}{-jLC^2R\omega^3-LC\omega^2+2jRC\omega+1}$

(b)$H(\omega)=\frac{jLC^2\omega^3}{-jL^2C\omega^3-LC(2R+1)\omega^2+R}$

3-25 (1) $H(\omega)=\frac{\omega}{\sqrt{\omega^2+100}}e^{j\left(\frac{\pi}{2}-\arctan\frac{\omega}{10}\right)}$

(2) $u_o(t)=\frac{\sqrt{2}}{2}\cos\left(10t+\frac{\pi}{4}\right)+\cos(1000t)$

3-26 $i(t)=0.5+\frac{20}{\pi\sqrt{100+400\pi^2}}\sin(20\pi t-\arctan 2\pi)+\frac{20}{3\pi\sqrt{100+3600\pi^2}}\sin(60\pi t-\arctan 6\pi)+\cdots$

3-27 $y(t)=6\mathrm{Sa}(3t)\sin 5t$

3-29 (a)$H(\omega)=\frac{R^2C^2\omega^2}{R^2C^2\omega^2-3\mathrm{j}RC\omega-1}$ (b)$H(\omega)=\frac{R^2C^2\omega^2}{R^2C^2\omega^2-2\mathrm{j}RC\omega-1}$

3-30 (1) ∞ (2) $n_0 f$

3-34 (1) $H(\omega)=\frac{\mathrm{j}R_1R_2C_1\omega+R_2}{\mathrm{j}\omega(R_1R_2C_1+R_1R_2C_2)+R_1+R_2}$ (2) $\frac{R_1}{R_2}=\frac{C_1}{C_2}$

习题四

4-4 (1) $X(s)=\frac{2}{s^3}$ (2) $X(s)=\frac{s+1}{(s+1)^2+25}$ (3) $X(s)=\frac{1}{(s+1)}\mathrm{e}^{-2s}$

(4) $X(s)=\frac{1}{(s+1)^2}$ (5) $X(s)=\frac{\mathrm{e}^{-2}}{(s-1)}$ (6) $X(s)=\frac{s^2}{(s+1)}-s-2$

4-5 (a)$X(s)=\frac{1}{1+\mathrm{e}^{-Ts}}$ (b)$X(s)=\frac{[1-\mathrm{e}^{-s}]^2}{s(1-\mathrm{e}^{-2s})}$ (c) $\frac{2}{T}\frac{(1-\mathrm{e}^{-\frac{T}{2}s})^2}{s^2(1-\mathrm{e}^{-Ts})}$

4-6 (1) $X(s)=\frac{1}{(s+2)^2}$ (2) $X(s)=\frac{2}{(s+2)^3}$ (3) $X(s)=\frac{s^2-\omega_0^2}{(s^2+\omega_0^2)^2}$

4-8 (1) $x(t)=\delta'(t)+14\mathrm{e}^{-2t}\varepsilon(t)-20\mathrm{e}^{-3t}\varepsilon(t)$ (2) $x(t)=5\mathrm{e}^{-3t}\varepsilon(t)-4\mathrm{e}^{-2t}\varepsilon(t)$

(3) $x(t)=\varepsilon(t)+(\cos t)\varepsilon(t)$ (4) $x(t)=\mathrm{e}^{-t}\varepsilon(t)-t\mathrm{e}^{-t}\varepsilon(t)$

(5) $x(t)=4\mathrm{e}^{-t}\varepsilon(t)-3t\mathrm{e}^{-t}\varepsilon(t)-4\mathrm{e}^{-t}\varepsilon(t)$ (6) $x(t)=\mathrm{e}^{-2t}\varepsilon(t)-\mathrm{e}^{-2(t-1)}\varepsilon(t-1)$

(7) $x(t)=\delta(t)-\delta(t-1)$ (8) $x(t)=\sum_{i=0}^{\infty}\varepsilon(t-4i)-\varepsilon(t-2-4i)$

4-12 $H(s)=\frac{s}{s+2}$, $y'(t)+2y(t)=x'(t)$

4-13 $H(s)=\frac{2s}{s+1}$

4-14 $H(s)=\frac{-2}{s+3}$, $y'(t)+3y(t)=-2x(t)$

4-15 $y_{zi}(t)=2\mathrm{e}^{-2t}\varepsilon(t)-\mathrm{e}^{-3t}\varepsilon(t)$ $y_{zs}(t)=\mathrm{e}^{-2t}\varepsilon(t)-\mathrm{e}^{-3t}\varepsilon(t)$

4-16 (1) $y_{zs}(t)=\frac{2}{3}\mathrm{e}^{-0.5t}\varepsilon(t)-\frac{2}{3}\mathrm{e}^{-2t}\varepsilon(t)$ (2) $y_{zs}(t)=\frac{2}{3}\mathrm{e}^{-0.5t}\varepsilon(t)$

4-17 $i(t)=8t\mathrm{e}^{-50t}\varepsilon(t)$

4-18 (1)$H(s)=\frac{5+5s}{s^3+7s^2+10s}$

4-20 (1) $H(\omega)\ \frac{1}{1-\omega^2+2\mathrm{j}\omega}$ $H(s)=\frac{1}{s^2+2s+1}$

(2) $y_{ss}(t)=\frac{1}{101}\cos\left(10t-\arctan\frac{20}{99}+\pi\right)$

(3) $y_{zs}(t)=\frac{1}{101}\left(9te^{-t}+\frac{99}{101}e^{-t}-\frac{99}{101}\cos 10t-\frac{20}{101}\sin 10t\right)\varepsilon(t)$

$=\left(\frac{1}{101}9te^{-t}+\frac{99}{101}e^{-t}\right)\varepsilon(t)+\frac{1}{101}\cos\left(10t-\arctan\frac{20}{99}+\pi\right)\varepsilon(t)$

4-21 $k>1$

习题五

5-3 (1) $X(z)=\frac{z}{(z-1)^2}$ (2) $X(z)=\frac{az}{(z-a)^2}$ (3) $X(z)=\frac{z^2}{z^2+1}$

(4) $X(z)=\frac{z^2}{z^2+0.3^2}$

5-4 (1) $X(z)=\frac{az}{(z-a)^2}$ (2) $X(z)=\frac{az^2+a^2z}{(z-a)^3}$

(3) $X(z)=\frac{e^{j\omega_0}z}{(z-e^{j\omega_0})^2}+\frac{e^{-j\omega_0}z}{(z-e^{-j\omega_0})^2}$

5-6 (1) $x(1)=1$ (2) $x(0)=1$ (3) $x(2)=1$

5-10 (1) $x(n)=\delta(n+1)-4(-2)^n\varepsilon(n)+9(-3)^n\varepsilon(n)$

(2) $x(n)=\delta(n)+2(-2)^n\varepsilon(n)-\frac{5}{3}(-3)^n\varepsilon(n)$

(3) $x(n)=(\sqrt{2})^n\left(\cos\frac{\pi}{2}n\right)\varepsilon(n)$

(4) $x(n)=\left[\frac{1}{5}(0.5)^n+\frac{4}{5}\left(\cos\frac{\pi}{2}n\right)+\frac{2}{5}\left(\sin\frac{\pi}{2}n\right)\right]\varepsilon(n)$

(5) $x(n)=\left[\frac{4}{5}-\frac{4}{5}(0.5)^n\left(\cos\frac{\pi}{2}n\right)+\frac{2}{5}(0.5)^n\left(\sin\frac{\pi}{2}n\right)\right]\varepsilon(n)$

(6) $x(n)=(2n+1)(-1)^n\varepsilon(n)$

5-13 (1) $x(\infty)\to\infty$ (2) $x(\infty)\to\frac{13}{5}$ (3) $x(\infty)\to 0$ (4) $x(\infty)\to 0$

5-14 $H(z)=\frac{1}{z-1}$ $y(n)-y(n-1)=x(n-1)$

5-15 $H(z)=\frac{0.8(z-1)}{z-0.2}$

5-16 $H(z)=\frac{2.8z-1.2}{z-0.2}$, $y(n)-0.2y(n-1)=2.8x(n)-1.2x(n-1)$

5-18 $y_{zs}(n)=\left[\frac{1}{3}(0.5)^n+\frac{2}{3}(\cos\pi n)\right]\varepsilon(n)$

5-19 (1) $y_{zs}(n)=[-0.06(0.1)^n+0.15(-0.2)^n+0.1(0.3)^n]\varepsilon(n)$

(2) $0.1(0.3)^n\varepsilon(n)$ (3) $\approx-\frac{1}{\sqrt{1.05}}\cos\left(\frac{\pi}{2}n+\arctan\frac{1}{10.2}\right)$

5-20 (1) $H(z)=\frac{z}{z^2-0.3z+0.02}$

习题六

6-4　0.3333, 0.2500 − 0.1443j, 0.0833 − 0.1443j, 0 − 0.0000j,
0.0833 + 0.1443j, 0.2500 + 0.1443j

$$x(n) = \frac{1}{3} + 0.5\cos\frac{\pi}{3}n + 0.2886\sin\frac{\pi}{3}n + 0.1666\cos\frac{2\pi}{3}n + 0.2886\sin\frac{2\pi}{3}n$$

6-5　(a) $x(n) = 1 + 2\cos\frac{\pi}{10}n + 2\cos\frac{\pi}{5}n$　(b) $x(n) = 1 - 2\sin\frac{\pi}{10}n - 2\sin\frac{\pi}{5}n$

6-6　(a) $\boldsymbol{Xk} = \frac{1}{3}[0 \quad 1 \quad 2] \times \begin{bmatrix} 1 & 1 & 1 \\ 1 & e^{-j\frac{2\pi}{3}} & e^{-j\frac{4\pi}{3}} \\ 1 & e^{-j\frac{4\pi}{3}} & e^{-j\frac{2\pi}{3}} \end{bmatrix}$

(b) $\boldsymbol{Xk} = \frac{1}{3}[0 \quad -1 \quad 0 \quad 1] \times \begin{bmatrix} 1 & 1 & 1 & 1 \\ 1 & e^{-j\frac{2\pi}{4}} & e^{-j\frac{4\pi}{4}} & e^{-j\frac{6\pi}{4}} \\ 1 & e^{-j\frac{4\pi}{4}} & e^{-j\frac{8\pi}{4}} & e^{-j\frac{12\pi}{4}} \\ 1 & e^{-j\frac{6\pi}{4}} & e^{-j\frac{12\pi}{4}} & e^{-j\frac{18\pi}{4}} \end{bmatrix}$

6-7　2.5W

6-12　(1) $X(e^{j\theta}) = -X(e^{-j\theta})$　(2) $X(e^{j\theta}) = X(e^{-j\theta})$　(3) 频谱无对称性

6-18　$x(n) = \{\overset{n=0}{10}, 10, 10, 10\}$

6-21　(1) $H(z) = 1 + 2z^{-1} + 2z^{-2} + z^{-3}$

(2) $h(n) = \delta(n) + 2\delta(n-1) + 2\delta(n-2) + \delta(n-3)$

(3) $H(e^{j\theta}) = 2e^{-j\frac{3}{2}\theta}\left(\cos\frac{3\theta}{2} + 2\cos\frac{\theta}{2}\right)$　(4) $y(n) = 12 + \sqrt{2}\cos\left(0.5\pi n - \frac{3}{4}\pi\right)$

6-22　(1) $H(e^{j\theta}) = \dfrac{e^{j\theta} + \frac{7}{8}}{e^{j\theta} - \frac{1}{8}}$　(2) 低通

(3) $y(t) = \frac{15}{7} - \sqrt{\frac{103}{65}}\cos\left(\pi n/2 + \arctan\frac{7}{8} + \arctan\frac{1}{8}\right) + \frac{1}{9}\cos(\pi n)$

6-23　(1) $x(n) = 0.5\left[\cos\pi n + \cos\frac{\pi}{2}n - \sin\frac{\pi}{2}n\right]$

(2) $H(e^{j\theta}) = 2je^{-j\frac{3\theta}{2}}\left(\sin\frac{3\theta}{2} - 2\sin\frac{\theta}{2}\right)$

(3) $y(n) = 3\cos\pi n - \cos\frac{\pi}{2}n$

6-24　$H(e^{j\theta}) = e^{-j2\theta}(\cos 2\theta + 2\cos\theta + 1)$　$y(n) = 4 + 1.5\cos\left(\frac{\pi}{3}n - \frac{2\pi}{3}\right)$

6-25　(1) $h(n) = \delta(n) + 2\delta(n-1) + 3\delta(n-2) + 3\delta(n-3) + 2\delta(n-4) + \delta(n-5)$

(2) $H(e^{j\theta}) = 2e^{-j\frac{5\theta}{2}}\left(\cos\frac{5\theta}{2} + 2\cos\frac{3\theta}{2} + 3\cos\frac{\theta}{2}\right)$

6-26 (1) $h(n)=(-0.2)^n\varepsilon(n)$ $H(\mathrm{e}^{\mathrm{j}\theta})=\dfrac{1}{1+0.2\mathrm{e}^{-\mathrm{j}\theta}}$

6-28 $\theta_c=\dfrac{14}{75}\pi$(通过 MATLAB 画图求得)

6-30

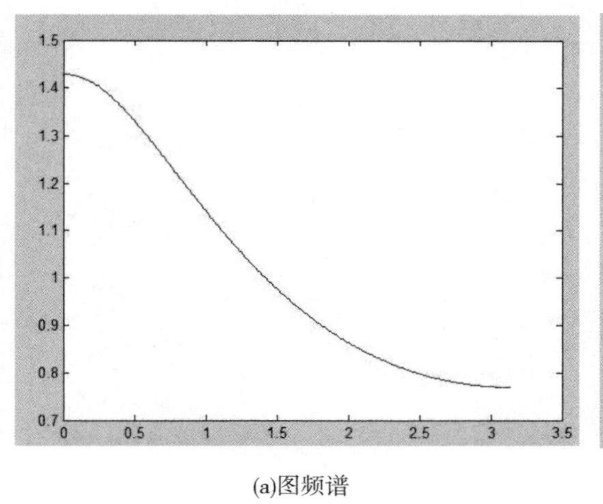

(a)图频谱

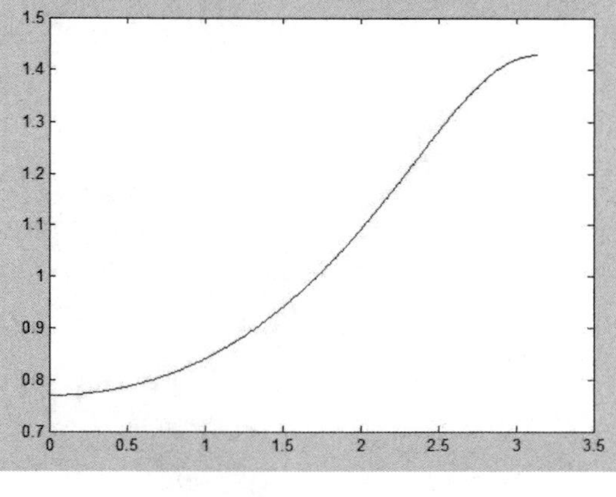

(b)图频谱(由MATLAB软件画出)

6-31

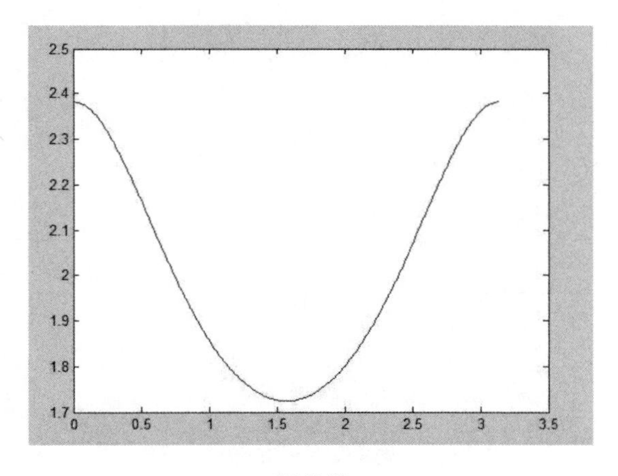

幅度谱

6-32 $y(t)=4+2\sin(2\pi\times 2000t)$

习题七

7-2 (a) $H(z)=\dfrac{2z^{-1}-2z^{-2}+2z^{-3}}{1-0.5z^{-1}+0.25z^{-2}+2z^{-3}}$ (b) $H(s)=\dfrac{s^{-1}+5s^{-2}+5s^{-3}}{1-s^{-1}+7s^{-2}+10s^{-3}}$

7-3 (a) $H(z)=\dfrac{2z^{-1}-2z^{-2}+2z^{-3}}{1-0.5z^{-1}+0.25z^{-2}+z^{-3}}$ (b) $H(s)=\dfrac{s^{-4}-2(1-2s^{-1}-s^{-2})}{3-4s^{-1}+2s^{-2}}$

7-8 (a) $\begin{bmatrix} u'_c(t) \\ i'_L(t) \end{bmatrix} = \begin{bmatrix} -\frac{1}{R_1C} & -\frac{1}{C} \\ \frac{1}{L} & -\frac{R_2}{L} \end{bmatrix} \begin{bmatrix} u_c(t) \\ i_L(t) \end{bmatrix} + \begin{bmatrix} \frac{1}{R_1C} \\ 0 \end{bmatrix} i(t)$

(b) $\begin{bmatrix} u'_c(t) \\ i'_L(t) \end{bmatrix} = \begin{bmatrix} 0 & \frac{1}{C} \\ -\frac{1}{L} & 0 \end{bmatrix} \begin{bmatrix} u_c(t) \\ i_L(t) \end{bmatrix} + \begin{bmatrix} 0 & \frac{1}{C} \\ \frac{1}{L} & 0 \end{bmatrix} \begin{bmatrix} u_s(t) \\ i_s(t) \end{bmatrix}$

7-9 $\begin{bmatrix} r'_1(t) \\ r'_2(t) \end{bmatrix} = \begin{bmatrix} 0 & 1 \\ -1 & 0 \end{bmatrix} \begin{bmatrix} r_1(t) \\ r_2(t) \end{bmatrix} + \begin{bmatrix} 1 & 0 \\ 0 & 1 \end{bmatrix} \begin{bmatrix} x_1(t) \\ x_2(t) \end{bmatrix}$ $\quad \begin{bmatrix} y_1(t) \\ y_2(t) \end{bmatrix} = \begin{bmatrix} 1 & 0 \\ 0 & 1 \end{bmatrix} \begin{bmatrix} r_1(t) \\ r_2(t) \end{bmatrix}$

7-10 令 $x_a(t) = x_1(t) + x_2(t), x_b(t) = x'_2(t)$

$\begin{bmatrix} r'_1(t) \\ r'_2(t) \end{bmatrix} = \begin{bmatrix} 0 & 1 \\ -1 & 0 \end{bmatrix} \begin{bmatrix} r_1(t) \\ r_2(t) \end{bmatrix} + \begin{bmatrix} 1 & 0 \\ 0 & 1 \end{bmatrix} \begin{bmatrix} x_a(t) \\ x_b(t) \end{bmatrix}$ $\quad \begin{bmatrix} y_1(t) \\ y_2(t) \end{bmatrix} = \begin{bmatrix} 1 & 0 \\ 0 & 1 \end{bmatrix} \begin{bmatrix} r_1(t) \\ r_2(t) \end{bmatrix}$

7-11 $\begin{bmatrix} r_1(n+1) \\ r_2(n+1) \end{bmatrix} = \begin{bmatrix} 0 & 1 \\ -1 & 0 \end{bmatrix} \begin{bmatrix} r_1(t) \\ r_2(t) \end{bmatrix} + \begin{bmatrix} 1 & 0 \\ 0 & 1 \end{bmatrix} \begin{bmatrix} x_1(n) \\ x_2(n) \end{bmatrix}$

$\begin{bmatrix} y_1(n) \\ y_2(n) \end{bmatrix} = \begin{bmatrix} 1 & 0 \\ 0 & 1 \end{bmatrix} \begin{bmatrix} r_1(n) \\ r_2(n) \end{bmatrix}$

7-12 令 $x_3(n) = x_1(n+1), x_4(n) = x_2(n+1)$

$$\begin{bmatrix} r_1(n+1) \\ r_2(n+1) \end{bmatrix} = \begin{bmatrix} 0 & 1 \\ -1 & 0 \end{bmatrix} \begin{bmatrix} r_1(t) \\ r_2(t) \end{bmatrix} + \begin{vmatrix} 0 & 1 & 1 & 0 \\ 2 & 0 & 0 & 1 \end{vmatrix} \begin{bmatrix} x_1(n) \\ x_2(n) \\ x_3(n) \\ x_4(n) \end{bmatrix}$$

7-17 (1) $R(s) = \frac{1}{(s+2)(s+3)} \begin{bmatrix} s+4 & -2 \\ 1 & s+1 \end{bmatrix} \left(\begin{bmatrix} 3 \\ 2 \end{bmatrix} + \begin{bmatrix} 0 \\ 1 \end{bmatrix} \frac{1}{s} \right)$

$$Y(s) = \frac{1}{(s+2)(s+3)} \begin{bmatrix} s+4 & -2 \\ 1 & s+1 \end{bmatrix} \begin{bmatrix} 3 \\ 2 \end{bmatrix} +$$
$$\left(\begin{bmatrix} 1 \\ 1 \end{bmatrix} \frac{1}{(s+2)(s+3)} \begin{bmatrix} s+4 & -2 \\ 1 & s+1 \end{bmatrix} [0 \quad 1] + [1] \right) \left[\frac{1}{s} \right]$$

7-18 $\boldsymbol{r}(n) = \begin{bmatrix} \frac{1}{2}[1+(3)^n] \\ \frac{1}{2}[1+3(3)^n] \end{bmatrix} \varepsilon(n) \quad \boldsymbol{y}(n) = \begin{bmatrix} 1+2(3)^n \\ \frac{1}{2}[1-(3)^n] \end{bmatrix} \varepsilon(n)$

7-19 $\boldsymbol{\Phi}(z) = \begin{bmatrix} \dfrac{z-1}{\left(z-\frac{1}{2}\right)^2} & \dfrac{\frac{1}{2}}{\left(z-\frac{1}{2}\right)^2} \\ \dfrac{-\frac{1}{2}}{\left(z-\frac{1}{2}\right)^2} & \dfrac{z}{\left(z-\frac{1}{2}\right)^2} \end{bmatrix}, H(z) = \dfrac{z+\frac{1}{2}}{z^2-z+\frac{1}{4}}$

参 考 文 献

[1] AlanV. Oppenheim, Alan S. Willsky, S. Hamid Nawab. 信号与系统[M]. 西安:西安交通大学出版社,1998.

[2] 郑君里,应启珩,杨为理. 信号与系统引论[M]. 北京:高等教育出版社,2009.

[3] 承江红,谢陈跃. 信号与系统仿真及实验指导[M]. 北京:北京理工大学出版社,2009.

[4] 王志军. 电子技术基础[M]. 北京:北京大学出版社,2010.

[5] 范周田,张汉林. 高等数学教程[M]. 2 版. 北京:机械工业出版社,2016.

[6] 高西全,丁玉美. 数字信号处理[M]. 4 版. 西安:西安电子科技大学出版社,2016.

[7] 丛玉良,等. 数字信号处理原理及其 MATLAB 实现[M]. 3 版. 北京:电子工业出版社,2015.